자동제어 및 PLC설계

공학박사 나 승 권 저

도서출판 상 학 당

欲爲大者 當爲人役

크고자 하거든 남을 섬기라

이 책을 내면서

인간이 원시시대부터 도구를 사용한 이후로 문명이 발달하면서 과학이라는 학문이 생겨났다. 특히 물리학적 분야에서 순수 학문의 발달로 전기 분야는 우리 생활에서 필수 불가결한 요소가 되었고, 《자동제어 및 PLC 설계》에서 컴퓨터라는 문명 앞에 각종 소프트웨어의 발달과 하드웨어적 발전을 가져오기 위해 기초적인 학문인 물리학에 역점을 두어 전기, 전자, OP-AMP, 디지털, 메카트로닉스 발전으로 정보통신 분야가 새롭게 발전하며 고부가적 영역이 되었다.

전기 · 전자 장비의 설계시나 병원전기설비 관리시, 의료기기의 운용시 아날로그에서 디지털화 시대로 변화하고 있는 것을 고려할 수 있도록 해야 한다.

《자동제어 및 PLC 설계》는 전기적 요소들과 기계적 요소들로 구성되어 공학적이고 실습적, 이론적으로 뒷받침이 되어야 한다. 그러므로 《자동제어 및 PLC 설계》를 공부하는 이들은 이 두 가지에 대해 숙지하고 있어야 한다. 이 중 전기적인 것에 대해 실습을 할 수 있어야 하는데 전기 부분에 관련된 지식은 우리에게 무척 중요하다. 그 이유는 대부분의 과학의 발전은 장비의 사용에서 오는데, 센서 신호를 증폭시키는 과정에서 아주 적은 오류가 수만 배로 증폭이 되어 공학도들에게 잘못된 정보를 제공하여 정밀도가 떨어지고 각종 기기의 오동작이나 불량품이 증가하는 수가 있다. 그러므로 전기공식이나 이론적 법칙들을 잘 이해하고 적용하여야 할 것이다.

공학자들은 전기적 성질들을 이해하고 전기설비에 적용시켜 관리, 설계 그리고 제조, 사용할 때 얼마나 중요한지 알아야 한다. 이 책에서는 전기 시퀀스의 기초적인 지식들을 초보자도 이해할 수 있도록 꾸며 놓았다.

제1장에서는 의료기기의 주동력인 전원의 방식에 대해 다루고, 제2장에서는 전기 자동제어(시퀀스)에 대해서 다루면서 전기 기본이론을 이해하게 하였다.

제3장에서는 전기설비에 사용되는 각종 센서의 기본적인 동작원리와 센서를 이용한 전기회로에 대하여 서술하였다.

제4장은 병원건물 자동화가 되면서 시설물을 관리하는 데 필요한 릴레이 시퀀

스의 기초부터 응용까지 설명하였다.

제5장에서는 PLC 기초이론 및 실습과 의료현장에서 전반적인 전기실습을 할 수 있게 하였고, 전기 시설물 공사를 할 수 있는 도면을 응용할 수 있도록 하였다.

제6장에서는 대표적인 의료기기 및 실습장비, 전기설비 기능과 회로의 이해를 돕고 더 나아가 회로의 이해를 바탕으로 간단히 도면을 이해할 수 있도록 심벌을 넣었다.

공학박사 나 승 권

이 책의 차례

제 1 장 전원회로

제 2 장 전기제어공학

제3장 센서 이론

제 4 장 시퀀스 기본실습

제 5 장 전기설비 실습

제6장 PLC 기본실습

제7장 전기설비 측정장비 및 전기 심벌

제1장 전원회로

고압 배전선로와 저압 배전선로의 전기방식에 대한 개념과 차이점을 습득하여 전원방식의 종류와 특성 및 장·단점을 파악하고 의료기기와 병원설비에 들어오는 전원에 대해 충분히 이해할 수 있도록 구성하여 전기방식과 전원방식에 대한 기초를 다질 수 있도록 하였다.

01 배전방식

학 | 습 | 목 | 표

- 배전방식의 종류에 대해 알 수 있다.
- 고압 배전선로의 배전방식의 장 · 단점을 알 수 있다.
- 저압 배전선로의 배전방식의 장 · 단점을 알 수 있다.

1. 배전의 개요

배전선로(distribution line)는 발전소, 변전소 또는 송전선로로부터 다른 발전소 또는 변전소를 거치지 않고 전기 수용가에 이르는 전선로이며, 154[kV](66[kV])에서 22.9[kV]로 변환하는 배전용 변전소로부터 수용가에 이르는 전력계통을 배전계통이라 한다.

우리나라 초기의 배전전압 및 방식은 3.3[kV] 3상 3선식이었으며 그 후 5.7[kV-y], 6.6[kV], 11.4[kV-y], 22.9[kV-y]로 단계적으로 승압되었다. 1989년 통신선 유도장해, 절연변압기 설치지역 확보 등의 문제점이 있는 서울 일부 도심과 지질 특성상 다중 접지계통에 필요한 낮은 접지저항 확보가 곤란한 제주지역을 제외한 모든 지역의 22.9[kV-y] 승압이 완료되었다.

그 후 꾸준한 연구개발로 2003년 제주지역을 먼저 승압 완료하였으며, 2008년에 44년간 대장정을 끝으로 고압 배전계통은 22.9[kV-y]로 단일화되었다. 또한 저압 배전계통은 동력용 200[V], 380[V], 전등용 100[V], 220[V] 등을 혼용하며 쓰다 1999년 전등용 220[V], 2005년 동력용 380[V] 단일승압 완료하였다.

우리나라 배전계통은 배전용 변전소 주변압기에서 인출되는 고압 배전선로(22.9[kV])에서 수용가측에 위치한 주상변압기까지의 고압 배전계통과 주상변압기 2차측에서 수용가까지의 저압 배전계통으로 구분된다(한전 책임분기점은 고압의 경우 인입주 개폐기(COS) 2차 접속점, 저압의 경우 수용가 전력량계에서 올라오는 SV전선과 인입주에서 오는 DV 또는 CV 인입전선과의 접속점이다).

앞으로 배전계통의 발전은 과거 수용가의 부하설비에 전력을 공급하는 단방향 전력조류 형태에서 가스 터빈, 디젤 엔진, 풍력, 태양광, 신재생 에너지 등을 이용한 발전으로 전력을 주고받는 양방향성 조류의 형태로 변하고 있다.

또한 전력 IT 산업의 발전으로 전력선을 이용한 통신 PLC(Power Line Communication)

및 변전소 자동화, 배전자동화, 원격 감시 제어 설비(SCADA 시스템) 등으로 꾸준히 발전해 나갈 것이다. 그림 1-1은 우리나라 송·배전계통을 나타낸 것이다.

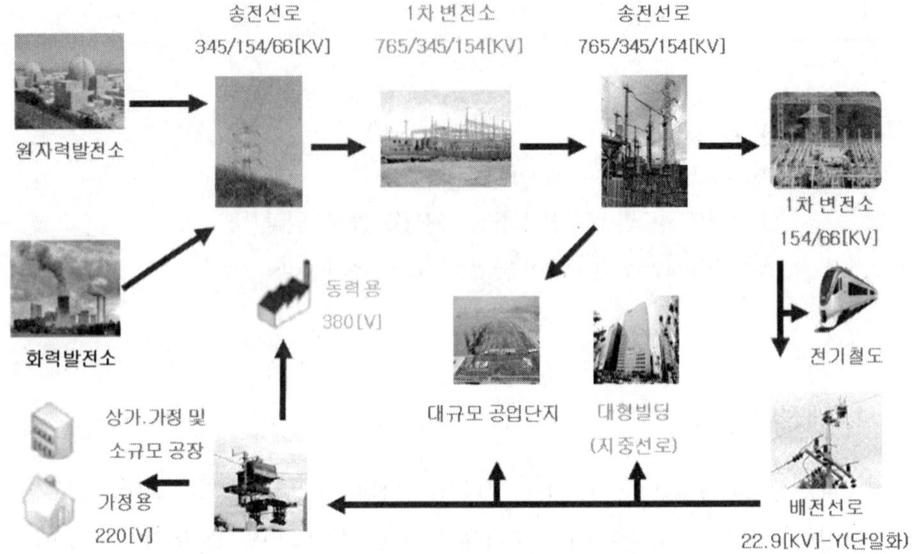

그림 1-1 · 우리나라 송·배전계통

2. 배전선로의 배전방식

일반적으로 사용하는 전압의 종류는 직류(DC)와 교류(AC)가 있다. 직류 750[V] 이하 또는 교류 600[V] 이하의 전압을 저압이라 하며, 직류 750[V] 초과 7,000[V] 이하, 교류 600[V] 초과, 7,000[V] 이하가 되는 전압을 고압이라 한다. 7000[V] 초과하는 모든 전압을 특고압이라 하며 배전방식에는 고압 배전방식과 저압 배전방식이 있다.

(1) 고압 배전방식

고압 배전선로는 선로형태에 따라 방사상식 또는 수지식, 환상식(loop system ring system) 및 망상식(network systme) 배전선로로 분류된다.

1) 방사상식(수지식, 나뭇가지식)

전원 변전소에서 1회선을 인출하여 수용가에게 공급이 가능하므로 신규 부하증설이 용이하게 대비할 수 있고, 시설비가 저렴하나, 전압강하와 손실이 크고, 정전범위가 크며 전력 공급신뢰도가 낮다.

2) 환상식(루프 배선)

전선로의 도중에 고장 발생 시 고장개소의 분리조작이 용이하여 고장 전선로 부분을 즉시 분리시킬 수 있으며, 전류의 통로에 융통성이 있으므로 전압강하와 전력손실 강하가 적고, 공급신뢰도가 좋으나 고가의 설비비, 큰 단락용량, 복잡한 보호방식 등이 문제이다.

① 순수 환상 방식 : 동일 변전소 동일 뱅크에서 2회선으로 전력을 공급하며 선로고장 시 고장구간 양측의 계전기를 통해 차단기가 동작하고 전선로에 의한 수용가 무정전 공급이 가능하나 설비비가 많이 든다.

② 개방 환상 방식 : 동일 변전소 동일 뱅크 또는 변전소나 뱅크를 달리하여 양 계통을 연계하고 선로 부하 중심을 상시개방하여 운전하며, 선로고장 시 고장점 탐색 및 개폐기 조작방식에 따라 정전시간이 좌우된다.

3) 망상식(네트워크 방식)

한쪽 회선에 사고가 일어나도 다른 회선에서 무정전 공급이 가능하여 공급신뢰도가 높고, 플리커, 전압변동률이 적어 기기의 이용률이 향상되고, 전력손실이 감소하며 부하변화에 대한 적응력이 좋고 변전소의 수를 줄일 수 있다. 그러나 건설비가 비싸고 네트워크 프로텍터(저압용 차단기, 방향성 계전기, 퓨즈)의 특별한 보호장치가 필요하다.

4) 저압 뱅크 방식

동일 고압 배전선로에 접속되어 있는 2대 이상의 배전용 변압기를 경유해서 저압측 간선을 병렬접속하는 방식이며, 수지식과 비교하면 변압기의 공급전력을 서로 공유시킴으로써 변압기용량은 저감하고, 전압변동 및 전력손실이 경감되어 부하의 증가에 대응할 수 있는 탄력성이 있으며, 고장 보호방식이 적당할 때 공급신뢰도가 향상되므로 정전이 감소한다. 그러나 변압기 2차측에 발생한 사고가 단락 보호장치로 제거되지 않아 사고범위가 확대되어 나가는 캐스케이딩(cascading) 현상을 일으킬 수 있다.

5) 3상 3선식(중성점 비접지 방식)

배전선에서 가장 많이 일어나는 지락사고에 대해서 지락전류가 작으므로 중성점 비접지 방식을 쓰는 경우가 많다. 동력의 옛날 방식으로는 220V 3상 전원이다. 변압기의 결선방법은 △결선으로 되어 있고, 각상간은 120도의 위상각을 갖고 제2종접지는 RST상 중 한상을 접지시키는 방식이다.

보충 : △결선

변압기의 삼상 결선법이며, 1차측은 성형 결선으로, 2차측은 삼각 결선으로 한 것을 이른다. 고압측을 성형 결선으로 하여 접지할 수 있는 이점이 있으나, 1차와 2차의 전압에 위상차가 생기는 단점이 있고 주로 송·배전에 쓰인다.

6) 3상 4선식

변전소의 주변압기 2차측을 Y결선으로 해서 중성점을 접지하는 방식이며, 접지방식에 따라 **중성선 대지 이용방식, 중성선 단일 접지방식, 공통 중성선 다중 접지방식** 등이 있다.

① **중성선 접지방식** : 1선의 지락사고는 1상의 단락과 같으므로 지락전류가 커서 고·저압선 혼합 접촉 시에 저압선의 전위상승이 높아지고 또한 통신선에 유도장해를 줄 우려가 있다.

② **공통 중성선 접지방식** : 중성선을 가설하고 그 접지를 변전소뿐만 아니라 주상 변압기의 제2종 접지공사와 공용으로 해서 전선로에 걸쳐 여러 곳에서 다중 접지하고 있다. 모든 사고는 단락 사고이므로 퓨즈 또는 과전류 계전기로 보호할 수 있다. 유럽에서는 **공통 중성선 접지방식이** 사용되고 있으며 보안상의 문제도 해결되고 있다. 우리나라는 배전계통의 승압화에 따라 22.9[kV] 3상 4선식이 확대되고 있다.

> **보충 : V결선**
>
> 2대의 단상 변압기로 3상 전력을 변성하는 방식의 하나. 단상 변압기 2대를 직렬 접속해서 1조의 변압기 양단 및 2대의 접속점의 3점을 3상 회로에 접속한다. 이 방식으로 변성할 수 있는 전력은 각각의 변압기 용량을 p라 하면 0.866×2p이다. 3각 접속된 3대의 단상 변압기 중 1대를 빼낸 경우와 같다.

(2) 저압 배전방식

일반 건축물에 사용되는 저압 간선의 배전방식을 어느 방식으로 채용하느냐 하는 것은 대상 건물의 규모, 설비, 경제성 등을 충분히 고려하여 결정한다. 저압 배전선로의 전기방식에는 단상 2선식, 단상 3선식, 3상 3선식, 3상 4선식이 사용되고 있으며, 저압 배전선로의 형태로는 저압 방사방식, 저압 뱅킹 방식, 저압 네트워크 방식이 있다.

종래의 저압 배전선은 전등 수용가에 대해서는 단상 2선식 100[V], 동력 수용가에 대해서는 단상 3선식 100/200[V]였지만, 현재는 사용목적에 따라 가정용 옥내 전등과 가전 기기들은 220[V]로 전원을 공급하고 있으며, 저압으로 수전하는 업무용 빌딩이나 소규모 공장에서는 전력손실, 전압강하, 설비비, 증축, 보수비 등을 고려하여 단상은 220[V], 3상은 380[V], 440[V]를 사용한다. 고압으로 수전하는 대형 빌딩이나 공장에서는 규모에 알맞은 전기방식과 전압으로 낮추어 전등이나 콘센트 등에 전원을 공급하게 된다.

3상 3선식의 경우는 3개의 선이 하나로 물리는 결선법이며, 3가닥의 전선에 전기의 파동이 서로 위상각 120°만큼 각도 차가 있기 때문에 3선이 서로 만나는 지점에서는 그 파동이 서로 상쇄되어 0[V]가 된다. 또 3상 4선식은 전기의 입력선이 마찬가지로 3가닥이고 나머지 한 가닥은 중성선이다.

1) 단상 2선식

단상 교류 전력을 전선 2가닥으로 배전하는 것으로서 **전등용 저압 배전**에 가장 많이 쓰이고 있다. 하지만 국내에서는 110[V] 전압의 사용을 줄이고 있으며, 이미 110[V]를 사용하는 모든 가전제품은 법적으로 제작을 금지하고 있다. 그러나 사용자가 운용상 필요한 곳에서는 별도의 강압 변압기를 사용하고 있고 특히, 사무자동화 기기의 일부, 병원, 의료장비, 호텔, 공장 등에 일부 사용되고 있다.

단상 2선식 방식은 **전선수가 적고 가선 공사가 간단**하며, 그리고 **공사비가 저렴**하다. 변압기 저압측의 1단자는 고 · 저압선의 혼합 접촉에 의한 저압선의 전위상승의 위험을 방지하기 위하여 접지하고 있다.

2) 단상 3선식

변압기의 저압측의 2개의 권선을 직렬로 하고 그 접속의 중간점으로부터 **중성선**(neutral line)을 끌어내어서 **전선 3가닥으로 배전하는 방식**이다. 단상 3선식 방식의 경우는 중성선과 양쪽 선로 사이의 부하를 가급적 평형시키도록 하여야 한다. 일반 전등, 40[W] 이하의 형광등, 0.75[kW] 이하의 단상 전동기 등과 같은 용량이 비교적 작은 부하의 배선과 30~50[kW] 정도의 배전선에 적합하다.

단상 3선식 방식에서는 중성선과 외선 간에 110[V](220[V]) 부하(전등 수요)를, 바깥쪽의 양외선 간에 220[V](440[V]) 부하(동력 부하)를 공급한다. 현재 우리나라에서는 220/380[V] 승압공사를 가장 많이 사용하고 있으며, 110/220[V] 양용 전압공급을 위해 단상 3선식을 사용하고 있다.

보충 : 단상 3선식 방식에서 중성선에 퓨즈를 넣으면 안 되는 이유

단상 3선식은 3개의 전선을 이용하여 2가지 전압(110[V]/220[V])을 얻을 수 있다.
R상–N선–T상에 걸리는 전압은 R–N = 110[V] 병렬결선과 N–T = 110[V] 병렬결선, 이렇게 N선과 접속되는 경우 110[V]가 되지만 R상–T상 간은 병렬결선 220[V]가 흐르게 된다.

예 두 개의 전등 저항값이 같은 경우에는 전압분배의 법칙에 의해 두 개의 전구에 각각 110[V]가 걸리겠지만 저항값이 다르면 큰 쪽 전구에 높은 전압이 걸리게 되어 전구는 소손되게 된다. 반대로 저항값이 작은 쪽 전구는 낮은 전압이 걸리게 된다. 이와 같은 문제점 때문에 N선에는 퓨즈를 사용하면 안 된다.

보충 : 단상 3선식에 대한 단상 2선식의 특징

① 전압강하, 전력손실이 평형부하의 경우 1/4로 감소하며, 소요 전선량이 적다.
② 110[V] 부하 외에 220[V] 부하의 사용이 가능하다.
③ 상시의 부하에 불평형이 있으면 부하전압은 불평형으로 된다.
④ 중성선이 단선되면 불평형 부하일 경우 부하전압에 심한 불평형이 발생한다([V](전압)가 거의 2배(≒2[V])로 상승한다).
⑤ 중성점과 전압선(외선)이 단락하면 단락하지 않은 쪽의 부하전압이 상승한다.

이와 같이 단상 3선식에서는 양측 부하의 불평형에 의한 부하, 전압의 불평형이 큰 문제가 되며 전압 불평형을 줄이기 위한 대책으로서 저압선의 말단에 밸런서*를 설치하고 있다.

----

* **밸런서**(balancer) : 각 상의 전압이 달라지는 결점을 없애기 위해서 고안된 설비, 권회수가 1인 특수 변압기, 밸런서의 유도적 결합으로 양측의 회로가 언제나 같은 전압이 된다. 그러므로 부하에 불평형이 생기거나 또 중성선이 끊어져도 양쪽의 전압은 평형이 되도록 보상전류가 흐른다.

3) 3상 3선식

동력에 사용하고 있는 배전방식으로 3상 교류를 3가닥의 전선을 사용해서 배전하는 것이다. 3상 3선식 경우 단상 부하는 평형이 되도록 조합과 접속방법에 주의한다. 주로 동력설비용으로 사용되고, 조명설비에는 사용되지 않지만 공장 같은 공작기계의 전원과 동일 회로로 사용하는 것이 경제적일 경우에 한하여 사용한다.

배전 변압기의 2차측 결선에는 3종류가 있는데, 비교적 용량이 클 때에는 단상 변압기 3대를 결선해서 사용하는 경우가 많다. 그러나 경우에 따라서는 변압기 2대만 가지고 V 결선으로 쓰다가 부하가 늘어날 때 한 대 더 결선하여 사용한다. 물론 단상 변압기 대신에 3상 변압기를 그대로 사용하는 경우도 있다. 3상 3선식의 220[V]는 대지전압도 220[V]이므로, 다음과 같이 시설하여야 한다.

① 백열전등 또는 방전등과 그에 부속하는 전선은 사람이 접촉할 우려가 없도록 시설한다.
② 백열전등 또는 방전등용 안정기는 옥내 배선과 직접 접속하여 시설한다.
③ 백열전등의 수구는 키, 기타의 점멸기구가 없어야 한다.
④ 배전선에서 가장 많이 일어나는 지락사고에 대비하여 지락전류가 작은 3상 3선식 방식을 쓰는 것이 효율적이다.

4) 3상 4선식

3상 4선식에는 120/208[V], 220/380[V], 254/440[V] 등의 3종류가 있으며, 3상 동력과 전등부하에 전력을 공급할 수 있고, 변전소의 주변압기의 2차측을 Y결선으로 해서 중성점을 접지하는 방식이며, 접지방식에 따라 중성선 대지 이용방식, 중성선 단일 접지방식,

공통 중성선 다중 접지방식 등이 있다.

① 중성선 접지방식 : 1선의 지락사고는 1상의 단락과 같으므로 지락전류가 커서 고저압선 혼촉 시에 저압선의 전위상승이 높아지고 또한 통신선에 유도장해를 줄 우려가 있다. 120/208[V]는 무정전 전원 공급장치를 이용한 컴퓨터 전원으로 많이 채용되고 있고, 220/380[V]는 전등 전압이 220[V], 동력용 전압은 380[V]로서 우리나라의 승압계획에 따라 3상 4선식 방식이 사용되고 있다. 그리고 조명설비는 중성선과 각 상간의 220[V]를 사용한다.

② 공통 중성선 접지방식 : 중성선을 가설하고 그 접지를 변전소뿐만 아니라 주상 변압기의 제2종 접지공사를 공용으로 해서 전선로에 걸쳐 여러 곳에서 다중 접지하고 있다. 모든 사고는 단락사고로 되기 때문에 공통 중성선 접지방식은 퓨즈 또는 과전류 계전기로 보호할 수 있다. 또, 스위치는 정격전압 300[V]의 것을 사용하고, 사람이 접촉할 우려가 있는 부분은 절연을 완벽하게 하면 법적으로는 사용 가능하나 안전성을 고려하여 원격 제어 스위치(remote control switch)에 의한 점멸을 한다.

③ 3상 4선식은 변압기의 2차측을 Y접속하고 그 중성점으로부터 중성선을 인출해서 3선식의 전선 3가닥과 조합시킴으로써 2가지 전압을 공급할 수 있게 한 것이다. 즉 중성점과 각 상간의 전압을 E라고 하면 선간전압은 $\sqrt{3}E$가 된다.

예 주상 변압기의 2차측 220[V] 단자를 Y접속하면 $\sqrt{3}E=381$[V]로 되어 두 가지 전압을 1회선으로 동시에 배전할 수 있다.

④ 우리나라에서 추진하고 있는 220/380[V] 승압공사는 3상 4선식을 채택하고 있다. 3상 4선식에서는 특수한 결선 방법으로 저압 배전선의 일원화, 즉 동력 공용 방식으로서 중성점이 접지되어 있는 변압기에 단상 부하를 접속하고 3상의 선간에 동력 부하를 접속하는 방식이다.

⑤ 현재 외국에서 많이 사용하는 전등 동력 공용 방식은 일반적으로 110[V] 부하에서 단상 3선식, 3상 부하는 단상 변압기 2대를 V결선해서 공급하고 있다. 따라서 공용 변압기는 부하전류와 동력 부하전류가 흐르고 동력 전용 변압기는 동력 부하전류만 흐르게 되어 공용 변압기 쪽의 용량은 동력 전용 변압기의 용량보다 크게 한다. 표 1-1은 전등 수용가에 대한 저압 배전방식을 비교하였다.

보충 : 3상 3선식 배전 선로방식과 3상 4선식 다중 접지 배선 선로방식의 장·단점

1) 장점

① 고전압 혼촉 시 이상전압이 작으며, 이중 고장이 일어날 가능성이 적다.

② 지락고장 시 건전상에 이상전압이 발생하지 않는다.

③ 변압기의 단절연이 가능하므로 가격이 저렴해진다.

2) 단점

① 지락전류가 커져서 통신선에 유도장해를 준다.

② 지락전류가 커서 안정도가 감소된다.

③ 지락전류가 단락전류보다 커지는 경우가 있으므로 차단기 용량이 증대된다.

표 1-1 ● 전등 수용가에 대한 저압 배전방식의 비교

구분	단상 2선식 220[V]	단상 3선 220/440[V]	단상 2선식+단상 3선식	3상 4선 220/ 380[V]
공급 방향	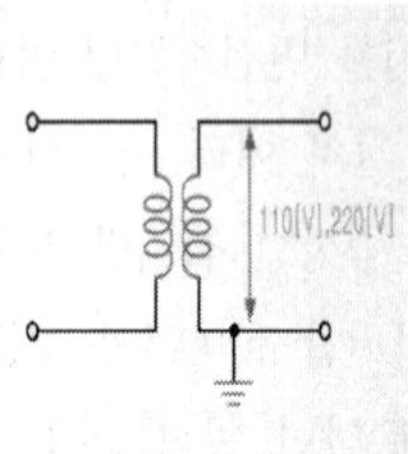	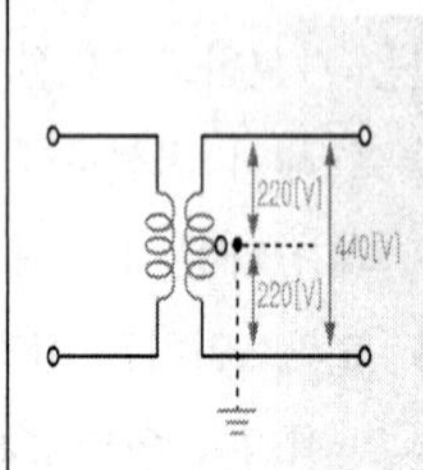	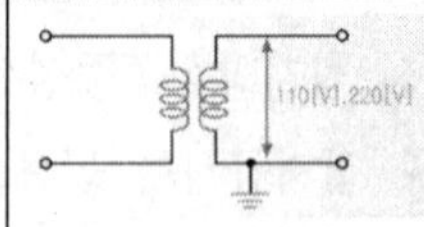 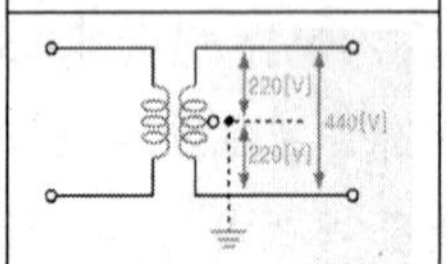	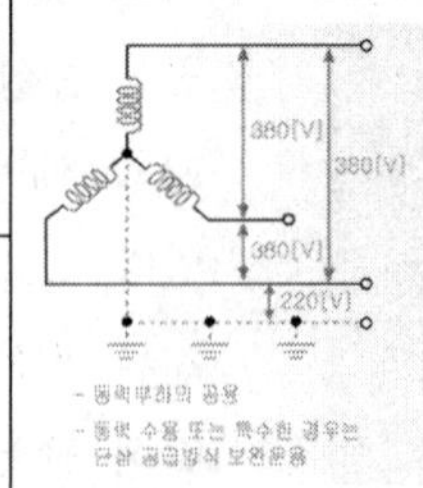
장점	• 부하의 불평형이 없다. • 저압선로가 단순하다.	• 경제적인 배전방식이며 전선의 소요량 및 전력손실이 감소한다. • 장·경간의 전력공급이 가능하다.	단상 2선식 +단상 3선식 병행운동	• 전력 공급능력이 최대이다. • 경제적인 배전방식이다. • 배전설비가 단순하다.
단점	• 전선의 소요량이 증가하고, 전력손실이 증가한다. • 장기간 전력공급이 곤란하다. • 대용량 전력공급이 불가능하다.	• 부하의 불평형 문제가 발생한다. • 중성선 단선시 이상전압 유입으로 기기가 파손될 우려가 있다. • 저압 밸런서가 필요하다.	단상 2선식 +단상 3선식	• 부하에 불평형이 발생한다. • 동력 부하 가동시 (플리커 발생 우려) 순간 과전류가 흐른다. • 중성선 단선시 이상전압이 유입된다.
비고	• 소용량의 단·경간 부하에 적합하다.	• 아파트 등 부하 밀집지역에 유리하다. • 220[V] 승압과도 조치용이다. • 460/230[V] 지상변압기 개발이 전제로 한다.	• 단상 2선식 : 소용량 부하 및 단·경간 부하에 공급한다. • 단상 3선식 : 대용량 부하 및 장·경간 부하에 공급한다.	• 동력과 전등부하의 공동 범위 검토가 필요하며, 부하 불평형의 방지 대책을 검토한다. • 중성선의 단선 방지책을 마련한다. • 우리나라 배전방식 중 가장 많이 사용한다.

(3) 1선당 공급전력비의 비교

1선당 공급전력비를 비교하면 표 1-2와 같다.

표 1-2 • 1선당 공급전력비의 비교표

종별	배전방식	전력	손실	전선의 체적	1선당 공급전력	1선당 공급 전력비교
단상 2선식	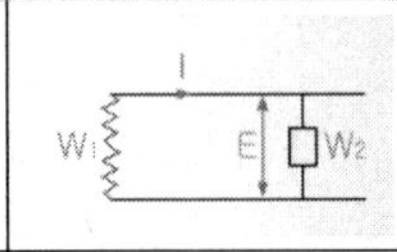	$P=EI\cos\theta$	$2I^2R$	2선	$\frac{EI}{2}$	100[%]
단상 3선식	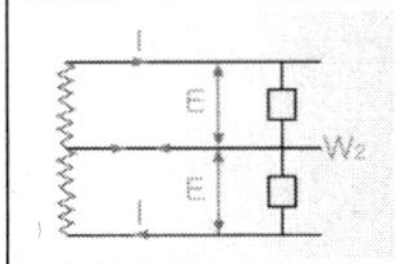	$P=2EI\cos\theta$	$2I^2R$	3선	$\frac{2EI}{3}$	133[%]
3상 3선식	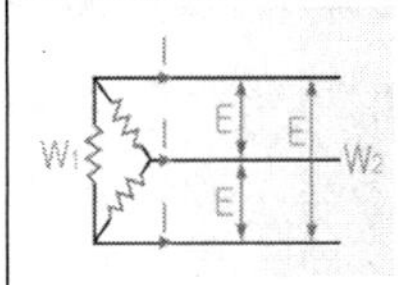	$P=\sqrt{3}EI\cos\theta$	$3I^2R$	3선	$\frac{\sqrt{3}EI}{3}$	115[%]
3상 4선식	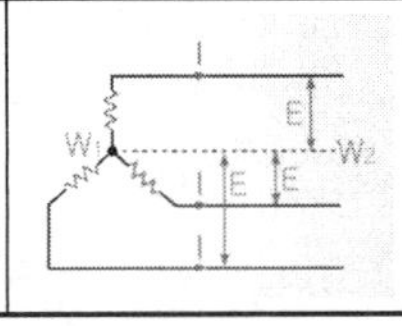	$P=3EI\cos\theta$	$3I^2R$	4선	$\frac{\sqrt{3}EI}{4}$	150[%]

$W1$: 송전단 전력　　$W2$: 부하전력, 수전단 전력　　R : 전선 1가닥의 저항
I : 부하전류　　L : 배전 거리　　ρ : 저항률
E : 부하전압

02 전원방식의 종류와 특성

학 습 목 표

- 전원방식의 종류를 알 수 있다.
- 집중 전원방식의 장 · 단점을 알 수 있다.
- 분산 전원방식의 장 · 단점을 알 수 있다.

전원(power supply)은 회로나 병원설비, 의료기기를 동작시키기 위해 에너지를 공급하는 계통이며, 220[V]의 전등선, 전지는 물론 의료기기 내부에서 교류 220[V]를 적당한 전압의 직류로 하는 부분(전원부), 트랜지스터나 IC 회로에 에너지를 공급하는 프린트 기판의 라인까지 모두를 가리킨다. 특히 전압이 들어오는 선뿐만 아니라 접지도 전원의 중요한 일부이다.

전원설비는 전력회사로부터 전력을 수전하는 수전설비, 정전 시 또는 비상용 발전 설비인 예비 발전설비, 비상용 조명을 위한 발 · 변전설비, 감시제어용, 직류전원으로서 축전지 설비와 컴퓨터용 전원 등에 정전압, 정주파수 공급을 위한 장치 및 무정전 전원 공급장치, 특수 부하 전원설비 등이 있다.

전력계통의 전원 설비방식은 대규모 집중 전원방식과 소규모 분산 전원방식으로 크게 분류하며, 우리나라의 전원방식은 대규모 집중방식 위주로 전원계획을 수립하여 왔다.

최근에는 신에너지 전원설비인 태양광, 연료 전지 및 풍력발전 등의 환경친화적인 전원방식이 급증하고 있는 추세이며, 국가적으로도 이러한 전원설비를 장려하고 있다. 그러나 신에너지 전원방식은 독자적으로 모든 부하를 충당할 수 없으며 고장 시 전원 공급에 차질이 발생할 우려가 있어 전력 계통과의 연계가 필수적이다.

1. 집중 전원방식

수전설비, 예비 전원설비, 전력 변환설비 등 병원 전원설비를 하나의 시스템에 집중 설치하고 각 장소에 설치되어 있는 의료장비에 전력을 공급하는 방식이다. 발전에 사용되는 연료나 기술형태에 상관없이 비교적 대규모의 발전을 통하여 전력을 생산하고, 전력을 필요로 하는 원거리 수요자로 송 · 배전망을 통하여 전력을 송 · 배전한다.

(1) 장 점

① 계통의 운용과 관리가 용이하며, 전력 생산비용이 적다.
② 발전설비의 설치비용과 생산비용이 적으며, 전력 생산이 안정적이다.
③ 분산 전원방식 15~10,000[kW] 용량인 소출력의 발전기보다 약15배 정도인 150,000[kW] 이상의 발전설비를 가질 수 있다.

(2) 단 점

① 설비의 고장이나 천재지변, 전쟁 등으로 인해 전력공급이 중단될 수 있다.
② 전력을 사용하는 장소와 연결하는 전력선의 길이가 길어 전력선 손실이 크다.
③ 잠재적 환경파괴력과 세대 간의 불평등이 내재되어 있다.
④ 산업시설에서 사용하는 전력의 일정부분을 공급할 수 있는 용량이어야 하므로 초기 시설투자비가 많이 든다.

2. 분산 전원방식

병원설비에 직접 전력을 공급하는 전력 변환장치나 축전지의 일부 또는 전체를 수전(受電)설비, 예비 전원설비와 분리하여 병원설비의 근처에 분산하여 설치하는 방식으로 주로 대용량을 사용하는 곳에서 방전선의 전압강하를 줄이기 위해 사용한다.

전력회사의 대규모 전원(화력, 원자력 등)과는 달리 소규모로써 소비자에게 분산 배치가 가능한 전원이다. 즉, 에너지 생산지와 소비자가 일치하는 경우이다.

분산 전원방식은 특정 소비자가 특정 전력계통을 설치하는데 있어서 바이오매스 발전기, 연소터빈, 집광식 태양력, 태양광 전지, 연료 전지, 풍력 터빈, 마이크로터빈, 엔진/발전기 세트, 전력 저장, 제어장치가 포함되며, 전력망과 연결하거나 독립적으로 사용할 수가 있다.

대형 집중 전원식 발전소와는 대조적으로 [kW] 미만의 용량에서 수십[MW]의 출력 범위이다. 전기가 상용화될 때에는 대부분의 전원방식이 분산형이다. 즉, 3~4[MW]급 규모로 한 지역의 에너지 공급을 목표로 하고, 전력요금 구조개편과 전력계통 신뢰도에 대한 우려 증대, 풍부하고 저렴한 천연가스, 새로운 대기오염 규제, 무정전전원의 가치 증대로 인하여 분산 전원방식의 수요가 증가하고 있다.

분산 전원으로 사용되는 재생 에너지원으로 태양광 발전이 가장 빠르게 사업화 또는 대용량화되고 있으며, 지형에 따라 제한적으로 풍력발전, 해상 풍력과 같은 새로운 에너지원으로 확대되고 있다. 연료 전지와 같은 신에너지원 역시 분산 전원으로 개발되고 있으며, 가정용 열병합 시스템의 경우에는 이미 실증 운전에 들어가고 있다.

(1) 장 점

① 송전계통과 배전계통의 운영비가 감소한다.
② 부하 중심지 건설로 송전손실이 경감한다.
③ 첨두 부하변동에 대한 대응력이 강화된다.
④ 전력 부하변동에 대한 대응력이 강화된다.
⑤ 친환경적인 에너지원을 이용(온실 가스 및 공해 저감)한다.
⑥ 배열 이용에 의한 에너지 효율이 향상된다.

(2) 단 점

① 송전계통의 대규모 발전에 비해 설치비용, 전력 생산비용이 높다.
② 분산 전원에 따라 출력이 불안정할 수 있다(태양광, 풍력).
③ 계통 운용상의 문제(보호 협조, 안전, 보안)가 있을 수 있다.
④ 충분한 기술력이 확보되지 않았다.
⑤ 독자적으로 모든 부하를 충당할 수 없다.

보충 : 분산 전원계통 연결의 필요성

태양광 발전, 풍력발전, 마이크로터빈, 연료 전지, 왕복운동기관 등을 이용하여 소규모로 생산된 전력은 대부분 예비전력으로 이용되고, 전체 전력망에 유기적으로 연결되어 있지 않다. 이들을 기존 전력망에 통합하기 위해서는 보다 정교하고 자동화된 제어 시스템이 필요하다. 이를 통해 신뢰도를 높일 수 있으며, 근거리 발전으로 인한 전력손실을 줄이고 전력발전으로 인해 생기는 열손실을 줄일 수 있다.

3. 예비전원 설비

(1) 예비전원의 정의

상용 전원이 일시 정전 또는 차단되었을 때 사용하는 전원이다.

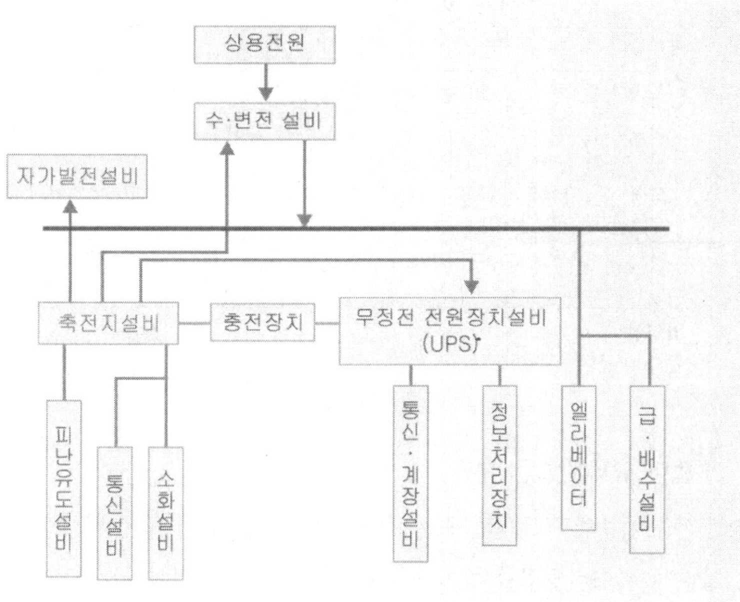

그림 1-2 비상용 예비전원 설비의 개념도

(2) 예비전원의 분류

1) 사용목적에 따른 분류

① 상용 예비전원 : 상용전원이 차단된 경우에만 사용하는 것으로서 내연기관 또는 가스터빈(이하 원동기라 한다)에 의하여 발전기를 구동하여 부하에 전력을 공급하는 장치로 원동기, 발전기, 제어장치 및 부속장치로 구성된다.

② 비상용 예비전원 : 비상용 예비전원을 필요로 하는 설비는 보안상 필요한 것과 영업상 필요한 것으로 나눌 수 있다. 그리고 보안상 필요한 설비에는 자기보호 때문에 필요한 것과 법규(소방법 · 건축법 · 내무부고시)에서 규제되어 있는 관계로 예비전원 설비를 필요로 하는 것은 표 1-3과 같다. 고도 정보화 사회에 따라 비상용 예비전원설비는 보안과 최소한의 영업활동을 위하여 확대되고 있는 추세에 있다.

표 1-3 ◦ 예비전원을 필요로 하는 부하

목 적		보안상 필요한 부하 대상	영업용 부하 대상
자위상	조명용	상시등 정전의 경우 운전조작에 필요한 장소의 전원	필요한 영업장소
	공조·환기용	자가용 발전장치실, 중앙감시실, 중앙관리실(방재센터), 환기용 전원	위와 같음
	승강기용	정전일 때 긴급대피, 구조용 전원	필요한 영업장소
	위생용	급수펌프, 배수펌프 전원	위와 같음
	제어용	중앙 감시반, 기타 감시 제어장치 전원	
	보안·방재용	항공 장해등, 방화셔터, 자가 발전장치용 보조기기 전원	영업상 필요한 설비 기기용
	기타	소화설비 중 화재 보험료의 할인 적용을 받는 부하 (외국의 경우)	
법령상의 규제 때문에		건축법에 따르는 설비용, 소방법에 의한 설비전원	

2) 법령 규제에 의한 분류

건축 기준법과 소방법에 규제되어 있는 예비전원 또는 비상전원은 자가발전설비, 축전지설비, 축전지설비와 자가발전설비의 병용, 비상전원전용 수전설비 등은 표 1-4, 표 1-5와 같다.

표 1-4 ◦ 비상용 예비전원의 분류와 일반적인 성능

비상용 예비전원	일반적인 성능
자가발전설비	**(소방법)** 30분 이상 연속하여 운전할 수 있을 것
	(건축법) 비상사태가 발생한 후에 10초 이내에 전압을 확보하고, 30분 이상 안정된 전원을 공급할 수 있는 용량일 것(비상용 엘리베이터의 경우에는 120분 이상, 병원설비는 10시간으로 된 예외 규정이 있음)
축전지설비	**(소방법)** 정전 후 충전하지 않고서 1시간 이상 감시상태를 지속한 직후에도 30분 이상 방전할 수 있을 것
	(건축법) 자동충전장치 및 시한충전장치를 가지는 축전지(충전하지 않고 30분 이상 계속해서 방전할 수 있는 것)
축전지설비와 자가발전설비 공용	**(소방법)** 자가용 발전기는 사용전원이 정전된 후 소요전압을 확보할 때까지의 시간은 40초 이내이고, 정격부하로 30분 이상 계속하여 운전할 수 있을 것
	(건축법) 정전 후 순간적으로 전원을 공급할 수 있는 10분간 용량의 축전지와 자가발전설비는 40초 이내에 전압을 확인시키고 운전시간은 일반적으로 30분 이상(병원의 순간특별비상전원은 자가발전설비를 연속해서 최소 10시간 운전)
비상전원전용 수전설비	**(소방법)** 특정소방대상물로서 연면적 1000[m^2] 이상의 것은 사용할 수 없다.
	(건축법) 법에서 인정되지 않고 있다.

표 1-5 ▪ 소방법 규제에 설치되는 예비전원 설비

비상전원이 필요한 소방용 설비	자가용 발전설비	축전지 설비	용 량
옥내(외) 소화전 설비	○	○	20분
스프링클러 설비	○	○	20분
포 소화설비	○	○	20분
물 분무 소화설비	○	○	20분
CO_2 소화설비	○	○	20분
할로겐 화합물 소화설비	○	○	20분
분말 소화설비	○	○	20분
자동 화재 탐지 설비	-	○	60분 상태감시 10분 경보
유도등	-	○	20분
비상경보 및 방송설비	-	○	20분
비상 콘센트 설비	○	○	20분
배연설비	○	○	20분
무선통신 보조설비	-	○	30분

3) 주요 예비전원 설비

① **자가발전설비** : 상용 자가발전설비는 상용 전원과 병렬운전하며, 비상용 자가발전설비는 상용전원이 차단된 경우에만 사용하는 것으로 내연기관 또는 가스 터빈에 의해 발전기를 구동시켜 부하에 전력을 공급하는 장치로 원동기, 발전기 및 부속장치로 구성된다.

② **직류 전원설비** : 수·변전 설비의 조작용 전원, 비상조명 전원으로 사용되며, 정류기 및 축전지 등으로 구성된다.

③ **무정전 전원설비** : 보통 무정전 전원장치인 UPS(Uninterruptible Power Supply)를 말하며, 정류기, 인버터, 축전지, 전환 스위치 등으로 구성된다.

4) 예비전원 설비 필요성

① 갑작스런 정전에 대비하여 부하에 안정된 전원을 공급한다.

② 은행이나 대형 빌딩 등의 전산실을 비롯하여 첨단산업 설비, 정밀 계측제어 설비 등 예비전원이 필요한 곳은 매우 많다.

5) 예비전원이 갖추어야 할 조건

예비전원 중 비상전용 수전설비를 제외하면 충전기를 갖춘 축전지, 자가용 발전설비, 충전기를 갖춘 축전지와 자가용 발전설비와의 병용 등과 같은 것이 있다. 이러한 예비전원이 비상시에 그 기능을 완전히 발휘할 수 있게 하려면 다음과 같은 특성을 구비해야 한다.

① **축전지** : 충전을 하지 않는 상태에서 30분 이상 방전할 수 있어야 한다.

② **자가용 발전설비** : 비상시에 10초 이내에 기동하여 전압을 규정값으로 유지하고 30분 이상 안정하게 전력을 공급할 수 있어야 한다.

③ **충전기를 갖춘 축전지와 자가용 발전설비와 병용하는 경우** : 자가용 발전설비가 비상시에 45초 이내에 기동하여 30분 이상 안정된 전력을 공급할 수 있어야 하며, 축전지는 정전 후 20분 이상 방전에 견딜 수 있는 용량의 것을 필요로 한다. 또한 엘리베이터, 배연설비가 있을 때는 1시간 이상의 전원공급이 필요하다.

4. 무정전 전원 공급장치

(1) 전원장치의 종류와 특성

① **자동 전압 조절장치(AVR** : Automatic Voltage Regulator) : 교류 전압을 일정하게 유지시켜 주는 장치이다.

② **정전압 정주파수 전원장치(CVCF** : Constant Voltage Constant Frequency) : 정전압 정주파수 교류를 출력시키는 전원장치로서 양질의 전력을 부하에 공급한다. 백업기능은 없지만, 상용 전원의 전압이나 주파수가 변동되어도 부하에는 항상 정전압 정주파수의 안정된 교류 전력을 공급할 수 있다. 구성요소는 **무정전 전원 공급장치**의 기본구성에서 축전지 설비와 전환 개폐기를 제외한 것으로 되어 있다. 그림 1-3은 CVCF의 운전 모드를 나타낸 것이다.

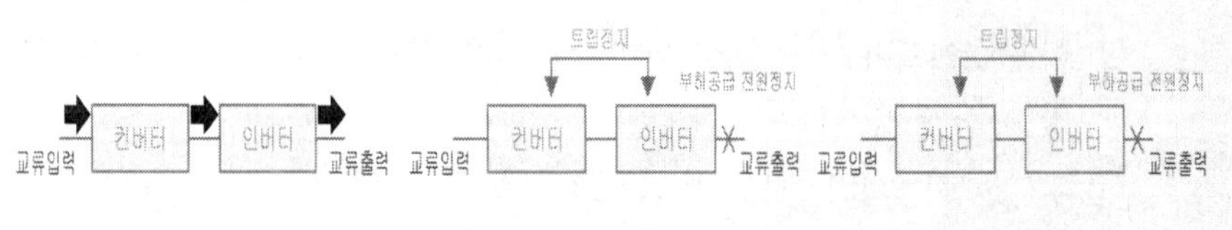

그림 1-3 • CVCF의 운전 모드

③ **가변 전압 가변 주파수 전원장치(VVVF** : Variable Voltage Variable Frequency) : 가변 전압, 가변 주파수의 교류 전력을 발생시키는 장치이다. 컨버터와 인버터로 구성된다. 주로 유도 전동기의 광범위 속도제어에 많이 사용되고 있다.

④ **무정전 전원장치(UPS** : Uniterruptible Power Supply) : CVCF에 축전지를 결합하여 CVCF의 기능 이외에 상용 전원의 정전 시에도 항상 부하에 안정된 전력을 공급할 수 있는 무정전 교류 전원장치이다.

표 1-6 ◦ 전원장치의 비교

기 능	방 식	장 점	단 점
자동전압 조절장치 (AVR)	유도전압 정전기(IVR)	• 경제적이다. • 대용량기(선로용량수, 1000[kVA] 까지 제작할 수 있다.)	• 기계적 가구가 많다. • 다 빈도로 사용하면 수명이 짧다. • 보수가 필요 (30~60초/전 범위)
	정지형 자동 전압 조정기	• 적응속도가 빠르다(0.1~0.5초). • 마모부품 없이 장수명 • 방수가 불필요	• IVF에 비해 고가이다.
정전압정 주파수장치 (CVCF)	회전형 CVCF	• 서지 내량(과부하 내량)이 크다. • 입력전원의 순시 정전에 강하다.	• 효율이 낮다. 응답속도가 늦다. • 주파수 정밀도 저하 • 진동, 소음이 크다. • 보수, 분해수리가 필요하다.
	정지형 CVCF	• 효율이 높다, 보수가 간단하다. • 주파수 정도가 높다. • 응답속도가 빠르다. • 진동, 소음이 낮다.	• 서지 내량(과부하 내량)이 저하
무정전 전원장치 (UPS)	회전형 CVCF +축전지	(회전형 CVCF와 같다)	좌동
	정지형 CVCF +축전지	(정지형 CVCF와 같다)	좌동

(2) 무정전 전원 공급장치의 개요

최근에 급격하게 보급 발전하고 있는 마이크로프로세서가 내장된 **사무자동화**(OA) 및 **공장자동화**(FA) 등은 전원전압의 변동과 **고조파**, **서지의 내습**, **순시정전** 등 전원의 질에 대하여 민감하게 반응하는 관계로 고품질의 전원을 요구하게 된다. 이러한 고품질의 전원공급을 위한 전원장치가 **무정전 전원장치**라고 하며, 입력전원에서 이상상태가 발생하여도 정상적인 전원을 부하 측에 공급하는 설비로서 **정류기**, **인버터**, **축전지**, **절환 스위치로 구성되며 컴퓨터**, **전자 교환기**, **전력공급의 집중감시제어반**, **각종 플랜트 계기** 등에 사용되고 있다.

(3) UPS 설치의 필요성

① 순간정전으로 인한 시스템의 다운과 중요한 컴퓨터 데이터 등을 보호한다.

② 서지, 노이즈, 충격전류 등의 유입으로 인한 첨단 기기의 오동작을 예방한다.

③ 예기치 못한 정전으로 인한 시설, 설비, 장비 등을 보호한다.

(4) 설치 후 기대효과

① 유해 전원(서지, 노이즈, 저전압, 과전압 등) 차단, 양질의 전원을 공급한다.

② 정전 및 순간정전으로부터 해방, 정전 시 확실한 백업 효과가 있다.

③ 자동 셧 다운(shut down) 기능으로 배터리 보호 및 시스템 감시가 불필요하다.

④ 원격 제어 및 모니터링, 전원 사건 기록, 호출 기능으로 신속한 대응 및 사후 처리가 가능하다.

(5) 무정전 전원 공급장치의 동작원리

UPS는 사용전원의 순간정전, 전압변동, 주파수변동, 파형왜곡 등에 의한 컴퓨터 응용기기의 오동작을, 예측 불허한 정지를 방지하는 역할을 한다.

(6) 무정전 전원장치의 구성

무정전 전원장치는 정류부와 필터부, 인버터부, 바이패스 회로 등으로 그림 1-4와 같이 구성되고 각 부의 기능은 그림 1-5와 같다.

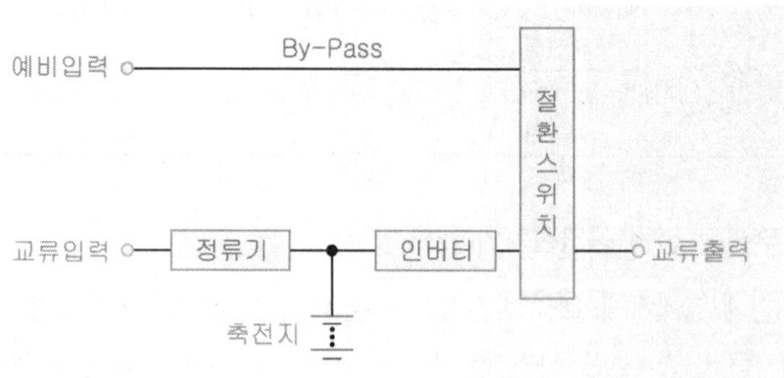

그림 1-4 • UPS 기본 구성도

① **정류부**(converter) : 전력회사의 교류 전원을 직류전원으로 바꾸어 주는 동시에 직류 축전지에 충전을 하게 된다.

② **축전지**(battery): 상용전원의 정전 시 인버터에 직류전원을 공급하여 일정시간까지 부하에 전력을 공급한다.

③ **DC/AC 필터** : 직류 및 교류 필터가 있으며 직류 필터는 정류기에서 직류로 변환된 직류전압의 리플(ripple)을 평활하게 하여 주며 교류 필터의 경우 직류에서 교류로 변환된 출력 교류전압에 포함된 고조파 전압을 제거하여 양질의 정현파의 AC 전원을 만드는 역할을 한다.

④ **인버터**(inverter) : 정류부와 직류 필터를 통과한 직류전원을 부하가 사용하는 교류

전원으로 변환시키는 핵심부분을 담당한다.

⑤ **바이패스**(by-pass) : 무정전 전원장치의 고장으로 차단이 되었을 경우 상용전원을 그대로 부하에 공급하는 회로이다.

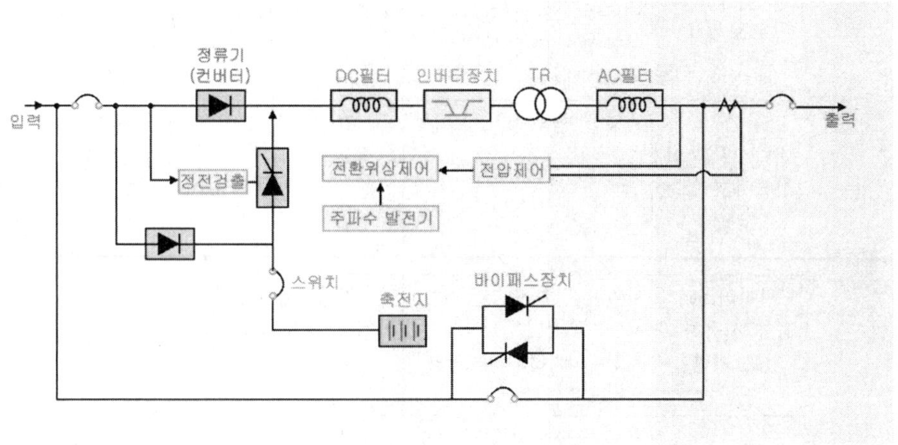

그림 1-5 • UPS 구성도

(7) UPS 방식의 분류

표 1-7 • UPS 방식의 분류

급전에 의한 분류	• 상시 인버터 급전방식(on line 방식) • 상시 상용 급전방식(off line 방식)
용장(redandant) 유무에 의한 분류	• 단일 운전방식 • 복수대 병렬 운전방식
동기 유무에 의한 분류	• 비동기 운전방식 • 상용 동기 운전방식

(8) 순시 전압강하의 영향

순시 전압강하와 정전에 대한 적극적인 대처가 UPS이며 이들의 영향 정도를 보면 표 1-8과 같다.

표 1-8 • 순시 전압강하의 영향

사용기기	적용개소의 예	영향의 생성영역	영향강도
컴퓨터 프로세서	• 공장 등의 프로세서 제어 로봇 • 사무실 등의 오피스 컴퓨터 팩시밀리 • 의료기기	• 전압강하량 5~10[%] 정도 • 계속 시간 10[ms] 정도 (오피스컴퓨터 10~20[ms] 정도)	• 메모리의 소실 • 프로그램 폭주 • 제어 오류
전자 개폐기를 사용하고 있는 전동기	• 공장 전동기의 대부분	• 전압강하량 40~60[%] 정도 • 계속 시간 10~50[ms] 정도	환풍기, 펌프, 압축기 등 구동전원에 많이 사용되고 있기 때문에 생산품질의 저하, 생산량의 저하 등에 치명적인 결합을 준다.
사이리스터 등을 사용하고 있는 가변속 전동기	• 일반 산업용 전동기 • 엘리베이터 • 점수장, 하수처리장의 펌프용 전동기	• 전압강하량 15[%] 정도 • 계속 시간 10~50[ms] 정도	
고압 방전램프	• 홀, 스포츠 시설의 조명 • 도로, 터널의 조명	• 전압강하량 20[%] 정도 • 계속 시간 70~100[ms] 정도	소등 후, 재점등까지 수분~수십분 정도를 요하며, 활동에 지장을 초래

(9) 무정전 전원 공급장치의 운전

① 정상운전 : 사용전원이 정류기와 인버터를 거쳐 양질의 전원을 공급한다. 직류전력의 일부는 배터리의 부동 충전을 담당한다.

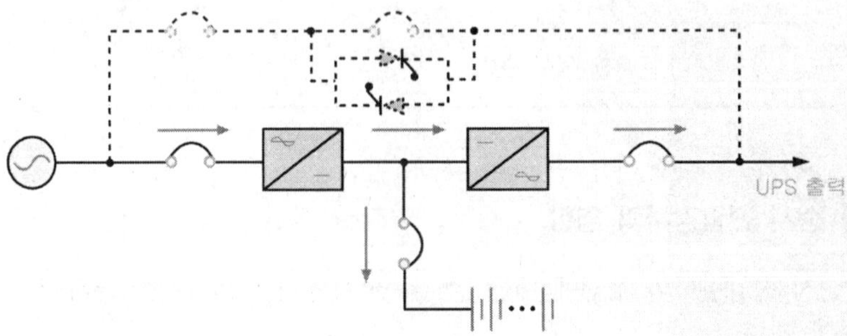

그림 1-6 • 정상운전

② 상용 전원차단

㉠ 정전 시에는 정류기의 동작이 중단되며 무순단으로 축전지로 양질의 전력을 공급한다(CVCF).

㉡ 축전지의 설정시간 동안 전력을 공급하며, 상용 전원회복 시 정류기가 동작한다.

㉢ 정류기가 동작하면 즉시 배터리는 자동으로 충전된다.

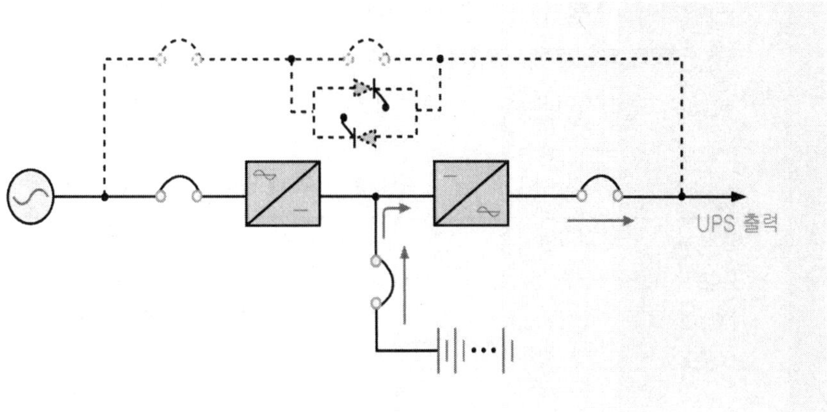

그림 1-7 ◦ 상용전원 차단

③ By-Pass 회로운전

㉠ 정류기와 인버터의 고장이 일어났을 때를 상정한 것이다.

㉡ 병렬운전 또는 예비운전이 있을 경우 이를 생각할 수 있으나 여기서는 이것이 없다고 보고 작동한 것이다.

㉢ UPS가 고장이 날 경우 즉시 S/S(Static Switch)가 동작(150[μs] 이내)하고, 2~3[Hz] 이내에 CB를 통해 상용전원을 그대로 급전한다.

㉣ UPS가 정상화되면 UPS 회로와 By-Pass 회로가 병렬운전을 하면서 By-Pass 회로가 차단되고 정상회로로 복귀한다.

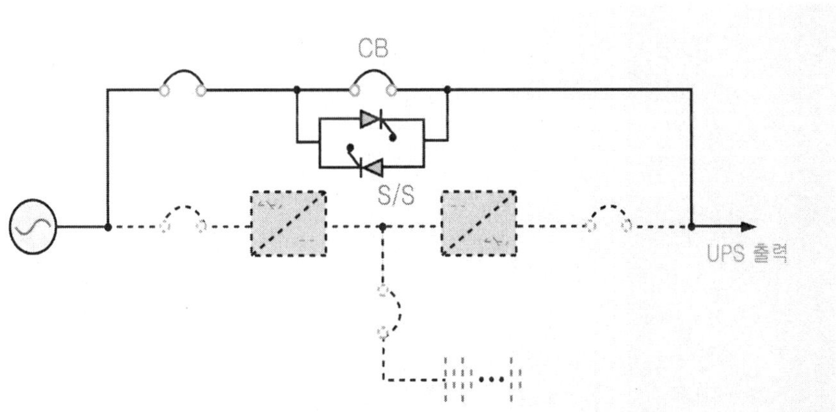

그림 1-8 ◦ By-Pass 회로운전

④ UPS의 설치 시 주의사항

UPS 장치의 주위 온도는 일반 전기기기처럼 40[℃] 이하로 되어 있는데, UPS 자체에서 발열하므로 충분히 환기할 필요가 있다. UPS는 반도체 부품으로 구성되어 있어 신뢰성면에서 공조설비를 설치하고 주위 온도 30[℃] 이하에서 사용하는 것이 바람직하다. 축전지를 가대에 탑재하는 경우는 축전지 전용실을 설치하여야 하지만 축전지를 큐비클에 수납하는 경우에는 축전지실이 필요없다.

UPS의 출력전압은 부하기기까지의 배선에 의한 전압강하를 고려해야 한다.

표 1-9 • UPS의 정격특성

정격사항	정격내용
사용정격	• 연속 동작형 : 100[%] 연속 사용 가능 • 대기 동작형 : 정해진 축전지 정격유지 시간 내에서 연속 사용 가능
전기적 성능사항	• 교류 입력전압의 허용 변동범위 : ±10[%] • 교류 입력 주파수의 허용 변동범위 : ±10[%] • 교류 출력전압 안정도 : ±2[%] 이내
교류 출력 주파수 안정도(비동기시)	±0.3[Hz] 이내
교류 출력 파형왜율	5[%] 이내
과부하 내량 시험	120[%] 부하로 10분간

제1장 학습정리

- 전기방식 : 고압 배전선로 전기방식과 저압 배전선로 전기방식으로 나뉘며, 각각 단상 2선식, 단상 3선식, 3상 3선식, 3상 4선식이 있다.
  ① 고압 배전선로의 형태
    가. 방사상식(수지식, 가지식) : 부하 증설에 용이하게 대비할 수 있고, 시설비가 저렴하나 전압강하와 손실이 많고, 정전범위가 넓으며 공급신뢰도가 낮다.
    나. 환상식 : 전압강하와 손실이 적고, 공급신뢰도가 좋다. 그렇지만 설비비가 많이 들고 단락용량이 크며, 보호방식이 복잡하다.
    다. 망상식 : 공급신뢰도가 높고 전압변동률이 낮아 기기의 이용률이 향상되고 무정전 공급이 가능하며, 부하변화에 대한 적응력이 좋다.
  ② 저압 배전선로의 형태 : 저압 방사상식, 저압 뱅킹 방식, 저압 네트워크 방식이 있다.
  ③ 단상 2선식 : 부하 불평형이 없고 저압 선로가 단순하다. 전선 소요량이 증가하고 전력손실이 증가한다.
  ④ 단상 3선식 : 배전방식이 경제적이고 전선 소요량 및 전력손실이 감소하지만 부하의 불평형 문제가 발생하고 중성선 단선 시 이상전압 유입으로 기기가 파손될 수 있다.
  ⑤ 3상 3선식 : 단상에 비해 효율이 높으므로 부하를 줄일 수 있다.
  ⑥ 3상 4선식 : 전력공급 능력이 최대이며 경제적 배전방식이며 배전설비의 단순화가 가능하지만 부하의 불평형 발생과 중성선 단선 시 이상전압이 유입되는 단점이 있다.

- 전원방식에는 집중 전원방식과 분산 전원방식이 있다.
  ① 집중 전원방식 : 수전설비, 예비전원 설비, 전력변환 설비 등의 통신용 전원설비를 하나의 시스템에 집중 설치하고 이곳에서 각 장소에 설치되어 있는 통신기기에 전력 등을 공급하는 방식이다. 발전에 사용되는 연료나 기술 형태에 상관없이 비교적 대규모의 발전을 통하여 전력을 생산하고, 전력을 필요로 하는 원거리 수요자로 송배전망을 통하여 전력을 송배전한다.
  ② 분산 전원방식 : 통신기기에 직접 전력을 공급하는 전력 변환장치나 축전지의 일부 또는 전체를 수전(受電) 설비, 예비전원 설비와 분리하여 통신기기의 근처에 분산하여 설치하는 방식으로 주로 대용량을 사용하는 곳에서 방전선의 전압강하를 줄이기 위해 이용한다. 기존의 전력회사의 대규모 전원(화력, 원자력 등)과는 달리 소규모로써 소비자 근방에 분산배치가 가능한 전원이다.

제1장 평가문제

1. 다음 중 저압 배전선로에서 3상 4선식의 특징에 해당하지 않는 것은?
① 동력 부하 가동 시 플리커 발생 우려가 있다.
② 중성선 단선 시 이상전압이 유입된다.
③ 배전 설비가 단순하다.
④ 대용량 공급이 불가능하다.
⑤ 부하 불평형이 발생한다.

2. 다음 전기방식에서 변압기의 저압측의 2개의 권선을 직렬로 하고 그 접속의 중간점으로부터 중성선을 끌어내어서 전선 3가닥으로 배전하는 방식은?
① 단상 2선식 ② 단상 3선식 ③ 3상 3선식
④ 3상 4선식 ⑤ V결선

3. 다음 전기방식 중 변압기의 2차측을 Y접속하고 그 중성점으로부터 중성선을 인출해서 3선식의 전선 3가닥과 조화시킴으로써 2가지 전압을 공급할 수 있게 한 방식은?
① 단상 2선식 ② 단상 3선식 ③ 3상 3선식
④ 3상 4선식 ⑤ V결선

4. 다음 중 집중 전원방식의 장점이 아닌 것은?
① 계통의 운용과 관리가 용이하다.
② 전력 생산비용이 적다.
③ 발전 설비의 설치비용과 생산비용이 적다.
④ 전력생산이 안정적이다.
⑤ 전력을 사용하는 장소와 연결하는 전력선의 길이가 길다.

5. 다음 중 분산 전원방식에 대한 설명 중 틀린 것은?
① 부하 중심지 건설로 송전 손실이 경감한다.
② 첨두 부하변동에 대한 대응력이 강화된다.
③ 전력 부하변동에 대한 대응력이 강화된다.
④ 충분한 기술력이 확보되어 있다.
⑤ 분산 전원에 따라 출력이 불안정할 수 있다.

제2장 전기제어공학

전기설비의 중요한 부분을 차지하는 자동제어의 개념과 필요성을 인지하고 가장 대표적인 자동제어인 시퀀스 제어의 개념을 소개하였다. 또한 전기 시퀀스에 사용되는 기기와 기본회로를 다루면서 전기 시퀀스에 대해 이해하도록 하였다.

01 자동제어

학 습 목 표

- 자동제어의 개념을 이해할 수 있다.
- 시퀀스 제어의 개념을 이해할 수 있다.
- 피드백 제어의 개념을 이해할 수 있다.

1. 자동제어의 기본개념

(1) 자동제어의 정의

새로운 제어 시스템을 만들고 또 현재 있는 시스템을 계속적으로 개선하고 확대시키기 위해서는 제어의 정의와 여기에 사용되는 부품들에 대한 정확한 지식이 필요하다. 일반적으로 제어라 함은 '조작 또는 동작에 의하여 어떤 목적에 적합하도록 양의 증감이나 상태의 변화를 갖게 하는 것, 양 또는 상태를 일정하게 유지'하는 것이다.

즉, 사용 목적에 적합하도록 제어의 대상에 적당한 조작이나 동작을 주는 것을 제어라 하고 이 제어를 사람이 직접 조작하게 하는 제어를 수동제어, 사람의 조작 없이 제어장치에 의해 기계가 제어의 판단과 조작을 자동적으로 수행하는 제어를 자동제어라고 한다.

제어장치란 제어 대상에 조합되어 제어를 수행하는 것이며, 이 제어 대상과 제어장치를 주체로 하나의 목적을 가진 체계를 제어계라고 하고, 기본 제어계는 조작, 제어 대상, 결과(출력)의 순서로 이루어지며, 조작은 입력 또는 그 외의 방법에 의해 소정의 운동을 하게 하는 것이고, 동작이란 어떤 원인이 주어짐에 따라 소정의 작용을 하는 것이며, 조정이란 양 또는 상태를 일정하게 유지하거나 또는 일정한 기준에 맞추어 변화시키는 것이다.

자동제어(automatic control)란 어떤 대상 시스템의 상태나 출력이 원하는 특성을 얻도록 입력신호를 기계장치로부터 적절히 조절하는 방법이다. 여기서, 제어하고자 하는 대상을 플랜트(plant), 제어 동작을 수행하는 장치를 제어기(controller), 센서(sensor)를 통해 출력값을 되돌리는 것을 궤환 또는 피드백(feedback)이라고 한다.

(2) 자동제어의 필요성

일반적으로 사람이 가지고 있는 작업능력은 매우 우수하다고 할 수 있다. 간단한 손작업이라도 그것과 동일한 작업을 기계로 실행하려면 때때로 매우 높은 수준의 복잡한 장치가 필요하기도 하고 혹은 불가능할 때도 있다. 또한, 사람은 어느 정도 돌발적인 사태에 대해서 적절한 판단을 내릴 수가 있고, 새로운 작업에 대해서도 비교적 신속히 작업에 익숙해질 수가 있으며, 어떠한 정밀기계를 이용해도 도저히 흉내낼 수 없는 고도의 능력을 가지고 있다.

그러나 반면에 사람이 기계에 도저히 미치지 못하는 점도 있다. 우선 단조로운 작업을 장시간 연속해서 작업할 수 있는 능력과 많은 힘이 소요되는 작업에 대해서는 기계에 훨씬 미치지 못하게 된다. 따라서 사람이 하기 힘든 작업을 기계화와 자동화를 함으로써 사람이 하는 것보다 정확하게 계속적으로 작업을 할 수 있다.

결국 사람 대신 자동제어계로 대행시키면 제어의 정확도와 정밀도를 높일 수 있게 되는 것이다. 자동제어의 장점으로는 6가지가 있다.

① 제품의 생산속도를 증가시켜 고속 작업이 가능하다.
② 원자재 및 연료를 절약하여 투자자본의 절약이 가능하다.
③ 제품의 품질이 향상되고 제품의 균일화로 인해 불량품이 감소한다.
④ 위험한 사고를 방지할 수 있으며 수동조작을 위한 작업자가 필요 없어 인건비가 절감된다.
⑤ 정밀작업과 연속작업이 가능하다.
⑥ 생산 설비에 일정한 힘을 가하므로 수명이 길어진다.

(3) 자동제어의 발달 및 영향

1) 수동제어

사람이 직접 조작하는 제어(자동차의 운전, 전등의 점등)로 사람이 제어의 판단과 조작을 한다.

2) 수동제어의 단점

① 원하는 제어가 불가능하고 숙련된 기술을 요구한다.
② 지속적인(연속적인) 주의력 및 집중 작업이 불가능하다.
③ 위험한 장소에 사람을 배치하기가 불가능하다.

3) 기계화의 영향

① 기계의 대용량화, 복잡화, 고속화가 되었다.

② 주의력, 신속성, 정확성 및 강력한 조작력이 필요하다.

예 항공기의 고속화, 발전소의 대용량화

③ 조속기의 발명(Watt), 회전수 문제해결, 증기기관이 실용화되었다.

④ 제어가 복잡하고 급속히 발전되었다.

예 원동기의 속도조절, 발전기의 전압 및 주파수

⑤ 군사상의 목적으로 발전, 어뢰의 자동 조종, 포탑의 제어

⑥ 각종 화학공업 프로세스의 계장, 공작기계의 제어

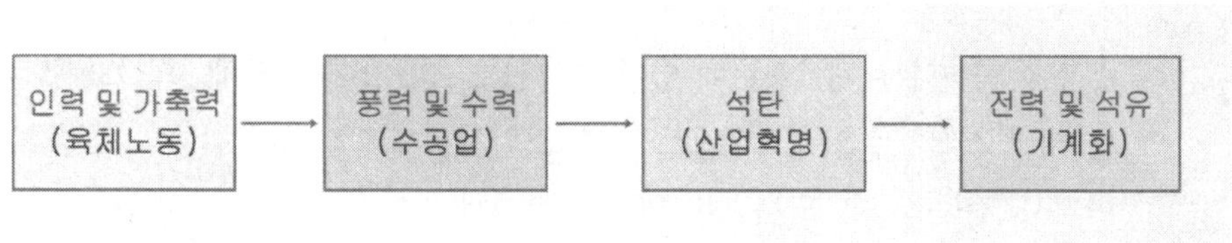

그림 2-1 • 에너지원의 발달과정

2. 자동제어의 분류

정해진 조작과정을 자동적으로 실행하는 자동제어는 피드백 제어(feedback control)와 시퀀스 제어(sequence control)가 있다.

1) 시퀀스 제어

되먹임 제어(feedback control)와는 달리 보상동작적인 작용을 가지지 않는 열린 루프계이다. 제어신호는 아날로그가 아니라 디지털 신호이다. 전기세탁기 · 전기밥솥 · 자동판매기 · 자동 엘리베이터 등 일상생활에 응용될 뿐만 아니라 컨베이어, 트랜스퍼 머신, 발전소의 기동정지원격조작, 자동운전, 자동공작기 등 공장의 자동화 시스템에 폭넓게 이용되며, 조업관리, 즉 공장 스케줄 제어의 일환으로서도 매우 중요한 일면을 차지한다. 이 제어를 이용할 경우에는 인원의 삭감, 재현성의 확보, 생산속도의 증대와 설비효율의 향상뿐 아니라, 품질향상과 균일성의 확보, 위험방지 등 큰 효과를 거둘 수 있고 병원설비나 의료기기 회로에 **릴레이**(relay), **타이머, 스위치 등을 결선하여 미리 정해진 순서에 따라 제어의 각 단계를 순차적으로 진행시켜나가는 제어이며, 불연속적인 작업을 행하는 공정 제어** 등에 널리 사용되고 있다. 시퀀스 제어는 일종의 스위치나 버튼을 사용하여 일반 의료기기, 전기회로의 부하를 작동시키고, 부하의 동작상태나 고장상태를 알려 주는 제어회로는 **모두 시퀀스 회로**에 의해 제작되고 있다.

> **보충 : 시퀀스 제어**
>
> 동작의 순서를 미리 정해 놓고 이에 따라 조작의 각 단계를 차례로 행하는 제어이다.

시퀀스 제어의 장점은 표 2-1과 같다.

표 2-1 • 시퀀스 제어로 인한 효과적인 장점

생산속도의 향상	에너지 절약의 향상
운전의 확실성의 향상	제품의 품질향상
경제성의 향상	생산능률의 향상

전등을 점멸하는 제어회로에 있어서 그림 2-2와 같이 스위치 3의 개폐를 손으로 조작하는 대신 스위치 1을 조작함으로써 주 스위치 3이 동작하여 전등을 점멸하는 회로이다.

여기서, 전등을 'on' 또는 'off' 하는 외부에서 주어지는 명령을 실행하는 스위치 1의 개폐를 작업명령, 스위치 2의 개폐를 제어명령이라 하며, 스위치 1과 스위치 2 사이에 있는 작업명령과 제어명령 사이에 명령처리가 이루어진다. 출력이 입력에 전혀 영향을 주지 못하는 열린 제어회로(open loop control)라 한다.

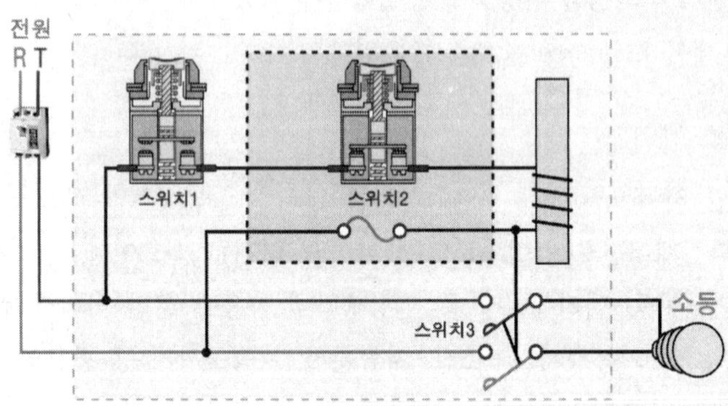

그림 2-2 • 시퀀스 제어

이와 같이 시퀀스 제어는 제어명령이 스위치를 "on, off" 두 동작 가운데 한 동작으로 행해지는 정성적 제어이며, 정해진 순서에 따라 그림 2-3처럼 필요한 명령처리를 각 단계를 순차적으로 행하는 불연속적 공정 제어로서 엘리베이터 제어 등이 시퀀스 제어에 해당된다.

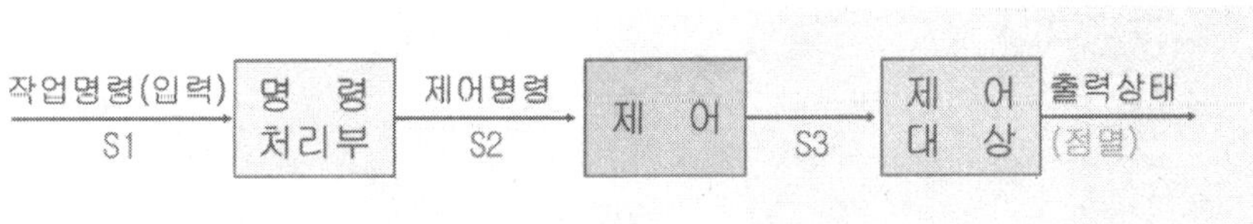

그림 2-3 • 시퀀스 제어의 신호전달 계통

2) 피드백 제어

출력 측의 일부를 입력 측으로 돌리는 조작에 의하여 제어량을 측정하며, 기준치와 비교하여 오차를 자동으로 수정하여 항상 일정한 상태를 유지하는 것이다.

제어량의 값을 목표값과 비교하여 일치시키도록 계속하여 정정 동작을 하는 제어이며, 연속적인 작업을 행하는 정량적 제어로서 프로세서 공업 등에서 유체와 같은 물리량을 제어하는 데 효과적으로 사용되며, 프로세서 제어, 서보 기구, 자동 조정 등이 있다.

히터 안의 온도를 일정하게 유지시키기 위해 그림 2-4와 같이 전압 조정기를 사용한 히터의 제어회로에 있어서 시간에 따라 원하는 온도가 미리 정해진 목표값에 따라서 제어하려면 전압 조정기의 손잡이 위치를 조정하면 된다.

그러나 주위의 온도나 전원전압의 변화 또는 가열물질의 크기에 따라 히터 안의 온도가 변할 때가 있다. 이와 같이 목표값에 따라 제어하기 위해서는 히터 안의 온도, 즉 제어량의 지시와 목표값의 지시를 비교하여 히터의 온도를 일정하게 유지하는 되먹임 제어(feedback control)이다.

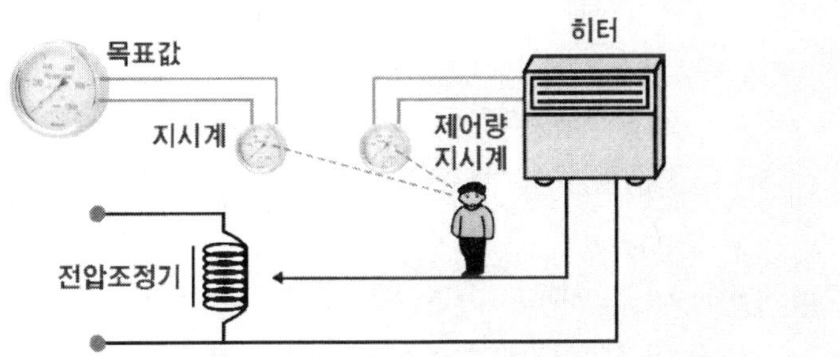

그림 2-4 • 전기로 제어

제어계의 목표값과 히터로의 온도를 측정한 제어량을 비교한 제어편차를 증폭기로 증폭하여 전동기로 전압 조정기의 손잡이를 자동적으로 조정하는 되먹임 제어의 예는 그림 2-5와 같고 프로세서 제어, 기계적 변위를 제어하는 추적 레이더, 전력계통의 제어계통 등이 되먹임 제어(feedback control : 피드백 제어)에 해당된다.

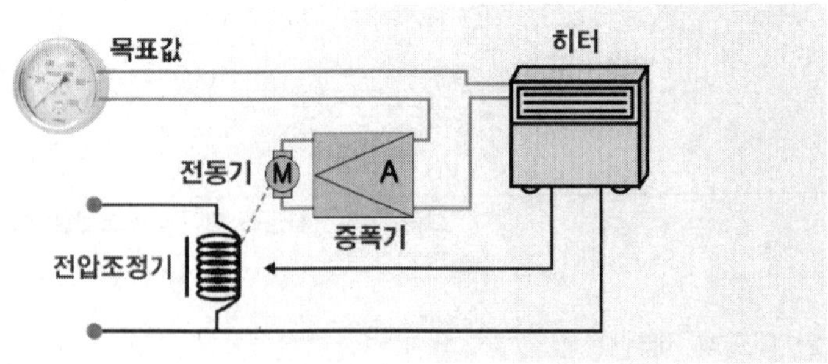

그림 2-5 ◦ 피드백 제어

또한, 피드백 제어계에서는 제어량인 히터 안의 온도에서 얻은 신호를 목표값이 있는 곳으로 되돌아오게 하여 비교 분석함으로써 그림 2-6과 같이 제어한다. 이와 같이 출력 신호를 입력 쪽으로 되돌아오게 하는 것을 피드백이라 하고, 피드백에 의하여 목표값에 따라 자동적으로 제어하는 것을 피드백 제어라 한다. 피드백 제어계는 주로 양에 관한 것을 제어하므로 정량적 제어에 속하며, 피드백을 하기 위하여 제어계가 닫힌 루프를 구성하므로 닫힌 제어회로(closed loop control)라고도 한다.

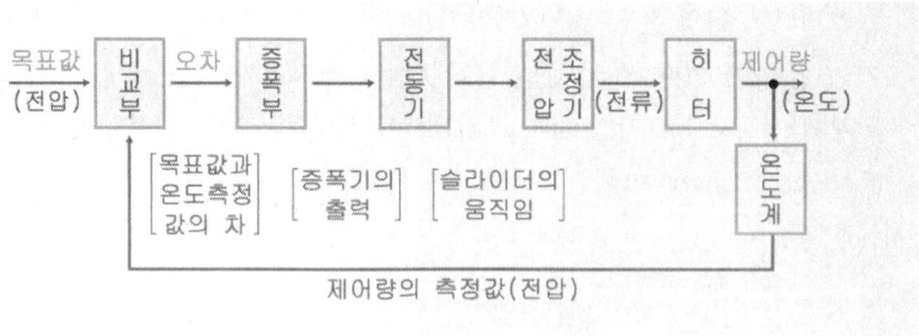

그림 2-6 ◦ 피드백 제어의 신호전달 계통

보충 : 피드백 제어(feedback control)

목표값과 실제의 제어량의 차를 계산하여 입력조건을 구하는 제어방법이다. 목표값과 출력결과가 일치할 때까지 제어를 되풀이 하여 외부로부터 예측하지 못한 방해가 들어오는 경우 이에 대응하기가 쉬운 제어이다.

기능에 관한 용어는 다음과 같다.

① **동작**(actuation) : 어떤 신호를 주어서 소정의 동작을 하도록 하는 것이다.

② **복귀**(reseting) : 동작 이전의 상태로 되돌리는 것이다.

③ **개로**(open, off) : 전기회로의 일부를 스위치, 릴레이 등으로 여는 것이다.

④ **폐로**(close on) : 전기회로의 일부를 스위치, 릴레이 등으로 닫는 것이다.

⑤ **여자**(勵磁) : 전자 릴레이, 접촉기, 타이머 등의 전자 코일에 전류가 흘러서 전자석으로 되는 것이며, 부세라고도 한다.

⑥ **감자**(減磁) : 전자 코일에 흐르고 있는 전류를 차단하여 자력을 잃게 되는 것이다.

⑦ **기동**(starting) : 기기 또는 장치가 정지상태에서 운전상태로 되기까지의 과정이다.

⑧ **운전**(running) : 기기 또는 장치가 소정의 동작을 하고 있는 상태이다.

⑨ **제동**(braking) : 기기의 운전상태를 억제하는 것으로 전기적 제동과 기계적 제동이 있다.

⑩ **정지**(stopping) : 기기 또는 장치를 운전상태에서 정지상태로 하는 것이다.

⑪ **촌동**(inching) : 기계의 순간 동작 운동을 얻기 위해 미속 시간(아주 느린 속도, 느린 바르기)의 조작을 1회 반복해서 행하는 것이다.

⑫ **미속**(crawling) : 기계를 아주 느린 속도로 운전하게 하는 것이다.

⑬ **조작**(operating) : 인력 또는 기타의 방법으로 소정의 운전을 하도록 하는 것이다.

⑭ **동력 조작**(power operating) : 기기를 전기 스프링, 공기 등의 인력 이외의 힘에 의해 조작하게 하는 것이다.

⑮ **차단**(breaking) : 개폐 기류를 조작하여 전기회로를 열어 전류가 통하지 않는 상태로 하는 것이다.

⑯ **투입**(closing) : 개폐 기류를 조작하여 전기회로를 닫아 전류가 통하는 상태로 하는 것이다.

⑰ **트리핑**(tripping) : 유지 기구를 분리하여 개폐기 등을 개로하는 것이다.

⑱ **자유 트리핑**(trip-free) : 차단기 등의 투입조작 중에도 트리핑 신호가 가해져 트립되는 것이며, 또한 투입명령이 지속되어 가해지더라도 투입을 저지하는 것이다.

⑲ **쇄정**(inter locking) : 복수의 동작을 관여시키는 것으로 어떤 조건이 갖추기까지의 동작을 정지시키는 것이다.

⑳ **연동**(連動) : 복수의 동작을 관여시키는 것으로 어떤 조건이 갖추어졌을 때 동작을 진행시키는 것이다.

㉑ **조정**(adjustment) : 양 또는 상태를 일정하게 유지하거나 혹은 일정한 기준에 따라 변화시켜 주는 것이다.

㉒ **변환**(converting) : 정보 또는 에너지의 형태를 바꾸는 것이다.

㉓ **보호**(protect) : 피제어 대상품의 이상상태를 검출하여 기기의 손상을 막아 피해를 줄이는 것이다.

㉔ **경보**(warning) : 제어 대상의 고장 또는 위험상태를 램프, 벨, 부저 등으로 표시하여 조작자에게 알리는 것이다.

3) PLC의 구성

병원설비 및 의료기기 또는 기계나 기계장치 등을 운전, 제어하기 위하여 사용하므로 열악한 생산현장에서도 견딜 수 있도록 온도, 습도나 노이즈 등에 강하고 취급이 용이한 구조로 되어 있다. 또한 제어 대상의 내용에 알맞은 규모를 선정, 조합하여 사용할 수 있도록 구성되어 있다. 그림 2-7과 같이 인간의 두뇌에 해당하는 **중앙처리장치**(CPU : Central Processing Unit), 기계와 설비장치의 신호를 주고받는 입·출력(I/O : Input/Output), 시퀀스 회로의 내용에 해당하는 프로그램을 기억하는 기록부 등의 주변기기(프로그램 로더, EPROM writer)로 구성된다. 이는 PLC 자체가 마이크로프로세서를 이용한 응용기계의 하나라고 볼 수가 있으며, 이것의 활용을 용이하도록 응용 프로그램을 사용하는 것이다.

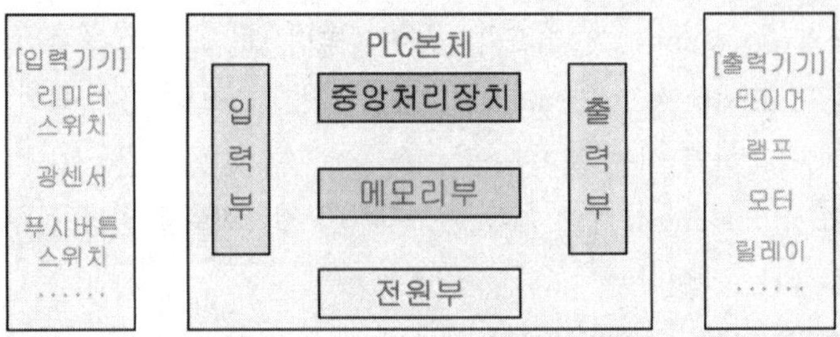

그림 2-7 • PLC의 구성

02 전기 시퀀스 제어

학 | 습 | 목 | 표

- 계전기의 동작원리를 이해할 수 있다.
- 전기 시퀀스 제어의 개념에 대해 알 수 있다.
- 시퀀스도를 이해하고 작도할 수 있다.

1. 계전기

(1) 계전기 개요

계전기는 전기회로를 개폐하는 데 사용하며 전자력을 이용한 스위치 장치이다. 계전기의 기능은 일반 스위치의 기능과 다르지 않으나, 일반 스위치는 인위적으로 동작하는 데 비해서 계전기는 전자력의 힘으로 동작시킬 수 있다.

계전기가 일반 스위치보다 편리한 점은 전자력의 힘으로 대전류와 위험한 고전압의 회로를 간편하게 개폐할 수 있고, 개폐하는 사람과 전기회로 간의 거리를 두어 원격제어할 수 있고 한꺼번에 많은 계전기를 동작시킬 수 있다.

(2) 계전기 구조

계전기는 하나의 철심에 감은 코일 권선과 가동편 (전자 코일과 용수철의 작용을 가지고 하단을 중심축으로 움직이는 것) 및 한 세트의 접점들로 이루어진 것이다. 코일 권선에 전압을 인가하면 전류에 의해 전자석으로 변하면서 자력에 의해 가동편이 움직이는 동시에 가동편에 연결된 접점 세트는 전기회로를 닫아주었다가 코일 권선의 전압을 제거하게 되면 스프링의 힘에 의해 복귀되어 접점 세트가 열리고 회로는 차단된다.

계전기는 전기회로를 닫거나 열어주는 것은 가동편에 연결된 접점 세트의 구조에 따라 다르게 사용할 수 있으며 계전기의 구조는 그림 2-8과 같다.

보충 : 계전기

한 회로(전압을 가한 회로)의 전류변동을 이용하여 다른 회로(계전기)의 전류를 원격 조정하거나 자동제어하는 전자기 장치이다.

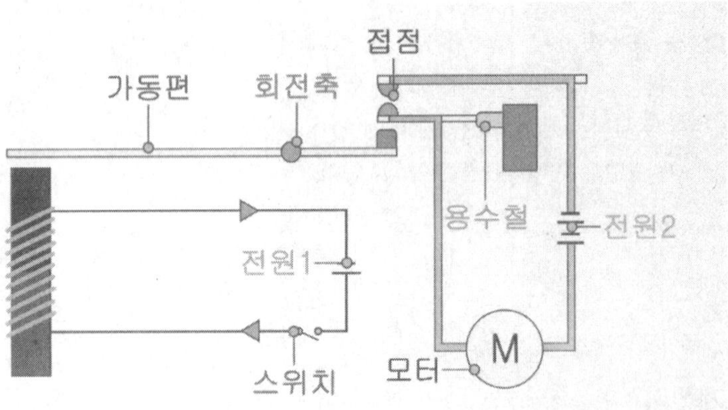

그림 2-8 ◦ 계전기의 구조 및 구동회로

(3) 계전기 구성품

1) 코 일

코일(coil)을 선택할 때는 사용용도에 따라 코일에 흐르는 전류용량을 고려한다. 직류에 사용하면 전류의 흐름을 제한하는 요소로 코일 자체의 직류 저항뿐이므로 가해지는 전압에 따라서 저항의 크기도 용량에 맞게 결정하여야 한다. 그러나 교류에 사용한다면 코일 자체의 직류저항은 물론이고 유도 리액턴스가 더욱 중요하다.

2) 가동편

계전기의 가동편(armature)은 코일에 전류가 흐름과 동시에 발생하는 자력에 의해서 철심에 접촉하게 된다. 이 가동편에 부착된 접점의 한쪽 세트는 가동편의 작용에 따라 다른 쪽 접점 세트와 접촉하게 된다. 고전압에 사용하는 계전기의 가동편은 와류손에 의한 열손실이 일어나므로 여러 조각의 얇은 판을 부착하여 열손실을 방지한다.

3) 철 심

직류 계전기는 굵은 철심(core)이나 가는 철심으로 만들 수 있으나, 교류용 계전기의 철심은 와류손에 의한 열을 방지하기 위해서 여러 조각의 얇은 판을 부착하여 제작한다. 또한 교류에서는 전류방향이 연속해서 변화하게 되면 가동편은 붙었다 떨어졌다 하는 것을 반복하게 되므로 떨림현상이 있다.

떨림현상을 없애기 위해서 가동편이 붙은 철심 끝부분에 구리로 만든 환상형 고리를 끼우게 되면 코일과 환상형 구리 고리에 위상이 다른 두 가지의 자기력선이 발생하여 가동편은 계속해서 철심에 붙어 있다.

4) 접 점

접점(contacts)은 계전기의 다른 부분보다 고장이 나기 쉬운 부분으로 정교한 손질이 요구된다. 고장의 주요 원인은 접점이 접촉되는 부분에 스파크가 발생하여 접촉부위가 패이거나 탄소가 표면을 덮어 접촉저항이 증가하여 계전기의 기능을 상실하게 되는 기계적 손상이다.

접점 세트의 한쪽 세트는 고정되어 있고 가동편에 부착된 움직이는 접점 세트는 스프링에 의해 움직일 수 있게 된다. 접점의 표면은 은이나 합금으로 접촉 저항이 없게 만들어졌으며 항상 불순물이 없도록 깨끗하게 유지해야 기능을 유지할 수 있다. 접점은 일반적으로 정상 상태에서 열린 접점(NO : Normal Open)과 닫힌 접점(NC : Normal Close)의 두 가지로 구분된다.

(4) 계전기 접점 세트의 종류

계전기는 전압, 전류 또는 직류, 교류로 분류하고 접점 세트의 종류에 의해서도 분류한다. 그림 2-9와 같이 접점이 하나만 있을 때 SPST(Single Pole Single Throw)라 하고, 그림 2-10과 같이 접점이 두 개가 있을 때 DPDT(Double Pole Double Throw)라고 하며 그밖에도 SPDT와 DPST가 있다.

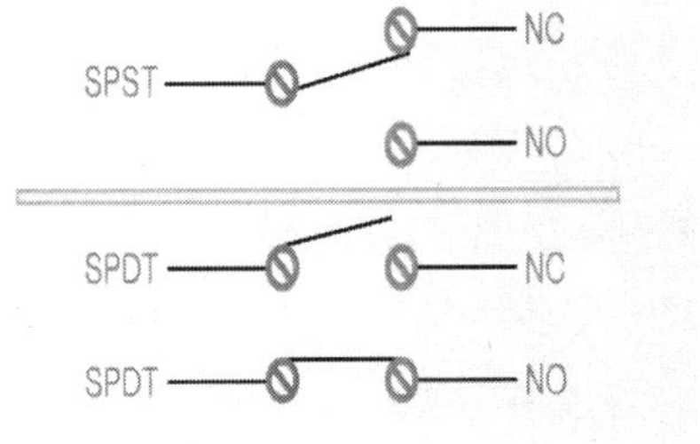

그림 2-9 • SPST 접점 및 SPDT 접점

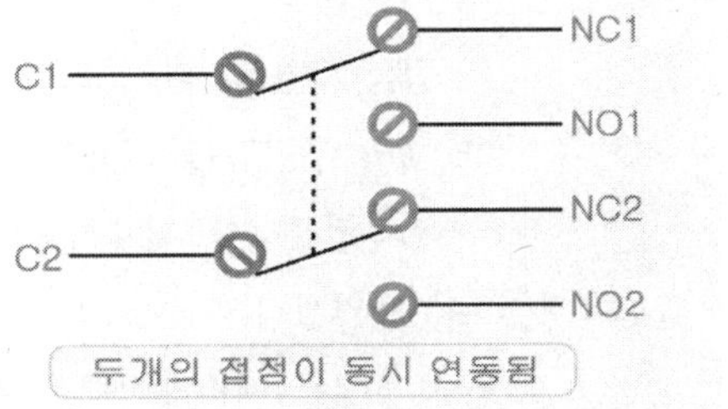

그림 2-10 • DPDT 접점

2. 전기 시퀀스

(1) 전기 시퀀스 개요

1) 전기 시퀀스 제어의 목적

시퀀스 제어방식을 사용하는 목적은 제품의 생산, 제조, 공정 등에서 설비의 시동과 정지작업이나 가공, 조립, 운반, 포장 등과 같은 기계작업을 자동적으로 처리하여 작업환경을 개선하는 것이 목적이며 시퀀스 제어의 종류는 다음과 같다.

① **명령처리에 따른 분류** : 정해진 순서에 따라 제어의 동작을 차례로 행하는 것으로써 다음과 같이 분류한다.

㉠ **순서 제어** : 기억과 판단 기구에 의하여 제어의 순서만이 기억되고 시간은 검출기에 의해 이루어지는 것으로 순차적으로 제어한다.

㉡ **시한 제어** : 기억과 시한 기구에 의하여 일정 시간에 따라 동작상태를 제어한다. 제어의 순서와 제어 시간이 기억되어 정해진 순서를 정해진 시간에 행하는 시한 제어이다.

㉢ **조건 제어** : 판단 기구에 의하여 일정한 조건에 의해 검출 결과에 따라 제어 명령을 결정하여 제어한다.

㉣ **프로그램 제어** : 기억과 판단 기구 및 시한 기구에 의하여 정해진 프로그램에 의해 제어한다.

② 제어장치에 따른 분류

㉠ **유접점 시퀀스** : 릴레이, 전자 개폐기 등 전자 계전기의 기계적 유접점을 이용한 전기 제어장치이다.

㉡ **무접점 시퀀스** : 다이오드, 트랜지스터(transistor), IC(Integrated Circuits) 등 반도체의 무접점을 이용한 전자 제어장치이다.

㉢ PLC : 컴퓨터를 이용하여 시퀀스 회로를 프로그래밍화한 로직 제어장치이다.

예 병원설비에 사용되는 대부분의 의료기기에 적용되고, 병원, 빌딩이나 공장 등에서 엘리베이터를 동작시키고 고장을 알리기도 하며, 세탁기, 냉장고, 자동판매기 등도 시퀀스로 동작하는 것이다. 무접점 소자를 이용한 제어회로에는 PLC(Programmable Logic Controller) 등의 전기회로를 사용한 것이 있으며, 유접점 소자는 버튼 스위치나 각종 릴레이를 사용하고 있다.

표 2-2 • 유접점 방식과 무접점 방식의 비교

항목	유접점 방식	무접점 방식
동작의 빈번도	적은 경우에 사용한다.	많은 경우에 사용한다.
수명	수명이 짧다.	수명이 반영구적이다.
작동속도	[ms] 단위로 늦으며 한계가 있다.	[μs] 단위로 빠르다.
주위온도	온도특성이 양호하다.	열에 약하며 보호대책이 필요하다.
환경조건	진동이나 충격에 약하다.	진동이나 충격에 강하다.
서지	전기적 노이즈에 안정하다.	노이즈에 약하며 안정대책이 필요하다.
소비전력	많다.	적다.
동작 확인상태	용이하다.	테스터에 의해 가능하다.
장치의 외형	일반적으로 크다.	작으므로 가장 큰 장점이다.
입·출력 수	독립된 다수의 출력을 동시에 얻는다.	다수 입력과 소수 출력이 용이하다.
전원	직류 혹은 교류를 사용한다.	별도의 직류 전원이 필요하다.
가격	소규모에서 염가이다.	대규모에서 염가이다.

2) 시퀀스 제어계의 구성

일반적으로 시퀀스 제어계는 명령 처리부, 제어부, 제어 대상, 표시 경보부, 검출부, 조작부 등으로 구성되며, 블록은 시퀀스 제어계의 각 구성요소를 표시하고, 화살표는 제어계의 진행방향을 나타내며, 시퀀스 제어계의 구성요소에 대한 용어 설명은 그림 2-11 시퀀스 제어계의 제어구성도와 같다.

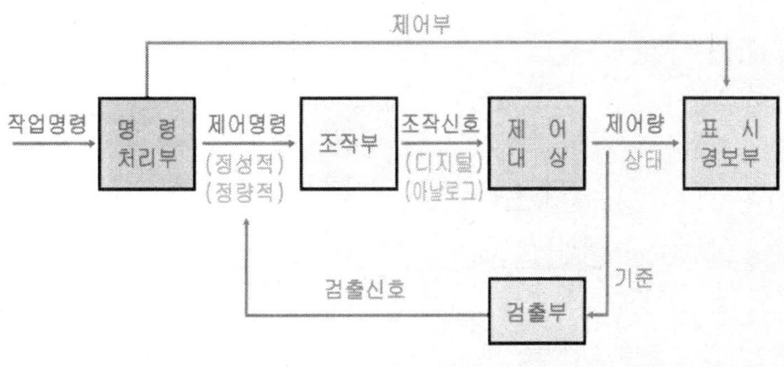

그림 2-11 • 시퀀스 제어계의 제어구성

① **작업명령** : 제어계의 외부에서 주어지는 입력신호이다.

② **명령 처리부** : 작업명령 또는 검출신호를 미리 기억시켜 둔 신호에 의해서 제어명령을 만드는 부분이다.

③ **제어명령** : 제어 대상을 제어하는 입력신호로 정성적 제어와 정량적 제어가 있다.

④ **조작부** : 제어 명령신호를 증폭하여 제어 대상을 직접 제어하는 부분이다.
⑤ **조작신호** : 제어 대상을 조작하기 위한 제어 대상의 입력신호로 디지털 신호와 아날로그 신호가 있다.
⑥ **제어 대상** : 제어하고자 하는 목적의 장치 또는 기기이다.
⑦ **표시 경보부** : 제어 대상의 상태를 표시하거나 또는 경보신호를 발생시키는 부분이다.
⑧ **제어량** : 제어 대상을 조작하기 위한 목적의 상태이다.
⑨ **기준량** : 검출의 기준을 나타내는 신호이다.
⑩ **검출부** : 제어량이 소정의 상태인지 표시하는 2진 신호를 발생하는 부분이다.
⑪ **검출신호** : 제어량이 소정의 조건을 만족하고 있는가를 지시하는 신호이다.
⑫ **조작량** : 제어량을 조정하기 위하여 제어 대상이 주어지는 양으로 제어부의 출력이다.
⑬ **제어부** : 검출부, 명령 처리부, 조작부, 표시 경보부를 총칭하여 제어부라 한다.
⑭ **조절기** : 설정부와 조절부를 합친 것을 조절기라 한다.

(2) 유접점 제어와 무접점 제어

1) 유접점 제어

제어 시스템에서 사용되는 논리소자로서 기계적 접점을 지닌 유접점 릴레이, 즉 전자 릴레이에 의해서 구성되는 시퀀스 제어회로이다. 그림 2-12는 릴레이의 동작원리, 구조와 접점기호이다.

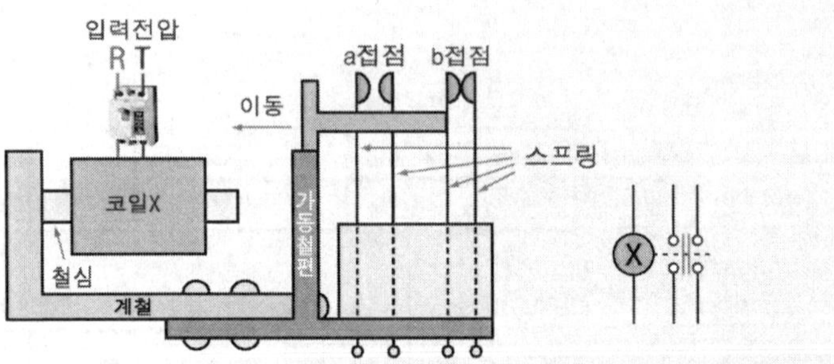

그림 2-12 ● 릴레이의 동작원리의 구조와 접점기호

전자 릴레이의 기본 동작은 전자 코일 X에 전류가 흘러 전자석이 되어 가동철편을 끌어당기고 이것에 연동하는 기구가 동작하여 접점을 개(on), 폐(off)시킬 수 있다.

표 2-3은 유접점 시퀀스의 장 · 단점이다.

표 2-3 ◦ 유접점 시퀀스의 장 · 단점

장 점	단 점
온도특성이 양호하고, 전기적 잡음이 안정적이다.	기계적 진동, 충격 등에 비교적 약하다.
입력과 출력을 분리할 수 있다.	동작속도가 늦다.
동작상태의 확인을 쉽게 할 수 있다.	접점의 소모가 있으므로 수명에 한계가 있다.
독립한 다수의 출력회로가 얻어진다.	제어반의 외형과 설치면적이 크다.
과부하 용량이 크고, 개폐 부하용량이 크다.	소비전력이 비교적 크다.

시퀀스 제어계 표현방법은 다음과 같다.

① 전개 결선도 : 가장 많이 사용하는 결선도로 시퀀스도(sequence diagram)라 하며, 동작의 순서를 이해하기 쉽게 하기 위해 시퀀스 제어를 사용한 전기장치 및 기기와 기구의 동작을 기능 중심으로 나타낸 도면으로 시퀀스 제어기호를 사용하여 설계한다. 여기에는 주회로와 제어회로, 램프 표시 회로도로 나타낸다.

㉠ 주회로 : 전원을 부하에 공급하기 위한 회로이다.

㉡ 제어회로 : 주회로의 개폐 및 표시회로의 동작 등의 모든 제어동작이 이루어지는 제어의 핵심회로이며, 동작순서에 따라 좌측에서 우측으로 설계하며, 이를 횡서 시퀀스도라 한다.

㉢ 표시회로 : 제어의 동작을 해독할 수 있도록 나타내는 부분이다. 일반적인 작업 환경에서는 주회로와 표시회로가 작업장에 표기되어 있고, 제어회로와 표시회로는 제어실에 있는 경우가 많다.

② 논리 회로도 : 신호 처리회로를 논리기호를 사용하여 그림으로 나타낸 것이다.

③ 타이밍 도표 : 제어계의 각 접점 및 제어장치의 시간적인 동작상태를 그림으로 표현한 것으로 제어요소 간의 시간별 동작상태를 이해하기 쉽다.

④ 표면 결선도 : 제어반의 제작 및 점검 등에 사용하기 위하여 기구나 부품의 실제 배치를 그려놓은 도면이다.

⑤ 블록선도 : 블록과 화살표로 제어계의 신호 전달방식을 나타낸 도면으로 플로 차트(순서도) 또는 블록선도라 하며 시퀀스도는 블록선도 플로 차트를 기초로 한다.

2) 무접점 제어

전자 릴레이에 의해 구성되는 시퀀스 제어회로에서 유접점인 전자 릴레이 대신에 다이오드(diode), 트랜지스터(transistor), 집적회로(IC) 등과 같은 무접점 릴레이로 구성하는 것을 무접점 시퀀스 또는 로직 시퀀스라고 한다. 즉, 반도체 소자를 사용하여 전압의 높음(5[V])과 낮음(0[V]), 신호의 '유', '무'로 상태변화를 나타낼 수가 있다. 무접점 시퀀스의 장 · 단점은 표 2-4와 같다.

표 2-4 ∙ 무접점 시퀀스의 장·단점

장 점	단 점
진동, 충격에 의하여 오동작할 염려가 없다.	신뢰성이 떨어진다.
고정 밀도이며, 응동(신호가 응답해서 작동) 시간이나 감도에 불균일이 적으며, 동작속도가 빠르다.	전기적 잡음 및 서지에 약하다.
장치의 축소화가 가능하다.	별도 전원을 필요로 한다.
고빈도의 사용에 견디고 수명이 길다.	온도변화에 대해서 약하다.

(3) 전기 시퀀스 제어 관계도

1) 실물 배선도

기구나 배선의 상태를 실제의 실물과 동일한 모양으로 그림 2-13과 같이 그린 배선도이다.

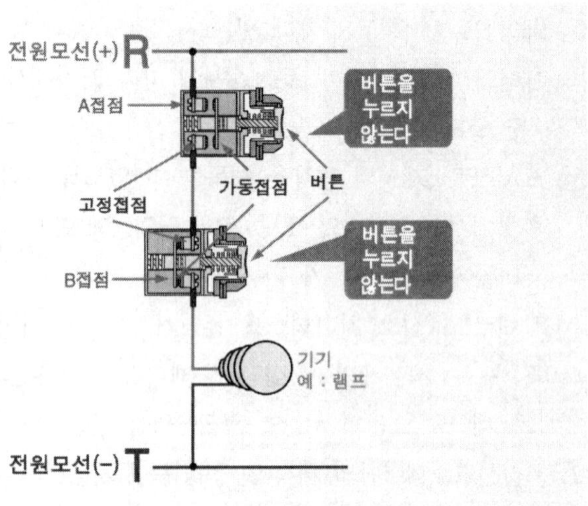

그림 2-13 ∙ 실물 배선도

2) 실체 배선도

부품의 배치, 배선상태 등을 실제의 구성에 맞추어 그리고 기구를 전기용 심벌로 그림 2-14와 같이 표시한 배선도이다.

실체 배선도에는 기기의 구조와 배선 등이 정확히 기입되어 있기 때문에 실제로 장치를 제작하거나 보수 점검할 때에 편리하다. 그러나 복잡한 회로에서는 계통의 동작 원리 및 순서를 이해하는 데 어려운 경우가 있기 때문에 간단한 회로 이외에는 사용하지 않는다.

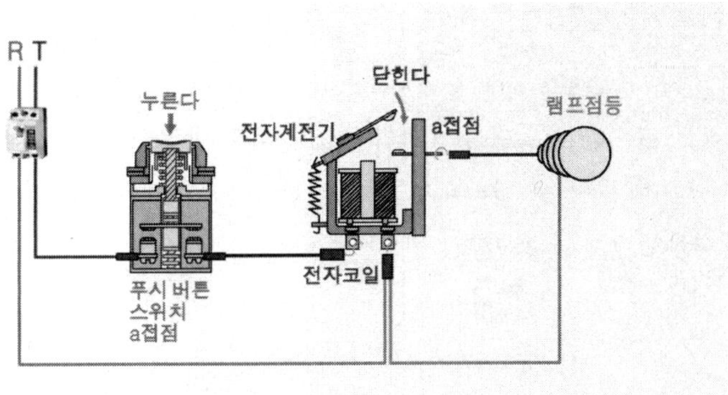

그림 2-14 • 실체 배선도

3) 이면 배선도

전자 계전기 등을 배전반에 설치한 후 배선반 이면에 배선상태를 나타낸 회로도이다. 전개 접속도와 쉽게 대조할 수 있도록 되어 있다(그림 2-15).

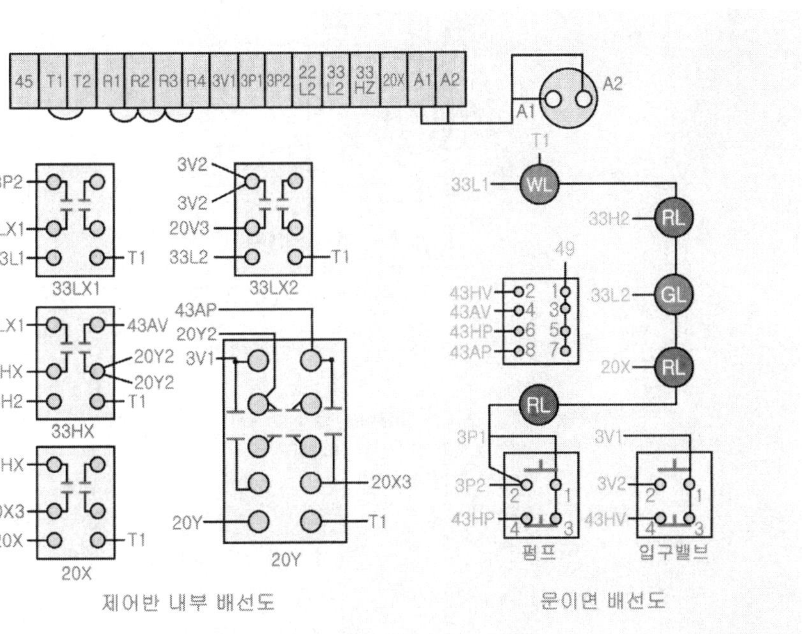

그림 2-15 • 이면 배선도

4) 전개 접속도

① **단선 접속도(single line diagram)** : 전기기기의 계통과 전기적인 접속관계를 단선으로 표시한 접속도이다(그림 2-16). 주로 발전소, 변전소의 플랜트 등 전기설비 관계의 계통구성을 나타내기 위한 전반적인 접속 및 주요 기간의 접속계기 및 계전기의 접속 등에 사용한다.

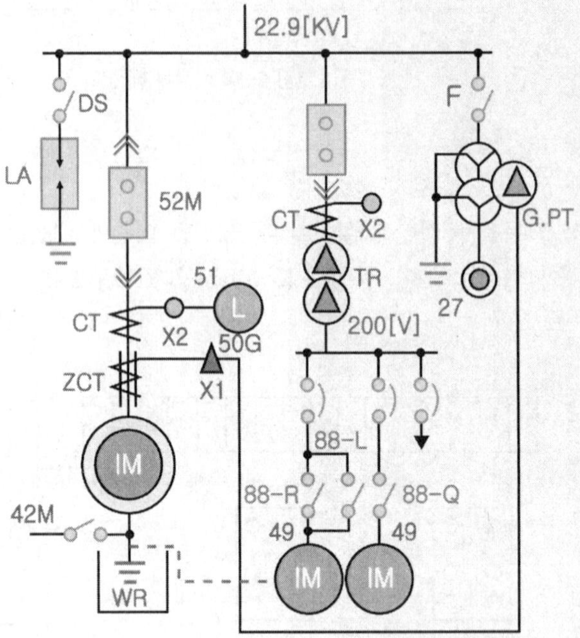

DS : 단로기(LA점검용)
LA : 피뢰기
52M : 차단기
42M : 2차 회로 단락용 전자 접속기
88 : 보조기기용 전자 개폐기
IM : 유도 전동기
WR : 액체 저항기
TR : 변압기

G.PT : 접지용 변압기
CT : 변류기
ZCT : 영상 변류기
F : 단로기형 고압 퓨즈
27 : 저전압 릴레이
51 : 과전류 릴레이
50G : 선택 접지 릴레이
49 : 열동형 과전류 릴레이

그림 2-16 • 단선 접속도

② **복선 접속도** : CT, PT 등의 접속 및 접지상태와 전기기기의 계통과 전기적인 접속 관계를 복선으로 표시한 접속도이다(그림 2-17). 복선 접속도(double line diagram)의 장점은 접속상태를 선의 수대로 표시하고 모든 접속을 그려서 회로의 이해가 쉽다. 그러나 회로도가 복잡해지는 결점이 있다.

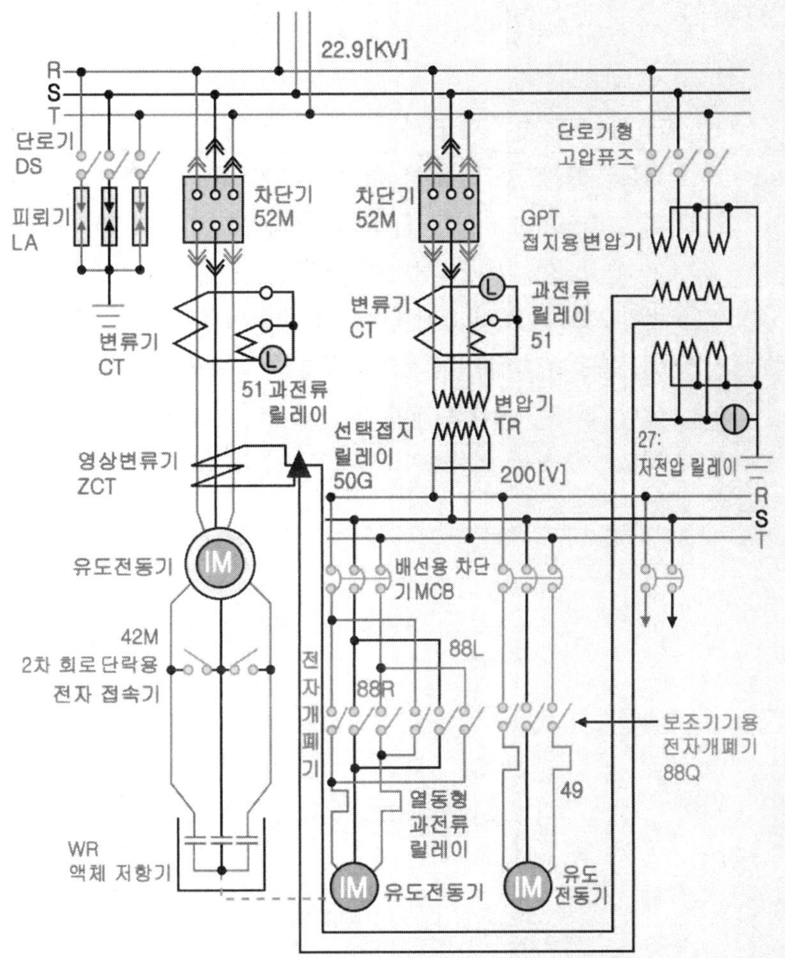

참고
1. 단선접속도와 비교해보고 회로 설명은 전개 접속도에서 한다.
2. 88R과 88L의 결선상태를 확인하고 정•역회전을 이해한다.
3. CT의 결선방법과 PT의 결선방법에 주의할 것.
4. 42M이 동작하면 저항이 없어짐을 확인할 것.
5. R상과 T상에 열동형 계전기 49의 결선상태를 확인할 것.

그림 2-17 ◦ 복선 접속도

③ 전개 접속도

가. 전개 접속도의 종류

㉠ 상세 전개 접속도 : 제어계의 기기와 장치 등의 접속을 KS C 0102에 정해진 그림 기호를 사용하여 상세히 전개해서 동작순서 및 배선상태를 알기 쉽게 그린 접속도이다.

㉡ 간략 전개 접속도 : 제어계의 기기와 장치 등의 접속을 □ 또는 ㉰ 속에 기능이나 장치의 문자기호, 명칭 혹은 약호를 표시하여 동작순서를 알기 쉽게 그린 접속도이다.

나. 전개 접속도의 번지제 표시

㉠ 접점의 표시 : 전개 접속도의 접점은 KS C 0102에 정해진 그림 기호를 사용하여 소속되는 기구의 문자기호를 첨부하여 표시하며, 필요에 따라 그 기구가 표시되어 있는 그림기호의 적당한 위치에 표시한다.

㉡ 번지제 표시 : 제어 모선에 번호를 붙여서 각 계전기 접점이 어디에 사용되고 있는가를 a접점과 b접점으로 구별하여 번호를 표시하는 방법이 번지제이다(그림 2-18). 그리고 제어 모선에 붙인 번호를 번지라고 한다. 이 번지제는 회로의 동작을 조사하기도 하고 보수와 점검할 때에 도움이 된다.

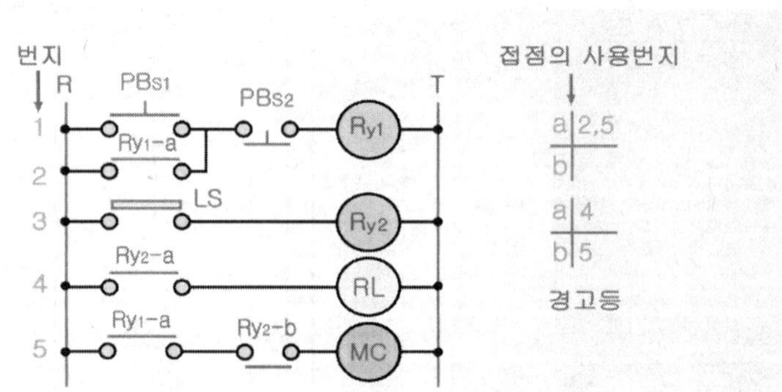

그림 2-18 • 번지제 표시

5) 배면 접속도

배전판 제어반의 뒷면 혹은 내부에 배선되는 전선의 접속 및 그 선종을 나타내는 도면으로서 일명 내부 접속도라 한다. 판상의 표면에 기기를 표면 고정하고 배선을 배면에서 행하는 것이 배면에서 본 배면(내부) 배선도가 실제 배선작업 및 보수 시 편리하다(그림 2-19 참조).

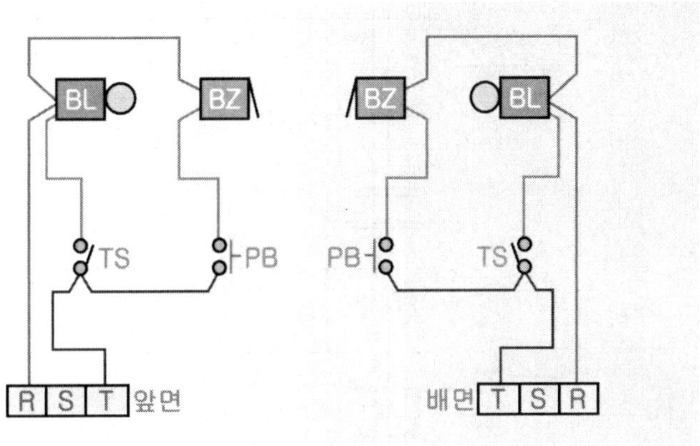

그림 2-19 ◦ 배면 접속도

6) 플로 차트, 타임 차트

① **플로 차트(흐름도)** : 시퀀스 제어에서는 각종 기기가 결합되어서 복잡한 회로가 구성되므로 각 구성기기 간의 동작순서를 상세하게 그리면 복잡하여 오히려 전체를 이해하기 어렵게 되는 수가 있다. 이러한 경우 회로의 이해를 돕기 위하여 기호와 화살표로 간단하게 표시하여 동작순서를 나타낸 것이다. 그림 2-20은 램프 점멸회로의 시퀀스 회로도(동작설명)를 나타내었다.

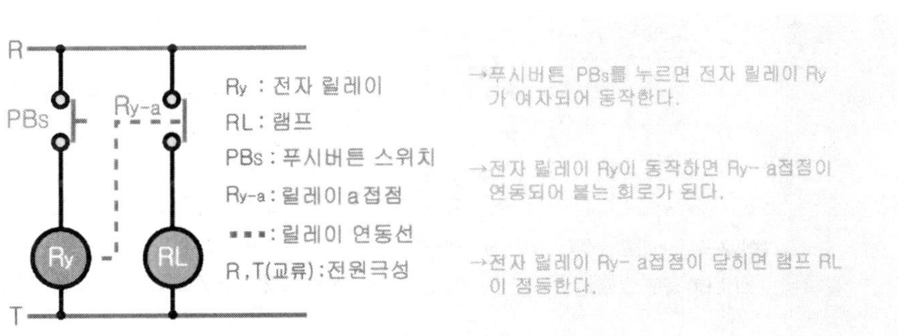

그림 2-20 ◦ 램프 점멸회로의 시퀀스도

② **타임 차트(동작 순서도)** : 시퀀스 제어에 있어서 동작되는 기기 및 기구에 대한 시간적인 변화에 동작상태를 알기 쉽게 그림 2-21, 2-22에 램프 점멸회로의 플로 차트를 나타낸 도면이다.

타임 차트를 그리는 방법은 다음과 같다.

㉠ 세로축에 제어기기를 동작순서에 따라 그린다.

㉡ 가로축에 이들의 시간적 변화를 선으로 표현한다. 제어 기기의 동작이 다른 어느 기기의 동작과 어떤 관계가 있는가를 점선으로 나타내는 수도 있다.

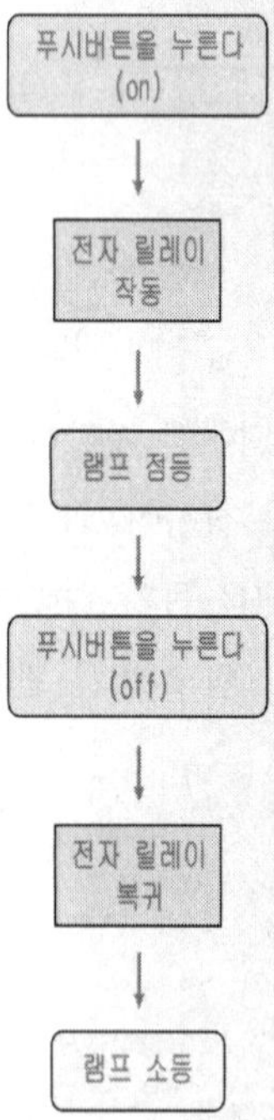

그림 2-21 • 램프 점멸 회로의 플로 차트

기 호	명 칭	설 명
	흐름선 (flow line)	기호끼리의 연결을 나타내며, 교차와 결합의 2가지 상태가 있다.
	병행 처리 (parallel mode)	둘 이상의 동시조작 개시 또는 종료를 나타낸다.
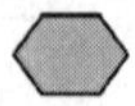	결합자 (connector)	플로 차트 다른 부분으로부터의 입구 또는 다른 부분의 출구를 나타낸다.
	단자 (terminal interrupt)	플로 차트의 단자를 표시하며 개시, 종료, 정지, 중단 등을 나타낸다.
	처리 (process)	모드 종류의 동작 조작 등 처리기능을 나타낸다.
	판단 (decision)	몇 개의 경로에서 어느 것을 선택하는가의 판단 또는 YES, NO 중의 선택 등을 나타낸다.
	준비 (preparation)	프로그램 자체를 바꾸는 등의 명령 또는 배경을 나타낸다.
	병합 (merge)	두 개 이상의 집합을 하나의 집합으로 결합하는 것을 나타낸다.
	추출 (extract)	하나의 집합 중에서 한 개 이상의 특정 집합을 빼내는 것을 나타낸다.
	입 · 출력 (in put) : (out put)	입 · 출력 기능을 0과 1로 나타낸다. 즉, 정보의 처리를 가능하게 한다.
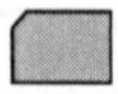	카드 (punched card)	펀칭 카드를 매개체로 하는 입 · 출력 기능을 나타낸다.

그림 2-22 • 플로 차트에 쓰이는 기호

㉢ 기동, 정지, 누르다, 떼다, 폐회로(on), 개회로(off), 점등, 소등 등의 동작상태를 타임 차트 위에 또는 그림 2-23과 같이 램프 점멸회로의 타임 차트를 표시한다.

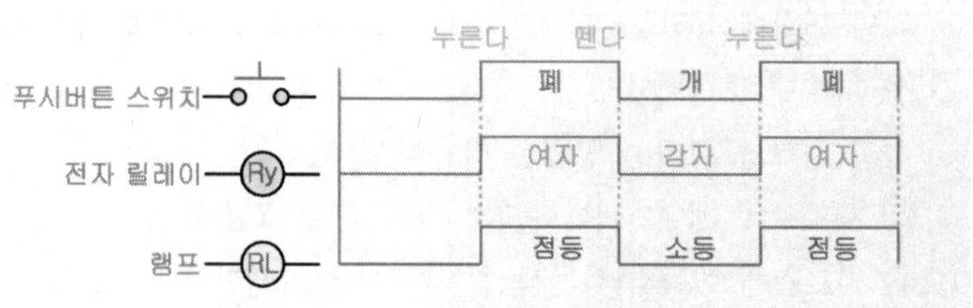

그림 2-23 • 램프 점멸회로의 타임 차트

3. 시퀀스도 그리기

(1) 시퀀스 그리기 규칙/시퀀스도 그리기

각종 기기장치가 사용되는 복잡한 제어회로에서 기기 상호 간의 접속을 표시할 때 단선 접속도나 복선 접속도, 배치도 등을 보아서는 동작이 어떻게 이루어지는지 또한 어떤 형태로 제어회로가 이루어지는지 이해하기 어려울 때가 많다. 이러한 경우에 제어방식이나 동작순서를 알기 쉽게 표시한 접속도의 필요성이 요구된다.

시퀀스도(sequence diagram)란 이와 같은 목적으로 만들어진 도면이며 표현방법에도 일반 접속도와 차이가 있다. 시퀀스도를 그리는 데 필요한 기본적인 사항은 다음과 같다.

① **제어 전원 모선** : 전원 도선으로 도면 상하에 가로선으로 또는 도면 좌우에 세로선으로 표시한다.

② **제어기기를 연결하는 접속선** : 상하 전원선 사이에 수직선으로 또는 좌우 전원 모선 사이에 수평선으로 표시한다.

③ **접속선** : 동작순서에 따라 좌에서 우로 또는 위에서 아래로 그린다.

④ **제어기기** : 비동작 상태로 하며 모든 전원은 차단한 상태로 표현한다.

⑤ **개폐 접점을 가진 제어기기** : 그 기구 부분이나 지지보호 부분 등의 기계적 관련 상태를 생략하고 접점 및 코일 등으로 표시하며, 접속선에서 분리하여 표시한다.

⑥ **제어기기가 분산된 각 부분** : 그 제어 기기명을 표시한 문자기호를 첨가하여 기기의 관련 상태를 표시한다.

(2) 시퀀스도의 가로 그리기와 세로 그리기

시퀀스 도면상의 대부분은 접속선의 방향이나 전원 모선의 방향 또는 제어동작의 진행 방향 등에 의해서 여러 가지가 있지만, 접속선 내의 신호의 흐름방향을 기준으로 해서 가로(그림 2-24)와 세로(그림 2-25)로 구분된다.

1) 가로 그리기

① 제어 전원 모선은 도면의 상하방향으로 가로선으로 그린다.

② 접속선은 제어 전원 모선 사이의 세로선으로 그린다.

③ 접속선은 동작순서에 따라 좌에서 우로 그리는 것을 원칙으로 한다.

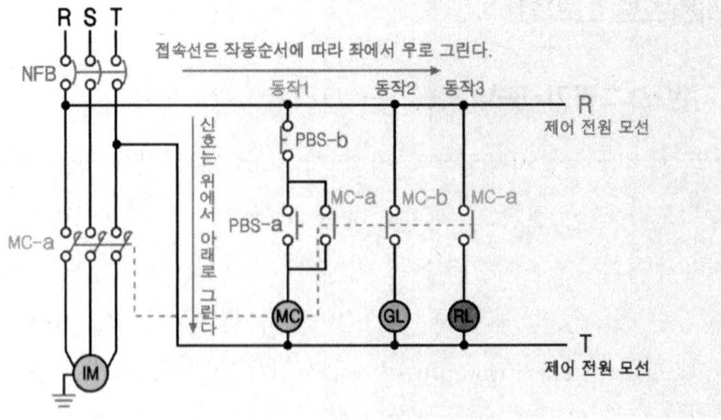

그림 2-24 • 가로로 그리는 방법

2) 세로 그리기

① 제어 전원 모선은 도면의 좌우 방향으로 세로선으로 그린다.

② 접속선은 제어 전원 모선 사이의 가로선으로 그린다.

③ 접속선은 동작순서에 따라 위에서 아래로 그리는 것을 원칙으로 한다.

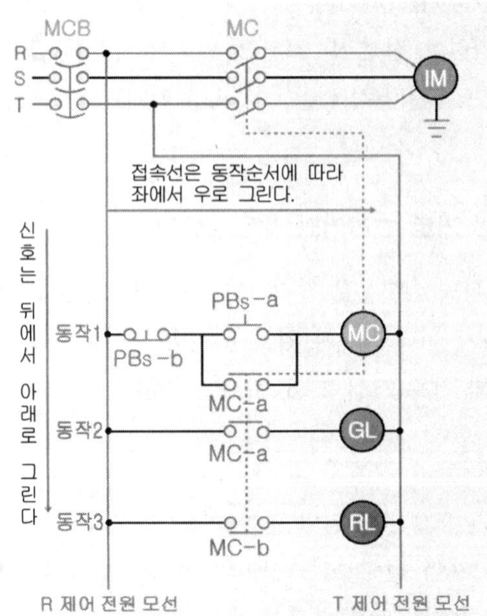

그림 2-25 • 세로로 그리는 방법

(3) 시퀀스도의 제어 전원 모선의 표시법

시퀀스도의 제어 전원 모선은 하나하나씩 전원 심벌로 표시하지 않고 직류 전원은 P.

N으로, 교류 전원은 R. S. T로 표시한다.

1) 직류 제어 전원 모선의 표시법

직류 전원은 P(Positive)선과 N(Negative)선으로 표시하는데 P는 +(정)를 표시하고 위쪽이나 좌측에 그리며, N은 −(부)를 표시하고 아래쪽이나 우측에 그림 2-26과 같이 그린다.

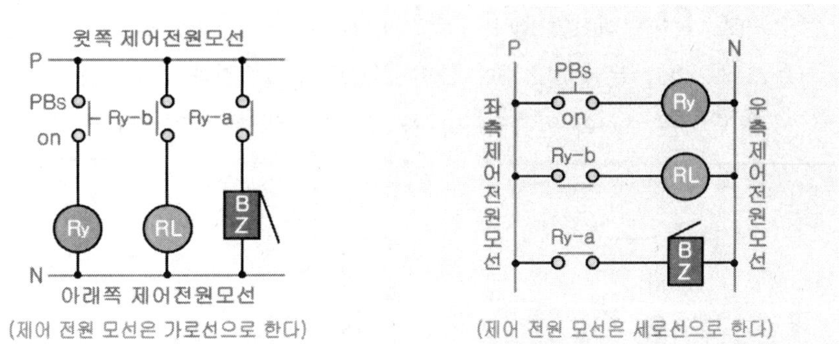

(a) 직류 시퀀스도 종서 (b) 직류 시퀀스도 횡서

그림 2-26 ◦ 직류 전원 표시법

2) 교류 제어 전원 모선의 표시법

교류 전원은 R. T로 문자기호를 붙여서 그림 2-27과 같이 구별한다.

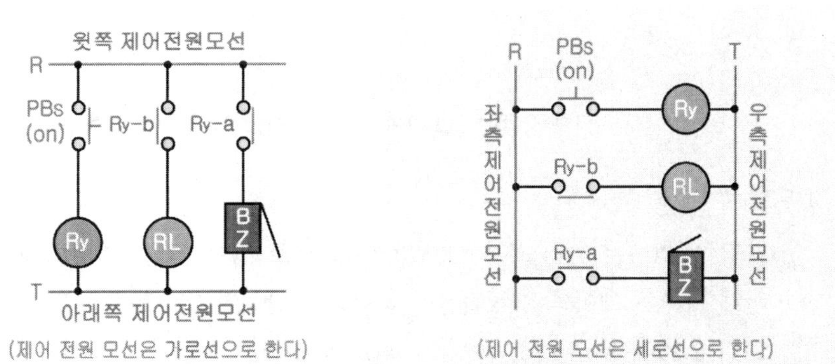

(a) 교류 시퀀스도 종서 (b) 교류 시퀀스도 횡서

그림 2-27 ◦ 교류 전원 표시법

(4) 기본회로도

1) 직렬 접속회로

① 그림 2-28(a)는 논리소자에 직렬(AND) 회로로 Ry-a접점을 직렬로 접속한 경우로 3개의 서로 다른 릴레이의 Ry-a접점이 모두 닫혀야만 Ry 릴레이 코일은 여자된다.

② 그림 2-28(b)는 논리소자에 AND 회로로 Ry-b접점을 직렬로 접속한 경우로 3개의 서로 다른 릴레이의 Ry-b접점이 하나라도 열리면 Ry 릴레이 코일은 감자된다.

③ 그림 2-28(c)는 논리소자에 AND 회로로 Ry-a접점과 Ry-b접점을 조합한 회로로 각각 닫히는 조건이 만족되어야 Ry 릴레이 코일은 여자된다.

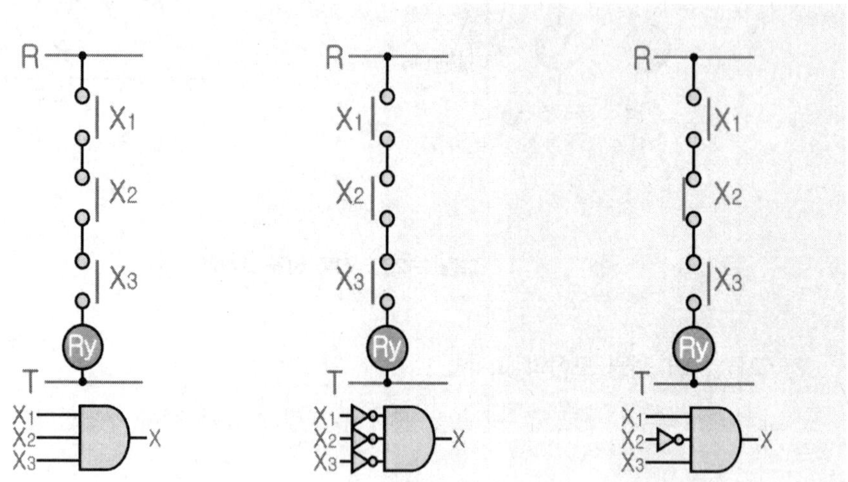

(a) $X = X_1 \cdot X_2 \cdot X_3$ (b) $X = \overline{X_1} \cdot \overline{X_2} \cdot \overline{X_3}$ (c) $X = X_1 \cdot \overline{X_2} \cdot X_3$

그림 2-28 직렬(AND) 접속회로(논리적 회로)와 기호

2) 병렬 접속회로

① 그림 2-29(a)는 논리소자에 병렬(OR) 회로로 Ry-a접점을 병렬로 한 경우로 3개의 서로 다른 릴레이의 Ry-a접점이 하나라도 닫히면 Ry 릴레이 코일은 여자된다.

② 그림 2-29(b)는 논리소자에 OR 회로로 Ry-b접점을 병렬로 접속한 경우로 3개의 Ry-b접점이 모두 열리면 Ry 릴레이 코일은 감자된다.

③ 그림 2-29(c)는 논리소자에 OR 회로로 Ry-a접점과 Ry-b접점을 조합한 회로로 이들 접점 중 1개라도 닫힘 조건을 만족하고 있으면 Ry 릴레이 코일은 여자되는 회로로서 복합 OR 회로라 한다.

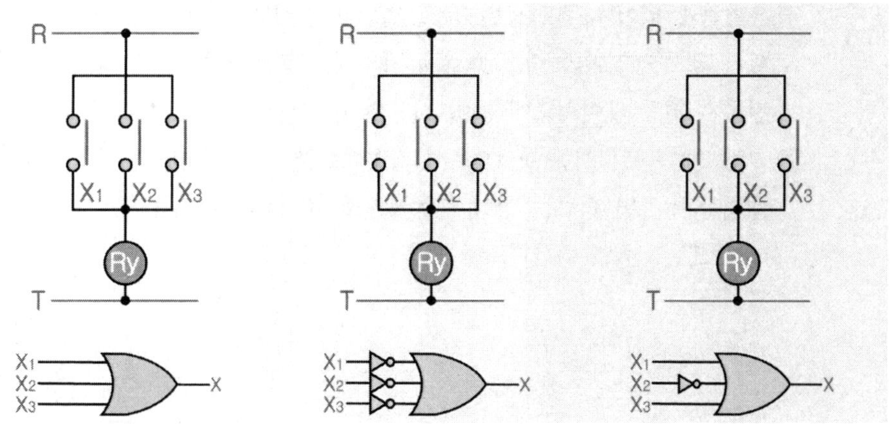

(a) $X = X_1 + X_2 + X_3$ (b) $X = \overline{X_1} + \overline{X_2} + \overline{X_3}$ (c) $X = X_1 + \overline{X_2} + X_3$

그림 2-29 ◦ 병렬(OR) 접속회로(논리합 회로)와 기호

3) 부정(NOT) 회로

① 논리소자에 부정(NOT)소자로 입력신호를 부정하는 회로이다.

② 그림 2-30은 접점 A가 on되면 코일 Ry가 여자되어 Ry-b접점이 열리고, 접점 A가 off되면 코일 Ry가 감자되어 Ry-b접점이 닫힌다.

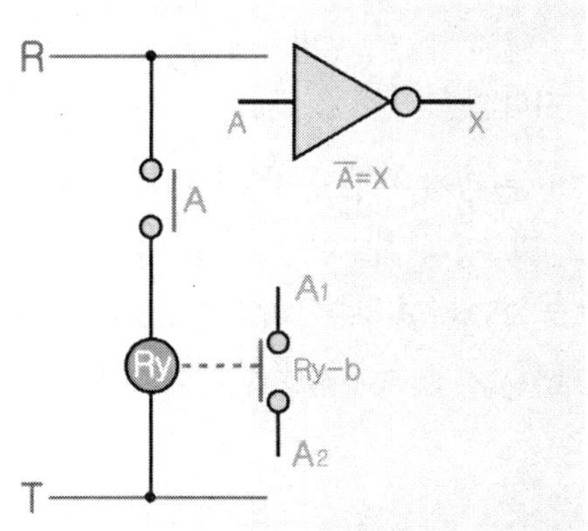

그림 2-30 ◦ 부정(NOT) 회로

4) 자기 유지회로

① 그림 2-31(a)는 정지(stop) 우선 기억회로라 하며, 동작과 동시에 기동 버튼과 정지 버튼을 누르면 회로는 항상 정지상태를 유지하므로 정지 우선회로라고 하며, 특수한 회로를 제외하고는 정지 우선회로를 안전상 채택한다. 자기 유지 접점은 Ry-a접점으로 기동 버튼을 누르면 Ry 코일이 여자되어 Ry-a접점은 접속되고, 기동 버튼을 놓았을 때도 Ry-a접점은 접속된 상태로 계속 있게 되어 Ry 코일은 계속 여자상태를

유지하게 되어 Ry-a접점은 Ry 코일의 여자상태를 계속 유지시키므로 Ry-a접점을 자기 유지 접점이라 하고 회로를 자기 유지회로라 한다. 이 회로는 안전성이 있어 전동기 기동 제어회로에 많이 사용한다.

② 그림 2-31(b)는 기동(start) 우선 기억회로라 하며 동작과 동시에 기동 버튼과 정지 버튼을 누르면 회로는 항상 기동상태를 유지하므로 기동 우선회로라고 하며 순서 제어 또는 선택, 우선회로에 사용한다.

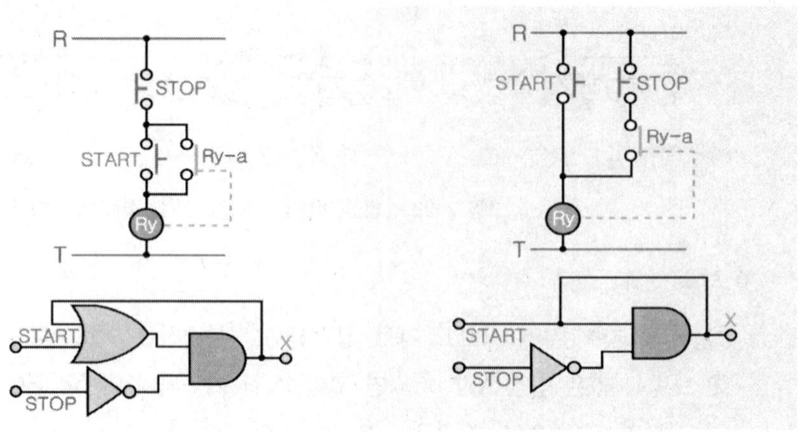

(a) 정지 우선회로 (b) 기동 우선회로

그림 2-31 • 자기 유지회로

5) 자기 유지 동작회로

① 그림 2-32(a)는 정지 우선 동작회로이고 정지 조작에 의해서 코일의 여자가 감자된다. 2개소 기동 정지 회로이며 여러 곳에서 제어하고자 할 때 정지 버튼은 코일 회로와 직렬로 연결하고 기동 버튼은 Ry-a접점과 병렬로 연결한다.

② 그림 2-32(b)는 동작 명령신호가 주어지고 있는 사이에 정지 조작이 감자되지 않는 회로이다.

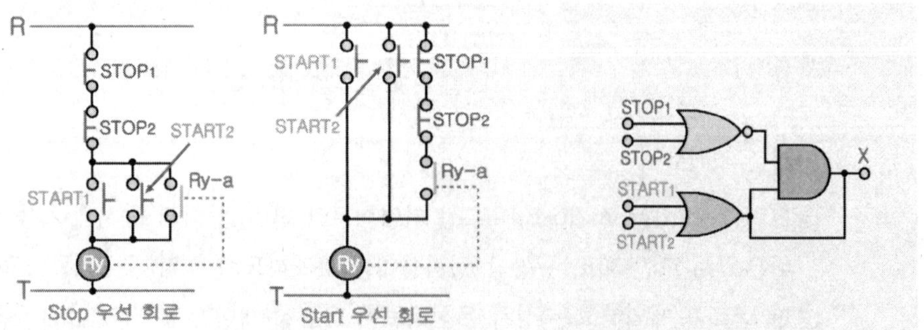

(a) 시퀀스도 (b) 무접점 회로도

그림 2-32 • 자기 유지 동작회로

6) 인칭회로

조깅회로, 촌등회로라고도 하며, 전동기를 운전하는데 기동 스위치를 눌러 자기 유지 되고, 계속 운전하면서 정지시키는 것이 아니고 별도의 푸시버튼 스위치를 두어 스위치를 누르고 있는 동안만 전동기가 운전되는 것을 인칭회로(inching circuit)라고 한다.

① 그림 2-33의 기동(start) 버튼을 누르면 코일이 여자되어 자기 유지 접점, 즉 MC-a 접점이 단락하여 기동 버튼을 누르고 있지 않아도 계속 동작한다.

② ①항과 같은 상태에서 인칭 버튼을 누르는 동시에 버튼 MC-b접점이 코일 MC의 전원을 끊어주므로 동작을 정지했다가 버튼의 MC-a접점 회로를 구성하면 누르고 있는 동안만 코일이 여자되어 동작한다.

③ 정지 버튼 우선회로이므로 정지 버튼을 누르고 있는 상태에서 동작명령의 신호를 넣어도 회로가 구성되지 않으므로 동작하지 않는다.

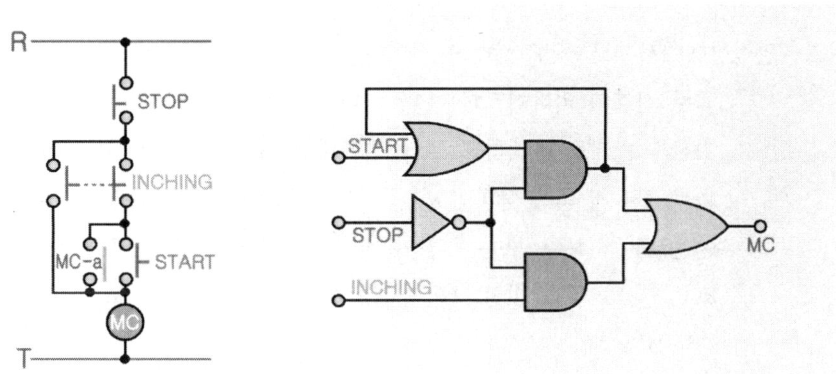

(a) 유접점 회로도 (b) 무접점 회로도

그림 2-33 ◦ 인칭회로

7) 인터록 회로

상대 동작 금지 회로, 선행 동작 우선회로라고도 하며, 두 개 이상의 회로에서 한 개의 회로를 동작시키면 나머지 회로는 동작이 될 수 없도록 한 회로이다. 이 회로는 동시에 두 회로의 동시 동작을 금지시킴으로써 작업자 및 기기를 보호하기 위해 사용한다.

① 많은 입력이 있는 경우 그들 사이에 일종의 기계장치끼리 약속을 해서 지연동작을 시킬 필요가 있다.

② 그림 2-34에서 Start1을 누르면 MC1이 동작(정회전), Start2를 누르면 MC2가 동작(역회전), 동작명령을 동시에 누를 경우(Start1과 Start2를 동시에 누를 경우)에 정·역회전이 동시에 동작되지 않도록 상호 Mc-b접점을 이용하여 동작을 저지하는 회로, 즉 **선행 우선인 회로**이다(또는 쇄정이라고도 한다).

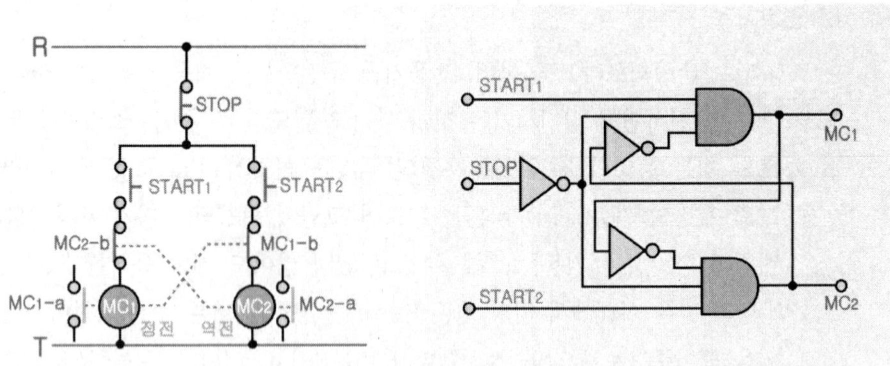

(a) 시퀀스도 (b) 무접점 회로도

그림 2-34 • 인터록 회로

8) 2안정 회로

전기적으로 서로 다른 두 정상상태가 있고, 어떤 조건의 전기자극(트리거)에 의해 한 안정상태에서 다른 안정상태로 전이하는 회로이다.

① 외부 신호에 의하여 접점 A가 닫히는 것에 의해 코일 Ry_1가 여자되어 모든 접점을 지금의 반대로 유지하므로 Ry_2접점에 의해 코일 Ry_1은 감자된다. 다음에 접점 B가 외부 신호에 의해 닫히면 Ry_1접점이 닫혀 있으므로 복귀 코일 Ry_2가 여자되어 릴레이는 복귀하므로 모든 접점이 원래 상태로 돌아간다(그림 2-35(a)).

② Ry_1, Ry_2의 접점 대신 전환접점(C접점)을 사용한 것으로 동작은 ①항과 같다(그림 2-35(b)).

③ 이들의 회로는 계전기 내의 두 개의 코일을 보유하여 기계적인 유지를 하고 있으므로 전원이 차단된 경우에도 유지가 계속된다.

④ 입력조건에 의해 Ry_1-a접점이 닫히거나 Ry_2-b접점이 닫히는 상태의 어느 쪽인가를 유지함으로써 2안정 회로(keep relay : 전환회로)라고 한다.

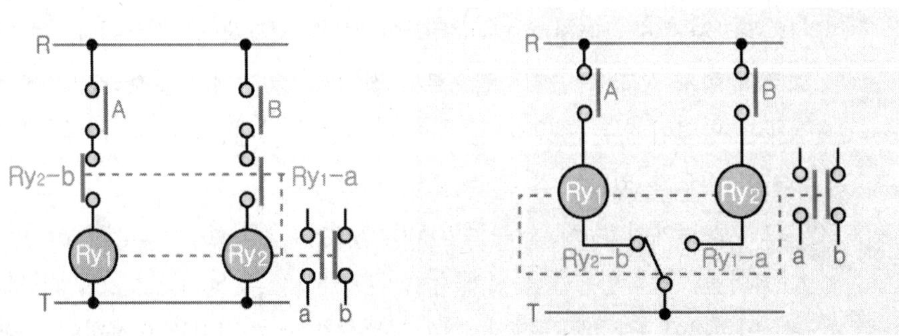

(a) 전환회로 (b) 전환접점(C접점)을 사용

그림 2-35 • 2안정 회로

03 시퀀스에 사용되는 기기

학 습 목 표

- 스위치의 구조와 동작원리를 이해할 수 있다.
- 릴레이의 구조와 동작원리를 이해할 수 있다.
- 그 외 시퀀스에 사용되는 기기의 종류와 기능을 알 수 있다.

1. 수동조작 스위치

인위적인 조작에 의해서 신호의 변환을 제어하는 장치기구이다. 제작 시 절연내력, 전기적 수명시험, 과부하 시험, 기계적 시험, 내부식성 시험 등의 각종 시험을 거쳐서 기기를 제작한다.

(1) 단로 스위치

2로 스위치로 텀플러 스위치, 매입 서포트용 2로 스위치 등이다(그림 2-36).

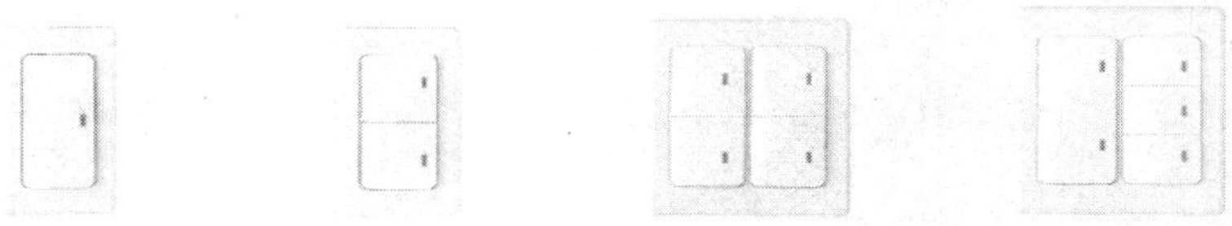

(a) 단로 스위치 1구 (b) 단로 스위치 2구 (c) 단로 스위치 4구 (d) 단로 스위치 5구

그림 2-36 단로 점멸 스위치

(2) 푸시버튼 스위치

버튼을 누르는 것에 의해서 접점기구가 개폐되는 동작으로 전기회로를 개로 또는 폐로 하는데 스프링의 힘으로 인해 자동으로 원래의 상태로 되돌아오는 제어용 스위치이다. 푸시버튼 스위치(push button switch)는 직접 손가락으로 조작되는 버튼 기구부와 버튼 기구부에서 받은 힘에 의해서 전기회로를 개폐하는 접점 기구부로 구성되어 있다.

1) 푸시버튼 스위치의 a접점

버튼을 누르지 않은 복귀상태에서는 가동접점과 고정접점이 떨어져 있지만 버튼을 누른 동작상태에서는 가동접점과 고정접점이 접촉하여 폐로되는 접점이다(그림 2-37).

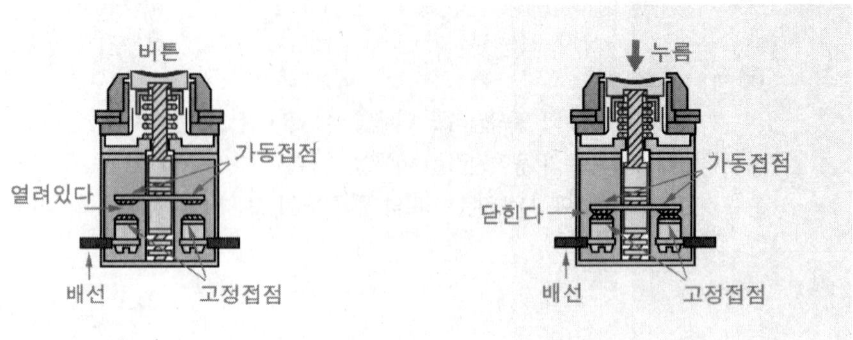

그림 2-37 • 푸시버튼 스위치 a접점

2) 푸시버튼 스위치의 b접점

버튼을 누르지 않은 복귀상태에서는 가동접점이 접촉하여 폐로되어 있지만 버튼을 누른 동작상태에서는 가동접점과 고정접점이 떨어져 개로되는 접점이다(그림 2-38).

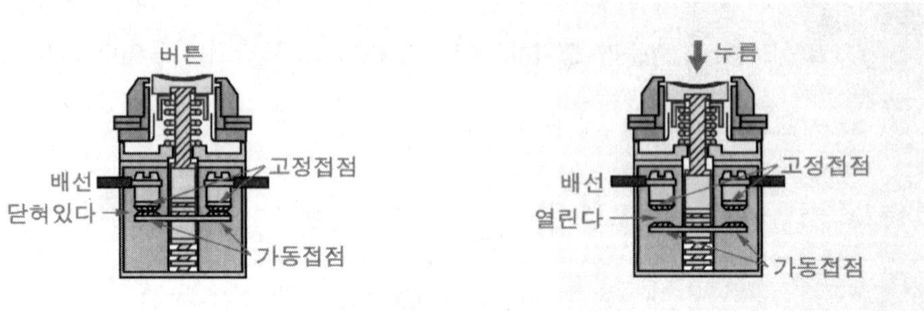

그림 2-38 • 푸시버튼 스위치 b접점

3) 푸시버튼 스위치의 c접점

버튼을 누르지 않은 복귀상태에서는 가동접점과 고정접점이 접촉한 b접점부와 가동접점과 고정접점이 접촉하지 않은 a접점으로 2개의 접점부로 이루어져 있으며, 버튼을 누른 동작상태에서는 b접점부는 개로상태로, a접점은 폐로상태로 변하는 스위치이다(그림 2-39).

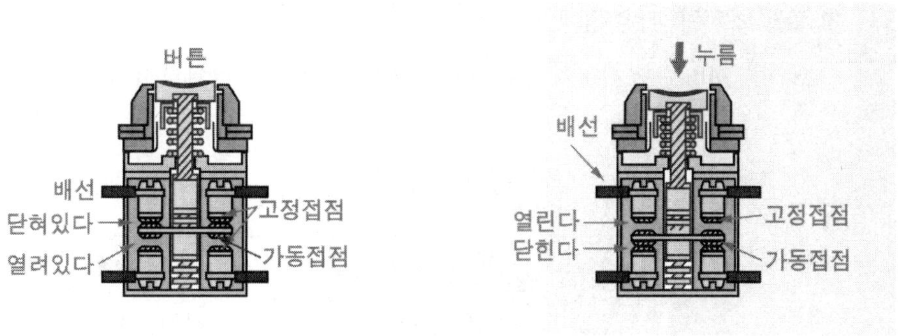

그림 2-39 • 푸시버튼 스위치 c접점

4) 푸시버튼 스위치의 색상

푸시버튼 스위치는 접점의 형식에 따라 1a1b접점부터 4a4b접점까지 표준으로 제작 · 판매되고 있으며, 기능별로 램프 내장형, 한시 동작형 등이 있고, 모양에 따라서도 원형, 각형, 장방형, 버섯형 등이 있다. 또한, 색상에 따라 그 스위치의 기능을 분류하며 녹색, 적색, 황색, 백색 등이 있다.

(3) 토글 스위치

핸들 조작에 의해 회로를 개폐하는 스위치로서 전원 스위치로 사용한다. 돌출된 레버를 직선운동으로 동작시켜 조작하는 것으로 보통 연결단자는 납땜형 또는 조임나사로 접속하는 방법으로 되어 있고 소용량의 전원 스위치로 사용된다. 토글 스위치(toggle switch) 심벌은 개폐, 전환의 접점부를 스로(throw), 스위치의 개폐, 전환의 1계통을 극(pole)이라고 한다.

단극 단투(SPST)는 1극의 편절 접점 스위치, 2극 단투(DPST)는 2극의 편절 접점 스위치, 단극 쌍투(SPDT)는 1극의 전환 스위치, 2극 쌍투(DPDT)는 2극의 전환 스위치로 분류된다. 그리고 쌍투형 스위치로는 레버가 수평위치에서는 off가 되는 것, 극수가 3극이나 4극인 토글 스위치도 있다(그림 2-40).

1) 레버 각도와 명판도

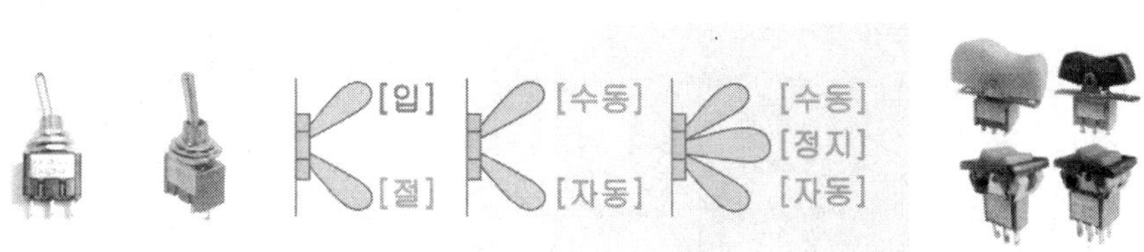

그림 2-40 • 토글 스위치 절환

2) 토글 스위치의 a접점

스위치 레버를 조작하지 않은 상태에서 off, 조작한 상태에서 on이 되는 접점이다.

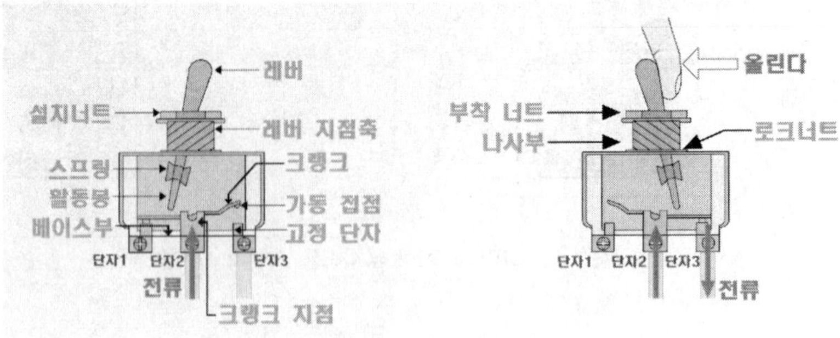

그림 2-41 ▪ 토글 스위치 a 접점

3) 토글 스위치의 b접점

스위치 레버를 조작하지 않은 상태에서 on, 조작한 상태에서 off가 되는 접점이다.

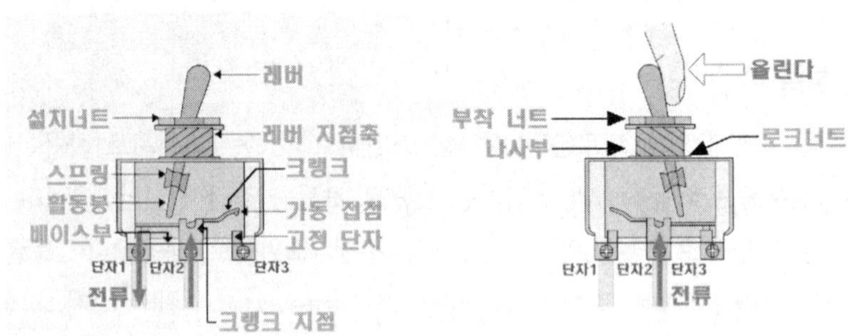

그림 2-42 ▪ 토글 스위치 b접점

4) 토글 스위치의 c접점

무조작 상태와 조작상태에서 접점이 전환되는 접점이다.

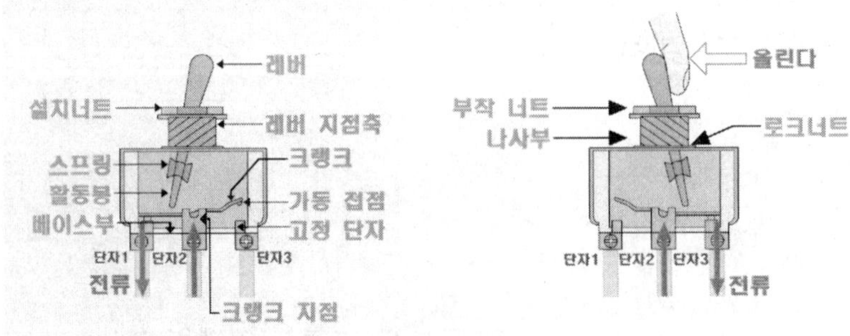

그림 2-43 ▪ 토글 스위치 c접점

(4) 셀렉터 스위치

로터리 스위치라고도 하며 손잡이나 레버를 회전하여 개폐를 하는 형태로 on-off 2단 이상의 회전도 가능하다. 셀렉터 스위치(selector switch)는 손잡이를 좌우 회전하여 on/off할 수 있으며 그림 2-44에 나타내었다.

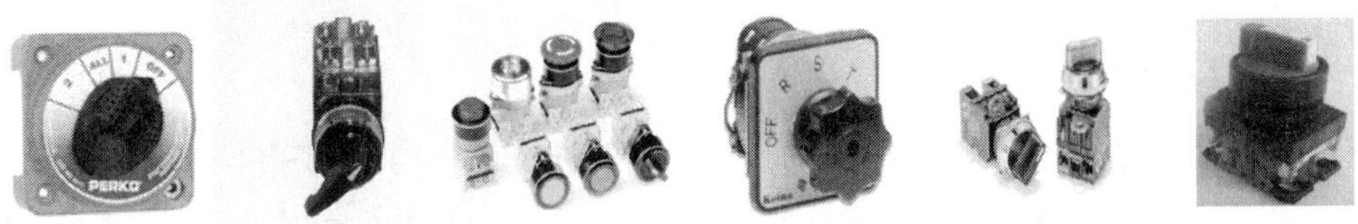

그림 2-44 셀렉터 스위치

(5) 키 스위치

손잡이를 고정시킬 수 있어 보안을 요하는 회로가 있을 경우에 사용되며, 키(key)를 사용해야만 동작시킬 수 있어 보호용으로 많이 쓰이고 있으며 그림 2-45에 나타내었다.

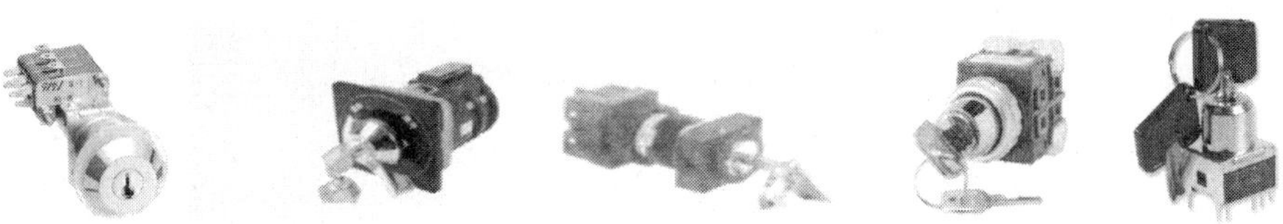

그림 2-45 키 스위치

(6) 슬라이드 스위치

접점부가 미끄러져 이동하는 것으로 스위치를 고정시키기 위하여 위치를 고정시키는 볼이 내장되어 있으며 그림 2-46에 슬라이드 스위치(slide switch)를 나타내었다.

그림 2-46 슬라이드 스위치

(7) 캠 스위치

캠(cam)의 동작에 의하여 접점이 개폐되는 스위치이며 여러 개의 단자를 이용할 수 있다. 캠과 접점을 하나로 구성하여 노치(notch) 절환하는 것으로 전류계, 전압계 등의 절환용으로 사용한다. 다른 형태의 캠 스위치는 10단 이상의 접점을 가질 수 있는 특징이 있고 그림 2-47에 나타내었다.

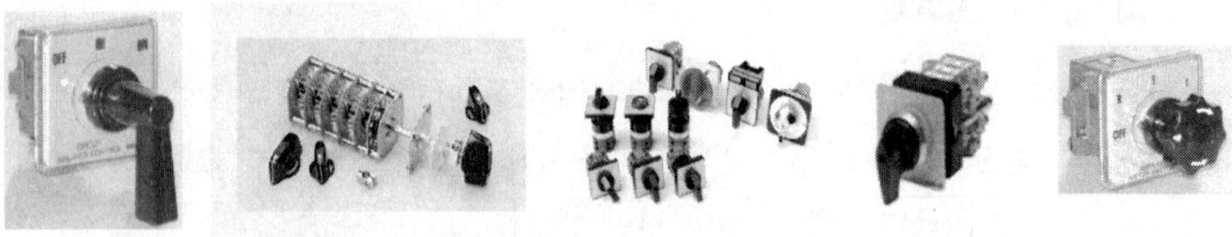

그림 2-47 ∘ 캠 스위치

1) 회로설명

① **절환 시 단락형** : 노치절환 시 노치의 단과 단 사이의 중심부에서 개로 'off'되는 접점(단자번호 3, 4번)과 폐로 'on'되는 접점(단자번호 5, 6번) 간에 단락되는 순간이 유지되는 회로이며 그림 2-48에 나타내었다.

㉮ 노치 2단에서 단자번호 3, 4번과 노치 3단에서 단자번호 5, 6번간에 절환되는 순간 2단에서의 개로 'off' 되는 시간과 3단에서의 폐로 'on' 되는 시간이 중복되는 순간을 구조로 조립되는 회로를 절환 시 단락형이라 한다.

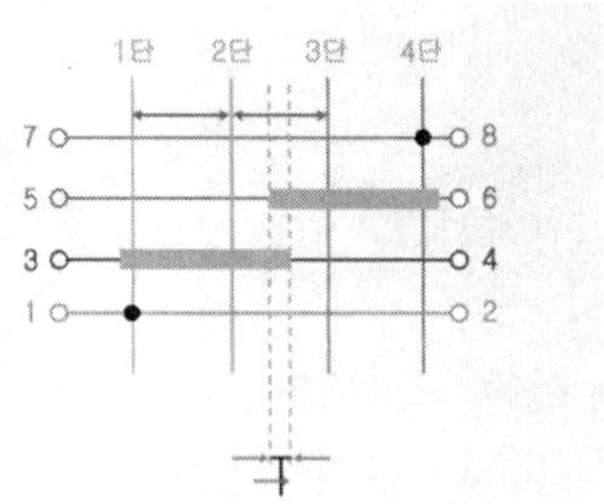

그림 2-48 ∘ 절환 시 단락되는 시간

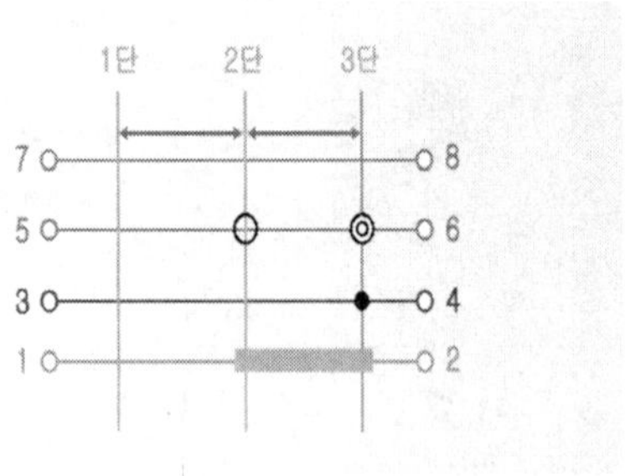

그림 2-49 ∘ 잔류 접점회로

② **잔류 접점** : 노치 3단 폐로 'on'에서 노치 2단으로 자동복귀되었을 때 접점이 계속 폐로 'on' 상태로 유지되며, 노치 1단과 자동 복귀된 노치 2단 상태에서는 개로 'off'가 된다. 그림 2-49에 나타내었다.

㉮ 노치 2단(복귀된 자연 위치)에서 노치 3단으로 절환했을 때 단자 번호 5, 6번이 폐로 'on'되고, 노치 2단으로 자동 복귀시켜도 단자번호 5, 6번은 폐로 'on' 상태로 유지되나, 노치 1단으로 절환하면 단자번호 5, 6번은 개로 'off' 되며 노치 2단으로 자동 복귀되어도 단자번호 5, 6번은 개로 'off' 상태로 유지된다.

2) 동작 구성도

캠 스위치를 2단, 3단으로 바꾸었을 때 나타내는 회로 구성도이다. 그림 2-50에 나타내었다.

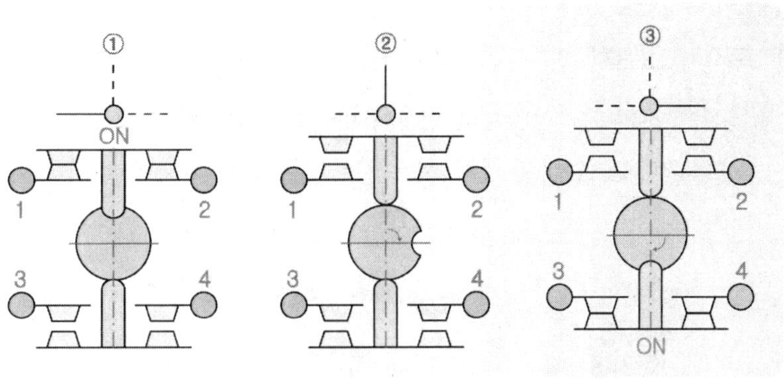

그림 2-50 ◦ 캠 스위치 절환 단바꿈

(8) 커버 나이프 스위치

핸들을 수동으로 조작함으로써 전로를 '개로' 또는 '폐로'하여 조작하는 손을 떼어도 그대로의 개폐상태를 유지하는 조작 스위치이며, 커버 나이프 스위치처럼 전로의 개로나 폐로를 수동으로 하는 접점을 수동조작 개폐기 접점이라고 한다.

1) 커버 나이프 스위치의 특징

① 두 선을 동시에 차단하는 스위치이며, 커버 안에 퓨즈가 있어 가정에서 합선이 일어나면 과전류가 흘러 회로가 차단된다.

② 퓨즈는 열에 약한 금속으로 만들어 규정 이상의 열이 발생하면 끊어진다.

③ 퓨즈가 끊어지면 정격의 퓨즈로 갈아 끼워야 한다.

2) 커버 나이프 스위치의 구조 및 종류

커버 나이프 스위치(cover knife switch)는 전면에 베이크 라이트 또는 도자기로 외피를 입힌 스위치로 전원의 상수에 따라 단상형, 삼상형으로 구분되며, 또한 형태에 따라 단투 커버 나이프 스위치와 쌍투 커버 나이프 스위치로 구분되고 밑 부분에는 퓨즈가 부착되어 있다. 주로 저압회로의 단로 및 부하전류의 개폐에 사용됨과 동시에 배선용 퓨즈와 조합해서 과전류를 보호할 목적에도 사용되며, 그림 2-51에 나타내었다.

그림 2-51 ◦ 커버 나이프 스위치의 모양과 구조

(9) 트리거 스위치

슬라이드 스위치의 일종으로 형상이 방아쇠와 유사하게 생긴 것으로 전기 해머 등 전동 공구나 전원 스위치로 많이 사용하는 것을 그림 2-52에 나타냈다.

그림 2-52 • 트리거 스위치

(10) 전압 절환용 스위치

슬라이드 스위치의 일종으로 사용 전압에 적당한 전압을 절환하는 스위치로서 특별한 경우에는 트랜스를 내장하는 경우를 그림 2-53에 나타내었다.

그림 2-53 • 전압 절환용 스위치

(11) 파형 스위치

슬라이드 스위치의 일종으로 파형 손잡이를 누르면 스프링의 힘을 갖는 접점기구에 의하여 회로를 개폐하는 스위치를 그림 2-54에 나타내었다.

그림 2-54 • 파형 스위치

(12) 비상 스위치

비상시 전 회로를 긴급히 차단할 때 사용하는 스위치로서 보통 적색으로 차단 시는 그림 2-55와 같이 왼쪽으로 눌러서 로크(lock)시키고 복귀 시는 오른쪽으로 돌려 복귀한다.

그림 2-55 • 비상 스위치 접점 및 실물

(13) 발판 스위치

기계장치 및 회로의 동작을 발로 하는 것으로 발판부에 마이크로 스위치가 내장되어 있으며, 동작 걸림장치와 발판 스위치 보호 커버가 부착되어 있는 모양과 기호를 그림 2-56에 나타내었다. 발판 스위치(foot switch)는 c접점으로 구성되어 있으며, 필요에 따라 a접점과 b접점을 구분하여 표 2-5와 같다.

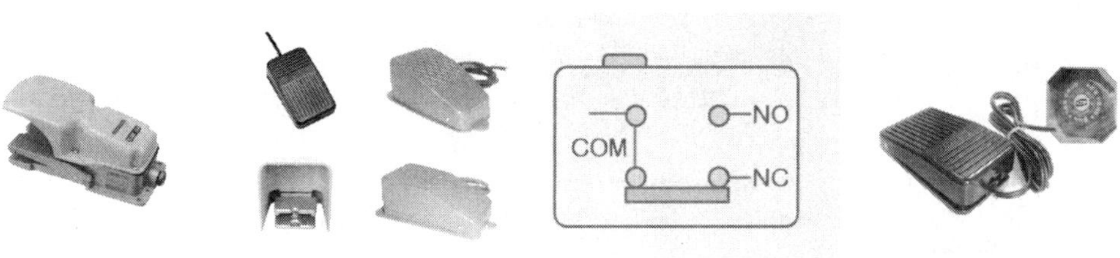

그림 2-56 • 발판 스위치의 모양 및 기호

표 2-5 • 발판 스위치의 단자기호 설명

표 시 명	영 문	명 칭
COM	common	공통 단자
NO	normally open	상시 개로
NC	normally close	상시 폐로

(14) 정역 스위치

전동기 기동용 스위치로 많이 사용된다. 전동기를 정역(正逆)으로 조작할 수도 있으며 순서는 FOR(정회전), STOP(정지), REV(역회전) 순의 상태를 그림 2-57, 2-58에 나타내었다.

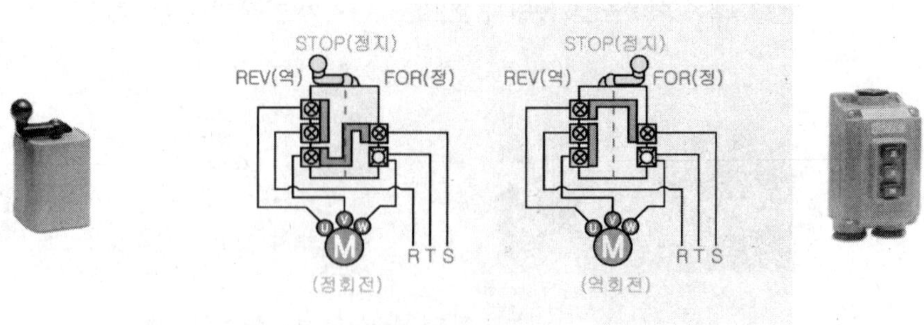

그림 2-57 ◦ 정역 스위치 내부구조와 실물

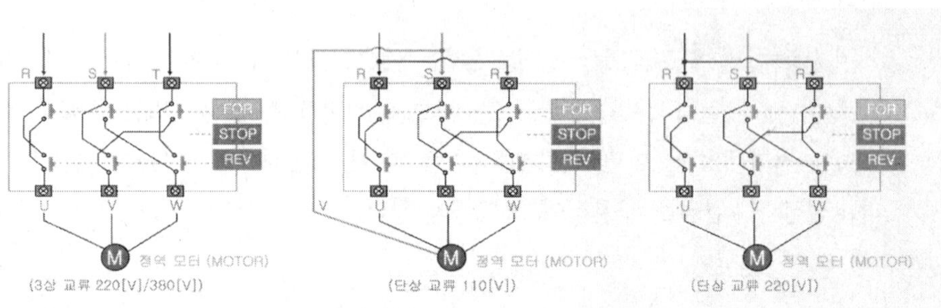

그림 2-58 ◦ 정역 스위치 레버식 절환방법

2. 검출 스위치

자동화 시스템에서 매우 중요한 요소로 제어 대상의 상태나 변화 등을 검출하기 위해 사용되는데 위치, 액면, 온도, 전압, 그 외의 여러 제어량을 검출하는 데에 주로 사용된다.

(1) 접촉식 스위치

1) 복귀형 수동 스위치

버튼을 누르고 있을 때에만 접점(선과 선이 만나는 점)이 개폐(연결)되며, 손을 떼면 스위치 내부의 스프링의 힘에 의해 복귀(전 상태)되는 제어용 조작 스위치이며, 버튼 대신 레버(손잡이) 등으로 동작하는 것도 있다. 버튼을 누르면 가동접점(c접점)이 고정접점과 접촉하여 연결(on)되는 접점을 a접점이라 하고, 단선(off)되는 접점을 b접점이라 하며 그림 2-59에 나타내었다.

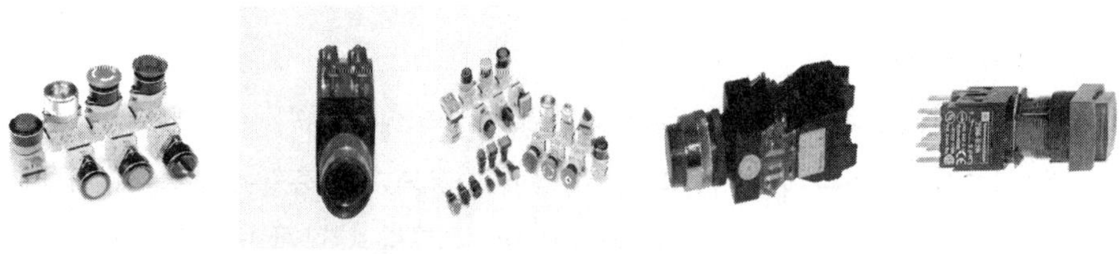

그림 2-59 • 복귀형 수동 스위치(푸시버튼 스위치)

① **a접점** : 스위치를 조작하기 전에는 **열려 있는 접점**으로 **일하는 접점**(arbeit contact) **상시 개방접점**(normal open contact)으로 'NO'로 표시한다.

② **b접점** : 스위치를 조작하기 전에는 **닫혀 있는 접점**으로 **열리는 접점**(break contact) **상시 폐쇄접점**(normal close contact)으로 'NC'로 표시한다.

③ **c접점** : 절환접점으로 a접점과 b접점을 공유하면서 **변환하는 접점**(change over contact) 또는 **이동접점**(transfer contact)이라 한다.

2) 마이크로 스위치

성형 케이스에 접점기구를 내장하고 외부에 액추에이터(actuator)가 있는 소형 스위치이며 압력검출, 액면검출, 바이메탈을 이용한 온도조절, 중량검출 등 여러 곳에 쓰인다.

미소 접점간격과 스냅 동작기구를 가지고 정해진 힘으로 개폐동작을 할 수 있으며, 동작을 일으키는 접점기구가 케이스로 덮여 있고, 마이크로 스위치(micro switch)의 모양 및 기호는 그림 2-60과 같으며 외부의 **액추에이터**에는 다른 물체의 접촉 시 접점개폐를 할 수 있는 기구를 갖추고 있다.

표 2-6 • 마이크로 스위치의 단자기호 설명

표 시 명	영 문	명 칭
COM	common	공통 단자
NO	normally open	상시 개로
NC	normally close	상시 폐로

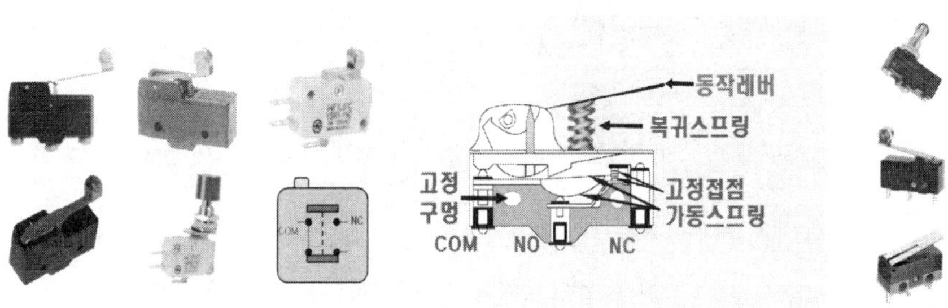

그림 2-60 • 마이크로 스위치

3) 리밋 스위치

접촉자에 물체가 닿으면 접촉자가 움직여 접점이 개폐되는 위치검출용 스위치이다. 용도로는 생산설비와 공장자동화 설비 등에 사용되며 접촉자에 접촉하는 물체의 형 또는 뾰족한 부분을 캠 또는 도그(dog)라고 하며, 그림 2-61에 나타내었다.

그림 2-61 • 리밋 스위치

리밋 스위치(limit switch)는 기기의 동작 행정 중 정해진 위치에서 동작하는 스위치로서 동작부와 스위치부로 구성되며, 스위치부는 마이크로 스위치가 견고한 케이스 속에 들어 있고 동작부의 형태에 따라 롤러 레버형, 포크 레버형, 로드 조절 레버형, 코일 스프링형, 롤러 플린저형이 있으며 형태에 따라 횡형과 입형 등이 있으며 표 2-7과 같다.

리밋 스위치는 시퀀스 제어의 촉각작용을 하는 것으로, 제어 대상의 위치검출, 기계의 구동거리 제한 및 공정의 변환 등을 검출하기 위해 사용되는데 기계적인 신호를 전기적 신호로 변환시킨다. 리밋 스위치는 a접점과 b접점이 있으며 동작의 원리는 검출될 부분에 스위치에 접촉부가 닿으면 접촉자가 움직여 접점이 개폐된다.

캠은 정해진 위치에 진행상황을 검출하며, 도그는 정해진 위치에 존재 여부를 검출한다. 기계적 접점 스위치로 기기들이 움직일 때 정해진 위치에서 동작 검출하는 스위치로서 사용용도에 따라 롤러 레버를 교체하여 사용할 수 있다. 그림 2-62는 리밋 스위치의 검출 방법을 나타내었다.

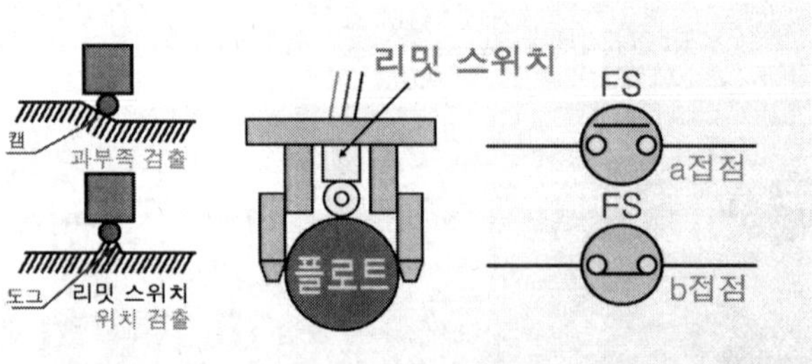

그림 2-62 • 리밋 스위치(플로트 스위치의 원리와 기호)

표 2-7 • 액추에이터의 종류

종 류	모 양	특 징
롤러 플린저형	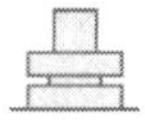	캠, 도그, 실린더 및 보조 액추에이터를 장착하여 광범위한 조작이 가능하다.
롤러 레버형		회전방향의 스트로크가 40°~90°로 크고, 레버는 360° 임의의 각도로 조정이 가능하여 사용하기 쉽다.
롤러 조절 레버형		롤러 레버형의 특징을 살려서 폭넓은 범위에서 조작체의 검출이 가능한 형식으로 레버 길이의 조절이 가능하다.
코일 스프링형		360° 어느 방향에서도 조작이 가능하다. 특히 동작에 필요한 힘은 리밋 스위치 중 가장 낮고 방향이나 형상이 불균일한 경우에도 적합하다.
플린저형	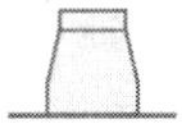	유공압 실린더 등에 의한 조작에서의 위치검출에 높은 정도를 가진다.
볼 플린저형		설치하는 면과 조작방향이 다른 경우나 직교하는 그 축의 조작이 필요한 경우에 편리하다.
힌지 레버형		저속, 저토크(같은 힘이라도 중심에서의 거리가 얼마인지에 따라서 물체에 작용하는 힘이 틀려진다.)의 캠에 주로 이용되며, 레버는 조작체에 따라 여러 가지 형태가 만들어진다.
힌지 롤러 레버형	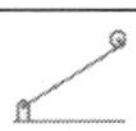	힌지 레버에 롤러를 단 것으로 고속 캠에 적당하다.
롤러 암형		롤러의 위치를 변화시킬 수 있는 특징이 있다.
푸시 플린저형	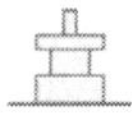	로트 레버형

4) 액면 스위치

레벨 스위치(level witch) 또는 **액면 스위치**는 여러 가지 물질의 표면과 기준면과의 거리를 검출하는 스위치이다. 주로 액체의 레벨을 검출하기 때문에 액면 스위치라고 한다.

감지용의 전극이 있고 액체나 분체에 의한 정전용량, 저항값의 변화를 검지하여 출력을 나타낸다. 또, 검출방법에 따라 플로트를 사용하는 플로트(float)식과 액체가 전극에 접촉했을 때 전극 간의 저항의 변화를 검출하는 전극식으로 나눈다.

플로트 스위치(FLTS : float switch)의 구조는 장치 전체가 액체 속으로 가라앉으면 플로트가 리밋 스위치의 가동부를 밀어 올려서 접점을 개폐하는 장치가 그림 2-63과 같다. 가장 간단한 형태로는 좌변기 저수조에 있는 기계식 플로어 스위치이다.

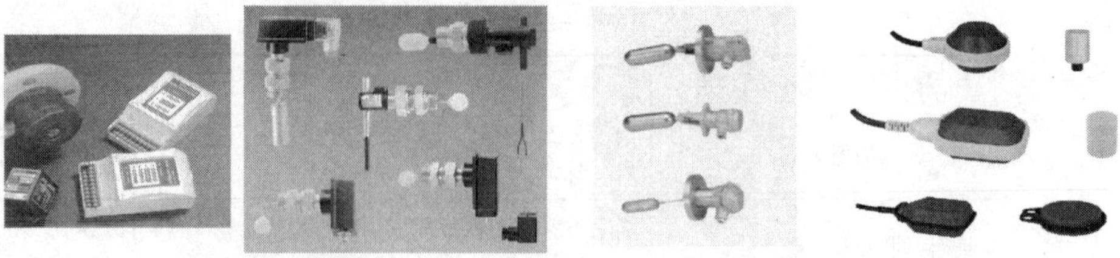

(a) 전극식 레벨 스위치　　　　(b) 플로트식 레벨 스위치

그림 2-63 · 전극식 · 플로트식 레벨 스위치

(2) 비접촉식 스위치

1) 근접 스위치

자계의 에너지를 이용하여 검출 헤드에 접근하는 금속체를 기계적으로 접촉시키지 않고 검출하되 그것에 연결되는 전기회로를 개폐하여 제어하는 검출 스위치이며, 고주파 자계를 이용한 고주파 발진형이 많이 사용되고 있다.

고주파 발진형이란 검출단에서 고주파를 발진하여 검출물체가 접근하면 검출물체 내에 와전류손에 의한 발진전력의 변화를 검출, 동작시키는 형식이다. 종류로는 원주형과 각형이 있으며, 동작원리에 따라 고주파 발진형과 정전용량형이 있다. 그림 2-64는 동작원리와 고주파 발진형 근접 스위치 구조를 나타내었다.

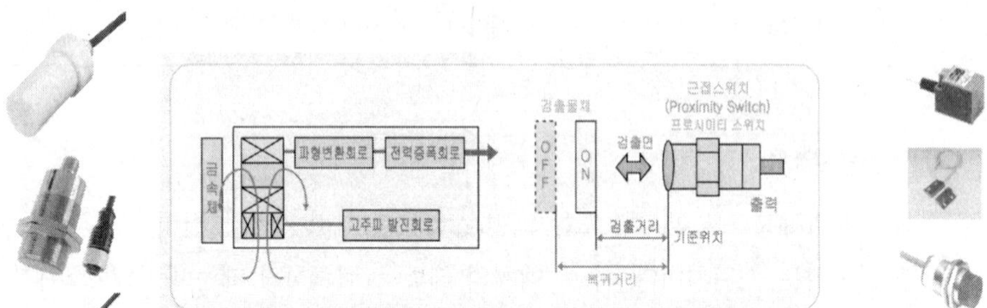

(a) 근접 스위치의 원리　　　　(b) 근접 스위치의 설치원리

그림 2-64 · 근접 스위치의 원리와 근접 스위치

① **고주파 발진형** : 검출 코일의 인덕턴스의 변화를 이용하여 개폐하는 스위치

② **정전용량형** : 도체 전극 간의 정전용량의 변화를 이용하여 개폐하는 스위치

2) 광전 스위치

빛을 발생하는 광원과 빛을 받아들이는 광도전체(CdS : Cadmium Sulfur), 포토 다이오드 또는 포토 트랜지스터를 1개조로 하여 물체가 광로를 지나갈 때 광로나 광량의 변화를 이용

하여 접점을 동작하여 물체를 감지하는 방식의 검출 스위치로, 물체의 접촉에 의한 것이 아니기 때문에 움직이는 물품의 계수나 기계적 동작의 제한 등에 사용한다.

① 광전 스위치의 특징 : 빛의 전달속도가 빠르고 응답속도가 빨라 무접점 회로의 경우 분당 수 만회의 검출도 가능하다.

② 광전 스위치의 장점 : 검출물이 금속일 필요는 없고 검출거리가 길어 비교적 먼 거리로부터 검출이 가능하며, 응답속도가 빠르고 정밀도가 높으며 색채의 판별이 가능하기 때문에 각종 의료기기 및 전자기기 등 여러 분야에 사용되고 있다.

③ 광전 스위치의 종류 : 투과형, 반사형, 복사형이 있다.

㉠ 투과형 : 빛을 내는 투광기와 빛을 받아들이는 수광기 사이에 물체가 지나갈 때 수광기의 빛의 변화에 의해 감지하는 것이다.

㉡ 반사형 : 투광기에서 발사된 빛이 물체에 반사되어 수광기에 다시 들어오는 방식이다.

㉢ 복사형 : 투광기 없이 물체의 자연 복사광에 의해 수광기에서 빛을 받아들여 물체를 검출하는 방법이다.

④ 우리 생활에는 그림 2-65와 같은 광전 스위치가 이용된다.

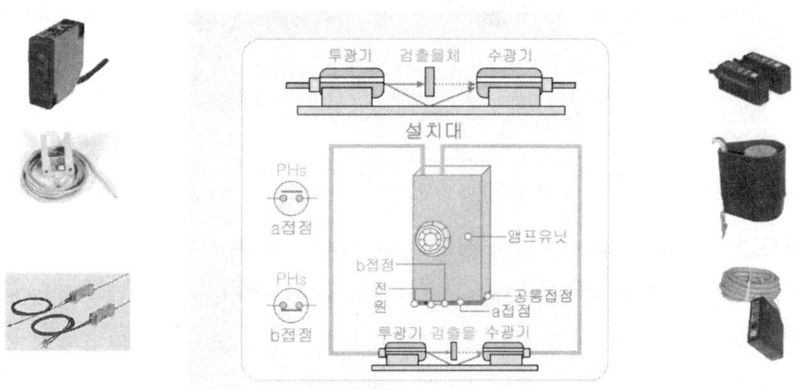

그림 2-65 ∙ 광전 스위치의 원리와 광전 스위치

⑤ 투광기 : 주로 텅스텐 램프, 형광등, 발광 다이오드를 사용하며 이러한 광원을 직접 혹은 광학계 증폭기 등의 광학을 조합하여 적외선을 전기신호로 변환시킨다.

⑥ 직접 반사형 광전 스위치 : 직접 반사형은 투광기와 수광기가 하나로 구성된 복합형이며, 투광부에서 방사된 빛이 직접 대상 물체에 닿으면 그 반사광을 수광부가 받아서 검출하는 방식으로 물질의 표면상태 판별 등에 이용된다. 그림 2-66은 직접 반사형 광전 스위치(photo electric switch)를 나타내었다.

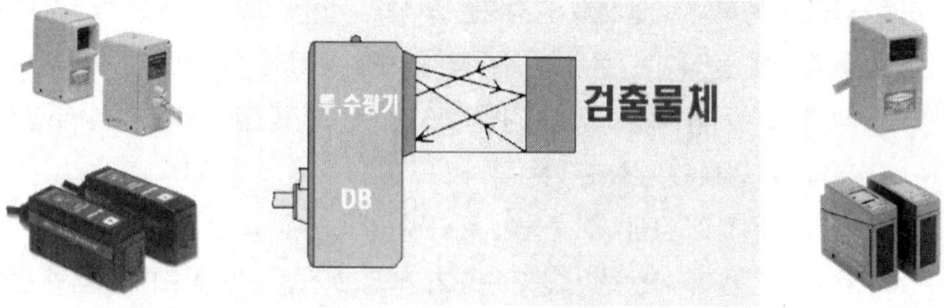

그림 2-66 • 직접 반사형 광전 스위치

⑦ 거울 반사형 광전 스위치 : 거울 반사형은 투광기와 수광기가 하나로 구성된 투광기와 반사거울로 구성되어 있으며, 투·수광기와 반사 거울사이의 대상 물체를 검출하는 것으로 대상 물체의 진동, 광축조정 시에 다소의 차이가 있어도 안전하게 동작하는 특성이 있다. 그림 2-67은 거울 반사형 광전 스위치를 나타내었다.

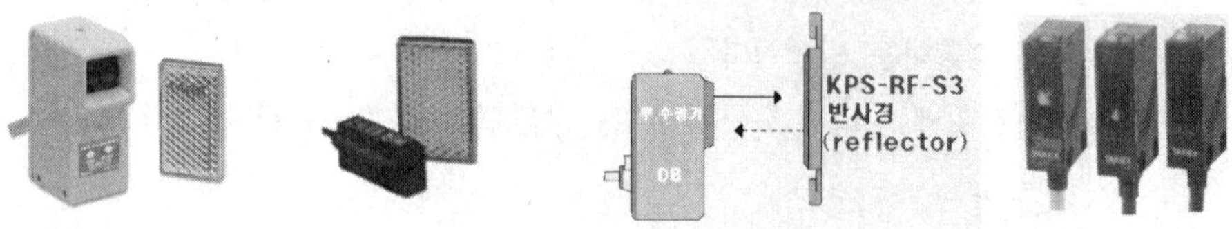

그림 2-67 • 거울 반사형 광전 스위치

3) 온도 스위치

온도가 정해놓은 값에 도달하게 되면 동작하는 검출 스위치이며 구조와 실물은 그림 2-68과 같다. 온도의 변화에 대해서 전기적 특성이 변화하는 소자, 즉 서미스터, 열전대, 바이메탈 등을 이용하여 만들어지는데, 그 변화에 의해서 미리 설정된 온도를 검출하여 동작하는 스위치이다.

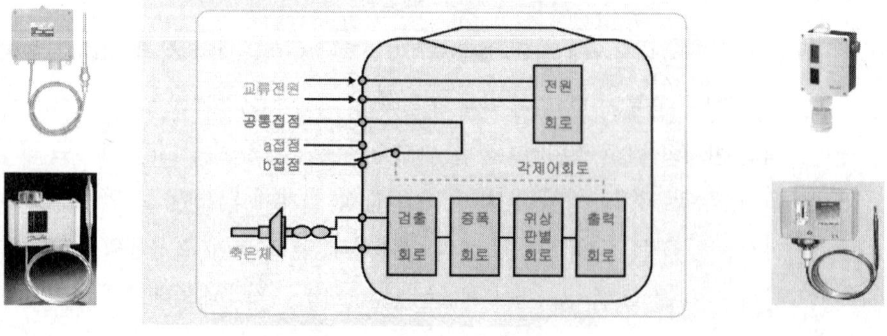

그림 2-68 • 온도 스위치와 구조

온도 스위치의 종류는 전열기기, 냉난방 기기, 온수기 등의 온도제어나 모터, 히터 등의 과열방지용에 사용되고 있다.

4) 온도 계전기

온도가 일정한 값에 도달하였을 때 동작 검출하는 계전기로 온도변화에 대해 전기적 특성이 변화하는 소자, 즉 서미스터, 백금 등 저항이 변화하는 것 및 열기전력을 일으키는 열전쌍 등을 측온체에 이용하여 그 변화에서 미리 설정된 온도를 검출하여 동작하는 계전기이다. 종류로는 **무지시형, 메타 지시형, 디지털형** 등이 있으며 베이스에 끼워 사용하기도 하고 8핀, 11핀, 14핀 등이 있고 그림 2-69는 내부회로를 나타내었다.

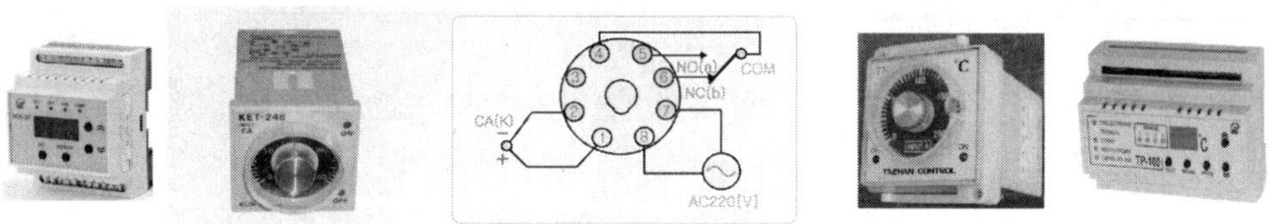

그림 2-69 ◦ 온도 계전기와 내부회로

① **온도 릴레이** : 설정된 온도보다 측정온도가 낮을 경우에는 릴레이가 on되어 회로를 동작시키며, 측정온도가 높을 경우에는 릴레이가 off되어 복귀되는 기능을 가지고 있다.

② **열전대 센서** : 강한 고주파를 발생하는 기기로부터 피하는 것이 안전하며 단자를 연결 시에는 (+), (−) 표시를 확인하여야 하며 열전대를 온도 계전기와 연결 시 배선은 지정된 내열선을 사용하여야 한다.

③ **온도제어의 종류와 특성** : 온도 계전기(temperature relay)의 제어에 필요한 P, PI, PD, PID 제어의 장 · 단점을 표 2-8에 나타내었다.

표 2-8 ◦ P, PI, PD, PID 제어의 장 · 단점

종 류	장 점	단 점
on/off 제어	• 동작이 간단하다. • 오프-셋(off-set)이 발생하지 않는다.	오버슈트(overshoot), 헌팅(hunting)이 일어난다.
비례 제어(P)	구성이 간단하며 구현하기 쉽다.	• 상승시간과 초과사이의 상충문제를 절충하지 못한다. • 이득의 조정만으로는 시스템의 성능을 개선시키기 어렵다.
비례 적분 제어(PI)	감쇠비를 증가시키고 정상상태 오차도 개선한다.	시스템이 불안해지고 반응이 느려진다.
비례 미분 제어(PD)	외란에 대한 응답을 빠르게 한다.	단독으로 제어할 수 없다(비례 제어와 같이 사용해야 한다).
PID 제어	좋은 제어특성을 얻을 수 있다.	PID 파라미터(parameter) 설정이 필요하다.

④ **비례동작** : 온도 설정값에 대하여 입력이 비례하는 크기의 출력을 내는 제어동작을 비례동작이라 한다. 여기에 입력과 온도 설정값의 차이에 따라 제어용 릴레이 출력이 on/off가 시분할 비례로 되는 것이며 그림 2-70에 나타내었다.

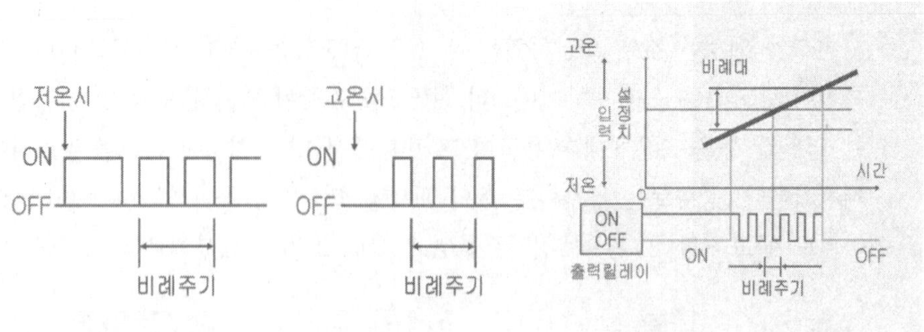

그림 2-70 • 온도 계전기의 비례동작

5) 속도 스위치

속도(speed)가 일정한 값으로 도달했을 때 동작하는 스위치이며 그림 2-71에 나타내었다.

그림 2-71 • 속도 스위치

6) 습도 스위치

공기압의 습도(humidity) 변화에 따라 정해놓은 습도의 값에 도달했을 때 동작하는 스위치로 그림 2-72에 나타내었다.

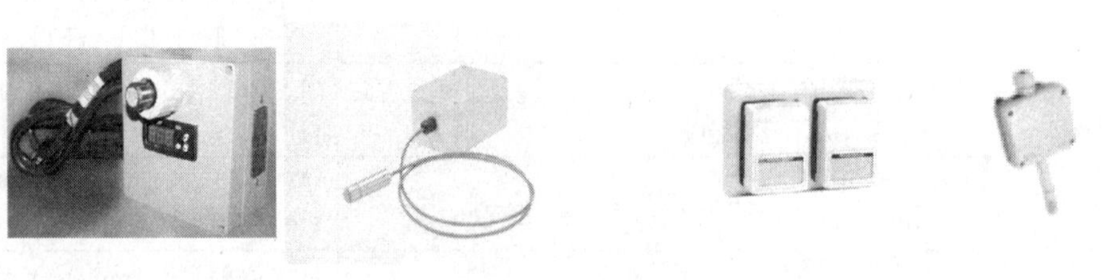

그림 2-72 • 습도 스위치

3. 차단기

(1) 배선용 차단기

개폐기구, 트립 장치 등을 절연물 용기 속에 일체로 조립한 기중 차단기이다. 배선용 차단기는 부하전류의 개폐를 하는 전원 스위치로 사용되는 외에, 과전류 및 단락 시에는 열동 트립 기구(또는 전자 트립 기구)가 동작하여 자동적으로 회로를 차단한다.

과부하 장치가 있는 장치로써 일명 NFB(No Fuse Breaker)라고 하며, 전동기 0.2[kW] 이상의 운전회로, 주택 배전반용 및 각종 제어반에 사용되고 있으며, 전원의 상수와 정격 전류에 따라 구분하여 사용하고 주변의 온도는 40[℃]를 기준으로 한다.

배선용 차단기(MCCB : Molded Case Circuit Breaker)를 극수에 따라 분류하면 빌딩 등의 분전반에 사용되는 1극, 홈 분전반에 사용되는 2극, 3상 동력에 사용되는 3극, 3상 4선식 회로에 사용되는 4극 등이 있다.

1) 자동 트립 방식

① **완전 전자식** : 코일에 단락 전류가 흐르는 경우 대단히 큰 자력이 발생하므로 플린저가 이동하지 않고도 가동판을 끌어당겨 트립을 하게 한다(그림 2-73).

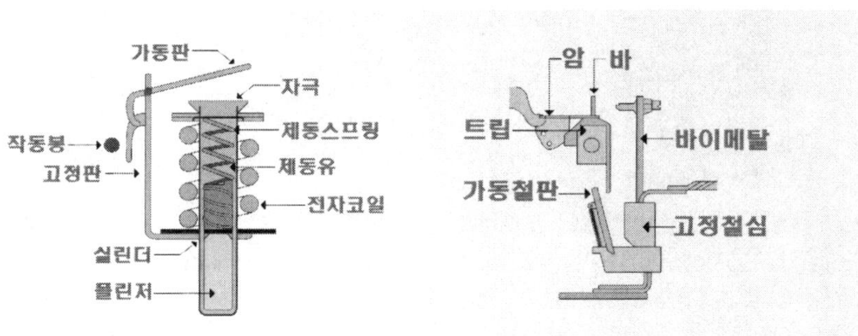

(a) 완전 전자식 (b) 열동 전자식

그림 2-73 ◦ 완전 전자식, 열동 전자식 내부 구조도

② **열동 전자식 계전기** : 회로에 흐르는 전류가 일정치를 초과하면 히터에서 발생되는 열에 의해 바이메탈이 가열되며 바이메탈이 서서히 휘어지므로 일정 시간 후에 트립 바를 동작시켜 트립을 하게 된다. 코일에 단락전류가 흐르는 경우 대단히 큰 자력이 발생하므로 바이메탈이 휘어지기 전에 가동판을 끌어당겨 트립을 하게 한다.

2) 내부구조와 취부자세에 따른 차단효율

그림 2-74는 배선용 차단기의 내부구조와 취부자세에 따른 효율을 나타내었다.

(a) 내부구조 (b) 취부자세에 따른 차단효율

그림 2-74 ◦ 배선용 차단기 내부 구조도

(2) 누전 차단기

교류 600[V] 이하의 전로에서 인체에 대한 감전사고 및 누전에 의한 화재, 아크에 의한 기구 손상을 방지하기 위한 목적으로 사용되는 차단기이다. 누전 차단기는 개폐기구, 트립 장치 등을 절연물 용기 내에 일체로 조립한 것으로 통전상태의 전로를 수동 또는 전기 조작에 의해 개폐할 수 있으며, 과부하 및 단락 등의 상태나 누전이 발생할 때 자동적으로 전류를 차단하는 기구이다(그림 2-75).

(a) 단상 누전 차단기 (b) 누전 차단기 (c) 3상 누전 차단기

그림 2-75 ◦ 누전 차단기

누전 차단기는 의료기기 및 전기기기 등에 발생하기 쉬운 누전, 감전 등의 재해를 방지하기 위하여 누전이 발생하기 쉬운 곳에 설치하며, 이상 발생 시 감지하고 회로를 차단시키는 작용을 한다.

전기로 충전된 의료기기에 사람이 노출될 경우 빠른 시간 내 전로를 차단하여 인명을 보호하는 목적, 즉 접촉전압이 30[V]를 넘으면 안 된다. 제3종 접지와 제2종 접지의 차이가 9배 이하로 접지되어야 한다. 평상 저항치는 이와 반대로 되는 것이 일례이다.

예 $R_2 = 10[\Omega]$의 경우 $R_3 = 10/9 =$ 약 $1.1[\Omega]$ 이하로 되어야 하는데 통상의 접지공사에서 어려운 일이며, 제3종 접지는 제2종 접지보다 접지저항이 높은 값을 차지한다. 따라서 반대로 높은 저항값은 R_3가 갖는 대신 짧은 시간에 전로를 차단하여 전위상승을 방지하며 인명을 보호하기 위해 누전 차단기 설치가 요구되는 것이다.

보폭 전압과 접촉 전압 저감법은 다음과 같다.

① 전기기기 주변 1[m] 위치에 깊이 0.2~0.4[m] 보조 접지선을 개설하고 주 접지선과 접지시킨다.

② 접지기기, 철 주위에 자갈, 콘크리트를 15[cm] 정도 타설한다(기기 주위에 2[m] 정도는 콘크리트 타설, 그 주위에 자갈 등 포설).

보충 : 접지공사의 종류

1) 제1종 접지공사

피뢰기, 특별 고압 계기용 변성기의 2차측 전로, 고압 또는 특별 고압 계기의 철대 등과 같이 접지사고가 발생하였을 때, 고압이나 특고 전압이 침입할 가능성이 있고, 또한 위험도도 높은 경우의 접지법이다. 접지 저항값은 10[Ω] 이하로 정해져 있다.

2) 제2종 접지공사

변압기의 고압측 또는 특별 고압측의 전로의 1선 지락전류의 암페어 수로 150(변압기의 고압측의 전로와 저압측의 전로와의 혼촉에 의하여 저압전로의 대지전압이 150[V]를 넘을 경우에 2초 이내에 자동적으로 고압전로를 차단하는 장치를 설치한 경우에는 300)을 나눈 값과 같은 옴 이하로 한다. 고압 · 특별 고압선로로부터 저압으로 변성하는 변압기(주상 변압기 등)의 저압측의 중성점(중성점에 시공할 수 없을 경우에는 1단자)에서 시공한다.

3) 제3종 접지공사

접지 저항값은 100[Ω] 이하로 하고 고압 계기용 변성기의 2차측 전로, 고압 지중 케이블의 금속 피복, 400[V] 이하의 기기의 철대, 외함에 시공한다.

4) 특별 제3종 접지공사

접지 저항값 10[Ω] 이하로 한다. 40[V]를 넘는 저압용 기기의 철대, 금속관 및 외함 등에 시공한다.

1) 동작원리

① 누전이 없는 상태 : 영상 변류기를 통해 흐르는 전류가 돌아 들어가는 전류와 같은 수치로 되어 있고, 흐르는 전류에 따라 영상 변류기에 발생하는 자속 ϕ_L은 서로 상쇄된다(그림 2-76).

② 누전이 발생한 상태 : 누전이 발생하면 영상 변류기를 통해 흐르는 전류에 차가 생기며 이 전류차에 따라 영상 변류기 2차 권선의 누전 검출부에 신호를 보내고, 이 신호에 따라서 누전 검출부가 누전 트립 기구를 동작시키며, 누전 차단기는 회로를 차단하게 된다(그림 2-77).

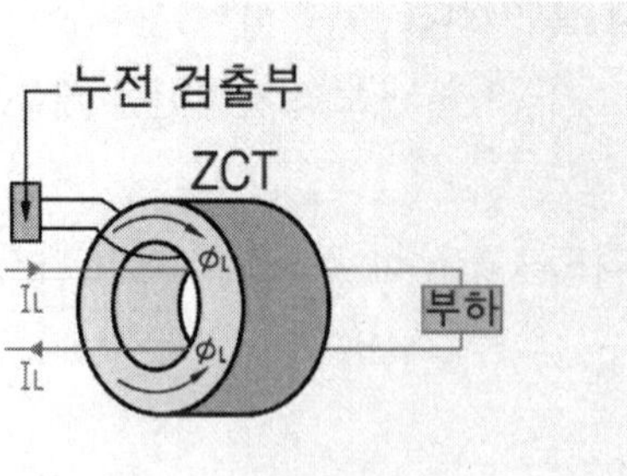

그림 2-76 • 누전이 없는 상태

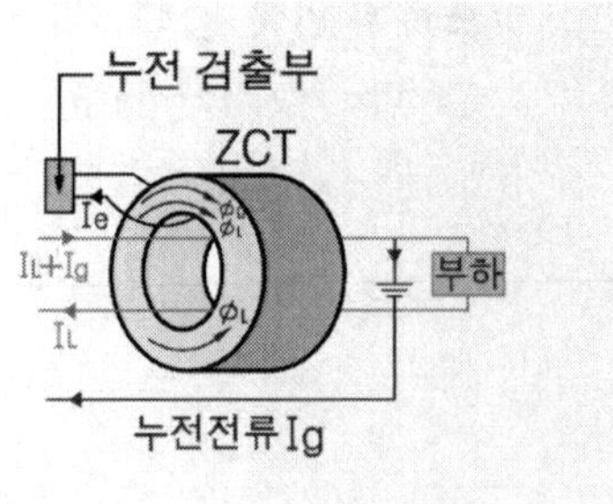

그림 2-77 • 누전이 발생한 상태

2) 회로 결선도

누전 차단기의 내부구조를 그림 2-78에 나타내었다.

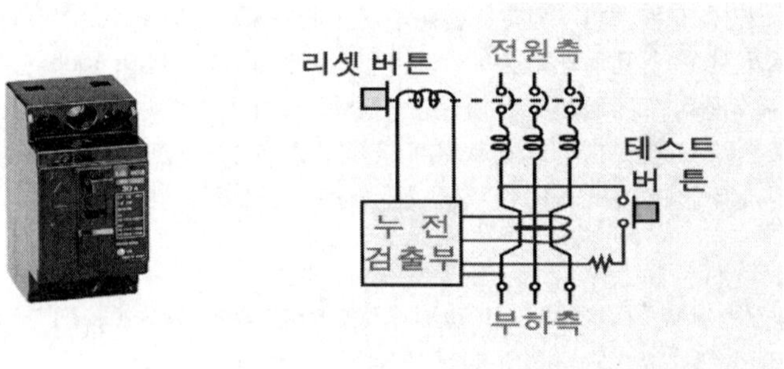

그림 2-78 • 누전 차단기의 내부 구조도

(3) 퓨 즈

과전류, 특히 단락 전류가 흘렀을 때 퓨즈(fuse) 엘러멘트(끊어져서, 녹아내려)가 용단하여 회로를 자동적으로 차단시켜 주는 역할을 하며 퓨즈를 고정시키는 것이 퓨즈 홀더이다.

퓨즈는 납이나 주석 등 열에 녹기 쉬운 금속, 즉 가용체로 되어 있으며, 가용체를 절연물로 싼 포장 퓨즈와 그대로인 비포장 퓨즈가 있다. 퓨즈의 종류에는 그림 2-79와 같이 유리형과 통형, 걸이형, 실형 등의 여러 가지가 있다.

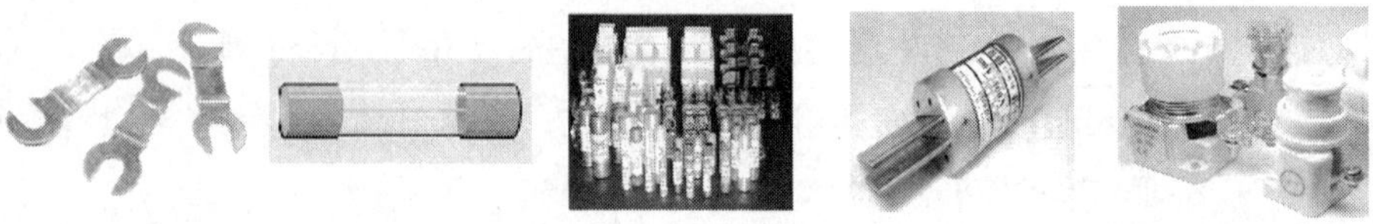

그림 2-79 • 퓨즈의 종류

자동제어의 배전반용에 가장 많이 사용되는 플러그 퓨즈의 내부구조는 그림 2-80과 같으며, 퓨즈의 색상에 의하여 정격전류를 구분한다. 참고로, 퓨즈의 같은 색 표시는 정격전류로 구분한다.

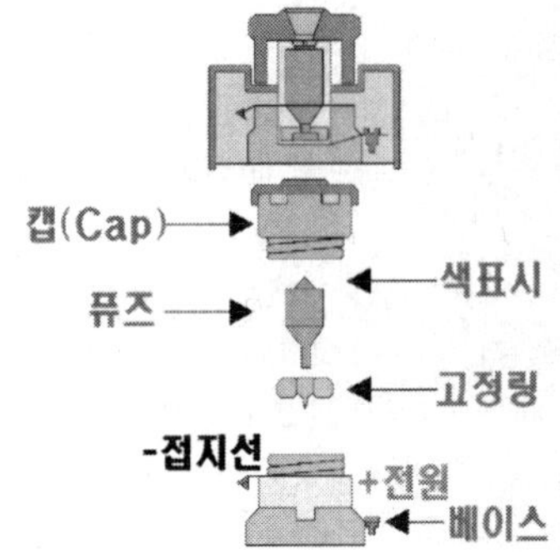

(a) 플러그 퓨즈의 내부구조

정격전류(A)	색 표시
6	녹색
10	적색
16	회색
20	청색
25	황색
35	흑색
50	백색
63	갈색
80	은색
100	적색

(b) 퓨즈의 색상

그림 2-80 ■ 플러그용 퓨즈의 내부구조와 퓨즈 색상

4. 제어기기

(1) 릴레이

보조회로의 릴레이(auxiliary relay)로 주로 사용되며, **철심에 코일을 감고 여러 개의 가동접점과 고정접점으로 구성되었다.** 전자 릴레이는 코일에 전류가 흐르면 전자력에 의해 전자석이 되면서 가동철편이 동작하게 되는데, 이때 a접점은 붙게 되어 on 상태가 되고, b접점은 떨어지게 되어 off 상태가 된다. 다시 코일에 전류가 끊기면 각 접점은 복귀 스프링에 의해 원상태로 복귀하게 된다.

그리고 a접점과 b접점을 공유하고 있는 c접점이 있다. c접점은 a접점, b접점을 동시에 사용할 수도 있고 어느 한 접점만을 사용할 수 있는데, 특히 a접점, b접점을 동시에 사용할 경우에 c접점(공통 접점)으로 인하여 회로가 단락될 수 있으니 반드시 공통 접점부가 회로에서 어떻게 사용되고 있는지 확인하고 사용한다.

제어용 릴레이를 사용할 때에는 **조작전원의 정격, 필요한 접점의 수, 제어전원의 용량 등을 고려하여 릴레이의** 특성에 맞게 사용하여야 한다. 특히 접점의 수를 고려할 때 8핀 그림 2-81의 2a2b와 11핀 그림 2-82의 3a3b를 많이 사용하는데, 14핀 그림 2-83의 4a4b도 대중화되어 있으며 릴레이 내부의 회로도를 나타내었다.

보충 : 릴레이

컴퓨터 등을 사용하여 외부 기기를 제어할 때 자주 사용하는 부품으로 코일에 전류를 흘리면 자석이 되는 성질을 이용하고, 코일이 전자석으로 되었을 때 철판을 끌어당겨 그 철판에 붙어 있는 스위치부의 a, b접점을 열거나 닫는다.

- 장점 : 전기적으로 독립된 회로를 연동시킬 수 있다.
- 단점 : ① 동작속도가 느리다.
  ② 노이즈가 발생한다.
- 종류 : 고장전류나 전압 등을 검출해서 C/B(회로 차단기)를 동작시킨다.
  ① OCR(Over Current Relay) : 과전류 계전기로 회로 내에서 과전류가 흐르게 되면 차단기를 끊는 계전기
  ② OCGR(Over Current Ground Relay) : 지락 과전류 계전기로 선간전압의 불평형이나 선이 땅과 접지되었을 때 회로를 차단하게 되는 계전기
  ③ OVR(Over Voltage Relay : 과전압 계전기) : 비상적인 높은 전압을 검출하는 계전기
  ④ UVR(Under Voltage Relay : 부족 전압 계전기) : OVR과는 반대로 낮은 전압을 검출하는 계전기

1) 릴레이 내부 회로도

릴레이 8핀, 11핀, 14핀의 내부 구조도와 실물사진은 그림 2-81, 2-82, 2-83과 같다.

① 릴레이 8핀의 내부 구조도와 실물사진(그림 2-81)

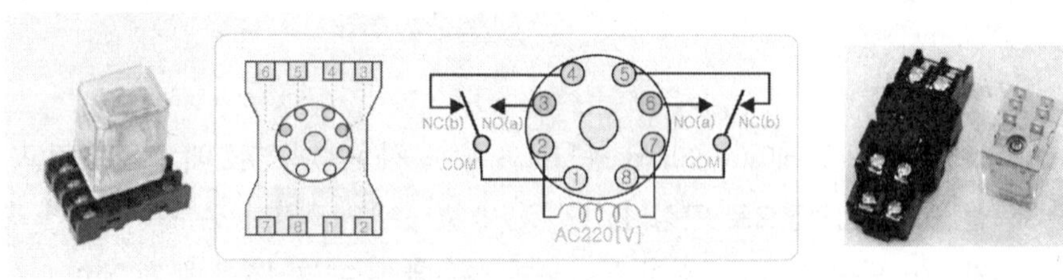

그림 2-81 • 전자 릴레이 8핀과 내부회로

② 릴레이 11핀의 내부 구조도와 실물사진(그림 2-82)

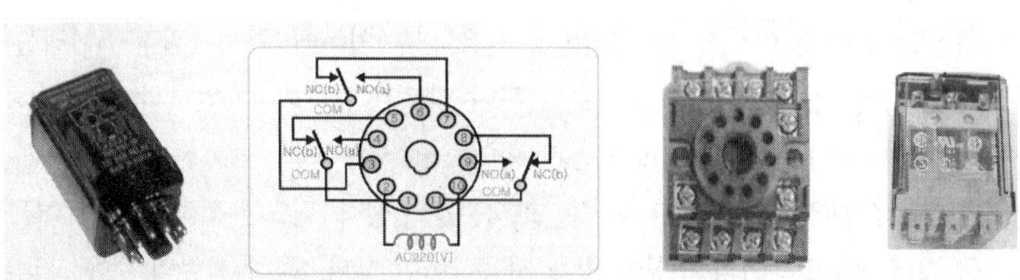

그림 2-82 • 전자 릴레이 11핀과 내부회로

③ 릴레이 14핀의 내부 구조도와 실물사진(그림 2-83)

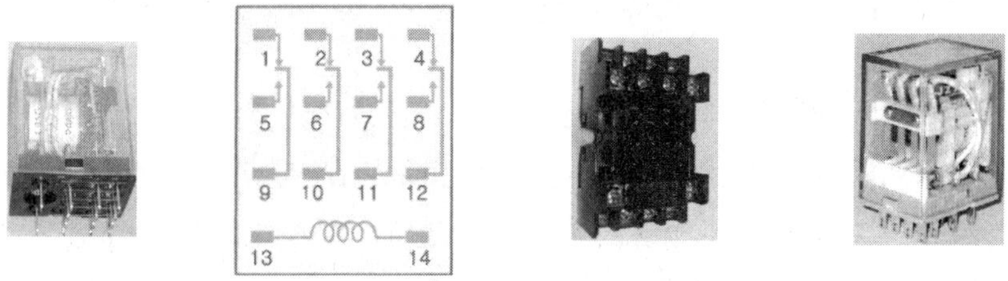

그림 2-83 ◦ 전자 릴레이 14핀 내부 구조도

2) 릴레이의 a접점

릴레이의 코일에 전류가 흐르지 않는 상태(복귀상태)에서는 가동접점과 고정접점이 떨어져 개로 되어 있고, 릴레이의 코일에 전류가 흐르는 상태(동작상태)에서는 가동접점이 고정접점에 접촉하게 되어 폐로된다(그림 2-84).

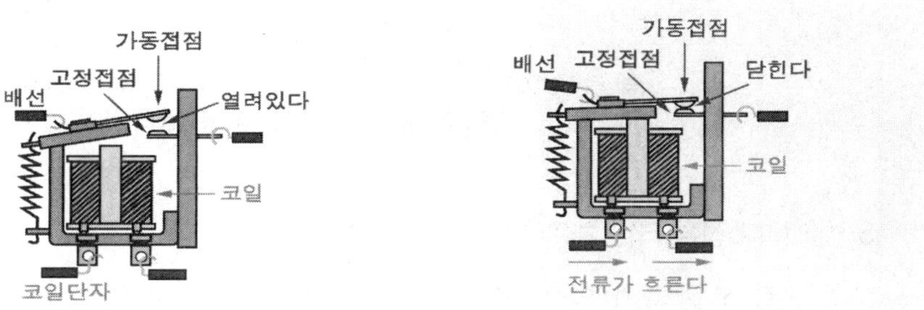

(a) 복귀상태 (b) 동작상태

그림 2-84 ◦ 릴레이 a접점 동작상태

3) 릴레이 a접점 타임 차트 회로

① 전자 코일 Ry가 여자되면 Ry-a접점이 닫히고, Ry가 감자되면 Ry-a접점은 열린다(그림 2-85 참조).

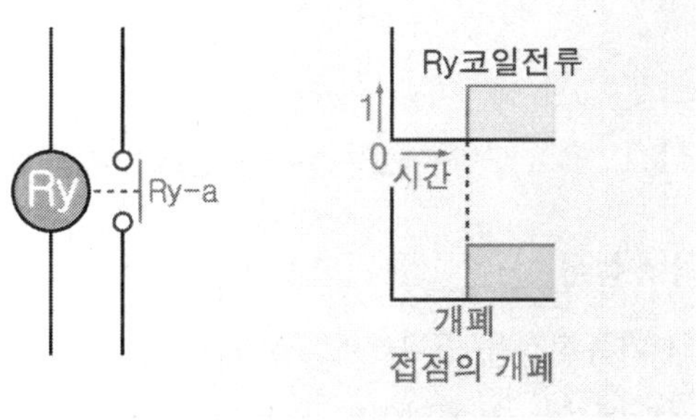

그림 2-85 ◦ 릴레이 a접점 타임 차트 회로

② 접점의 개폐 차트에서 1은 닫혀 on을 나타내는 상태이고 0은 열려 off되는 상태이다.

③ Arbeit contact는 '일하는 접점'이라는 뜻으로 머리글자를 따서 소문자 a로 표시한다.

4) 릴레이의 b 접점

릴레이의 코일에 전류가 흐르지 않는 상태(복귀상태)에서는 가동접점이 고정접점에 접촉하고 있어 폐로되어 있고, 릴레이의 코일에 전류가 흐르는 상태(동작상태)에서는 가동접점과 고정접점이 떨어져 개로되는 접점이다(그림 2-86).

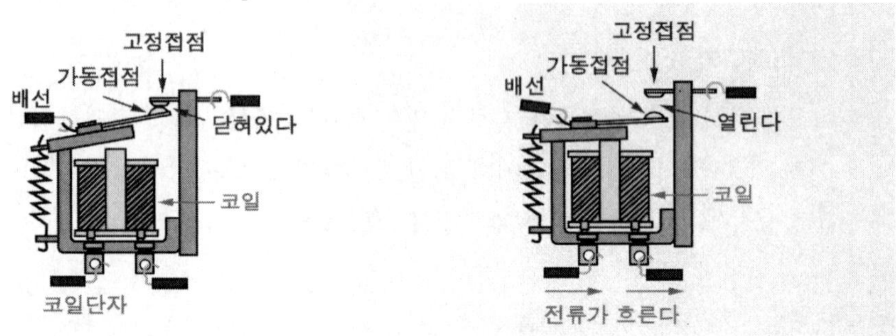

(a) 복귀상태 (b) 동작상태

그림 2-86 • 릴레이 b접점 동작상태

5) 릴레이 b접점 타임 차트 회로

① 전자 코일 Ry가 여자되면 Ry-b접점이 열린다(그림 2-87 참조).

② 전자 코일 Ry가 감자되면 Ry-b접점이 닫힌다.

③ Break contact는 '열리는 접점'이라 하며 머리글자를 따서 소문자 b로 표시한다.

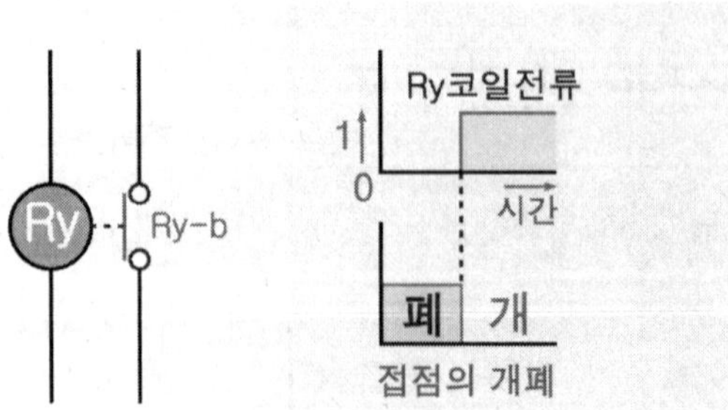

그림 2-87 • 릴레이 b접점 타임 차트 회로

6) 릴레이의 c 접점

① 하나의 가동접점을 공유하여 a접점과 b접점을 공유한 구조의 접점이다(그림 2-88).

② 복귀상태에서는 가동접점이 상부의 고정접점에 접촉하여 b접점이 폐로상태, 하부 a접점은 떨어져 개로상태가 되며 동작상태에서는 가동접점이 상부 b접점의 고정접

점에서 떨어져 개로상태, 하부 a접점은 접촉하여 폐로되는 접점이다.

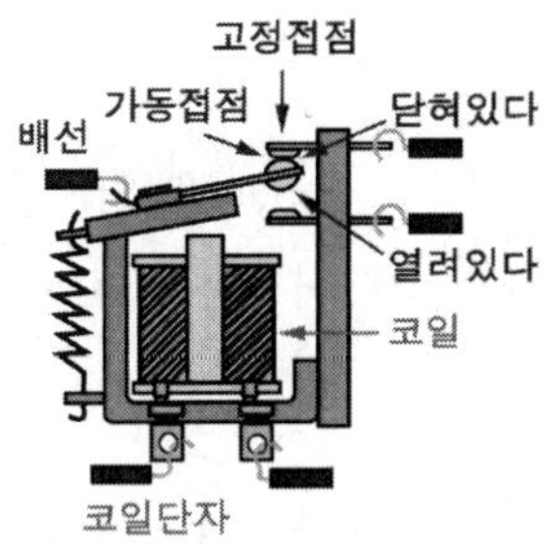

(a) 복귀상태

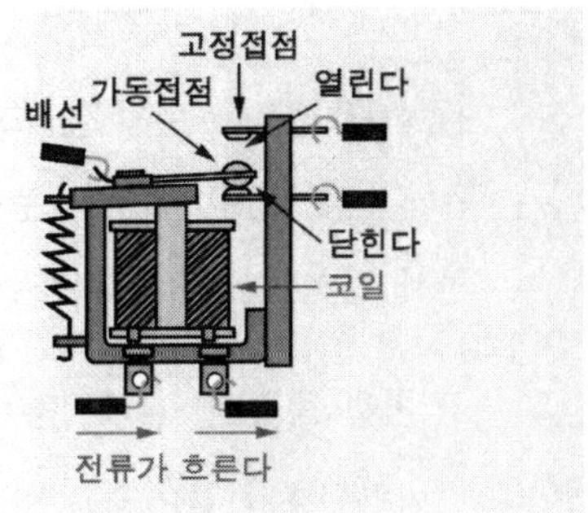

(b) 동작상태

그림 2-88 ◦ 릴레이 c접점 동작상태

7) 릴레이 c접점 타임 차트 회로

① 전자 코일 Ry가 여자되면 반드시 한쪽이 닫히고(a) 다른 한쪽은 열리는 b접점 회로이다(그림 2-89 참조).

② 접점이 닫히는 확률은 증가한다.

③ 접점이 정확히 열리는 확률은 감소한다.

④ Change over contact는 '전환접점'이라 하며 머리글자를 따서 c로 표시한다.

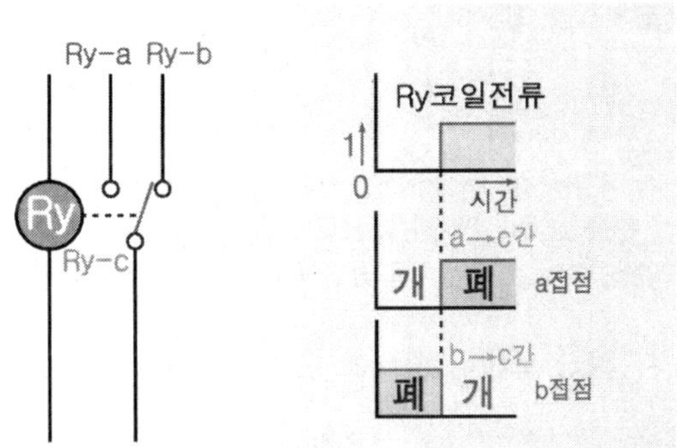

그림 2-89 ◦ 릴레이 c접점 타임 차트 회로

(2) 한시 계전기

전기적 또는 기계적 입력신호를 받아 맞추어 놓은 시간이 경과된 후 동작이 되는 일종의 릴레이이다. 시간을 설정할 때에는 소형의 전동기를 사용하는 전동기식 타이머와 콘덴서의 충방전을 이용한 전자식 타이머 그리고 공기나 오일 등의 제동력을 이용한 제동식 타이머 등이 쓰이는데 주파수의 영향으로 그 값이 변할 수 있으므로 반드시 고려해야 한다.

우리나라에서 사용하는 교류 전압의 상용 주파수가 60[Hz]이므로 50/60[Hz]의 기구에서는 60[Hz]로 조정하여 사용해야 한다. 동작원리는 릴레이와 같지만 **접점의 동작**에 시간을 두고 **동작**시킬 수 있다는 것이 가장 큰 차이점이다.

1) 한시 접점과 순시 접점회로(타이머)

보통의 릴레이에서는 코일이 여자되면 접점은 곧 on, **감자되면** 접점은 곧 off되지만, 한시 접점은 코일이 여자될 때나 감자될 때나 일정 시간이 지난 후에 동작하는 것이다.

2) 한시 동작 순시 복귀형(on delay timer relay)

입력신호가 들어오고 설정시간이 지난 후 접점이 동작하며 신호차단 시 접점이 그림 2-90과 같이 순시 복귀되는 형태이다.

① a**접점** : 코일이 여자되면서부터 정해진 시간이 경과하면 닫히는 접점(닫힐 때 시간 지연이 있다)이다.

② b**접점** : 코일이 여자되면서부터 정해진 시간이 경과하면 열리는 접점(열릴 때 시간 지연이 있다)이다.

③ 코일이 감자되면 즉시 접점이 여자 전의 상태로 복귀한다.

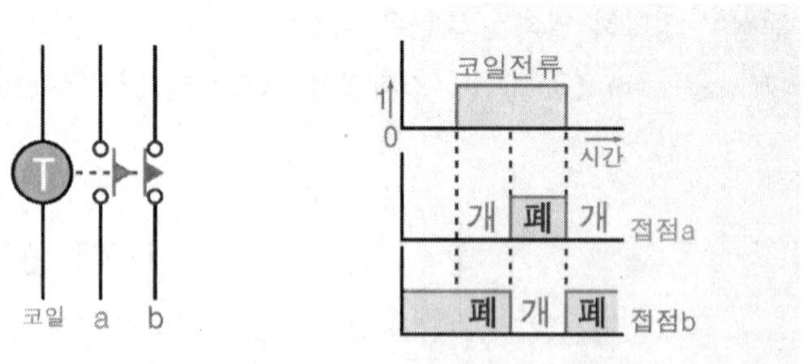

그림 2-90 • 한시 동작 순시 복귀 접점회로

3) 순시 동작 한시 복귀형(off delay timer relay)

입력신호가 들어오면 순간적으로 접점이 동작하며 입력신호가 감자하면 접점이 설정 시간 후 그림 2-91과 같이 동작한다.

① a접점 : 코일이 여자되면 즉시 닫히는 접점이다.

② b접점 : 코일이 여자되면 즉시 열리는 접점이다.

③ 코일이 **감자되면 즉시** a접점은 off(열림)되고, b접점은 on(닫힘)으로 된다.

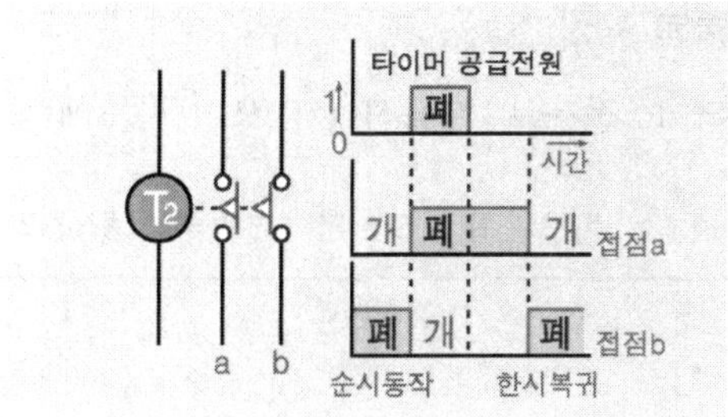

그림 2-91 • 순시 동작 한시 복귀 접점회로

4) 한시 동작 한시 복귀형

한시 동작 순시 복귀형과 순시 동작 한시 복귀형을 합성한 형태로 그림 2-92와 같이 구성되어 있다.

① a접점 : 전원 투입 후 정해진 시간이 경과하면 닫히고 전원을 제거하면 정해진 시간이 경과하면 열리는 접점이다.

② b접점 : 전원 투입 후 정해진 시간이 경과하면 열리고 전원을 제거하면 정해진 시간이 경과하면 닫히는 접점이다.

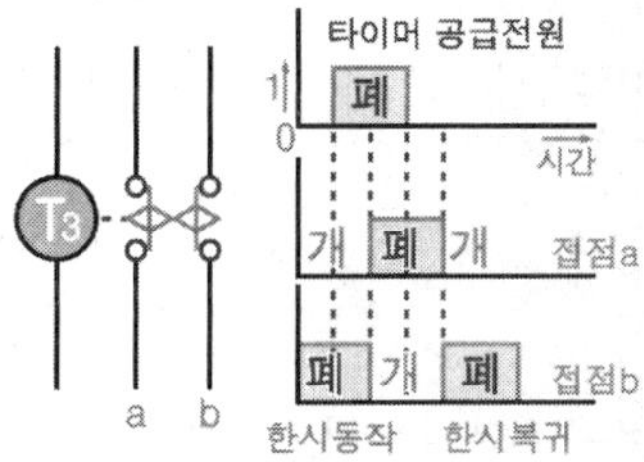

그림 2-92 • 한시 동작 한시 복귀 접점회로

5) 수동조작 접점회로

① 열동 계전기의 경우이다.

㉠ a접점 : 과전류가 흐르면 일정 시간 후 닫히는 접점이다.

㉡ b접점 : 과전류가 흐르면 일정 시간 후 열리는 접점이다.

② 수동 a, b접점으로 동작 가능하다.

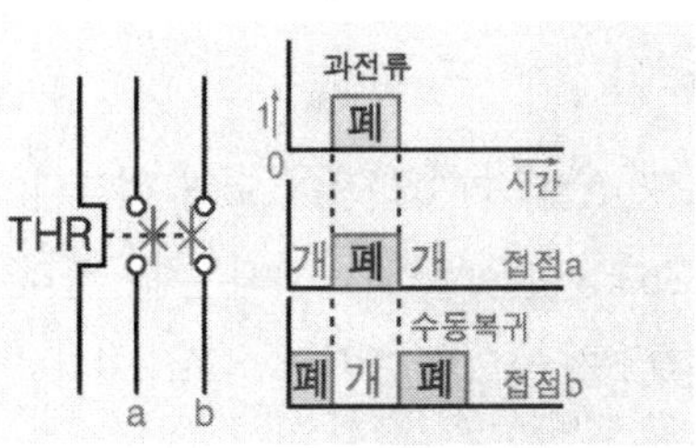

그림 2-93 • 수동조작 접점회로

6) 타이머의 종류별 특징

타이머는 모터식, 전자식, 제동식이 있으며 용도에 맞게 선택하여야 한다.

표 2-9 • 타이머 종류의 동작원리와 특성

종 류	동작원리	특 성
모터식 타이머	전기적인 입력신호에 의해 전동기를 회전시켜 그 기계적인 동작에 의해 소정의 시간이 경과한 후 개폐시킨다.	• 짧은 시간부터 장시간에 이르기까지 가능하다. • 동작시간의 경과표시가 가동 지침에 의해 가능하다. • 온도변화, 전압변동의 영향이 적다.
전자식 타이머	콘덴서와 저항의 결합에 의해 충·방전 특성을 이용하여 소정의 시간 뒤짐을 취하고 전자 릴레이의 접점을 개폐시킨다.	• 미소시간 세트가 가능하다. • 고빈도의 동작이 가능하고, 기계적 수명이 길며, 무접점 출력방식, 시간 세트부 분리방식이 가능하다.
제동식 타이머	공기·기름 등의 유체에 의한 제동을 이용하여 시간을 지연시키고, 이것과 전자 코일을 결합시켜 접점을 개폐시킨다.	• 공기식에서는 조작회로가 개방된 다음, 한시동작하는 방식이 가능하다. • 동작시간의 정밀도가 떨어진다.

7) 타이머의 내부구조와 핀 번호에 대한 접점을 나타내었다

타이머 회로는 타이머를 베이스에 결합하여 사용하며 베이스 단자에 전선을 접속하여 회로를 구성한다.

8) 타이머 내부 결선도

타이머(timer)의 내부구조와 핀 번호에 대한 접점을 그림 2-94와 같이 나타내었다.

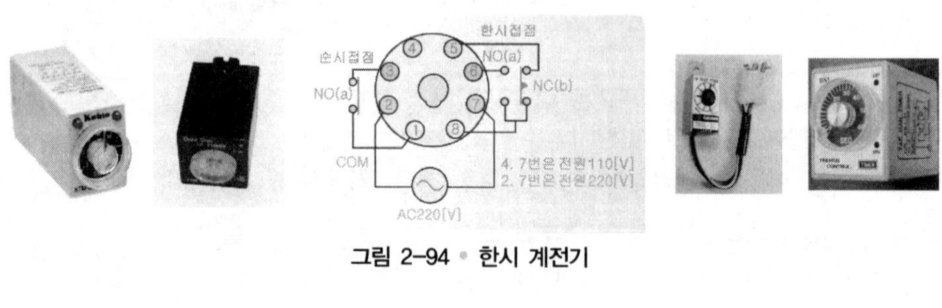

그림 2-94 • 한시 계전기

(3) 플리커 릴레이

전원이 투입되면 a접점과 b접점이 교대 점멸되어 점멸시간을 사용자가 조절할 수 있고 경보신호용 및 교대점멸용 등에 사용되는데, 플리커 릴레이(flicker relay)는 그림 2-95와 같고, 접점의 교대를 일으키는 내부회로도이다.

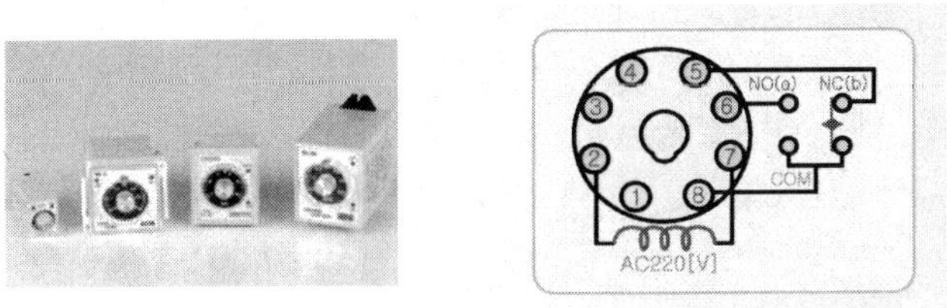

그림 2-95 • 플리커 릴레이와 내부회로

(4) 카운터

각종 센서와 연결하여 길이 및 생산수량 등의 숫자를 셀 때 사용하는 용도로 카운터는 가산(up), 감산(down), 가 · 감산용이 있으며 입력신호가 들어오면 출력으로 수치를 표시한다. 입력이 되는 펄스 신호를 가하는 것은 Counter input 접점을 이용하며, 취소(복귀) 시는 Reset 접점에 신호를 가한다.

계수방식에 따라서는 수를 적산하여 그 결과를 표시하는 적산 카운터와 처음부터 설정한 수와 입력한 수를 비교하여 같을 때 출력신호를 내는 프리셋 카운터(free set counter)가 있으며, 공업용으로만 사용하고 출력방법으로는 그림 2-96과 같이 계수식과 디지털식이 있다.

① Counter input : 입력신호가 들어오면 수치를 Count하여 출력해 준다.

② Reset : 초기 상태로 Count 수치를 되돌려준다.

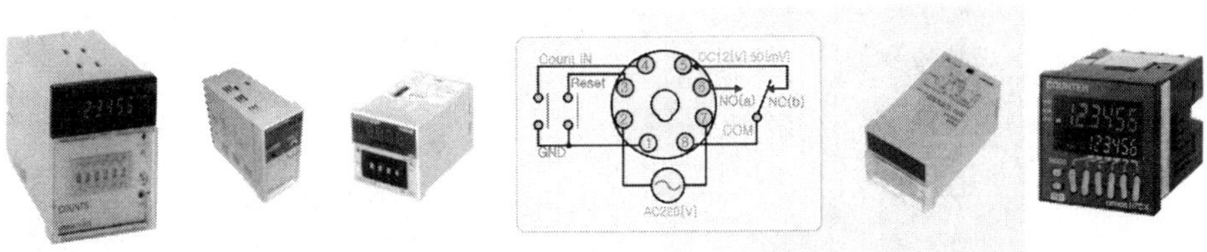

그림 2-96 • 카운터와 내부회로

(5) 플로트레스 스위치

플로트레스 스위치(floatless switch, 액면 제어용)는 플로트레스 계전기라고도 하며, 공장 등에 각종 액면제어를 필요시 사용하며, 농업용수, 정수장, 오수처리장 및 일반 가정의 상하수도에 다목적으로 사용된다. 소형 경량화 되어 설치가 편리하며, 입력전압은 220[V]이며, 전극 전압(2차 전압)은 교류 8[V]로 동작된다.

응답시간의 동작은 80[ms] 이하, 복귀는 160[ms] 이하이다. 출력 릴레이의 기계적 수명은 500만 회 이상, 전기적 신호는 20만 회 이상[1800/h]이다. 종류로는 플로트식, 압력식,

전극식, 전자식 등이 있으며, 베이스에 삽입하여 8핀과 11핀 등이 있다.

1) 플로트레스 스위치 내 · 외부 접속도

플로트레스의 액면 제어 계전기와 외부 접속도를 그림 2-97과 같이 나타내었다.

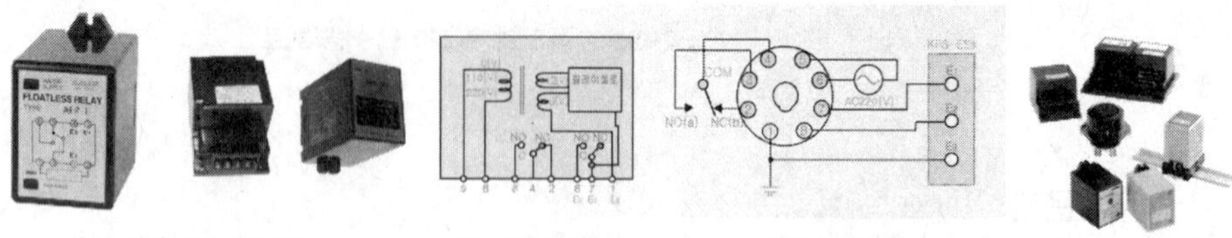

(a) 액면제어 계전기 (b) 외부접속도 (c) 내부회로

그림 2-97 ◦ 플로트레스 스위치의 내부회로

2) 플로트레스 스위치 동작방법(8핀)

① 급수 펌프의 결선도를 그림 2-98에 나타내었다.

㉠ 수면이 E1에 도달하면 모터 펌프가 자동 정지되며 E2 이하로 되면 모터 펌프는 자동 시동된다.

㉡ 모터 운전 시 적색 LED가 소등(off)된다.

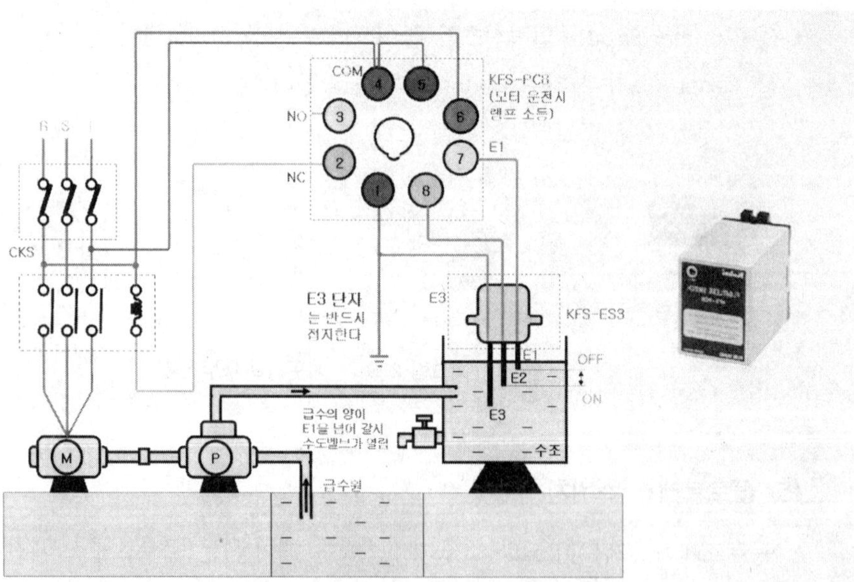

그림 2-98 ◦ 급수 펌프의 결선도

② 배수 펌프의 결선도를 그림 2-99에 나타내었다.

㉠ 수면이 E1에 도달하면 모터 펌프가 자동 시동되며 E2 이하로 되면 모터 펌프는

자동 정지된다.

㉡ 모터 운진 시 적색 LED가 점등(on)된다.

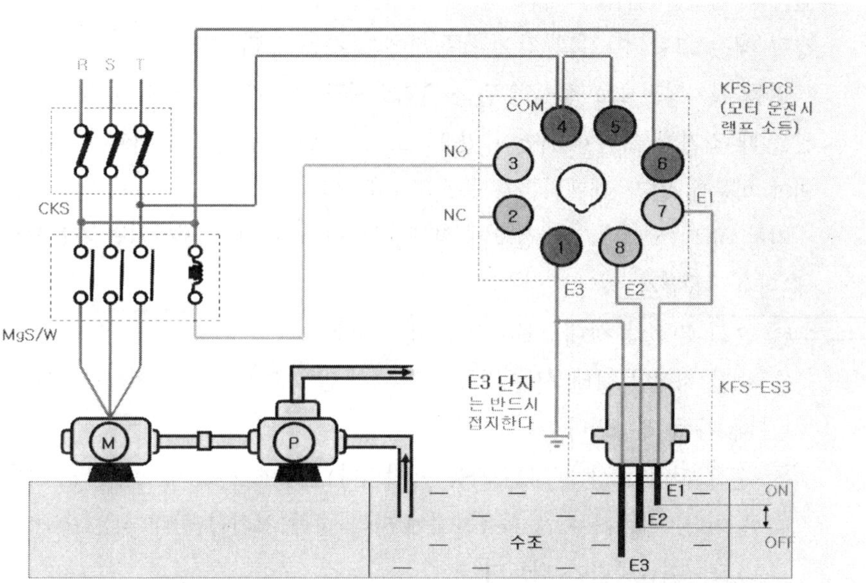

그림 2-99 ∙ 배수 펌프의 결선도

(6) 압력 스위치

일정한 압력(pressure)에 의하여 스위치가 on/off되는 것이다. 저압인 경우 다이어그램의 신축을 이용하고, 유압, 수압과 같이 고압인 경우 부르동관(Bourdon tube)의 신축을 이용하여 그림 2-100과 같이 스위치를 on/off시킨다.

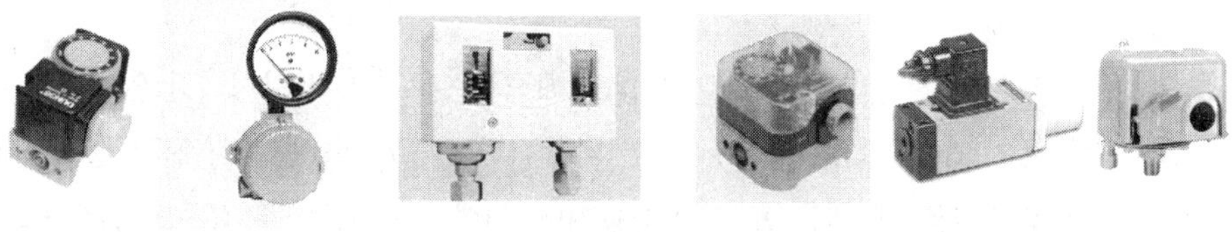

그림 2-100 ∙ 압력 스위치

5. 구동용 기기

(1) 전자 개폐기

전자 개폐기 코일을 여자, 감자시켜 전기회로를 여닫는 스위치이며, 전자 스위치 또는 마그넷 스위치라고 한다.

수동 또는 코일을 여자시키는 회로를 구성하여 여자상태를 유지하다가 회로를 off하고자 할 때는 코일을 감자시키면 된다. 정전 시는 코일이 감자되어 회로가 off된다. 주로 전자 개폐기는 전동기 기동 시에 사용된다. 전자력을 이용하므로 원격조작이 가능하고 정전 때는 그림 2-101과 같이 전동기에서 자동 분리된다.

전동기는 정전으로 정지된 뒤 전기회로에서 전원과 분리시켜 놓지 않으면 전기가 들어왔을 때 갑자기 회전할 위험이 있으므로 정전 때는 전동기의 개폐기를 반드시 off하여 두어야 하는데 전자 개폐기는 자동으로 off된다.

자동 off되는 개폐기는 전압이 정상값의 50[%] 이하로 저하되면 자동으로 열리게 되는데 다음 3종류가 있다.

① 순간 저전압 상태 시는 자동 개방된다.

② 순간 저전압 상태 시는 자동 개방되지 않고 0.3~0.5초 이상 저전압 상태가 계속될 때 자동 개방된다.

③ 순간 저전압 상태 시는 자동 개방되나 직후에 전압이 복구되면 자동 회복되는 것 등이다. 전동기는 그 사용목적에 따라 순간 저전압 상태 시는(순간이란 0.2~0.3초 정도) 취급방법이 다르다.

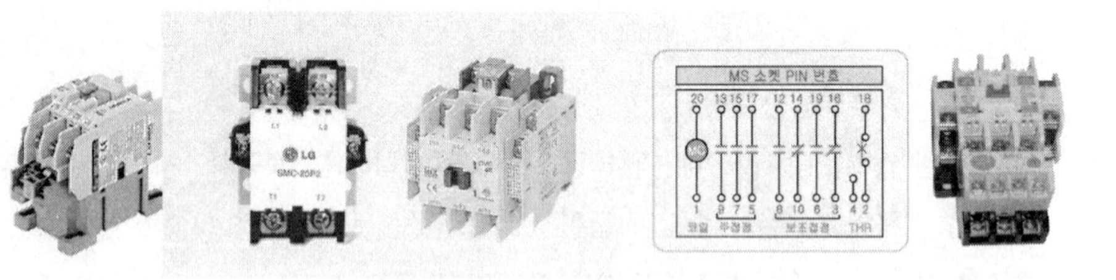

(a) 전자 접촉기 (b) 전자 개폐기

그림 2-101 ▪ 전자 접촉기와 전자 개폐기

대부분의 전동기는 순간 저전압 상태 시는 운전을 정지시키지 않아도 되므로 전자 접촉기 스위치를 사용하는 것이 바람직하다. 그러나 순간 저전압 상태 시는 전압이 회복되었을 때 과도 토크가 전동기에 위험할 정도로 클 경우도 있으므로, 이럴 때는 전자 개폐기 스위치를 사용한다.

(2) 전자 개폐기의 종류

전자 개폐기, 전자 접촉기, 정역 전자 개폐기, Y-Δ 자동시동기, 보조 계전기 등이 있으며, 케이스가 있는 것과 없는 것 등이 있다.

① **전자 개폐기** : 전자 접촉기와 열동 계전기가 결합되어 있는 것이다. 유도 전동기의 운전제어에 사용된다. 인칭(inching), 브레이킹(breaking) 운전이 포함되는 경우에

는 전자 접촉기의 용량을 낮추어 사용하여야 한다.

② **전자 접촉기** : **전자력에 의한 전자석의 동작에 의해 접점을 개폐하는 기구**로서 전동기 등과 같은 동력 부하에는 필수적으로 사용되고 있다.

㉠ **동작원리** : 전자 릴레이와 비슷하고, 다른 점은 **접점이 주접점과 보조접점으로 나뉘어 있다. 주접점은 부하의 전원을 개폐**하며 **보조접점은 제어회로에 사용되는데** 릴레이 동작상태와 같다.

㉡ 과부하 계전기 : 열동 계전기 또는 서멀 릴레이라고 하며 주로 과부하 보호에 사용된다. 열동 계전기(THR : Thermal Relay)의 구조를 그림 2-102와 같다.

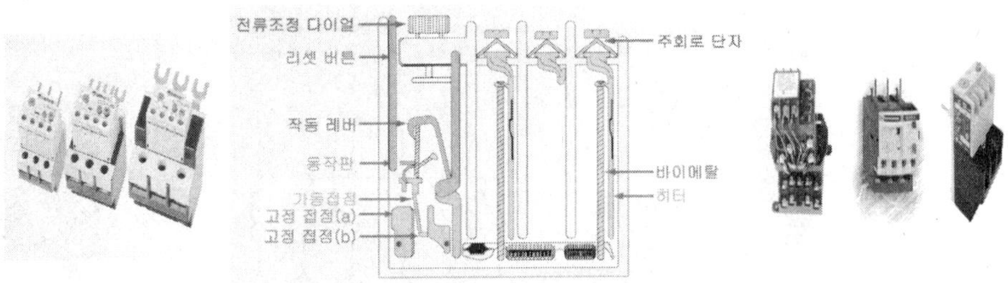

그림 2-102 ◦ 열동 계전기(THR)의 구조

ⓐ 정격전류 이상의 전류(과부하 전류)가 흐르면 내부에 발생된 열에 의해 바이메탈이 동작하여 접점이 차단되고 전자 접촉기의 회로를 차단하여 부하와 전선 과열을 방지한다.

ⓑ 과전류가 흐르면 신축이 다른 두 금속이 분리되어 전기가 차단되는 장치이다.

ⓒ 모터 소손을 방지하기 위하여 설치된 계전기이다.

㉢ **전자 접촉기의 종류** : **전자형, 열동형, 유도형**이 있다.

③ **정역 전자 개폐기** : 동일 규격의 전자 접촉기 2대와 열동형 계전기를 조합한 것으로 리프트(lift), 크레인(crane) 그리고 반송기계, 각종 자동기계 등의 정전, 역전의 절환 운전에 사용된다.

④ **Y-Δ 자동 시동기** : Y결선 기동 시 고정자 각 상의 권선에 정격전압의 전 전압 기동에 비해 선간전압은 $1/\sqrt{3}$이 가해지고 기동전류는 1/3로 감소되어 정격전압의 약 58[%]에서 기동하게 된다. 전동기의 기동전류는 전 부하전류의 200~250[%] 정도가 제한되고, 또한 기동 토크는 전압의 2승에 비례하므로 전 부하 토크의 1/3이 된다. 이러한 Y-Δ 기동법은 무부하 또는 경부하로 기동하는 경우에 많이 사용된다. Y-Δ **자동 기동기의 기동법으로는 상자형 유도 전동기의 고정자 코일이** Δ 결선일 때 정격 출력을 얻을 수 있도록 설계한 것이다. 보통 5.5[kW] 이상에 사용된다. Y-Δ 기동법으로 기동하면 기동 토크는 직입시동법에 의하여 1/3이 된다.

⑤ **보조 계전기** : 소형 전자 접촉기로서 제어회로 등에 사용되며 제어계전기라고도 한다.

(3) 파워 릴레이

전자 접촉기 대신 전력회로의 개폐가 가능하도록 제작된 것으로 릴레이와 같이 일체형으로 구성되어 있으며 취급이 매우 간단하다.

검출방법으로는 베이스에 삽입하여 사용하는 방법이 있고, 전자 접촉기는 고장 시 점검이 매우 어려운 점에 비해 파워 릴레이의 경우는 컨트롤 박스 제작 시, 고장수리 시에 따로 분리하여 점검할 수 있으므로 수리시간이 매우 짧은 장점이 있다. 일체형으로 취급하기가 간단하고, 파워 릴레이(power relay) 내부 회로도는 그림 2-103과 같다.

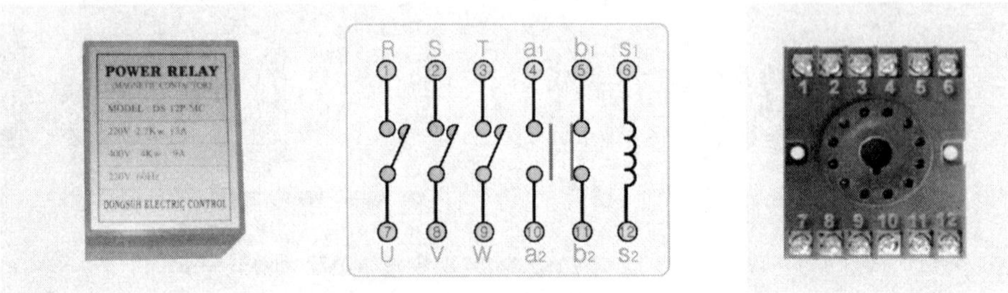

그림 2-103 • 파워 릴레이와 내부회로

(4) SR 릴레이

Set 신호와 Reset 신호를 주어 동작하는 원리를 사용하며, 그 내부에 정류회로가 내장되어 있어 DC12/24[V]의 출력을 사용할 수 있으므로 별도의 정류회로를 추가하지 않아도 동력회로와 전력 전자회로를 동시에 사용할 수 있는 장점을 가지고 있다. Set 신호와 Reset 신호를 가지는 SR 릴레이(Set Reset switch)의 내부 회로도는 그림 2-104와 같다.

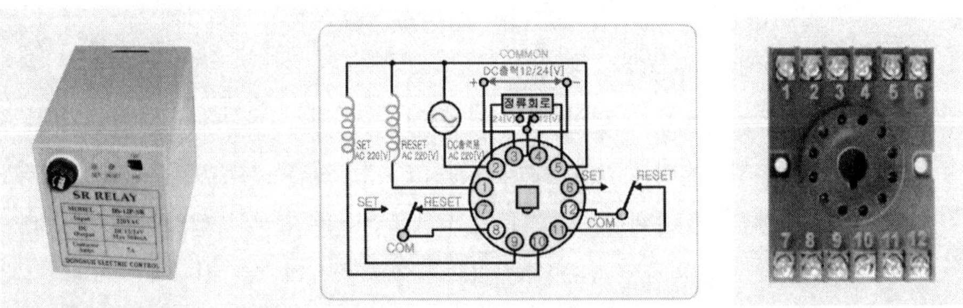

그림 2-104 • SR 릴레이와 내부회로

(5) 열동형 과전류 계전기

열동형 과전류 계전기는 서멀 릴레이라고도 하며 설정치 이상의 전류가 흐르면 접점을 동작시키는 계전기로서, 전동기의 과부하 보호에는 필수적인 부품이다. 주 회로에 삽입된 히터에 과전류(모터 등의 과부하 전류)가 흐르면 열에 의해 바이메탈이 휘어지는 원리를 이용해 열동형 과전류 계전기의 a, b접점을 이용하여 회로의 개폐기를 차단해 전동기의 소손을 방지하는 계전기이며, 열전달방식에 따라 직렬식, 반간접식, 병렬식으로 표 2-10과 같이 분류한다. 그림 2-105는 열동 계전기의 모형적인 동작도를 나타내었다.

표 2-10 ◦ 열동형 과전류 계전기 직렬식, 반간접식, 병렬식으로 분류

직렬식	반간접식	병렬식
바이메탈 철판에 직접 전류를 통하게 하여 발생열을 감지하는 방식이다.	바이메탈 철판에 절연통을 씌우고 전열선을 감아서 간접방식에 의한 것으로 반간접식이 많이 사용된다.	직렬식과 반간접식을 동시에 사용하는 방식이다.

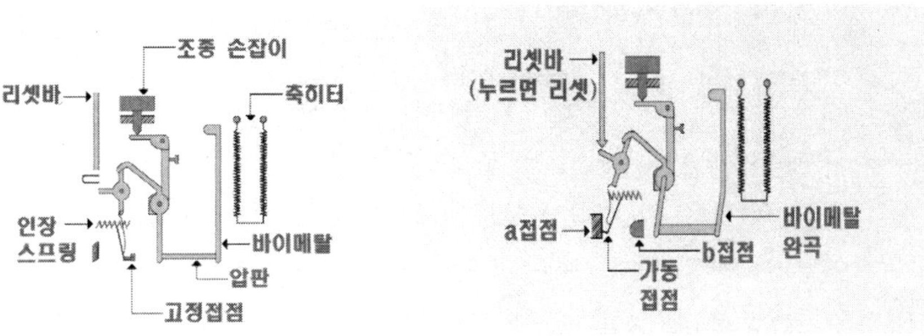

(a) 무통전 상태 (b) 동작(트립) 상태

그림 2-105 ◦ 열동 계전기 동작도

(6) 전자식 과전류 계전기

전자식 과전류 계전기는 열동식 과전류 계전기에 비해 동작이 확실하고 과전류에 의한 결상(缺相) 및 단상(單相) 운전이 완벽하게 방지되며, 전류조정 Knob과 LED에 의해 실제 부하전류의 확인과 전류의 정밀조정이 가능하고 지연시간과 동작시간이 서로 독립되어 있으므로 동작시간의 선택에 따라 완벽한 보호가 가능하다.

전자식 과전류 계전기의 특성으로는 전원 및 동작표시 기능, 초절전형, 강한 내구성 등이 있고 장점으로는 초소형으로 좁은 공간에 설치 가능하고 대부분 직렬형으로 취급이 용이하다.

Test 기능이 내장되어 있어 동작시험과 회로시험이 가능하고 전기회로에 Condenser drop 방식을 채택하여 전력소모가 적으며, CT 관통식으로 관통 횟수를 가감하여 사용범위를 넓일 수 있고 신호 출력회로가 내장되어 있어 촌동 및 파동 부하에도 오동작이 없다. 온도 보상회로가 내장되어 있어 안전하다.

또한 전류를 측정하여 과도한 전류가 흐르면 차단신호를 내보내는 보호기기이다. 송배전 선로에 쓰이는 보호 계전기는 고성능 컴퓨터로 이루어져 있어 빠른 시간에 정확하게 고장유무를 판단하여 동작을 수행한다. 전자식 열동 계전기를 과전류로부터 전로를 보호한다.

1) 전류 설정방법

① **상부 패널에서 전류조정 knob** : CT에 동력 간선이 1회 관통할 때를 기준으로 표시되어 있다.

② **실제 부하 운전중 설정방법** : 전류조정 knob을 최대 위치에서 부하를 기동하여 안정이 된 후 전류조정 knob을 반시계 방향으로 돌려 LED가 점등하면 다시 시계 방향으로 돌려 LED가 꺼지는 위치에서 고정한다. 이때의 전류가 103[%]가 된다.

③ **계산에 의한 설정방법**

$$\text{부하 전류}\ I = \frac{\text{용량[kW]} \times 1000}{\sqrt{3} \times V \times \text{역률} \times \text{효율}}\text{[A]}$$

계산에 의한 부하전류로 조정하면 된다.

④ CT의 활용방법(부하전류가 5[A]라고 가정할 때 예)

CT에 전선을 1회 관통 시 전류조정 knob을 5[A]에 조정하면 된다.

CT에 전선을 2회 관통 시 전류조정 knob을 10[A]에 조정하면 된다.

CT에 전선을 3회 관통 시 전류조정 knob을 15[A]에 조정하면 된다.

전류용량이 표시된 전류량보다 클 때는 별도의 CT를 사용하면 된다.

⑤ **승률 적용** : 실부하 설정 시 LED가 꺼지는 위치가 103[%]점이다.

계산 시 역률 90[%], 효율 85[%] 정도로 계산하고 100～125[%]의 승률을 적용하는 것이 일반적이다.

2) 동작시간 설정

표 2-11 ● 타이머 동작시간 설정

D-time(delay time) : 지연시간	유도 전동기 부하에서 기동전류(4～6배)가 인정되는 시간 이상이어야 하며 부하의 종류나 크기에 따라 보통 3～5초가 된다.
O-time(on time) : 동작시간	과전류가 흐르기 시작하여 과전류 계전기가 동작하는 시간은 5초 정도가 적당하며 정한 시 특성과 반환 시 특성이 있다.

3) Reset(복귀기능)

동작 후 원래의 상태로 복귀시키기 위한 스위치로서 수동복귀와 자동복귀가 있다.

4) Test(시험)

동작상태를 시험하기 위한 것으로 test 스위치를 누르면 '지연시간+동작시간' 후에 동작한다.

5) 전자식 열동 계전기 내부구조

전자식 열동 계전기(EOCR : Electronic Over Current Relay)를 그림 2-106과 같이 과전류로부터 전로를 보호한다.

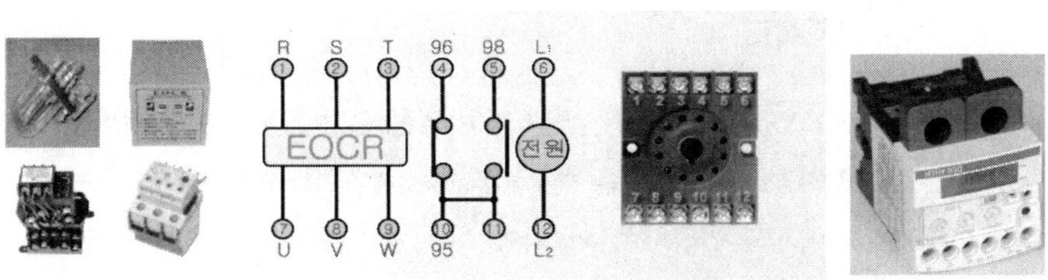

(a) 열동계전기 (b) 내부회로 (c) 12핀 소켓

그림 2-106 ◦ 전자식 열동 계전기의 내부회로

04 시퀀스 제어의 기본회로

학습목표

- 자기 유지회로의 동작회로를 알 수 있다.
- 순차 제어회로의 동작순서를 알 수 있다.
- 인터록 회로의 동작구조를 알 수 있다.

1. 자기 유지회로

기억회로라고도 하며 어떤 신호나 힘에 의한 순간 동작으로 투입된 입력신호가 제거된 후에도 전자 접촉기(릴레이)에 동작을 기억하여 계속적으로 유지시켜 주는 회로이다. 자기 유지회로는 제어계의 가장 기본이 되며, 유지형 스위치를 사용하는 대신에 자기 유지회로를 이용하여 동작시키며 공급전원이 감자된 후에 다시 여자되어도 회로를 보호할 수 있기 때문이다.

자기 유지회로(self holding circuit)는 그림 2-107과 같다. 푸시버튼 스위치 PB-a에 병렬로 연결된 전자 접촉기(MC)의 MC-a를 결선시킨 것으로, PB-a를 누르면 전자 접촉기가 여자되어 주접점 MC-a가 동작상태가 되어 유도 전동기(IM)가 회전하고, 동시에 램프 RL이 점등된다. 이후 PB-a를 놓아도 자기 유지 접점 MC-a에 전류가 계속하여 흐르므로 여자상태가 유지되어 유도 전동기와 램프 RL은 점등되어 있다. 이후 PB-a를 놓아도 자기 유지 접점 MC-a에 전류가 계속하여 흐르므로 여자상태가 유지되어 램프가 점등된다. PB-a 스위치와 병렬로 결선되어 있는 MC-a를 자기 유지 접점이라고 한다.

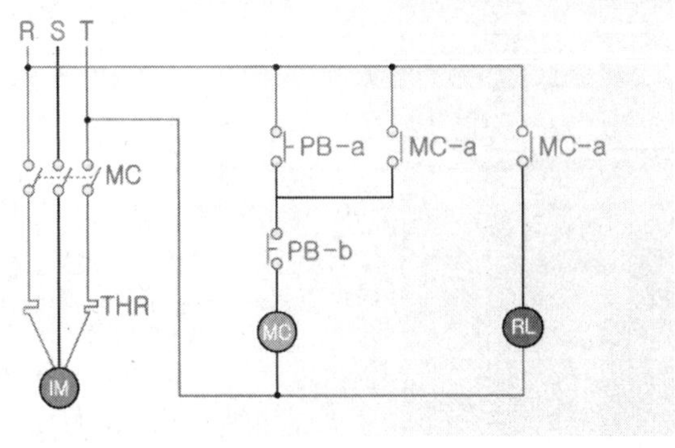

그림 2-107 ▪ 자기 유지회로

2. 지연회로

타이머에 의해 설정된 시간만큼 늦게 동작하는 회로이다. 동작이 늦으며 타이머 코일과 동시에 복귀되는 오프 딜레이 타이머(한시 동작 순시 복귀회로)와 동시에 동작하고 늦게 복귀되는 온 딜레이 타이머(순시 동작 한시 회로)가 있다.

지연회로(delay circuit)는 그림 2-108과 같다. 푸시버튼 스위치 PB-a를 누르면 타이머(T)가 여자되어 온 딜레이 타이머 접점 'T-a 순시'가 동작하여 자기 유지회로가 되고, 오프 딜레이 타이머 접점 'T-a 한시'는 타이머에 설정한 시간이 지난 후에 동작하여 전자 접촉기 MC가 여자하여 주회로의 주접점(MC)이 동작해 유도 전동기 IM이 회전하고 동시에 보조접점 MC-a가 동작하여 램프 RL이 점등된다. PB-b를 눌렀을 때 타이머가 감자되어 유도 전동기가 회전을 정지한다.

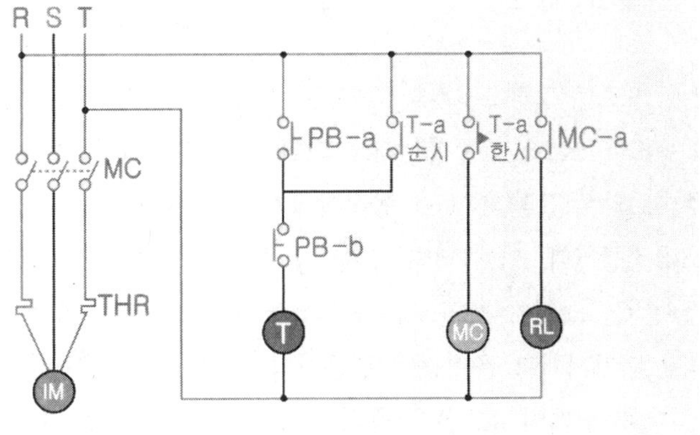

그림 2-108 • 지연회로

3. 인터록 회로

두 개 이상의 회로에서 한 개의 회로를 동작시키면 나머지 회로는 동작이 될 수 없도록 한 회로이다. 인터록 회로를 사용하는 목적으로는 동시에 2회로의 동시 동작을 금지시킴으로써 작업자 및 기기를 보호하는 것이다. 그러므로 이 회로는 상대 동작 금지 회로 또는 선행 동작 우선 회로라고도 한다.

3상 유도 전동기의 동작원리는 120°의 위상차를 갖는 3상 전원에 의해 회전 자장이 발생함에 따라 회전자가 동작하는 것이다. 3상 전동기에 입력되는 3상 전원 중에서 2상 전원을 바꾸어 주면 회전력이 반대 방향으로 전환되므로 역회전 운전을 할 수 있게 된다.

인터록 회로(interlock)가 아닌 경우에는 정회전과 역회전 동작이 동시에 일어날 수 있어 주회로가 단락되어 위험한 상태가 되므로 정·역회전 동작이 동시에 발생하지 않도록 인터록 회로를 반드시 넣어 사용하여야 한다.

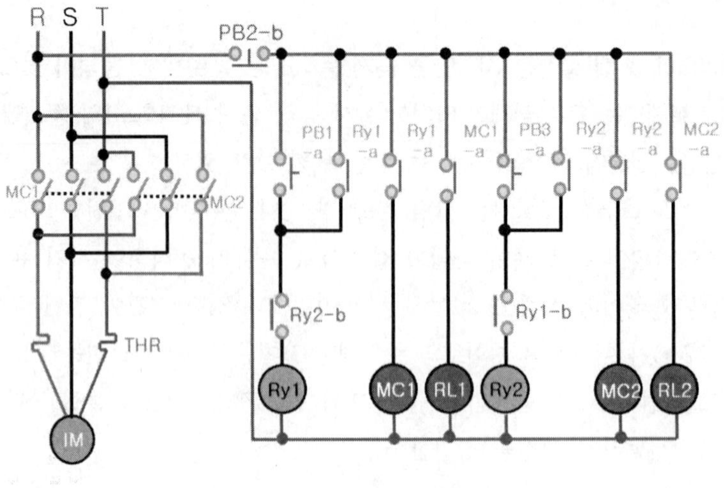

그림 2-109 ◦ 인터록 회로

인터록 회로는 그림 2-109와 같다. 푸시버튼 스위치 PB1-a를 누르면 릴레이 Ry1이 여자됨과 동시에 Ry1-a가 동작상태로 되어 자기 유지되며, 전자 접촉기 코일 MC1이 여자되면 주회로의 주접점(MC1)이 동작상태가 되어 유도 전동기 IM은 정회전하고 동시에 램프 RL1이 점등된다. 이때 역회전 회로에 직렬로 연결된 Ry1-b가 개방되어 있으므로 역회전용 푸시버튼 스위치 PB3-a를 아무리 눌러도 릴레이 Ry2는 동작하지 않게 된다. 릴레이 Ry1을 감자시키고 운전중인 전동기의 회전방향을 바꾸기 위해서는 정지용 PB2-b를 누른다. 이때 릴레이 RL1은 소등되고 유도 전동기는 정지한다.

같은 방법으로 PB3-a를 누르게 되면 릴레이 Ry2가 여자되어 Ry2-a가 동작하여 자기 유지회로가 되며, 전자 접촉기 코일 MC2가 여자되고 주회로 접점이 동작상태가 되며 유도 전동기는 역회전하고 동시에 램프 RL2가 점등된다.

정회전용 푸시버튼 스위치 PB1-a를 눌러도 Ry2-b가 개방되어 있으므로 릴레이 Ry1은 동작하지 않게 된다. 즉 MC1이 여자되면 MC2는 감자되고 반대로 MC2가 여자되면 MC1이 감자된다. PB2-b를 눌렀을 때 인터록 회로가 감자되어 유도 전동기가 회전을 정지한다.

4. 우선회로

선택한 회로가 먼저 동작되고 그 다음 선택한 회로가 동작하는 회로로서 동작에 순서가 정해져 있을 경우에 사용되는 회로이다. 일상생활에서 예를 들어 보면 엘리베이터의 출입문이 닫히지 않은 상태에서는 절대로 엘리베이터가 올라가거나 내려가는 동작을 할 수 없다.

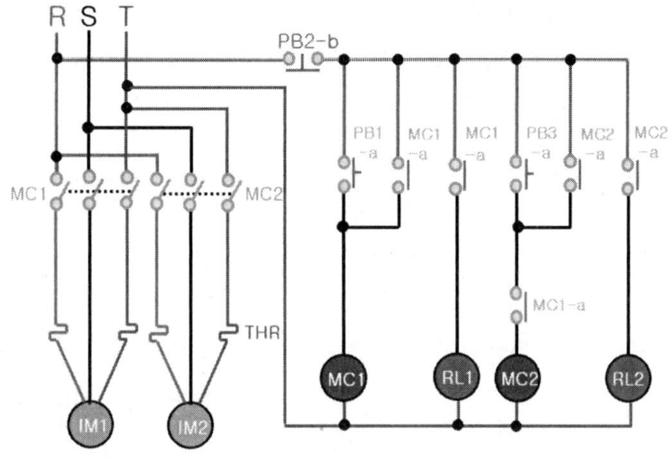

그림 2-110 ◦ 우선회로

그것은 출입문을 닫는 회로가 동작하기 전에는 엘리베이터는 올리고 내리는 동작은 전동기가 할 수 없기 때문이다. 엘리베이터와 같이 어떤 동작에 순서가 꼭 필요한 회로를 구성할 때 매우 중요한 회로이다. 우선회로는 그림 2-110과 같다.

푸시버튼 스위치 PB1-a를 누르면 전자 접촉기 코일 MC1이 여자되어 유도 전동기 IM1이 회전하게 되며 동시에 보조접점 MC1-a가 동작하여 램프 RL1이 점등된다. 그런 다음 전자 접촉기 MC2의 직렬 연결되어 있는 보조접점 MC1-a는 MC1이 감자상태로 있을 때에만 푸시버튼 스위치 PB3-a를 누르면 MC2가 여자되어 유도 전동기 IM2가 회전하게 되며 동시에 램프 RL2가 점등된다.

PB2-b를 누르면 우선회로가 감자되어 유도 전동기 IM1, 유도 전동기 IM2 중에 회전하고 있는 유도 전동기는 회전을 정지한다.

5. 전동기의 직입 기동

전 전압 기동이란 기동전류가 적은 소형의 전동기를 기동 및 정지시키는 데 사용하는 것이며 용량이 작은 전동기를 직접 직입 기동(전 전압 기동) 방식을 사용하는데, 푸시버튼만으로도 조작이 가능하고 간편하다.

직입 기동회로는 그림 2-111과 같다. OL, RL, GL은 표시회로 램프로 유도 전동기 IM의 동작상황이나 제어회로의 동작상황을 나타낼 때 사용한다. 전원을 on하면 표시등 GL이 켜지고, 푸시버튼 스위치 PB1-a를 누르면 릴레이 Ry가 여자되어 자기 유지되며, 동시에 Ry-a가 동작하여 전자 접촉기 코일 MC가 여자되어 유도 전동기 IM이 회전을 하게 된다. 동시에 Ry-b가 동작하여 표시등 GL이 꺼지면서 표시등 RL이 켜지게 된다.

표시등 OL이 점등된 경우는 EOCR이 과부하로 인해 동작되며 유도 전동기가 회전을 정지하게 된다. EOCR이 과부하로 인해 동작점을 찾고 수리 후 복구 시 수동복귀 접점이므로 과부하의 원인을 제거한 후 다시 동작시키면 된다.

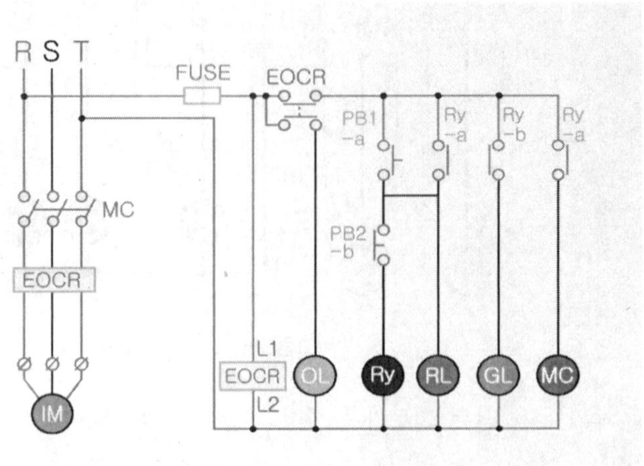

그림 2-111 ■ 전동기의 직입 기동

6. 순차 제어회로

입력신호가 부여되면 타이머의 접점에 의하여 명령이 순차적으로 전송되는 회로를 순차동작회로라고 한다. 전기기기 등을 차례로 동작시킬 때나 교통 신호기 등에 사용되고 있다. 순차 제어회로는 그림 2-112와 같다.

전원을 투입하면 MC1-b의 표시등 GL1과 MC2-b의 표시등 GL2가 점멸된다. 가동 스위치를 동작(on)시키면 MC1이 여자되어 유도 전동기 IM1이 기동 회전을 하면서 동시에 MC1-b 표시등 GL1이 꺼짐과 동시에 타이머 T1이 여자된다. 또한, 지정한 시간 후에 MC2가 여자되어 유도 전동기 IM2가 기동 회전되며 동시에 MC2-b 표시등 GL2가 꺼지게 되고 MC1-a 표시등 RL이 켜지게 된다. 단, 가동 스위치에 의해서만 동작된다.

정지 스위치를 누르면 Ry1이 여자되어 유도 전동기 IM2가 회전이 정지되면서 표시등 RL이 꺼짐과 동시에, 표시등 GL2가 점등되며 타이머 T2에 전원이 공급된다. 또, Ry2가 여자되면 지정한 시간 후에 유도 전동기 IM1이 회전을 정지하면서 표시등 GL1이 켜지게 된다.

과전류 계전기(EOCR)는 운전중 과전류가 흐를 시 전동기를 제어하여 안전유지를 위하여 기동정지가 일어난다. 표시등 GL1과 표시등 GL2가 꺼지면서 플리커 릴레이가 동작하게 된다. 버저 BZ와 고장 표시등 YL이 지정한 시간간격으로 교대로 동작하고 고장원인 제거 시 복귀 버튼을 누르면 버저와 고장 표시등이 모두 정지하게 된다.

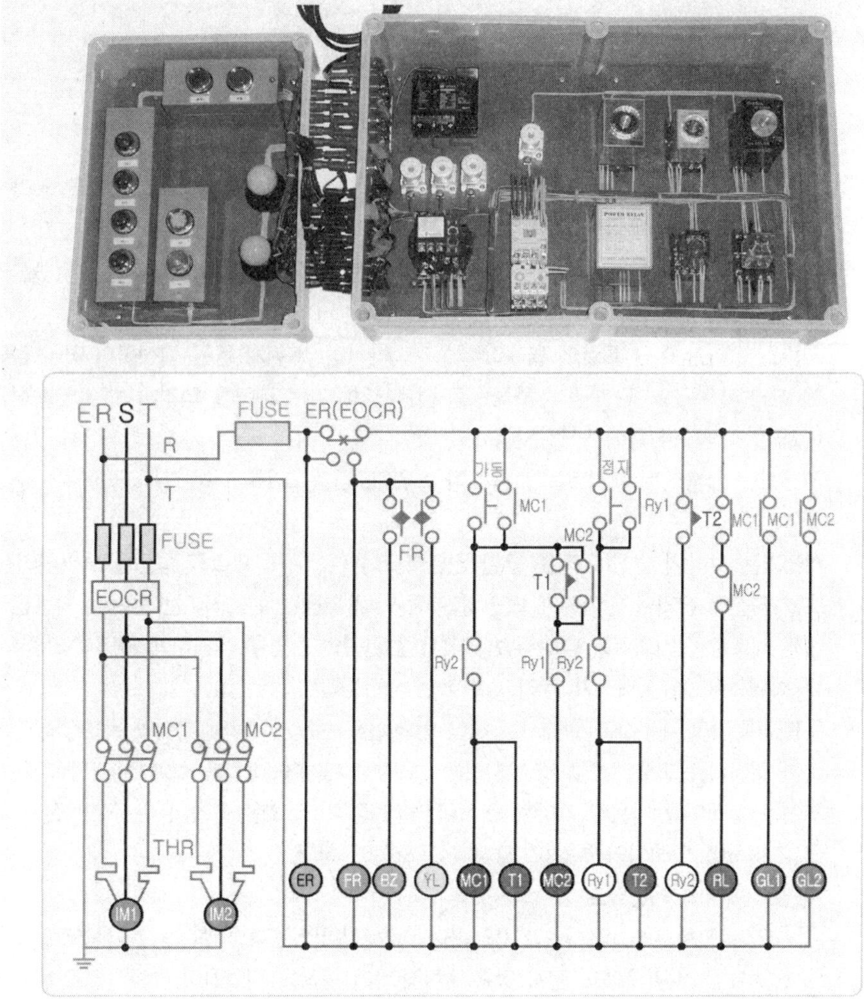

그림 2-112 ▪ 순차 제어회로

제 2 장 학습정리

- 일반적으로 제어라 함은 '조작 또는 동작에 의하여 어떤 목적에 적합하도록 양의 증감이나 상태의 변화를 갖게 하는 것, 양 또는 상태를 일정하게 유지'하는 것을 말한다.
- 자동제어(automatic control)란 어떤 대상 시스템의 상태나 출력이 원하는 특성을 얻도록 입력신호를 기계장치로부터 적절히 조절하는 방법이다.
- 시퀀스 제어란 어떤 회로에 릴레이(계전기), 타이머, 스위치 등을 결선하여 미리 정해진 순서에 따라 제어의 각 단계를 순차적으로 진행시켜나가는 제어를 의미하며, 불연속적인 작업을 행하는 공장제어 등에 널리 사용되고 있다.
- 시퀀스에 사용되는 기기로는 수동조작 스위치, 검출 스위치, 차단기, 제어기기, 구동용 기기 등이 있다.
- 계전기는 하나의 철심에 감은 코일 권선과 가동편 및 한 세트의 접점들로 이루어진 것이다. 코일 권선에 전압을 인가하게 되면 자력에 의해 가동편이 움직이는 동시에 가동편에 연결된 접점 세트는 전기회로를 닫아주었다가 코일 권선의 전압을 제거하게 되면 스프링의 힘에 의해 복귀되어 접점 세트가 열리고 회로는 차단된다.
- 목표값에 따라 제어하기 위해서는 히터 안의 온도, 즉 제어량의 지시와 목표값의 지시를 비교하여 히터의 온도를 일정하게 유지하는 되먹임 제어(feedback control) 또는 궤환제어이다.
- 제어용 릴레이를 사용할 때에는 조작 전원의 정격, 필요한 접점의 수, 제어 전원의 용량 등을 고려하여 릴레이의 특성에 맞게 사용하여야 한다.
- 시퀀스 제어의 기본회로
  ① 자기 유지회로 : 기억회로라고도 하며 어떤 신호나 힘에 의한 순간 동작으로 투입된 입력신호가 제거된 후에도 전자 접촉기(릴레이)에 동작을 기억하며 계속적으로 유지시켜 주는 회로이다.
  ② 지연회로 : 타이머에 의해 설정된 시간만큼 늦게 동작하는 회로이다.
  ③ 인터록 회로 : 두 개 이상의 회로에서 한 개의 회로를 동작시키면 나머지 회로는 동작이 될 수 없도록 한 회로이다.
  ④ 우선회로 : 선택한 회로가 먼저 동작되고 그 다음 선택한 회로가 동작하는 회로로서 동작에 순서가 정해져 있을 경우에 사용되는 회로이다.
  ⑤ 전동기의 직입 기동 : 전 전압 기동이란 기동전류가 적은 소형의 전동기를 기동 및 정지시키는데 사용하는 것이며 용량이 작은 진동기를 직접 직입 기동(전 전압 기동) 방식을 사용하는데, 푸시버튼만으로도 조작이 가능하고 간편하다.
  ⑥ 순차 제어회로 : 입력신호가 부여되면 타이머의 접점에 의하여 명령이 순차적으로 전송되는 회로를 순차 동작회로라고 한다.

제2장 평가문제

1. 시퀀스 제어의 종류 중 명령처리에 따른 분류에 해당되지 않는 것은?
   ① 순서 제어　② 시한 제어
   ③ PLC(program logic controller)　④ 조건 제어
   ⑤ 프로그램 제어

2. 다음은 시퀀스 제어계 구성요소에 대한 설명이다. 틀린 것은?
   ① 명령 처리부 : 작업명령 또는 검출신호를 미리 기억시켜 둔 신호에 의해서 제어명령을 만드는 부분을 말한다.
   ② 제어 대상 : 제어하고자 하는 목적의 장치 또는 기기를 말한다.
   ③ 제어명령 : 제어 대상을 제어하는 입력신호로 정성적 제어와 정량적 제어가 있다.
   ④ 기준량 : 제어 대상을 조작하기 위한 목적의 상태를 말한다.
   ⑤ 검출부 : 제어량이 소정의 상태인지 표시하는 2진 신호를 발생하는 부분을 말한다.

3. 다음 중 전기회로를 개폐하는 데 사용하며 전자력의 힘으로 대전류와 위험한 고전압의 회로를 간편하게 개폐할 수 있는 스위치 장치는 무엇인가?
   ① 계전기　② 푸시버튼 스위치　③ 토글 스위치
   ④ 셀렉터 스위치　⑤ 키 스위치

4. 다음 중 두 개 이상의 회로에서 한 개의 회로를 동작시키면 나머지 회로는 동작이 될 수 없도록 한 회로는 무엇인가?
   ① 지연회로　② 인터록 회로　③ 우선회로
   ④ 순차 제어회로　⑤ 자기 유지회로

5. 다음 중 기억회로라고도 하며 어떤 신호나 힘에 의한 순간 동작으로 투입된 입력신호가 제거된 후에도 전자 접촉기(릴레이)에 동작을 기억하며 계속적으로 유지시켜 주는 회로는 무엇인가?
   ① 지연회로　② 인터록 회로　③ 우선회로
   ④ 순차 제어회로　⑤ 자기 유지회로

제3장 센서 이론

오늘날 우리의 주위 곳곳에서 많은 센서들을 볼 수 있다. 우리 주변 모든 곳에 센서가 적용되고 있다. 센서기술은 학문적 성격이 강해 센서를 이해하기 위해서는 여러 분야에 대한 상당한 지식이 요구된다. 여러 종류의 센서들의 동작 원리를 이해할 수 있게 하여 주변에서 사용되는 센서에 대한 흥미를 높이도록 하였고, 의료기기에서 주로 사용하는 의료용과 생체용 센서를 중점적으로 다루었다.

01 센서의 종류 및 원리

학 | 습 | 목 | 표

- 센서의 종류를 알 수 있다.
- 각 센서의 동작원리를 이해할 수 있다.
- 센서의 응용 분야를 알 수 있다.

1. 센서의 정의

'Sense'는 측정하고자 하는 물리적 신호를 전기적인 신호로 변환시키는 요소로 정의되고 〈느낀다〉, 〈지각한다〉 등의 의미를 갖는 라틴어에서 온 말이며 원래는 인간의 감각작용을 가르키고 있다. 사람은 눈, 귀, 코, 피부, 혀에 의해서 광, 색, 음, 열, 냄새, 맛 등의 외계 자극을 느끼는 것이 가능하다. 고대인은 이들의 감각기관에 의해서 자연계의 특성을 원시적으로 어떤가 이해하고 얻어진 지식 하에 자연을 이용하는 기술을 습득해 왔다. 오래 전부터 "측정이 불가능한 현상은 이것을 이용하는 것도 불가능하다"고 말하고 있지만, 인류는 감각기관에 의지할 뿐만 아니라 더욱 더 측정과 해석에 적합한 작용을 하는 각종의 센서를 개발하여 인간의 감각기능을 확대하고 보다 나은 과학기술의 이용을 실현해 왔다. 즉 오감의 자극을 전기신호로 변환하는 소자이며 검출 또는 측정하고자 하는 양(quantity), 특성(property) 또는 상태(condition)를 의미한다.

구체적으로는 여러 외부 자극으로부터 측정(검출)대상의 상태를 파악, 진단하고 경우에 따라 제어하기 위해서 필요한 정보(information)를 추출해 처리가 용이한 전기신호(electrical signal)로 변환하는 것이다. 이때 측정대상으로부터 정보를 추출하는데 관련되는 소프트웨어(S/W)와 하드웨어(H/W) 기술을 센서 기술(sensor technology)이라 한다.

최근의 센서는 기술의 진보와 더불어 복잡하게 걸쳐 있고 이것을 체계화하여 총괄적으로 파악하는 것은 곤란하다. 따라서 지금 단계로서는 센서의 정의로서 일반화된 것은 없지만 구태여 센서의 정의는 "센서라는 것은 인간의 오감(시각, 청각, 촉각, 후각, 미각)을 대신해 대상의 물리량을 정량적으로 계측해 주므로 인간의 오감에서도 느낄 수 없는 현상(물리량)을 검출하는 장치"라 한다.

다음은 센서의 대상으로 되는 정보량의 분류를 나타낸 것으로 그 범위가 넓다는 것을 알 수 있고 이러한 필요에 의해서 센서가 인간의 감각기관들을 대신하여 그 기능을 보완하게 되었고 빛의 밝기변화, 물체의 존재유무 등 우리 주변에 일어나는 변화를 감지하는 장치이다.

2. 센서의 제어계에서 센서의 역할

센서의 역할 및 이를 사용하는 목적은 사용 대상에 따라 여러 가지로 구분할 수 있으나 일반적으로 다음과 같이 나눌 수 있다.

(1) 계측 · 계량

과학, 일상생활 등과 같이 물리적인 양의 계측 또는 계량이 주목적인 것으로 정량적인 수치를 요구하고 있다. 요즈음의 공업 분야는 물론 첨단 과학에서도 이러한 정량적 목적으로 계량을 요구하는 경우는 대단히 많고, 공업이 발달하지 않은 옛날의 경우는 대부분이 목적으로 상거래 등이 이루어졌다고 볼 수 있다.

(2) 탐지 · 탐사

우주탐사, 지질탐사, 자원탐사 등과 같이 검색을 목적으로 이용하는 것으로 대부분의 경우 원격으로 이루어지는 것이 보통이다. 이와 같이 탐사된 자료를 정보화하여 사용하기 위해 센서를 이용한다. 최근의 경우 급격히 증가하고 있고 앞으로도 더욱 증가할 것으로 보고 있다.

(3) 감시 · 경보 · 보호

시스템이나 인물, 또는 장비에 대해 변화상태를 감시하고 위험을 방지하기 위해 이용되는 것으로 최근의 많은 장비나 시스템이 무인화 되어가는 추세에 있어 이 계통에 이용되는 센서도 증가하고 있고 지능화 추세에 있다. 특히 최근의 센서는 그 기능이 인공 지능적인 면을 많이 포함하여 가는 추세에 있고 이의 응용 분야는 더욱 넓어져 가고 있다.

(4) 검사 · 진단

의료, 농산물, 생체 등의 상태를 검사하고 진단하기 위한 것으로 정보화 사회로 급격히 변함에 따라 이들을 이용한 센서도 많아지고 있다.

3. 트랜스듀서의 정의

공기 진동의 기계적인 진동을 전기신호로 교환하는 장치이다. 센서가 감지기이며, 트랜스듀서는 변환기이다. 마이크레코드 재생에 사용하는 픽업, 어쿠스틱 악기의 픽업 마이크 등은 이것의 한 부분이다. 하나 이상의 소스로부터 수신하는 어떤 형태의 에너지를 다른 형태로 바꾸는 장치이며 예를 들면 스피커는 전기음성신호를 가청공기 압력파로 바꾸고, 픽업은 바늘의 기계적 움직임을 전기적 압력으로 바꾸는 변환기이다. 변환기는 입력이 단지 에너지원일 때는 수동적이고, 출력이 부분적으로나 전체적으로나 제2의 소스에서 나오는 경우에는 능동적이다.

예를 들어 입력과 출력을 모두 가지고 있는 장치가 어떤 전송계 또는 매질에 그곳을 지나 다른 전송계 또는 매질의 에너지나 정보가 전해지는 것으로 입력, 출력은 전기, 기계, 음향, 빛, 열, 방사력 그 밖의 어떤 형태의 것이라도 좋으나 입력을 변환시켜 좀 더 간편한 형태로 하여 출력시키는 것이다. 변환소자라고도 하며 측정량을 직접 검출하는 센서와 이 출력을 편리한 형으로 바꿔서 내는 변환기로 나누어 생각할 수 있다.

4. 용량형과 유도형 센서

(1) 용량형 센서

용량형 변환기는 우수한 주파수 응답을 가지며, 정적 및 동적 현상 모두를 측정한다. 정전용량형 압력 센서를 사용한 예를 보면, 두 개의 양측 금속 다이야프램(진동판)은 본체 중심부를 관통한 연결축에 연결되어 있고, 그 연결축 중앙부에는 원판상 금속판인 가동 전극이 있으며, 이 가동 전극 양쪽에는 세라믹 소재의 고정 전극이 있어 양 전극 사이의 정전용량을 발생하고 있다.

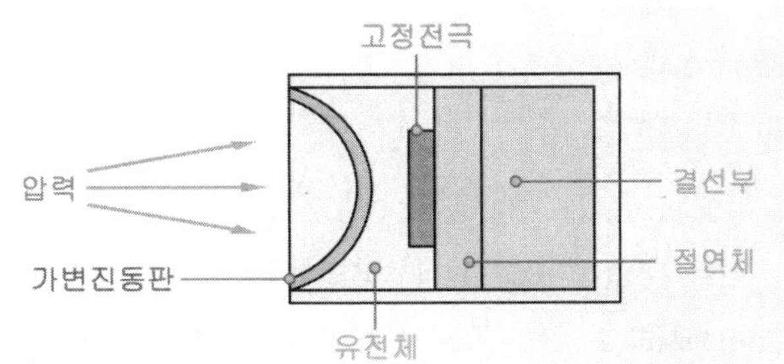

그림 3-1 ◦ 용량형 센서

압력이 다이야프램에 가해지면 양측 압력차에 의해서 이동 전극이 좌로 이동, 측고정 전극의 좌측 용량은 증가, 우측은 감소됨으로써 이것을 측정하면 차압 또는 압력이 구해지는 것이다.

① 용량형 센서의 용도 : 흉부 심박동음, 상박의 박동, 요골 박동 등을 측정한다.

② 용량형 센서의 장점 : 비접촉성, 성형성, 주파수 특성 등이 우수하다.

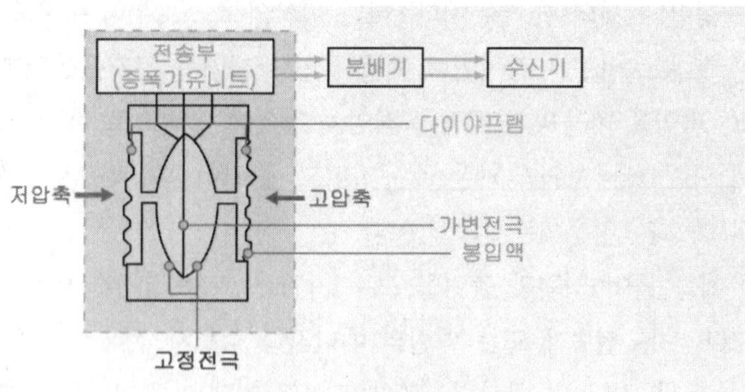

그림 3-2 • 용량형 압력 센서의 내부구조

(2) 유도형 센서

코일 내 코어(core)의 이동이 유발하는 인덕턴스(inductance)의 변화로 변위 측정하며, 유도형 변환기에서 힘은 한 쌍의 코일에 인덕턴스비 변환 혹은 단일 코일의 인덕턴스 변화에 의해 대략 측정된다. 인덕턴스 성분 L은 코일의 세 가지 요소 중 어떤 한 가지를 변화시킴으로써 거리를 측정한다.

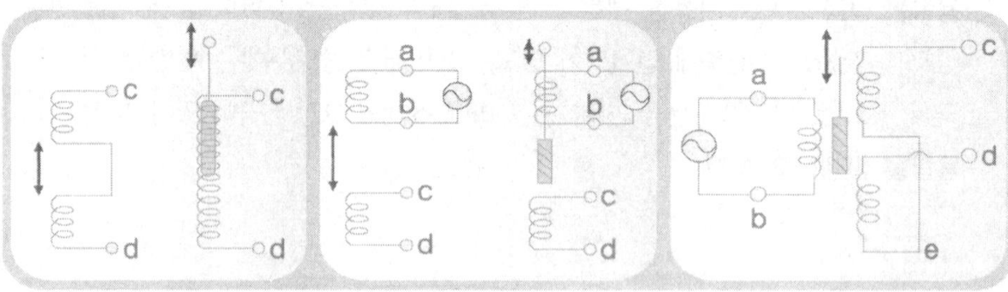

(a) 자기 인덕턴스 (b) 상호 인덕턴스 (c) 차등변환 형태의 인덕턴스

그림 3-3 • 인덕턴스 회로도

코일에 인덕터 코어(자성체)의 위치변동에 따라 코일에서 유도 기전력의 변화를 이용한 센서를 유도형 센서라고 한다. 유도형 센서는 심장의 치수를 측정하고 유아의 호흡을 제어하며 동맥의 직경 확인 등에 이용한다.

① 자기 인덕턴스 : 자기 자신이 전류의 변화/흐름을 방해하는 성질이다.

② 상호 인덕턴스 : 2개의 인덕턴스가 있어 한쪽 인덕턴스에 흐르는 전류에 의한 자속이 다른 인덕턴스와 교차함으로써 유도형 전압이 유기되는 경우, 그 전압 전류의 시간 변화율에 대한 비이다.

③ 차등변환 인덕턴스 : 자기 저항변화가 적어 두 개의 동일한 센서를 사용한다.

5. 위치 센서

회전각과 직선이동, 변위뿐만 아니라 운동의 측정에도 사용된다. 대부분의 경우 위치 정보로부터 속도정보 계산이 가능하다. 즉 센서를 이용하여 가속도를 구한 다음 가속도를 적분하여 속도를 구한 후 알아낸 속도를 적분하여 위치를 구하는 원리이다.

① 위치 센서 장점 : 정확성이 높다.

② 위치 센서 단점 : 재밍(jamming)에 취약하고 터널과 같은 인공위성으로부터 직선거리에서 벗어날 때는 사용되지 않는다.

보충 : 재밍(jamming:전파교란)

적의 전파와 주파수를 탐지해 통신체제를 혼란시키거나 방해하는 행위이다.

(1) 전위차계

저항기를 통해서 위치정보를 가변 전압으로 변환한다. 확실하게 값이 정해진 저항과 짝지으면 직류전류를 정확하게 측정할 수가 있으며, 저항체와 그 위를 움직이는 슬라이더(또는 브러시, 와이퍼)로 구성된 가변저항으로 구성되어 있다.

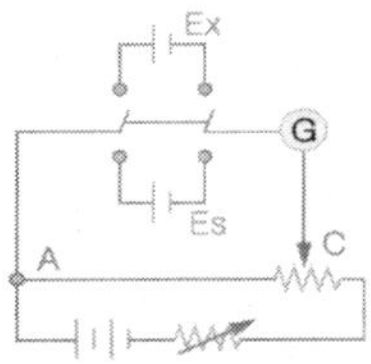

그림 3-4 ∘ 전위차계

그림 3-5 ∘ 상용 전위차계

전위차계의 장점은 측정하고자 하는 전압과 기전력에서 전류를 받지 않거나, 흘려보내더라도 매우 미소한 값에 국한된 상태에서도 측정할 수 있다.

표 3-1 ∘ 전위차계의 장·단점

전위차계의 장점	전위차계의 단점
출력이 크며 비용은 적게 든다.	기계적 마찰이 크고 분해능에 제약이 있다.
온도 보상이 용이하다.	진동에 약하고 수명이 짧다.
직류회로 및 교류회로 사용이 가능하고 증폭회로가 불필요하다.	변위가 커야 하며 응답속도에 대하여 한계가 있다.

(2) 인코더

직선운동이나 회전운동을 하는 물체의 변위나 속도를 검출하기 위한 센서로서 디지털 출력이 나온다. 회전 증가형 인코더는 빛을 이용해 회전변위나 속도를 검출하며, 출력신호가 펄스 형태로서 펄스의 수가 곧 회전변위의 정도를 나타낸다. 선형 증가형 인코더는 정밀도 표시와 고속 및 고가속도 구동정도를 나타낸다. **인코더**에는 **절대 위치형**(absolute)과 **증가형**(incremental)의 두 가지 형태가 있다.

(a) 회전 증가형 인코더휠 (b) 선형 증가형 인코더휠

그림 3-6 • 단순 형태의 회전 증가형 인코더휠과 선형 증가형 인코더휠

(3) 선형 가변 미분형 변압기

기계적 변위를 전기적인 신호로 바꿔 주는 선형 가변 미분형 변압기(LVDT : Linear Variable Differential Transformer)는 코어(core or armature)의 이동으로 **상호 인덕턴스**를 변화시키는 변환기(transducer)로서 기계적 · 전기적으로 분리되어 움직일 수 있는 코어의 변위에 비례하여 전기적 출력이 발생된다.

선형 가변 미분형 변압기의 구성은 코일이 감기는 **포머**(former), **코어**, 코어를 지지해 주는 **지지봉**, 그리고 **케이스**(case)로 구성되어 있다. 선형 가변 미분형 변압기에서 가변전압을 생성하게 되며, 선형 가변 미분형 변압기의 출력은 코어의 입력위치에 따라서 정확히 선형적인 성격을 띠게 된다.

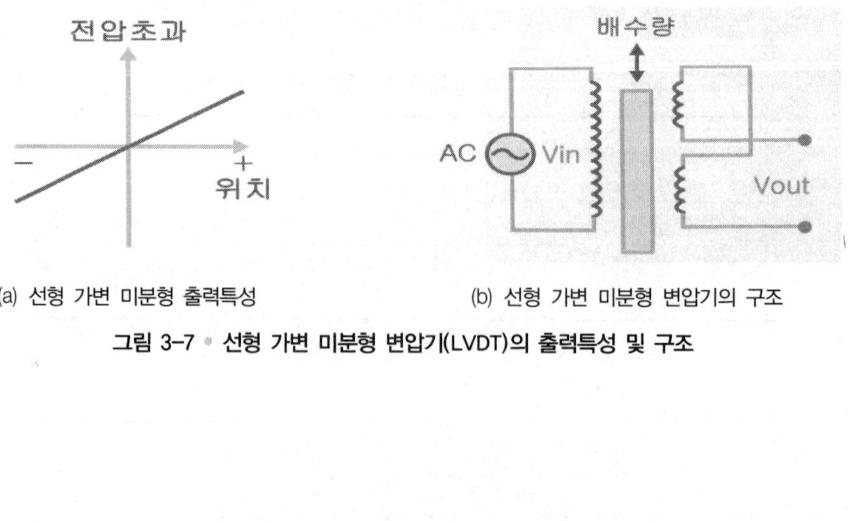

(a) 선형 가변 미분형 출력특성 (b) 선형 가변 미분형 변압기의 구조

그림 3-7 • 선형 가변 미분형 변압기(LVDT)의 출력특성 및 구조

(4) 리졸버

공간적으로 직각인 2쌍의 권선을 갖는 회전자와 고정자로 되어 있으며, 철심과 코일로 구성되어 있다. 싱크로 전기기계가 3상의 소자인데 비해서 이것은 2상의 소자이다. 리졸버의 한 입력이 전압 [V]로 여자되고, 그때의 회전자의 기계적 각도를 θ라고 하면 이들 2개의 입력조건이 하나의 벡터를 나타낸다. 회전각과 위치의 검출기로서 모터의 센서를 사용한다. 인코더가 변위량을 디지털량으로 변환하는 것에 비하여 리졸버는 아날로그 양으로 변환한다. 일방적으로 브러시리스 리졸버라 하는 것은 회전 트랜스를 사용한 형이다.

리졸버는 스테이터, 로터, 회전 트랜스 3요소로 구성되고 스테이터와 로터의 권선은 자속분포가 각도에 대하여 정현파가 되도록 분포되어 있다. 여자권선에 있는 스테이터 권선은 전기적으로 90° 위상차가 나고 2상 구조로 되어 있는 출력권선의 모터는 단권선이나 2상 권선이 용도에 따라 감겨져 있다. 리졸버의 구조는 모터의 구조와 유사하고 내환경성이 우수하다. 리졸버의 특징은 다음과 같다.

① 진동 · 충격 등의 내환경성이 우수하며, 사용 온도범위가 넓다.
② 장거리 전송이 가능하고, 형상의 소형화가 가능하다.
③ 신호처리 회로가 복잡하고, 로터리 인코더에 비해 고가이다.

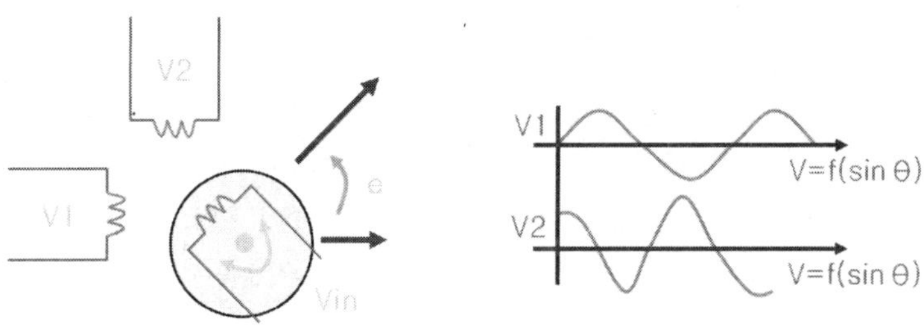

(a) 리졸버의 구조　　(b) 리졸버의 출력곡선

그림 3-8 ◦ 리졸버의 구조 및 출력곡선

> **보충 : 인크리멘탈식**
>
> 인크리멘탈 수를 이용하여 위치측정 비접촉식 광학, 회전, 정방향 출력장치축의 회전으로 on/off 펄스를 단순히 출력하는 디바이스축 회전당 100~10,000펄스를 출력한다.

6. 힘과 압력 센서

(1) 압전 센서

압전물질(piezoelectric material)이 전압에 노출되면 압축된다. 이 물질이 압축되면 전압을 발생한다.

① 압전효과 : 압전소자에 압력이나 힘을 가했을 때 압전소자 표면에 전압이 발생하며, 또한 반대로 전압을 가했을 때 압전소자의 크기에 변형을 일으키는 현상이다. 즉, 센서로서의 기능과 변환 트랜스듀서의 기능을 보유하고 있는 대표적인 스마트 재료이다.

② 축음기(phonograph)처럼 패여 있는 홈에 의해서 생기는 가변 압력으로부터 전압을 발생시키는 데 사용된다.

㉠ 압전물질 : 석영, 티탄산바륨

㉡ 압전 센서의 용도 : 압력, 힘, 가속도 측정에 이용되며, 의료용으로는 심음 측정용, 혈압 측정용 및 혈류의 측정에 이용한다.

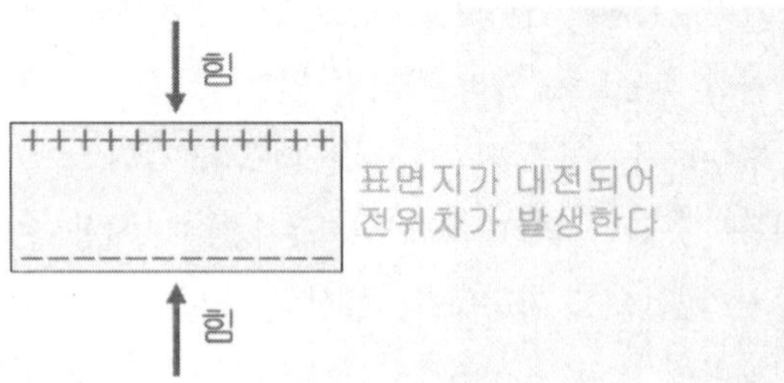

그림 3-9 ◦ 압전물질의 성질

(2) 힘-감지 저항기

힘-감지 스위치 인터링크 일렉트로닉스(interlink electronics)에 의해 생산되는 FSR(Force Sensing Resistor)은 고분자 후막(thick-film) 표면에 수직 힘이 증가되면 저항이 감소하는 특성을 가진 장치이다. 그리고 고분자의 두꺼운 필름 표면에 수직으로 힘이 증가되면 저항은 감소하는 특성을 가진 고분자의 두꺼운 필름 장치이다.

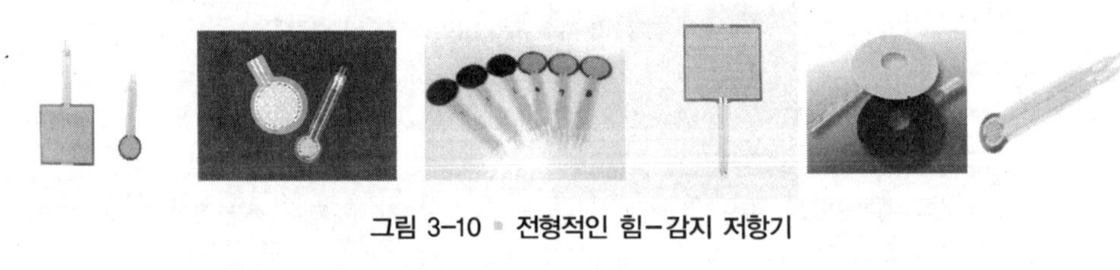

그림 3-10 ◦ 전형적인 힘-감지 저항기

(3) 스트레인 게이지

힘을 측정할 때 사용된다. 스트레인 게이지(strain gauge)의 출력은 가해진 힘의 함수인 응력에 비례하여 저항이 변화된다. 스트레인 게이지의 회로도를 간단하게 나타내었는데, 이 스트레인 게이지는 일반적으로 휘트스톤 브리지(Wheatstone bridge) 내에서 사용되어 변화량을 검출한다.

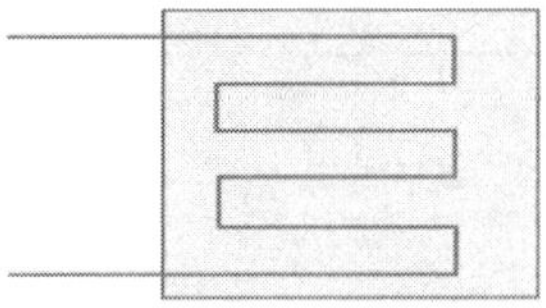

(a) 스트레인 게이지의 구조

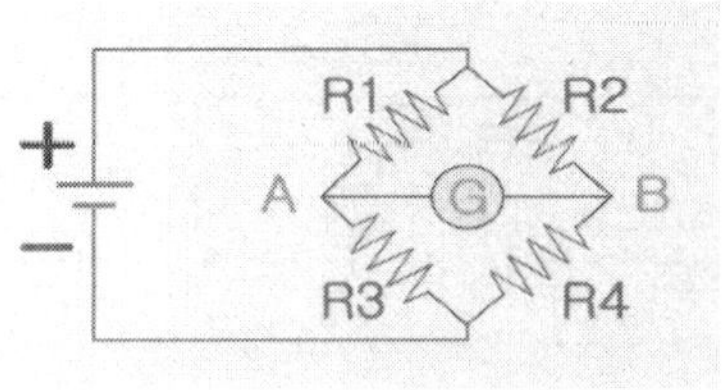

(b) 휘트스톤 브리지 회로

그림 3-11 스트레인 게이지의 구조 및 휘트스톤 브리지 회로

스트레인 게이지의 원리는 금속 저항체는 저항값이 크나 적으나 전류를 흘리지 않으려는 성질이 있다. 즉, 전기저항이 있고, 측정값은 전기저항으로 나타내는데 저항값은 금속의 종류에 따라 다르다. 같은 재질(합금도 포함)이면 일반적으로 가늘고 긴 것일수록 저항값이 크다.

7. 온도측정 센서

도체에 있어서 전기저항은 온도의 변화에 따라 변화한다. 이러한 특성을 이용, 단위 온도 변화에 대한 저항 변화율을 안다면 변화하는 저항값만으로 해당 온도를 측정할 수 있게 된다.

인체의 체온을 측정하는 데에는 수은 온도계(수은 체온계) · 열전대 온도계 · 서미스터 온도계(전자 체온계) 등이 쓰이며, 적외선 센서는 열화상 시스템(thermograph system)으로 구성하여 관절염, 동상, 화상, 피부손상, 말초순환장애, 유방암 등의 진단에 활용된다. 측정방법으로는 접촉식 센서와 비접촉식 센서로 나눌 수 있고 표 3-2에 나타내었다.

표 3-2 접촉방식과 비접촉 방식의 비교

구 분	접촉방식	비접촉 방식
필요조건	• 측정 대상과 검출소자의 충분한 접촉 • 측정 대상에 검출소자를 접촉시켰을 때 전자의 온도(측정량)가 실용상 달라지지 않을 것	• 측정 대상에서의 방사가 충분히 검출소자에 도달할 것 • 측정 대상의 실효 방사율이 명확하게 알려져 있거나 혹은 재현이 가능할 것
특징	• 열용량이 적은 측정 대상은 검출소자의 접촉에 의한 측정량 변화가 생기기 쉽다. • 운동하고 있는 물체의 온도는 측정하기 힘들다. • 측정 개소를 임의로 지정할 수 있다.	• 검출소자의 접촉을 필요로 하지 않으므로 측정으로 인해 측정량이 변화하는 일은 일반적으로 없다. • 운동하고 있는 물체의 온도를 측정할 수 있다. 일반적으로 표면의 온도를 측정한다.
온도범위	100[℃] 이하의 온도측정에 용이하다.	일반적으로 고온측정에 적합하다.
정도	일반적으로 눈금범위의 1[%] 정도	일반적으로 10[℃] 정도
지연	비교적 크다.	비교적 적다.

표 3-3 ◦ 온도 센서의 용도

온도 센서		온도 센서의 용도
의료	의료	진단, 보육기, 링겔액, 피부표면 온도
측정	측정	기상관측, 표면온도, 해류, 인공위성
가전제품	건강/미용기	전자 체온계, 아누스크리너, 헤어드라이어, 전기모포, 온수세정 변기, 미용 정발기, 전자 모기향
	조리기기	전자렌지, 가스 취반기, 커피메이커, 핫플레이트, 전기밥솥, 오븐 렌지, 전자 조리기, 토스터
	공조/냉난방기	급탕기, 에어컨, 히터, 솔라 시스템, 냉/난방기, 온풍/환풍기
	기타	AV 기기, 냉장고, 다리미, 의류/이불/식기 건조기, TV, 세탁기, 시계
산업용	농업	담배 건조기, 온실재배, 보일러, 제차, 양돈
	공업	현상액, 탱크 유면계, 기름온도, 로봇, 공작기계, 자동검사, 모터, 제빙기, 콘크리트 레벨
	어업	양어장 수온, 해수 온도
	상업	냉동 쇼케이스, 자동판매기, 융성 설비
사무기기	FAX, 프린터, 카메라, 화재 경보기, CCTV, 모니터, 자동소등, 커튼, 엘리베이터, 에스컬레이터, 출입감지 컴퓨터, 복사기	
자동차	액면감지, 서스펜션, 안전운전 장치, 4WD 제어, 고장진단, 트랜스미션, 연료분사, 과급랍 제어, 속도조절, 노킹 제어, 흡기제어, 냉각 수온, 엔진 온도	
기 타	통신기기	AGE, 시간지연, 전화, CR 발진기
		진공계, 풍속계, 가스 분석계

표 3-3은 온도 센서의 용도에 관하여 나타내었다.

(1) 열전대

서로 다른 두 금속의 접합부에서 생겨나는 제벡(Seebeck) 효과를 이용한 온도 센서이다. 제벡 효과란 1921년 독일의 물리학자 제벡(T. J. Seebeck)이 구리와 안티몬 사이에서 발견한 현상으로 발견자의 이름을 따서 붙여졌다.

1) 열전대의 원리

열전대(thermocouple)는 그림 3-12(a)처럼 다른 종류의 금속선 A, B의 양 끝을 접합해서 양 접점에 온도차를 주면 그 사이에 열기전력이 발생하여 열전류가 흐르게 되는데(제벡 효과) 이를 열전쌍이라고 한다. B쪽을 절단하여 놓으면 그림 3-12(b)에서와 같이 금속선의 종류와 접점에 가해지는 온도차에 따라 열기전력이 다르게 발생하게 된다. 금속선의 형상이나 크기변화에는 상관이 없어서 A금속의 온도와 열기전력을 알면 B금속의 온도를 알 수 있게 된다. 그러나 열전대를 이용한 측정은 발생되는 열기전력이 미약하기 때문에 정교한 신호 처리계를 구성하여야 한다.

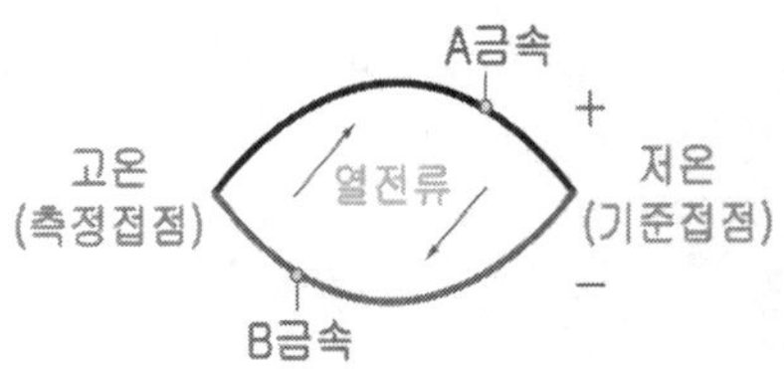

(a) 금속선 A · B의 양끝 접합

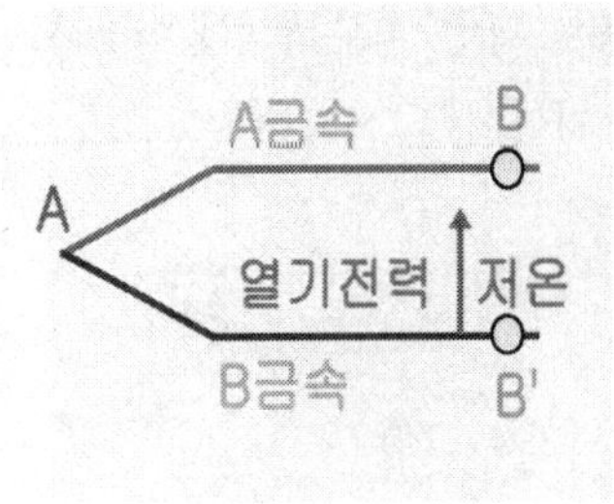

(b) B쪽의 금속을 절단 시

그림 3-12 • 열전류의 발생

2) 열전대의 종류

열전대를 구성하는 소선은 고온에 접촉한다. 현재 널리 사용되고 있는 열전대로는 구성재료에 따라 E, J, T, K, R, S, B의 7종류로 규격화되어 있다. 그리고 열전대의 조건은 다음과 같이 만족하여야 한다.

① 열기전력이 커야 하며, 온도와 열기전력 특성의 분산이 작아야 한다.

② 열기전력 특성이 연속적이고 직선적이어야 한다.

③ 열적, 화학적, 기계적으로 안정해야 한다.

④ 경년(천천히 변화하는 현상)변화가 적어야 한다.

⑤ 가공이 쉽고 가격이 저렴해야 한다.

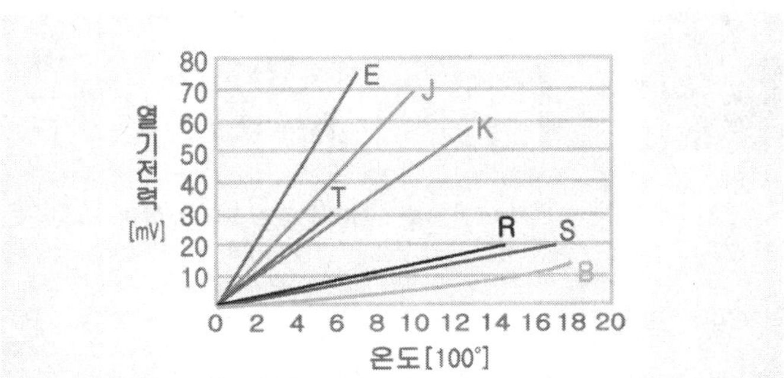

그림 3-13 • 열전대의 열기전력 특성

(2) 서미스터

열에 민감한 저항체이며 온도변화에 따라 저항값이 크게 변하는 감온 반도체이다. 소형으로 값이 저렴하고 고감도이고 가전기기나 산업기기의 온도 센서 및 온도 보상용으로 사용하고 있다. NTC(Negative Temperature Coefficent)는 온도가 상승할 경우 저항값이 작아지는 특성을 지니고 있으며, PTC(Positive Temperature Coefficent)는 온도의 상승에 따라 저항값이 커지는 특성을 지닌다. 사용하고 있는 서미스터(thermistor)는 세라믹 서미스터로 기본특성에 의해서 분류하면 크게 3가지로 나눌 수 있다. 온도가 특정한 온도(저항이 급변하는 온도)를 초과하는가의 여부를 검출하는 데에 사용하면 편리하다.

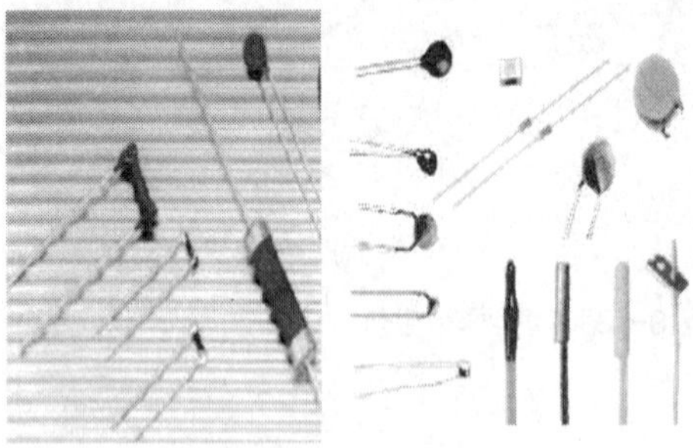

그림 3-14 • 서미스터

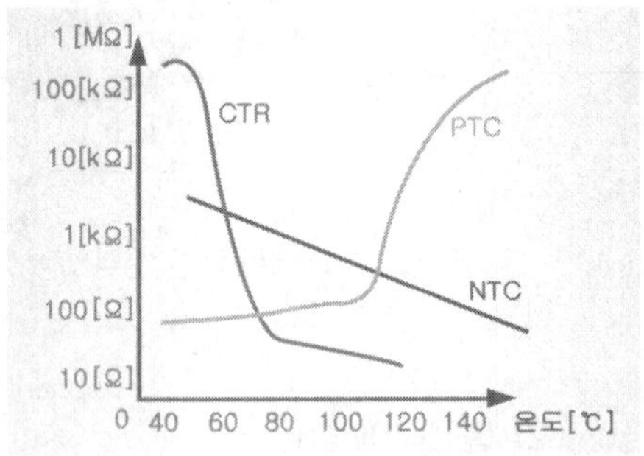

그림 3-15 • 각종 서미스터의 온도특성

(3) 측온 저항체

금속 도체의 전기저항은 일반적으로 온도에 따라서 변화하며, 이러한 성질을 이용해 전기저항을 측정하여 온도를 나타낸 것을 측온 저항체라고 한다. 고온으로 가열하여도 변하지 않고, 또 단일 묽은 산에 대하여도 안정적이고 여러 가지 기구의 제작에 적합한 특징을 가지고 있다.

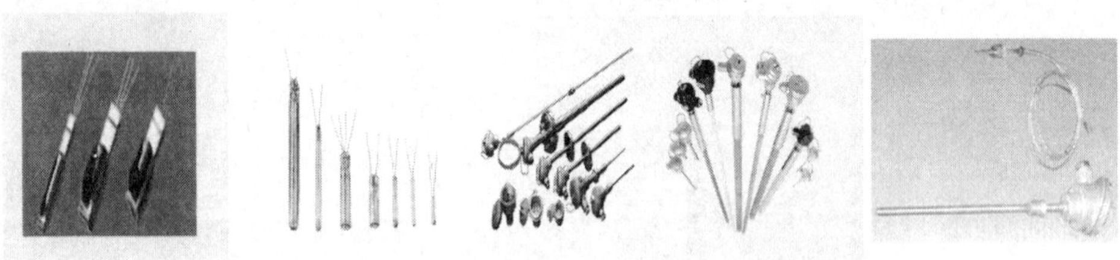

그림 3-16 • 백금 측온 저항체

1) 측온 저항체의 특징

공업용으로 사용하고 있는 측온 저항체는 다른 온도 센서(sensor)에 비하여 다음과 같은 특징을 갖는다.

① 감도가 좋으며, 안정성 · 재현성이 매우 우수하다.
② 고정확도를 얻을 수 있다.

2) 측온 저항체의 종류

측온 저항체는 접촉식 온도 센서로서 열전대나 서미스터와 함께 널리 사용되고 있는데, 저항체로는 백금, 구리, 니켈 등의 순수 금속을 사용하며, 표준 온도계나 공업측정에 널리 이용되고 있는 것은 고순도(99.999[%] 이상)의 백금(Pt)이다.

표 3-4 ◦ 측온 저항체의 종류와 특징

종 류	구성 재료	사용 온도범위	특 징
백금 측온 저항체	백금	−200∼640[℃]	• 사용범위가 넓다. • 정확도, 재형성이 양호하다. • 가장 안정하며 표준용으로 사용 가능하다. • 20[°K] 이하에서는 측정감도가 나쁘다. • 자계의 영향이 크다.
구리 측온 저항체	구리	0∼120[℃]	사용 온도범위가 좁다.
니켈 측온 저항체	니켈	−50∼300[℃]	• 사용 온도범위가 좁다. • 온도계수가 크다.
백금−코발트 측온 저항체	백금−코발트 합금	2∼300[°K]	• 재생성이 좋다. • 20[°K] 이하에서도 감도가 좋다. • 실온까지 사용할 수 있다. • 자계의 영향이 크다.

8. 광센서

(1) 광센서의 개요와 분류

빛의 양, 물체의 모양이나 상태·움직임 등을 감각하는데 눈의 구실을 하는 것이 렌즈이다. 예전에는 자연의 빛을 감지하는 것이었으나, 지금은 인공적으로 큰 빛을 발하여 그 빛이 물체에 부딪혀 반사되어 오는 것을 받아들여, 반사 물체의 움직임이나 빠르기 정도를 알아내는 구조가 많아졌다. 자외선·적외선 및 가시광선 영역의 광 자체 또는 광에 포함된 정보를 전기신호로 검출하는 소자이다.

표 3-5 ◦ 광센서의 종류

분 류	센 서	특 징	용 도
광기전력형 광센서	• 포토 다이오드 • 포토 트랜지스터 • 포토 사이리스터	• 소형, 저가, 전원 불필요 • 대출력 • 대전류 제어	조도계, 광통신 스트로브, 광전 스위치 광릴레이, 조광 시스템
광전자 방출형 광센서	• 광전관 • 광전자 증배관	• 미약광 검출, 펄스 카운터 • 초고감도, 빠른 응답속도	정밀 광측정 기기 초고속·미약광 검출
광도전형 광센서	광도전 셀	소형, 고감도, 저가	카메라 노출계, 포토 릴레이, 광제어기
자외선 센서	• 자외광 감도 • 포토 다이오드	• 소형, 전원 불필요 • 고감도	의료기기, 공해 분석기기
복합형 광센서	• 포토 커플러 • 포토 인터럽터	전기적 절연 양호, 아날로그양에 의한 검출	무접점 릴레이, 광전 스위치, 레벨 제어

(2) 포토 다이오드

광센서의 기본은 포토 다이오드(photo diode)이며 PN 접합에다 빛을 쬐면 캐리어가 발생되어 전류 또는 전압을 일으키는 현상을 이용한 소자이고, 발광 다이오드(LED : Light Emission Diode)는 PN 접합에서 주입된 전류 캐리어가 재결합하거나 에너지 준위를 바꿀 때 빛을 방출하는 소자이다. 이것의 발전형으로서는 포토 트랜지스터, 포토 IC 등이 있으나 모두가 포토 다이오드가 그 기본으로 되어 있다.

그림 3-17 ◦ 각종 포토 다이오드

1) 포토 다이오드의 특징

① 응답속도가 빠르며, 신뢰성이 높다.
② 신호 대 잡음비가 높으며 암전류가 작으며 수명이 길다.

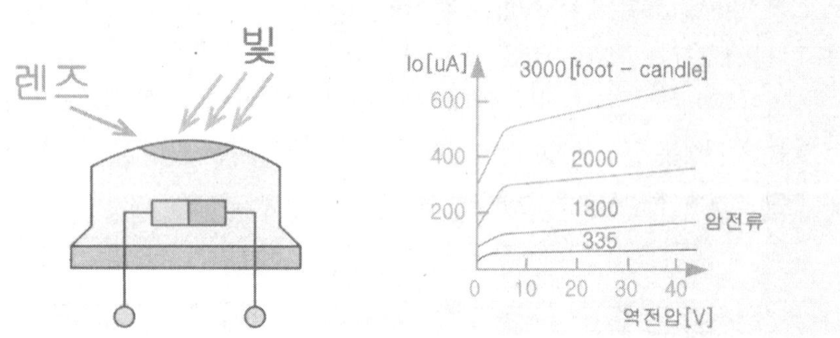

(a) 포토 다이오드의 구조 (b) 포토 다이오드의 특성

그림 3-18 ◦ 포토 다이오드의 구조 및 특성

2) 포토 다이오드의 주요 용도

포토 다이오드에는 여러 가지 종류가 많은데 포토 다이오드의 사용목적, 용도, 요구성능이 각각 다르기 때문에 용도에 맞게 선택하면 아주 효율적으로 성능을 발휘할 수가 있다. 의료용으로 사용되는 포토 다이오드는 많은 의료장비에 사용되고 있다.

표 3-6 ◦ 포토 다이오드의 종류와 주요 용도

종 류	특 징	주요 용도
PN형	• 자외선에서 적외선까지 광범위한 파장영역을 가진다. • 입사광량에 대한 직선성이 우수하다. • 미약한 광에도 검출감도가 우수하다.	• 카메라의 노출계 • 화재 센서 • 조도계 • 분광 광도계
PIN형	• 응답이 빠르다. • 온도특성이 PN형보다 다소 나쁘다.	• 광통신 • 광리모콘 • 레이저 디스크
APD형	• 광전류의 증폭작용이 있다. • 암전류가 적다. • 파장감도 영역이 넓다. • 응답이 빠르다.	광섬유에 의한 광통신
포토 센서 모듈형	• 앰프 내장형이어서 출력이 크다. • 파형 특성이 우수하다.	• 메카트로닉스 • 각종 광학계
GaAsP형	가시광역의 파장으로 일반적으로 가시광용이다.	• 카메라의 노출계 • 분광 광도계

(3) 포토 트랜지스터

포토 트랜지스터는 포토 다이오드와 트랜지스터의 조합으로 광센서의 일종이다. 즉 광신호를 전기신호로 변환하는 것을 목적으로 한 트랜지스터이다.

① 포토 다이오드의 최대 결점을 해결하기 위해 가장 많이 사용되는 것이 포토 트랜지스터이고 그 성질은 포토 다이오드의 출력특성에 트랜지스터의 모든 특성이 부가된 것이라고 할 수 있다.

그림 3-19 ◦ 범용 포토 트랜지스터와 포토커플러

② 포토 트랜지스터는 포토 다이오드와 트랜지스터를 합친 소자로서 응답특성이 양호하면서 출력전류가 큰 광센서이다.

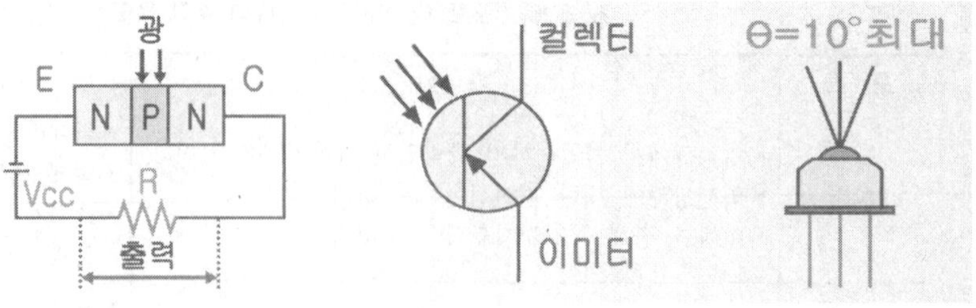

(a) 포토 트랜지스터 원리 (b) 기호 (c) 입사광의 각도

그림 3-20 • 포토 트랜지스터의 원리 및 기호

1) 포토 트랜지스터의 특징

현재 가장 많이 사용되고 있는 수광소자로서, 포토 다이오드에 비해 전기적 노이즈가 적고 큰 신호 대 잡음비를 얻을 수 있다. 그 외 장점과 단점은 다음과 같다.

① 장점

㉠ 신뢰성이 높으며, 소형화할 수 있으며 전류 증폭률이 크다.

㉡ 기계적으로 강하며, 암전류가 적고, 가격이 싸다.

② 단점

㉠ 포토 다이오드에 비해 입사광에 대한 광전류의 직선성이 나쁘다.

㉡ 고감도일수록 응답속도가 늦고, 포화전압이 높다.

2) 포토 트랜지스터의 주요 용도

광전 스위치(포토 커플러) 포토 아이솔레이터, 단거리 광통신기

(4) CdS 광도전 셀

광도전체 CdS(카드뮴-황), CdSe(카드뮴-셀레늄)를 사용하는 센서를 보통 광도전 셀이라 한다.

① 광반도체 소자는 크게 나눠서 수광소자와 발광소자로 나누어진다.

㉠ 수광소자 : 광 에너지를 전기 에너지로 변환하는 소자이며, 광기전력 소자와 광도전 소자로 나누어진다.

㉡ 발광소자 : 전기 에너지를 빛으로 변환하는 소자이며, 각종 발광 다이오드이다. 외부 전압의 인가를 필요로 하지 않고 광에너지에 의해 기전력을 걸어 빛의 강약에 따라 저항(전류)의 변화를 이용하는 소자이다.

그림 3-21 • CdS 포토컨덕티브 셀(CdS photo conductive cells)

② CdS는 분광감도 특성이 인간의 시감도 특성과 유사하기 때문에 주요 용도로서 자동 점멸 장치용 센서, 카메라의 자동 노출장치의 센서로 널리 사용되고 있다.

1) CdS 광도전 셀의 특징

① 장점

㉠ 교류 동작이 가능하며, 가시광의 영역에 분광감도를 가지고 있다.

㉡ 노이즈에 강하며, 비교적 큰 전류가 출력으로 잡힌다.

② 단점

㉠ 다른 광센서에 비해 응답속도가 늦고, 조도에서는 센서 인식이 어렵다.

㉡ 가시광 영역에 분광감도를 가지고 있어 주위의 광이 노이즈로 작용하기 쉽다.

㉢ 카드뮴과 황의 화합물로 카드뮴의 경우 인체에 유해할 수 있다.

2) CdS 광도전 셀의 주요 용도

룩스 미터, 포토 커플러, 실내 밝기 자동조절장치, 조도계 등이다.

(5) 적외선 센서

체표면 온도에 의해 복사열이 방출되는 것을 이용하여 적외선 센서로 복사량을 측정하여 표면의 온도분포를 측정한다. 적외선을 감지하여 전기적 신호로 바꾸어 주는 적외선 센서에는 열로 변환해서 저항변화나 기전력들의 형태로 출력하는 열형이 있고 반도체의 이동간 에너지 흡수차를 이용한 광전도 효과나 PN 접합에 의한 광기전력 효과를 이용하는 양자형이 있다.

적외선 센서는 일상생활에서도 많이 이용되고 있는데 자동 도어의 스위치, 적외선 리모컨, 서멀 카메라, 전자식 드라이어, 버스 출입문 등 근접 또는 통과 등을 검출하는 곳에서 많이 쓰인다. 또한 적외선 센서는 모니터 링크나 적외광 검출에 사용되는데 그 중요성은 더욱 높아지고 있다.

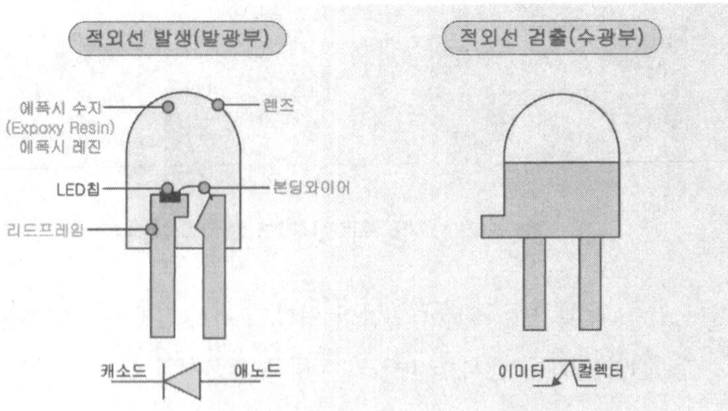

(a) 적외선 발생(발광부) (b) 적외선 검출(수광부)

그림 3-22 ▪ 적외선 센서

02 의료용 센서

학 습 목 표

- 의료용으로 쓰이는 센서의 종류를 알 수 있다.
- 센서의 동작원리를 이해할 수 있다.
- 각 센서의 응용 분야를 알 수 있다.

1. 의료 생체 센서

생체에서 감지되는 정보를 센서로 측정하고 살아 있는 생체를 감지하여 질병의 진단이나 치료, 건강관리 등에 이용하는 센서를 의료용 센서라고 한다. 의료정보에 포함되는 내용과 정보는 생체조직의 형태를 반영하는 영상정보를 비롯해서 생리기능을 반영하는 물리량이나 화학량 등을 포함한다.

혈압, 체온, 혈류량, 호흡량, 심음, 맥박 혈액의 pH, pO2, pCO2, 심전도, 혈액 흡광도, 혈당치 등의 생체신호들을 측정하여 분석 및 기록하기 위해서는 물리·화학적 신호들을 전기신호로 변환한다. 생체정보에 대한 구체적인 측정 대상량으로 전기량, 기계량, 광학량, 물질량 등의 생체신호들을 전기신호로 변환하는 소자를 트랜스듀서 혹은 넓은 의미로 센서로 혼용되고 있다.

표 3-7 ◦ 인체의 5감각 기관과 센서

감각기관	센 서
시각(눈)	광센서
후각(코)	가스 센서
미각(혀)	이온 센서, 화학 센서
청각(귀)	초음파 센서
촉각(피부)	온도 센서, 압력 센서

2. 순환 기능용 센서

(1) 심혈관 내압용 센서

심혈관 내압의 측정에 사용되는 센서를 나타낸 것이다. 소동정맥 이상의 혈관측정에 한해서만 내압 센서이다.

<table>
<tr><th>심혈관 내압용 센서</th><th>심혈관 내압 센서의 원리</th></tr>
<tr><td>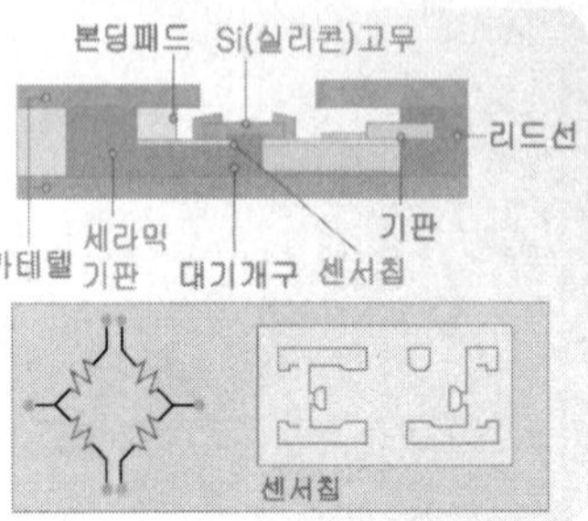
</td><td>카테텔(고무 또는 금속체의 가는 관) 끝에 소형의 압전소자를 내장한 카테텔형 혈압 센서(직접법)에 의한 방법이다. (주파수 특성이 양호하기 때문에 내압 파형을 매우 정확하게 측정할 수 있고 내압 전달 라인에 의한 파형의 변형도 생기지 않는다.)</td></tr>
<tr><td>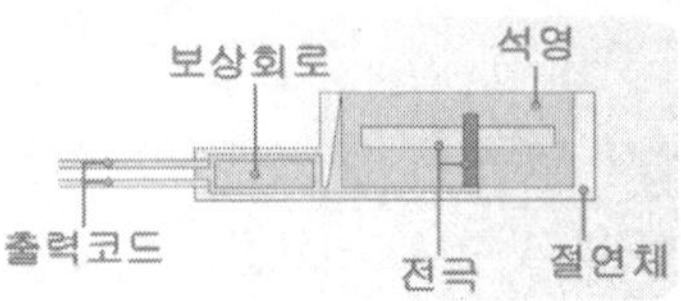
</td><td>생리 식염수를 넣은 도압관을 해당부에 삽입하여 체외에 설치한 전기 혈압계와 연결하는 용량형 압력 센서이다. (카테텔이나 수압 돔 내에 기포가 혼입되거나 카테텔과 수압부 콤프라이언스에 의해 내압 전달 라인에 기계적 공진이 생겨 내압 파형의 변형이 생길 수 있다.)</td></tr>
</table>

그림 3-23 ◦ 심혈관 내압용 센서의 종류

1) 혈류 측정용 센서

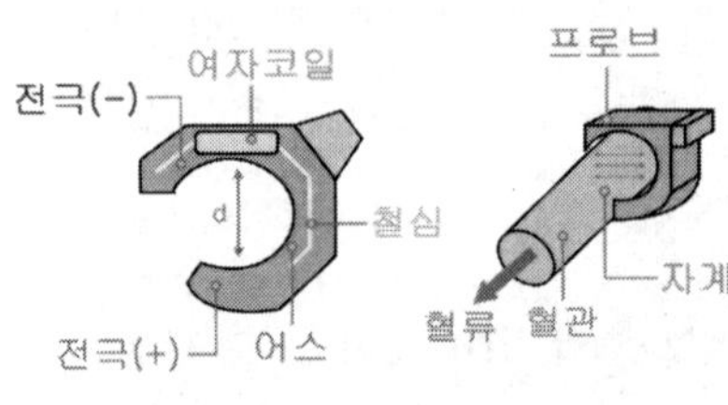

(a) 전자 혈류계 프로브

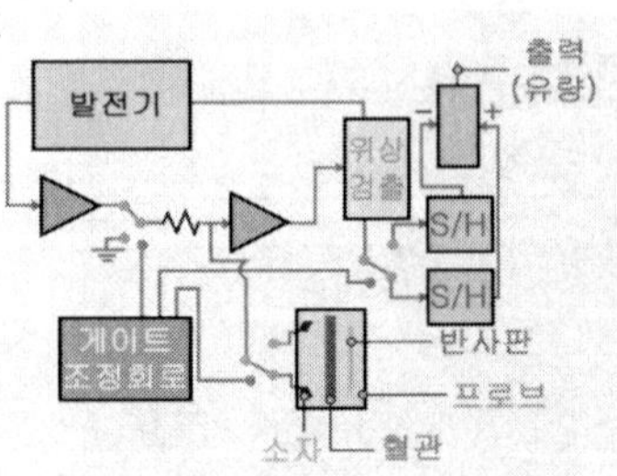

(b) 초음파 혈류계

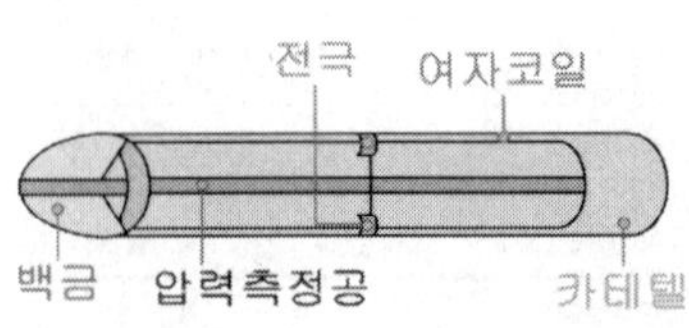

(c) 카테텔 전자 혈류계 프로브

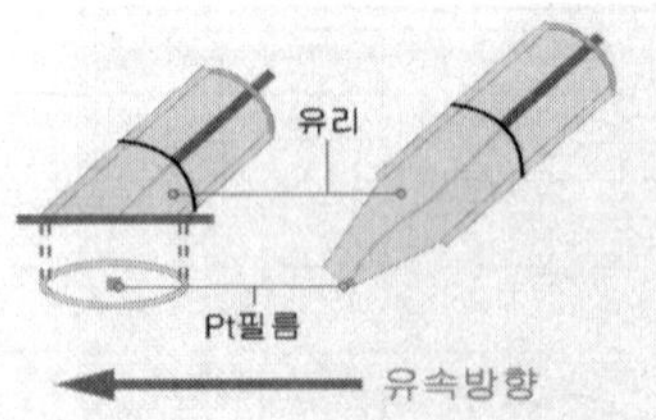

(d) 열선 유속계 프로브

그림 3-24 ◦ 침습법 혈류 측정법

국소 조직 또는 전체 조직(장기)을 대상으로 하는 혈류의 측정이나 단일 혈관을 대상으로 하는 혈류의 측정 등이 있다. **전자 혈류계법, 열선 유속계법, 레이저 혈류계법** 등이 단일 혈관을 대상으로 하는 측정법으로 사용된다.

혈류 측정법 구조	혈류 측정법 원리
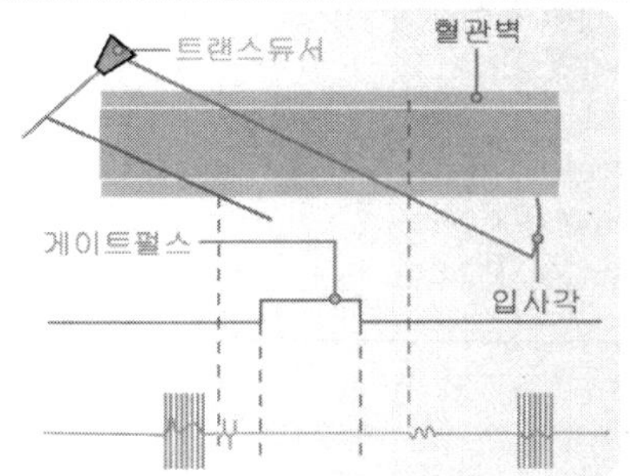	거리 분해능을 가진 **펄스 도플러법** 펄스 도플러법 : 펄스파를 발신하여 반사해 오는 전파의 주파수 변화로 속도를 측정
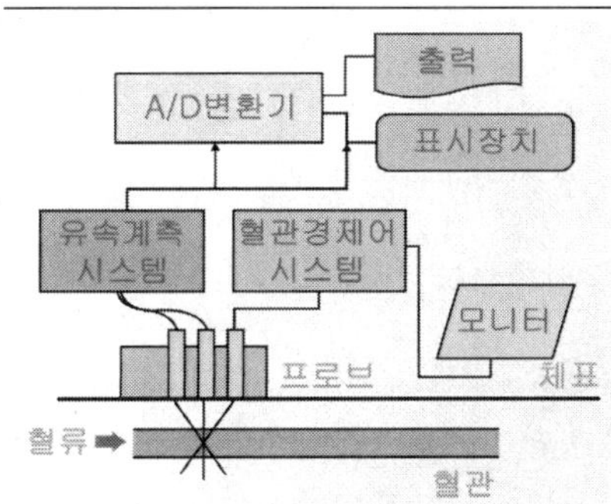	혈관의 크기를 혈관에 1본의 초음파 빔을 조사하여 혈관 벽에 반사되어 오는 파로부터 구하는 동시에 다른 2본의 초음파 빔을 이용하여 유속을 측정하는 **초음파 도플러법**(ultrasonic Doppler echo cardiography : 초음파의 도플러 효과를 이용하여 심장, 혈관 내의 혈류를 계측하는 방법으로 순환기 영역의 임상 검사법 가운데 하나이다. 혈액 속에 투영된 초음파는 음향 임피던스가 다른 혈장과 혈구의 경계면에서 산란되고 이 산란파는 혈구의 운동속도에 비례하여 주파수가 달라진다.)
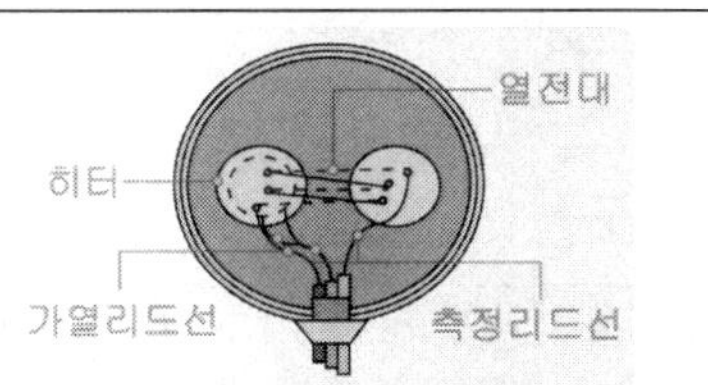	온도를 일정하게 유지하는 가열부와 비가열부 사이의 온도 차이를 측정 혈류에 의한 열의 운반을 이용하여 피부의 혈류를 추정하는 **열적 방식**
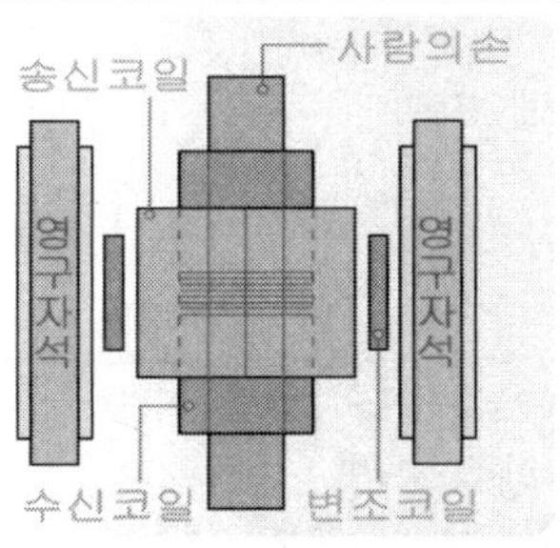	외부 자장 내에 자기 모멘트를 가진 원자핵(생체 내에서는 수소 원자핵)이 있을 때 특정 주파수의 전자파를 방출하거나 흡수를 일으키는 핵자기공명을 이용한 **핵자기공명 혈류계** 핵자기공명(NMR : Nuclear Magnetic Resonance : 외부 자기장 하에 놓인 원자핵과 특정 주파수를 가진 전자기파 사이에 발생하는 물리적 현상. 이런 원자핵에 의해 흡수되거나 방출되는 에너지로부터 물질 내의 자기적 조건을 측정할 수 있다.)

그림 3-25 • 무침습법 혈류 측정법

2) 순환계용 센서

심근의 축력이나 변위, 혈관운동, 심장변 운동, 심음, 심장의 박동운동 등이 순환계를 대상으로 한 기계량에 포함된다.

침습적 검지방법 구조	침습적 검지방법 원리
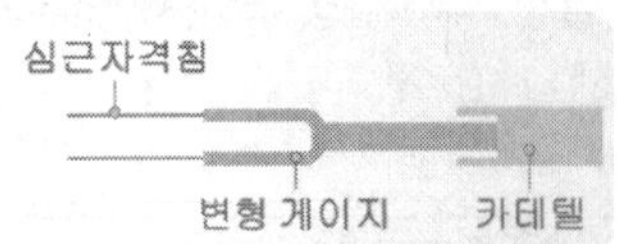	카테텔 끝에 U자형 수감 빔을 고정하여 그 끝에 부착된 **침을 근육에 찔러서 삽입**하는 방식이다. 변형 게이지 : 고체가 변형될 때 고체내의 두 점 사이에 생기는 거리의 변화량(변형률)을 측정하는 계기
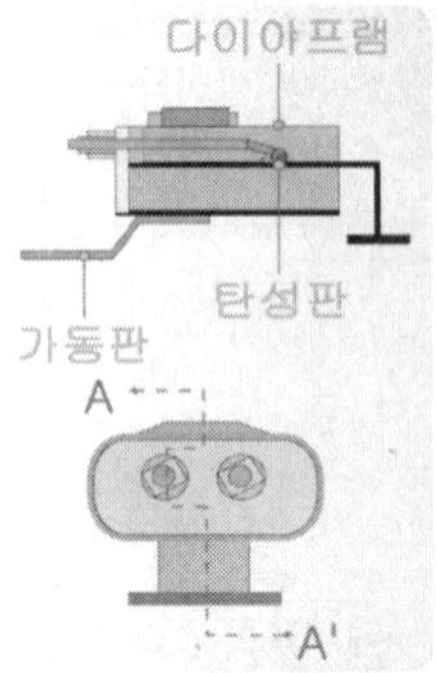	심실 벽에 봉착시켜 **심근 수축력**을 측정하는 방법이다. 심근 수축력 측정방법 –ejection index –심실의 크기와 그 변화속도 –isovolumetric index –수축기 시간간격(심근 수축력을 측정하는 유용한 방법)
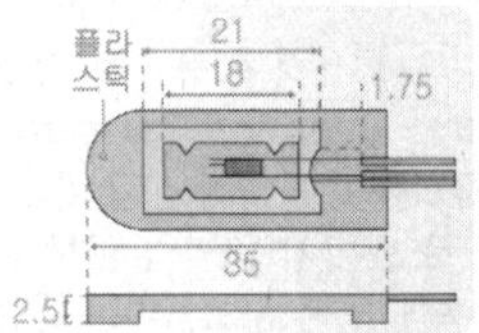	심실 벽에 봉착시켜 **심근 수축력을 측정**하는 방법이다.
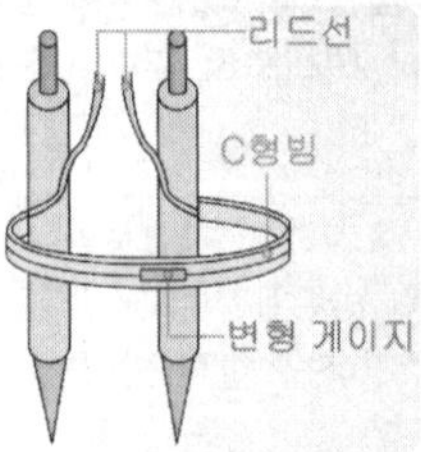	심근 수축 변위용 센서로 약 10[mm] 이격된 2개의 침에 C형 빔을 취부하여 빔의 변형을 **반도체 변위 게이지로 검출**하는 방식이다.
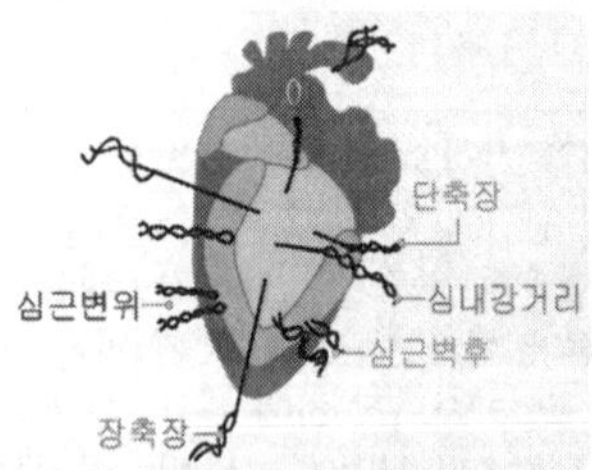	초음파를 이용한 심근 벽두께 · 심근 내 변위를 측정하는 방법으로 **두 진동자 사이의 간격을 초음파 전파시간**으로 구한다. 보통 심실 벽의 운동측정에는 대향한 진동자의 방향을 정확하게 맞추는 것은 어려우므로 진동자 전면에 플라스틱 렌즈를 부착하여 송파 빔을 확장하여 수신을 용이하게 하고 있다.
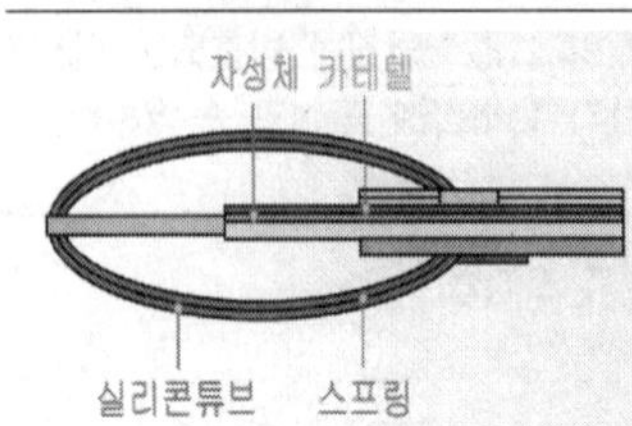	혈관내경 변화를 위해서 **유도 코일을 이용**한 방법으로 카테텔 끝에 스프링을 취부하여 자성체 롯드를 고정시켜 롯드가 1차 코일과 2차 코일 권선부에 출입하는 구조이다.

그림 3-26 • 침습적 검지방법

마이크로폰이나 가속도 센서는 체표의 진동이나 혈관음, 심음의 측정에 이용된다. 심음은 혈류 속에서 나타나는 유지성의 진동과 심장의 수축함에 따른 밸브막의 개폐시에 나타나는 유지시간이 짧은 진동이 포함된다.

<table>
<tr><th>심음 마이크로폰 구조</th><th>심음 마이크로폰 원리</th></tr>
<tr><td>
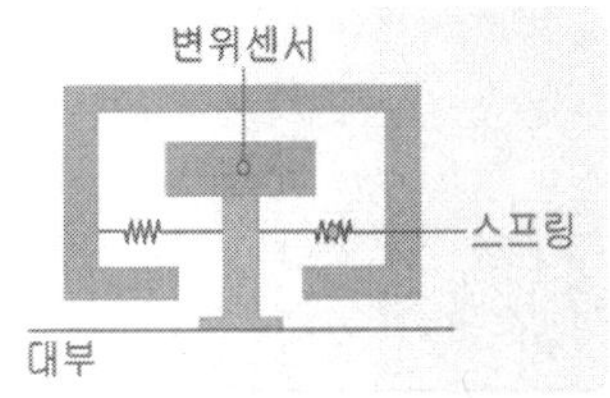

</td><td>체표진동을 지지대를 통해 전달하는 직접 전도형</td></tr>
<tr><td>
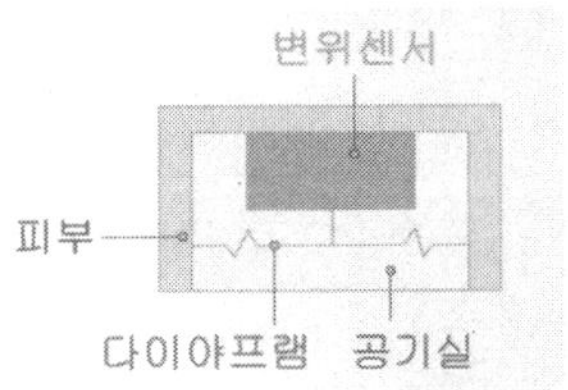

</td><td>공기실의 공기진동을 이용하는 공기 전도형</td></tr>
<tr><td>
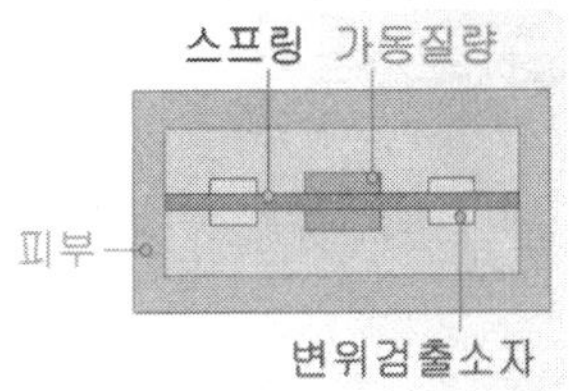

</td><td>가속도 센서</td></tr>
</table>

그림 3-27 ◦ 심음 마이크로폰 종류

(2) 호흡, 대사 기능용 센서

호흡측정 시에 연속적으로 호흡기능을 측정하는 방법은 중병의 호흡관리에 중점을 두고 있다.

① 스파이로미터 : 예비 호기량, 폐활량, 최대 환기량 등을 측정 대상으로 환기용량을 직접 측정하는 센서를 스파이로미터(spirometer)라 한다. 스파이로그램은 입으로 출입하는 가스량의 변화를 시간축으로 기록한 곡선이다.

기계식 스파이로미터 구조	기계식 스파이로미터 원리
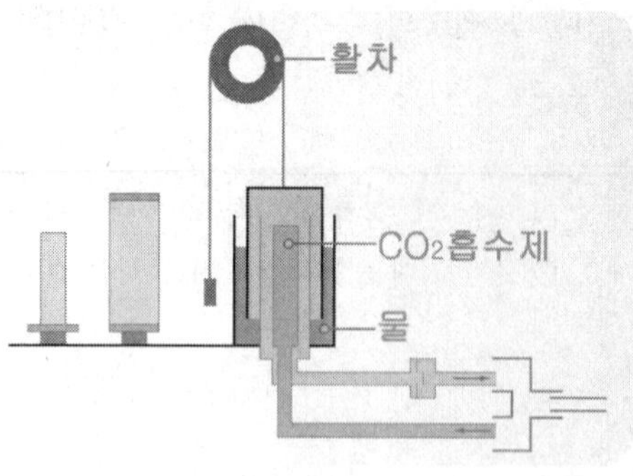	**기계식 스파이로미터** 이중벽 원통 수조에 자유롭게 움직이는 원통이 활차에 의해 움직임으로써 원통에 붙어 있는 펜에 의해 변위를 직접 기록하는 구조(내부의 이산화탄소 흡수제는 폐쇄회로에 있어 환기량을 연속 측정하는 경우에 사용)
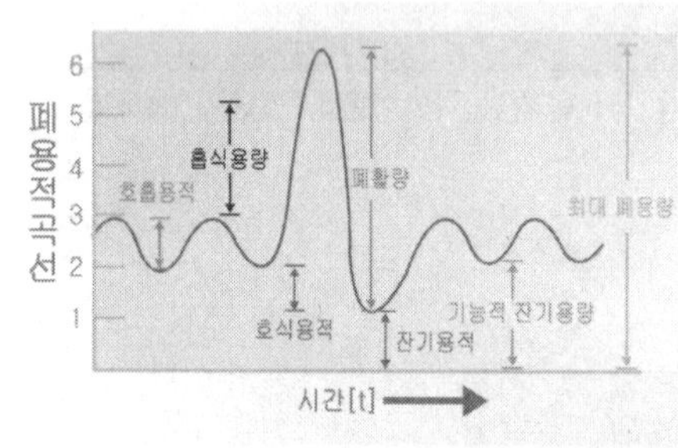	스파이로미터를 이용하여 측정할 수 있는 **환기 용량**

그림 3-28 ◦ 기계식 스파이로미터의 구조

② 날개차형 호기 유량계 : 호기에 의해 회전하는 날개차의 회전속도가 유량에 비례하는 특성을 이용한 센서이다.

날개차형 유량계 구조	날개차형 유량계 원리
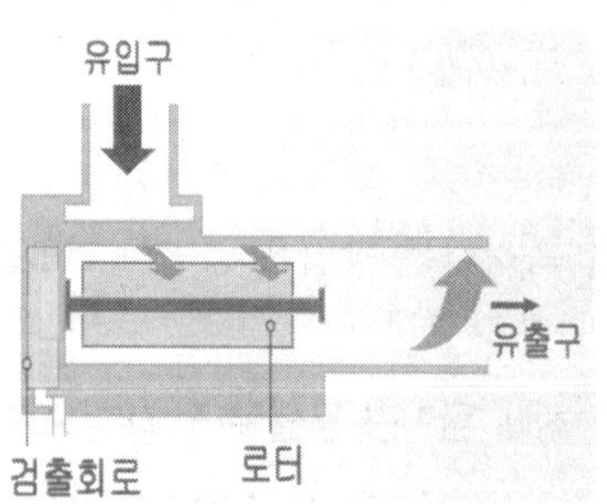	**폐기능 검사에 사용되는 날개차형 유량계** 고정 날개에 의한 기류로 회전하여 로터를 회전시키므로 역방향으로는 회전하지 않는다(최저 회전 감응 유량은 2.5[L/ml]).

그림 3-29 ◦ 날개차형 유량계의 구조

③ **차압형 호기 유량계** : 차압을 이용하는 유량계로는 기체에 장애물을 설치하여 **동압**을 검출하는 것과 기체의 점성저항에 의해 검출하는 것이 있다.

차압형 호기 유량계 구조	차압형 호기 유량계 원리
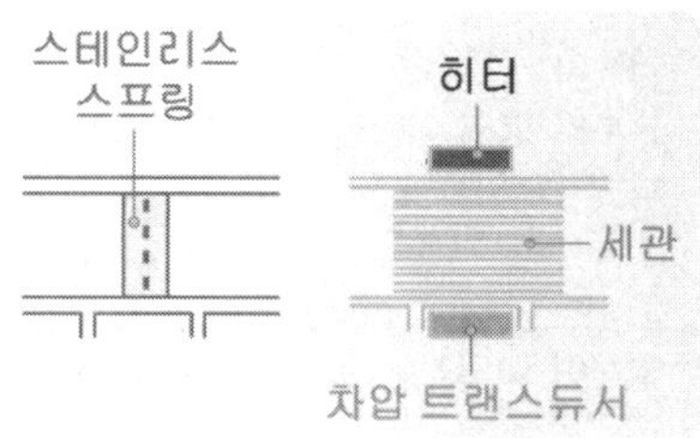	저항에 의한 차압 검출법에 사용되는 스테인리스 미세관을 이용한 **브리지형**과 금속망을 저항으로 하는 **리리형**이다. **브리지형** : 압력차가 미소하므로 안정된 차압 트랜스듀서가 필요하다. **점성계수** : 기체의 조성이나 온도에 따라 변화하므로 점도를 요하는 측정 시는 보정이 필요하다. 사용 중에 수증기나 분비물에 의해 세관에 결로가 생길 수 있기 때문에 결로를 방지하기 위해 **열선을 설치**한다.
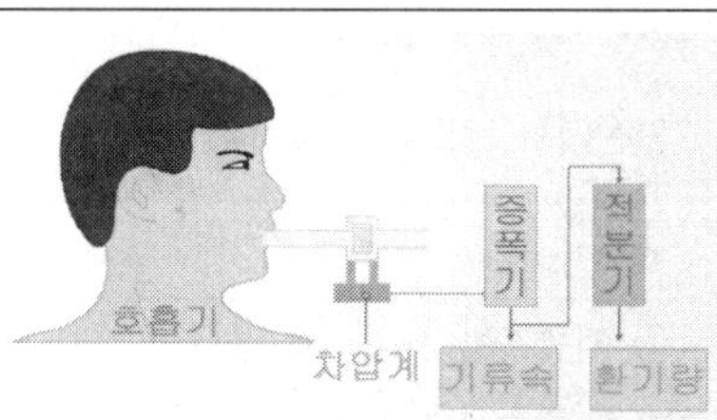	검사자는 마우스피스를 물고 코호흡을 멈추고 호흡하면 세관에 차압이 생겨 기류속도가 검출된다. **기류속도를 적분**하여 환기량을 구한다.
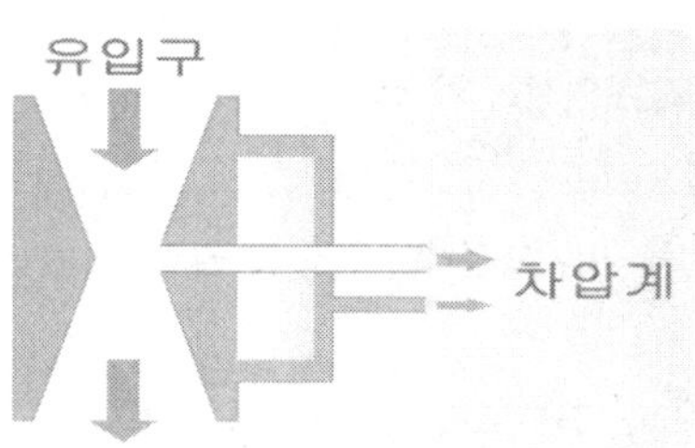	동압을 구하기 위해 사용하는 **벤츄리관**이다. 유체관 내에 오리피스(orifice), 벤츄리관(venturi-tube), 노즐(nozzle) 등과 같은 차압기구를 설치하여 유속에 따라 기구 전후의 압력차가 유속에 비례하여 변하는 것을 이용해 유량을 측정하는 것이다. 구조가 간단하고 유체종류, 온도, 압력 등에 제한이 없을 뿐만 아니라 원격측정이나 보수가 필요 없는 등 장점이 있어 널리 이용된다.
$\frac{1}{2}\rho V^2 + p = \text{일정}$	유체의 압력이 속도 V^2에 비례하는 식의 **베르누이 정리**를 이용하여 동압을 구한다.

그림 3-30 • 차압형 호기 유량계의 구조 및 원리

④ 열선형 호기 유량계 : 유속을 열선이 기체 중에 빼앗기는 열량의 변화로부터 측정하는 방법이다.

열선형 기류 측정기 구조	열선형 기류 측정기 원리
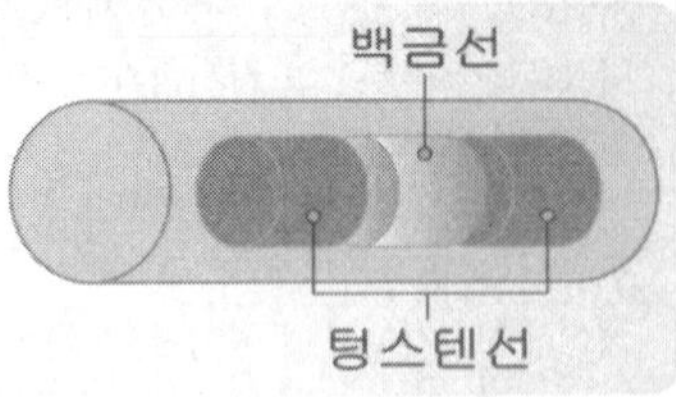	기류의 방향검출은 3본의 검출선을 사용하여 열선으로부터 열의 이동을 검출하여 흐름의 방향을 판별한다.
$H = kl\,(T_w - T_g)\left(1 + 2\pi\,\frac{\rho C_p d}{k}\,v\right)$	열선이 빼앗기는 열량 v는 기체속도, ρ는 기체밀도, C_p는 정압 비열, k는 열전도율, l은 열선의 길이, d는 직경, T_w는 열선의 온도, T_g는 기체온도
$H = I^2 \cdot R\,[T]$	열선에서 방출되는 에너지 I는 열선에 흐르는 전류, $R\,[T]$는 온도 T에서의 저항값이다.
열선 유량계의 특징	① 기류저항이 작으며 응답이 빠르다. ② 저유량에서 고유량까지 광범위하고 응답성이 좋다. ③ 가스 조정의 영향을 무시하지 못한다. ④ 열선이 미세해 단선, 오염 등으로 감도가 저하될 수 있다.

그림 3-31 • 열선형 기류 측정기의 구조 및 원리

⑤ 초음파 호기 유량계 : 유체 내의 초음파 전파속도를 측정하는 방법이 초음파를 사용한 유량 센서로 사용한다.

초음파 유량계 구조	초음파 유량계 원리
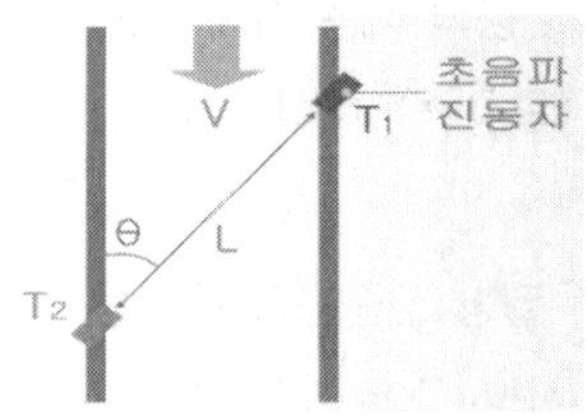	기체의 흐름에 대해 경사로 1쌍에 대항한 **초음파 소자**를 취부하는 경우이다. **초음파 소자** : 초음파 소자는 초음파 센서이면서 동시에 초음파 발생기라 할 수 있다. 압전이나 자왜(자성물질에 자장이 가해지면 결정이 미세하게 수축 팽창하는 현상)를 이용한 것으로, 발생한 초음파가 대상에 반사되어 돌아오는데 걸리는 시간을 측정하고 음파의 속도를 곱해 거리를 계산함으로써 거리측정에 사용된다.
$t_1 = \dfrac{L}{c + V\cos\theta}$	기체가 좌에서 우로 흐르고 있을 때 T_1에서 송신하고 T_2에서 수신되는 초음파의 전파시간(t_1)이고, L은 소자 간의 거리, θ는 관축과 초음파 빔이 이루는 각도, c는 음속, V는 유속이다.
$t_2 = \dfrac{L}{c - V\cos\theta}$	T_2에서 송신하고 T_1에서 수신되는 초음파의 전파시간(t_2)이다.
$\Delta t = t_1 - t_2 = \dfrac{2LV\cos\theta}{c^2 - V^2\cos^2\theta}$	**초음파의 전파속도**는 흐름방향으로는 빨라지고 역방향으로는 늦어진다. 이때 전파시간의 차를 구하는 식이다.
$V = \dfrac{c^2}{2L\cos\theta}\Delta t$	기체의 **유속이 음속에 비해 충분히 작으므로** 유속을 구하는 식이다.
초음파 호기유량계의 특징	① 유속이 전파시간에 비례한다. ② **음속은 2승에 비례**하므로 음속이 기체의 조성, 습도, 온도에 변하기 때문에 유속도의 영향을 받아 측정 정확도가 낮아지는 결점이 있으므로 **리얼 타임으로 음속을 보정**해야 한다.

그림 3-32 ◦ 초음파 유량계의 원리

⑥ 와류형 호기 유량계 : 유량을 기류 중에 와류 발생체를 넣어 발생하는 와류의 주파수로부터 감지하는 방법이다.

와류형 호기 유량계 구조	와류형 호기 유량계 원리
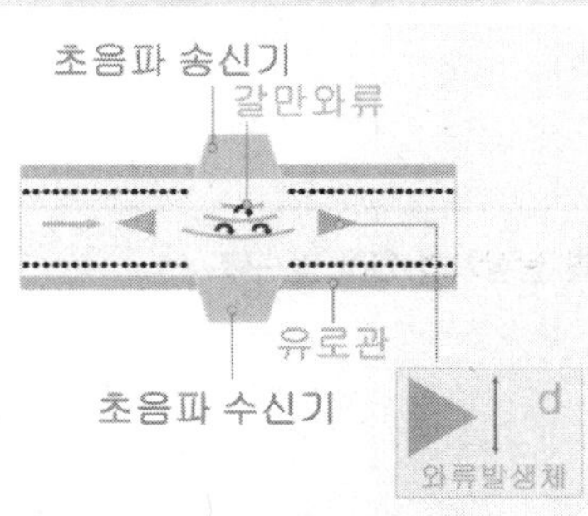	유체 중에 삼각주 모양의 물체를 놓으면 와류로 유속에 비례한 주파수의 와류가 발생한다. 삼각주의 안정된 와류를 발생시킬 수 있으므로 **호기, 흡기에 대해서도 와류가 발생**된다.
$t = S\dfrac{V}{d}$	**와류 발생 주파수 f를 구하는 식** V는 속도, d는 와류 발생체의 폭, S는 펄스 와류 발생 주파수는 온도, 습도, 기체 조성뿐만 아니라 유속과 **와류 발생체**의 크기로 결정된다.

그림 3-33 ◦ 와류형 호기 유량계의 구조 및 원리

(3) 초음파 탐상기

초음파 탐상기는 **초음파를 사용하여 동재나 파이프 등의 각종 기계 부품의 내부적인 결함들을 검출해내는 장치**이다. 물체 내부의 조성이 변화되거나 부식 등의 결함이 있을 때 초음파의 **반사파를 이용하여 검출**한다.

실시간으로 검출할 수 있기 때문에 **인체의 각종 질병 진단용으로 사용**되고 있다. 다른 인체 측정보다 초음파를 이용한 측정이 인체에 영향을 주는 부분이 적고 소형화된 제품을 만들 수 있기 때문에 **의료용으로 널리 사용**되고 있다. 또한 외부에서 재료를 파괴하거나 손상하지 않는 비파괴 시험기로 널리 쓴다.

<table>
<tr><th>초음파 탐상기 원리</th><th>초음파 탐상기 구조</th></tr>
<tr><td>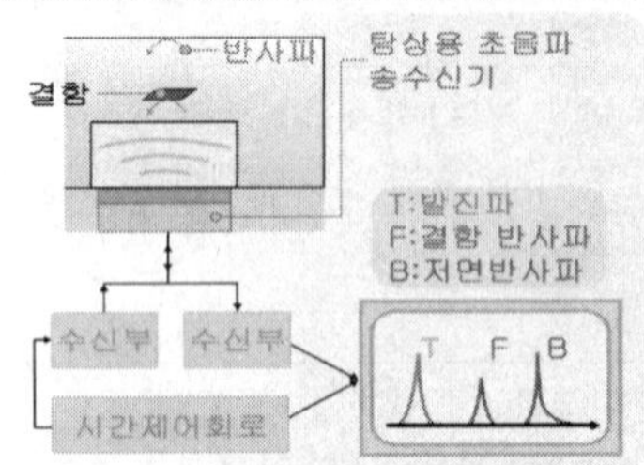
</td><td>초음파 펄스 신호가 발신기에서 발사되면 접촉 매질을 통해 재료를 전파해가면서 저면으로부터 반사파가 반사되어 돌아온다. 만약 내부에 기공 등의 이상 결함이 있으면 결함 부위에서도 같은 반사파가 생긴다. 반사파를 CRT를 통해 검출하여 반사파의 강도 및 거리를 측정할 수 있다.</td></tr>
<tr><td>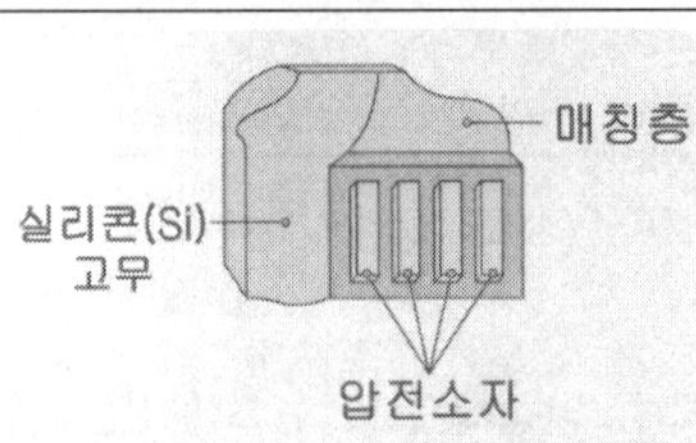
</td><td>신호 검출기(프로브)와 측정 시스템을 나타낸 것이다. 프로브는 압전소자를 다수 병렬로 연결하여 시간에 따라 초음파 조사빔이 집속되도록 제어된다.</td></tr>
<tr><td>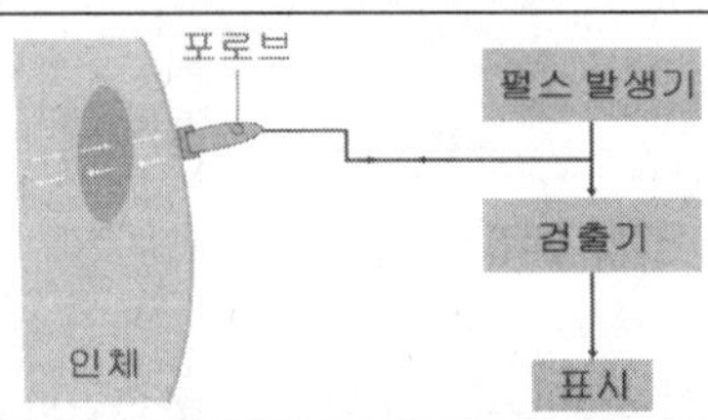
</td><td>초음파 탐상기는 생체 내의 장기나 태아 상태를 관찰할 수 있다.</td></tr>
</table>

그림 3-34 ▪ 초음파 탐상기의 원리 및 구조

03 생체용 센서

학습목표

- 생체용 센서의 개념을 이해할 수 있다.
- 생체용 센서의 종류를 알 수 있다.
- 생체용 센서의 동작원리를 알 수 있다.

1. 생체용 센서

생체 센서(바이오센서)는 효소, 항체 등의 생물체의 기능 물질 또는 미생물 등 여러 가지 물질에 예민하게 반응하는 감지 기능을 직접 이용하는 센서로서 주로 시료(시험, 검사, 분석 등에 쓰이는 물질 또는 생물)에 함유되어 있는 화학물질을 검출, 측정하는 곳에 이용되고 있다.

표 3-8 • 생체 화학기관의 위치

위 치	생체기관	물 질	특정 물질에 대한 반응
체표면	미각 세포, 후각 세포	단백질 및 지방질	선택적으로 반응하지 않는다.
체내면	호르몬, 시냅스 각 기관	단백질 효소, 항체(단백질)	민감하게 반응한다.

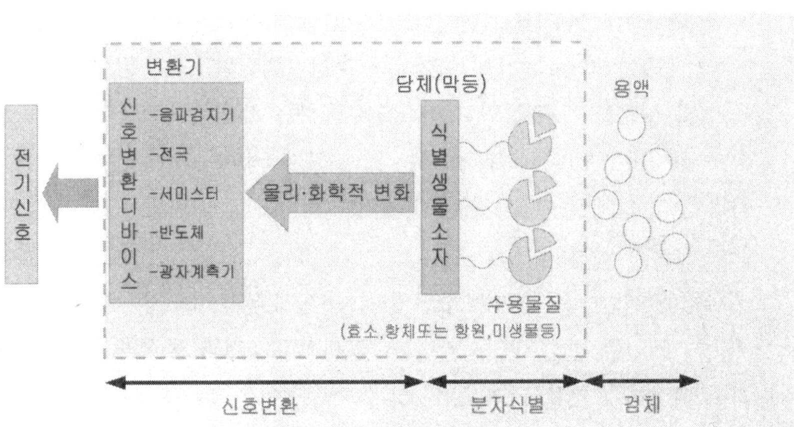

그림 3-35 • 생체 센서의 원리

생체 센서는 단백질이나 효소 같은 감응물질들을 고정화한 생체 촉매와 물리·화학 디바이스(변환장치)로 구성되고, 용액 속에 포함되어 있는 측정할 물질은 감응물질들의 단체에 붙어 특수한 반응을 일으켜 복합체를 이루게 된다. 이런 현상이 이루어지게 될 때 열, 색, 산화-환원 전류 같은 화학적·물리적 작용이 일어나며 이러한 화학적 변화를 반응기나 서미스터 같은 변환소자를 이용하여 전기적 신호로 변환시키게 된다.

(1) 효소 센서

효소는 특정한 기질만을 식별하여 반응하며, 높은 압력이나 높은 온도에서 특정한 반응을 촉매하기 때문에 막에 측정할 물질에 반응하는 효소를 고정화하여 효소반응에 의하여 전극 활성물질들이 생성, 소비되는데 이것을 전극으로 측정하면 본래의 화학물질 농도를 계산할 수 있다. 이러한 작용으로 기질을 특이적으로 선택할 수 있는 센서로서의 기능을 갖는다.

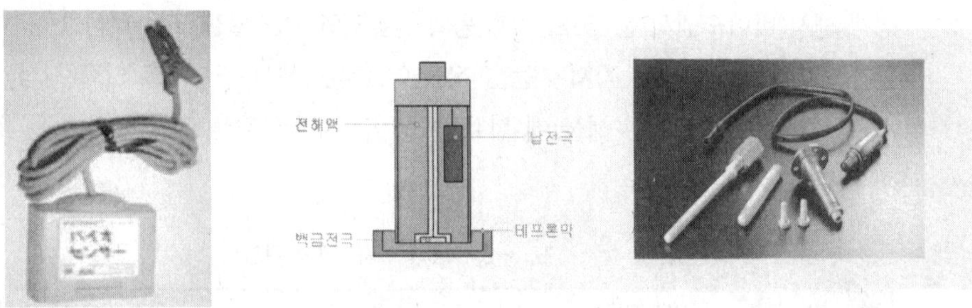

그림 3-36 · 효소 센서의 구조

(2) 미각 센서

미각을 구성하는 4가지 기본요소인 단맛(sweet taste), 신맛(sour taste), 짠맛(saline taste), 쓴맛(bitter taste)에 대해 각각 NaCl(염화나트륨), 당, 아미노산과 알카로이드, 핵산 등이 맛 성분을 가지고 있고 미각을 수용하는 기관은 미뢰인데, 혀의 점막의 유두 속에 다수가 존재하고 있다. 미뢰 속에는 20~30개 정도의 미세포가 있으며 미뢰의 상단에는 미공이 있고, 미세포는 미공을 통해 돌기가 혀 표면에 나와 있으며 이 돌기가 미각물질에 처음으로 반응하게 된다.

사람은 이런 기관을 이용하여 맛을 느끼게 되는데, 미각 센서는 이런 기관의 세포막과 비슷하게 만든 지방질 고분자막을 이용하여 개개의 물질과 미세포와의 상호작용을 분류하여 사람이 느끼는 맛과 높은 상관관계를 얻을 수 있다. 하지만 아직 사람만큼 민감한 맛을 검출하지는 못한다.

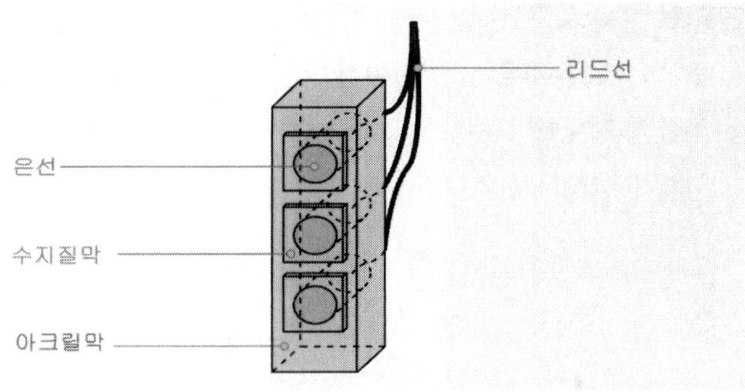

그림 3-37 • 복수 전극을 이용한 미각 센서의 구조

(3) 냄새 센서

① 가스에 포함되어 있는 물질 성분을 검출해 내는 센서이다.

㉠ 밀폐된 공간에서의 산소농도를 검출한다.

㉡ LPG나 도시 가스 등의 누설 가스를 검출한다.

㉢ 자동차의 배기 가스의 질소 산화물 등을 검출해 낸다.

② 가스 성분에 따라 그 검출방식은 매우 다르다.

㉠ 냄새 가스를 검출하는 것은 수정 진동자의 진동수 변화를 이용하는 검출법이 있다.

㉡ 환원성 가스나 산소는 산화와 환원반응을 이용한 도전성 변화를 검출하는 방법이 있다.

㉢ 가연성 가스에 연소열을 이용하는 검출방법이 있다.

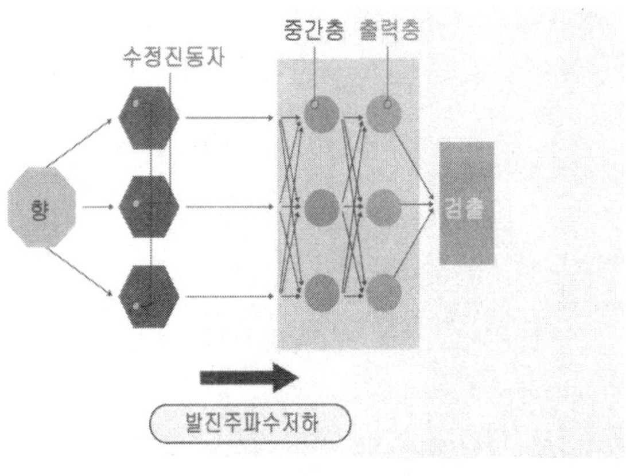

그림 3-38 • 냄새감지 시스템의 개념

(4) 면역 센서

항원체 반응을 이용하여 체내에 잠입하고 있는 병원체나 다른 혈액형 물질 등의 항체 또는 항원을 인식하게 되어 특정한 반응을 보이는 센서를 면역 센서라 한다.

① 면역 센서의 구조 : 효소 및 미생물 센서에서 사용하는 유기 화합물 같은 저분자 화합물 대신 고분자 물질인 단백질이나 다당류 같은 물질을 대상으로 한다.

② 동물의 체내에 고분자 물질이 유입되게 되면 임파구에 의한 항원으로 인식되게 되어 항체가 생성되게 된다.

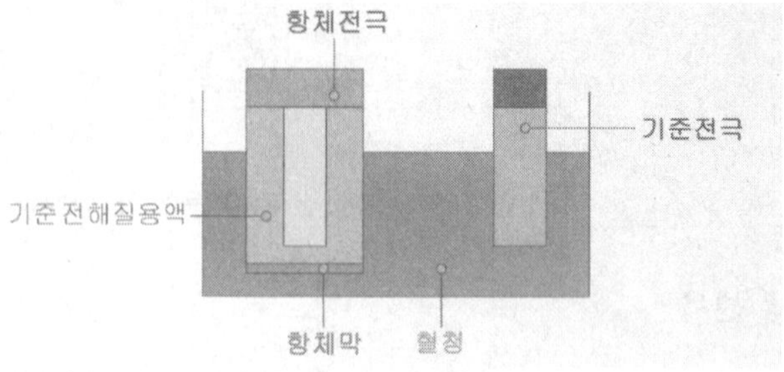

그림 3-39 ◦ 면역 센서의 구조

(5) 미생물 센서

특정한 물질이나 환경에서 살아가는 미생물들의 활동상황을 감지해 내는 센서가 미생물 센서이다. 염기성 미생물 같은 경우는 이산화탄소 등의 특정 물질을 소비하거나 생성물질을 합성하기도 하기 때문에 특정 물질의 존재를 검출할 수 있다. 영양소가 공급되어 활성화되면 산소를 소비하는 호기성 미생물 같은 경우는 산소전극을 이용하여 검출해 낼 수 있다.

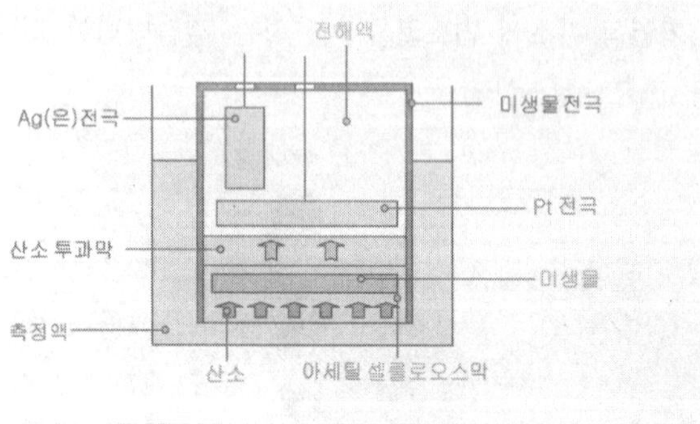

그림 3-40 ◦ 미생물 센서의 구조

2. 의용 생체 센서와 작용

(1) 저항 센서

① Potentiometer : 저항체 중간에 변위에 따라 이동하는 중간 tap을 설치하여 변위를 측정한다.

② Strain gauge : 모양 변화에 따라 전기저항이 변화하는 소자를 사용하여 변위를 측정한다. 주로 휘트스톤 브리지 회로를 이용하여 측정하며 안전성이 좋다.

(2) 자기 센서

초전도 조셉슨 효과를 이용한 SQUID(Superconducting Quantum Interference Device : 초전도 양자 간섭장치)는 **자계의 측정에 이용되는 고감도 자기 센서로 심폐자장이나 뇌파의 검출에 이용되고** SQUID는 **주석**(Sn), **납**(Pb), **니오브**(Nb) 등이 액체 헬륨온도(42[K])에서 전기저항이 0(zero)으로 되는 초전도 현상을 나타내는 재료를 이용하여 만들어진다.

(3) 의용 생체신호와 센서

① **의용 생체 센서** : **체내의 형상이나 물질분포 등 인체상태**를 파악할 수 있는 생체신호들을 측정 및 변환하는 소자이다.

② **생체신호** : **물리량 · 화학량 · 전기량**으로 분류한다.

㉠ **물리량** : 힘, 압력, 음파, 온도 등이 있다.

㉡ **화학량** : 산소, 이산화탄소 등 각종 기체의 농도 및 혈액 · 소변 · 뇌척수 등 체액에서의 각종 이온들의 농도가 있다.

㉢ **전기량** : 여러 기관에서 나타나는 생체 전위로 **심전도**(ECG), **근전도**(EMG), **뇌전도**(EEG), **신경전도**(ENG), **망막전도**(ERG) 등이 있다.

표 3-9 • 생체 부위의 측정 및 생체 신호화시키는 센서 종류

측정 대상 생체신호	센서의 종류	측정 대상 생체신호	센서의 종류
체내 조직의 형상, 물질 분포	방사선 센서(X-선), 초음파 센서	혈액 가스	광센서
온도분포	적외선 센서	방광압 · 뇌압측정	압력 센서, 변형 게이지
체온측정	온도 센서(서미스터, 열전쌍)	근수축	힘센서
혈류량	초음파 센서, 광센서, 전자 유량계	맥파	압력 센서, 광센서
혈압	압력 센서, 변위 센서	심전도, 근전도, 뇌파	전극
호흡량	스파이로미터, 초음파 센서	위전도	표면전극
심음	가속도 센서, 초음파 센서, 음압 센서	위장 내압	가변 인덕턴스
뇌자도, 심자도, 폐자도	자기 센서(SQUID)	위[pH]	유리 전극
호흡 가스	적외선 센서, 화학 센서		

제3장 학습정리

- 센서의 종류는 크게 용량형 센서, 유도형 센서, 위치 센서, 힘, 압력 센서, 온도 센서, 의료용 센서 등이 있다.
- 위치 센서는 회전각과 직선 이동, 변위뿐만 아니라 운동의 측정에도 사용된다. 대부분의 경우 위치정보로부터 속도정보 계산이 가능하다. 즉, 센서를 이용하여 가속도를 구한 다음 가속도를 적분하여 속도를 구한 후 알아낸 속도를 적분하여 위치를 구하는 원리이다.
- 생체 센서(바이오센서)는 효소, 항체 등의 생물체의 기능 물질 또는 미생물 등 여러 가지 물질에 예민하게 반응하는 감지기능을 직접 이용하는 센서로서, 주로 시료(시험, 검사, 분석 등에 쓰이는 물질 또는 생물)에 함유되어 있는 화학물질을 검출, 측정하는 곳에 이용되고 있다.
- 압전효과란 압전소자에 압력이나 힘을 가했을 때 압전소자 표면에 전압이 발생하며 또한 반대로 전압을 가했을 때 압전소자의 크기에 변형을 일으키는 현상을 뜻한다. 이 원리를 이용한 것이 압전 센서이다.
- 스트레인 게이지는 힘을 측정할 때 사용된다. 스트레인 게이지의 출력은 가해진 힘의 함수인 응력에 비례하여 가변저항의 성분처럼 되고, 일반적으로 휘트스톤 브리지 내에서 사용되어 변화량을 검출한다. 금속 저항체는 저항값이 크나 적으나 전류를 흘리지 않으려는 성질이 있는데 스트레인 게이지의 원리는 이러한 성질을 이용한 것이다.
- 열전대(thermocouple)는 서로 다른 두 금속의 접합부에서 생겨나는 제벡(Seebeck) 효과를 이용한 온도 센서이다.
- 열전대의 조건은 다음과 같이 만족하여야 한다.
  - 열기전력이 커야 하며, 온도와 열기전력 특성의 분산이 작아야 한다.
  - 열기전력 특성이 연속적이고 직선적이어야 한다.
  - 열적, 화학적, 기계적으로 안정해야 한다.
  - 경년(천천히 변화하는 현상) 변화가 적어야 한다.
  - 가공이 쉽고 가격이 저렴해야 한다.

제3장 평가문제

1. 다음 중 용량형 센서에 대한 설명으로 틀린 것은?
   ① 우수한 주파수 응답을 가진다.
   ② 정적 및 동적 현상 모두를 측정한다.
   ③ 흉부 심박동음, 상박의 박동, 요골박동 등을 측정한다.
   ④ 비접촉성, 성형성 등이 우수하다.
   ⑤ 코일의 인덕턴스 변화에 의해 측정된다.

2. 측정하고자 하는 물리량을 전기적 신호로 바꾸어 주는 것을 무엇이라고 하는가?
   ① 감도 ② 센서 ③ 스팬
   ④ 오차 ⑤ 이온

3. 압력이나 힘을 가했을 때 전압이 발생하고 반대로 전압을 가하면 크기에 변형을 일으키는 현상을 무엇이라 하는가?
   ① 압전 효과 ② 펠티어 효과 ③ 제벡 효과
   ④ 열전 효과 ⑤ 톰슨 효과

4. 열에 민감한 저항체이며 온도변화에 따라 저항값이 크게 변하는 감온 반도체로 값이 저렴하고 고감도이므로 가전기기나 산업기기의 온도 센서 및 온도 보상용으로 사용되는 센서는 무엇인가?
   ① 스트레인 게이지 ② CdS 광도전 셀 ③ 포토 다이오드
   ④ 서미스터 ⑤ 포토 트랜지스터

5. 금속 또는 반도체의 저항체에 변형이 가해지면 그 저항치가 변화하는 압력 저항효과를 이용한 것으로 압력, 토크, 응력 측정에 사용되는 센서는 무엇인가?
   ① 스트레인 게이지 ② CdS 광도전 셀 ③ 포토 다이오드
   ④ 서미스터 ⑤ 포토 트랜지스터

제4장 시퀀스 기본실습

전기 시퀀스 회로를 본격적으로 다루어 시퀀스 제어의 동작원리를 완전히 이해하고, 시퀀스 제어가 실제 회로에서는 어떻게 구성되는지를 알 수 있도록 하였다. 더욱 나아가 전기 시퀀스 회로의 도면을 직접 그려보고 실제 배선도를 시퀀스 회로도로 작성할 수 있도록 구성하였다.

01 시퀀스 기초

학 습 목 표
- 전기 시퀀스 제어의 개념을 이해할 수 있다.
- 전기 시퀀스 제어에 사용되는 전기부품을 알 수 있다.
- 전기 시퀀스 도면을 작성할 수 있다.

1. 시퀀스 제어

시퀀스란 미리 정해진 순서, 사상(事象)이 발생하는 순서이며, 일정한 논리에 의해 정해진 순서에 따라 동작순서를 사람이 미리 정함으로써, 제어의 각 단계를 순차적으로 일련의 동작목적을 달성할 수 있게 하는 것을 시퀀스 제어라 한다.

병원설비나 의료기기에 명령할 각 동작과 순서, 그리고 사고나 오조작으로 인한 대책 등을 제어장치에 기억을 입력시켜 제어장치로부터 신호되는 각 명령에 따라 운전을 원활하게 하는 제어이다. 시퀀스를 공부하기 위해서는 전기기기의 어떤 제어방식인가를 회로를 보고 이해하고 설명할 줄 알아야 한다.

시퀀스 제어회로에서 사용되고 있는 푸시버튼 스위치와 릴레이의 구조, 원리, 작동법을 이해하고, 릴레이를 이용한 간단한 회로의 시퀀스도, 타임 차트, 진리표 등을 작성할 수 있는 능력을 익히는 것이 목적이다.

2. 전기 시퀀스 제어

산업혁명 이후 우리 인간은 과학기술의 발전으로 인하여 편해지고 싶은 욕망이 생기면서 손과 발에 의해 수동으로 기계를 조작하는 것에 만족을 하지 못하고, 기기조작의 정확성, 신체의 안전성 그리고 원가절감에 의한 경제성이 요구되면서 자동화로의 열망이 커지게 되었다. 자동화 과정에서 필수적으로 발전한 전기기술이 시퀀스 제어이다.

시퀀스 제어(sequential control)는 다음 단계에서 해야 할 제어동작이 미리 정해져 있어 앞 단계에서의 제어동작을 완료한 후 또는 동작 후 일정한 시간이 경과한 후에 다음 단계의 동작을 하는 것으로 항상 정해진 동작순서에 따라 자동적으로 멈춘다. 이와 같은 반복제어를 시퀀스 제어라 한다.

예 현재는 엘리베이터 입구문에 있는 스위치를 누르면 문이 열리고 사람이 엘리베이터 안으로 들어가서 층별 버튼을 누르면 원하는 층으로 이동한다.
이와 같이 엘리베이터의 운행, 극장에서의 공연 프로그램, 전광 게시판에서의 뉴스 속보, 인터폰, 가로등 자동 점멸장치, 커피 자판기, 열차의 운전 다이어그램, 교통 신호기, 자동 스프레이 등 모든 분야에서 활용되어 자동화, 생산화에 크게 기여하고 있다.

3. 전기부품 명칭/실물/심벌 기호

명 칭	실 물	심벌 기호				
		계 열 1			계 열 2	
푸시버튼 스위치 a접점						
푸시버튼 스위치 b접점		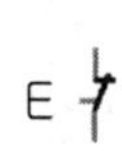				
표시등(램프)		GL 녹색	RL 적색	YL 황색	WL 백색	OL 등색
전자 코일		Ry 릴레이	T 타이머	MC 마그네틱	FR 플리커릴레이	C 카운터
릴레이 a접점						
릴레이 b접점						
타이머 a접점 (한시동작 접점)		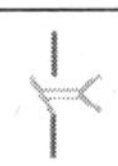				
타이머 b접점 (한시동작 접점)		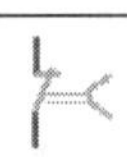				
전자 접촉기 a접점						
전자 접촉기 b접점						

그림 4-1 • 전기부품 명칭/실물/심벌 기호

4. 시퀀스 제어방식

(1) 유접점 시퀀스 방식

릴레이, 전자 개폐기 등 전자 계전기의 기계적 유접점을 이용한 전기 제어장치이다. 동력 배선이라고도 하며, 릴레이 등의 접점을 이용해서 회로를 제어하는 방식이다. 배선이 복잡하게 되는 결점은 있어도 소규모에서는 염가이므로 현재 많이 사용되고 있다.

(a) 릴레이

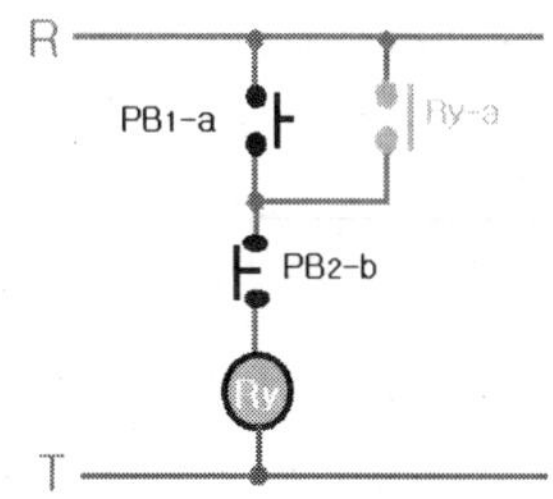

(b) 시퀀스 회로도

그림 4-2 ∘ 릴레이와 시퀀스 회로도

(2) 무접점 릴레이 방식

로직(logic) 시퀀스라 하며 제어부와 연산부가 무접점으로 되어 있으며, 동작으로는 유접점 릴레이와 같지만 다이오드, 트랜지스터, IC(집적회로) 등 반도체 스위치 소자를 사용한 전자 제어장치이다. PLC(Programmable Logic Controller)의 발달과 함께 현재는 로직 시퀀스는 거의 사용되지 않고 있다(그림 4-3).

(a) 반도체 소자

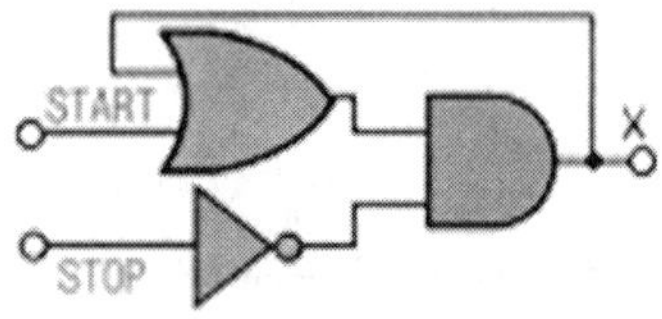

(b) 논리 회로도

그림 4-3 ∘ 무접점 릴레이 방식

(3) 프로그래머블 로직 컨트롤러 프로그램 내장방식

마이크로컴퓨터를 이용한 제어장치를 PLC라고 하고 시퀀스 회로가 프로그램 내장형으로 회로는 입력부, 제어부, 출력부로 구성되어 있다. PLC의 프로그램을 실행함으로써 제어하는 방식이며 제어회로의 신, 증설 및 변경이 쉽다. PLC 프로그램 변환방법은 4가지가 있다.

(a) 마이크로컴퓨터

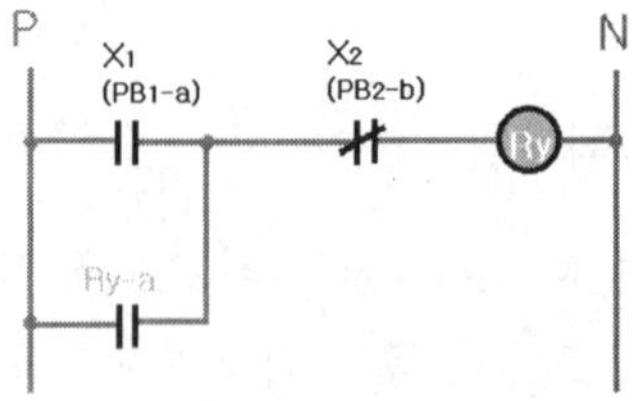

(b) 래더 다이어그램

(c) 마이크로컴퓨터 칩

그림 4-4 ▪ 프로그램 로직 컨트롤러(PLC)

로직, 래더, 불대수, 플로 차트 방식 중 래더 다이어그램(ladder diagram) 방식이 많이 사용된다(그림 4-4).

(4) 전자제품의 원 칩 마이크로컴퓨터에 의한 제어

병원의 전기세탁기나 에어콘 등의 전자제품에는 전용 프로그램이 내장되어 원 칩(one chip) 마이크로컴퓨터에 의하여 제어된다. 원 칩을 사용함으로써 기기의 조작환경의 변화에 따라 자동적으로 조절이 가능하다. 전자제품의 종류에 따라 제어 프로그램이 내장되어 있어 제어를 자유롭게 선택할 수 있다.

표 4-1 ▪ 병원 일반 가전제품의 제어

제품	제어 내용	선택 내용
세탁기	세탁, 헹굼, 탈수, 건조	헹굼의 회수, 수량, 강약, 시간
에어컨	실온의 유지	실온, 냉방, 난방, 제습, 습도
온풍기	실온의 유지	실온, 온방, 난방, 제습, 온도
냉장고	온도의 유지	냉동, 저온 온도설정

(5) 푸시버튼 스위치

전기동작에는 꼭 스위치를 이용한다. 시퀀스에 사용되는 푸시버튼 스위치(push button switch)에 대하여 원리를 익히고, PB S/W는 손조작 동작에 의해 제어 및 접점에 의해 on-off되는 스위치(그림 4-5)로 푸시버튼 스위치(PB S/W)에 대한 설명이다.

그림 4-5 ▪ 복귀형과 유지형 스위치

1) PB S/W 접점에 따른 분류

PB S/W 종류가 많으므로 접점의 동작상태에 따라 복구형과 유지형으로 분류한다.

① **자동 복귀형 동작**(momentary) : 그림 4-6과 같이 한 번 누르고 있을 때만 접점이 동작하고 손을 놓으면 버튼과 접점은 초기로 복귀된다.

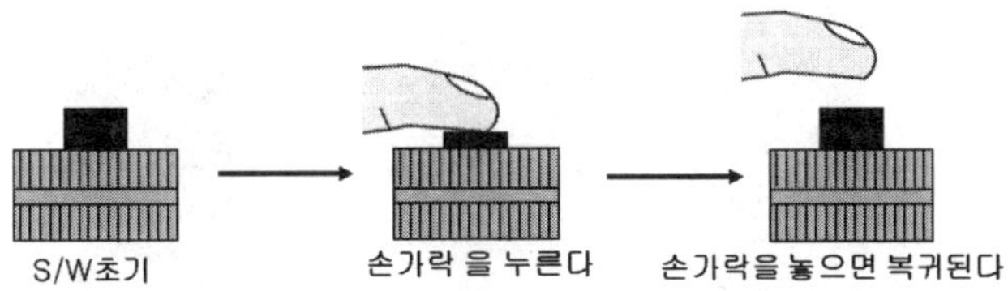

그림 4-6 ◦ PB S/W 자동 복귀형 동작

② **유지형 동작**(alternate) : 그림 4-7과 같이 한 번 누르면 버튼과 접점이 유지되고 또 한 번 누르면 푸시 동작에 의해 초기로 복귀된다.

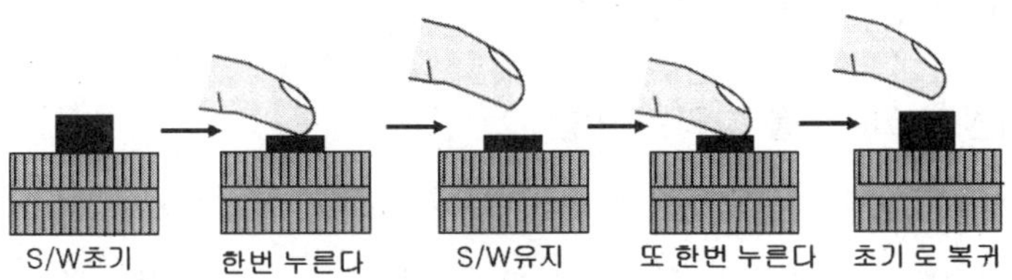

그림 4-7 ◦ PB S/W 유지형 동작

2) a · b접점 동작에 따른 분류

시퀀스 회로에는 스위치나 릴레이, 타이머, 마그네트의 접점을 이용하여 여러 회로를 구성한다. 자동 복귀형 푸시버튼 스위치는 버튼을 누르면 접점이 동작하고 놓으면 접점이 복귀하는 스위치로 a접점과 b접점이 있다.

① **a접점의 푸시버튼 스위치** : 그림 4-8과 같이 푸시버튼을 누르면 접점이 연결되고 손을 놓으면 접점이 끊어지는 것을 a접점 푸시버튼 스위치라고 하며, 아르바이트(메이크 접점) 접점이라고도 한다. 스위치의 a접점의 동작과 심벌 기호이다.

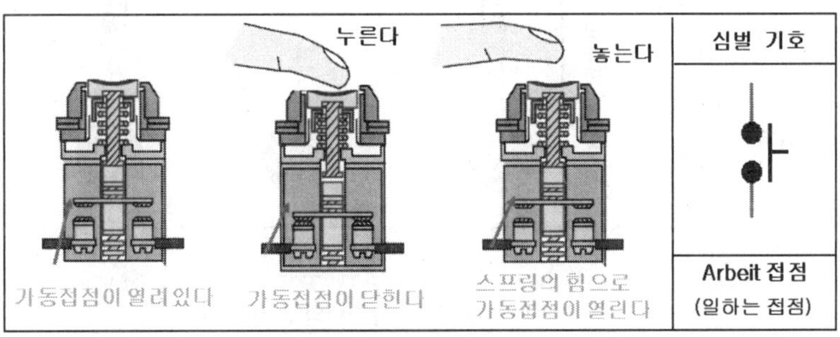

그림 4-8 ◦ a접점의 푸시버튼 스위치

② b접점의 푸시버튼 스위치 : 그림 4-9와 같이 푸시버튼을 누르면 접점이 끊어지고 손을 놓으면 접점이 연결되는 것을 b접점 푸시버튼 스위치라고 하며, 브레이크 접점이라고도 한다. 스위치 b접점의 동작과 심벌 기호이다.

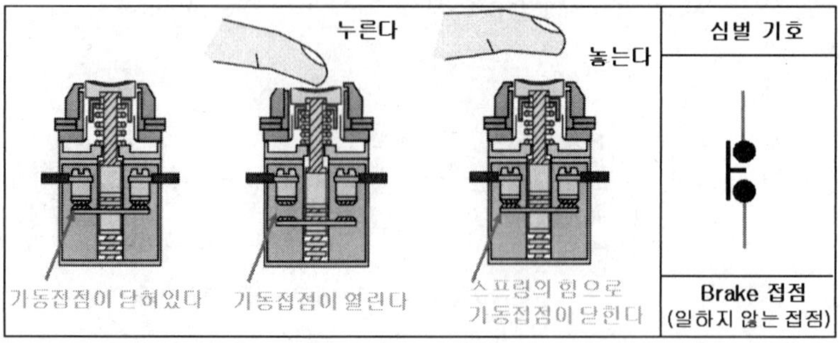

그림 4-9 • b접점의 푸시버튼 스위치

5. 전기 시퀀스 회로의 도면 작성

(1) 시퀀스 회로도를 그리는 방법

시퀀스 회로를 심벌기호와 회로의 동작순서에 따라 회로를 이해하기 쉽게 그린 도면을 전개 접속도 또는 시퀀스 회로도라 한다. 회로를 그리는 방법으로 위에서 아래로 회로를 그리는 것을 **종서 시퀀스 회로도**라 하고 왼쪽에서 오른쪽으로 그리는 것을 **횡서 시퀀스 회로도**라고 한다. 일상적으로 종서 시퀀스 회로도가 일반화되어 있다.

시퀀스 회로도를 그리는 방법은 그림 4-10과 같다.

① 제어회로는 위에서 아래 방향으로 수평의 제어 전원 모선을 그린다(직류 전원 : P와 N, 교류 전원 : R과 T로 표시).

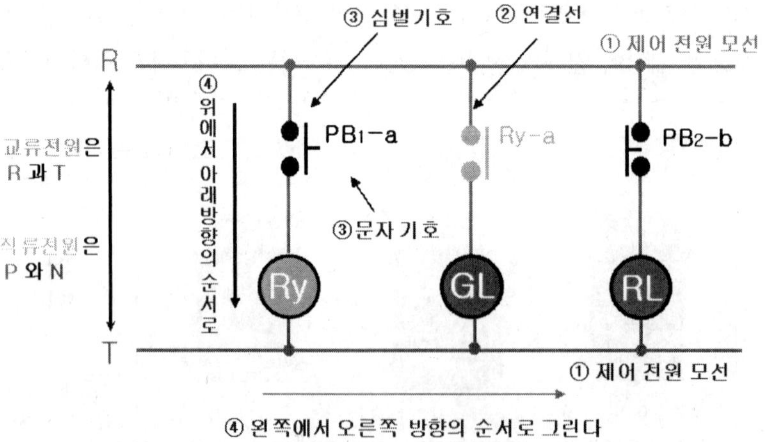

그림 4-10 • 시퀀스 회로도를 그리는 방법

② 제어회로의 기기를 연결하는 연결선은 위쪽 모선에서 아래쪽의 제어 전원 모선 사이에 보조 회로를 수직선으로 그린다.

③ 제어회로의 기기 등은 전기용 심벌 기호와 문자기호로 그린다.

④ 제어회로 기기의 심벌 기호를 동작의 순서에 따라 위에서 아래의 순서로 그린다. 또한 제어 전원의 모선 사이에 많은 회로의 연결선이 있는 경우에는 회로의 동작 순서에 따라 왼쪽에서 오른쪽 방향의 순서로 시퀀스 회로를 그린다.

(2) 실체 배선도를 시퀀스 회로도로 작성

그림 4-11 회로도 (a)는 PB S/W, a접점과 램프를 연결한 회로이다. (b)는 PB S/W를 누르고 있고 스위치의 a접점이 on되어 전류가 흘러 램프가 점등된다. 회로 (c)는 교류 전원 대신 제어 전원 모선을 사용한 회로이다. 회로 (d)는 PB S/W의 a접점 시퀀스 회로도이다.

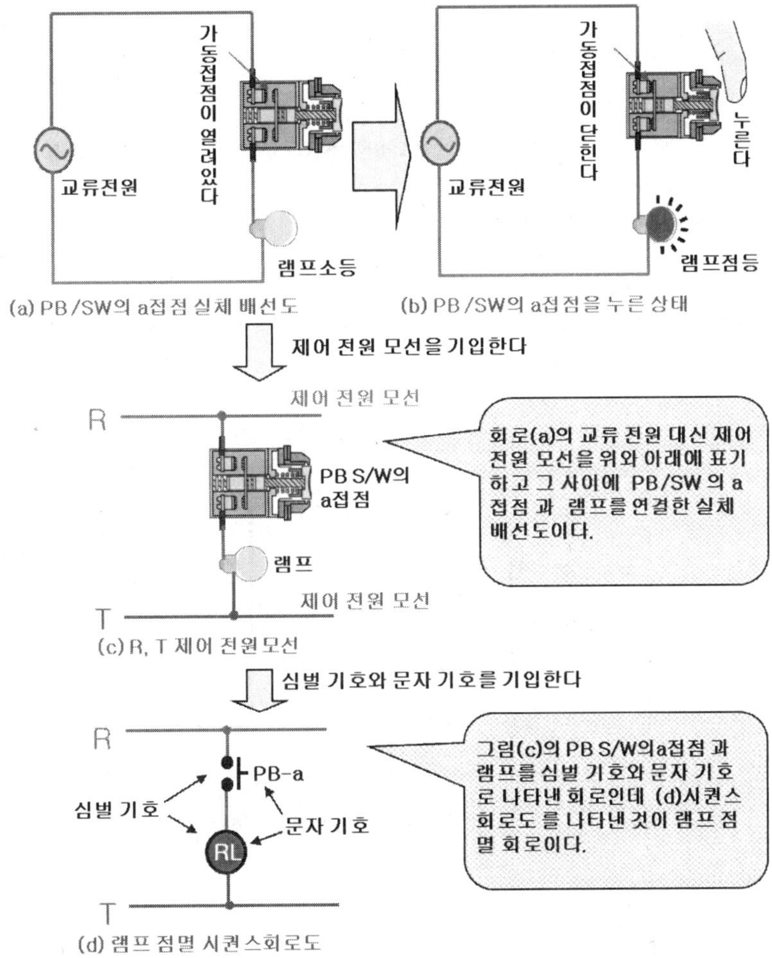

그림 4-11 • 실체 배선도를 시퀀스 회로도로 작성하는 방법

(3) 전기 시퀀스의 타임 차트와 진리표(1)

1) PB S/W a접점 타임 차트

그림 4-12는 타임 차트는 세로축에 회로의 입·출력의 부품배치를 표시하고 가로축에 시간의 변화에 따른 입·출력의 부품의 동작상태를 표시한 것이다. 타임 차트는 각 제어기기의 시간별 동작상태를 체크하면 회로를 이해하는 데 도움이 된다.

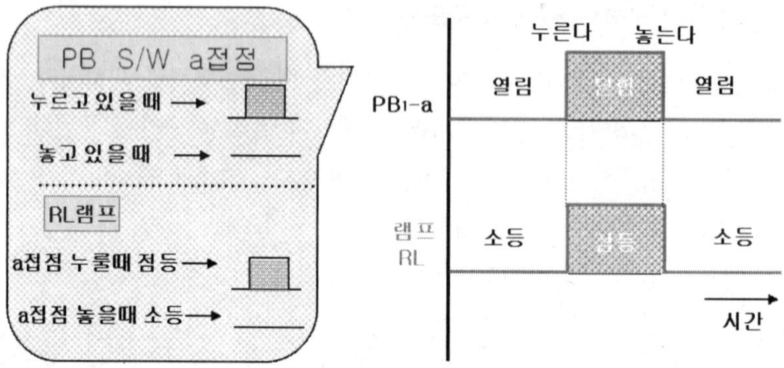

그림 4-12 ▪ 푸시버튼 스위치 a접점을 사용한 타임 차트

2) PB S/W a접점 진리표

그림 4-13의 진리표는 입력기기와 출력기기의 동작상태를 1과 0으로 나타낸다. 진리표는 회로의 동작상태를 표시한 것이다. 입력기기를 누른 상태를 1로 표현하고, 출력기기가 동작한 상태를 1로 표시한다.

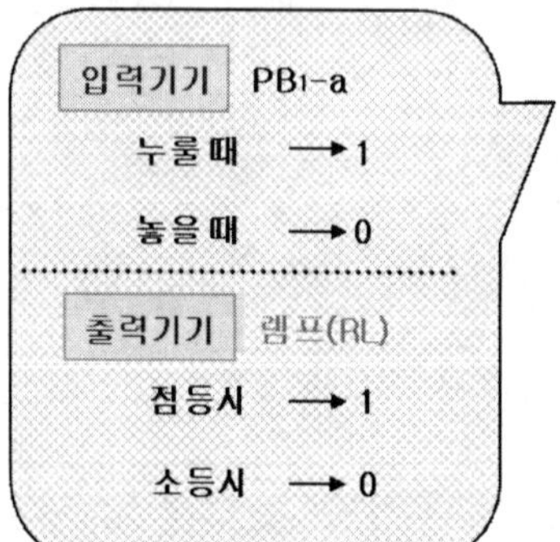

입력	출력
PB1-a	램프(RL)
0	0
1	1

[진리표]

그림 4-13 ▪ PB S/W a접점 진리표

Example 01

PB S/W의 b접점 회로인데, (a)회로는 PB S/W b접점이 닫혀 있어 회로에 전류가 흘러 램프가 점등되고, (b)회로는 PB S/W를 누르고 있으면 접점이 열려 램프가 소등된다. PB S/W b접점 회로의 시퀀스 회로도와 타임 차트, 진리표를 기입하라.

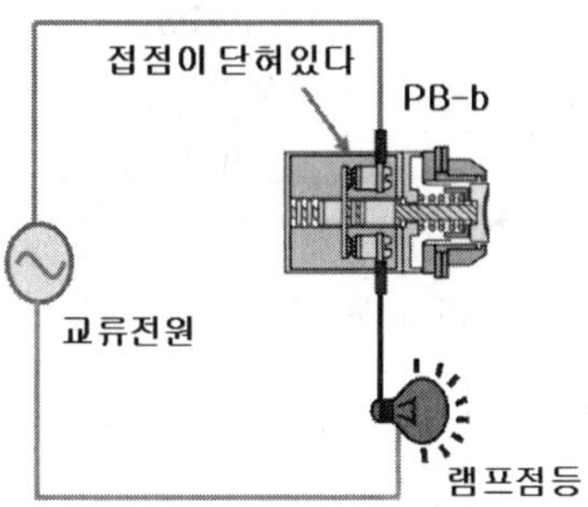

[PB S/W의 b접점 회로의 실체배선도]

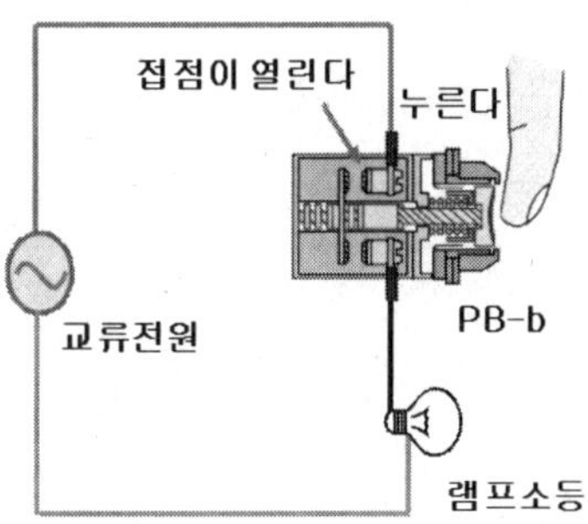

[PB S/W 의 b접점 회로를 누른 상태]

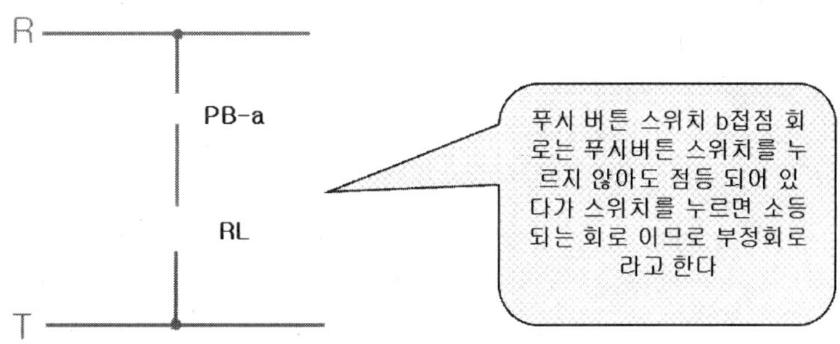

(a) 시퀀스회로도

입력	출력
PB-b	램프(RL)
0	
1	

(b) 진리표

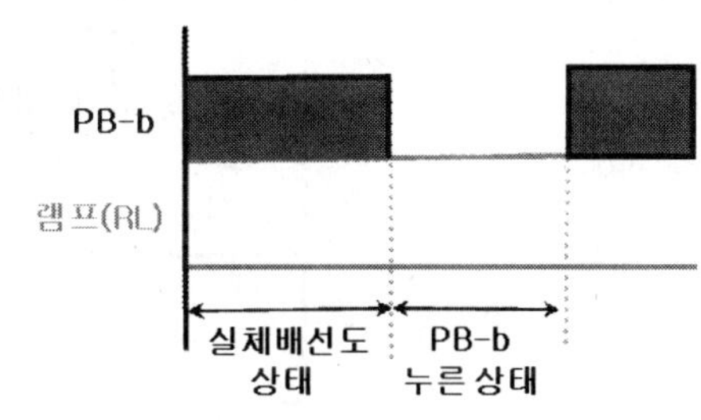

(c) 타임 차트

Example 02

2개의 PB S/W의 a접점을 직렬로 연결한 램프 점멸회로의 실체 배선도이다. 시퀀스 회로도의 PB1-a, PB2-a, RL의 심벌 기호를 그리고 램프(RL)의 타임 차트와 진리표의 출력을 작성하라.

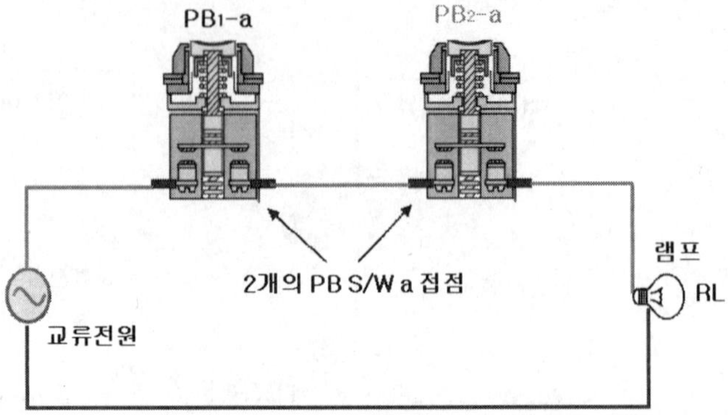

[2개의 PB S/W a 접점 실체배선도]

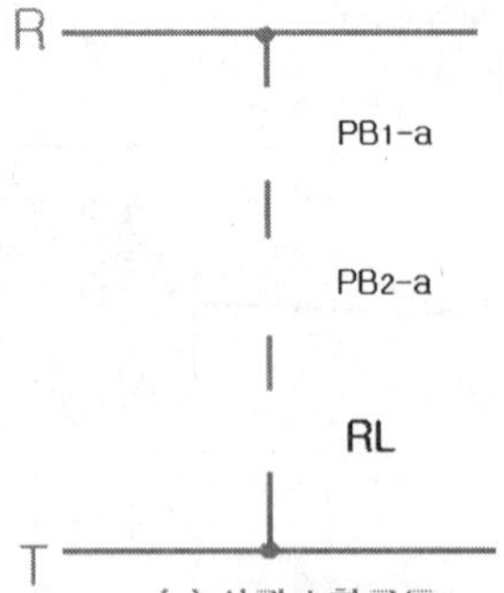

(a) 시퀀스회로도

입력		출력
PB1-a	PB2-a	램프(RL)
0	0	
0	1	
1	0	
1	1	

(b) 진리표

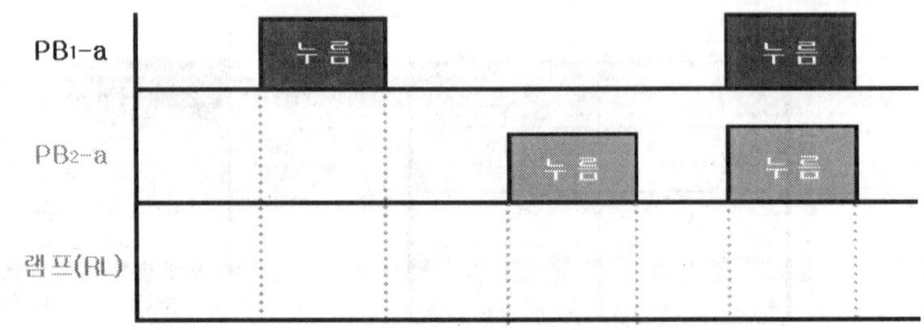

(c) 타임 차트

Example 03

PB S/W의 a접점과 b접점을 직렬로 연결한 램프 점멸회로의 실체 배선도이다. 시퀀스 회로도의 PB-a, PB-b, RL의 심벌 기호를 작성하고 RL의 진리표, RL의 타임 차트 출력을 작성하라.

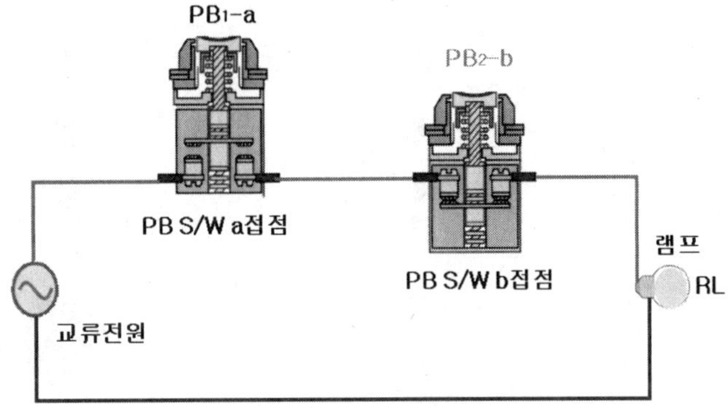

[2개의 PB S/W a ,b접점 실체배선도]

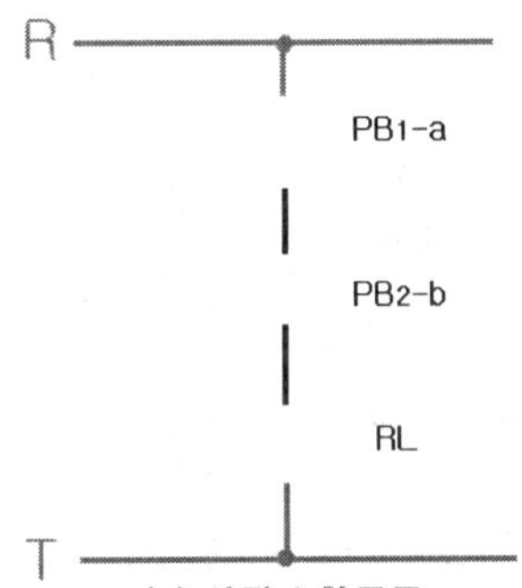

(a) 시퀀스회로도

입력		출력
PB1-a	PB2-b	램프(RL)
0	0	
0	1	
1	0	
1	1	

(b) 진리표

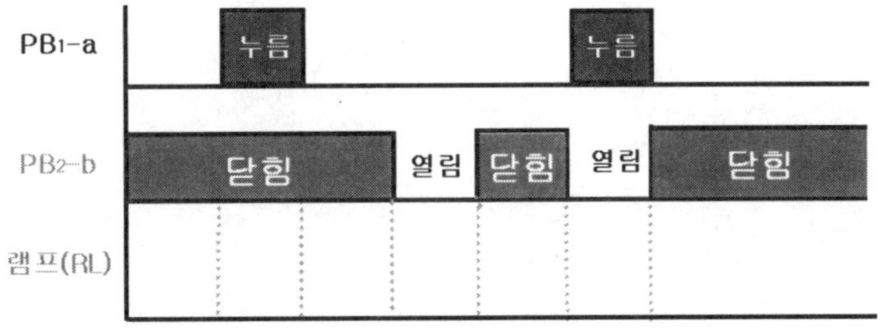

(c) 타임 차트

Example 04

2개의 PB S/W의 a접점이 병렬로 연결한 램프 점멸회로의 시퀀스 회로도이다. RL의 진리표, RL의 타임 차트 출력을 작성하라.

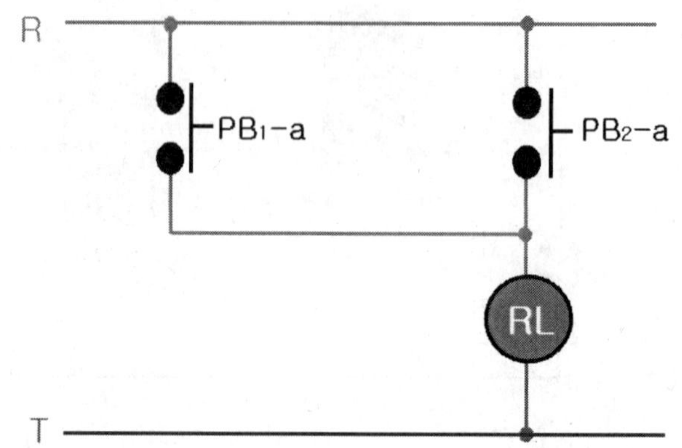

(a) 시퀀스회로도

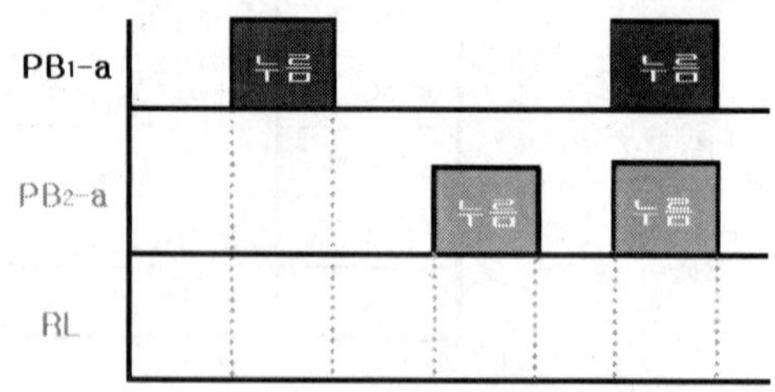

(b) 타임차트

입력		출력
PB1-a	PB2-a	RL
0	0	
0	1	
1	0	
1	1	

(c) 진리표

Example 05

2개의 PB S/W의 a접점과 b접점을 병렬로 연결한 램프 점멸회로의 시퀀스 회로도이다. RL의 진리표, RL의 타임 차트 출력을 작성하라.

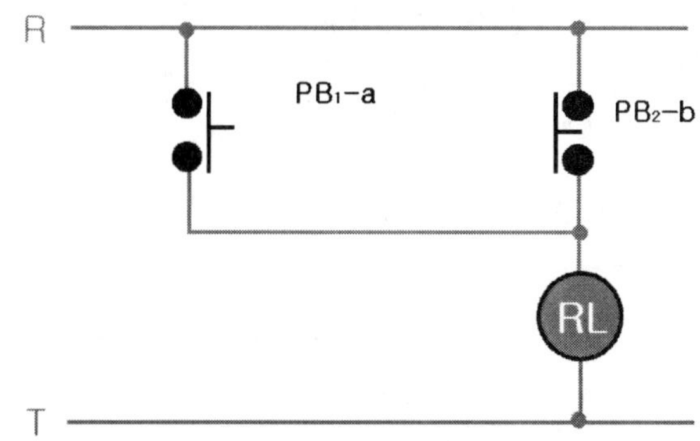

(a) 시퀀스회로도

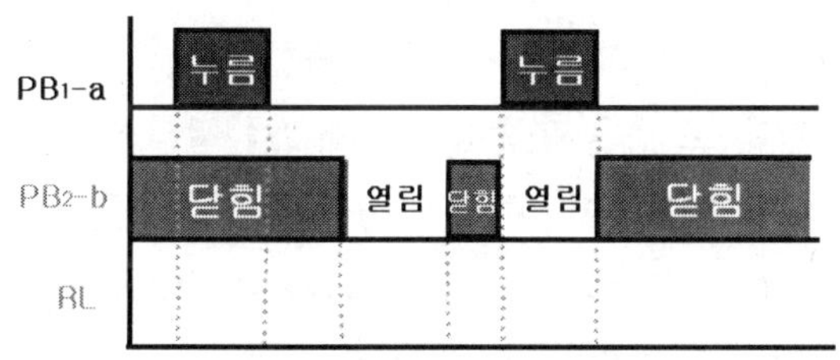

(b) 타임 차트

입력		출력
PB1-a	PB2-b	RL
0	0	
0	1	
1	0	
1	1	

(c) 진리표

PB1-a를 누르면 램프에 전류가 흐르고 PB2-b를 누르면 전류가 끊기게 된다. 때문에 PB1-a를 떼고 PB2-b를 누른 경우만 RL이 꺼지게 된다.

(c) 회로 동작설명

02 릴레이의 시퀀스 회로도

학 습 목 표

- 전자 릴레이의 동작원리를 알 수 있다.
- 전자 릴레이를 응용하여 사용할 수 있다.
- 시퀀스 회로도에서 전자 릴레이의 사용법을 알 수 있다.

전자 개폐기, 릴레이 등을 이용하여 제어회로를 유접점으로 구성한 것을 전기 시퀀스 회로라고 한다. 전기 시퀀스의 기초회로와 기본, 응용회로에 대하여 설명하고 실습하여 본다.

어려운 전기 시퀀스 도면도 기본적인 회로 몇 개를 조합하여 제어회로를 구성하였으므로, 기초만 충실히 하면 응용회로 시퀀스 회로를 개인이 실습할 수 있도록 쉽게 구성하였고, 시퀀스 회로도, 진리표, 타임 차트 등을 연습하므로 회로를 빨리 이해할 수 있도록 하였으며 '실습예제'에서 실제의 릴레이를 이용하여 실습을 하면 흥미를 가지고 어렵지 않게 해결할 수 있다. 학교나 산업 현장 등의 장소에서 실습이나 회로도를 작성할 때 시퀀스 회로를 완전히 익혀 실습회로는 본인이 직접 회로도를 보고 완성시켜야 한다.

1. 8핀 릴레이의 기초이론

릴레이(relay)는 시퀀스의 회로를 구성하는 주요 기기이다. 전자 계전기라고도 하며 전자력에 의해 동작하는 릴레이의 원리와 구조, 릴레이를 이용한 회로의 시퀀스 회로도, 타임 차트, 진리표 등에 대하여 설명한다.

(1) 릴레이의 원리와 구조

그림 4-14(a)는 전자 릴레이의 원리도이다. 철심에 코일을 감고 전류를 흐르게 하면 철심이 전자석으로 되어 철편은 여자된다. (b)는 릴레이의 구조이며 철편에 전기적 a접점, b접점, 공통 c접점을 연결하여 전기회로의 스위치 작용을 한다. 릴레이는 코일부와 접점부 및 기계적인 가동부로 되어 있다.

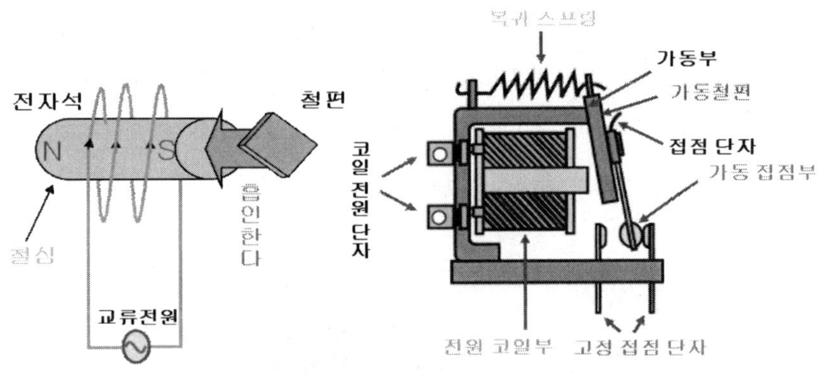

(a) 전자 릴레이의 원리 (b) 전자 릴레이의 구조

그림 4-14 ◦ 전자 릴레이의 원리와 구조

(2) 릴레이 특성과 사용 시 주의점

① 릴레이 a접점, b접점의 전류용량이 커서 교류회로의 개폐에 사용한다.

② 릴레이는 핀 수에 따라 여러 개의 접점이 있으므로 동시에 여러 회로를 개폐할 수 있다.

③ 릴레이는 입력(코일)과 출력(접점)이 분리되어 있어 여러 개의 전원회로를 구성한다.

④ 릴레이는 a접점, b접점의 전기적 용량(과부하)에 주의한다(부하의 1.2~1.5배의 a접점, b접점 용량이 필요하다).

⑤ 릴레이 a접점, b접점의 마모나 소손 시에 열화에 주의한다.

⑥ 릴레이 전원투입 시 a접점, b접점의 떨림 및 진동이 발생한다.

(3) 릴레이의 a, b, c접점 이용방법

① 릴레이 접점의 종류는 a접점, b접점, c접점이 있다. 릴레이 코일과 a, b, c접점의 동작을 그림 4-15와 같이 블록도에 나타내었다.

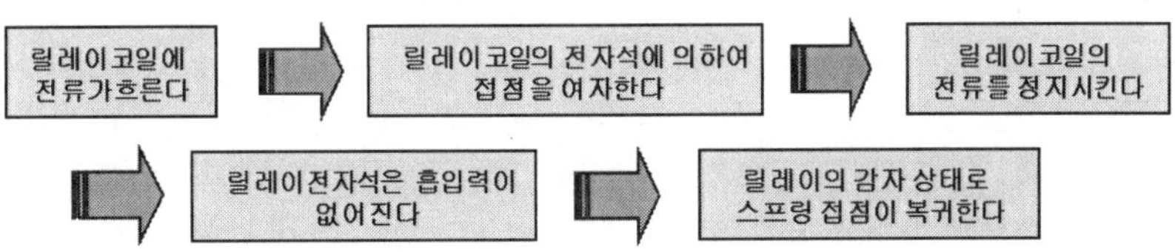

그림 4-15

② 릴레이의 a접점과 b접점의 동작상태를 보면 릴레이의 심벌 기호를 NO, NC 접점과 코일로 나누어 표시했으며, 릴레이의 a접점을 Ry-a, b접점을 Ry-b로써 그림 4-16과 같이 표기했다.

<table>
<tr><td>릴레이의 a접점 코일에 전류가 여자되면 접점이 닫히고 전류가 감자되면 접점이 열린다.</td><td>그림기호</td></tr>
<tr><td rowspan="4">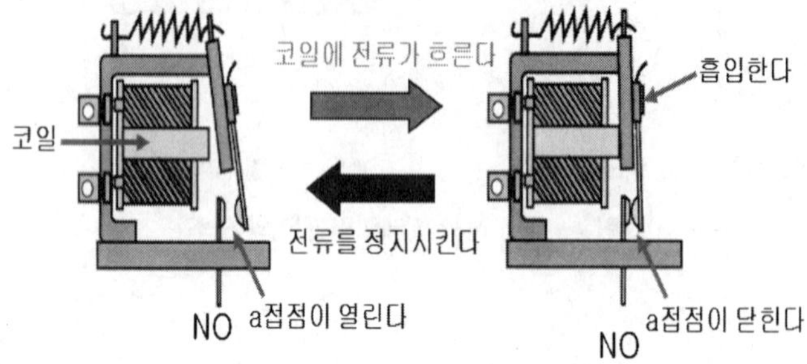
</td><td>a접점</td></tr>
<tr><td></td></tr>
<tr><td>코일</td></tr>
<tr><td>
</td></tr>
<tr><td>릴레이의 b접점 코일에 전류가 감자되면 접점이 열리고 전류가 여자되면 접점이 닫힌다.</td><td>그림기호</td></tr>
<tr><td rowspan="4">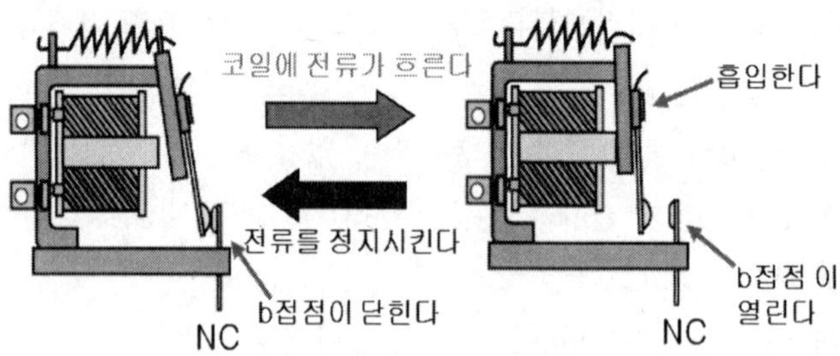
</td><td>b접점</td></tr>
<tr><td></td></tr>
<tr><td>코일</td></tr>
<tr><td>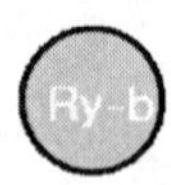
</td></tr>
</table>

그림 4-16 ◦ 릴레이 a접점과 b접점의 동작과 심벌 기호

③ 릴레이의 공통 접점이 2개의 가동접점(NO단자와 NC단자)이 교대로 개폐 동작하는 접점을 c접점(changeover contact)이라 한다.

릴레이의 c접점 코일에 전류가 흐르지 않으면 감자되어 있다가 전류가 흐르면 여자된다. a접점, b접점 사이를 왔다 갔다 하는 공통 단자이다.

릴레이 a접점으로 사용하는 경우 : 전류가 흐르지 않는다(C단자 - NO단자 간).

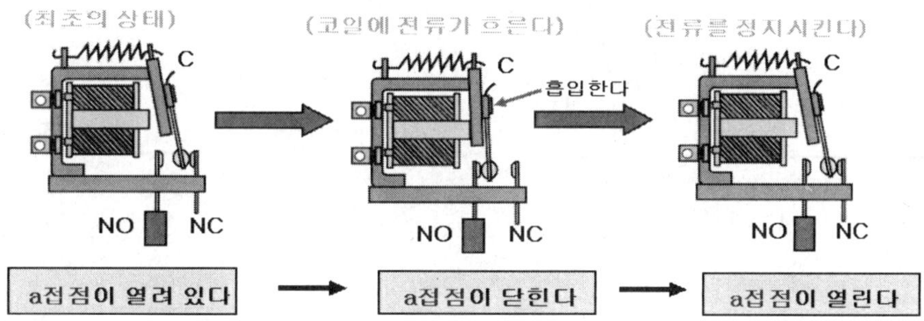

b접점으로 사용하는 경우 : 전류가 흐른다(C단자 - NC단자 간).

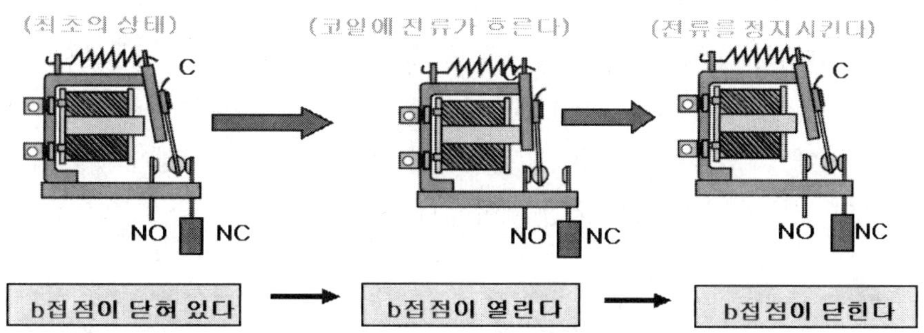

릴레이 접점단자명	심벌 기호	
	접 점 명	코일
1) C단자(common) : 공통 단자 2) NO단자(normally open) : 정상 열림 단자 3) NC단자(normally close) : 정상 닫힘 단자		

그림 4-17 ◦ 릴레이 c접점의 동작과 심벌 기호

④ 릴레이는 기본적으로 a접점, b접점 및 c접점인 공통 접점으로 구성되어 있으며 C단자와 NO단자를 연결하면 a접점이고, C단자와 NC단자를 연결하면 b접점으로 사용한다.

2. 전기회로의 논리회로

(1) 8핀 릴레이의 접점 수와 단자

릴레이는 핀 수에 따라 여러 개의 내부 접점이 있다. 그림 4-18은 8핀 릴레이와 8핀 내부 결선도이다. 코일 하나에 대하여 2개의 공통과 2개의 a, b접점이 있다.

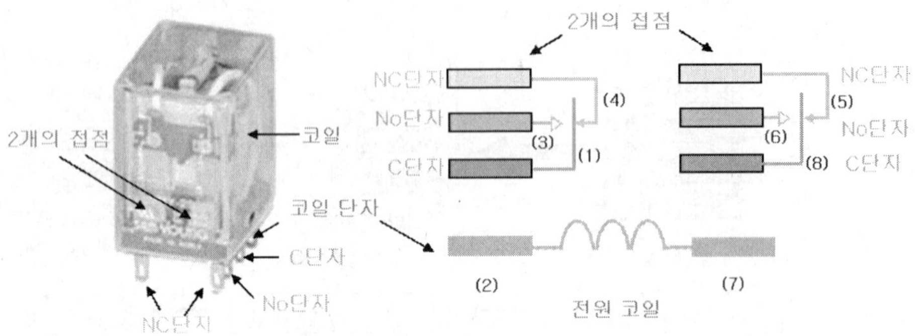

(a) 8핀 릴레이 (b) 8핀 릴레이 내부 결선도와 핀번호

그림 4-18 • 8핀 릴레이와 8핀 내부 결선도

릴레이의 접점은 a, b, c접점으로 구성되어 있으며 c접점은 공통단자로 구성되어 있고, 회로에 따라 a접점은 어떠한 신호를 주었을 때 동작을 하고, b접점은 어떠한 신호를 주지 않아도 b접점에 연결되어 있는 부하가 동작한다. 특히 릴레이 사용 시 전압[V]에 유의한다. 전압은 코일 표면(외장 케이스)에 표시되어 있다(그림 4-19).

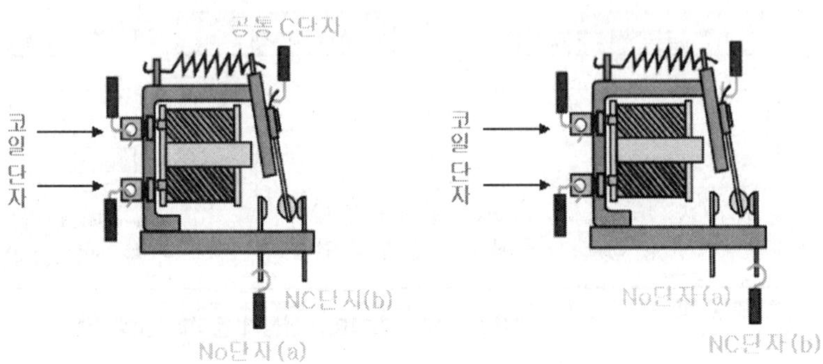

a 접점에 케이블 연결된 경우 (C 단자 - NO 단자)

b접점에 케이블 연결된 경우 (C 단자 - NC 단자)

그림 4-19 • 릴레이의 내부구조

(2) ON 우선회로 시퀀스 회로도의 실체 배선도와 타임 차트

PB S/W와 릴레이를 이용하여 ON 회로와 논리회로인 NOT, AND, OR 회로를 이해하고 같이 배선하고, 실습을 통해 현장감을 익힌다. ON 우선회로는 입력 스위치를 누르면 출력 램프가 점등된다. 그림 4-20은 PB S/W의 a접점과 릴레이 a접점, 램프를 이용한 ON 회로의 실체 배선도이다.

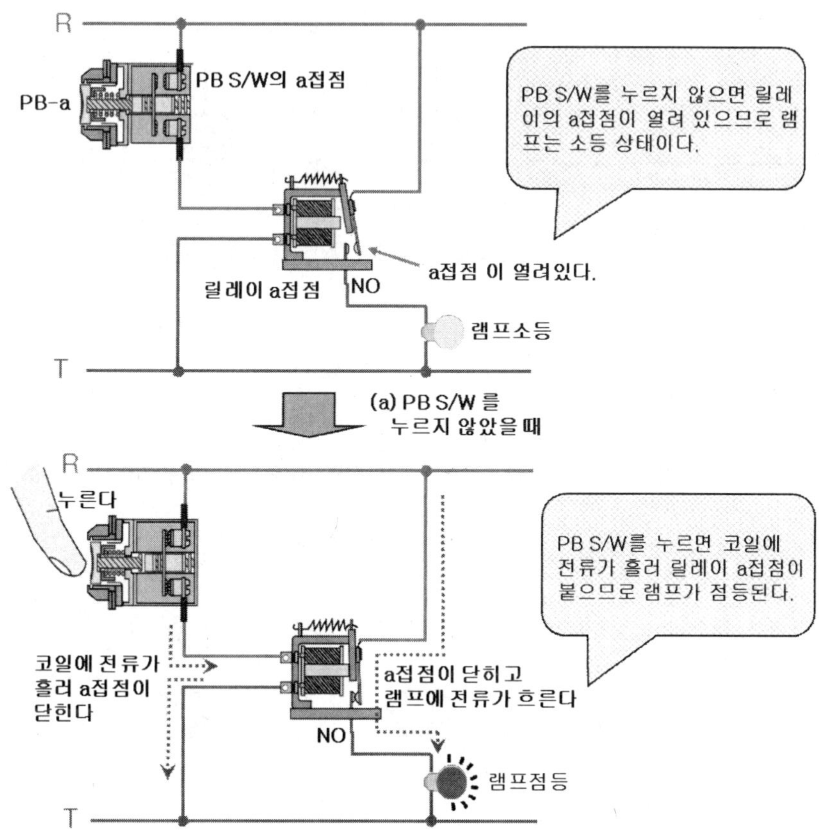

그림 4-20 ◦ ON 회로의 실체 배선도

ON 회로의 시퀀스 회로에서 릴레이 코일과 접점은 같은 릴레이의 접점인데 시퀀스 회로를 그릴 때는 코일과 접점을 다른 라인으로 분리해서 회로도를 그림 4-21과 같이 그린다.

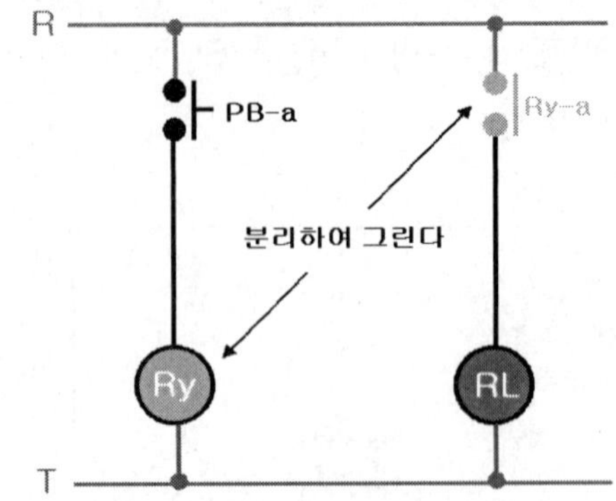

그림 4-21 • 릴레이 ON 회로의 시퀀스 회로도

Example 01

ON 회로의 회로도에서 Ry, Ry-a, RL의 타임 차트와 RL의 진리표를 작성하라.

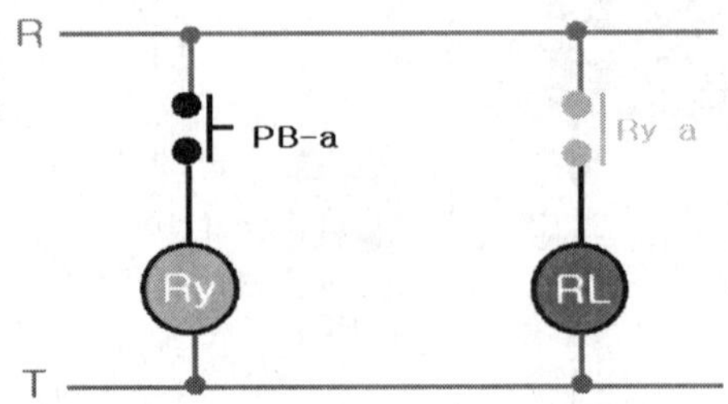

(a) 릴레이 ON 회로의 시퀀스 회로도

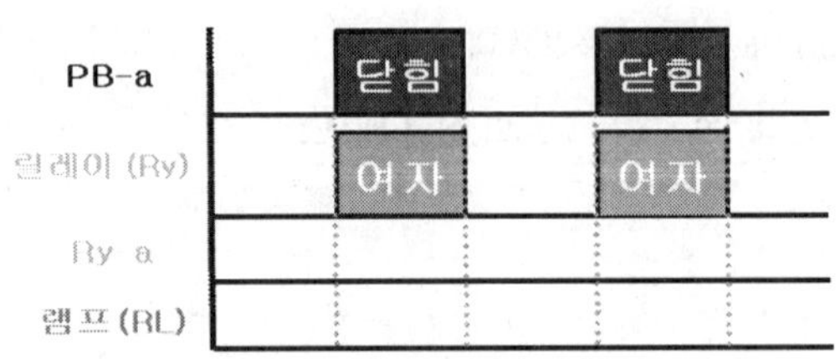

(b) 타임 차트

입력	출력
PB-a	램프(RL)
0	
1	

(c) 진리표

(3) NOT 회로 시퀀스 회로도와 타임 차트

NOT(부정) 회로는 PB S/W(입력 스위치)를 눌렀을 때에 출력의 램프가 소등되는 회로이다. ON 회로에서 릴레이의 b접점(Ry-b)에 램프를 연결한 회로이다.

Example 02

PB S/W의 a접점과 b접점의 릴레이를 이용한 NOT 회로이다. 시퀀스 회로도와 타임 차트, 진리표를 작성하라.

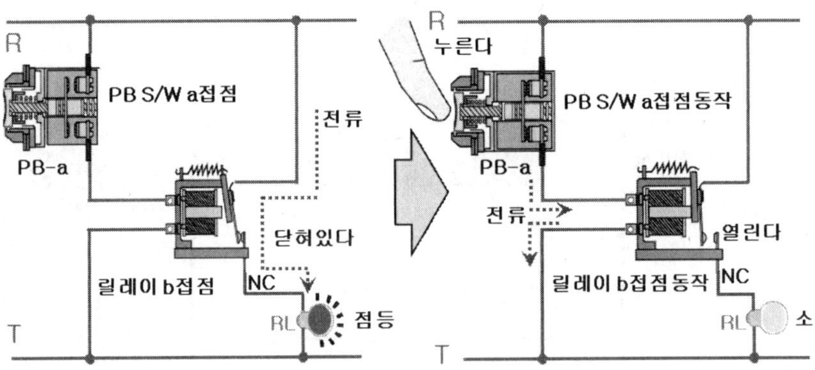

[PB S/W a접점을 누르지 않았을 때]　[PB S/W a접점을 눌렀을 때]

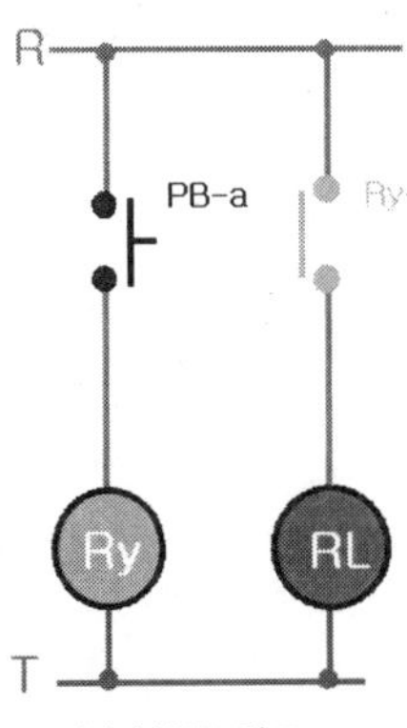

(a) NOT 회로

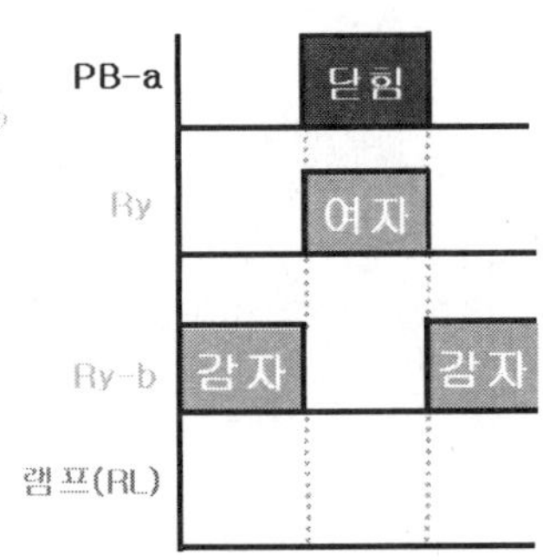

(b) 타임 차트

입력	출력
PB-a	램프 (RL)
0	
1	

(c) 진리표

Example 03

8핀 릴레이 a접점 2개로 램프 두 개를 동시에 점멸하는 회로이다. 회로의 타임 차트, 진리표를 작성하라.

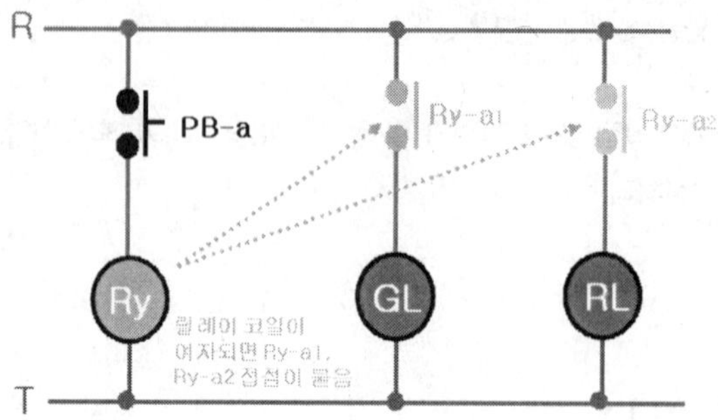

(a) 시퀀스 회로도

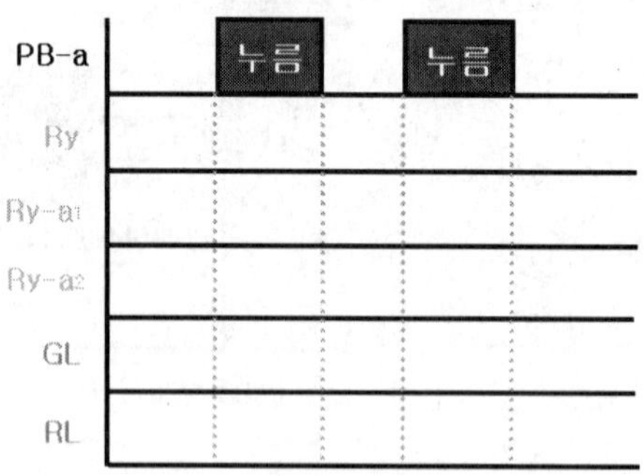

(b) 타임 차트

입력	출력	
PB-a	GL	RL
0		
1		

(c) 진리표

Example 04

8핀 릴레이 a접점과 b접점을 이용하여 램프 두 개를 각각 점멸시키는 회로이다. 이 회로의 타임 차트, 진리표를 작성하라.

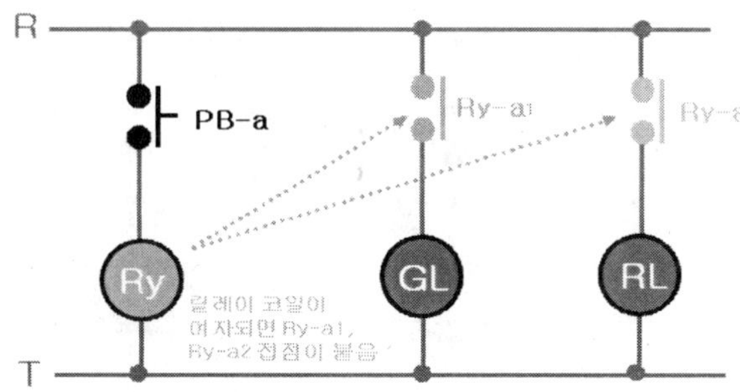

(a) 시퀀스 회로도

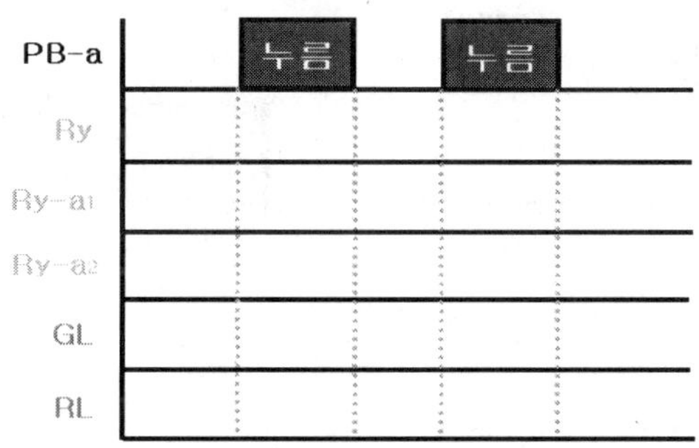

(b) 타임 차트

입력	출력	
PB-a	GL	RL
0		
1		

(c) 진리표

Example 05

릴레이 b접점 2개를 이용하여 램프 두 개를 동시에 점멸시키는 회로이다. 이 회로의 타임 차트, 진리표를 작성하라.

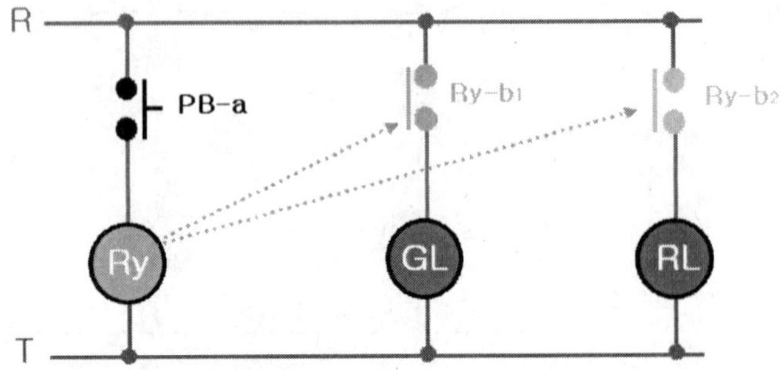

(a) 시퀀스 회로도

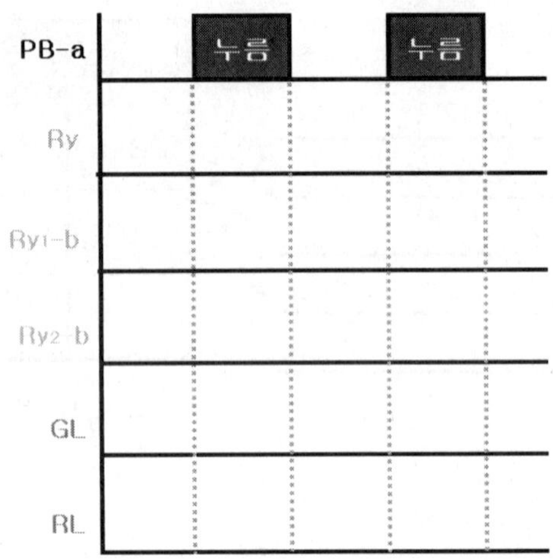

(b) 타임 차트

입력	출력	
PB-a	GL	RL
0		
1		

(c) 진리표

Example 06

PB S/W의 a접점 2개를 병렬로 연결한 OR 회로인데 PB_1-a, PB_2-a 어느 한쪽의 스위치를 누르면 램프가 점등한다. 시퀀스 회로도의 타임 차트와 진리표를 작성하라.

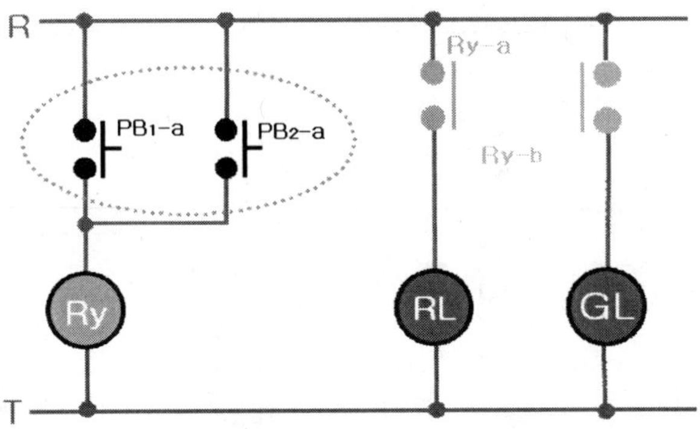

(a) OR 시퀀스 회로도

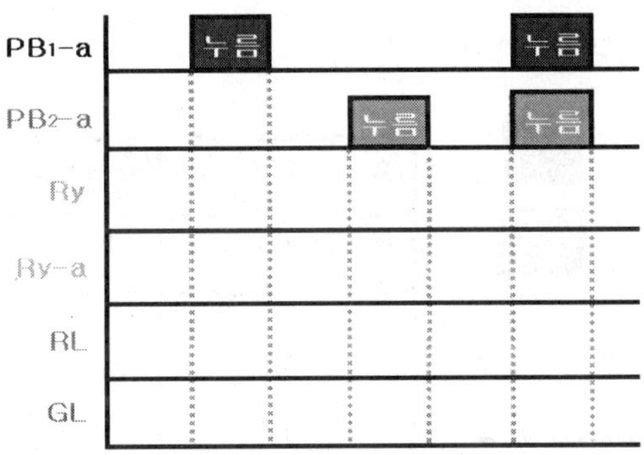

(b) 타임 차트

입력		출력	
PB_1-a	PB_2-a	RL	GL
0	0		
0	1		
1	0		
1	1		

(c) 진리표

PB_1-a나 PB_2-a 중 하나만 눌러도 릴레이 Ry가 여자되어 Ry-a가 붙어 램프 RL이 점등된다. 그리고 동시에 Ry-b가 떨어지면서 점등되었던 GL이 점멸된다.

(d) 회로 동작설명

Example 07

PB S/W의 a접점 2개를 직렬로 연결한 AND 회로인데 PB_1-a, PB_2-a를 동시에 눌렀을 때 램프가 점등된다. 시퀀스 회로도의 타임 차트와 진리표를 작성하라.

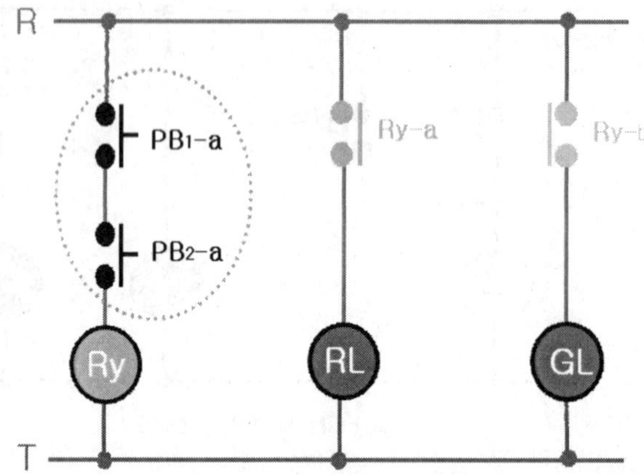

(a) AND 시퀀스 회로도

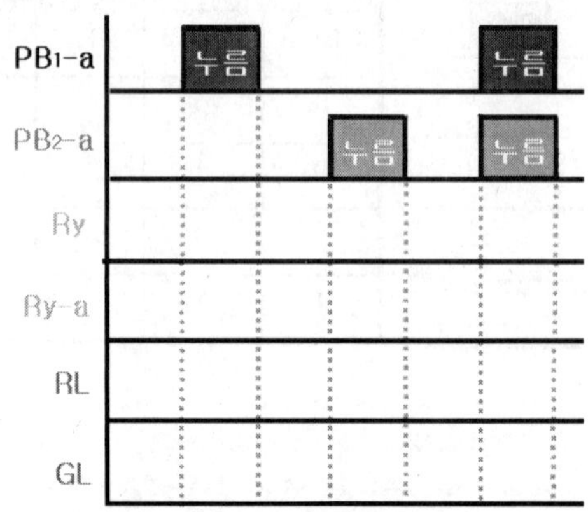

(b) 타임 차트

입력		출력	
PB_1-a	PB_2-a	RL	GL
0	0		
0	1		
1	0		
1	1		

(c) 진리표

PB_1-a와 PB_2-a 둘 다 눌러야 릴레이 Ry가 여자되어 Ry-a가 붙어 램프 RL이 점등된다. 그리고 동시에 Ry-b가 떨어지면서 점등되었던 GL이 점멸된다.

(d) 회로 동작설명

Example 08

PB S/W의 a접점 2개를 직렬로 접속한 회로인데 PB_1-a, PB_2-a 동시에 눌렀을 때 릴레이가 여자되면서 램프가 소등된다. 이 회로는 AND 회로를 부정하는 NAND 회로이다.
시퀀스 회로도의 타임 차트와 진리표를 작성하라.

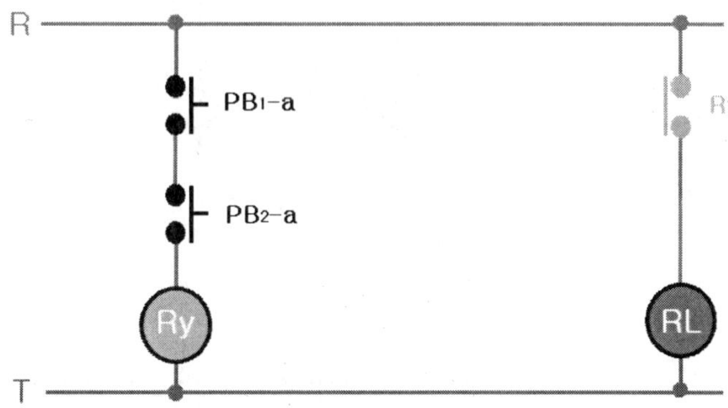

(a) 시퀀스 회로도

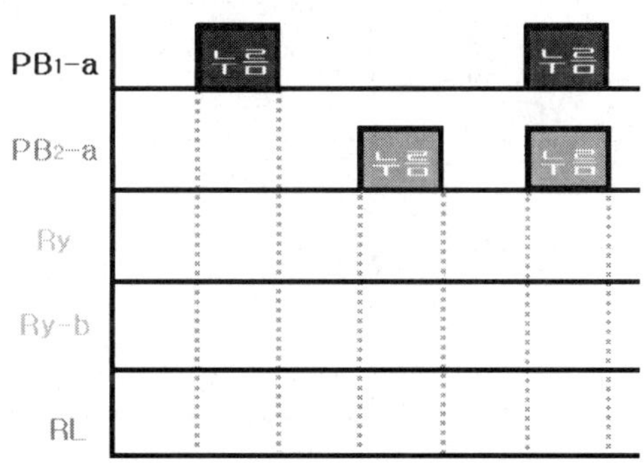

(c) 타임 차트

입력		출력
PB_1-a	PB_2-a	RL
0	0	
0	1	
1	0	
1	1	

(b) 진리표

PB_1-a와 PB_2-a를 동시에 다 눌러야 릴레이 Ry가 여자되어 Ry-b가 떨어지면서 점등되었던 RL이 점멸된다. 두 S/W를 다 눌러야 램프가 점멸되기 때문에 모두 눌러야 램프가 점등되는 AND와는 반대인 NAND 회로가 된다.

(d) 회로 동작설명

Example 09

PB S/W의 a접점 2개를 병렬로 접속한 회로인데 PB_1-a, PB_2-a 중 한 스위치만 눌렀을 때 릴레이가 여자되면서 램프가 소등된다. 이 회로는 OR 회로를 부정하는 NOR 회로이다. 시퀀스 회로도의 타임 차트와 진리표를 작성하라.

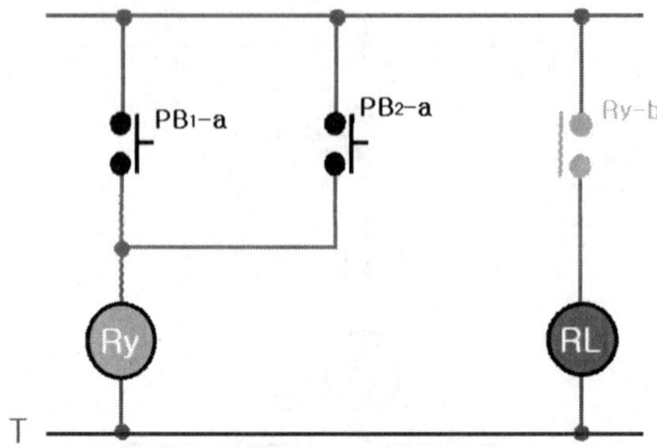

(a) 시퀀스 회로도

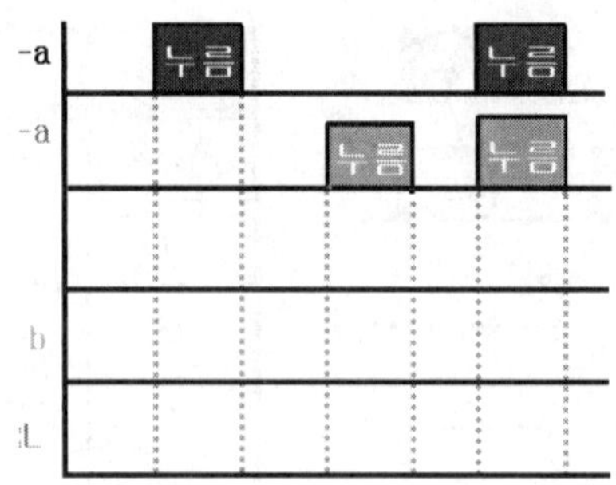

(c) 타임 차트

입력		출력
PB_1-a	PB_2-a	RL
0	0	
0	1	
1	0	
1	1	

(b) 진리표

PB$_1$-a나 PB$_2$-a 중 둘 중 하나만 눌러도 릴레이 Ry가 여자되어 Ry-b가 떨어지면서 점등되었던 RL이 점멸된다. OR 회로와 반대로 PB$_1$-a나 PB$_2$-a 중 둘 중 하나만 눌리면 점멸되는 NOR 회로가 된다.

(d) 회로 동작설명

Example 10

릴레이 2개를 이용하여 Ry_1, Ry_2가 a접점을 직렬로 접속한 AND 회로이다. Ry_1-a, Ry_2-a 양쪽이 다 눌렸을 때 램프가 점등된다. 타임 차트와 진리표를 작성하라.

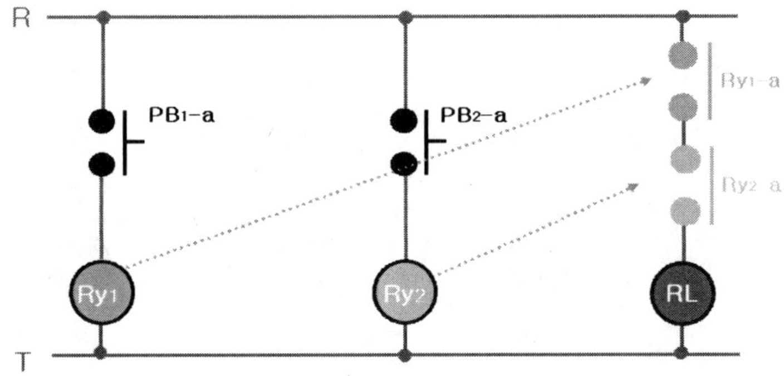

(a) 시퀀스 회로도

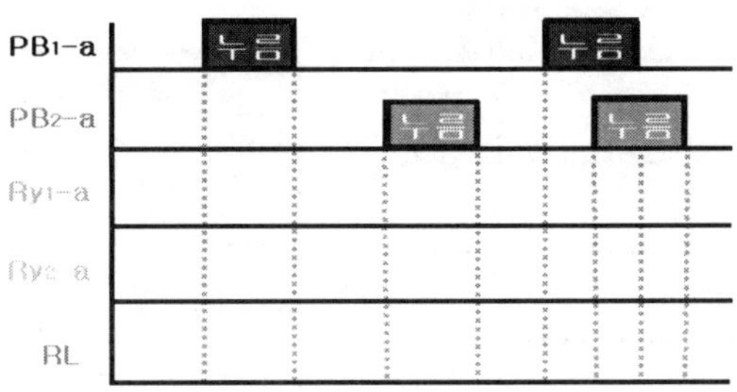

(b) 타임 차트

입력		출력
PB_1-a	PB_2-a	RL
0	0	
0	1	
1	0	
1	1	

(c) 진리표

PB_1-a와 PB_2-a 둘 다 눌려야 릴레이 Ry_1과 Ry_2가 여자되어 Ry_1-a와 Ry_2-a가 동시에 붙어 램프 RL이 점등되어 논리곱(AND) 동작을 하게 된다.

(d) 회로 동작설명

Example 11

PB S/W와 릴레이 2개를 이용하여 릴레이 a접점을 병렬로 접속하고 램프는 Ry_1-a, Ry_2-a 중 접점이 붙으면 점등하는 OR 회로이다. 타임 차트와 진리표를 작성하라.

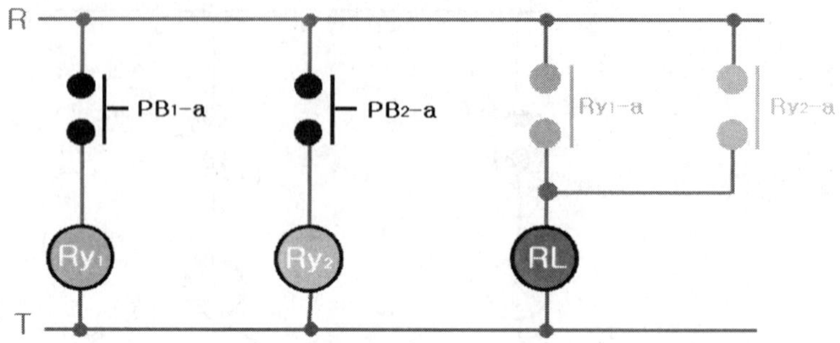

(a) 시퀀스 회로도

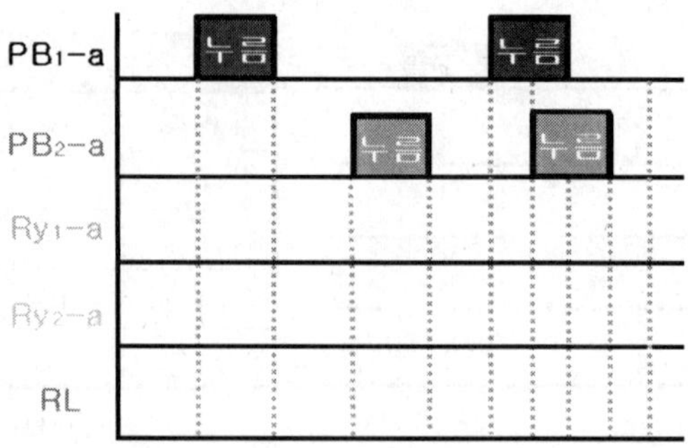

(b) 타임 차트

입력		출력
PB_1-a	PB_2-a	RL
0	0	
0	1	
1	0	
1	1	

(c) 진리표

PB_1-a와 PB_2-a 둘 중 하나만 누르면 릴레이 Ry_1과 Ry_2 둘 중 하나만 여자되어도 접점 Ry_1-a나 Ry_2-a가 붙어 램프 RL이 점등되어 논리합(OR) 동작을 하게 된다.

(d) 회로 동작설명

Example 12

Exclusive-OR 회로이다. 릴레이 2개의 입력 a접점과 b접점이 동시에 여자와 감자될 때 한 라인은 동작되어 출력이 나오는 회로이다. 배타적 논리합이라 한다. 타임 차트와 진리표를 작성하라.

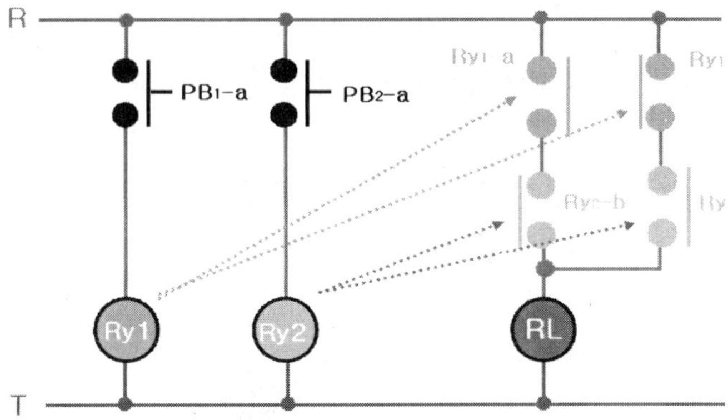

(a) 시퀀스 회로도

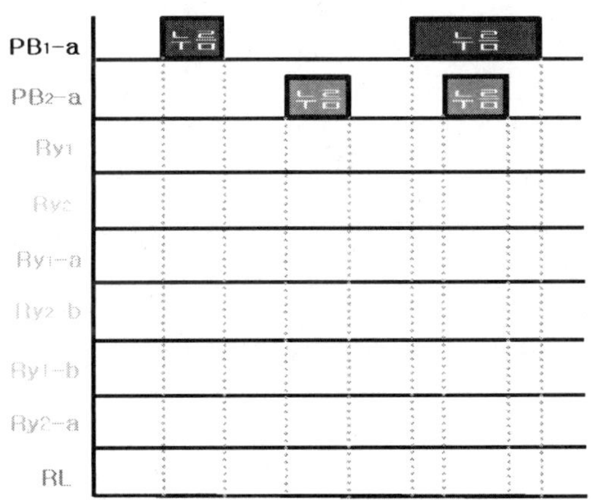

(b) 타임 차트

입력		출력
PB1-a	PB2-a	RL
0	0	
0	1	
1	0	
1	1	

(c) 진리표

> Ry_1와 Ry_2가 동시에 여자되거나 감자가 되면 Ry_1-a가 붙고 Ry_2-b가 떨어지거나 Ry_1-b가 붙고 Ry_2-a가 떨어져서 램프 RL이 점멸된다. 이런 동작을 배타적 논리합(XOR)이라고 한다.

(d) 회로 동작설명

3. 전기 시퀀스의 자기 유지회로와 인터록 회로

(1) 시퀀스의 자기 유지회로

릴레이 접점을 이용하여 자기의 동작을 여자하려는 회로이다. 자기 유지회로는 한번 입력된 신호는 차단신호가 있기까지 여자되므로 일명 기억회로라고 하며, 동력 배선작업이나 자동 제어회로, 유·무 접점회로에 많이 사용된다.

① PB S/W를 누르고 있는 동안에는 릴레이가 여자되어 Ry-a가 붙어 RL 램프가 점등되고, PB S/W를 놓으면 릴레이가 감자되어 RL 램프가 소등된다.

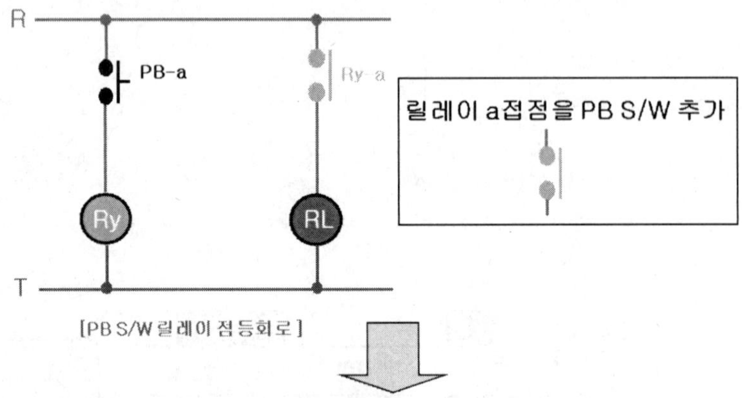

그림 4-22

② PB S/W를 누르면 릴레이가 여자되어 Ry_1-a가 붙어 자기 유지회로가 됨과 동시에 Ry_2-a 접점이 붙어 RL 램프가 점등되고, PB S/W를 놓아도 릴레이가 여자되어 있으므로 RL 램프가 계속 점등된다. 자기 유지회로는 릴레이 a접점을 PB S/W 앞면이나 뒷면에 추가 결선한다.

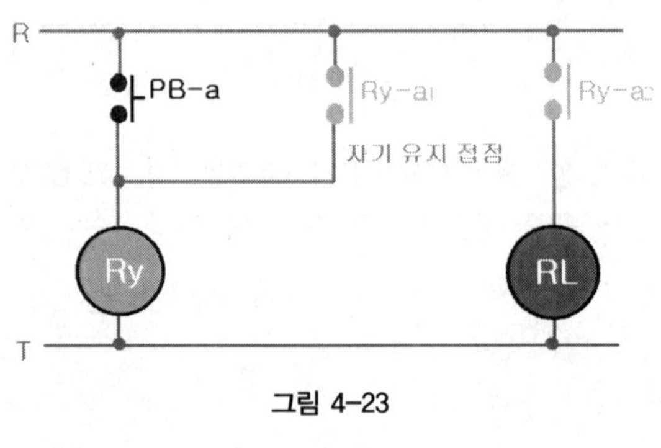

그림 4-23

Example 13

자기 유지회로의 타임 차트와 진리표를 작성하라.

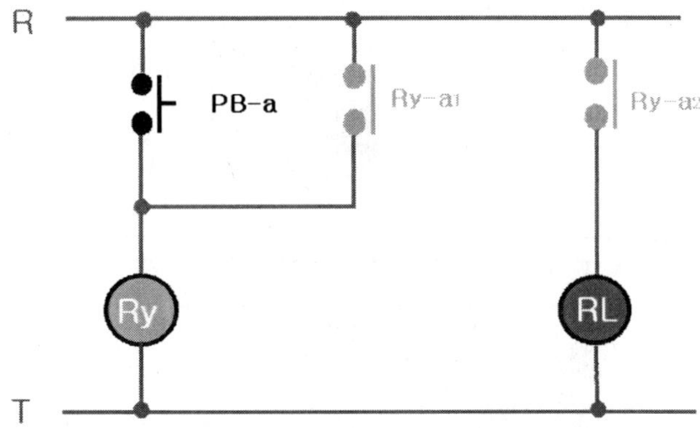

(a) 자기 유지 회로

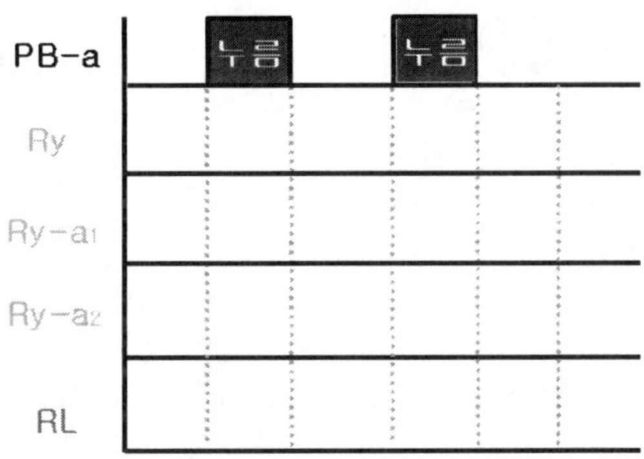

(b) 타임 차트

입력	출력
PB-a	RL
0	
1	

(c) 진리표

PB-a를 누르면 접점 Ry-a1과 Ry-a2가 동시에 붙으면서 RL이 점등된다. 후에 PB-a가 떨어져도 Ry-a1가 계속 붙어 있으므로 Ry가 자기 유지되어 RL이 계속 점등된다.

(d) 회로 동작설명

(2) PB-S/W와 릴레이의 자기 유지회로 동작설명

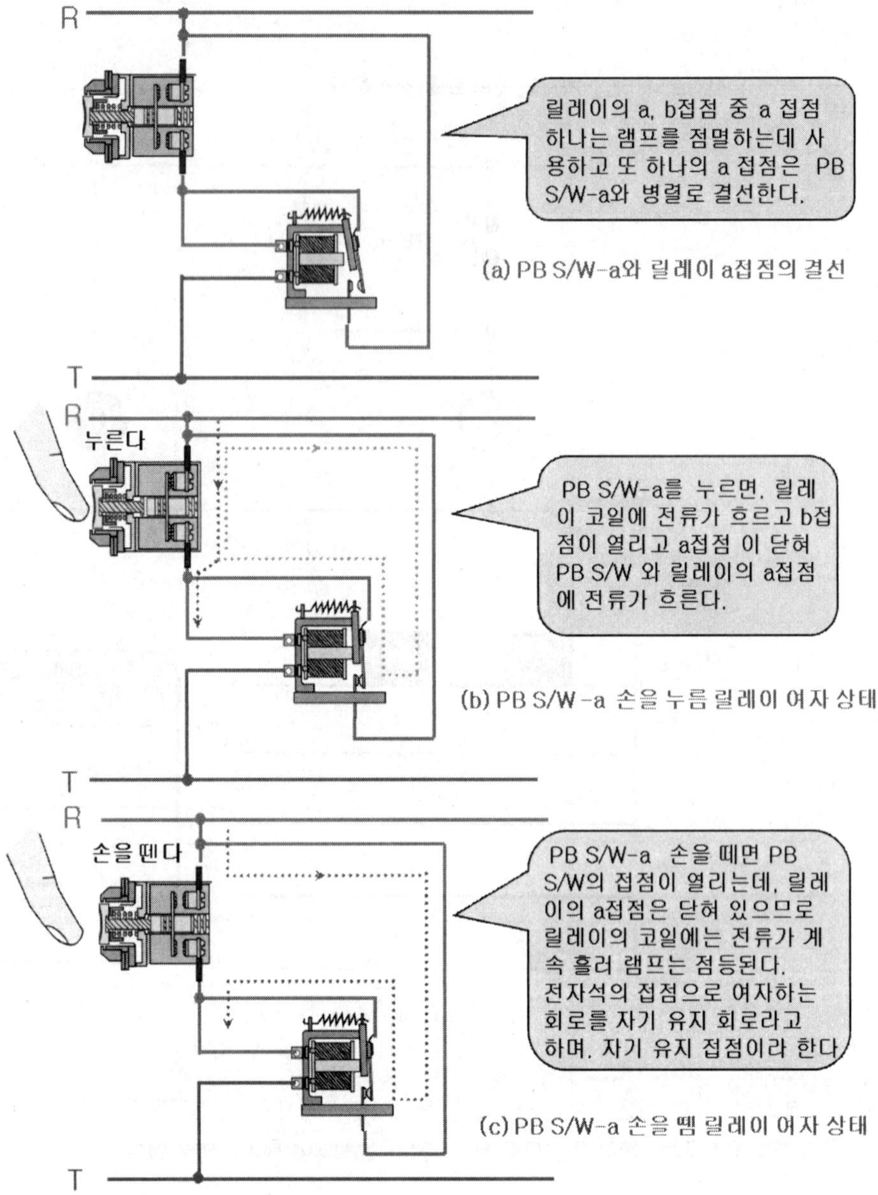

(a) PB S/W-a와 릴레이 a접점의 결선

(b) PB S/W-a 손을 누름 릴레이 여자 상태

(c) PB S/W-a 손을 뗌 릴레이 여자 상태

그림 4-24

Example 14

자기 유지회로의 PB-S/W, PB_2-b를 추가하고 PB_2-b를 누르면 자기 유지가 감자되어 램프가 소등하는 회로이다. 이 회로의 타임 차트, 진리표를 작성하라.

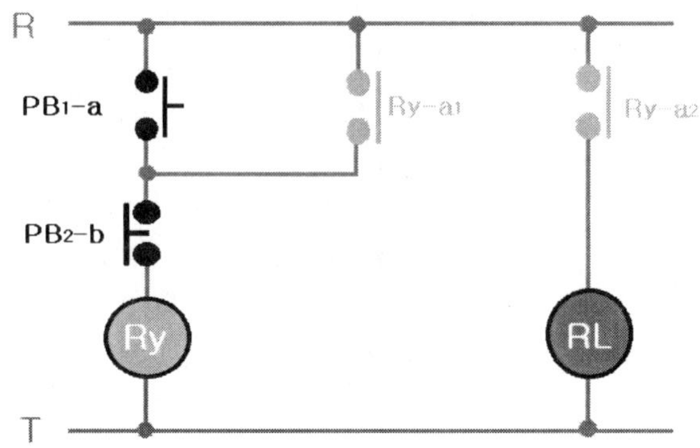

(a) b접점의 자기 유지 회로

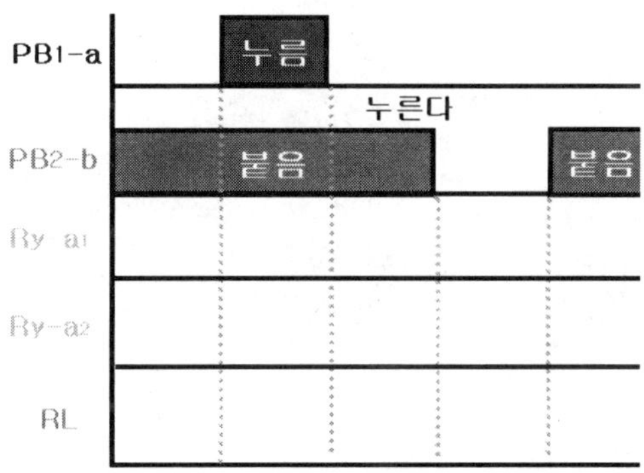

(b) 타임 차트

입력		출력
PB_1-a	PB_2-b	RL
0	0	
0	1	
1	0	
1	1	

(c) 진리표

PB_1-a를 누르면 접점 Ry-a_1과 Ry-a_2가 동시에 붙으면서 RL이 점등된다. 후에 PB_1-a가 떨어져도 Ry가 자기 유지되어 여전히 여자되어 있어 RL이 점등되어 있게 된다. 이때 PB_2-b를 누르면 Ry의 자기 유지가 끊어지면서 감자되어 RL이 점멸된다.

(d) 회로 동작설명

Example 15

b접점 우선 자기 유지회로이며, PB S/W인 PB_1-a를 누르면 자기 유지회로가 되면서 램프가 소등되고 PB_2-b를 누르면 릴레이가 감자되어 자기 유지가 해제되고 램프가 점등되는 회로이다. 타임 차트와 진리표 작성하고, 동작상태를 설명하라.

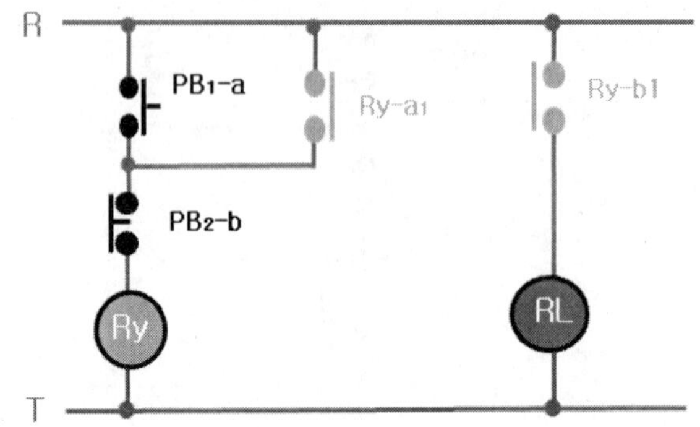

(a) b접점 우선 자기 유지 회로

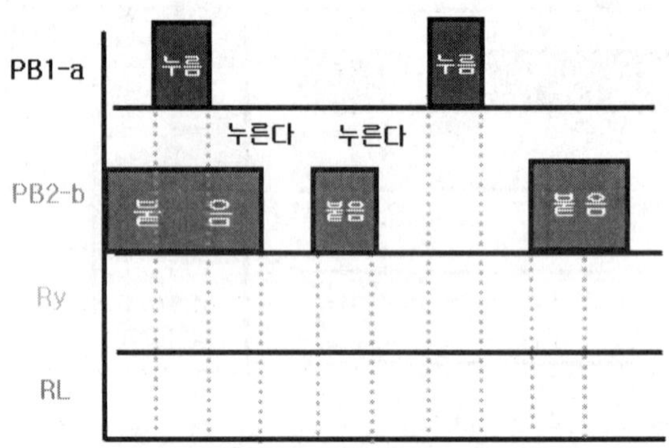

(b) 타임 차트

입력		출력
PB_1-a	PB_2-b	RL
0	0	
0	1	
1	0	
1	1	

(c) 진리표

b접점 우선 자기 유지회로는 PB_1-a를 누르면 릴레이가 여자되어 자기 유지회로가 되면서 램프가 소등되고, PB_2-b를 누르면 릴레이가 감자되어 자기 유지가 해제되고 램프가 점등되는 회로이다. PB_2-b의 S/W를 먼저 누르면 회로가 정지되고 최초의 상태로 원상 복구된다.

(d) 회로 동작설명

Example 16

a접점 우선 자기 유지회로이며, PB S/W인 PB_1-a를 누르면 릴레이가 여자되어 램프가 점등되고 PB_2-b를 누르면 릴레이가 감자되어 자기 유지가 해제되고 램프가 소등되는 회로이다. PB_1-a, PB_2-b를 동시에 누르면 자기 유지는 해제되고 PB_1-a를 누르고 있는 동안은 회로가 동작한다. 타임 차트와 진리표를 작성하고, 동작상태를 설명하라.

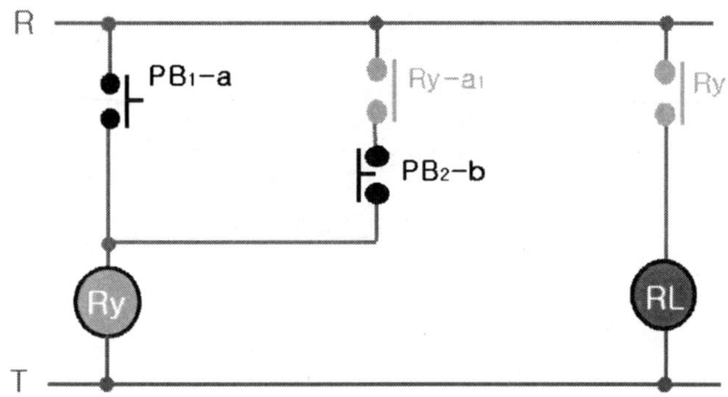

(a) a접점 우선 자기 유지 회로

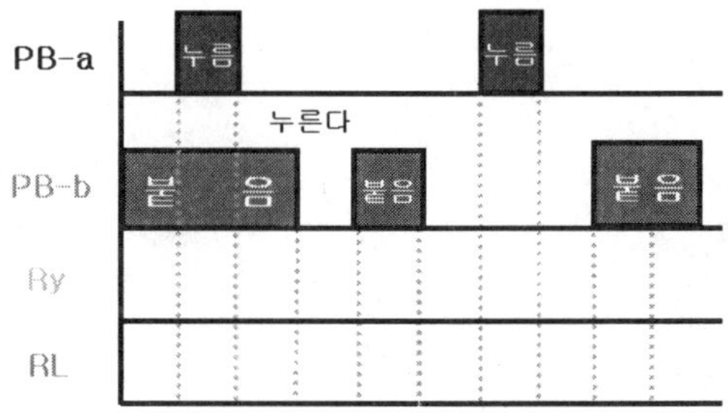

(b) 타임 차트

입력		출력
PB_1-a	PB_2-b	RL
0	0	
0	1	
1	0	
1	1	

(c) 진리표

a접점 우선 자기 유지회로이며, PB S/W인 PB_1-a를 누르면 릴레이가 여자되면서 램프가 점등되고, PB_2-b를 누르면 릴레이가 감자되어 자기 유지가 해제되고 램프가 소등되는 회로이다. PB_1-a, PB_2-b를 동시에 누르면 자기 유지는 해제되나 PB_1-a를 누르고 있는 동안은 회로가 동작한다. PB_1-a S/W가 우선으로 동작한다.

(d) 회로 동작설명

Example 17

버스에서 하차용 PB_1-a과 PB_2-a가 있다. 승객이 하차할 때에 어느 한 쪽의 버튼을 누르면 운전석의 하차용 램프가 계속 점등이 되고 버저 소리가 울리고 운전기사는 PB_3-b를 누르면 램프가 소등되고 버저 소리가 멈추는 시퀀스 회로를 설계한다. 단, PB_2-b 우선 동작회로로 설계한다.

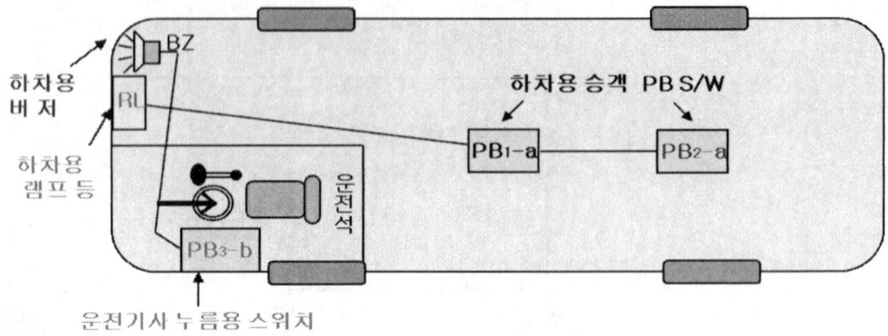

(a) 버스 내부 배치도

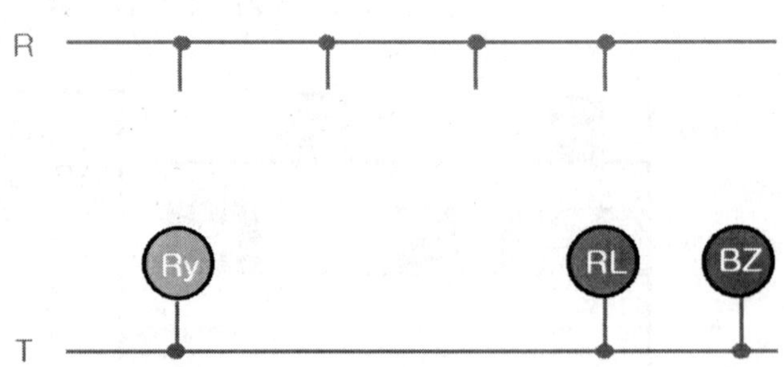

(b) 버스 하차용 표시등 및 버저회로 기구 배치도]

PB_1-a와 PB_2-a 둘 중 하나만 눌러도 Ry가 여자되고 접점 Ry-a_1과 Ry-a_2가 붙고 PB를 뗀 후에도 접점 Ry-a_1때문에 Ry가 자기 유지되어 계속적으로 RL가 점등되고 BZ가 울리게 된다. 이때 PB_3-b를 누르면 접점 Ry-a_1이 떨어져 Ry의 자기 유지가 끊기면서 버저와 램프의 동작이 멈추게 된다.

(c) 회로 동작설명

Example 18

전원에 가까운 쪽의 회로가 먼저 동작하는 회로를 순서 우선 동작회로라고 한다.
PB S/W의 PB_1-a, PB_2-a, PB_3-a, PB_4-b에 대한 릴레이 Ry_1, Ry_2, Ry_3의 순서로 동작한다.
Ry_1이 동작하지 않으면 Ry_2가 동작하지 않고 Ry_3도 동작하지 않는다.
타임 차트를 완성하고 순서 우선 동작회로를 설명하라.

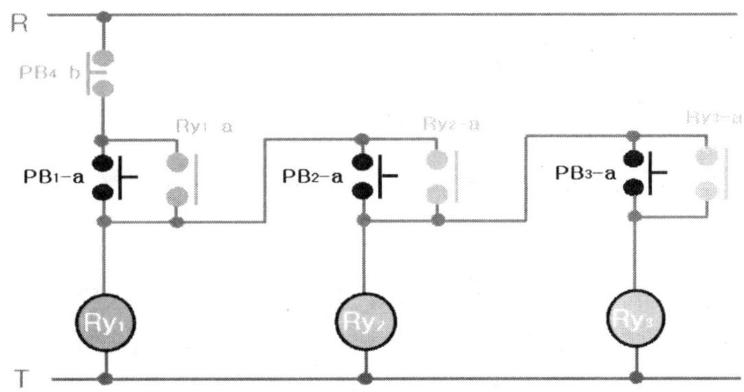

(a) 순서 우선 동작 회로도

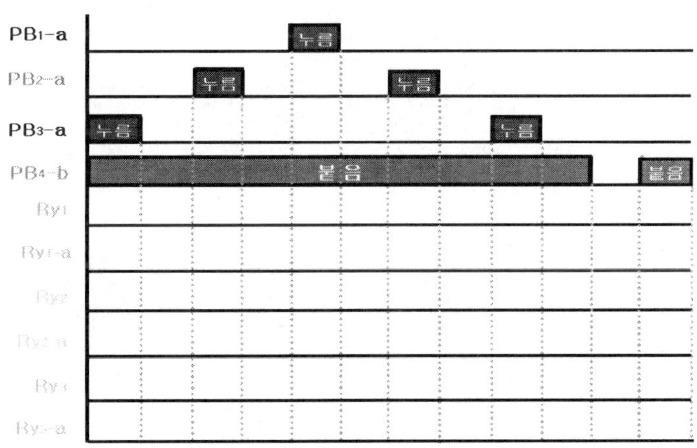

(b) 순서 우선 동작 회로도 타임차트

순서 우선 동작회로이며 전원 쪽에 가까운 PB_1-a를 먼저 눌러야 릴레이 Ry_1이 여자되어 PB_1-a를 놓아도 Ry_1-a접점이 붙어 자기 유지되므로 PB_2-a에 전원이 투입된다. PB_2-a를 누르면 릴레이 Ry_2가 여자되어 Ry_2-a접점이 붙어 자기 유지되므로 PB_3-a에 전원이 투입된다. PB_3-a를 누르면 릴레이 Ry_3가 여자되어 Ry_3-a접점이 붙어 자기 유지된다. 릴레이 Ry_1, Ry_2, Ry_3을 순서로 여자시켜 동작하는 회로이다. Ry_1이 동작하지 않으면 Ry_2가 동작하지 않고 Ry_3도 동작하지 않는다. PB_1-a를 먼저 눌러야 하며, PB_2-a, PB_3-a 둘 중 먼저 눌러도 동작하지 않으므로 꼭 PB_1-a를 먼저 눌러야 동작한다.

(c) 회로 동작설명

(3) 시퀀스의 인터록 회로

기기보호나 작업자의 안전을 위해 두 개의 회로 기기 사이에 출력이 동시에 나오지 않도록 하기 위해 기기의 동작상태를 나타내는 접점을 사용하여 관련된 기기의 동작을 금지하는 회로이다.

선행 우선 동작회로 또는 상대 동작 금지회로라고 하며 인터록 회로라 한다. 한쪽이 동작하고 있는 경우에 다른 쪽의 회로에 입력이 있어도 동작하지 않도록 하는 회로다. 퀴즈 대회와 같이 먼저 버튼을 누른 쪽의 램프가 점등되는 회로이고 전동기의 정회전·역회전 등의 회로에 응용된다.

Example 19

PB_1-a와 PB_2-a의 회로를 결선하고 좌, 우의 PB S/W를 누르면 RL과 GL 양쪽의 램프가 점등되는 회로이다. 인터록 회로를 이용하여 좌, 우 어느 쪽이든 먼저 누른 PB S/W의 램프만 점등되는 회로를 작성하라. PB S/W는 계속 누르고 있어야 한다.

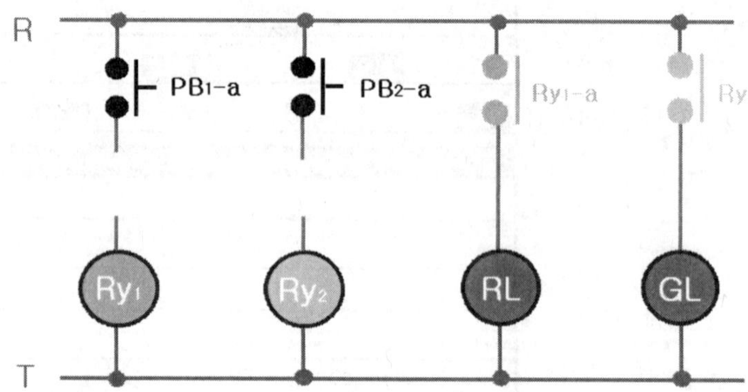

[인터록 회로의 기구배치]

PB_1-a를 누르면 Ry_1가 여자되어 접점 Ry_1-a가 붙고 Ry_1-b가 떨어지면서 RL이 점등되고 PB_2-a를 누르더라도 Ry_2가 여자되지 않는다. 반대로 PB_1-a를 떼고 PB_2-a를 누르면 GL이 점등되고 PB_1-a를 눌러도 Ry_1가 여자되지 않는다.

(b) 회로 동작설명

(4) PB S/W와 릴레이의 인터록 회로 동작설명

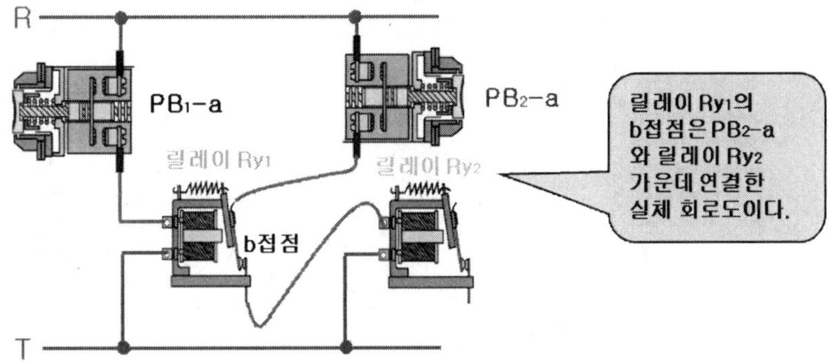

(a) 인터록 회로의 실체 회로도

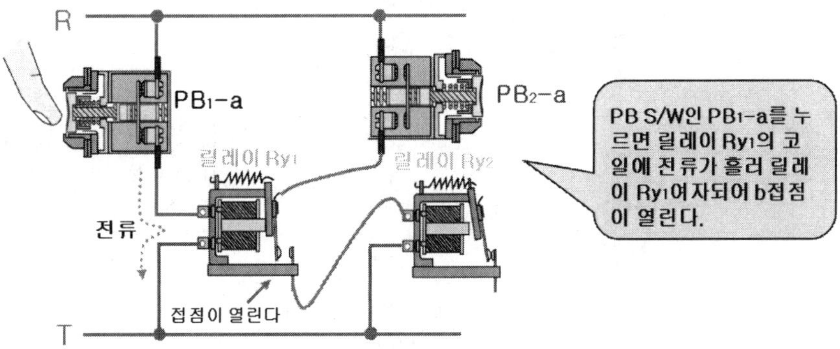

(b) 먼저 PB1-a를 누른다

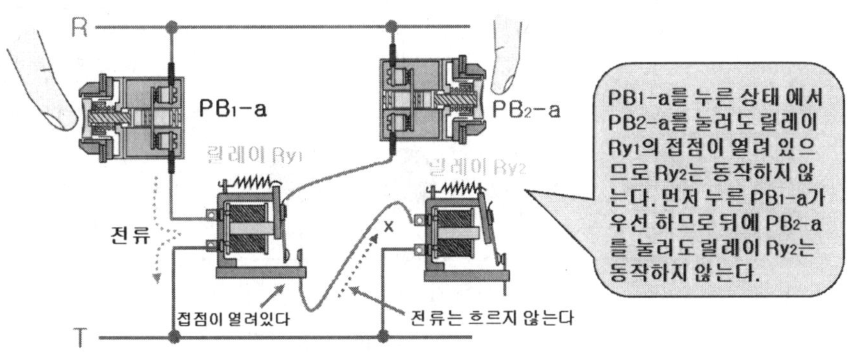

(c) 인터록 회로가 된 후에 PB2-a 를 누른다

그림 4-25

(5) PB S/W와 릴레이의 인터록 시퀀스 회로도 동작설명

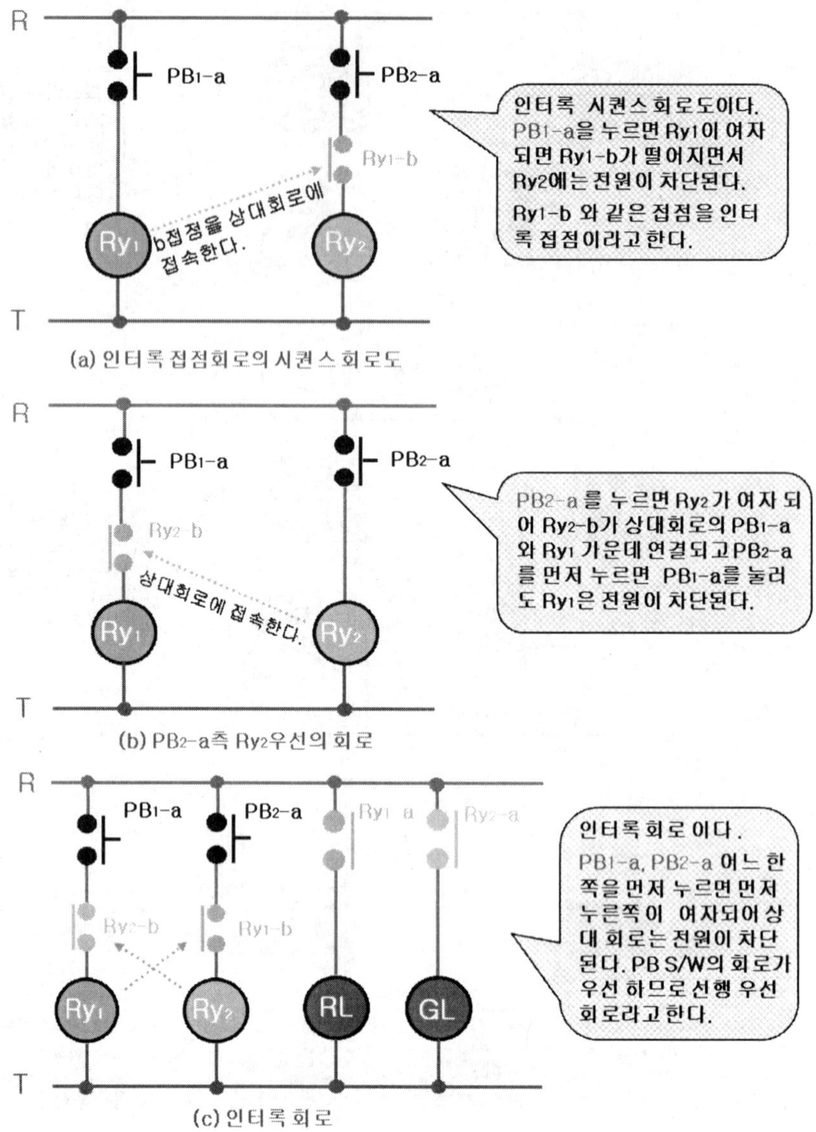

그림 4-26

Example 20

PB S/W와 릴레이의 인터록 시퀀스 회로도 동작설명에서 (c)의 PB_1-a와 PB_2-a를 눌렀을 때 릴레이는 어떤 동작을 하는지 타임 차트와 램프 RL과 GL의 타임 차트를 완성하고, 인터록 동작회로를 설명하라.

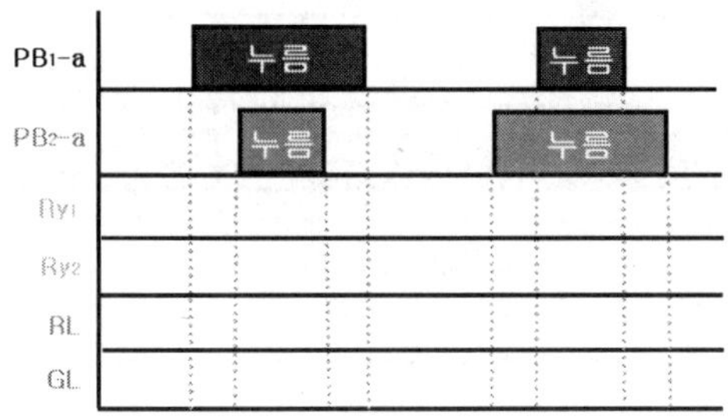

[인터록회로 타임 차트]

PB S/W를 먼저 누르면 우선하여 동작하고 PB_1-a, PB_2-a 중에 뒤에 누른 PB_1-a, PB_2-a는 동작하지 않는다. PB_1-a, PB2-a 어느 한 쪽을 먼저 누르면 먼저 누른 쪽이 여자되어 상대회로는 전원이 차단된다. PB S/W의 누름버튼이 우선하므로 선행 우선회로라고 한다.

(b) 회로 동작설명

Example 21

인터록 회로에서는 PB S/W를 누르면 램프가 점등되고 PB S/W에서 손을 떼면 소등되고 원상태로 복귀한다. 그 후에 누른 PB S/W측의 램프가 점등된다. 손을 떼어도 먼저 누른 쪽의 램프가 계속 점등하는 회로의 시퀀스 회로도를 작성하라. (PB_1-a, PB_2-a접점을 누르고 있는 상태에서는 램프를 소등할 수 없으므로 정지용의 PB_3-b를 접속한다.)

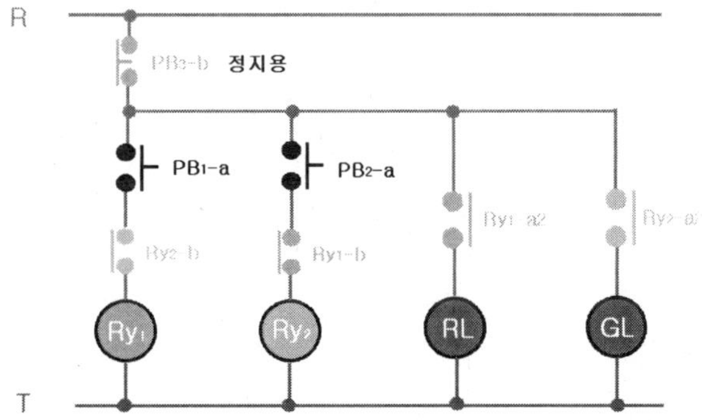

[인터록회로]

Example 22

(예제 21)의 자기 유지회로와 인터록 회로에서 PB S/W를 PB_1-a, PB_2-a, PB_3-b를 누를 때 릴레이와 접점 동작상태와 RL과 GL램프의 타임 차트를 작성하라.

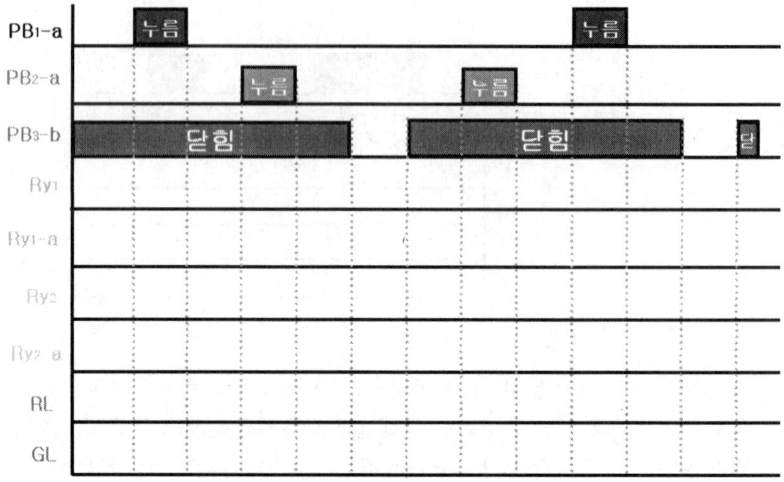

[자기 유지 회로와 인터록 회로]

Example 23

인터록 회로는 PB S/W를 먼저 누른 회로가 먼저 동작하는 회로에 대해서 배웠으나 여기서는 PB_1-a 먼저 눌러도 뒤에 PB_2-a를 누를 때 PB_2-a가 먼저 동작하는 후 입력 우선회로 도면이다. 회로도의 타임 차트를 작성하라.

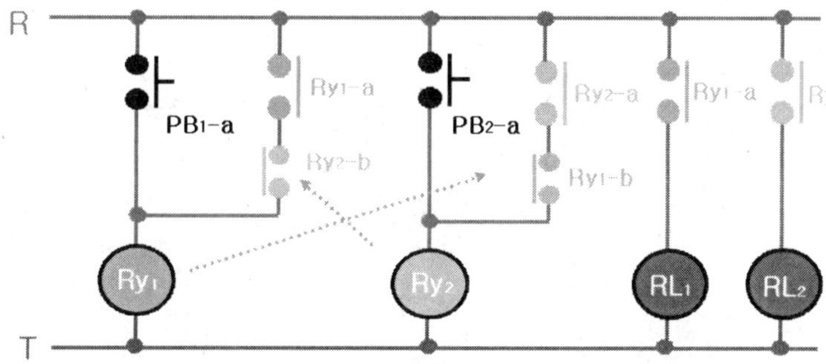

(a) 시퀀스 회로도

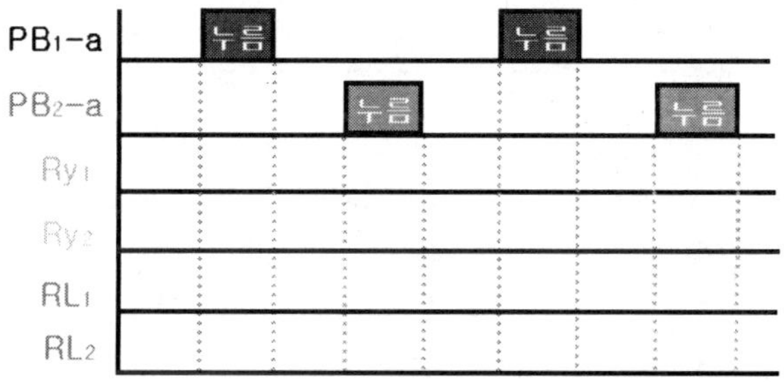

(b) 타임 차트

Example 24

선수1, 선수2, 선수3, 3명이 퀴즈 대회에 참가하고 있다. 문제를 듣고 PB S/W를 누르고 난 다음 정답을 말하는 퀴즈 대회이다. 가장 빨리 PB S/W를 누른 사람의 램프만 점등하는 회로를 설계한다. 단, PB S/W에서 손을 떼어도 램프가 계속 점등되어야 하며, 진행자 버튼 PB_4-b를 눌러 다음 퀴즈 문제를 진행할 수 있도록 한다.

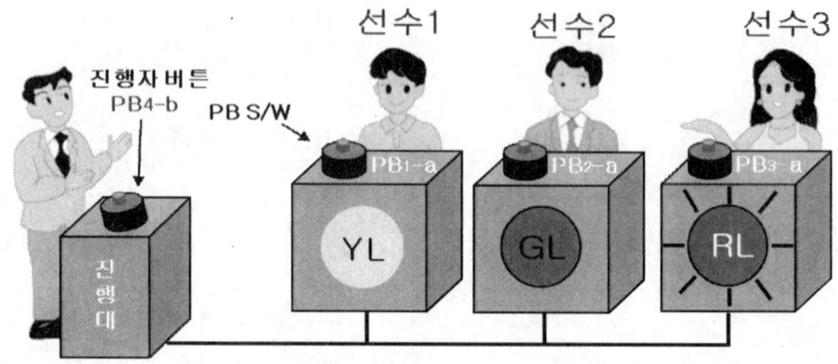

(a) 버튼 빨리 누르기 퀴즈 장치

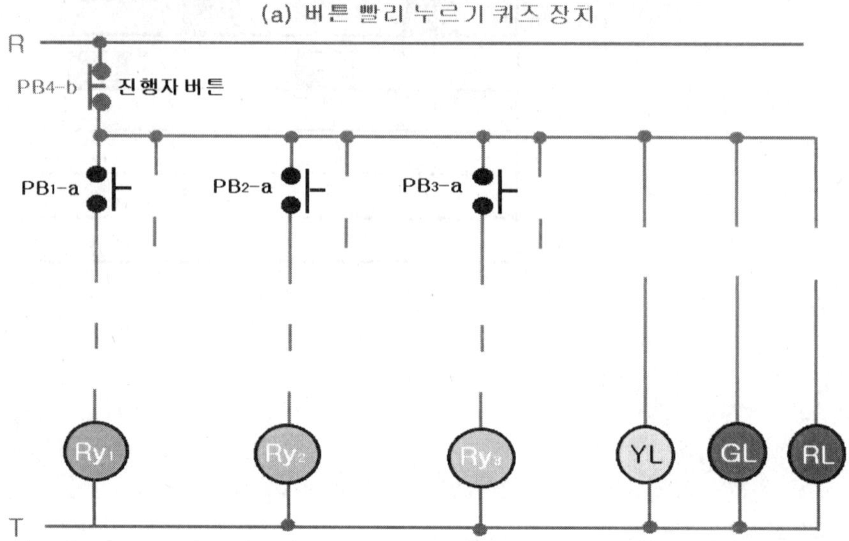

(b) 버튼 빨리 누르기 퀴즈 장치 부품배치도

> 가장 먼저 PB_1-a를 누르면 Ry_1가 여자되어 자기 유지 접점 Ry_1-a_1이 붙고 PB_1-a를 떼어도 Ry_1-a_2에 연결된 YL이 계속 켜지게 된다. 또한 각 Ry_2, Ry_3에 직렬로 연결된 Ry_1-b_1, Ry_1-b_2가 떨어지면서 PB_2-a나 PB_3-a를 누르더라도 Ry_2, Ry_3가 여자되지 않는다. 이때 PB_4-b를 누르면 Ry_1이 감자되면서 YL이 점멸된다.

(c) 회로 동작설명

4. 타이머를 이용한 회로

(1) 타이머의 종류

타이머의 기본동작을 익히고, 기본회로를 이해하여야 한다. 타이머는 보통 두 가지 종류의 동작을 올바로 이해하면 된다.

- 온 딜레이 타이머(on delay timer) : 동작할 때에 시간이 지연된다.
- 오프 딜레이 타이머(off delay timer) : 복귀할 때에 시간이 지연된다.

1) 온 딜레이 타이머

타이머에 입력신호를 주면 설정시간이 지난 후에 접점이 동작하는 것을 온 딜레이 타이머(한시동작형)라고 한다.

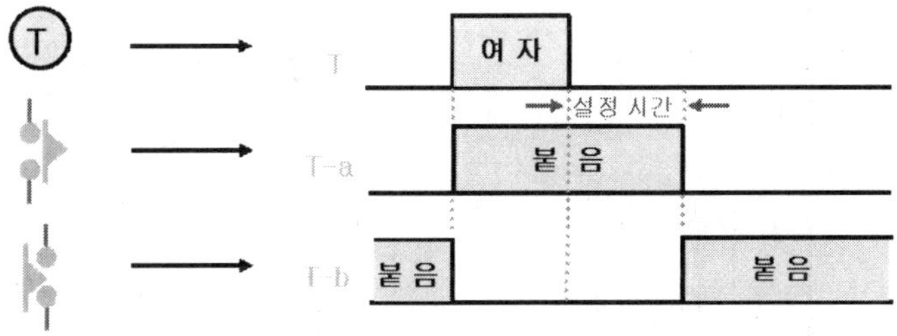

(a) 심벌 기호 (b) 타임 차트

그림 4-27

2) 오프 딜레이 타이머

타이머의 입력신호를 제거하고 설정시간이 지난 후에 접점이 동작하는 것을 오프 딜레이 타이머(한시복귀형)라고 한다.

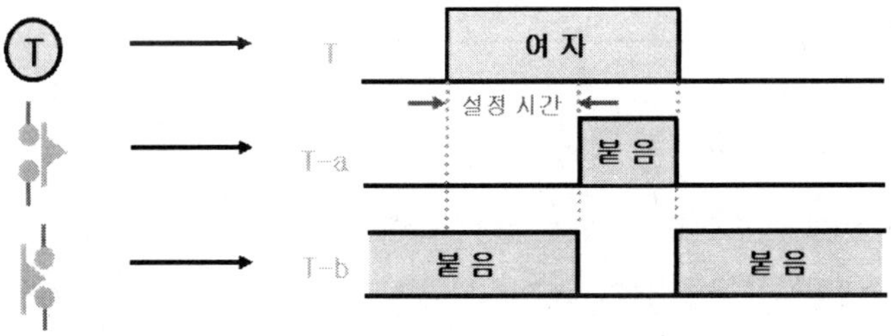

(a) 심벌 기호 (b) 타임 차트

그림 4-28

(2) 타이머의 종류별 기호와 동작방식

표 4-2 • 타이머의 종류별 기호와 동작방식

신호			접점 심벌 / 논리 심벌 / 동작
입력신호(코일)			
출력신호	한시동작회로	a 접점	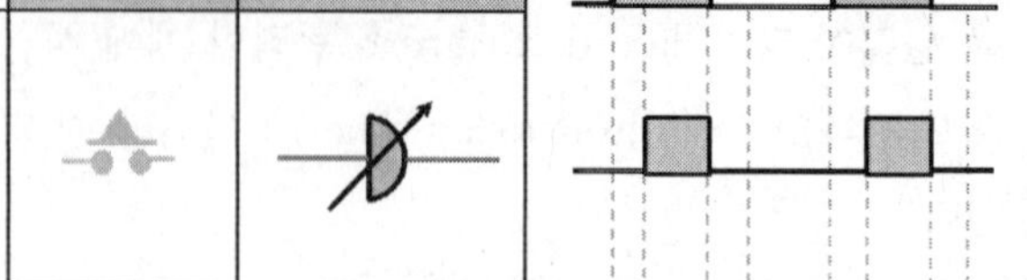
		b 접점	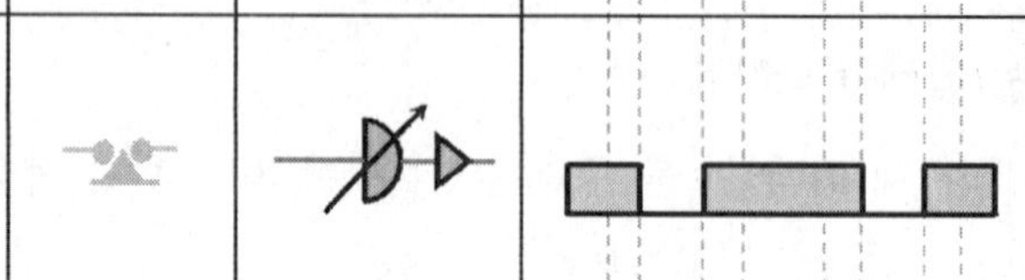
	한시복귀회로	a 접점	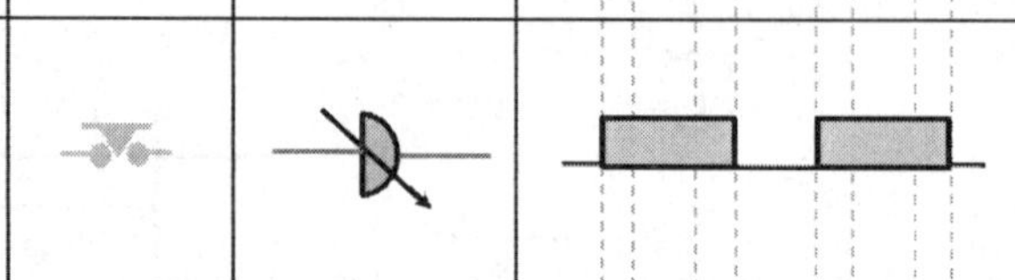
		b 접점	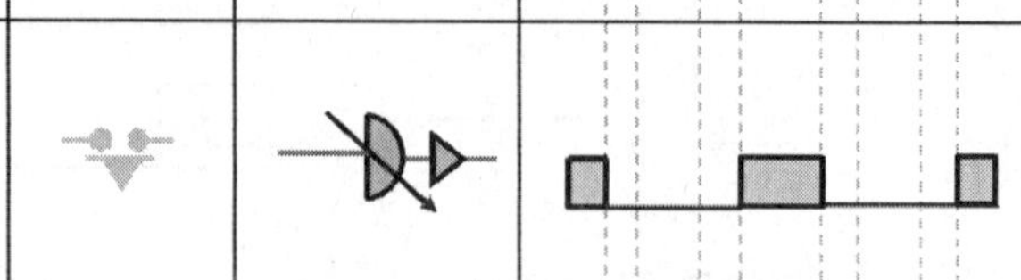
	플리커회로	a 접점	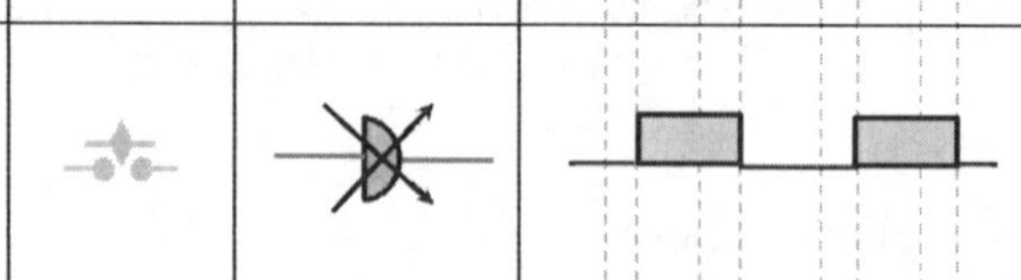
		b 접점	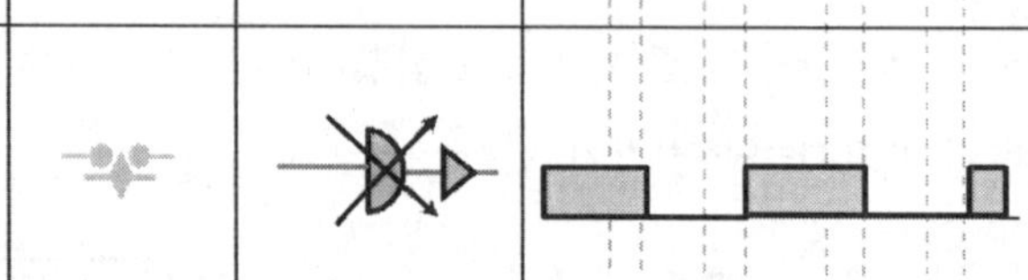

(3) 온 딜레이 타이머 회로

타이머에 입력신호를 주면 설정시간이 지난 후에 접점이 동작하는 것을 온(on) 딜레이 타이머라고 한다. 일반적으로 온 딜레이 회로를 타이머라고 하며 설정시간이 지난 후 전기기기가 운전 또는 정지한다.

Example 25

온 딜레이 타이머를 사용한 램프 점멸회로이다. 타이머의 설정시간 5초를 설정하면 PB-a는 5초 이상 눌러 주어야 타이머가 동작한다. 타임 차트를 완성한다.

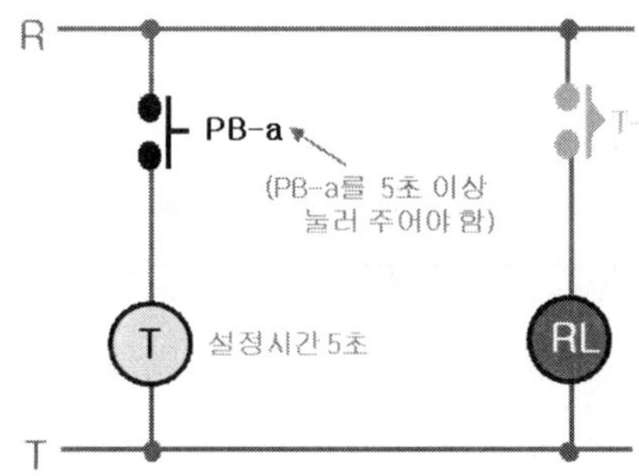

(a) 온 딜레이 타이머 회로

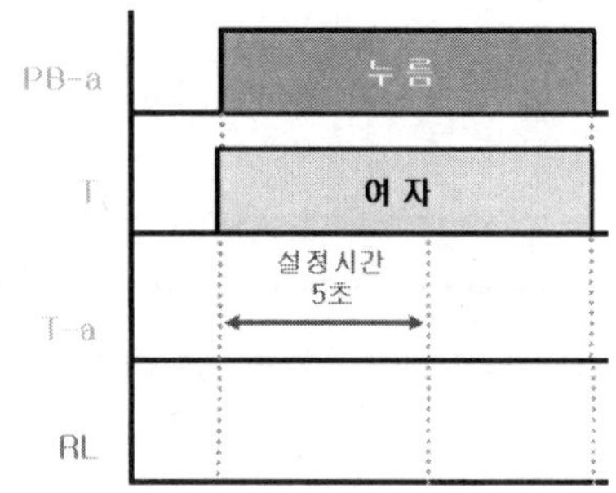

(b) 타임 차트

PB-a를 누르고 있으면 타이머에 전류가 흘러 여자되고 5초 후에 T-a가 붙어 램프가 점등된다. PB-a에 손을 떼면 타이머에 전류가 안 흘러 감자되고 즉시 소등된다(지연 동작회로라고 하며 PB-a는 5초 이상 눌러 주어야 램프가 점등된다).

(c) 회로 동작설명

Example 26

온 딜레이 타이머 회로에 릴레이 Ry 이용하여 자기 유지와 Ry-a를 연결하여 점등되는 회로를 완성하고 타임 차트를 작성하라.

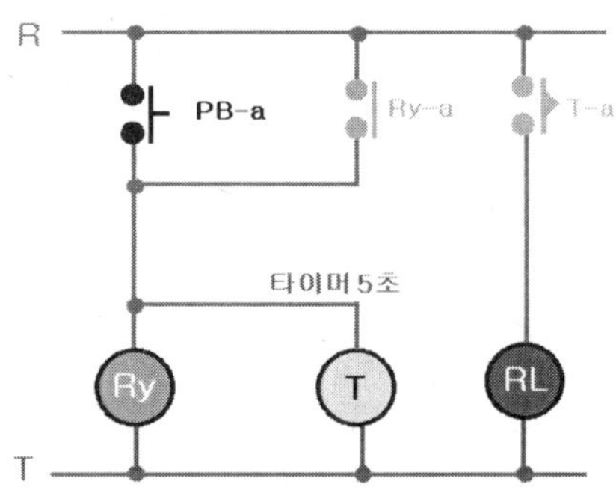

(a) 시퀀스 회로도

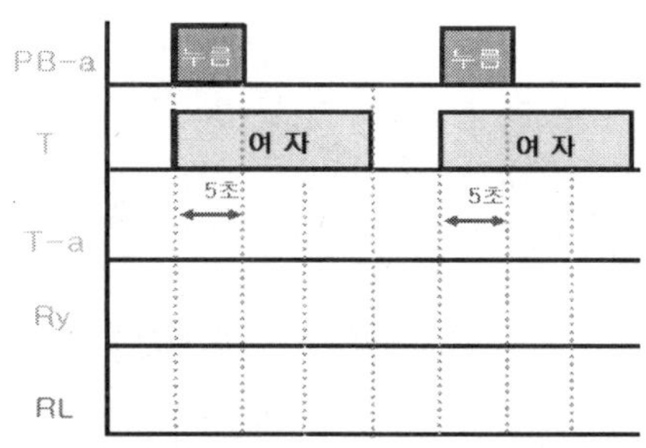

(b) 타임 차트

PB-a를 누르면 타이머와 릴레이에 전류가 흘러 여자되고 릴레이는 자기 유지회로가 된다. 5초 후에 T-a가 붙어 램프가 점등된다. PB-a에 손을 떼도 릴레이와 타이머에 전류가 흘러 여자되어 있으므로 계속 점등된다.

(c) 회로 동작설명

Example 27

Example 26은 램프가 점등되면 소등이 안 된다. 정지용의 PB_2-b를 추가하고 PB-a를 누르면 릴레이가 자기 유지되고 5초 지난 후에 램프가 점등되고, PB_2-b를 누르면 소등되는 시퀀스 회로와 타임 차트를 작성하라.

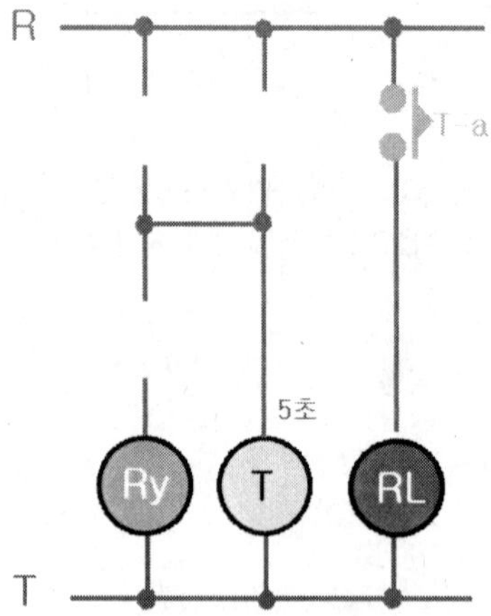

(a) 시퀀스 회로도

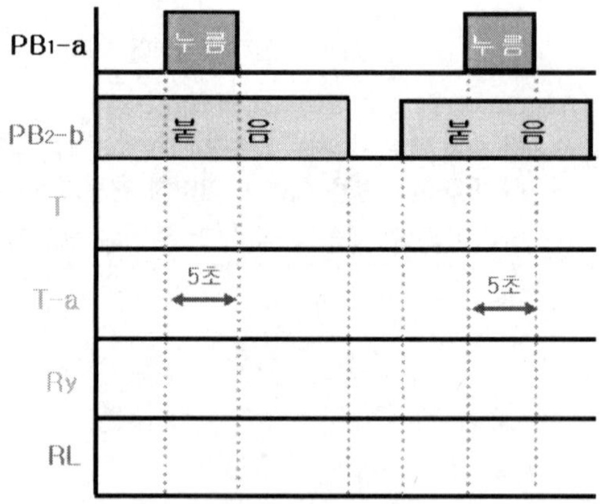

(b) 타임 차트

Example 28

PB$_1$-a를 누르면 릴레이와 타이머가 자기 유지되고 타이머가 5초간 점등되어 있다가 타이머 b접점이므로 5초 지난 후에 램프가 소등되고 PB$_2$-b를 누르면 소등되는 시퀀스 회로와 타임 차트를 작성하라.

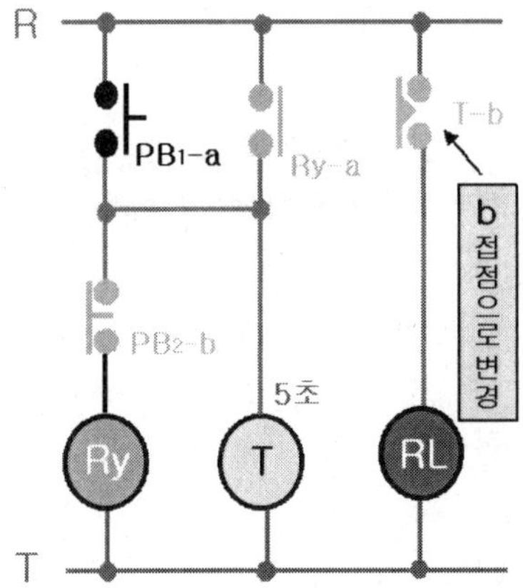

(a) 시퀀스 회로도

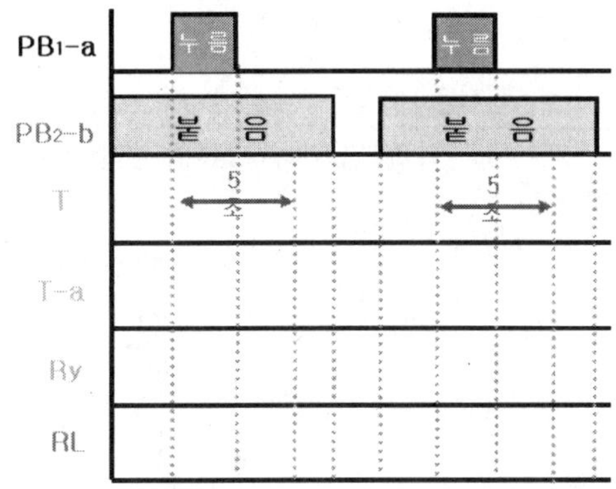

(b) 타임 차트

(4) 일정 시간 동작회로

타이머에 입력신호를 주면 일정한 시간만 동작하고 자동적으로 원상 복귀하는 회로를 일정 시간 동작회로 또는 원 숏(one-shot) 회로라고 한다. 전기기기 등을 설정시간만 동작시킬 경우에 사용한다.

Example 29

정지용 PB S/W인 PB-b 대신 타이머인 T-b접점을 결선하고 타이머는 5초를 설정한다. 램프 회로에 릴레이 a접점을 연결하고 타임 차트와 회로 동작설명을 하라.

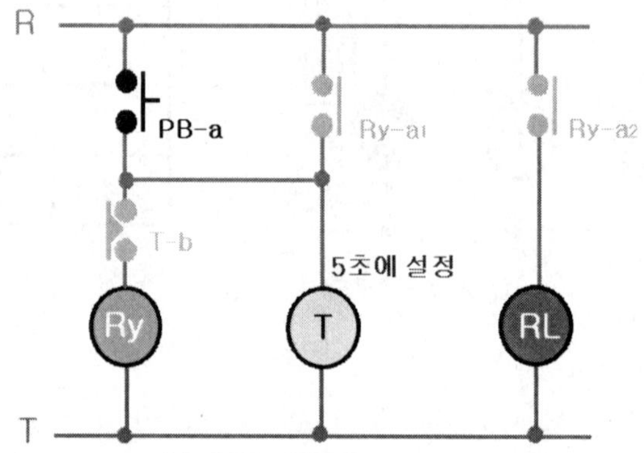

(a) 시퀀스 회로도

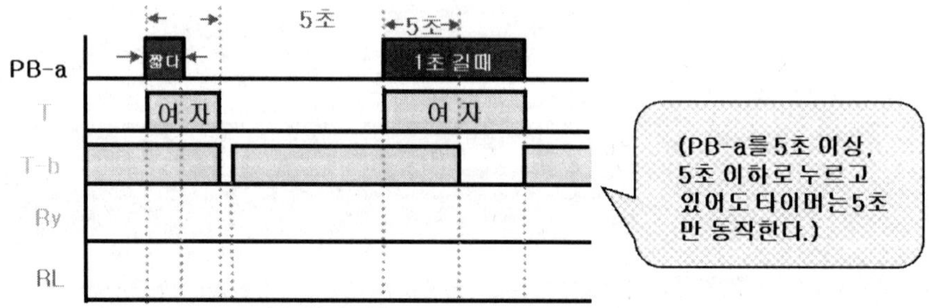

(b) 타임 차트

PB-a를 누르면 Ry와 T가 여자되어 릴레이 $Ry\text{-}a_1$이 자기 유지되고 $Ry\text{-}a_2$가 붙어 램프 RL이 점등된다. 그리고 5초 후에 타이머의 T-b접점이 떨어진다. 그리고 릴레이가 감자되어 RL 램프가 소등된다. 일정 시간 동작회로는 PB S/W를 누르면 5초간만 램프가 점등된다. 이러한 회로를 일정 시간 동작회로라 한다.

(c) 회로 동작설명

Example 30

버스 안에 하차용 PB$_1$-a와 PB$_2$-a가 있다. 승객이 PB$_1$-a이나 PB$_2$-a 중 어느 PB S/W를 먼저 누르던 운전석의 램프가 점등되고 동시에 버저가 5초간 울리는 회로를 설계한다. 운전기사는 정지용 스위치 PB$_3$-b를 누르면 램프가 소등된다.

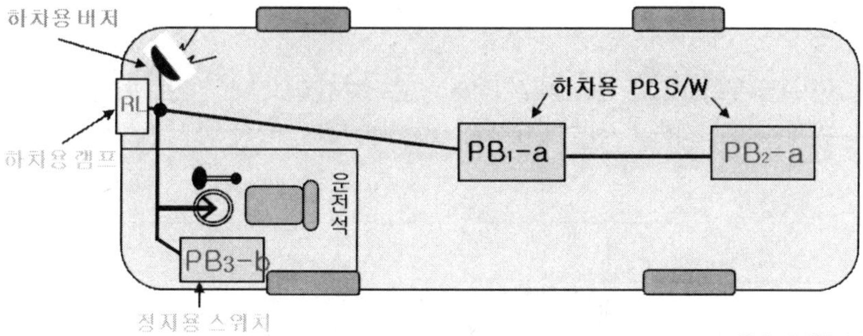

(a) 배선도

Ry1 : 11핀
Ry2 : 8핀

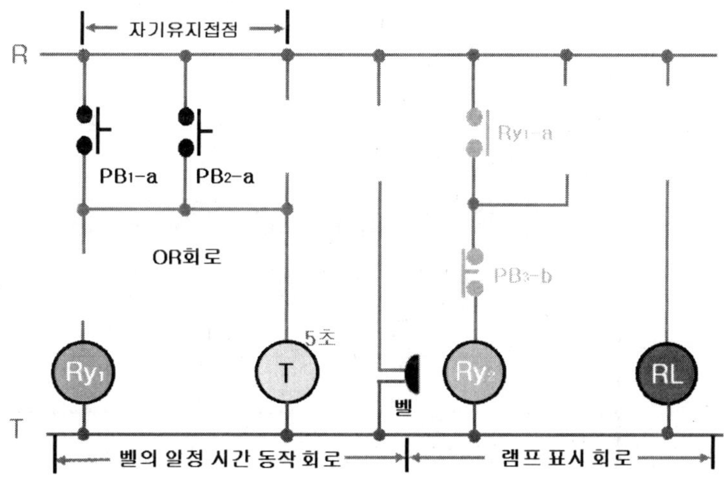

(b) 회로도

PB$_1$-a, PB$_2$-a 둘 중 하나만 눌러도 자기 유지 접점 Ry$_1$-a$_1$이 붙고 동시에 벨에 연결된 접점 Ry$_1$-a$_2$도 붙어 벨이 울리며 Ry$_1$-a$_3$도 붙고 RL이 점등된다. 5초 후 타이머에 의해 Ry$_1$에 연결된 T-b가 떨어지면서 벨이 멈추게 된다. 하지면 또 다른 자기 유지 접점 Ry$_2$-a$_1$에 의해 RL은 계속 점등상태로 있다가 PB$_3$-b가 눌리면 RL까지 꺼지게 된다.

(c) 회로 동작설명

(5) 플리커 회로

플리커(flicker) 릴레이를 이용하여 자동적으로 램프 점멸이나 버저 소리를 주기적으로 내는 회로이다. 전기기기 등을 주기적으로 동작시키는 회로를 플리커 회로 또는 **주기 동작회로**라고 한다.

Example 31

PB-a를 누르고 있는 동안만 주기적으로 램프를 점멸시킨다. T_1은 2초, T_2는 4초에 설정하고 타임 차트를 작성한다. 회로의 동작을 설명하라.

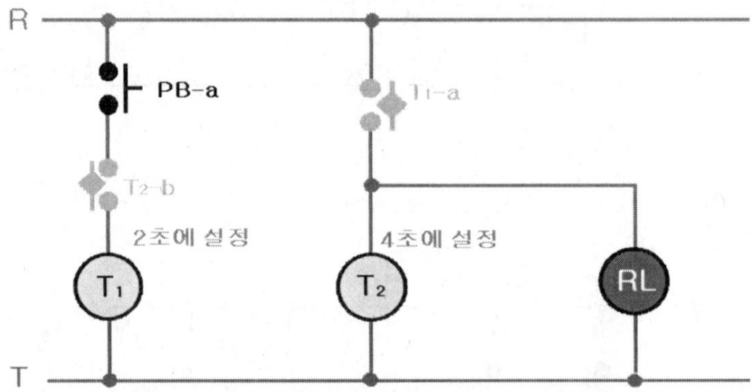

(a) 시퀀스 회로도

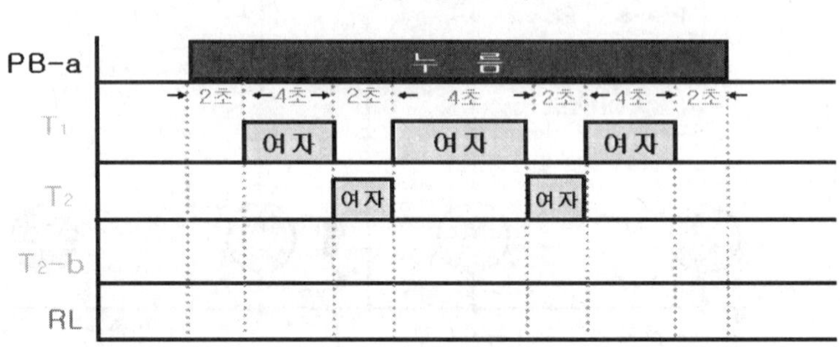

(b) 타임 차트

PB-a를 누르면 T_1이 여자되어 2초 후에 타이머 T_1-a접점이 닫히고 램프 RL이 점등된다. 동시에 타이머 T_2가 여자되어 4초 후에 타이머 T_2-b의 접점이 열리기 때문에 원래의 상태로 복귀하여 램프가 소등된다. PB S/W를 누르고 있는 동안은 같은 동작이 반복된다. 따라서 램프는 4초간 점등되고 2초간 소등되는 동작을 반복한다.

(c) 회로 동작설명

(6) 순차 동작회로

입력신호를 인가하면 타이머 동작에 의하여 명령이 차례로 전송되는 회로를 순차 동작 회로라 한다. 엘리베이터, 세탁기 등을 차례로 동작시킬 때나 교통 신호등을 차례로 동작하는 회로이며 복잡하지만 가장 기본적인 회로이다.

Example 32

교통 신호등 RL, BL, GL 3개의 램프를 차례로 동작시키는 순차 동작회로이다. 이 회로에 타임 차트를 작성하고 회로를 설명하라.

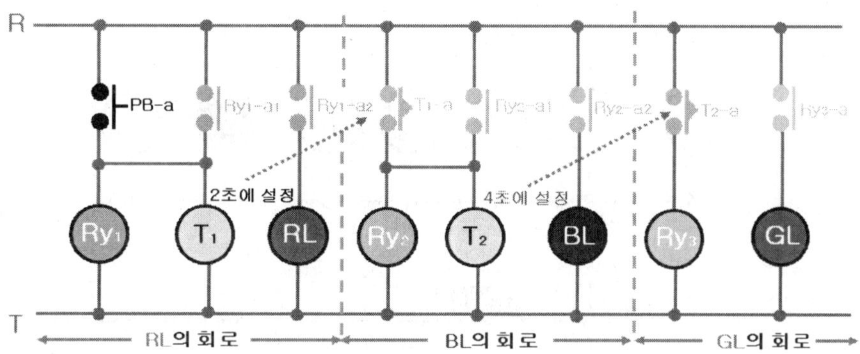

(a) 시퀀스 회로도

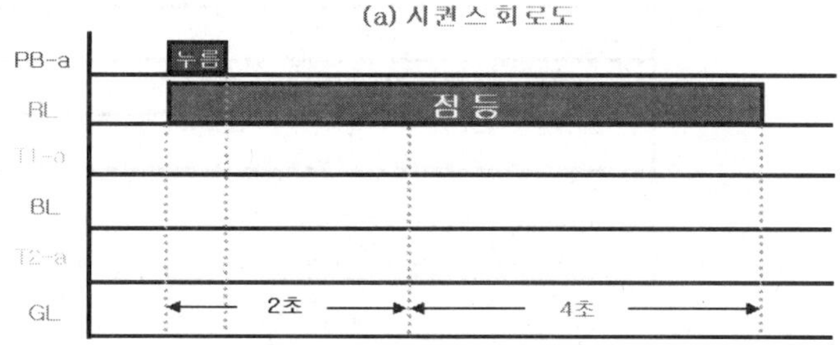

(b) 타임 차트

> PB-a를 누르면 릴레이 Ry_1이 여자되어 Ry_1-a_1이 붙어 자기 유지되고 Ry_1-a_2가 붙어 램프 RL이 점등된다. 그리고 타이머 T_1이 여자되어 2초 후에 T_1-a가 붙어 Ry_2가 여자되어 Ry_2-a_1이 붙어 자기 유지되고 Ry_2-a_2가 붙어 램프 BL이 점등된다. 그리고 타이머 T_2가 여자되어 4초 후에 T_2-a가 붙어 Ry_3가 여자되어 Ry_3-a가 붙어 GL이 점등된다.

(c) 회로 동작설명

Example 33 ◎

교통 신호등의 3개의 램프 RL, BL, GL을 차례로 점멸하는 램프 순차 동작회로의 시퀀스 회로를 설계하고 타임 차트를 작성하라.

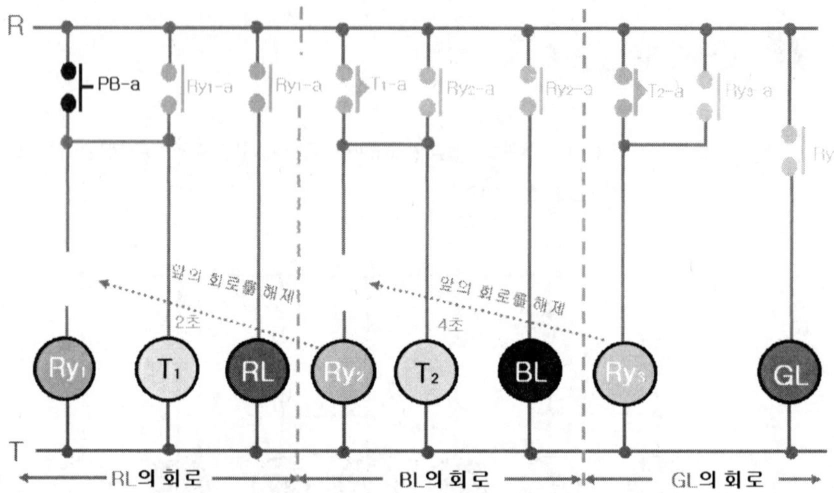

(a) 시퀀스회로도

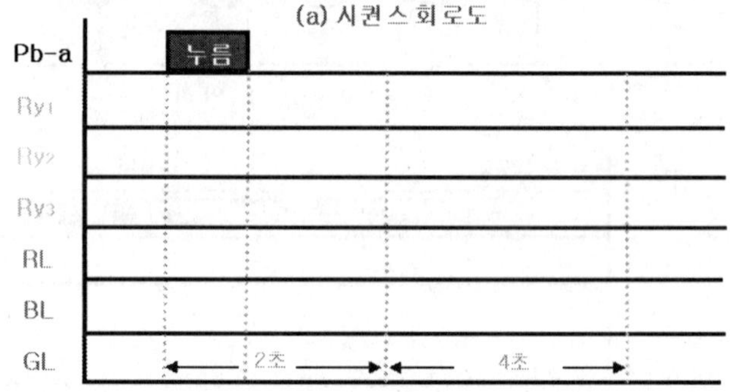

(b) 타임 차트

PB-a를 누르면 릴레이 Ry_1이 여자되어 Ry_1-a_1이 붙어 자기 유지되고 Ry_1-a_2가 붙어 램프 RL이 점등된다. 그리고 타이머 T_1이 여자되어 2초 후에 T_1-a가 붙어 Ry_2가 여자되어 Ry_2-a_1이 붙어 자기 유지되고, 동시에 Ry_1 바로 위쪽에 있는 Ry_2-b접점이 떨어지므로 Ry_1이 감자됨과 동시에 Ry_2-a_2가 붙어 램프 BL이 점등된다. 그리고 타이머 T_2가 여자되어 4초 후에 T_2-a가 붙어 Ry_3가 여자되면서 Ry_2 바로 위쪽에 있는 Ry_3-b접점이 떨어지므로 Ry_2가 감자된다. Ry_3-a_1이 붙어 자기 유지회로가 되고 Ry_3-a_2가 붙어 GL이 점등된다.

(c) 회로 동작설명

5. 유도 전동기의 제어

전동기를 기동하기 위해서는 기동전류 때문에 용량이 큰 전류를 흘려야 하기 때문에 접점용량이 큰 전력용 개폐기나 보호 계전기를 사용하여야 한다.

Example 34

교통 신호등과 같이 PB-a를 누르면 램프의 점멸이 청색, 황색, 적색의 순서로 몇 번이든지 반복 동작하는 회로의 시퀀스 회로도를 설계하라.

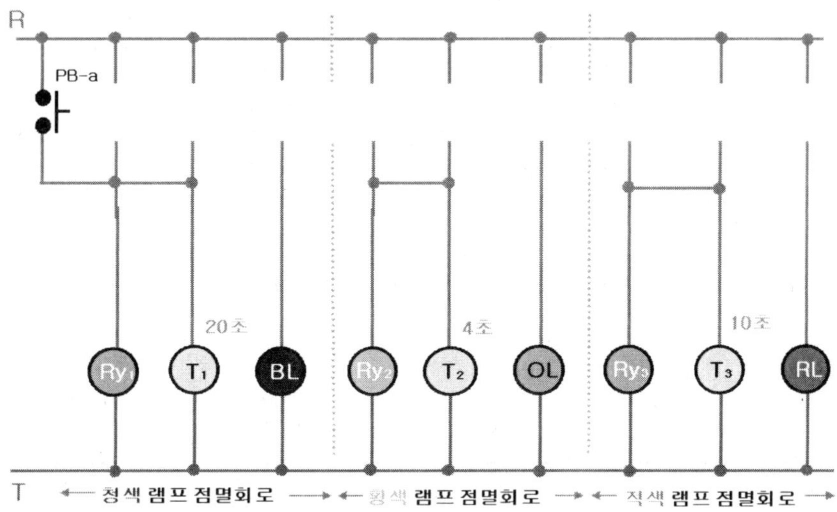

(a) 시퀀스 회로도

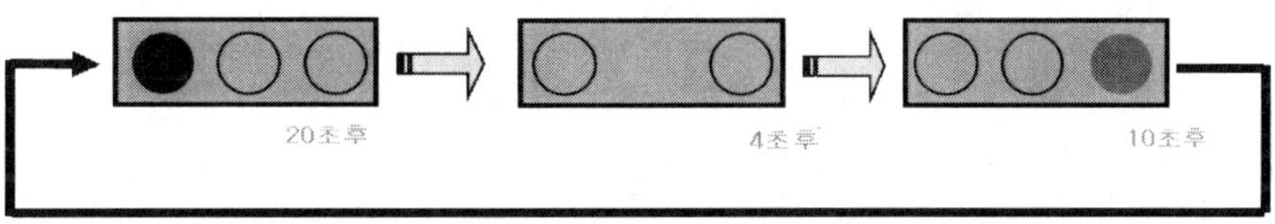

(b) 신호등의 반복동작의 점멸순서

PB-a를 누르면 릴레이 Ry_1이 여자되어 Ry_1-a_1이 붙어 자기 유지되고 Ry_1-a_2가 붙어 램프 BL이 점등된다. 그리고 타이머 T_1이 여자되어 20초 후에 T_1-a가 붙어 Ry_2가 여자되어 Ry_2-a_1이 붙어 자기 유지됨과 동시에 Ry_1 바로 위쪽에 있는 Ry_2-b접점이 떨어지므로, Ry_1이 감자됨과 동시에 Ry_2-a_2가 붙어 램프 OL이 점등된다. 그리고 타이머 T_2가 여자되어 4초 후에 T_2-a가 붙어 Ry_3가 여자되면서 Ry_2 바로 위쪽에 있는 Ry_3-b접점이 떨어지므로 Ry_2이 감자된다. Ry_3-a_1이 붙어 자기 유지회로가 되고 Ry_3-a_2가 붙어 RL이 점등된다.

(c) 회로 동작설명

(1) 유도 전동기의 개폐기와 보호장치

표 4-3 ◦ 유도 전동기의 계기와 보호장치

명 칭	용 도	그림기호	외관
배선용 차단기 (MCB)	전원을 개폐할 때나 트립 장치를 가진 것으로 단락이나 과부하일 때에 자동적으로 회로를 차단한다. 브레이커라고도 한다. 또 수동에 의해 회로를 개폐한다.		
전자 접촉기 (MC)	릴레이와 같은 원리로 주 접점과 보조 접점이 있다. 주 접점은 전동기 등의 개폐에 사용되고 보조 접점은 보조 제어회로에 사용된다.		
서멀 릴레이 (THR)	과부하 열동 계전기라고도 하며 과전류가 흐르면 접점이 동작하여 MC의 코일이 감자되어 회로를 차단한다. 주로 전동기 등의 과부하 보호에 사용된다.		
전자 개폐기 (MS)	전자 접촉기와 열동 계전기가 합쳐진 개폐기다. 전동기 등의 개폐와 과부하 보호 및 열화에 사용되고 있다.		

보조 접점의 그림기호는 릴레이와 같다.

(2) 3상 유도 전동기의 운전 · 정지

3상 유도 전동기를 운전 · 정지하는 시퀀스 회로이며, 주회로와 보조 제어회로로 구성된다. 주회로는 2.6[mm^2]이고 보조회로는 1.6[mm^2] 전선을 사용한다.

1) 주회로와 보조 제어회로

① **주회로** : 배선용 차단기, 전자 접촉기(주 접점), 전자 개폐기, 서멀 릴레이, 과부하 열동 계전기 등으로 구성되어 유도 전동기를 개폐하는 회로이다.

② **보조 제어회로** : 시퀀스도로 표시하며 전동기의 운전 · 정지를 제어하고 전동기의 동작상태를 램프로 표시하여 주는 회로이다. 전원은 회로와 같은 교류 3상 전원 R, S, T 중 R, T 2선으로 보조회로에 전원이 공급된다.

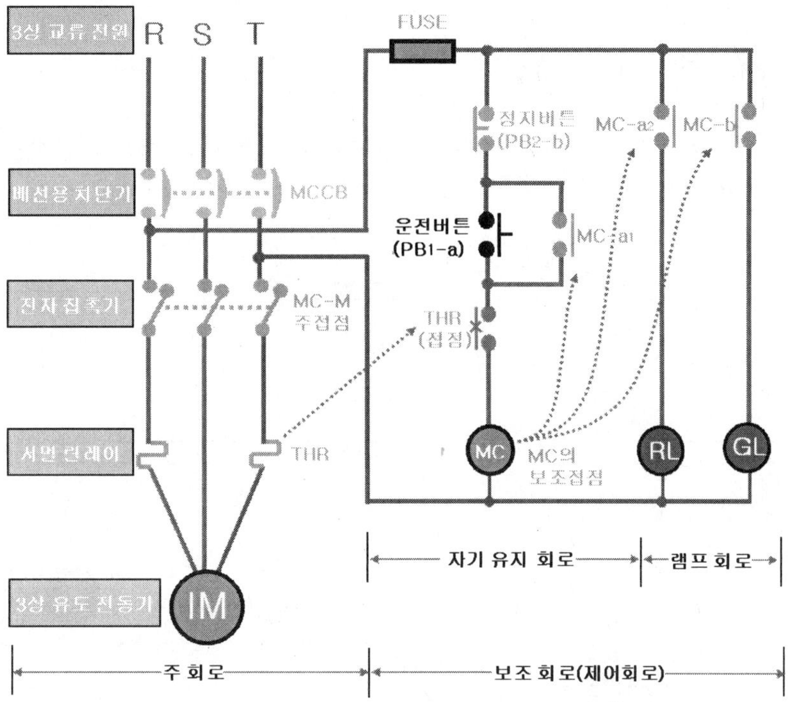

그림 4-29 ◦ 3상 유도 전동기의 운전 · 정지 회로

2) 동작설명

① **운전** : 3상 유도 전동기의 운전 버튼 PB_1-a를 누르면 전자 개폐기 MC의 코일부가 여자되어 주 접점 MC-M이 붙어 전동기가 회전한다. 또한 동시에 보조접점 MC-a_1가 닫히면서 자기 유지회로가 된다. 램프 표시회로는 운전상태를 표시하는 적색 램프 RL이 점등되고 녹색의 정지 램프 GL은 소등된다.

② **정지** : 정지 버튼 PB_2-b를 누르면 자기 유지회로가 해제되어 전자 개폐기 MC의 코일부가 감자되어 주접점 MC-M이 떨어져 3상 유도 전동기는 정지하게 된다. 또한 동시에 보조접점 MC-a_1이 열리면서 자기 유지회로가 해제된다.

램프는 녹색의 정지 램프 GL이 점등되고 적색의 운전 램프 RL이 소등된다.

Example 35

3상 유도 전동기의 운전·정지 회로를 보고 동작설명에 맞게 3상 유도 전동기의 타임 차트를 작성하라.

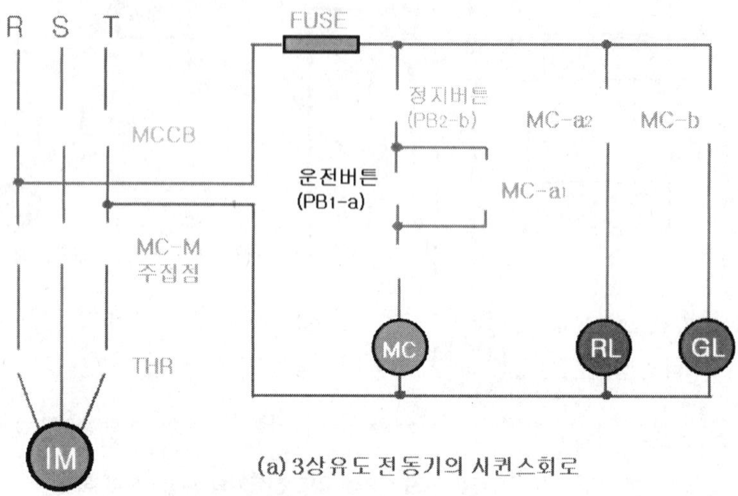

(a) 3상유도 전동기의 시퀀스회로

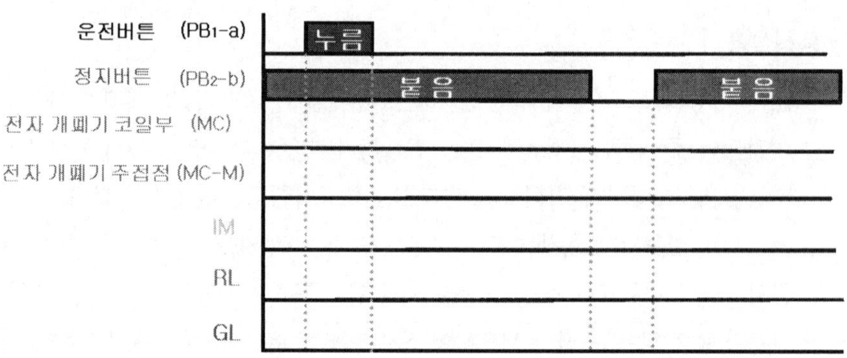

(b) 타임 차트

(3) 유도 전동기의 정회전 · 역회전

3상 유도 전동기의 회전방향을 정회전, 역회전하기 위해서는 (a첫번째 그림)정회전, (a 두번째 그림)역회전과 같이 전원 3선 중 2선을 교체하면 된다. 정회전과 역회전의 전자 개폐기 1개와 전자 접촉기 1개를 그림(a세번째 그림)과 같이 결선하면 회전방향은 정회전과 역회전으로 회전한다.

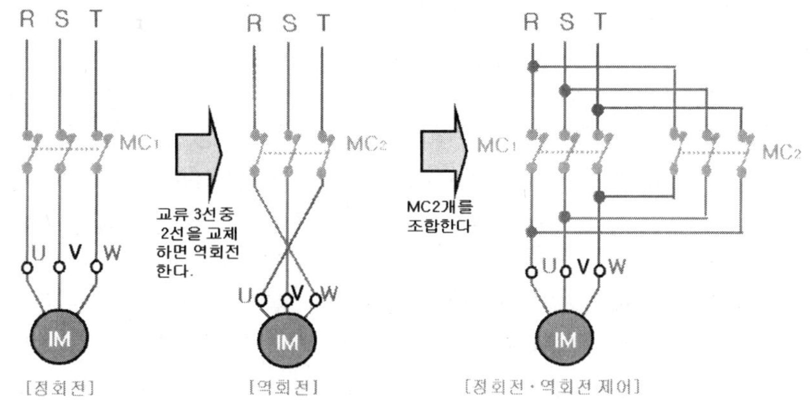

(a) 정회전과 역회전의 주회로 결선방법

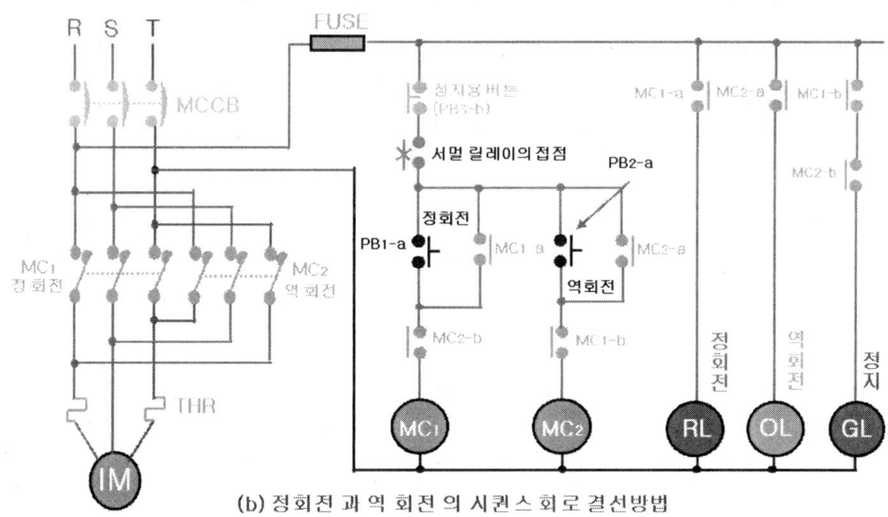

(b) 정회전 과 역 회전 의 시퀀스 회로 결선방법

그림 4-30

제4장 학습정리

- 시퀀스란 미리 정해진 순서를 말하며, 일정한 논리에 의해 정해진 순서에 따라 동작순서를 사람이 미리 정함으로써, 제어의 각 단계를 순차적으로 일련의 동작목적을 달성할 수 있게 하는 것을 시퀀스 제어라 한다.
- 시퀀스 제어방식 중 유접점 시퀀스 방식은 릴레이, 전자 개폐기 등 전자 계전기의 기계적 유접점을 이용한 전기 제어장치이다.
- 동력배선이라고도 하며 릴레이 등의 접점을 이용해서 회로를 제어하는 방식이다.
- 무접점 릴레이 방식은 로직(logic) 시퀀스라 하며 제어부와 연산부가 무접점으로 되어 있으며, 동작으로는 유접점 릴레이와 같지만 다이오드, 트랜지스터, IC(집적회로) 등 반도체 스위치 소자를 사용한 전자 제어장치이다.
- 릴레이(relay)는 계전기라고도 한다. 전기회로에서 회로를 두 개로 나누어 한쪽에서 신호를 만들고 그 신호에 따라 다른 쪽 회로의 작동을 제어, 즉 회로를 열거나 닫을 필요가 있다. 이때 사용하는 전자부품이 계전기이며 일종의 전기 스위치라 할 수 있다.
- 코일에 전원이 들어가 a접점이 붙고 b접점이 떨어진 상태가 여자라고 하며 반대로 전원이 끊어져 a접점이 떨어지고 b접점이 붙은 상태가 감자라고 한다.
- 전기 릴레이의 시퀀스 회로로 전기회로의 논리회로, 자기 유지회로와 인터록 회로, 타이머를 이용한 회로, 유도 전동기의 제어회로를 구현할 수 있다.
- 인터록 회로란 기기보호나 작업자의 안전을 위해 두 개의 회로 기기 사이에 출력이 동시에 나오지 않도록 하기 위해 기기의 동작상태를 나타내는 접점을 사용하여 관련된 기기의 동작을 금지하는 회로이다. 선행 우선 동작회로 또는 상대 동작 금지회로라고 한다.

제4장 평가문제

1. 시퀀스 제어방식 중 동력배선이라고도 하며 릴레이 등의 접점을 이용해서 회로를 제어하는 방식은 무엇인가?
   ① 무접점 릴레이 방식 ② 유접점 시퀀스 방식
   ③ 프로그래머블 로직 컨트롤러(PLC) ④ 원 칩 마이크로컴퓨터에 의한 제어
   ⑤ 푸시버튼 스위치에 의한 제어방식

2. 다음 ( )안에 들어갈 말로 적당한 것은?

전자 릴레이는 철심에 코일을 감고 전류를 흐르게 하면 철심이 전자석으로 되어 철편은 ( )가/이 된다.

   ① 감자 ② 접점 ③ 마모
   ④ 분리 ⑤ 여자

3. 릴레이의 설명 중 틀린 것은 무엇인가?
   ① 릴레이의 접점은 a, b, c접점으로 구성되어 있다.
   ② c접점은 공통 단자로 구성되어 있다.
   ③ a접점은 어떠한 신호를 주지 않아도 동작한다.
   ④ b접점은 어떠한 신호를 주지 않아도 b접점에 연결되어 있는 부하가 동작한다.
   ⑤ 릴레이 사용 시 전압[V]에 유의한다.

4. 다음의 진리표와 같은 출력값을 갖는 논리회로는 무엇인가?

입력		출력
A	B	Y
0	0	0
0	1	1
1	0	1
1	1	1

   ① NOT 회로
   ② AND 회로
   ③ OR 회로
   ④ EX-OR 회로
   ⑤ NAND 회로

5. 릴레이에서 코일의 전원이 끊어져 a접점이 떨어지고 b접점이 붙은 상태는 무엇이라 하는가?
   ① 감자 ② 접점 ③ 마모
   ④ 분리 ⑤ 여자

제5장 전기설비 실습

이 단원에서는 실제의 전기설비를 구성할 수 있도록 작업 시의 고려 사항과 설비에 사용되는 기구들을 소개하며 전기설비 기본실습에서 실체 배선도와 회로도, 회로설명을 같이 구성하여 이해를 돕고 전기설비 실습에서 좀 더 복잡하고 현재 쓰이고 있는 병원설비를 구성할 수 있도록 하였다.

01 전기설비 계전기 종류 및 결선도

학습목표
- 계전기를 회로에 응용하여 사용할 수 있다.
- 접점의 구성방법을 숙지하고 올바로 사용할 수 있다.
- 각 실습을 이해하고 구성할 수 있다.

1. 전동기 동력 제어반(MCC panel)

(1) 배선작업 시 표시등 색상

① 전원 표시등 색상 : 백색등(WL : White Light)

② 운전 표시등 색상 : 적색등(RL : Red Light)

③ 정지 표시등 색상 : 녹색등(GL : Green Light)

④ 경고 표시등 색상 : 오렌지색등(OL : Orange Light)

⑤ 고장 또는 과부하 표시등 색상 : 황색등(YL : Yellow Light)

(2) 보조접점 구분

① a접점 : 적색등에 접속한다.

② b접점 : 녹색등에 접속한다.

③ 열동 계전기(OL : Over Load relay) 또는 전자형 과전류 계전기(EOCR : Electric Over Current Relay)

④ C접점 : 황색등에 접속한다.

(3) 현장에서의 실제 배선작업 고려할 사항

① 소요 배선의 가닥수는 최대한 적게 한다(경제성).

② 한 단자에 접속되는 전선의 수는 2개 이하로 한다(접속 불안전 요소 해소).

③ 최대한 소요 재료가 적게 하여 동작할 수 있도록 기기 배열을 한다.

④ 시퀀스 회로를 보호하기 위하여 퓨즈를 전원에 설치한다.

⑤ 기계, 기구의 정격전압을 확인한다.

(4) 기계, 기구의 접점구성

오동작 방지를 위하여 각 회사별로 접점의 구성이 상이하므로 배선작업 시 접점을 확인하여 배선작업을 하여야 한다.

예 ① K.H 전기(Koino) 제품의 푸시버튼 스위치를 눌렀을 때 힘의 방향으로 가동접점이 이동하여 회로를 열거나 닫히게 한다(스위치 하나에 a, b접점이 있는 것).

② Y.S 전기제품의 푸시버튼 스위치를 눌렀을 때 힘의 반대 방향으로 가동접점이 이동하여 회로를 열거나 닫히게 한다(스위치 하나에 a, b접점이 있는 것).

배선작업을 할 때에는 기계, 기구의 명판의 내용과 도면을 숙지하여야 오동작을 방지할 수 있다.

(5) 전동기 보호장치 선정

유도 전동기의 기동전류 및 정격전류 등을 파악하여 과부하 계전기나 과전류 계전기를 선정하여야 만이 전동기의 고장 및 이상이 발생 시 신속하게 전동기의 전원을 차단하여 전동기를 보호하여야 한다(회사별 특성표 참조).

2. 계전기 종류 및 결선도

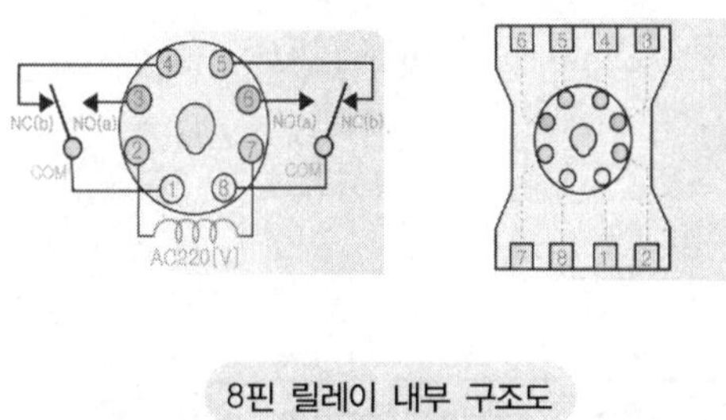

8핀 릴레이 내부 구조도

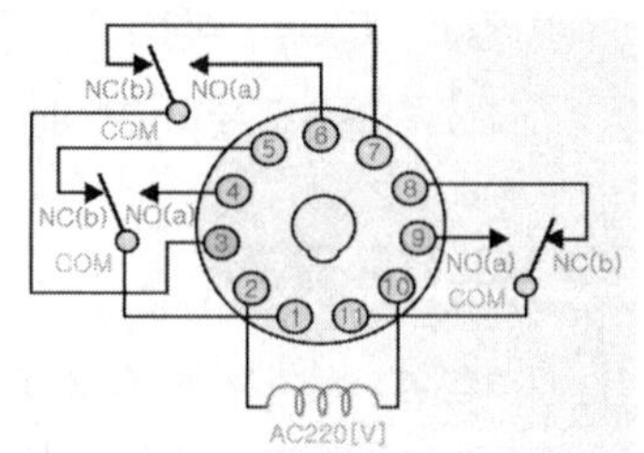

11핀 릴레이 내부 구조도

8핀 타이머, 플리커, 릴레이소켓

그림 5-1 • 계전기 종류 및 결선도(1)

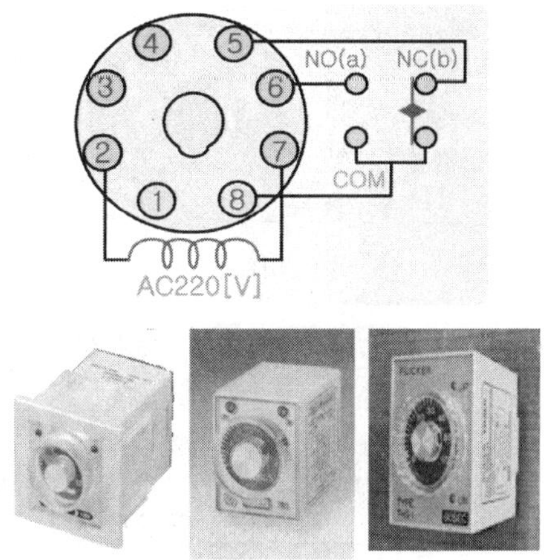

14핀 릴레이 내부 구조도

플리커 릴레이(flicker relay)

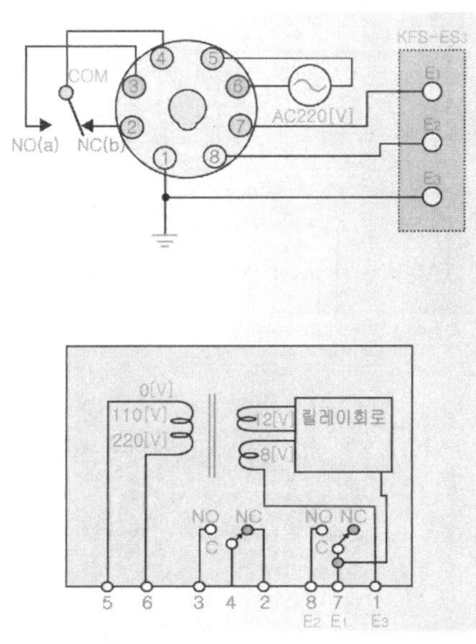

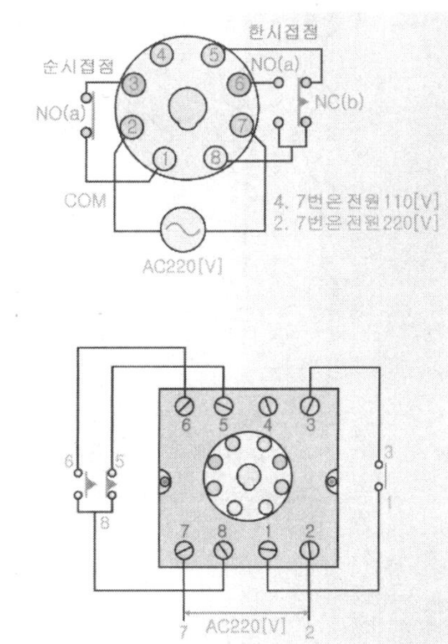

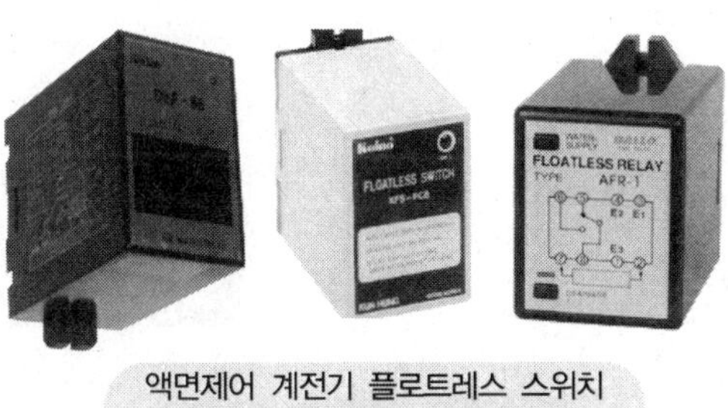

액면제어 계전기 플로트레스 스위치
(floatless switch : 액면제어용)

한시 계전기(timer)

그림 5-1 • 계전기 종류 및 결선도(2)

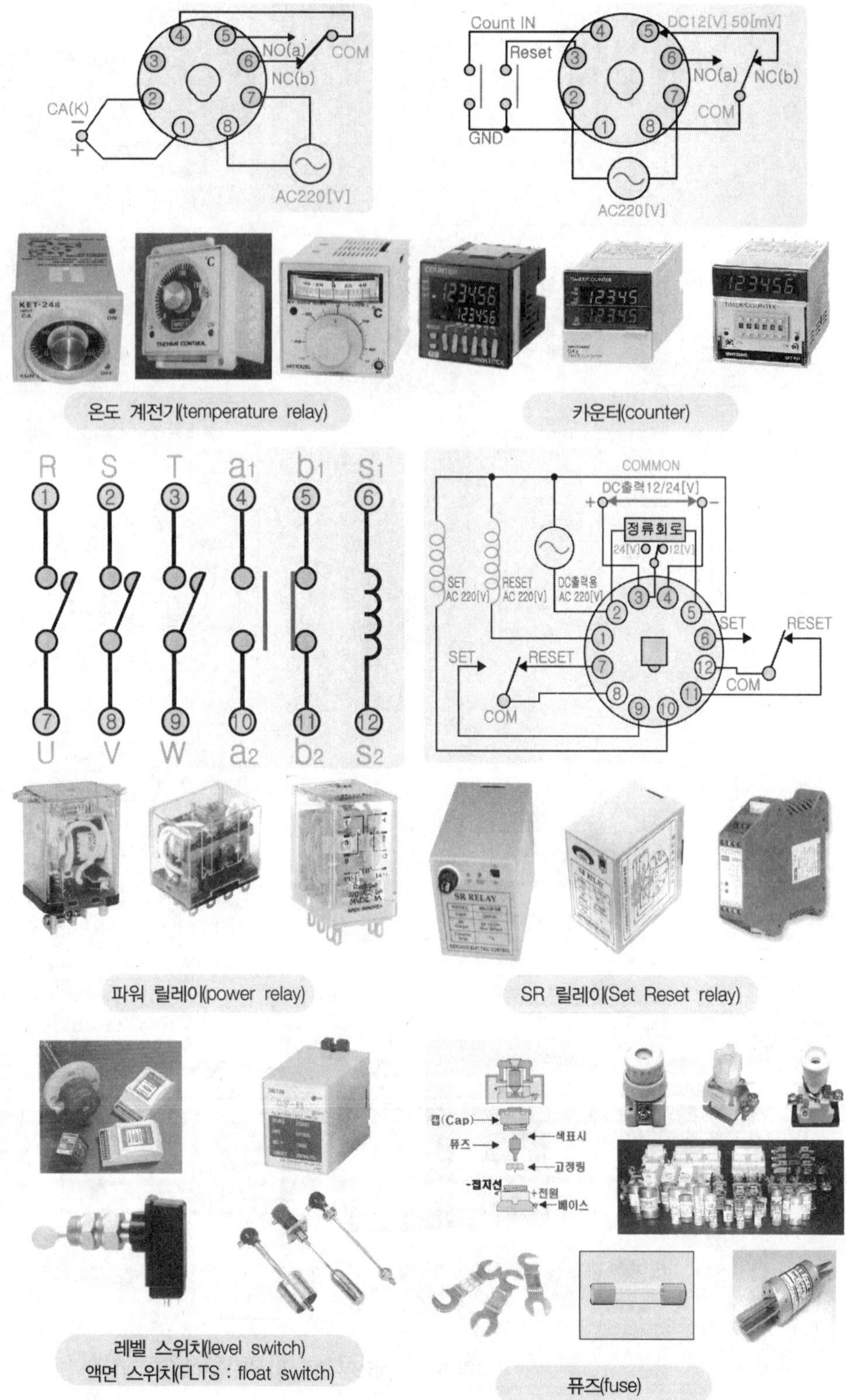

그림 5–1 ◦ 계전기 종류 및 결선도(3)

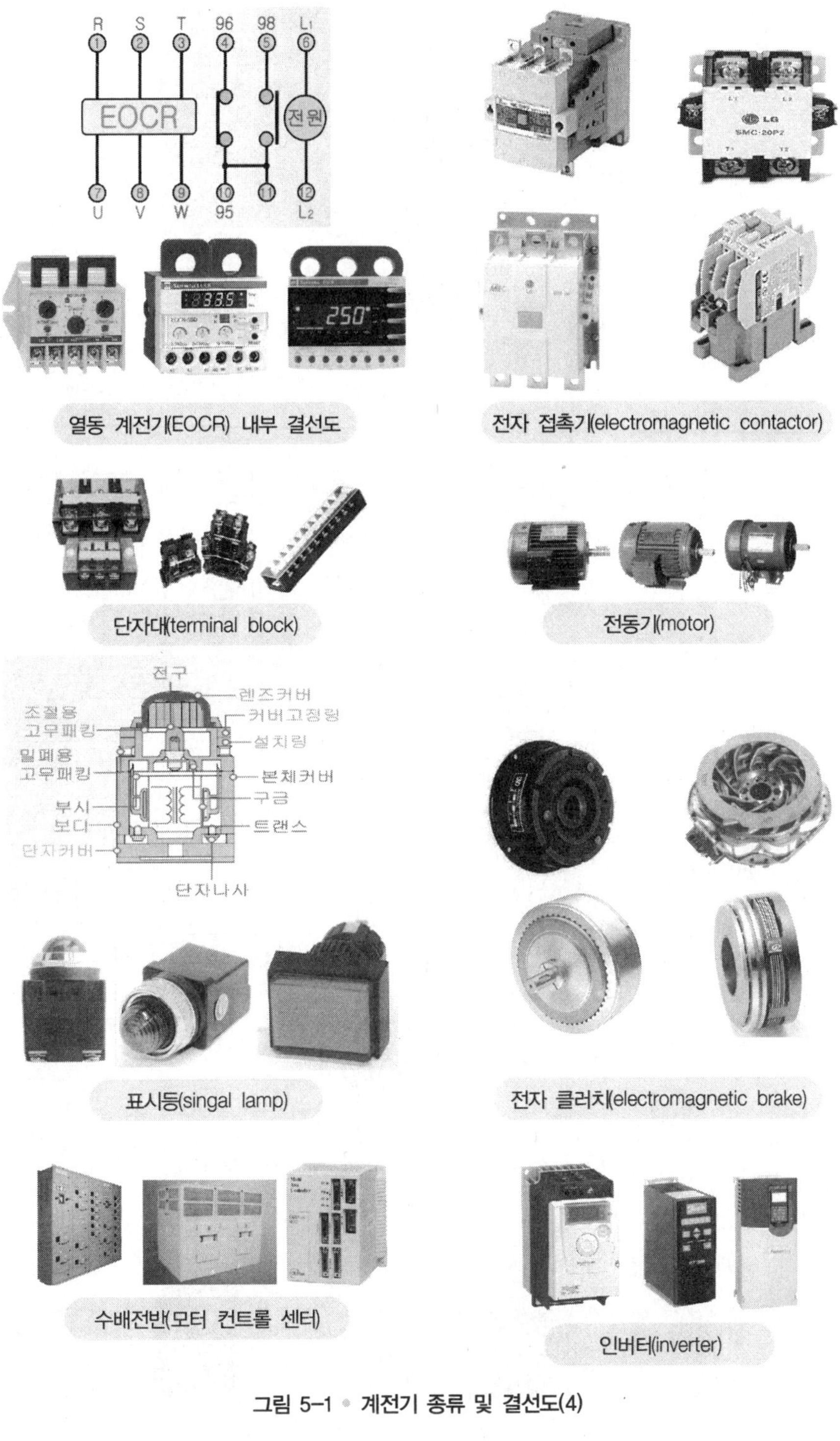

그림 5-1 • 계전기 종류 및 결선도(4)

서멀 릴레이(thermal relay)

전자 개폐기(electromagnetic switch)

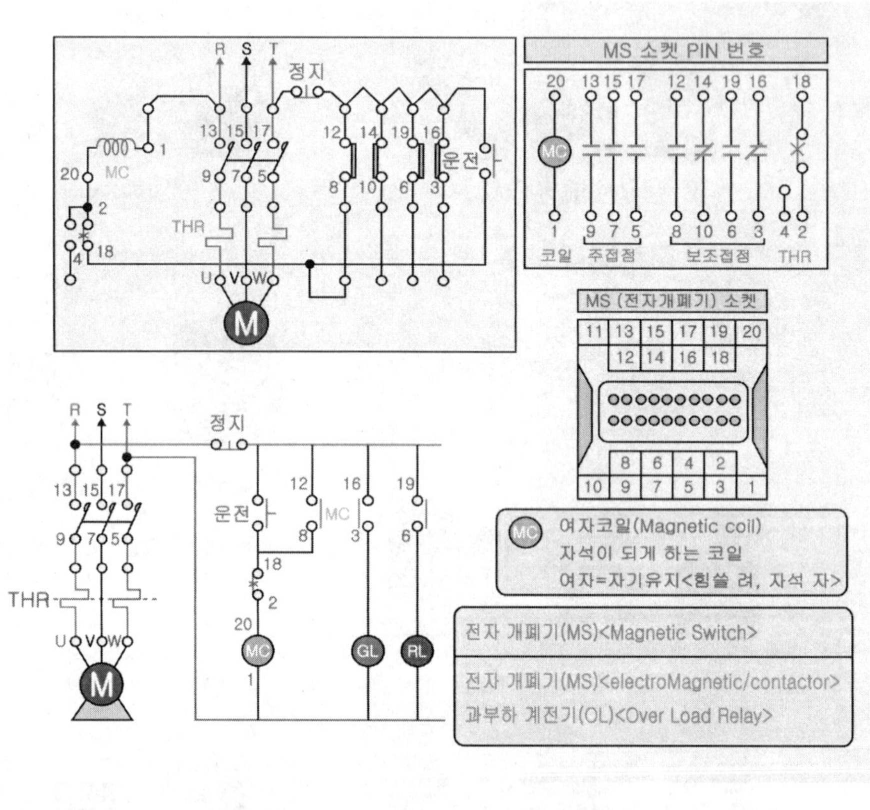

배선용 차단기(MCCB : Molded Case Circuit Breaker)

그림 5-1 • 계전기 종류 및 결선도(5)

그림 5-1 • 계전기 종류 및 결선도(6)

푸시 유지형 스위치(push alternate switch)

캠 스위치(cam switch)

토글 스위치(toggle switch)

셀렉터 스위치(selector switch)

키 스위치(key switch)

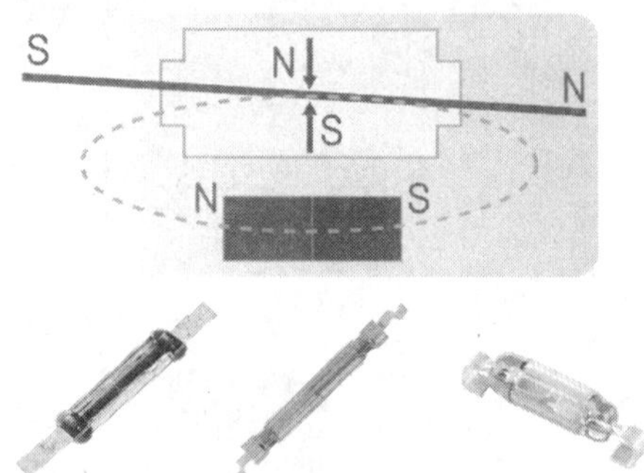

리드 스위치(reed switch)

리밋 스위치(limit switch)

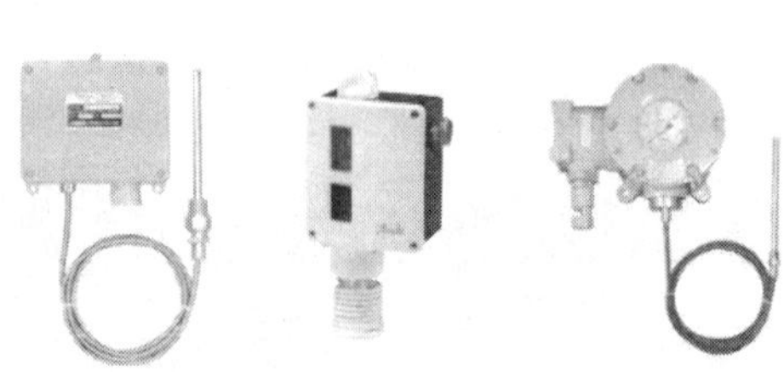

온도 스위치(temperature switch)

그림 5-1 • 계전기 종류 및 결선도(7)

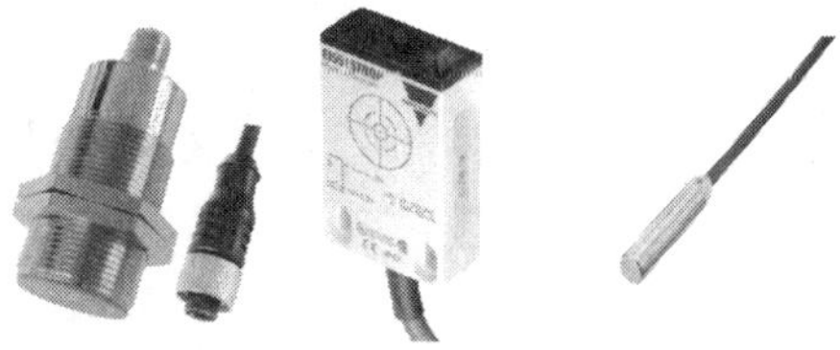

근접 스위치(PROS : proximity switch)

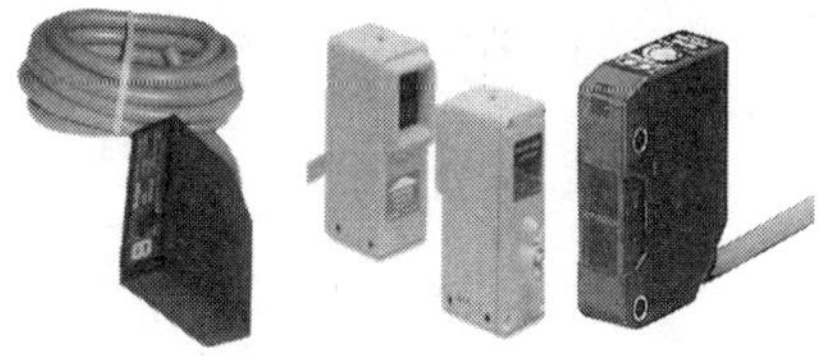

광전자 스위치(PHS : photo electric switch)

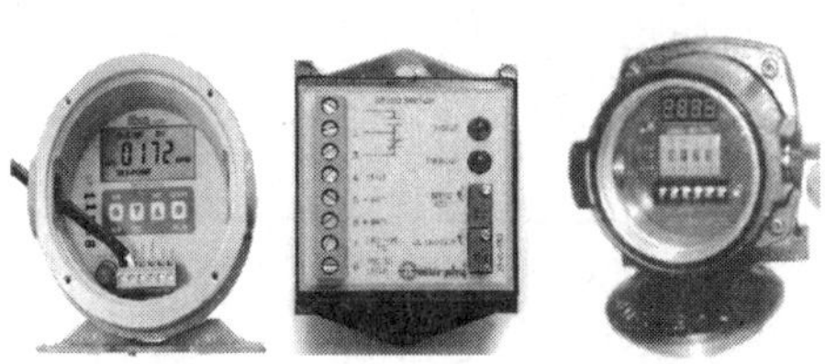

속도 스위치(speed switch)

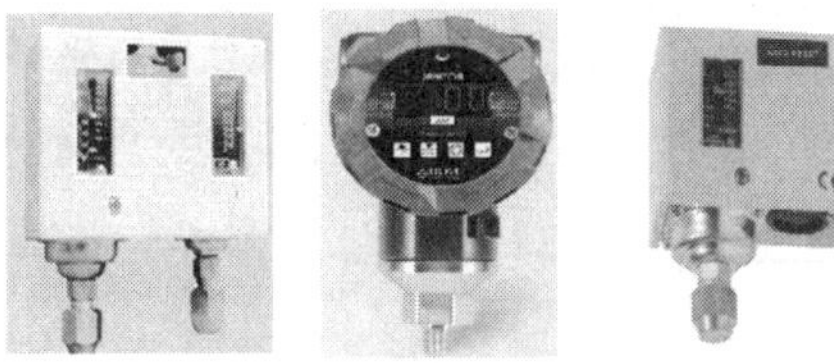

압력 스위치(pressure switch)

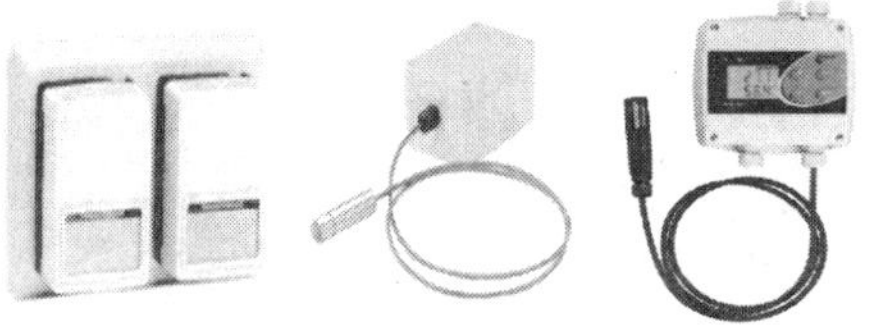

습도 스위치(humidistat switch)

로터리 스위치(rotary switch)

버저(buzzer)

파일럿 램프(Pilot Lamp)

그림 5-1 • 계전기 종류 및 결선도(8)

02 시퀀스의 기초 도면

학 | 습 | 목 | 표

- 시퀀스 제어의 개념을 이해한다.
- 전기 시퀀스제어 회로의 동작을 이해한다.
- 시퀀스 회로의 종류를 알 수 있다.

1. 릴레이 점멸 운전회로

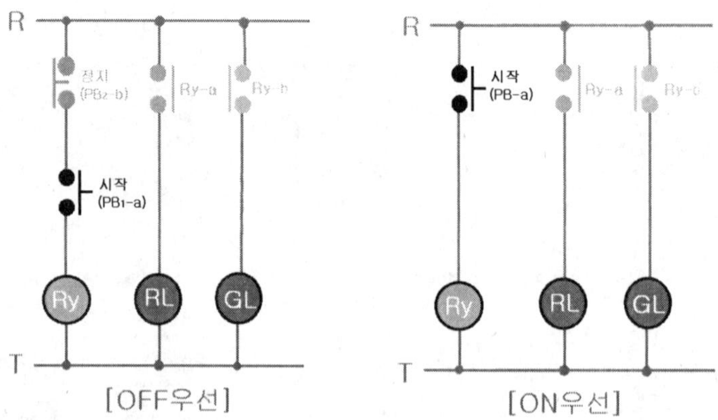

그림 5-2

2. 릴레이 자기 유지회로

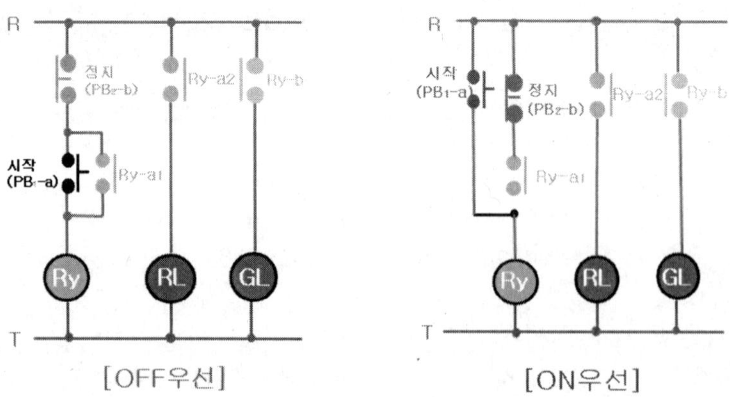

그림 5-3

3. 릴레이 병렬회로

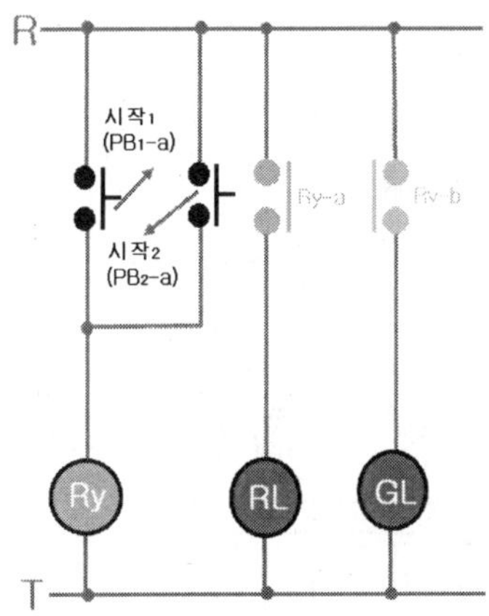

그림 5-4

4. 릴레이 인터록 회로

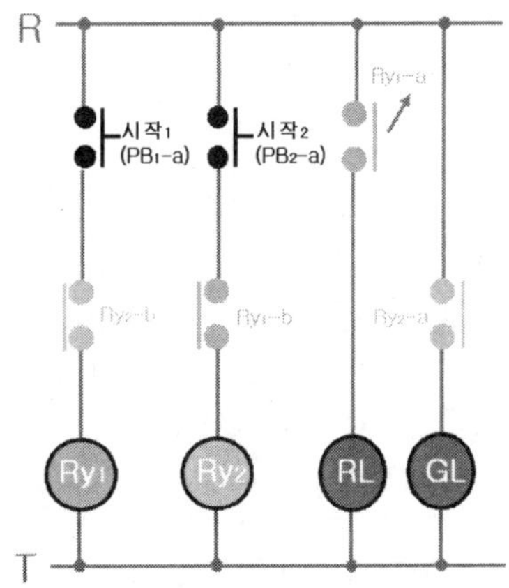

그림 5-5

5. 타이머 접점 회로

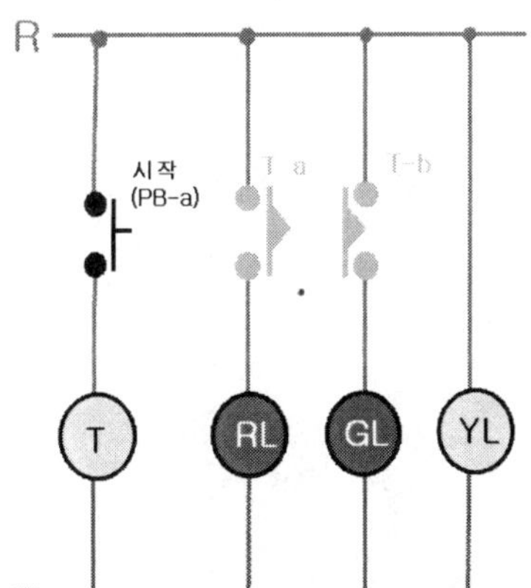

그림 5-6

6. 타이머 일정 시간 동작회로

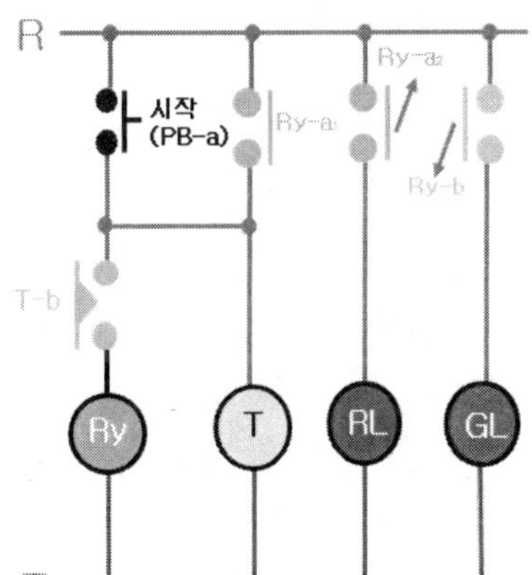

그림 5-7

7. 2개소 운전 · 정지 회로

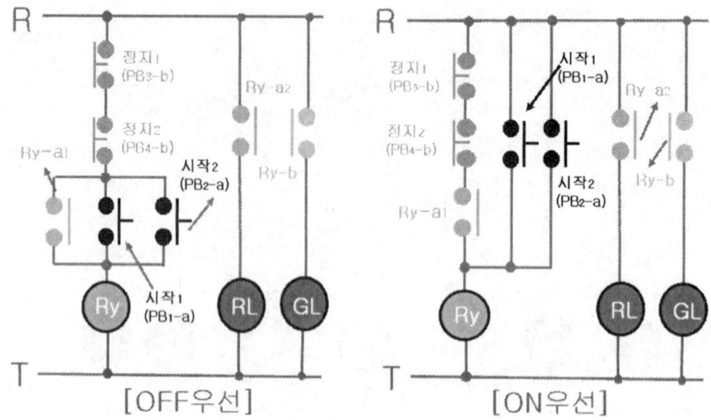

그림 5-8

8. 인칭회로

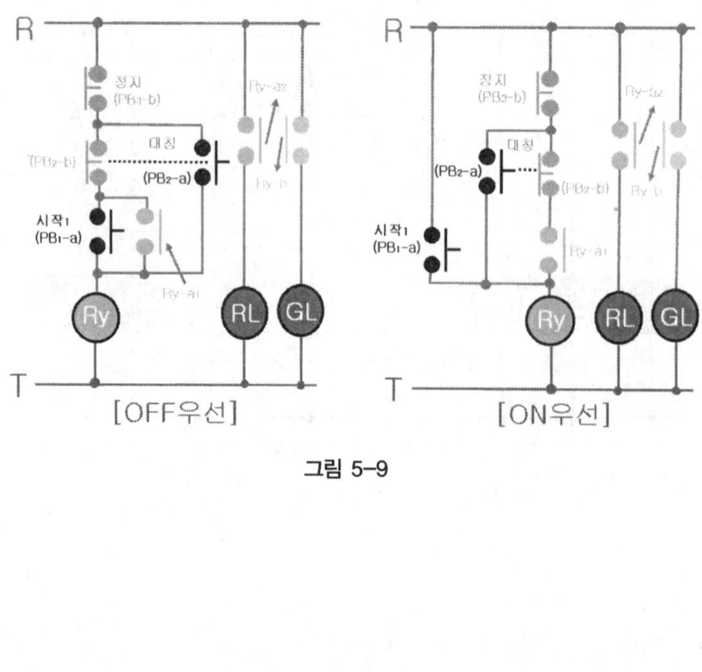

그림 5-9

9. 릴레이 접점 응용회로

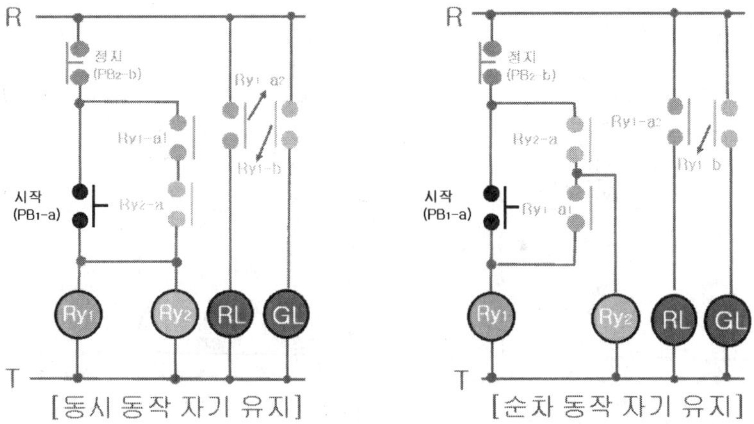

그림 5-10

10. 릴레이, 전자 접촉기 인터록 회로

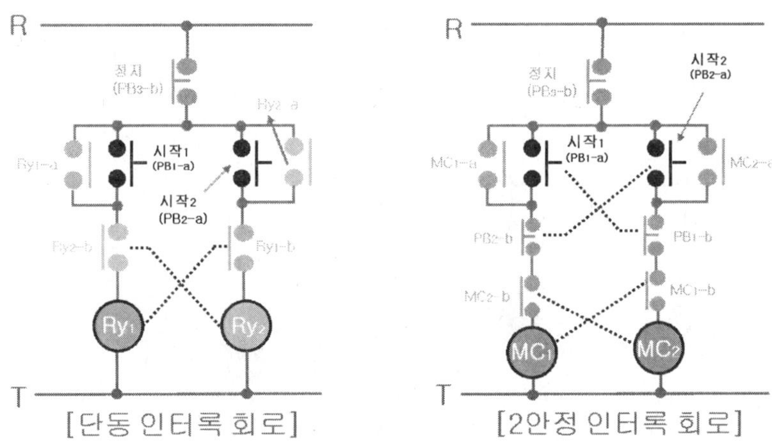

그림 5-11

11. 타이머 접점 응용회로

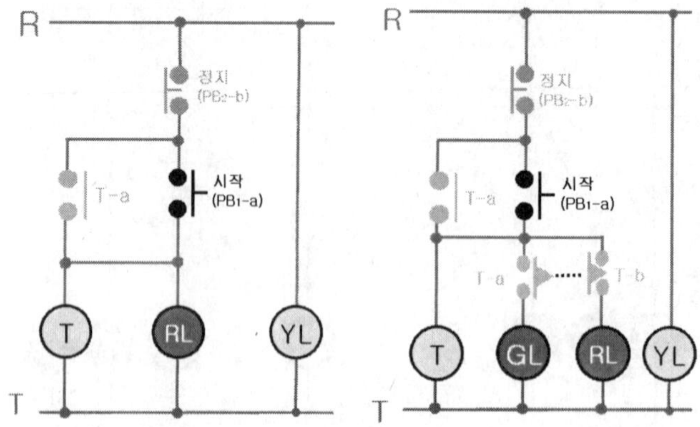

[순시 접점 회로] [순시 및 한시접점 회로]

그림 5-12

12. 릴레이, 타이머 연동회로

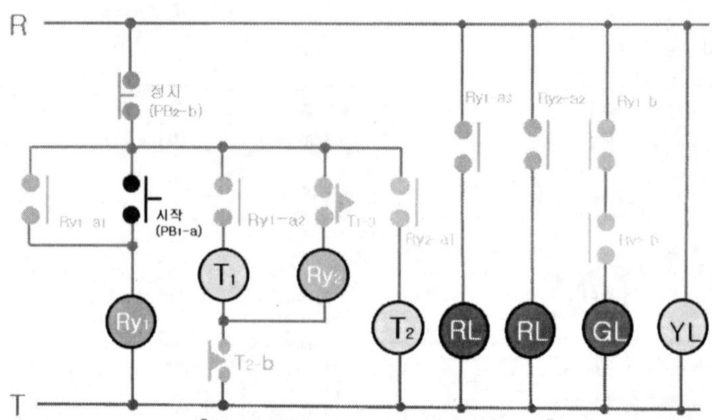

[릴레이 및 타이머 전환회로]

그림 5-13

03 전기설비 기본실습

학 | 습 | 목 | 표

- 실습회로를 알 수 있다.
- 회로의 동작원리를 알 수 있다.
- 각 회로가 어떻게 동작하는지 알 수 있다.

전기설비 기본실습 1 릴레이 On 회로

<table>
<tr><td>회로설명
(동작설명)</td><td>입력이 on되면 출력이 on되고, 입력이 off되면 출력도 off되는 회로로서 릴레이 a접점을 이용하므로 a접점 회로라고도 한다.
① R, T 상에 전원이 투입되면 릴레이 코일 Ry-X가 여자되어 X-a접점이 닫혀 RL이 점등된다.
② R, T 상에 전원이 차단되면 릴레이 코일 Ry-X가 감자되어 X-a접점을 열어서 RL이 소등된다.</td></tr>
<tr><td>제한시간</td><td>표준시간 : 2시간 30분, 연장시간 : 30분</td></tr>
<tr><td>회 로 도</td><td>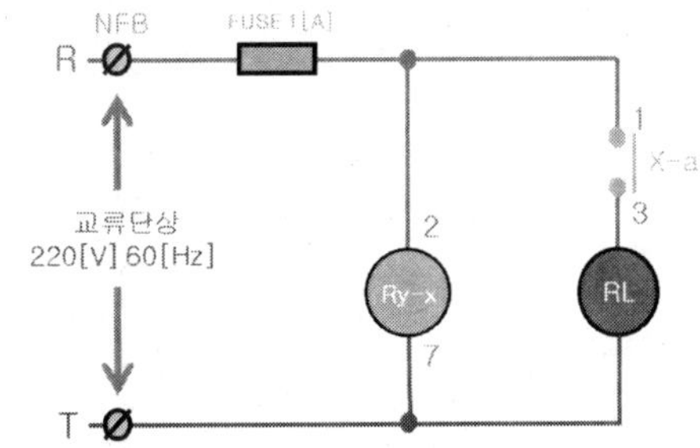
</td></tr>
<tr><td>실체 배선도</td><td>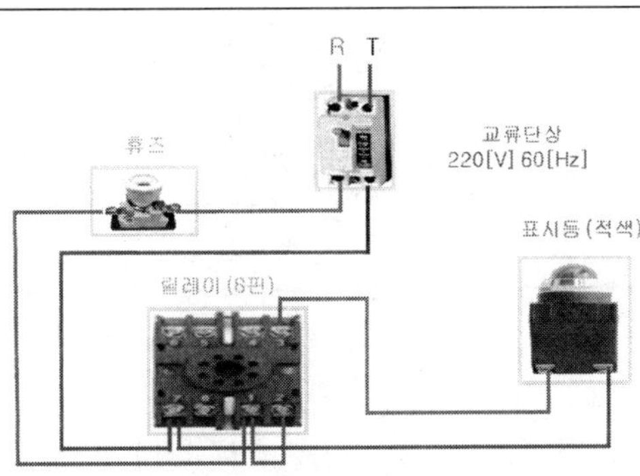
</td></tr>
</table>

전기설비 기본실습 2

릴레이 Off 회로

회로설명 (동작설명)	입력이 on되면 출력이 off되고, 입력이 off되면 출력이 on되는 회로로서 릴레이 b접점을 이용하므로 b접점 회로라고도 한다. ① R, T 상에 전원이 투입되면 릴레이 코일 Ry-X가 여자되어 X-b접점을 열어서 GL 표시등이 소등된다. ② R, T 상에 전원이 차단되면 릴레이 코일 Ry-X가 감자되어 X-b접점을 닫아서 GL 표시등이 점등된다.
제한시간	표준시간 : 2시간 30분, 연장시간 : 30분
회 로 도	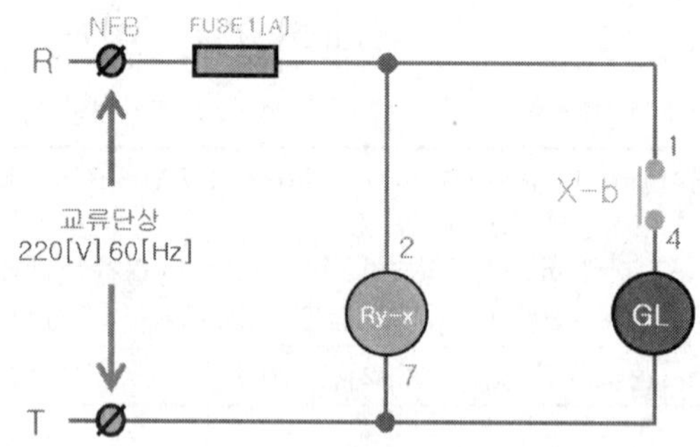
실체 배선도	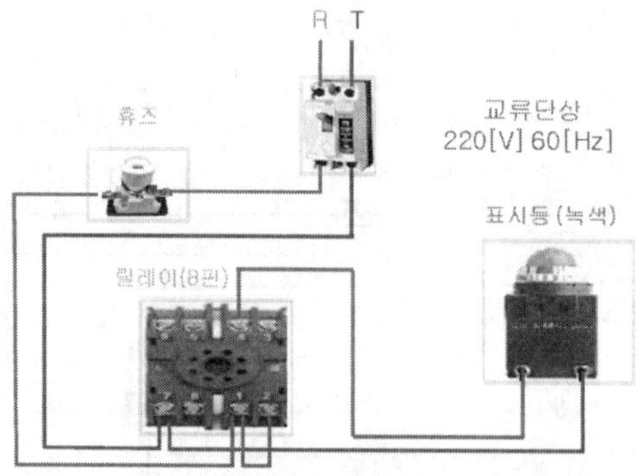

전기설비 기본실습 3

릴레이 a, b접점 회로

회로설명 (동작설명)	접점 증폭회로라고도 하며, 릴레이 Ry-X에 전류가 흐르면 동시에 on 및 off 회로가 형성되는 것이다. 특별히 a접점만 이용하는 것과 b접점만 이용하는 것도 있다. ① R, T 상에 전원이 투입되고 PB1을 누르면 릴레이 코일 Ry-X가 여자되어 X-b접점을 열어서 GL이 소등되고 RL 표시등이 점등된다. ② R, T 상에 전원이 차단되면 릴레이 코일 Ry-X가 감자되어 X-b접점을 닫아서 GL이 점등되고 RL 표시등이 소등된다.
제한시간	표준시간 : 2시간 30분, 연장시간 : 30분
회 로 도	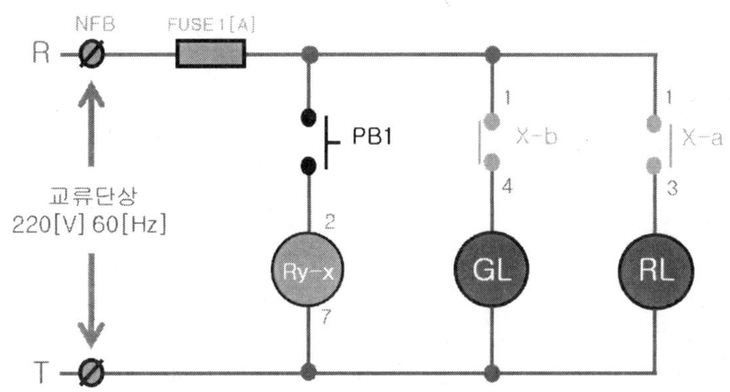
실체 배선도	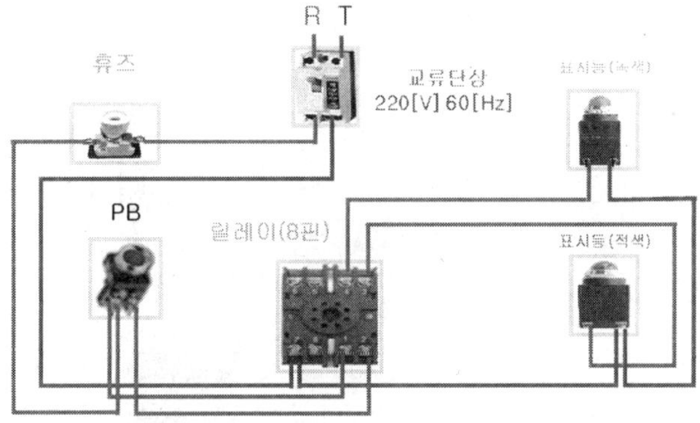

전기설비 기본실습 4

릴레이 직렬(AND) 회로

<table>
<tr><td>회로설명
(동작설명)</td><td>다수의 입력이 직렬로 접속되어 모든 입력이 on되었을 때 출력이 나타나는 회로를 직렬회로 또는 논리적(AND) 회로라고도 한다.
① PB1을 누르면 PB2와 PB3이 개방되어 있으므로 Ry-X는 여자되지 않으므로 X-a접점이 개방되어 있으므로 RL 표시등은 소등상태이다. 그러므로 푸시버튼 스위치가 1개라도 개방이 되어 있으면 출력은 발생되지 못한다.
② PB1, PB2 및 PB3을 누르게 되면 Ry-X는 여자가 되어 X-a접점을 닫아 RL 표시등은 점등된다.</td></tr>
<tr><td>제한시간</td><td>표준시간 : 2시간 30분, 연장시간 : 30분</td></tr>
<tr><td>회 로 도</td><td>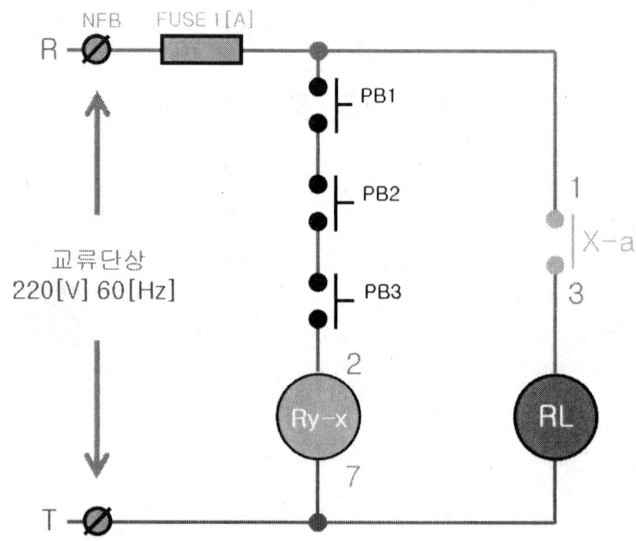</td></tr>
<tr><td>실체 배선도</td><td>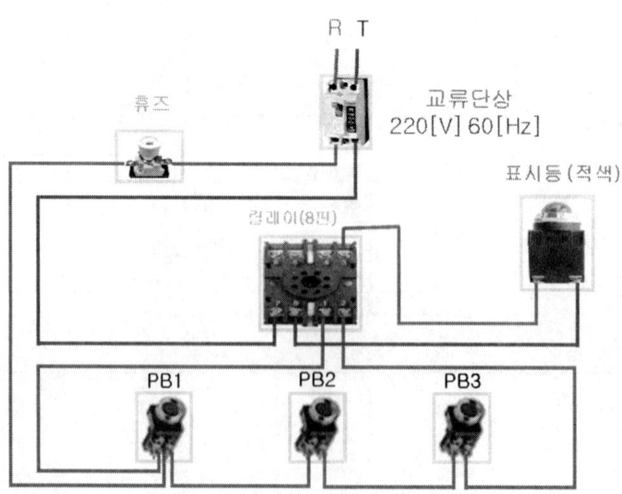</td></tr>
</table>

전기설비 기본실습 5

릴레이 병렬(OR) 회로

회로설명 (동작설명)	다수의 입력이 병렬로 연결된 회로로서 하나 또는 그 이상의 스위치가 on되었을 때 출력이 나타나는 회로이다. 릴레이 코일 Ry-X는 입력조건 중 어느 하나만 on되어도 동작한다. 병렬회로 또는 논리합(OR) 회로라고도 한다. ① PB1을 누르면 Ry-X가 여자되어 X-a접점을 닫아 RL 점등된다. ② PB2를 누르면 Ry-X가 여자되어 X-a접점을 닫아 RL 표시등이 점등된다. ③ PB3을 누르면 Ry-X가 여자되어 X-a접점을 닫아 RL 표시등이 점등된다. 이와 같이 PB 스위치를 3개 중 어느 하나만 눌러도 출력이 발생되는 회로이다.
제한시간	표준시간 : 2시간 30분, 연장시간 : 30분

회 로 도

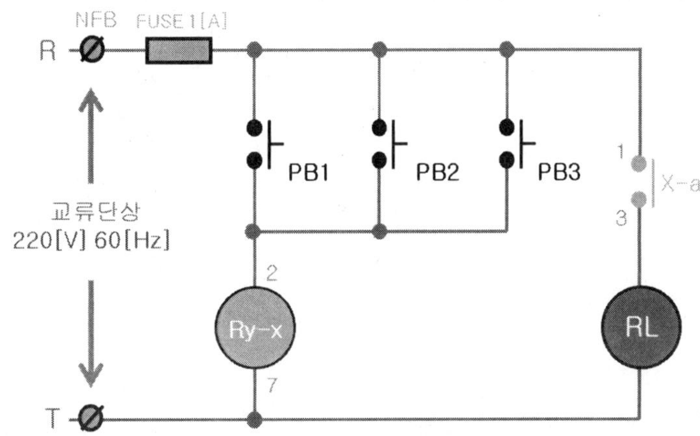

실체 배선도

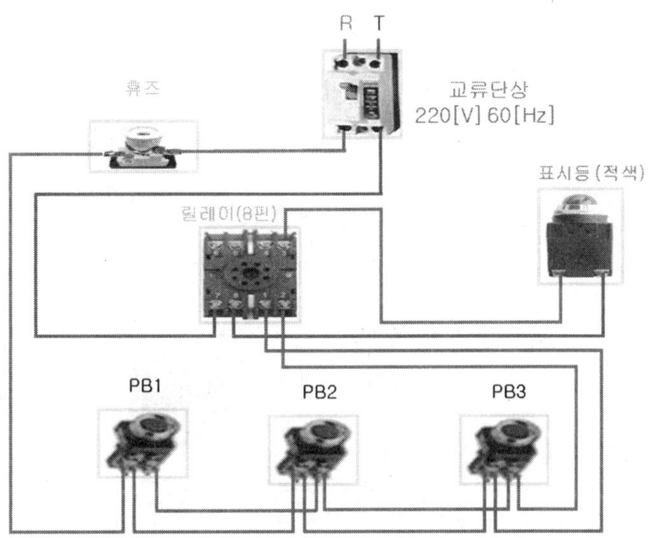

전기설비 기본실습 6

릴레이 부정(NOT) 회로

<table>
<tr><td>회로설명
(동작설명)</td><td>부정(NOT) 회로 또는 논리부라고도 하며, 입력이 on되면 출력이 off되는 회로로서 입력과 출력이 반대되는 회로이다.
① PB1을 누르지 않았을 때 릴레이 코일 Ry-X는 감자되어 X-b접점 X-b가 on되어 있으므로 GL 표시등은 점등한다.
② PB1을 누르면 Ry-X는 여자되어 X-b접점 회로가 열리므로 GL 표시등은 소등된다.</td></tr>
<tr><td>제한시간</td><td>표준시간 : 2시간 30분, 연장시간 : 30분</td></tr>
<tr><td>회 로 도</td><td>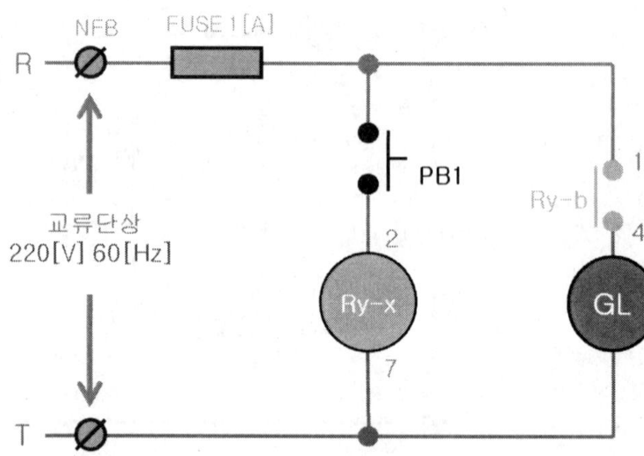
</td></tr>
<tr><td>실체 배선도</td><td>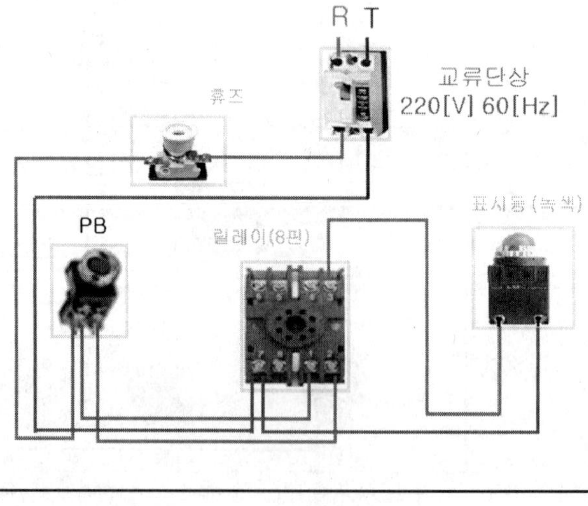
</td></tr>
</table>

전기설비 기본실습 7-1

타이머 회로(Ton : on delay 회로)

회로설명 (동작설명)	한시 회로라고도 하며 시간을 설정한 후 그 시간이 경과되면 동작하는 것이다. PB1 S/W를 누르면 타이머에 전원이 인가되면 설정시간 후에 T-a 한시 접점은 닫히고 GL 표시등이 점등되며, T-b 한시 접점은 열리게 되어 RL 표시등이 소등된다. PB-1 S/W를 놓으면 전원이 차단되어 T-a, T-b 순시 복귀되어 GL 표시등은 소등, RL 표시등은 점등된다.
제한시간	표준시간 : 2시간 30분, 연장시간 : 30분

회 로 도

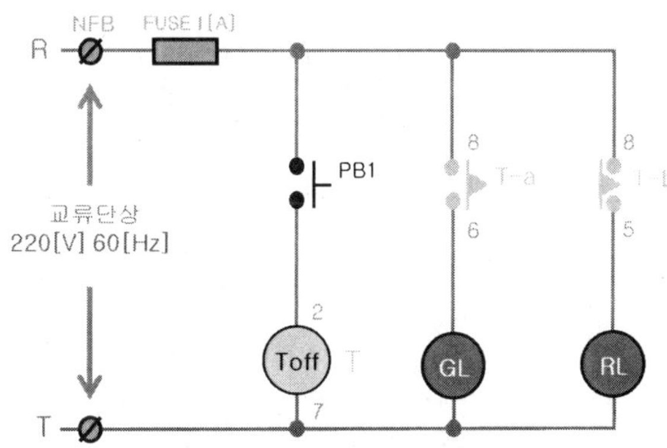

타임 차트

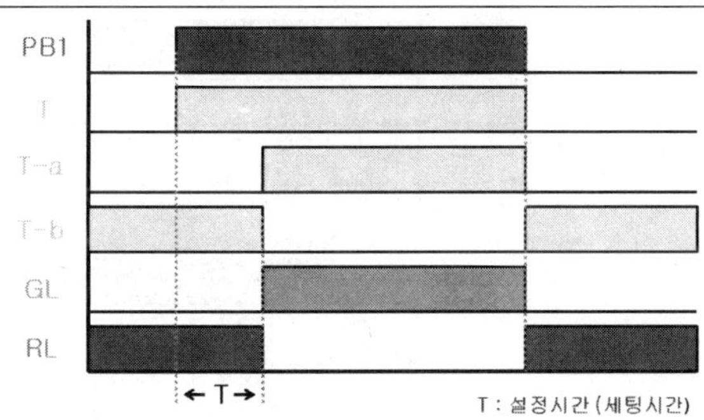

실체 배선도

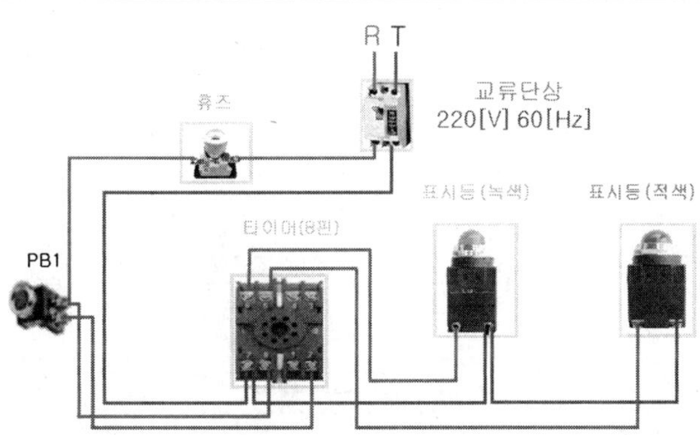

전기설비 기본실습 7-2

타이머 회로(Toff : off delay 회로)

회로설명 (동작설명)	타이머에 전원이 차단되면 설정된 시간 후에 동작하는 회로이다. 타이머에 전원이 인가되면 설정시간 후에 T-a 한시 접점은 닫히고 GL 표시등이 점등되며, T-b 한시 접점은 열리게 되어 RL 표시등이 소등된다. PB1을 눌러서 전원이 차단되면 T-a, T-b 순시 복귀되어 GL 표시등은 소등, RL 표시등은 점등된다.
제한시간	표준시간 : 2시간 30분, 연장시간 : 30분

회 로 도

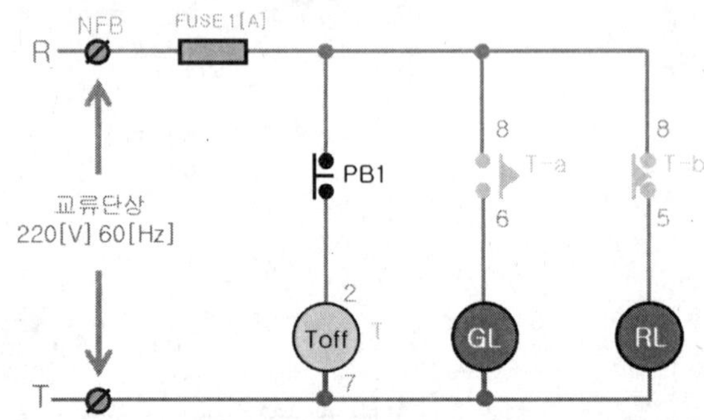

타임 차트

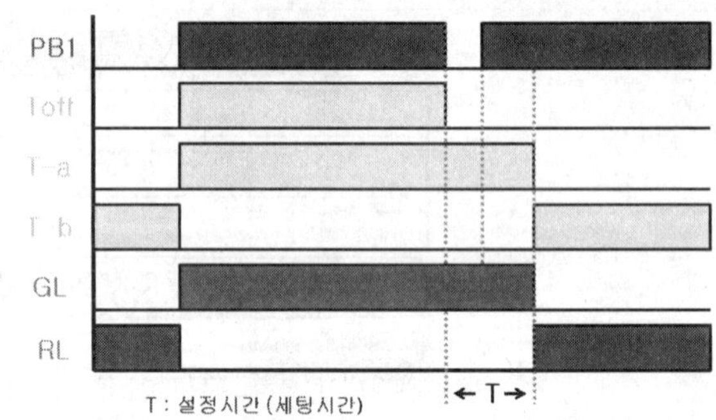

실체 배선도

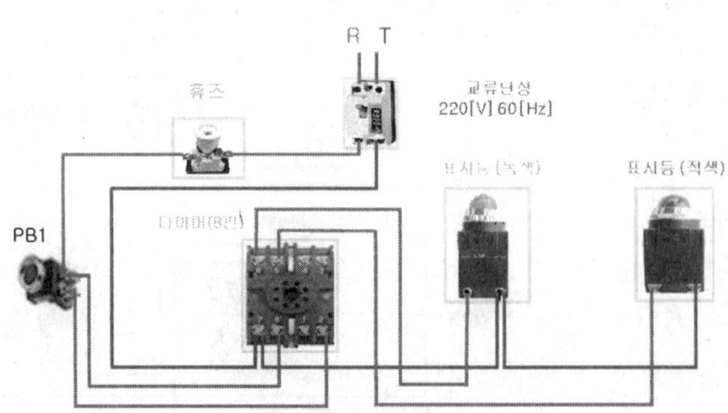

전기설비 기본실습 8-1

릴레이 자기 유지회로 : 기본회로

회로설명 (동작설명)	릴레이 자신의 접점으로 자기 유지회로를 구성하여 동작을 기억시킬 수 있는 것으로서 기억회로라고도 한다. ① PB1을 누르면 Ry-X는 여자되어 X-a접점을 닫히고 자기 유지회로가 된다. ② PB1을 놓았을 때 닫힌 X-a접점을 통하여 Ry-X는 계속하여 동작하므로 자기 유지회로라고 한다.
제한시간	표준시간 : 2시간 30분, 연장시간 : 30분
회 로 도	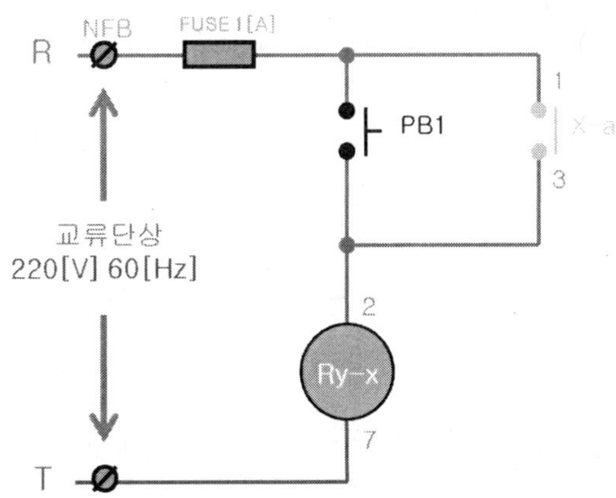
실체 배선도	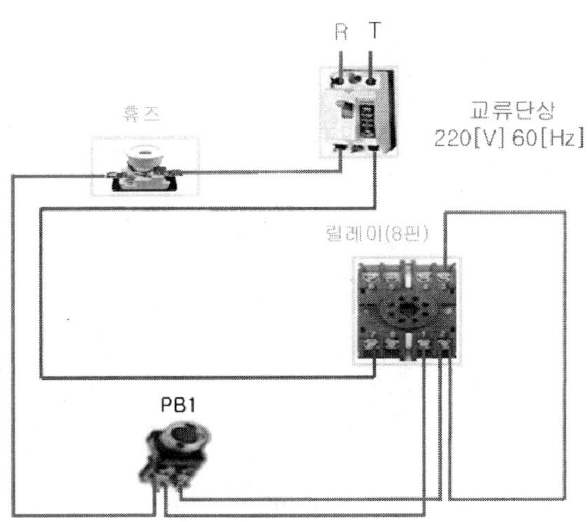

전기설비 기본실습 8-2 릴레이 자기 유지회로 : 동작(on) 우선회로

회로설명 (동작설명)	PB1을 누르면 Ry-X에 전원이 인가되어 X-a접점이 닫혀 자기 유지를 구성하므로 Ry-X는 계속 여자가 된다. PB2를 누르면 Ry-X는 감자된다. PB1과 PB2를 동시에 누르게 되면 Ry-X는 여자되어 동작하지만 자기 유지회로가 구성되지 않으므로 PB1, PB2 스위치를 놓으면 Ry-X는 감자된다. on 우선회로 또는 기동 우선회로라고도 한다.
제한시간	표준시간 : 2시간 30분, 연장시간 : 30분
회 로 도	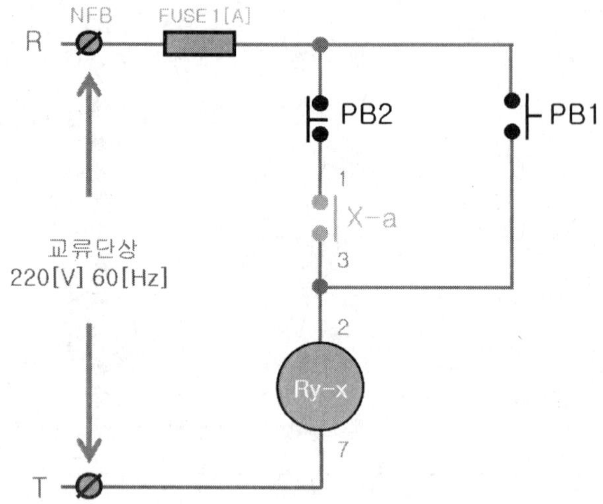
실체 배선도	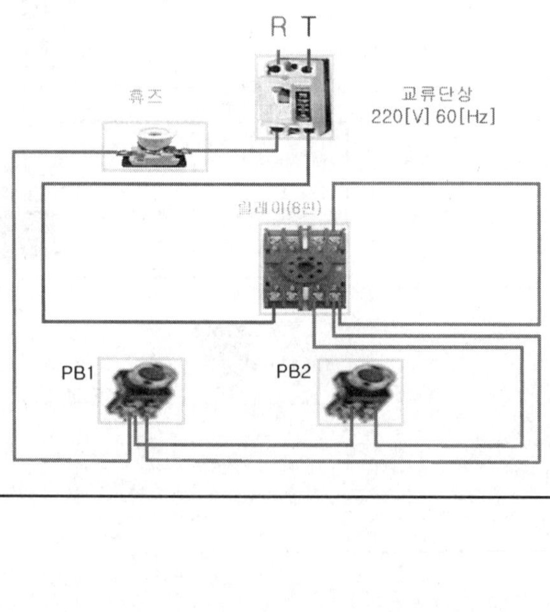

전기설비 기본실습 8-3

릴레이 자기 유지회로 : 복귀(off) 우선회로

회로설명 (동작설명)	PB1과 PB2를 동시에 누르면 PB2에 의해서 회로를 차단시키는 회로이다. off 우선회로 또는 정지 우선회로라고도 한다. PB1에 의하여 Ry-X가 여자되어 X-a접점을 닫아 자기 유지회로를 구성시킨다. PB2를 누르면 Ry-X는 감자가 된다.
제한시간	표준시간 : 2시간 30분, 연장시간 : 30분
회 로 도	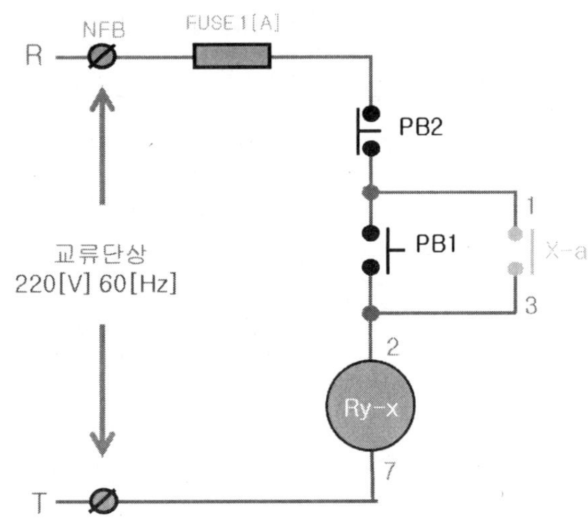
실체 배선도	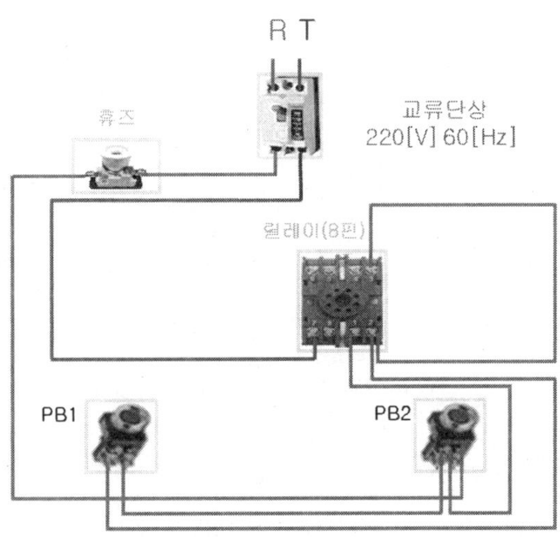

전기설비 기본실습 8-4 릴레이 자기 유지회로 : 2중 코일 회로

회로설명 (동작설명)	소전류가 흘러서 릴레이를 동작시키는 Ry-X1과 대전류로 동작상태를 유지시키는 유지코일 Ry-X2를 가지고 있으며, 각각의 동작상태를 이용하여 자기 유지시키는 회로이다. ① PB1을 누르면 Ry-X2가 여자되어 X2-a접점을 닫히고 Ry-X1을 여자시켜 X1-a가 닫히므로 자기 유지되어 동작한다. ② PB1에서 손을 떼었을 때에는 Ry-X2는 감자되어 X2-a를 개방시켜도 Ry-X1은 계속 동작한다(자기 유지에 의하여). ③ 입력인 푸시버튼 스위치 PB2를 눌렀을 때 자기 유지회로는 차단되고 Ry-X1이 감자되어 모든 동작이 원상태가 된다.
제한시간	표준시간 : 2시간 30분, 연장시간 : 30분
회 로 도	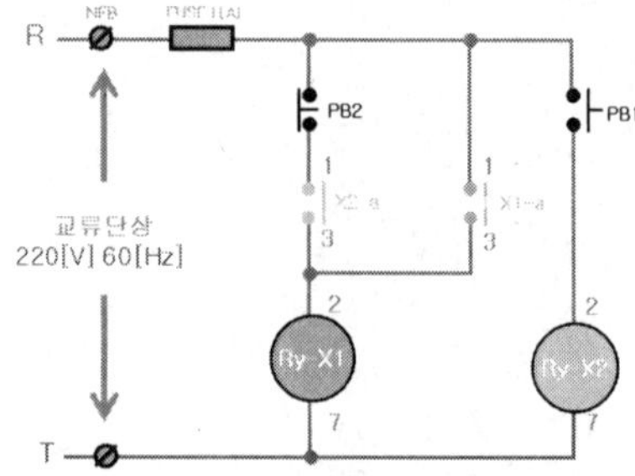
실체 배선도	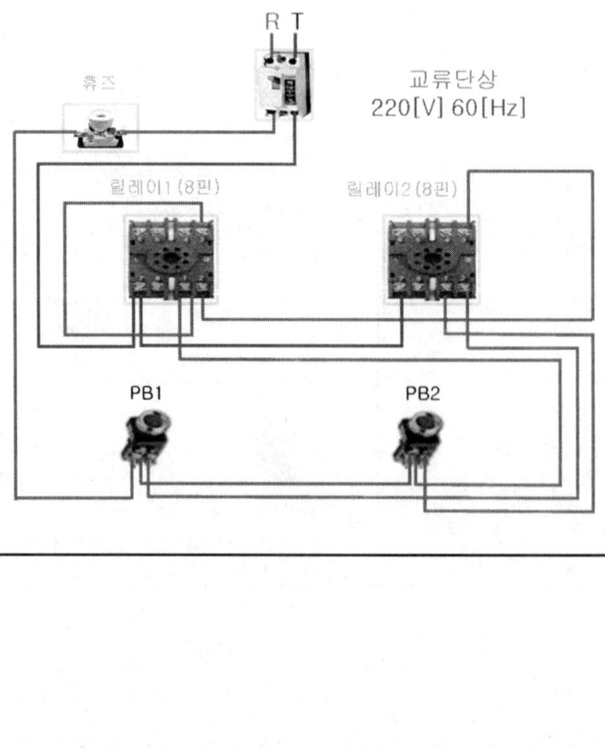

전기설비 기본실습 8-5

릴레이 자기 유지회로 : 쌍안정 회로

회로설명 (동작설명)

기계적 접점인 키이프(한 동작이 완료되면 그 상태를 계속 기계적으로 유지하는 것)를 사용한 릴레이로서 동작 코일과 복귀 코일의 2개의 코일이 있으며, 접점은 기계적으로 유지되고, 단지 접점을 한 방향에서 다른 쪽으로 이동시키는 일을 한다.

① PB1을 누르면 Ry-X1이 여자되어 X1-a접점을 닫아 자기 유지회로가 구성되어 Ry-X1이 계속 동작하며, Ry-X2가 감자가 되기 위한 조건을 구성시킨다.

② 전원을 off시키고 PB2를 누르는 순간 Ry-X2가 여자되어 X2-b접점을 열어 Ry-X1이 감자된다.

제한시간

표준시간 : 2시간 30분, 연장시간 : 30분

회 로 도

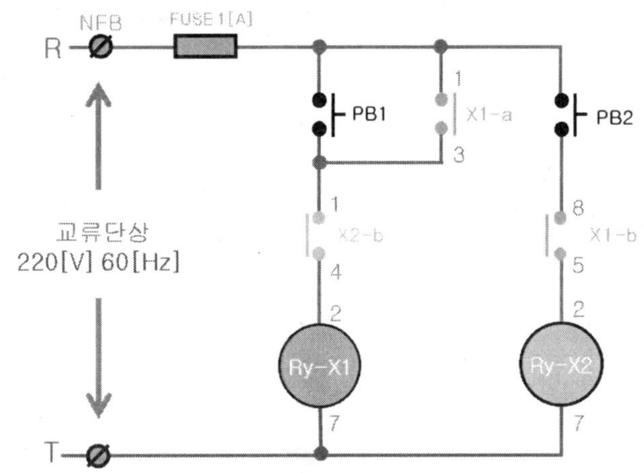

실체 배선도

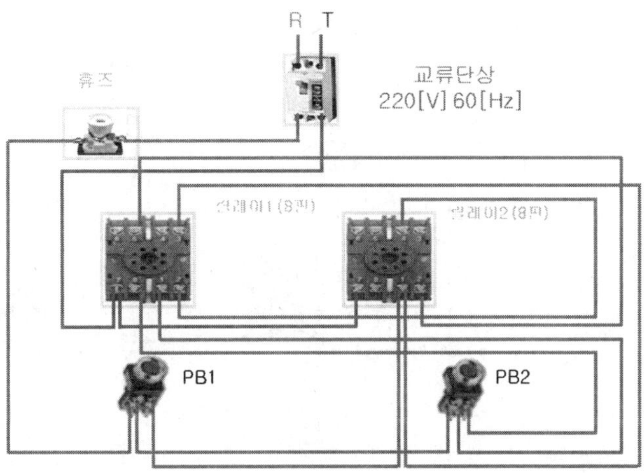

전기설비 기본실습 9

릴레이 수동 복귀회로

회로설명 (동작설명)	열동형 과전류 계전기는 과부하 및 과전류로부터 기기를 보호하는 데 사용되는 바이메탈형과 전자형이 있다. ① PB1을 눌렀을 때 Ry-X가 여자되어 동작된다. ② 과전류, 과부하 시 PB1을 누르면 O.L이 개방되어 Ry-X는 감자상태이다. ③ O.L 차단(trip) 시 복귀시키는 방법은 일반적으로 수동 복귀(reset) 버튼을 손으로 누른다.
제한시간	표준시간 : 2시간 30분, 연장시간 : 30분

회 로 도

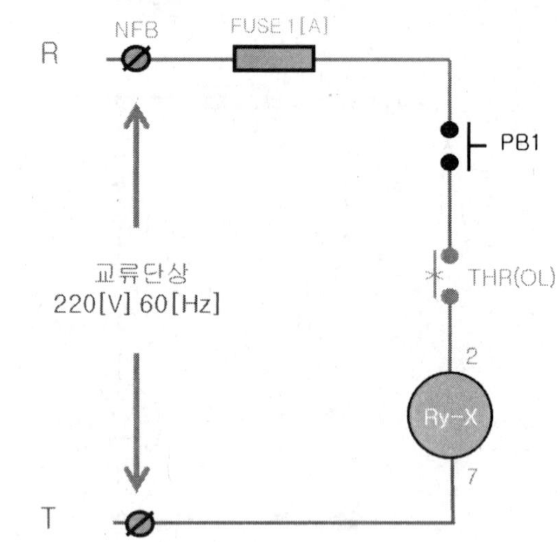

실체 배선도

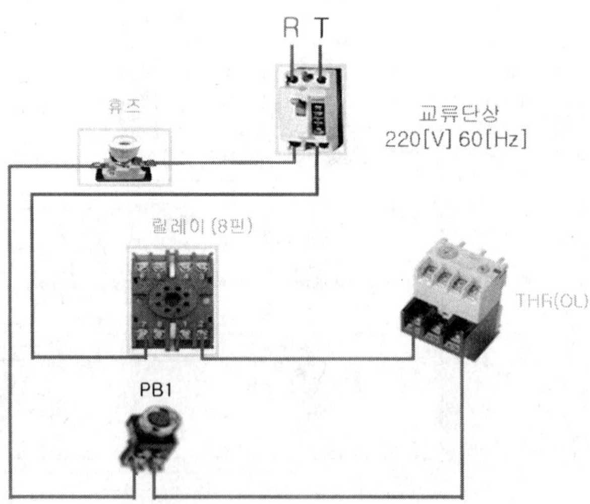

전기설비 기본실습 10-1

타이머 응용회로 : 지연 동작회로

<table>
<tr><td>회로설명
(동작설명)</td><td>타이머의 설정된 시간 후에 출력이 나오는 시간 지연회로이다.
① 입력 PB1을 눌렀을 때
• 타이머가 동작되어 순시접점을 닫아 자기 유지된다.
• 타이머가 카운터를 시작하여 설정시간 후에 GL은 소등, RL은 점등시킨다.
② 입력 PB2를 눌렀을 때
• 타이머에 전원이 차단되며 순시동작이 되어 GL은 점등, RL은 소등된다.</td></tr>
<tr><td>제한시간</td><td>표준시간 : 2시간 30분, 연장시간 : 30분</td></tr>
<tr><td>회 로 도</td><td>
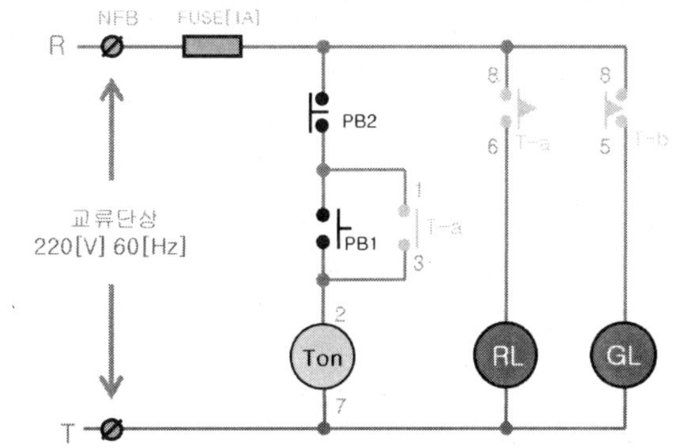

</td></tr>
<tr><td>타임 차트</td><td>
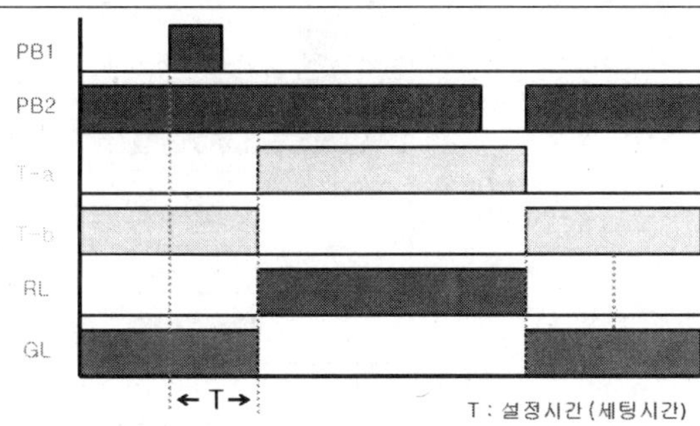

</td></tr>
<tr><td>실체 배선도</td><td>
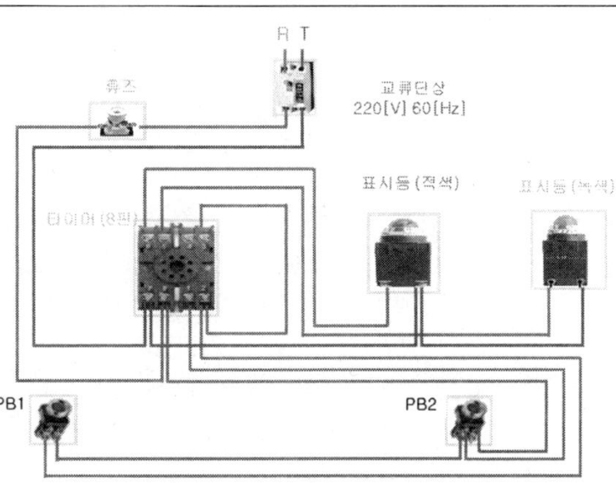

</td></tr>
</table>

전기설비 기본실습 10-2

타이머 응용회로 : 지연 동작 한시 복귀회로

회로설명 (동작설명)

입력신호가 부여된 후 설정시간이 지난 다음 출력을 내고 입력이 제거되더라도 계속 출력을 내다가 설정시간이 지나면 정지되는 회로이다.

① PB1을 누르면 타이머 Ton-1이 동작되며, Ton-1 순시접점이 닫혀서 자기 유지된다. 설정시간 후 타이머 한시 접점 T1-a를 통해 Ton-2는 감자되고, Ry-X는 여자되어 X-a2접점을 통하여 자기 유지되며 RL이 점등된다.

② PB2를 누르면 타이머 Ton-1이 감자되고 Ton-2가 동작하여 설정시간 후에 한시 접점 T2-a가 동작하여 Ry-X를 감자시켜 RL을 소등시킨다.

제한시간

표준시간 : 4시간 30분, 연장시간 : 30분

회 로 도

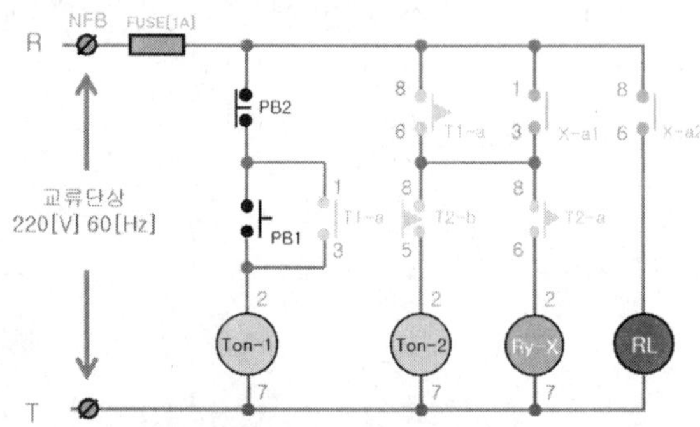

타임 차트

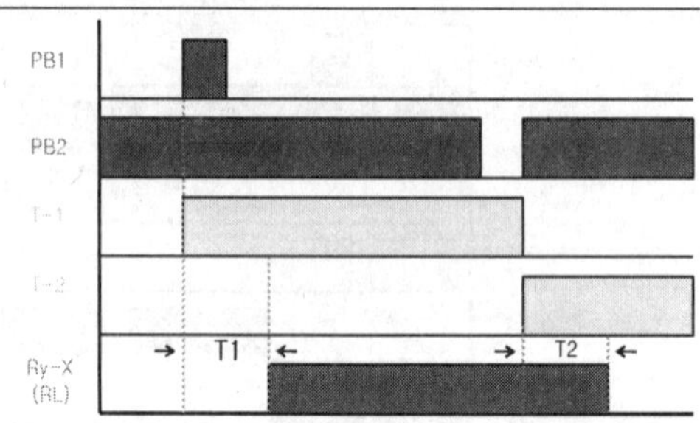

T : 설정시간(세팅시간)

실체 배선도

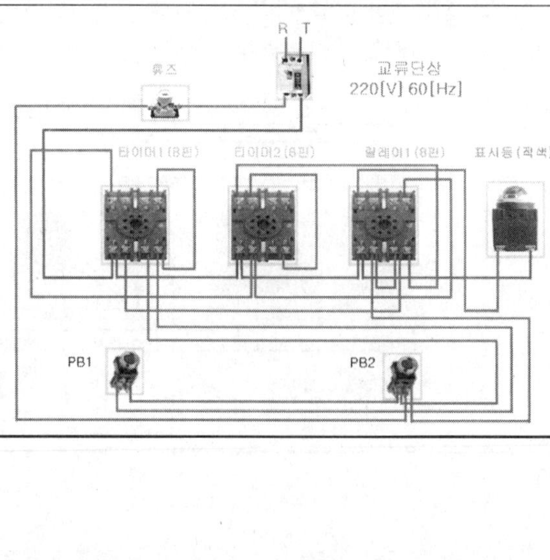

전기설비 기본실습 10-3

타이머 응용회로 : 지연 간격 동작회로

회로설명 (동작설명)	입력신호를 주면 설정시간이 지난 후부터 출력을 내기 시작하여 일정시간 동안 출력을 내는 회로이다. PB1을 누르면 Ton-1이 동작되어 T1-a 순시 접점을 통하여 Ton-1이 자기 유지되어 계속 동작한다. Ton-1 설정시간 후에 Ton-2가 여자되어 T2-a, X-b접점을 통작하여 GL등이 점등되며, Ton-2 타이머 설정시간 후에 Ry-X가 여자되어 X-b접점이 동작하여 Ton-1 감자되는 동시에 GL등이 소등된다.
제한시간	표준시간 : 3시간 30분, 연장시간 : 30분

회 로 도

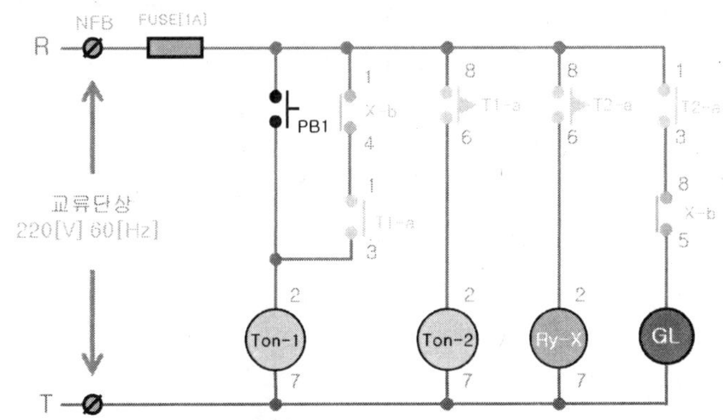

타임 차트

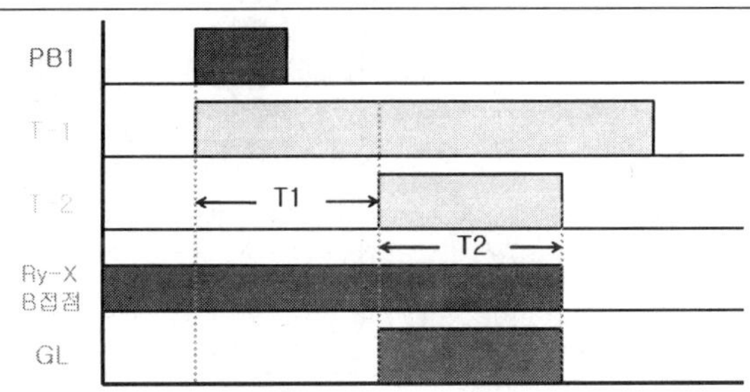

T : 설정시간 (세팅시간)

실체 배선도

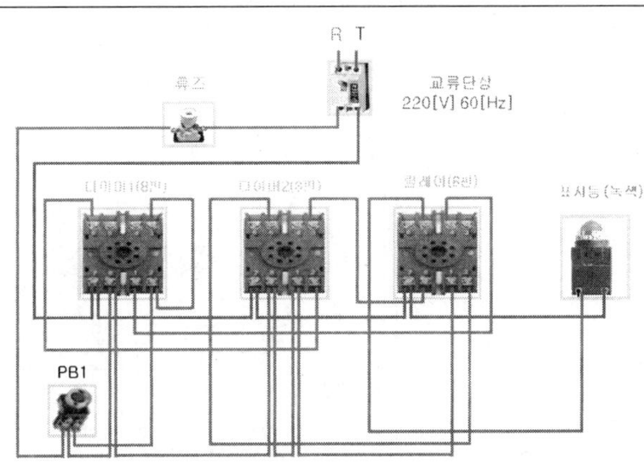

전기설비 기본실습 10-4 타이머 응용회로 : 주기 동작회로

회로설명 (동작설명)	타이머 설정시간만큼 동작과 정지를 반복하는 회로이다. PB1을 누르면 Ry-X가 여자되어 자기 유지를 시키는 동시에 Ton-1이 동작되어 RL등이 점등된다. 설정시간 후에 Ton-2가 동작하여 Ton-1이 감자되어 RL등이 소등된다. Ton-2 설정시간 후에 Ton-2의 한시 접점이 개방되어 Ton-2가 감자되는 동시에 Ton-1이 동작되어 RL등이 점등된다.
제한시간	표준시간 : 3시간 30분, 연장시간 : 30분
회 로 도	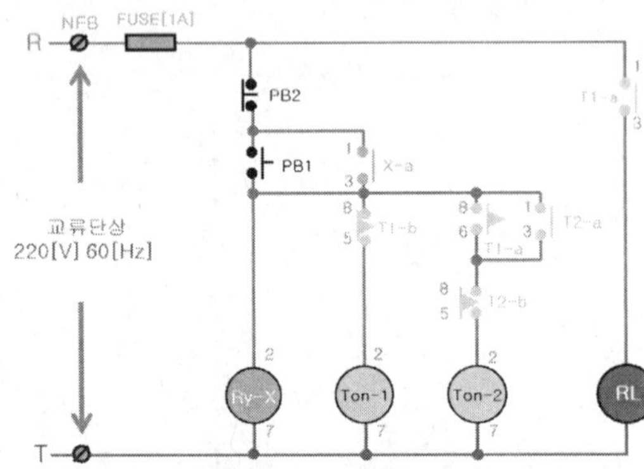
타임 차트	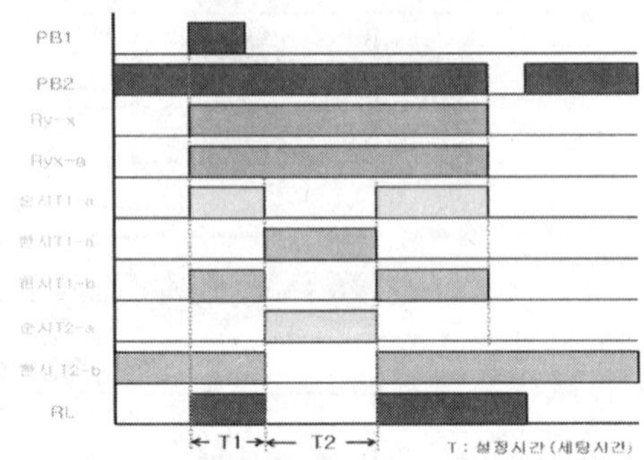
실체 배선도	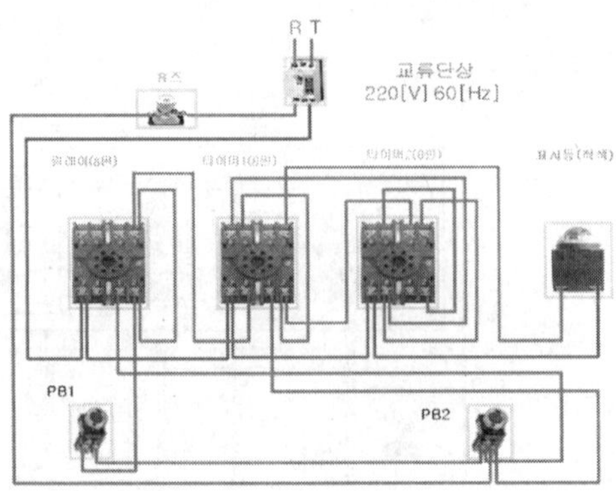

전기설비 기본실습 10-5 타이머 응용회로 : 이상 동작 검출회로

<table>
<tr><td>회로설명
(동작설명)</td><td>입력신호가 정해진 시간보다 길어질 경우에 동작하는 회로이며, 경보를 발하는 회로에 많이 사용된다.
PB1의 입력 스위치를 누르면 타이머가 동작하여 시간 설정 후 Ry-X가 여자되어 경보(버저)를 발하게 한다. 즉 입력조건이 설정시간보다 적을 경우 Ry-X는 여자되지 않으며, 입력조건이 설정시간보다 길 경우 경보를 발하게 하는 회로이다.</td></tr>
<tr><td>제한시간</td><td>표준시간 : 3시간 30분, 연장시간 : 30분</td></tr>
<tr><td>회 로 도</td><td>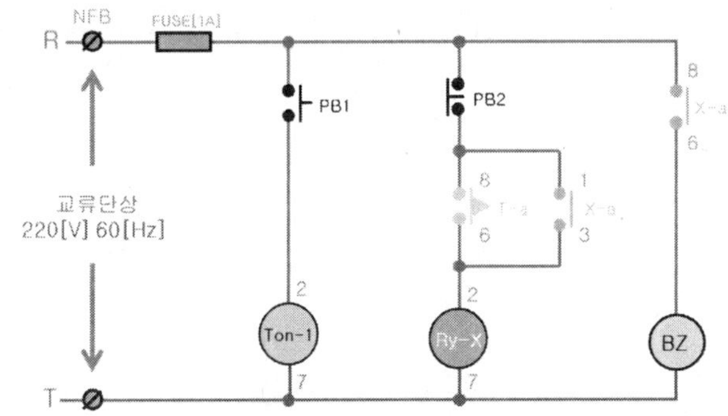
</td></tr>
<tr><td>타임 차트</td><td>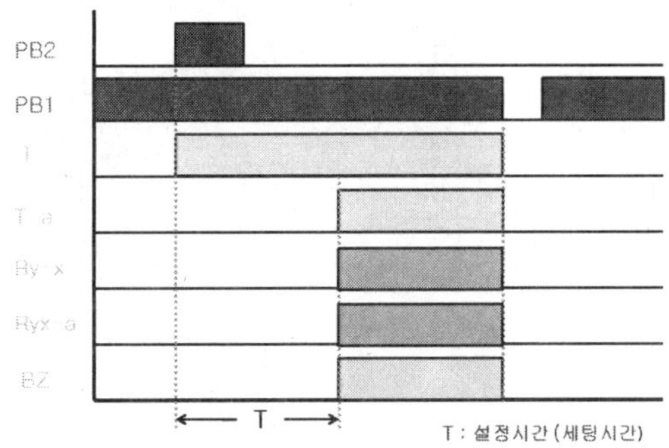
</td></tr>
<tr><td>실체 배선도</td><td>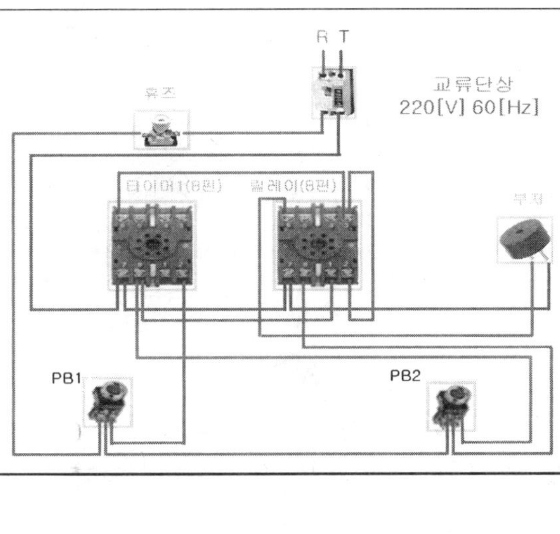
</td></tr>
</table>

전기설비 기본실습 11-1

릴레이 선택회로(우선회로) : 선행 우선회로(인터록 회로)

회로설명 (동작설명)	2개의 입력 중 먼저 들어온 입력신호에 의해서 출력이 나가는 우선회로이다. ① PB1을 누르면 Ry-X1이 동작하여 인터록 회로에 의하여 PB2를 눌러도 Ry-X2는 동작하지 못한다. ② 전원차단 후 PB2를 누르면 Ry-X2가 동작하여 인터록 회로에 의하여 PB1을 눌러도 Ry-X1은 동작하지 못한다. 먼저 누른 스위치에 의하여 인터록 회로가 구성되어 우선회로를 만든다.
제한시간	표준시간 : 2시간 30분, 연장시간 : 30분

회 로 도

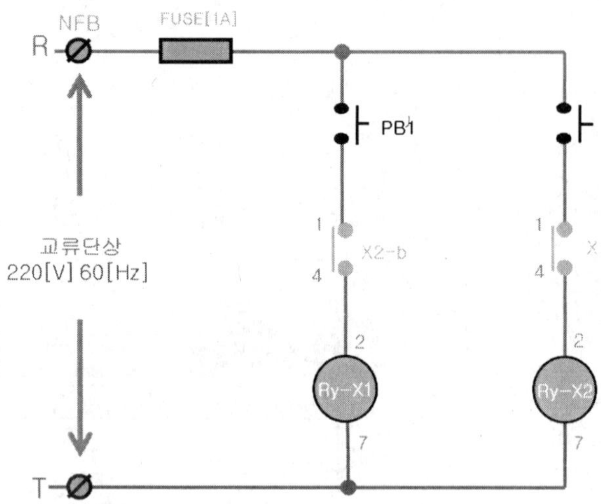

실체 배선도

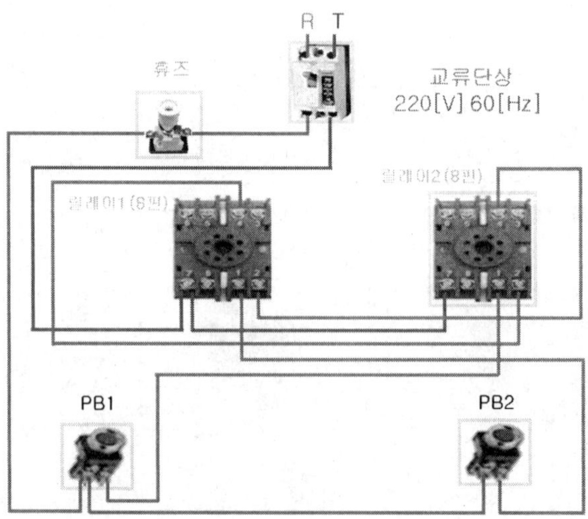

전기설비 기본실습 11-2

릴레이 선택회로(우선회로) : 초선택회로

회로설명 (동작설명)	여러 개의 입력조건 중 어느 한 곳의 입력에 최초의 입력이 부여되면 그 입력이 제거될 때까지는 다른 입력을 받아들이지 않고 그 회로 하나만 동작한다. 입력 PB1을 누르고 있으면 Ry1이 동작한다. X1-a가 닫히며 자기 유지회로가 형성된다. 동시에 Ry4를 동작시킨다. Ry4가 동작되면 X1→X2→X3까지의 릴레이 코일 Ry4의 X4-b가 개방되어 X2, X3이 동작하지 못한다.
제한시간	표준시간 : 4시간 30분, 연장시간 : 30분
회 로 도	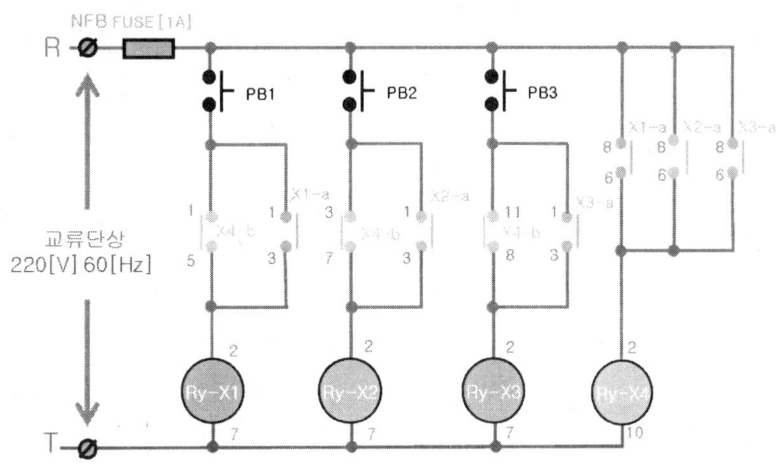
실체 배선도	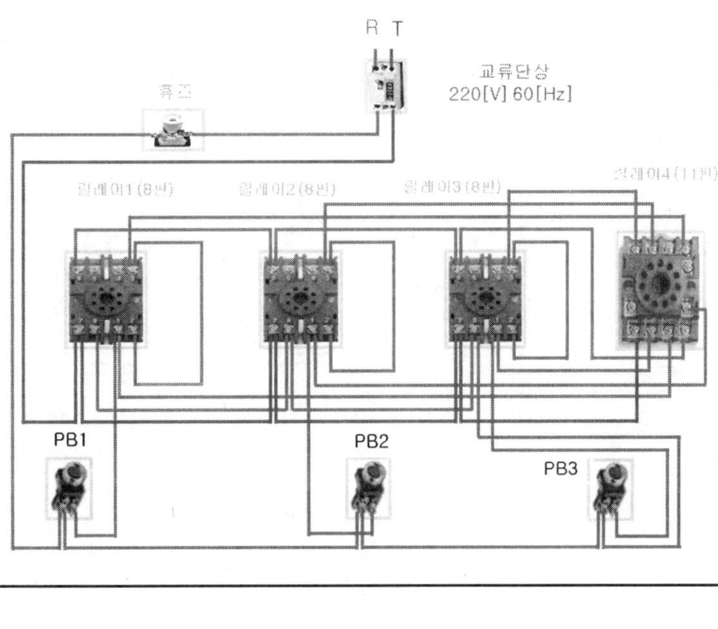

전기설비 기본실습 11-3

릴레이 선택회로(우선회로) : 선택우선회로

회로설명 (동작설명)	여러 개의 입력 중 가장 먼저 입력이 들어온 것이 동작되는 우선회로이다. PB1~PB4 중의 어느 스위치를 먼저 누르게 되면 먼저 누른 것의 릴레이가 동작하여 그 외에 릴레이는 b접점을 열리게 하여 회로를 차단하게 되므로 먼저 누른 곳이 동작되는 우선회로가 된다.
제한시간	표준시간 : 4시간 30분, 연장시간 : 30분
회 로 도	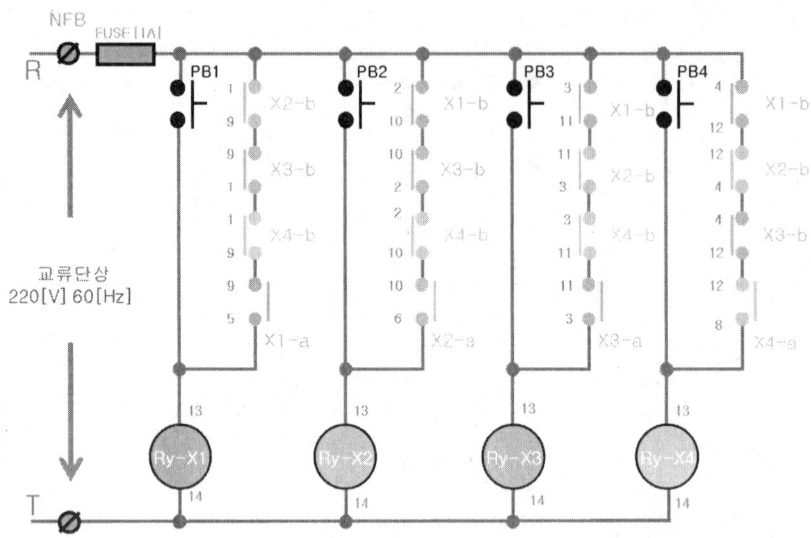
실체 배선도	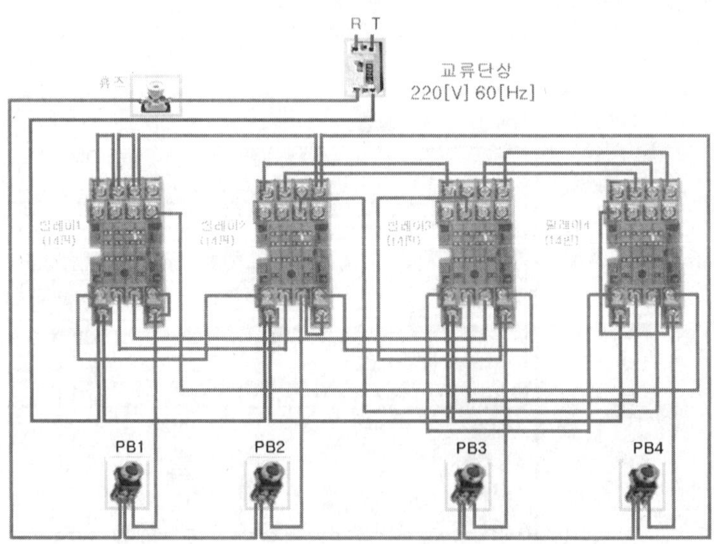

전기설비 기본실습 11-4

릴레이 선택회로(우선회로) : 순위별 우선회로

회로설명 (동작설명)	입력 신호에 미리 우선순위를 정하여 우선순위가 높은 순위가 입력신호에서 출력을 내는 회로이며, 입력순위가 낮은 곳에 입력이 부여되어 있어도 입력순위가 높은 곳에 입력이 부여되면 낮은 쪽을 제거하고 높은 쪽에서만 출력을 낸다. PB1, PB2, PB3, PB4의 순서대로 출력이 나간다. PB3을 누르면 PB4는 출력이 없고 PB1, PB2를 누르면 동작되어 출력이 PB1이 되는 회로이다.
제한시간	표준시간 : 4시간 30분, 연장시간 : 30분
회 로 도	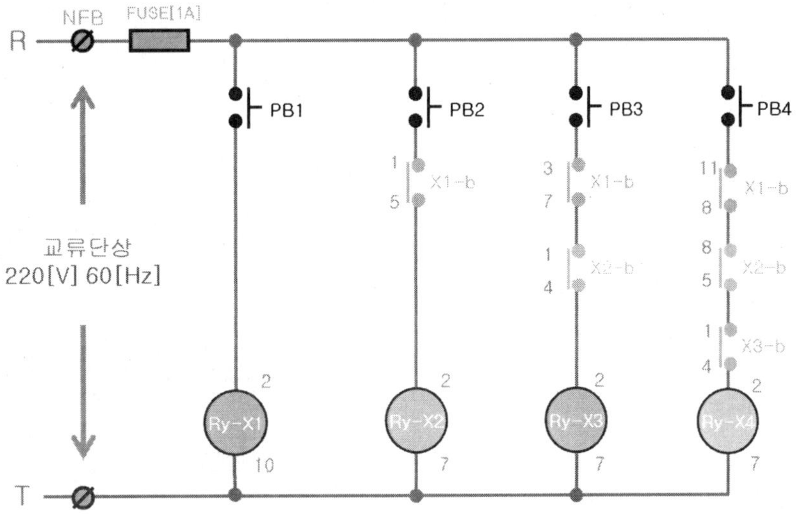
실체 배선도	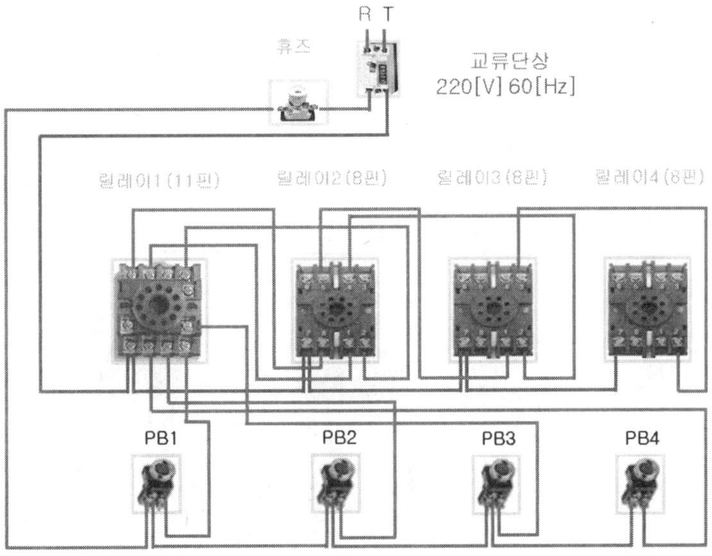

전기설비 기본실습 12-1 릴레이, 타이머 검출회로 : 신호발생 검출회로

<table>
<tr><td>회로설명
(동작설명)</td><td>입력신호를 수신하였을 때만 검출하는 회로이며, 설정시간 동안만 출력을 발생시키는 펄스 신호를 발생하는 회로이다.
① PB1을 누르고 있으면 Ry-X, T가 동작한다.
② X-a접점이 닫히므로 GL등이 점등되며, 타이머 설정시간 후에 한시 T-b접점이 개방되어 GL등이 소등된다.</td></tr>
<tr><td>제한시간</td><td>표준시간 : 4시간 30분, 연장시간 : 30분</td></tr>
<tr><td>회 로 도</td><td>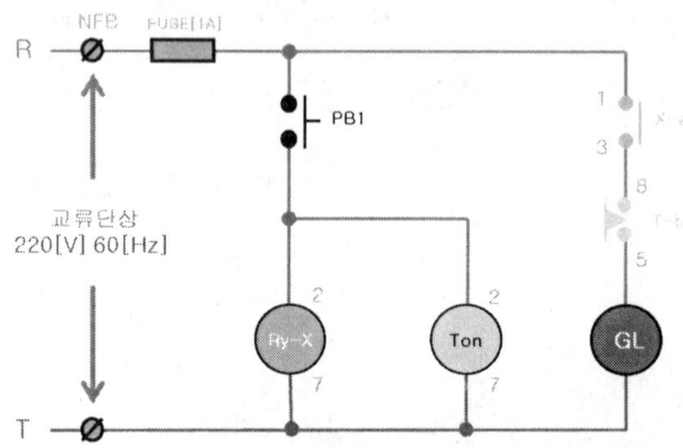
</td></tr>
<tr><td>타임 차트</td><td>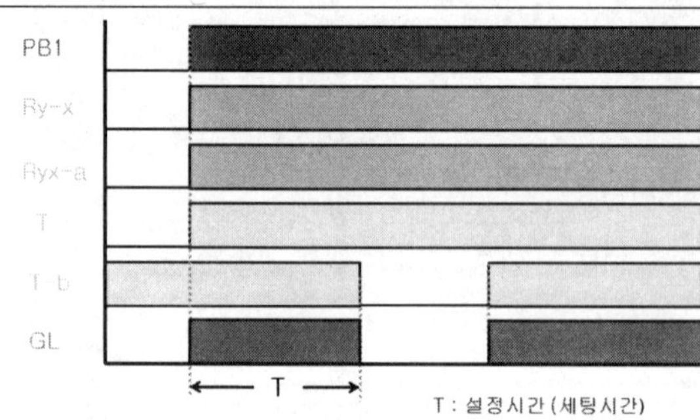
</td></tr>
<tr><td>실체 배선도</td><td>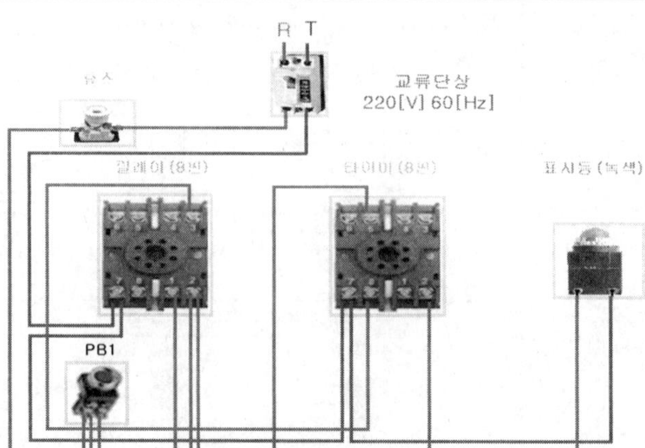
</td></tr>
</table>

전기설비 기본실습 12-2

릴레이, 타이머 검출회로 : 신호소멸 검출회로

회로설명 (동작설명)	입력신호를 수신하였을 때는 펄스 신호를 발생하지 않고, 입력신호 수신 후 제거되었을 때만 펄스 신호를 발생하는 회로이다. ① PB1을 누르고 있으면 Ry-X, Toff가 동작하여 X-a접점을 닫으므로 RL등이 소등된다. ② Toff 설정시간만큼 지연되어 감자되므로 순시 복귀 T-a가 동작되어 RL등이 점등된다.
제한시간	표준시간 : 2시간 30분, 연장시간 : 30분
회 로 도	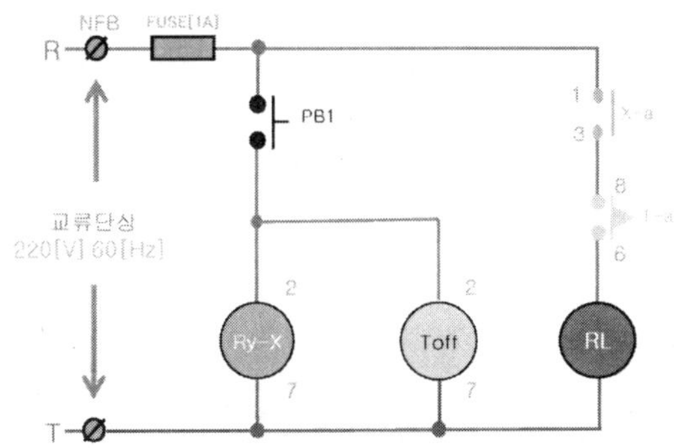
타임 차트	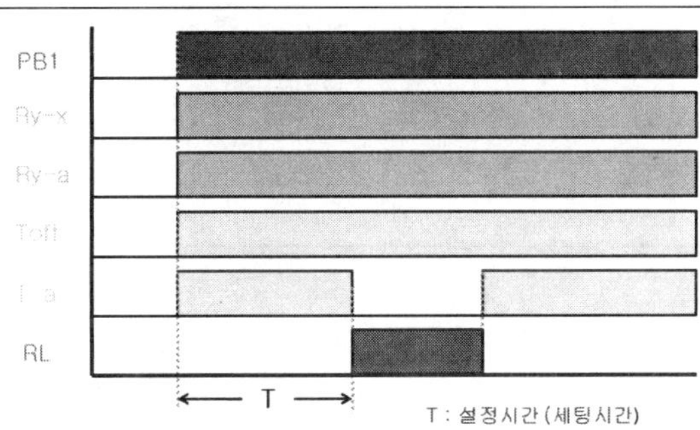
실체 배선도	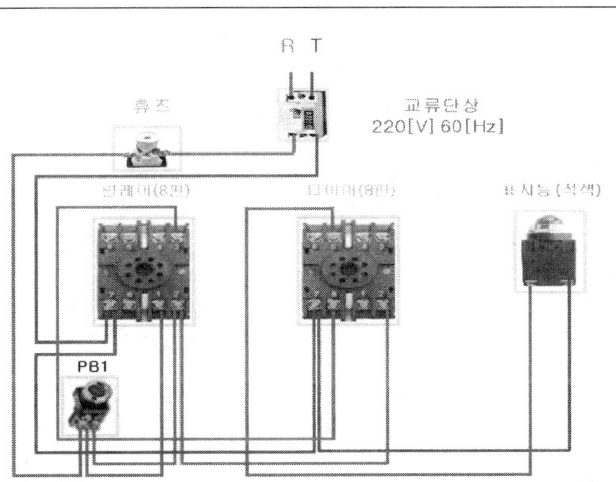

전기설비 기본실습 12-3

릴레이 검출회로 : 릴레이 동작수 검출회로

회로설명 (동작설명)	다수의 릴레이 중 동작하고 있는 릴레이의 숫자를 알거나 회로상태의 점검 그리고 계수회로의 동작 릴레이 수를 검출하는 회로이다. 스위치를 누르지 않은 상태에서는 L0이 점등되며, 스위치 1개 누르면 L1 점등, 스위치를 2개 누르면 L2 점등, 3개 누르면 L3, 4개 누르면 L4가 점등되는 회로이다.
제한시간	표준시간 : 4시간 30분, 연장시간 : 30분
회 로 도	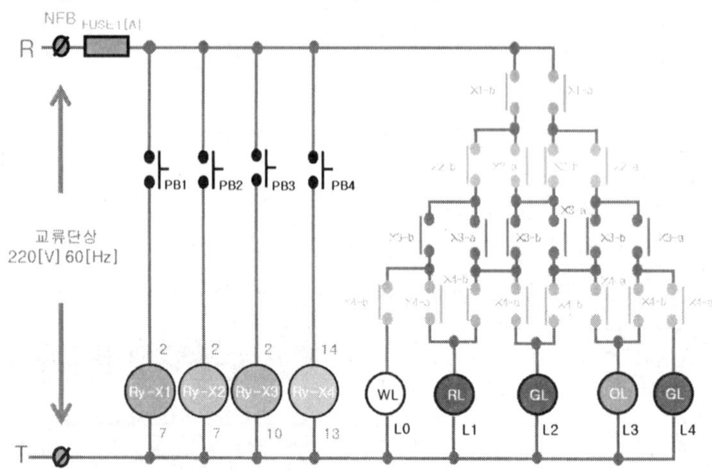
실체 배선도	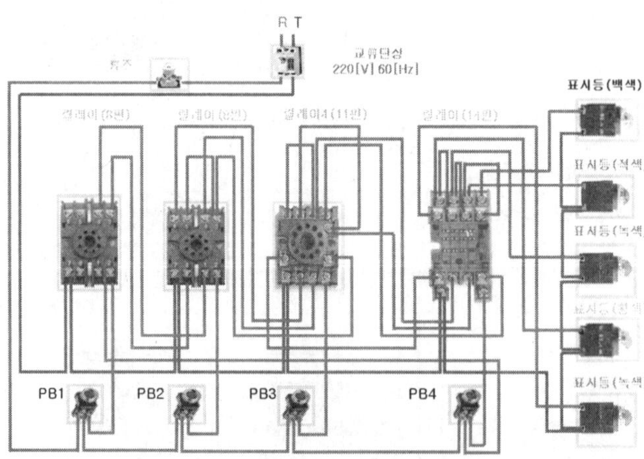

전기설비 기본실습 12-4 릴레이 검출회로 : 동작 릴레이 검출회로

<table>
<tr><td>회로설명
(동작설명)</td><td>다수의 릴레이 중 어느 릴레이가 동작하고 있는가를 검출하는 회로이며, 10진 변환회로로도 사용할 수 있는 회로이다.
Ry-X1, Ry-X2, Ry-X4, Ry-X8의 조합에 의하여 출력이 발생되는 회로이며, Ry-X1+Ry-X2는 3번 L3 점등, Ry-X1+Ry-X4는 5번 L5 점등, Ry-X1+Ry-X8은 9번 L9 점등회로이다.
2진수 8, 4, 2, 1 코드를 10진수로 나타나게 한다.</td></tr>
<tr><td>제한시간</td><td>표준시간 : 4시간 30분, 연장시간 : 30분</td></tr>
<tr><td>회 로 도</td><td>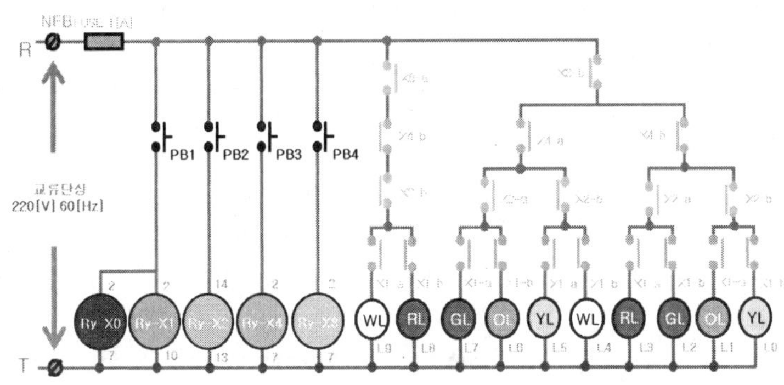
</td></tr>
<tr><td>실체 배선도</td><td>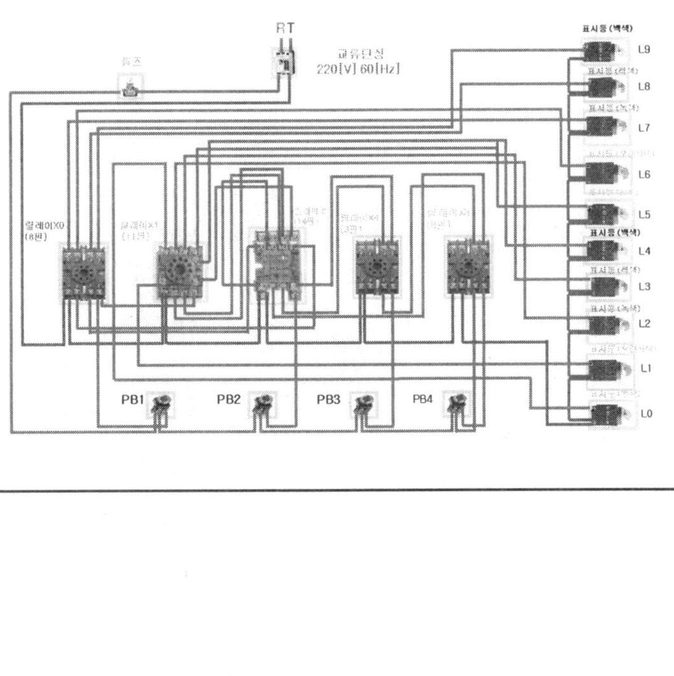
</td></tr>
</table>

전기설비 기본실습 13-1

릴레이 표시회로 : 1등식 표시회로

회로설명 (동작설명)	차단기나 단로기 또는 접촉기 등의 동작하는 상태는 표시등을 이용하여 나타내는 회로로써 1등식 표시회로, 2등식 표시회로, 3등식 표시회로, 상태 회로 표시회로, 고장 표시회로 등이 있다. 1등식 표시회로 PB1을 누르면 Ry-X가 여자되어 RL등이 점등되고 손을 놓으면 소등되는 회로이다.
제한시간	표준시간 : 2시간 30분, 연장시간 : 30분
회 로 도	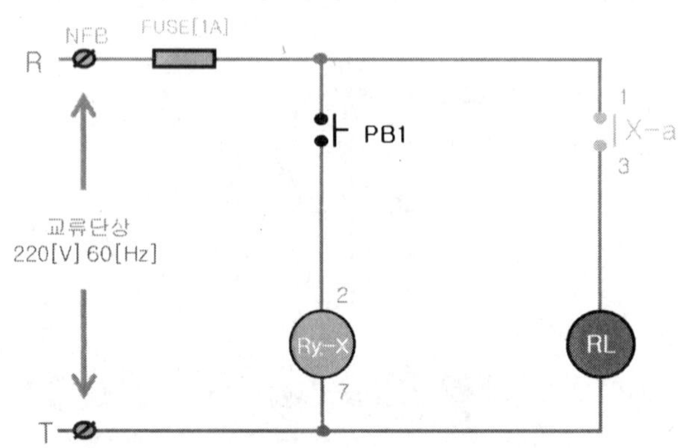
실체 배선도	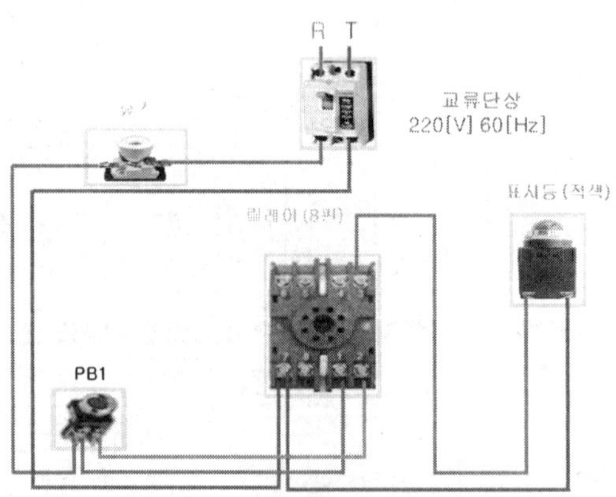

전기설비 기본실습 13-2

릴레이 표시회로 : 2등식 표시회로

회로설명 (동작설명)	차단기나 단로기, 접촉기 등이 동작, 정지상태 등을 표시하며, 동작 시에는 적색등, 비동작 시에는 녹색등을 사용한다. PB1 스위치를 누르면 Ry-X가 여자되어 X-a접점은 닫아 RL등이 점등, X-b접점은 열어 GL등이 소등된다. PB1 스위치를 놓으면 Ry-X가 감자되어 X-a접점은 열어 RL등이 소등, X-b접점은 닫아 GL등이 점등된다.
제한시간	표준시간 : 2시간 30분, 연장시간 : 30분

회 로 도

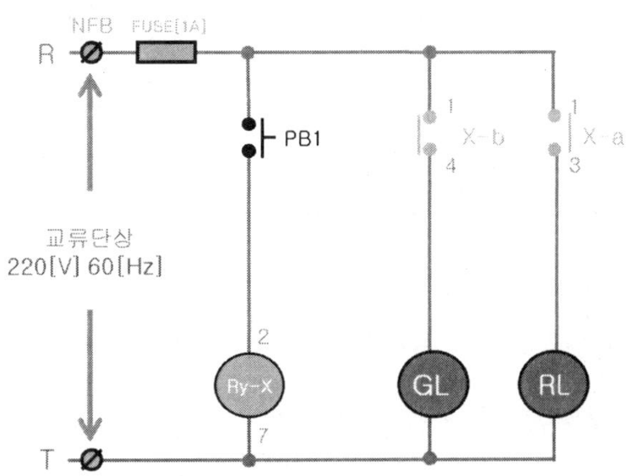

실체 배선도

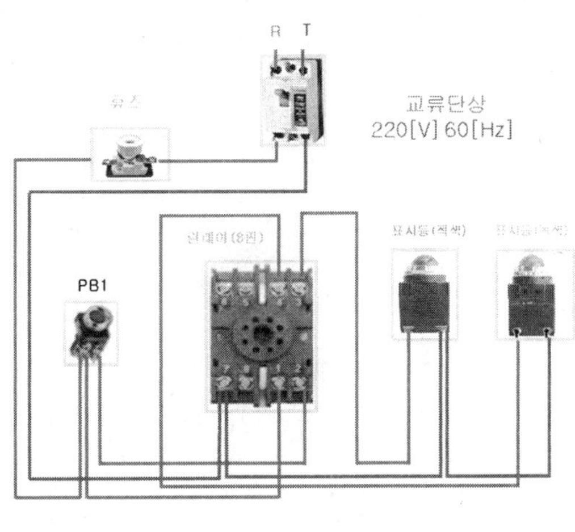

전기설비 기본실습 13-3

리밋 스위치 표시회로 : 3등식 표시회로

회로설명 (동작설명)	동작 기기의 동작 정지상태(개폐상태)와 동작 중의 상태를 나타내는 것이며, 동작상태는 적색등, 비동작 상태는 녹색등, 동작중의 상태는 오렌지색등으로 한다(이 회로에서는 물탱크의 플로트 스위치를 생각하기로 한다). ① 물탱크의 물이 하한 스위치 이하일 때 : 하한 스위치의 b접점 L1 상태로 녹색등 GL 등이 점등된다. ② 물탱크의 물이 하한 스위치를 지나 상한 스위치 이하일 때 : a접점 L2가 닫히고, 상한 스위치 b접점 H1은 닫혀 OL등이 점등된다. ③ 물탱크의 물이 상한 스위치를 동작시키는 위치에 있을 때 • a접점 H2가 닫히므로 적색등 RL등이 점등된다. • H1이 열리므로 오렌지색등 OL등은 소등된다.
제한시간	표준시간 : 2시간 30분, 연장시간 : 30분
회 로 도	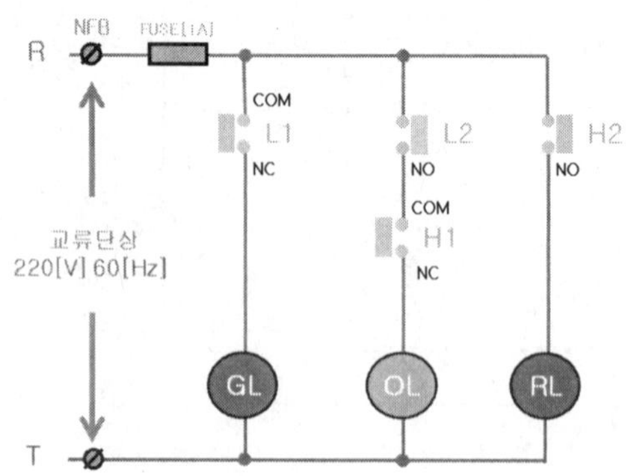
실체 배선도	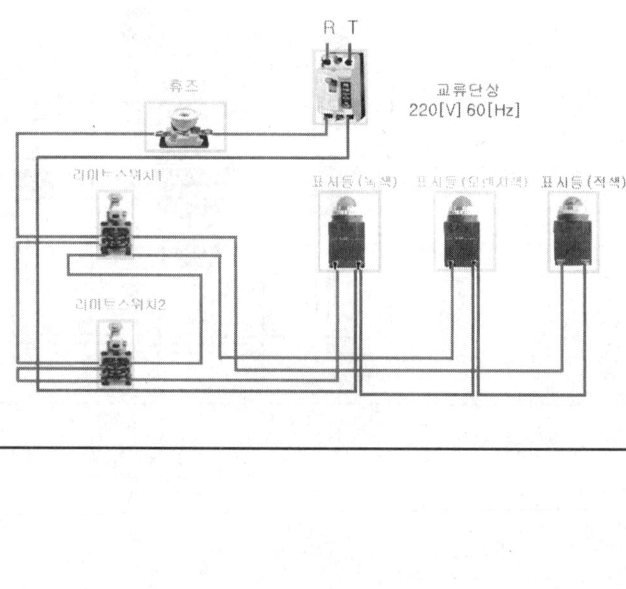

전기설비 기본실습 13-4

릴레이 코일 감시회로

회로설명 (동작설명)	중요한 코일의 단선이나 연락선의 단선 등을 감시하기 위한 회로이며, 점검 스위치를 누르면 정상일 때는 적색으로 점등되어 단선 시 점등되지 않는다. 입력인 푸시버튼 스위치 PB2를 누르면 릴레이 코일 Ry-X가 동작한다는 것을 전항에 설명하였으나, 만약에 릴레이 코일 Ry-X의 코일이 단선되거나 기타 배선에 이상이 있을 때 혹은 입력 PB2접점에 이상이 있을 때는 작동하지 않게 된다. 여기서는 릴레이 코일 Ry-X와 직렬로 입력인 PB1과 RL 코일을 설치하여 푸시버튼 스위치 PB1을 누르면 릴레이 코일 Ry-X가 이상이 없을 때는 적색 표시등 RL 코일이 점등하게 된다(이때 기기의 정격에 유의할 것).
제한시간	표준시간 : 2시간 30분, 연장시간 : 30분
회 로 도	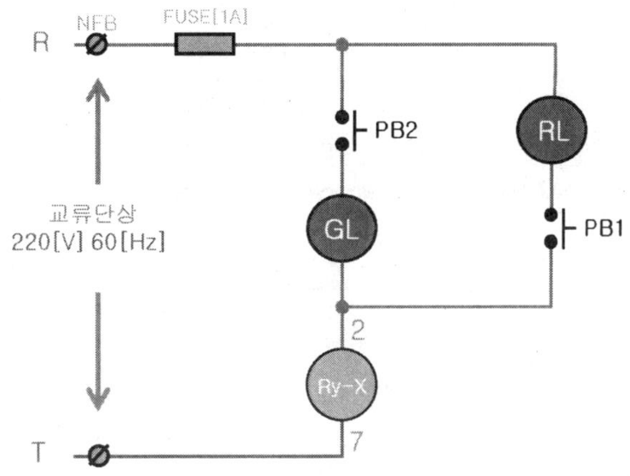
실체 배선도	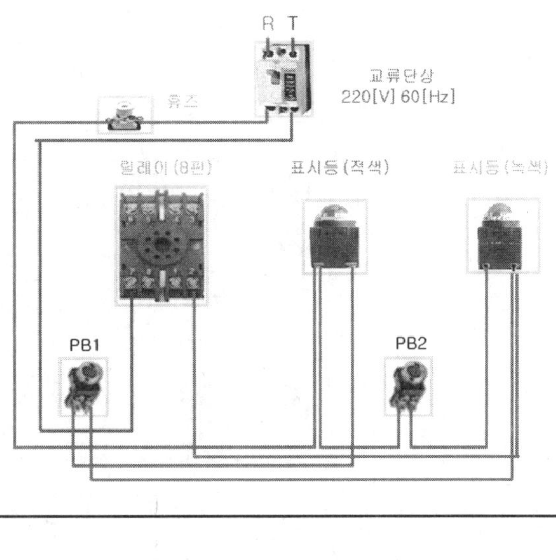

전기설비 기본실습 14

전자 개폐기 제어회로(마그네트 회로구성 시 숙지해야 할 사항)

<table>
<tr><td rowspan="5">회로설명
(동작설명)</td><td colspan="2">일반적으로 전자 개폐기는 시퀀스 제어에서 가장 많이 사용되고 있는 전동기의 제어회로에 사용되고 있다.</td></tr>
<tr><td>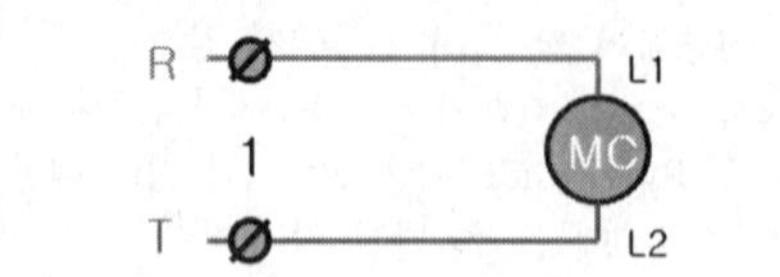
</td><td>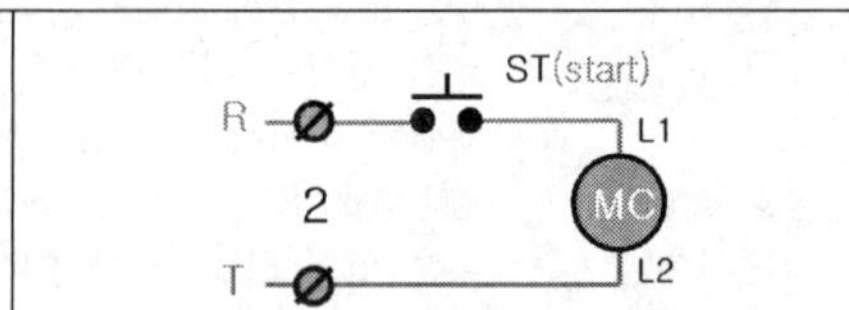
</td></tr>
<tr><td>마그네트 코일에 전원을 사용한다.</td><td>필요시만 동작시키기 위하여 스타트 스위치(시동 스위치)를 사용한다.</td></tr>
<tr><td>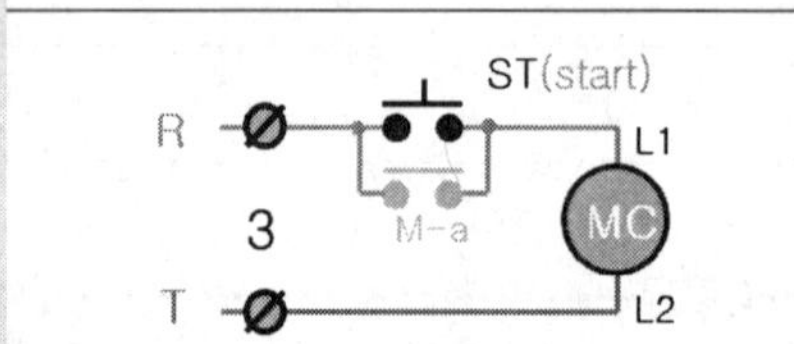
</td><td>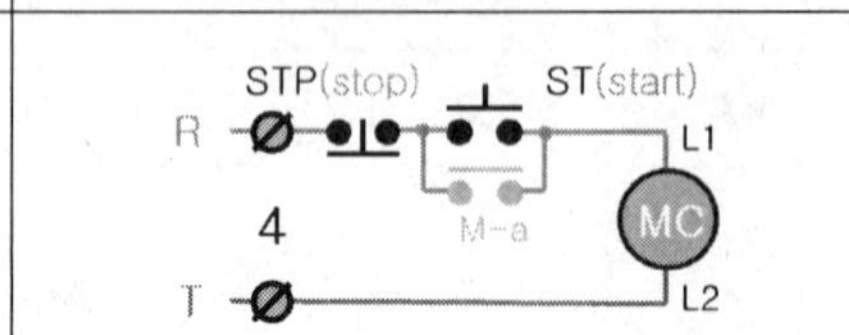
</td></tr>
<tr><td>마그네트 코일의 계속 동작시키기 위하여 보조 MC-a접점을 사용한다(자기 유지).</td><td>마그네트 코일 전원을 차단하기 위하여 정지 스위치를 사용한다.</td></tr>
<tr><td>제한시간</td><td colspan="2">표준시간 : 2시간 30분, 연장시간 : 30분</td></tr>
<tr><td>회 로 도</td><td colspan="2">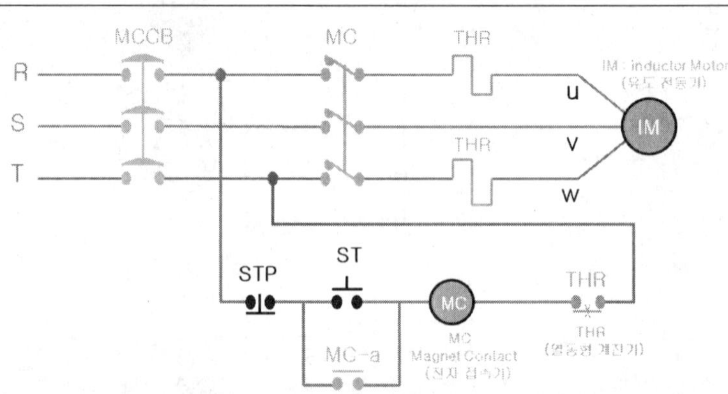
</td></tr>
<tr><td>실체 배선도</td><td colspan="2">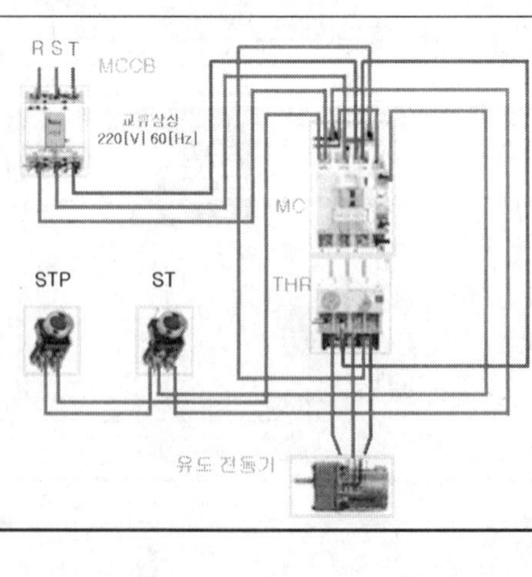
</td></tr>
</table>

전기설비 기본실습 15-1

전동기 기본회로 : 1개소 회로

회로설명 (동작설명)	3상 유도 전동기의 기동 및 정지 조작용으로 사용되는 회로이며, 적색등과 녹색등을 이용하여 기기의 동작상태를 표시한다(여기에서는 마그네트 코일 동작회로만 표시한다). • 1개소 회로 ① 기동 스위치 ST를 누르면 MC가 동작되고 MC-a접점에 의하여 자기 유지되며 RL등이 점등된다. ② 정지 스위치 STP를 누르면 MC가 감자되어 MC-a접점은 열려 RL등은 소등되고, MC-b접점이 닫혀 GL등이 점등된다.
제한시간	표준시간 : 2시간 30분, 연장시간 : 30분
회 로 도	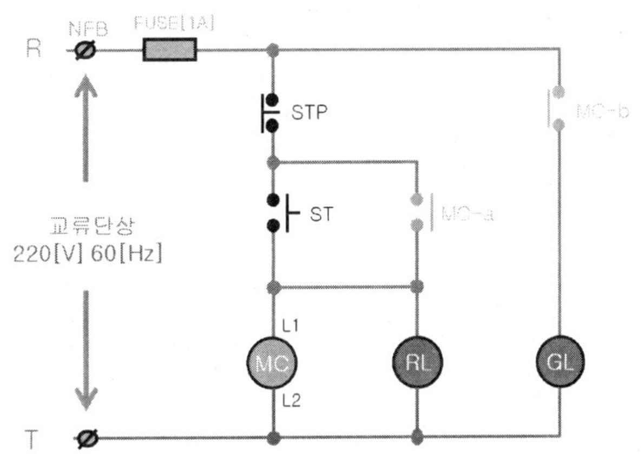
실체 배선도	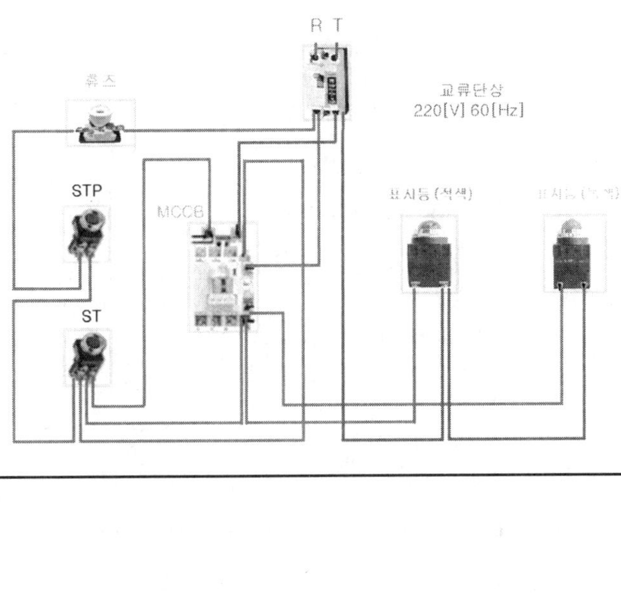

전기설비 기본실습 15-2

전동기 기본회로 : 정 · 역 회로

회로설명 (동작설명)	회전방향을 바꾸기 위해서는 전원의 3상 중 2상을 바꾸어 주면 역회전한다.
제한시간	표준시간 : 2시간 30분, 연장시간 : 30분
정 · 역 회 로 도	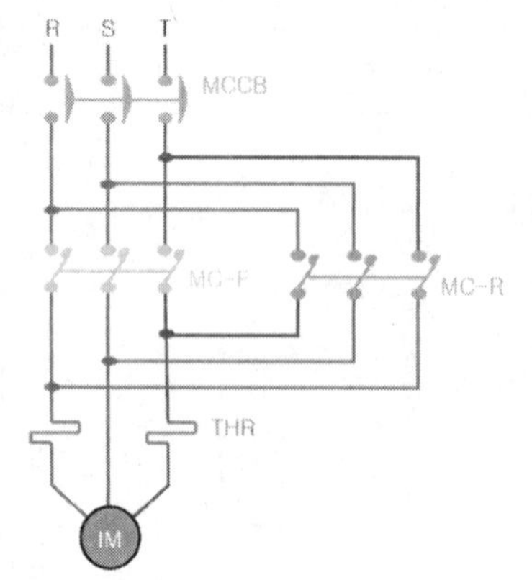 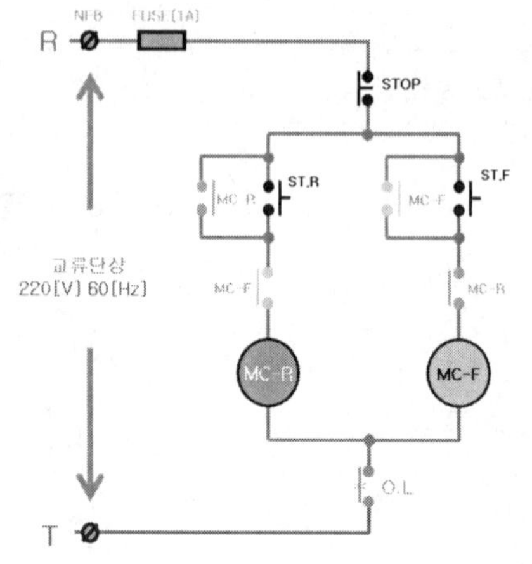
실체 배선도	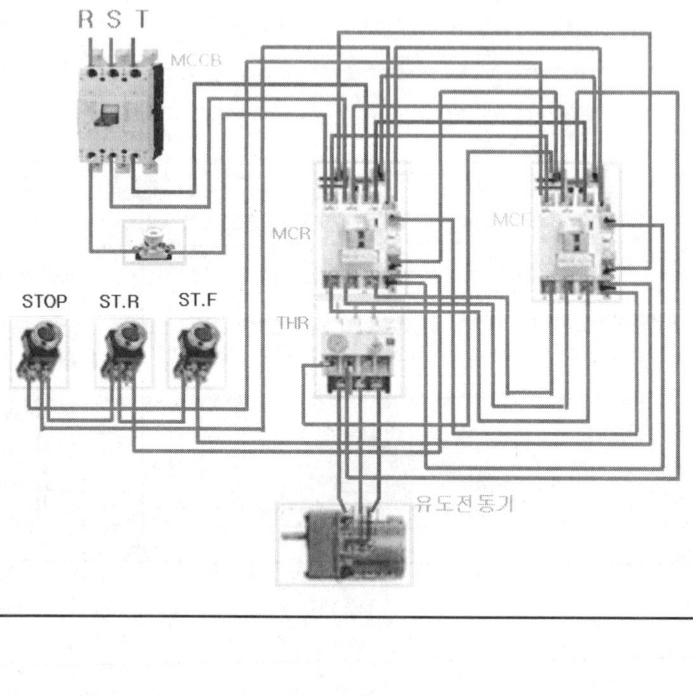

전기설비 기본실습 16-1

동시 기동회로(마그네트 a접점을 이용하는 방법)

회로설명 (동작설명)	기동 스위치 ST를 누르면 MC1이 여자되어 MC1-a접점을 닫아 MC1은 자기 유지되고, MC2가 작동되고, MC2-a접점이 닫히며, MC3도 여자되어 전동기 3대가 동시에 동작하게 된다. 정지 스위치 STP를 누르면 MC1-a접점을 열어 전동기는 동시에 정지된다. ※ 열동형 과전류 계전기의 용도는 같으며 O.L 또는 THR이라 한다. O.L : over load(과부하 계전기) THR : thermal over load relay(열동형 과부하 계전기)
제한시간	표준시간 : 2시간 30분, 연장시간 : 30분

회 로 도

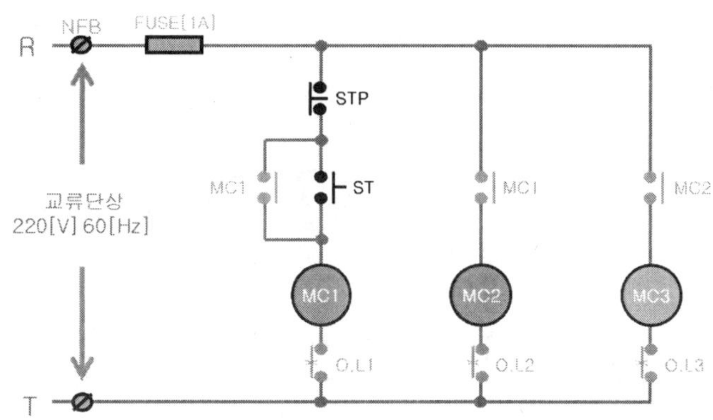

실체 배선도

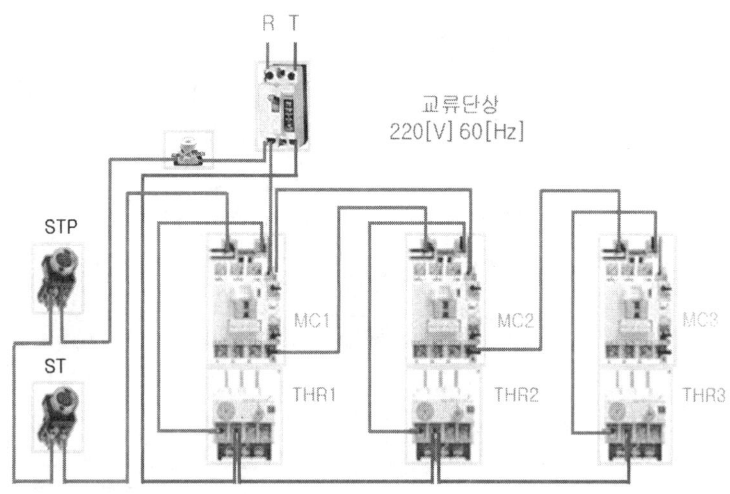

전기설비 기본실습 16-2

순서 기동회로(절환 스위치를 사용한 단동 연동회로)

회로설명 (동작설명)	① 단동으로 하여 입력인 푸시버튼 스위치 ST를 누르면 각각 동작을 한다. ② 연동으로 하여 입력인 푸시버튼 스위치 ST를 순서대로 ST1-ST2-ST3을 누르면 순서에 의해서 MC1, MC2, MC3이 동작된다.
제한시간	표준시간 : 2시간 30분, 연장시간 : 30분

회 로 도

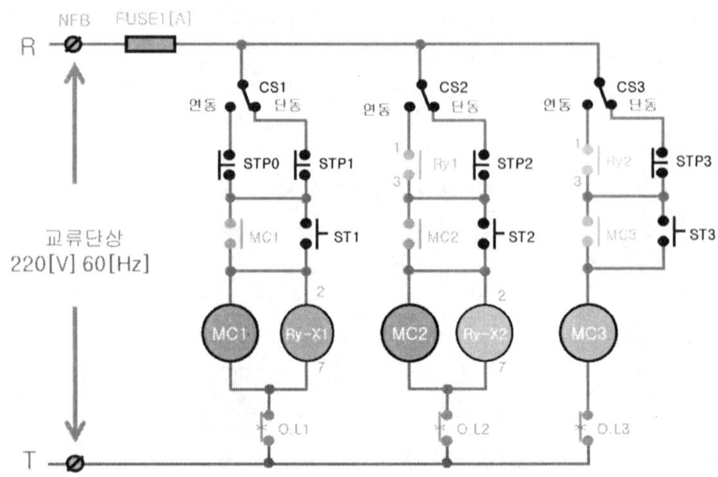

실체 배선도

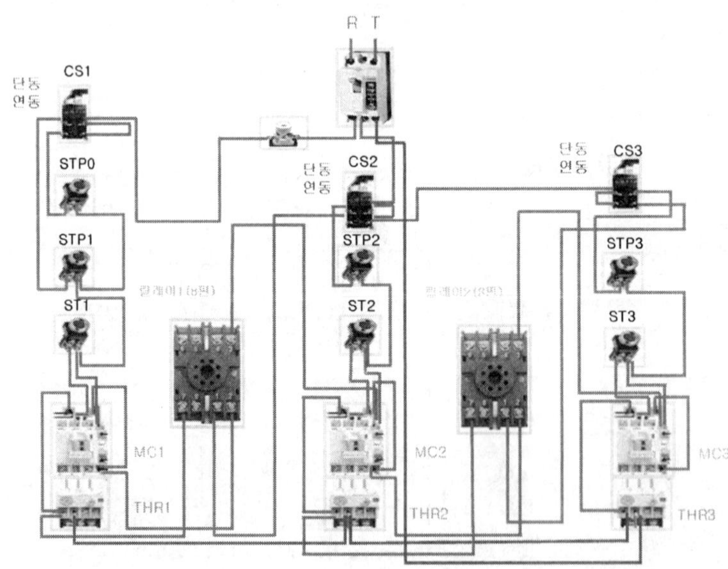

전기설비 기본실습 16-3

전자 개폐기 순서 기동회로(타이머의 한시 a접점을 이용하는 방법)

회로설명 (동작설명)	① 기동용 ST를 누르면 MC1 동작하여 MC1접점에 의하여 자기 유지된다. ② 설정 시간 후 타이머 코일 Ton-1이 동작하여 1이 붙으면 MC2가 동작된다. ③ Ton-2의 설정 시간 후 T2접점이 닫혀 MC3이 동작된다.
제한시간	표준시간 : 2시간 30분, 연장시간 : 30분
회 로 도	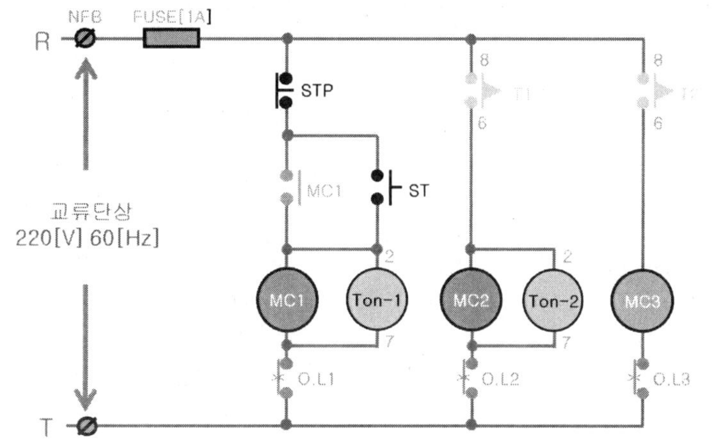
실체 배선도	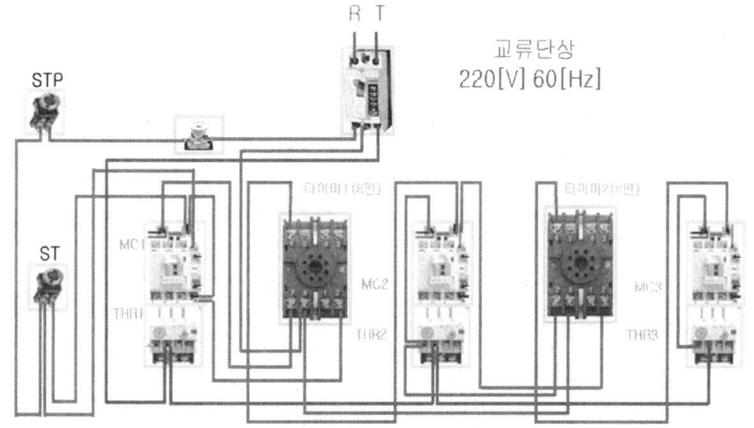

전기설비 기본실습 17

전자 개폐기 상호 유지회로

회로설명 (동작설명)

한 개의 기동 스위치로 여러 대의 전동기 등의 기기를 동작시키고, 어느 한 회로에 이상이 생겨 정지되면 다른 곳도 같이 정지되는 회로를 말하며, 여러 대의 기기를 동시에 기동 또는 정지시킬 필요가 있을 때 사용된다.
MC1 코일의 자기 유지 동작은 MC2의 MC2접점을 이용하여 MC1을 자기 유지시키며, 동시에 MC2를 동작시킨다.

제한시간

표준시간 : 2시간 30분, 연장시간 : 30분

회 로 도

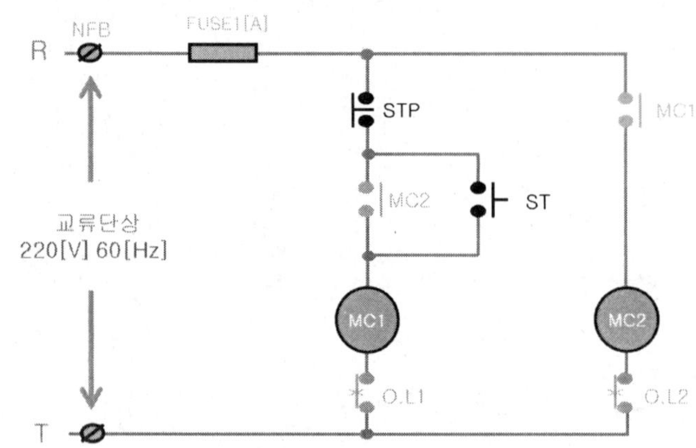

실체 배선도

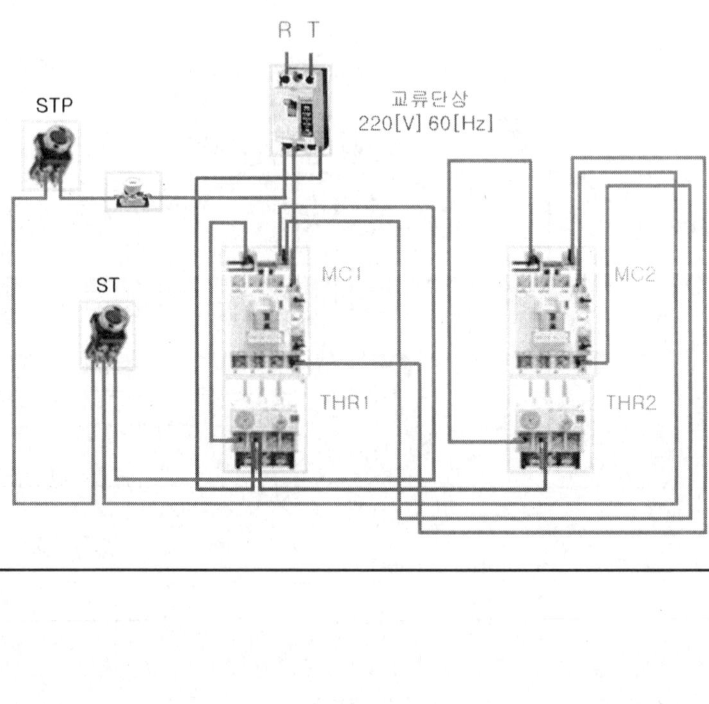

04 전기설비 응용실습

학 습 목 표

- 조명설비를 알고 자동제어를 이해할 수 있다.
- 지금까지 배운 회로를 응용하여 회로를 구성할 수 있다.
- 병원에서 실제로 사용되는 시퀀스 회로를 구성할 수 있다.

1. 조명설비

(1) 조명의 목적

인간은 오랫동안 자연계에 적응되어 자연주광이 가장 자연스럽고 건강한 이상적인 조명이라 할 수 있다. 그러나 자연주광만으로는 인간 생활에 많은 불편을 주기 때문에 인공조명이 개발되어 왔다. 조명설비의 목적은 두 가지로 분류되는데 첫째는 명시를 중요시 하는 것이고 두 번째는 분위기를 중요시 하는 것이다.

(2) 조명 용어정리

① **광속** : 단위시간에 어떤 면을 통과하는 방사에너지의 양을 방사속(radiant flux : [watt, W])이라 한다. 방사속 중에서 사람의 눈에 빛의 느낌을 주는 것은 파장범위(380~760[nm])내의 것이다. 가시범위의 방사속을 시감에 기초를 두어 측정한 것을 광속(luminous flex)이라 한다. 광속의 단위는 루멘(lumen : [lm])을 사용하고, 단위시간에 통과하는 광량이다. 같은 광원이라도 조명기구, 설치방법에 따라 광속의 이용률이 달라지고, 기구 내의 온도(주위 온도)나 전원전압에 의해서 광속이 달라진다.

② **광도** : 모든 방향으로 광속이 발산되고 있는 점광원에서 어떤 방향의 광도라는 것은 그 방향의 단위 입체각에 포함되는 광속수, 즉 발산광속의 입체각도를 의미한다. 입체각 ω 내에서 광속 F가 균등하다면 이 입체각의 모든 방향의 광도(luminous intensity)는 식 (5-1)과 같다. 광도의 단위는 칸델라(candela : [cd]이며, 1[cd]는 단

위입체각(1steradian) 내의 광속이 1[lm]인 경우이다.

$$I = \frac{F}{\omega} \qquad (5\text{-}1)$$

③ 휘도 : 광원을 보면 그 면이 빛나 보이며, 빛나고 있는 면을 보거나 반투명의 것을 반대쪽에서 보아도 밝게 보이는데 이런 밝기를 휘도(luminance)라 한다. 즉, 발광면의 어떤 방향의 휘도는 그 면과 그 방향의 광도를 광원의 정사상면적으로 나눈 것으로 광도의 밀도를 말한다.

휘도는 눈으로부터 광원까지의 거리에 관계가 없으며, 우리들이 물체를 식별하는 것은 면의 휘도의 차에 의한 것이며, 휘도가 균등하면 모두 평판으로 보인다. 휘도의 단위로는 [cd/m^2]로 니트(nit : [nt]), 또는 [cd/cm^2]로 스틸브(stilb : [sb])를 사용한다.

④ 조도 : 어떤 물체에 광속이 반사되면 그 면은 밝게 비추어지며 그 정도를 표시하는데 조도(illumination)를 사용한다. 어떤 면의 조도는 그 면에 투사되는 광속의 밀도를 말한다.

⑤ 광속 발산도 : 물체가 보이는 것은 그 물체로부터 방사한 광속이 눈에 들어오기 때문이며, 물체의 밝음은 눈의 방향으로 방사되는 광속밀도에 따라 다르다. 어느 면의 단위면적으로부터 발산되는 광속, 즉 발산광속의 밀도를 광속 발산도(luminous emittance)라 한다. 단위로는 래드럭스(radlux : rlx) 또는 아포스틸브(apostilb : asb)이다.

⑥ 연색성 : 물체는 분광분포가 다른 광원을 쪼이면 각각 다른 색으로 보인다. 이와 같이 조명에 의한 물체의 색깔을 결정하는 광원의 성질을 연색성이라 한다. 연색성의 평가방법에는 CIE(국제조명위원회) 등의 방법이 있다.

예 100[W] 백색전구의 평균 연색 평가수는 100인데 비하여 백색 형광등은 63이고, 수은등(투명형)은 22이다.

⑦ 색온도 : 어떤 광원의 광색이 어느 온도의 흑채에 광색과 같을 때 그 흑채의 온도를 이 광원의 색온도라 한다. 이들 색온도라 한다. 일반적으로 온도가 낮은 물체에서 방사하는 빛은 붉고, 온도가 높아질수록 흰색을 띠며, 더욱 더 온도가 높아질수록 푸른색을 띠게 된다. 그림 5-14는 광원의 색온도를 나타내었다.

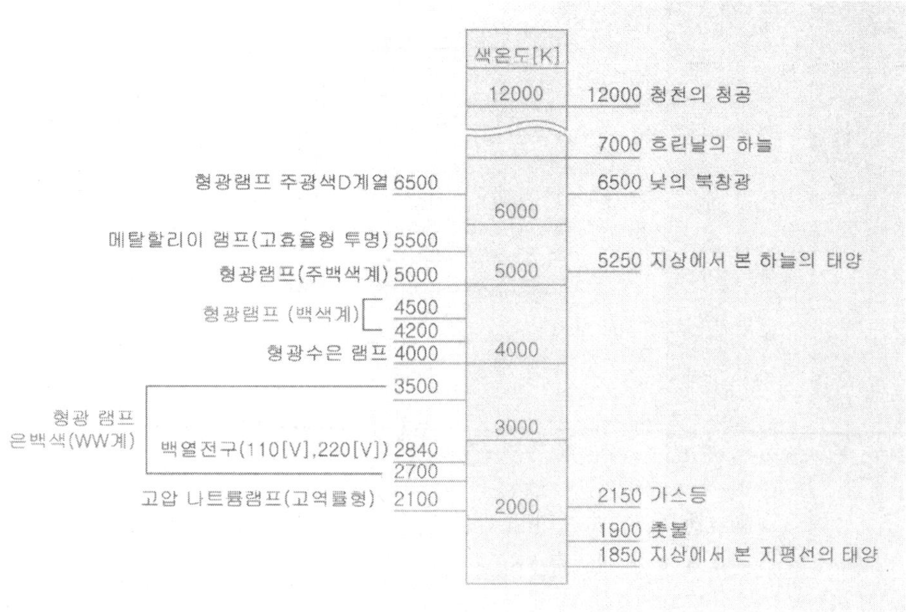

그림 5-14 ◦ 광원의 색온도

⑧ **전등효율** : 실제로 광원에서 발산되는 전방사속보다 많은 에너지를 가하여야 한다. 즉, 전 발산광속 외에 대류, 전도 등에 의한 손실을 포함한 전 소비전력을 생각하여야 한다. 전력소비 P에 대한 전 발산광속 F의 비율을 전등효율 η라 하면 식 (5-2)와 같다.

$$\eta = \frac{F}{P}[\text{lm/W}] \tag{5-2}$$

⑨ **발광효율** : 광원으로부터 어떤 방향의 방사속 ϕ[W]가 발산되면, 이중에서 광속 F [lm]만이 육안으로 느끼게 된다. 이 방사속에 대한 광속의 비율을 식 (5-3)과 같다. 그 광원의 발광효율 ε이라 한다.

$$\varepsilon = \frac{F}{\phi}[\text{lm/W}] \tag{5-3}$$

(3) 조명의 분류

1) 광원별 구분

① 백열전구

㉠ **일반 조명용 전구** : 일반 전구(단 코일형, 2중 코일형), 투광전구, 강화 코팅 전구, 장식용 전구 그림 5-15 백열전구의 구조를 나타내었다.

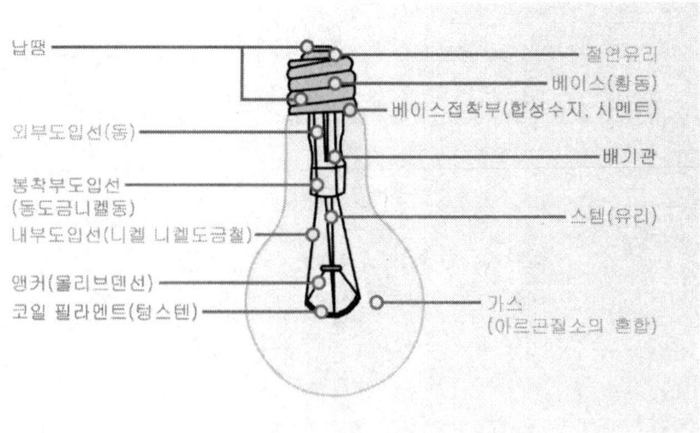

그림 5-15 ◦ 백열전구의 구조

㉡ **할로겐 전구** : 고출력 투광용 전구, 소형 전구(자동차용, 영사기용) 등이다. 그림 5-16은 할로겐사이클의 모델을 나타내었다.

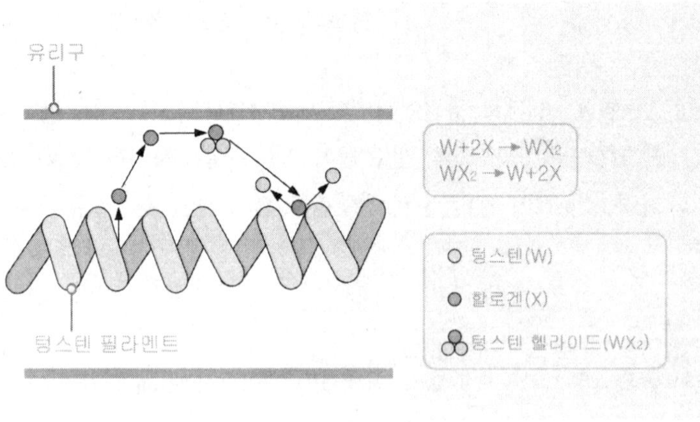

그림 5-16 ◦ 할로겐사이클의 모델

㉢ **특수 전구** : **소형 전구**(자동차, 영사, 계기용), **초소형 전구**(전산기, 항공관계용), 적외선전구, 신호등용 전구

② 방전관

㉠ **수은 방전 램프** : 형광 램프, 저압 수은등, 메탈 헬라이트등, 초고압 수은등이며 . 그림 5-17은 형광등의 구조를 나타내었다.

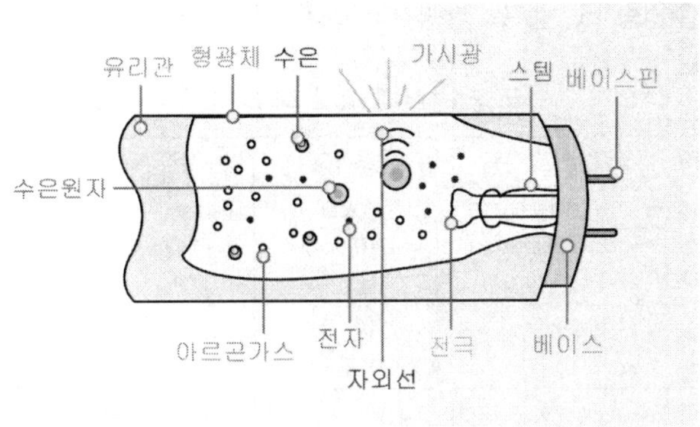

그림 5-17 • 형광등의 구조

㉡ 나트륨 방전 램프 : 나트륨램프(고역률형), 고압 나트륨램프

㉢ 크세논 방전 램프 : 크세논램프

㉣ 네온 방전 램프 : 네온 글로 램프, 네온관(네온사인)

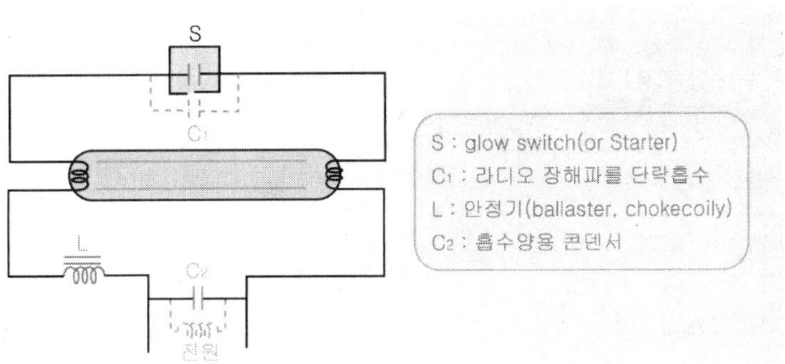

그림 5-18 • 형광등의 초크 코일식 점등회로

③ 기 타

㉠ 분말 분산형 EL(ElectroLuminescence) 램프로 그림 5-19는 EL램프의 구조를 나타내었다.

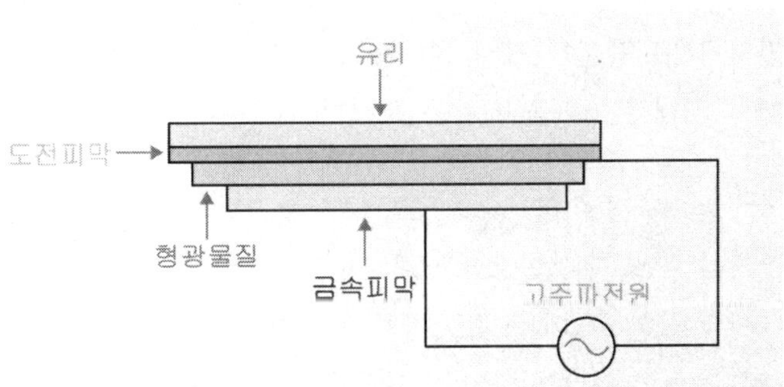

그림 5-19 • EL 램프의 구조

㉡ 주입형 EL 램프 : 발광 다이오드, 결정 발광

표 5-1 • 각종 일반 조명용 전등의 특성 비교

종류	백열등	할로겐등	형광등	수은등	나트륨등	메탈 헬라이드등
용량 효율 수명	2~100[W] 7~22[lm/W] 1000~1500[h]	500~1500[W] 20~22[lm/W] 2000~3000[h]	6~110[W] 48~80[lm/W] 7500[h]	40~1000[W] 30~55[lm/W] 10,000[h]	20~400[W] 80~150[lm/W] 6000[h]	250~400[W] 75~105[lm/W] 6000[h]
점등부 속장치	불필요	불필요	안정기등 부속 장치가 필요	안정기등 부속 장치가 필요	안정기등 부속 장치가 필요	안정기등 부속 장치가 필요
광질 및 특색	일반적으로 휘도가 높고 열방사가 많다. 광색에는 적색부분이 많고 배광제어가 용이하다. 스위치를 넣고 점등에 이르는 속응성이 크다.	고휘도이고 광색은 적색부분이 비교적 많은 편이다. 배광제어는 용이하다. 흑화는 거의 일어나지 않는다.	저휘도이고 광색의 조절은 비교적 용이하다. 열방사가 적다. 점등까지 시간이 걸린다(래피드 스타트식 제외).	고휘도이고 배광제어는 용이하다. 광색은 청백색인 특성이 있으나 형광 수은 램프, 전구병용 등으로 해결이 가능하다.	저압은 전광속의 60[%] 이상이 5890~5896[Å]인 D선이다. 등황색의 단일 광원이고 고압은 2200[°K]의 황백색이다. 수평 점등이 원칙이고, 일반 실내조명은 연색성 불량으로 부적합하다.	고휘도의 배광제어는 용이하다. 연속 스펙트럼을 방사하기 때문에 자연색과 거의 같은 광이다. 연색성이 좋다.
용도	비교적 좁은 장소의 전반조명, 악센트 조명, 기분을 주로 한 효과를 얻기가 쉽다. 대형인 것은 높은 천장, 각종 투광조명에 적합하다.	장관형은 높은 천장이나 경기장, 광장 등의 투광조명에 적합하다.	옥내외, 전반조명, 부조명에 적합하다. 명시를 주로 한 양질 조명을 경제적으로 얻을 수 있다. 또한 간접조명에 의해 무드 조명에도 효과적이다.	1등당 큰 광속을 얻을 수 있고, 또한 수명이 길어 높은 천장, 투광조명, 공원조명에 적합하다.	광질의 특성 때문에 도로조명이나 터널 조명에 적합하다.	1등당의 광속이 많고 수명이 긴 점과 연색성이 양호하여 연색성을 중요시하는 높은 천장, 옥외조명에 적합하다.

(4) 조명설계

조명설계란 주어진 장소의 사용목적에 가장 알맞은 환경과 작업에 적합하도록 빛의 질, 양 및 방향을 고려하여 광원과 기구의 종류, 크기, 위치 등의 조명시설을 정하는 것이다. 조명설비의 설계는 여러 가지 수치만이 중요한 것이 아니라, 생리나 심리 및 심미적인 견지에서도 충분히 가해져야 하며, 건축구조와 의장에 따라서도 좌우된다. 좋은 조명을 하기 위해서는 다음과 같은 조건이 필요하다.

1) 우수한 조명의 조건

① 조도 : 조명의 조건으로 광속, 바꾸어 말하면 조도는 대단히 중요한 것이다. 조도는 시력에 현저하게 영향을 미치는 것으로 조도가 증가하면 할수록, 즉 밝으면 밝을수록 물체가 잘 보인다. 각 시점의 필요 조도관계를 기준 조도로 하여 표 5-2와 같이 나타낸다. 이 조도는 주로 시 작업면에서의 수평조도를 표시하지만 작업내용 등에

따라 연직면 또는 경사면 조도를 나타내는 것도 있다. 이때 시 작업면은 특별히 지정이 없을 때는 바닥 위 85[cm], 앉아서 하는 작업일 때는 바닥 위 40[cm], 복도나 옥외에서는 바닥면 또는 지면에서의 조도이다. 표 5-2 기준조도를 나타내었다.

표 5-2 ◦ 기준조도

작업단계	공장	사무실	병원	학교	주택	호텔 · 여관	경기장
초정밀 작업 1500- 2000- 3000	정밀검색, 정밀용접	정밀제도	분만실, 외과수술실, 구급처치실, (응급실) 부검	정밀제도 정밀실험 재봉			공식경기
정밀작업 600- 1000- 1500	권선, 직물 색상검사, 검사, 제분 수제화작업, 목공예마무리	설계, 제도, 도서열람, 타이핑	검사실 주사 조제	흑판면 도서열람 재봉, 미술 설계, 제도, 실험실 정밀공작	공부 독서 (장시간), 재봉	조리실, 회계사무실	일반경기
보통작업 300- 450- 600	배선, 일반도장, 용접, 볼링, 압면, 제본, 공구상	일반사무실, 서고 회의실, 응접실, 강당, 식당, 컴퓨터실	로비, 홀, 진찰실, 처치실, 회의실	일반교실, 연구실,서고, 교직원실 실내체육관	조리(부엌) 독서, 세탁, 화장실	로비, 홀 프론트, 식당, 세탁 사무실, 현관	레크레이션

② **광속 발산도** : 실내의 각 부분의 밝기는 가능한 한 균등해야 하며, 이를 위해서는 휘도가 큰 광원에는 **그루브**(groove)를 끼우고 광원의 높이, 위치, 빛의 방향 등을 고려해야 한다.

③ **대비** : 밝은 곳과 어두운 곳의 비를 말한다. 이는 물체에 입체값을 주기 위한 것으로 밝은 곳과 어두운 곳의 대비는 2~6 사이의 값을 갖는 것이 바람직하다. 이 값보다 적으면 평면적인 느낌을 받으며, 가장 좋은 조도의 대비는 3 : 1이다.

④ **분광분포** : 사람의 눈은 자연광색에 익숙해져 있으며 백열전구의 광색은 황색감이 난다. 형광등에 있어서도 광색, 백색, 천연색 등이 있어 천연색이면 가장 바람직하다고 생각하나, 조도에 따라 느끼는 감이 달라진다. 그리고 일반 조명에서 광원은 가시광선 이외에 적외선이나 자외선이 불필요하다. 광원의 효율은 경제성과도 관계가 깊으므로 광원 선택에 유의해야 한다. 또 광원은 필요한 빛 외에도 열을 방출하는데 한 사람당 68[W/m^2] 이상은 좋지 않다. 이 값은 백열전구에서는 1600[lx], 형광등에서는 8600[lx] 이상에 해당한다.

⑤ **심리적 효과** : 내의 광속 발산도는 위에서 아래로 감에 따라 낮게 하는 것이 심리적 효과도 좋다. 그러나 천장 전체를 밝게 하고 벽 및 마루의 반사율이 낮으면 효과도 좋지 못하다. 이와 같은 심리적 효과는 건축물의 벽면, 건축물의 색채 등을 기능적으로 활용해서 조화와 아름다움을 고려하여, 환경과 안전이라는 2대 목표에 대해 유익한 효과를 내도록 색채 조화의 원리를 고려하여 설계해야 한다.

⑥ **상품적 의의** : 이는 개인차라든지 수량상의 문제 등의 제약이 있으나 조명기구의 모양, 색깔 등은 간결한 것이 좋으며, 너무 장식적인 것은 피하는 것이 좋다. 또 등기의 배치도 기하학적으로 간단한 것이 좋다.

⑦ **경제성** : 경제적 입장에서 볼 때 이 점은 무엇보다도 우선되어야 할 것이다. 일반적으로서 효율이 좋고 배광도 적당한 조명기구를 사용할 것은 물론, 실내에서의 반사율을 높임으로써 조명률을 향상시킬 수 있다.

2) 조명방식

조명방식을 등기배치에서 분류하면 전반조명, 국부조명, 전반 국부용 조명으로 되며, 등기구의 배광면에서 분류하면 직접조명, 간접조명, 반간접조명, 건축화 조명으로 나눌 수 있으며 각각 장·단점이 있다. 표 5-3 기구의 배광에 의한 분류를 나타내었다.

표 5-3 • 기구의 배광에 의한 분류

조명방식	기구의 형태	배광분류	특징	용도
직접조명	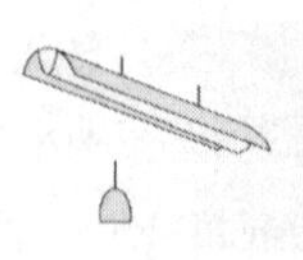	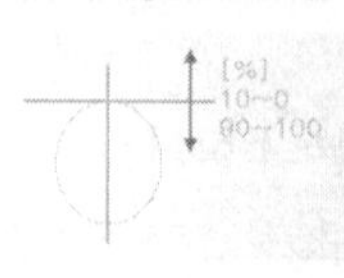	광의 손실이 적고, 효율이 높다. 천장이 어둡고, 진한 그늘이 생기며, 불쾌 눈부심 방지책이 필요하다.	공장
반직접조명	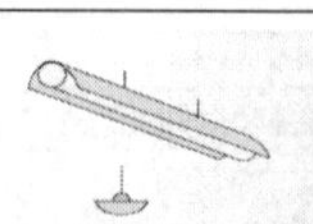	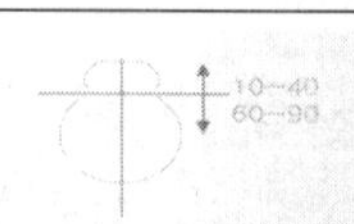	기구 상부를 반투명의 것으로 하여 직접조명의 결점을 보완한다.	일반사무실, 주택
전반확산 조명	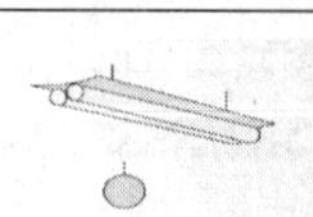	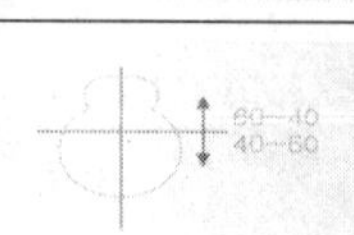	광손실이 50[%] 전후, 빛이 상하좌우로 나가므로 부드러운 조명으로 된다.	고급사무실, 상점, 고급주택
반간접조명	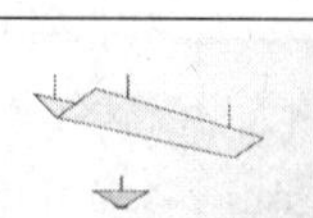	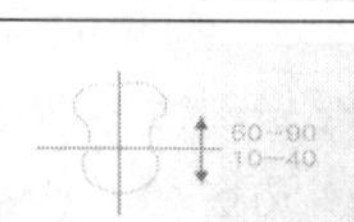	천장, 벽 전체가 광원으로 되므로 부드러운 빛이 얻어지나 효율은 나빠진다.	
간접조명	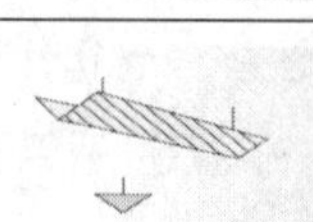	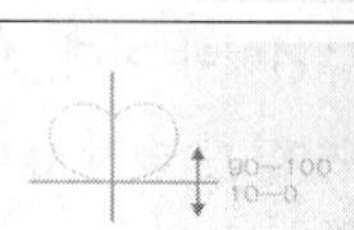	매우 부드러운 빛이기는 하나 효율이 나쁘고, 특수한 장소이외는 추천 곤란	대합실, 회의실, 임원실

3) 조명설계의 순서

조명설계를 할 때는 그림 5-20의 설계 흐름도를 참조하여 사용자의 입장에서 설계를 진행한다.

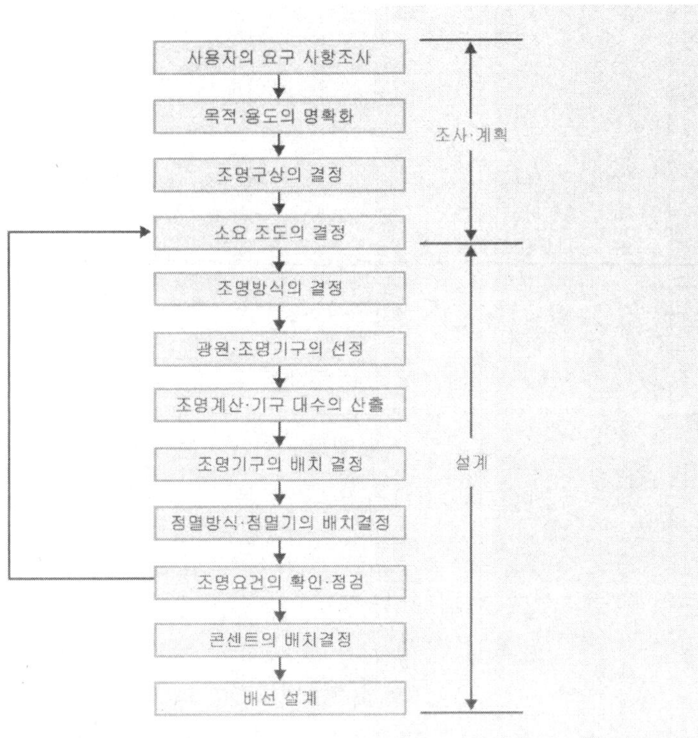

그림 5-20 ◦ 조명설계 순서의 흐름

4) 조명계산

① **실지수의 결정** : 방의 크기와 형태와 빛의 이용에 많은 영향을 끼치고 있다. 큰 방은 바닥면에 비하여 빛을 흡수하는 벽면이 적으므로 적은 방보다 효율이 높다. 또, 천장의 높이도 같은 이유로 낮은 쪽이 효율이 좋게 된다. 이와 같이 방의 크기, 모양, 광원의 위치 등에 의하여 결정되는 계수를 **실지수**(room index)라 하며 식 (5-4), 식 (5-5)와 같다.

$$\text{실지수} = X * Y / H(X+Y) \tag{5-4}$$

$$\text{실계수} = X * (Y/Z)(X+Y) \tag{5-5}$$

여기서, X : 방의 가로 길이[m], Z : 바닥으로부터 천장까지의 거리[m]
Y : 방의 세로 길이[m], H : 작업면으로부터 광원까지의 거리[m]

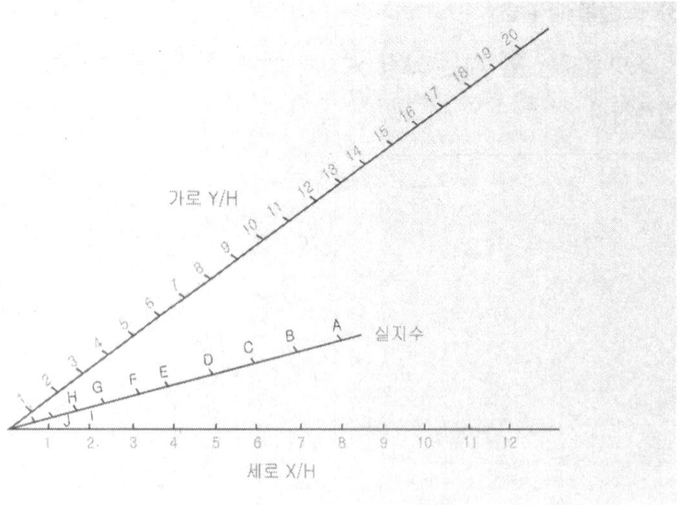

그림 5-21 ● 실지수를 구하는 도표

실지수는 그림 5-21의 실지수를 구하는 도표에 의하여 구할 수도 있고, 실지수를 숫자 대신 표 5-4와 같이 로마자를 사용하는 경우가 많다.

표 5-4 ● 실지수를 구하는 표

범위	4.5 이상	4.5 ~ 3.5	3.5~ 2.75	2.75~ 2.25	2.25~ 1.75	1.75~ 1.38	1.38~ 1.12	1.12~ 0.9	0.9~ 0.7	0.7 이하
방지수	5.0	4.0	3.0	2.5	2.0	1.5	1.25	1.0	0.8	0.6
기호	A	B	C	D	E	F	G	H	I	J

② **조명률** : 광원의 전 광속과 작업면에 대한 유효광속과 비를 말하는데 방의 크기 및 모양, 즉 실지수와 조명기구의 종류, 감광 보상률 혹은 보수율, 실내 반사면의 반사율 등에 의해 식 (5-6)과 같이 결정된다.

$$\text{조명률} = \left(\frac{\text{유효광속}}{\text{전광속}}\right) \times 100[\%] \tag{5-6}$$

표 5-5는 조명률(effisiency of illummination), 감광 보상률(D) 및 등의 설치간격을 나타낸 것이다.

표 5-5 • 조명률, 감광 보상률 및 등의 설치간격

배 광	기구의 예	감광 보상률(D) 부수상태			반사율 천장	0.75			0.50			0.30	
					벽	0.5	0.3	0.1	0.5	0.3	0.1	0.3	0.1
설치간격		상	중	하	방지수	조명률 U[%]							
		전구			J	16	13	11	12	10	08	06	05
					I	20	16	15	15	13	11	08	07
간접	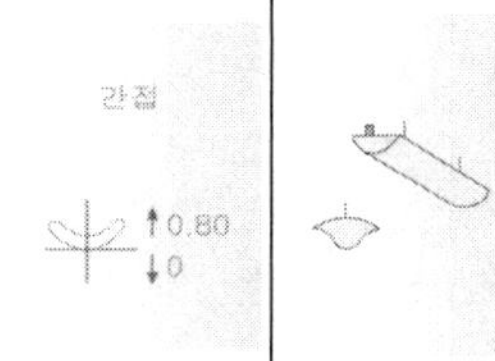				H	23	20	17	17	14	13	10	08
		1.5	1.8	2.0	G	28	23	20	20	17	15	11	10
					F	29	26	22	22	19	17	12	11
↑0.80 ↓0		형광등			E	32	29	26	24	21	19	13	12
					D	36	32	30	26	24	22	15	14
					C	38	35	32	28	25	21	16	15
		1.6	2.0	2.4	B	42	39	36	30	29	27	18	17
					A	44	41	39	33	30	29	19	18
		전구			J	18	14	12	14	11	09	08	07
					I	22	19	17	17	15	13	10	09
반간접	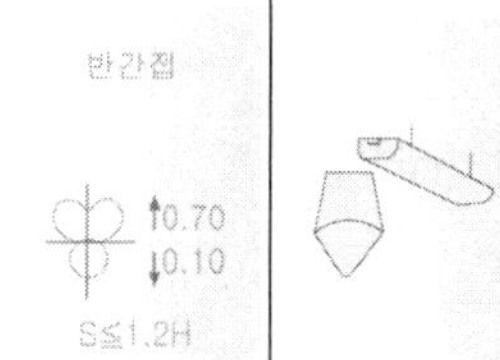				H	26	22	19	17	17	15	12	10
		1.4	1.5	1.8	G	29	25	22	22	19	17	14	12
					F	32	28	25	24	21	19	15	14
↑0.70 ↓0.10		형광등			E	35	32	29	27	24	21	17	15
S≦1.2H					D	39	35	32	29	26	21	19	18
					C	42	38	35	31	28	27	20	19
		1.6	1.8	2.0	B	46	42	39	34	31	29	22	21
					A	48	44	42	36	33	31	23	22
		전구			J	24	19	16	22	18	15	16	14
					I	29	25	22	27	23	20	21	19
전반확산	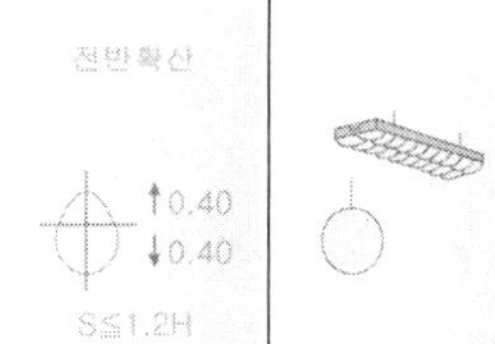				H	33	28	26	30	26	24	24	21
		1.4	1.5	1.7	G	37	32	29	33	29	26	26	24
					F	40	36	31	36	32	29	29	26
↑0.40 ↓0.40		형광등			E	45	40	36	40	35	33	32	29
S≦1.2H					D	48	43	39	43	39	36	34	33
					C	51	46	42	45	41	38	37	34
		1.4	1.5	1.7	B	55	50	47	49	45	42	40	38
					A	57	53	49	54	47	44	41	40
		전 구			J	26	22	19	24	21	18	19	17
					I	33	28	26	30	26	24	25	23
반직접	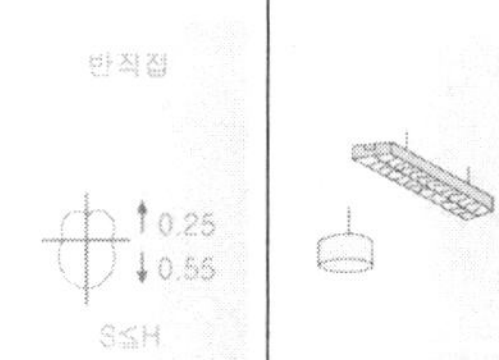				H	36	32	30	33	30	28	28	26
		1.3	1.5	1.7	G	40	36	33	36	33	30	30	29
					F	43	39	35	39	35	33	33	31
↑0.25 ↓0.55		형광등			E	47	44	40	43	39	36	36	34
S≦H					D	51	47	43	46	42	40	39	37
					C	54	49	45	48	44	42	42	38
		1.3	1.5	1.8	B	57	53	50	51	47	45	43	41
					A	59	55	52	53	49	47	47	43

배 광	기구의 예	감광 보상률(D) 부수상태			반사율 천장	0.75			0.50			0.30	
					벽	0.5	0.3	0.1	0.5	0.3	0.1	0.3	0.1
설치간격		상	중	하	방지수	조명률 U[%]							
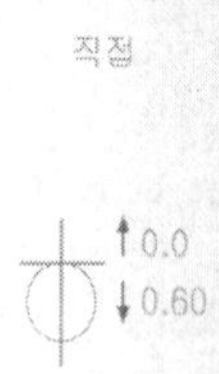	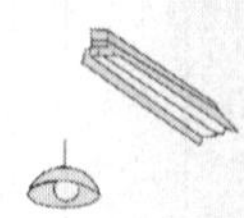	전구			J	34	29	26	34	29	26	29	26
					I	43	38	35	42	37	35	37	34
					H	47	43	40	46	43	40	42	40
		1.3	1.5	1.7	G	50	47	44	49	46	43	45	43
					F	52	50	47	54	49	46	48	46
		형광등			E	58	55	52	57	54	51	53	51
					D	62	58	56	60	59	56	57	56
					C	64	61	58	62	60	58	59	58
		1.5	1.8	2.0	B	67	64	62	65	63	64	62	60
					A	68	66	64	66	64	63	63	63
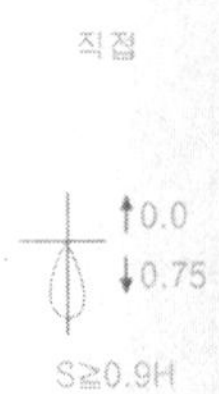	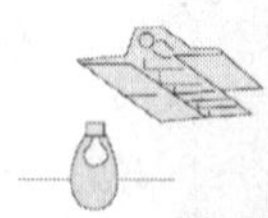	전구			J	32	29	27	32	29	27	29	27
					I	39	37	35	39	36	35	36	34
					H	42	40	39	41	40	38	40	38
		1.4	1.5	1.7	G	45	44	42	44	43	41	42	41
					F	48	46	44	46	44	43	44	43
		형광등			E	50	49	47	49	48	49	47	46
					D	54	51	50	52	51	49	50	49
					C	55	53	51	54	52	54	51	50
		1.4	1.6	1.8	B	56	54	54	55	53	52	52	52
					A	58	55	54	56	54	53	54	52

E : 평균조도[lx]　　A : 실내의 면적[m]　　U : 조명률
M : 보수율　　N : 소요등의 수(개)　　F : 1등당 광속[lm]

③ **보수율** : 조명시설 후의 방 및 기구의 오염, 램프 광속의 저하 등에 의하여 **평균조도**(mean illumination)는 저하된다. **소요 평균조도**를 유지하기 위한 **조도 저하**에 대응하는 **계수**를 **보수율**(maintenance factor)이라 하며, 기구의 모양이나 사용장소에 따라 다르게 된다. 또, **보수율의 역수**를 **감광 보상률**(depreciation factor)이라 하며 기구의 모양이나 사용장소에 따라 다르게 된다.

④ **총광속의 계산** : 소요 평균조도나 조명률, 감광 보상률이 결정되면 식 (5-7)에 의하여 총 광속 F_0를 구한다.

$$F_0 = \frac{EAD}{U} [lm] \tag{5-7}$$

(E : 평균조도[lm], A : 실내의 면적[m²], U : 조명률, D : 감광 보상률)

⑤ 소요등 수를 결정 : 소요등의 수를 결정하는 식은 식 (5-8)과 같다.

$$N = \frac{FO}{F} = \frac{EAD}{FU} \tag{5-8}$$

(N : 소요등 수[개], F : 1등당 광속[lm])

2. 응용실습 : 의료기기

전기설비 응용실습 2-1

의료기기 : 전자 접촉기 회로 배선하기

실습목표	① 버튼 스위치, 전자 접촉기, 퓨즈, 단자대 등을 도면에 맞게 고정할 수 있다. ② 제시된 도면의 회로를 비닐 절연전선(단선)으로 전선 배선 및 단자연결을 할 수 있다. ③ 버튼스위치로 전자 접촉기를 On하는 회로를 결선할 수 있다.			
기계 및 공구	재료명	규격	수량	안전 및 유의사항
• 롱노즈플라이어 • 니퍼 • 회로 시험기 • 드라이버 •와이어 스트리퍼	• 전자 접촉기 • 플러그 퓨즈 및 홀더 • 단자대 • 합판 • 버튼 스위치 • 버튼 스위치함	• 220[V], 3[HP] 5a2b • 600[V], 3[A] • 4P • 20×400×400 • 1a, 1b • ϕ25 철재	1개 1개 1개 1개 1개 1개	① 패널에 기구고정 시 기구가 파손되지 않도록 무리한 힘을 가하지 않는다. ② 전원을 투입하기 전에 전자 접촉기의 정격전압을 확인한다.

회로 동작설명

(1) 작업 준비를 한다.
① 주어진 도면을 확인한다.
② 지급된 재료가 도면에 맞게 지급되었는가를 확인한다.
③ 회로 시험기 등을 이용하여 재료의 각 부분(a접점, b접점, 코일 등)을 점검한다.
④ 육안으로 가능한 모든 곳을 점검한다.
⑤ 작업하기에 편리하도록 재료와 공구를 정리 정돈한다.

(2) 부품을 고정한다.
① 도면의 위치대로 부품을 임시 배치한다.
② 퓨즈, NFB, KS 등을 고정시킬 경우에는 전원 측과 부하 측을 구별하여 고정시킨다.
③ 부품을 고정할 곳에 표시한다.
④ 표시된 곳에 부품을 고정배열하고, 수평 · 수직상태와 규정에 맞게 되었는가를 확인한다.
⑤ 전선배열을 어떻게 할 것인가를 구상한다.
⑥ 부품고정 시 파손된 것이 있는지 확인한다.

(3) 배선작업을 한다.
① 부품의 배열위치에 맞도록 실체 배선도를 그린다.
② 실체 배선도를 그릴 경우에는 제어회로의 각 접속선에 임의로 고유의 선번호를 부여한다.
③ 선번호를 부여하는 방법은 공통 접속점을 기준하여 동일 번호를 부여하고 실제로 배선작업 시 전선에 번호표를 부착한다.
④ 전선에 고정과 묶음은 금속성이 없는 바인드선을 사용한다.
⑤ 전선을 중간으로 접속하거나 바닥에 닿지 않도록 배열한다.
⑥ 버튼 스위치, 퓨즈, 전자 접촉기 등에 단자연결을 하는 경우에는 전기적 · 기계적으로 완전하게 실습한다.

(4) 동작을 확인한다.
① 회로 시험기 등을 이용하여 완성된 회로가 도면에 맞는가를 확인한다.
② 선번호가 일치하는가를 검사한다.
③ 지도교수의 평가를 받는다.

(5) 정리 정돈을 한다.
① 공구를 정리 정돈한다.
② 나머지 재료를 정리 정돈한다.
③ 주위를 정리 정돈한다.

전기설비 응용실습 2-2

의료기기 : 전자 접촉기 ON 회로 배선하기

회 로 도

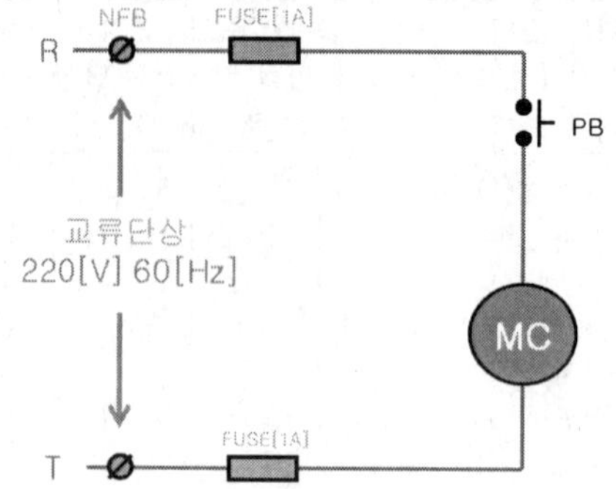

기구 배치도

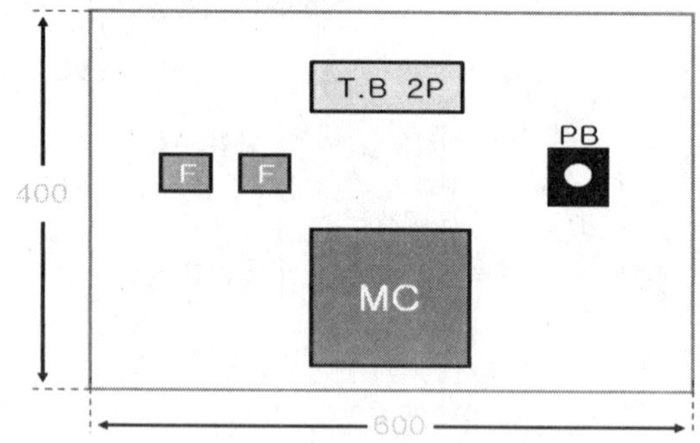

실체 배선도

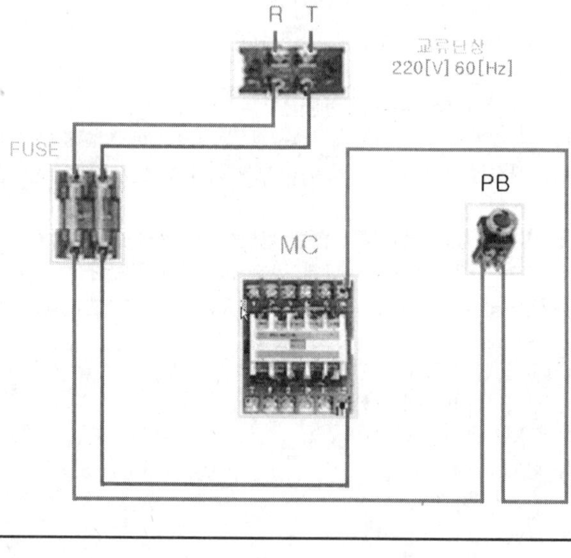

전기설비 응용실습 2-3

의료기기 : 자기 유지회로와 표시등 배선하기

회 로 도	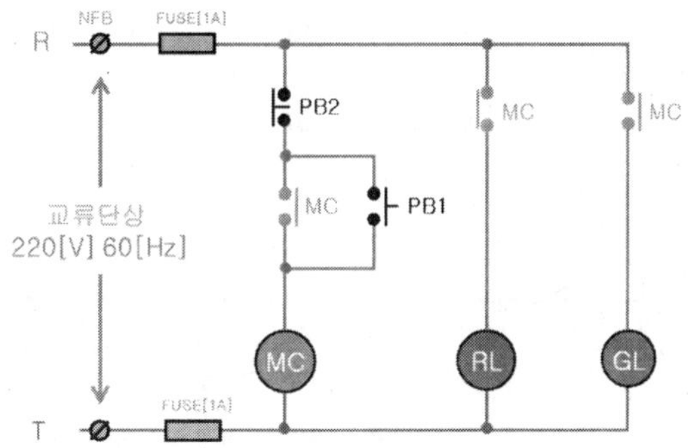
기구 배치도	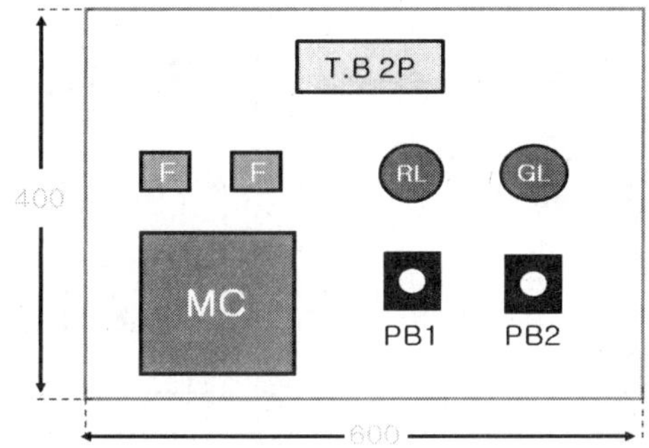
실체 배선도	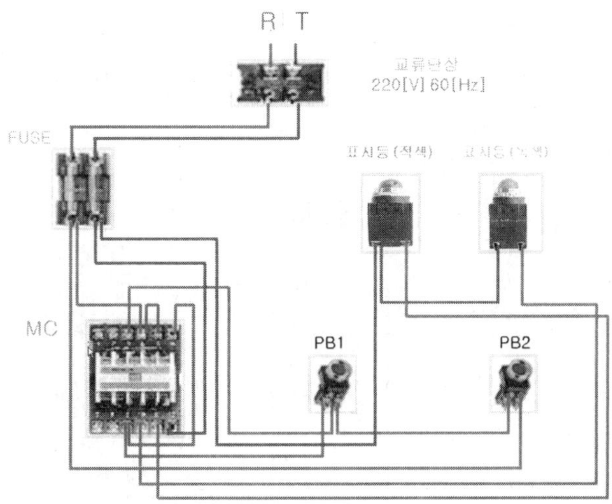

전기설비 응용실습 2-4

의료기기 : 우선 동작회로 배선하기

회 로 도

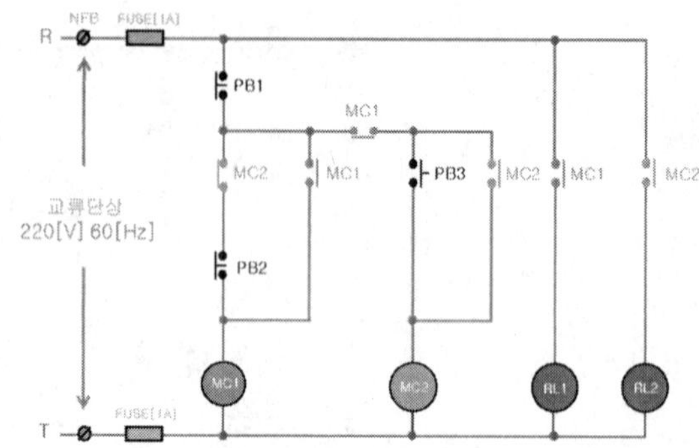

기구 배치도

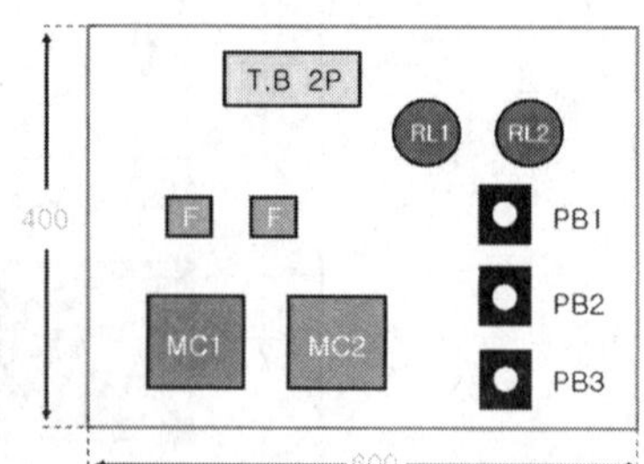

실체 배선도

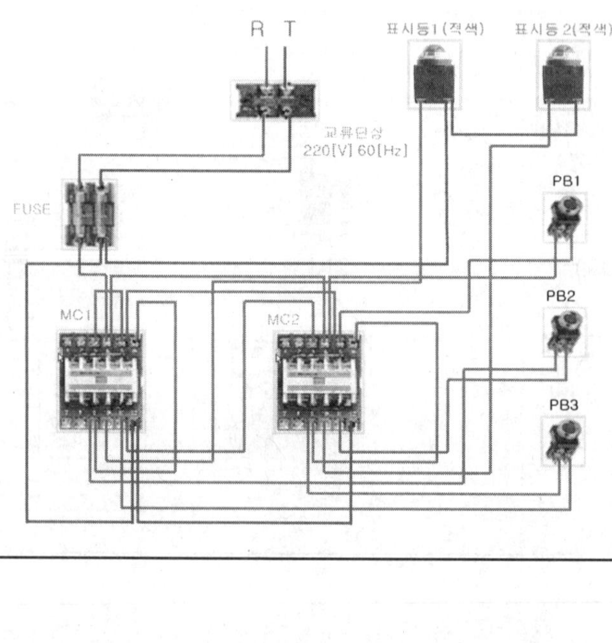

전기설비 응용실습 2-5

의료기기 : 인터록 회선 배선하기

회 로 도	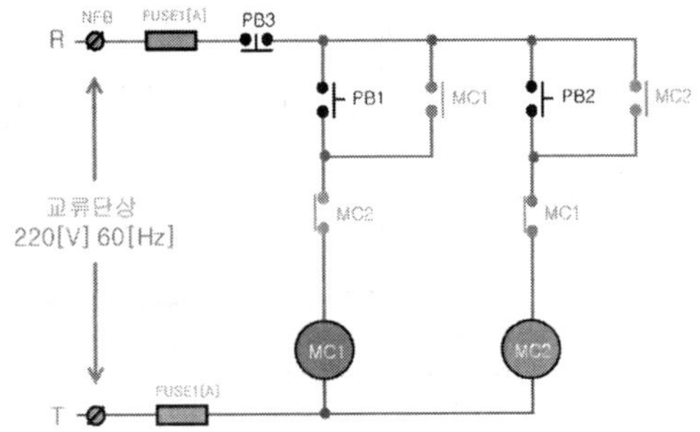
기구 배치도	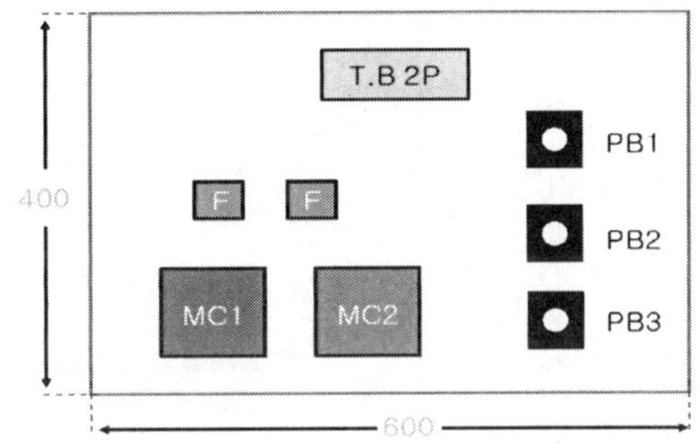
실체 배선도	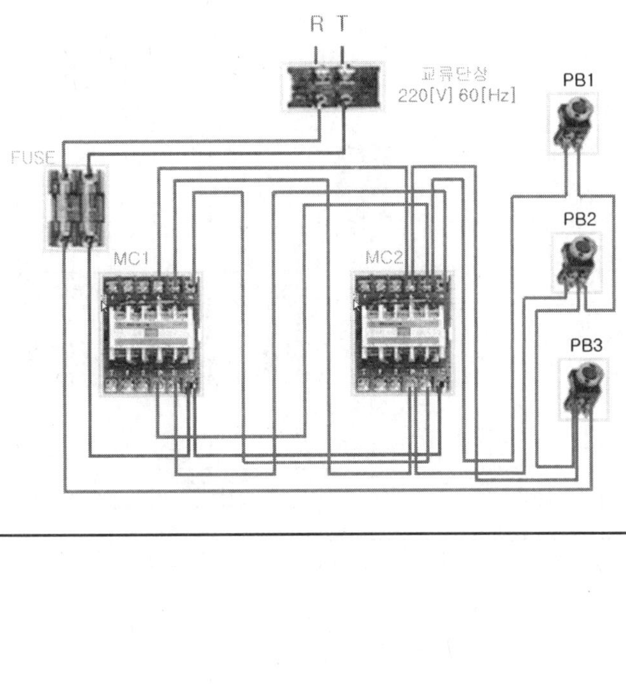

전기설비 응용실습 2-6

의료기기 : 타이머 동작회로 배선하기

회 로 도

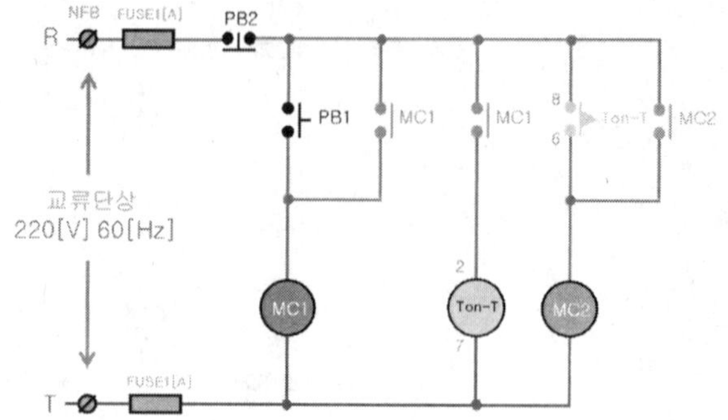

기구 배치도

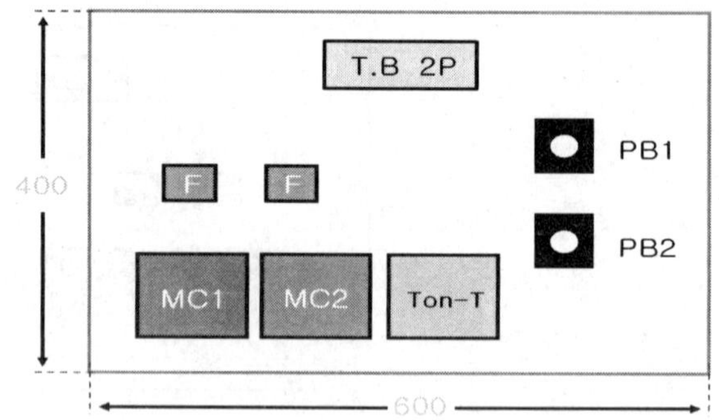

실체 배선도

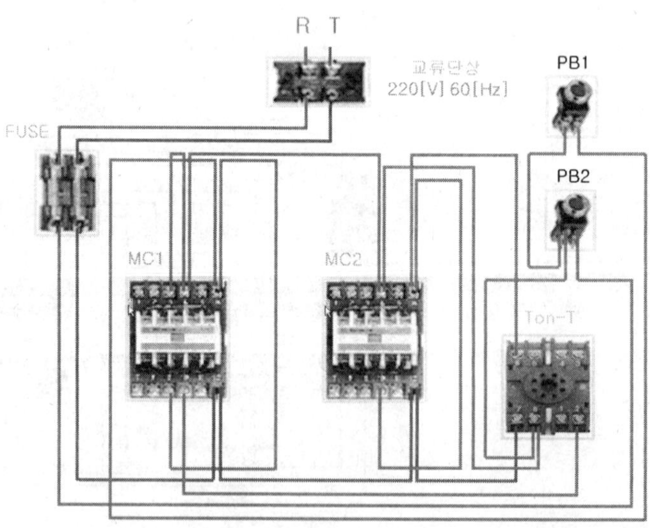

전기응용 설비실습 2-7

의료기기 : 순차 동작회로 배선하기

회 로 도

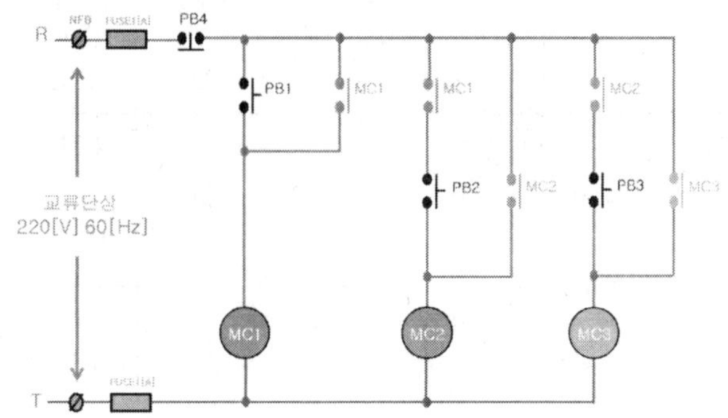

기구 배치도

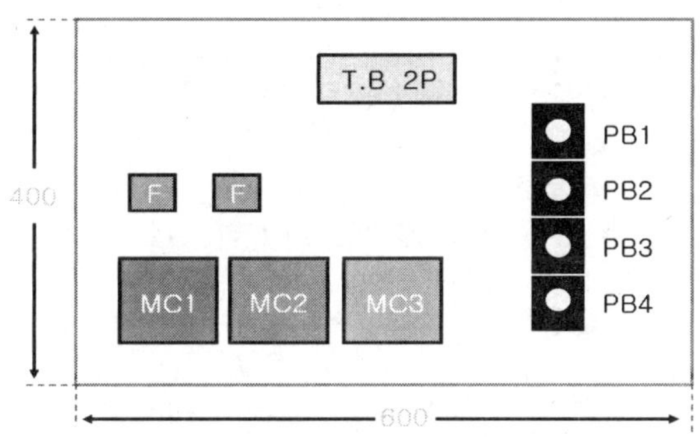

실체 배선도

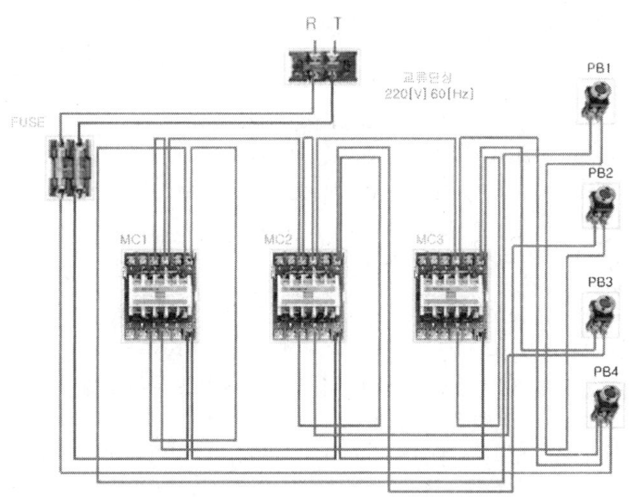

전기응용 설비실습 2-8

의료기기 : 3상 유도 전동기 운전회로 배선하기

실습목표	① 제어반 내에 기구배치 및 노출 평면 배선을 할 수 있다. ② 누름버튼 스위치와 표시등의 특성을 이해한다. ③ 3상 유도 전동기의 기동법을 설명할 수 있다. ④ 전자개폐기를 이용한 3상 유도 전동기의 운전회로를 배선할 수 있다.

기계 및 공구	재료명	규격	수량	안전 및 유의사항
• 3상 유도 전동기	• 전자 개폐기	• 220[V], 3[HP] 5a2b	1개	① 전원을 투입하기 전에 전원전압을 확인하고 이상 유무를 점검한다. ② 퓨즈는 홀더에 끼워 넣고 정격용량을 사용한다. ③ 과전류 계전기의 전류조정 눈금을 전동기의 정격값에 맞춘다.
• 드라이버	• 단자대	• 10P, 4P	2개	
• 롱노즈플라이어	• 누름버튼 스위치	• 1a1b	2개	
• 니퍼	• 표시등	• 220[V], ø 25	3개	
• 회로 시험기				

회로 동작설명

(1) 동작기능을 이해한다.
① 전원의 이상 유무를 확인하고 전원을 투입한다.
② 기동버튼 스위치를 누르면 전자 개폐기(MC)가 여자되고, 전동기는 정상적으로 기동된다.
③ 누름버튼 스위치를 누르면 전동기는 정지된다.
④ 열동 과전류 계전기(thermal relay : 서멀 릴레이)는 전동기의 과부하 시 회로를 차단, 전동기의 소손을 보호한다.
⑤ 표시등 GL은 전동기 정지 시에 점등되며, 표시등 RL은 전동기의 기동 시 점등된다. 전자 접촉기, 열동 과전류 계전기 및 누름버튼 스위치 등 모든 접점의 기능을 회로 시험기로 이상 유무를 확인한다.

(2) 기구를 고정한다.
① 치수에 맞게 기구의 위치를 작도한다.
② 기구를 고정시키고 기구의 고정위치 및 수평, 수직을 확인한다.

(3) 주 회로 및 제어회로를 배선한다.
① 2.0[mm], 흑색 IV 전선으로 주 회로를 배선한다.
② 1.6[mm], 황색 IV 전선으로 제어회로를 배선한다.
③ 2.0[mm], 녹색 IV 전선으로 접지회로를 배선한다.

(4) 상세설명
① 전원용 단자대 E, R, S, T 출력용 단자대(전동기 연결) E, U, V, W와 제어 단자대(10단자)를 별도로 사용하는 것으로 하고 있다.
② 퓨즈는 주 회로용으로 각 선에 설치하고 F3*3으로 표시하고 제어용 퓨즈는 F1 한 개만 사용한다.
③ 외부 인출용 전선은 1~7로 표시하고 정지 스위치(PO)는 제어용 단자대 1번과 2번에 연결하고, 운전 스위치(P1)는 2번과 3번에 연결하며, 상시 표시등 PL은 4번에, 운전 표시등 RL은 5번에, 정지 표시등 GL은 6번에 연결하면서 7번을 공통으로 사용한다.
④ 제어용 패널 내부에서 연결되는 전선도 개별번호가 부여되지만 여기서는 생략한다(사용시 com1, com2, … 등으로 표시한다).

회로도

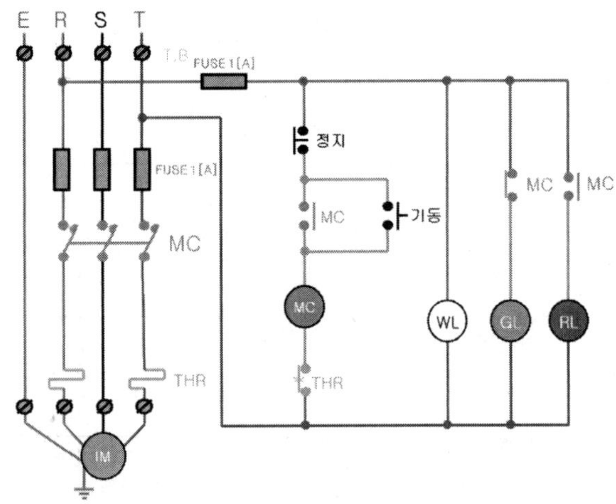

기구 배치도

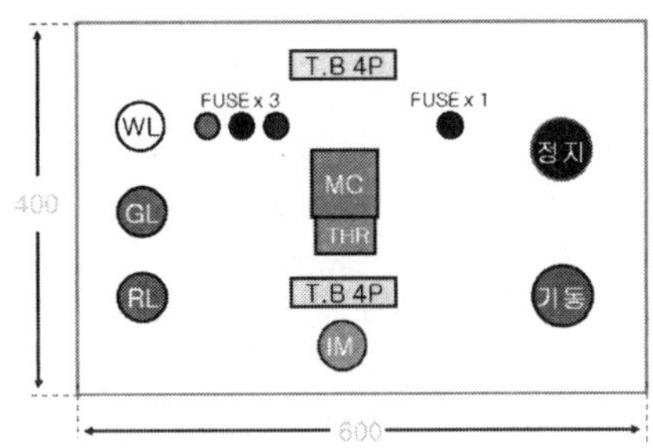

실체 배선도

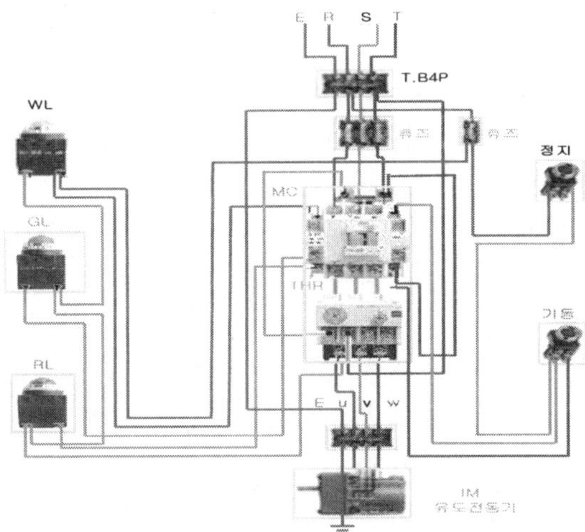

전기응용 설비실습 2-9

의료기기 : 단상 유도 전동기의 운전회로 배선하기

실습목표	① 3상 유도 전동기와 단상 유도 전동기를 구분 설명할 수 있다. ② 단상 유도 전동기와 기동방식에 따른 특성을 설명할 수 있다. ③ 단상 유도 전동기의 운전을 위한 제어 패널을 구성할 수 있다.			
기계 및 공구	**재료명**	**규격**	**수량**	**안전 및 유의사항**
• 단상 유도 전동기	• 전자 개폐기	• 220[V], 3[HP] 5a2b	1개	① 전원을 투입하기 전에 전원전압을 확인하고 이상 유무를 점검한다.
• 드라이버	• 퓨즈	• 15[A]	2개	② 전동기의 기동 결선법을 확인한다.
• 롱노즈플라이어 • 니퍼	• 누름버튼 스위치	• 1a1b	2개	③ THR의 전류조정 눈금을 전동기의 정격값에 맞춘다.
• 회로 시험기	• 표시등	• 220[V], ø 25	3개	

회로 동작설명

(1) 동작기능을 이해한다.

동작 요구조건 : 전원의 이상 유무를 확인하고 전원을 투입한다.

① 기동 스위치 → 전자 개폐기(MC) 동작 → 단상 유도 전동기 기동 운전

② 정지 스위치 → 전자 개폐기(MC) 정지 → 단상 유도 전동기 정지

③ 운전 중 → 열동 계전기(Th) 동작 → 전자 개폐기(MC) 정지 → 단상 유도 전동기 정지

④ 표시등 : 상시 표시등(YL)－정지와 운전 시 상시 점등
운전 표시등(RL)－운전 시 점등(GL 소등)
정지 표시등(GL)－정지 시 저등(RL 소등)

회 로 도

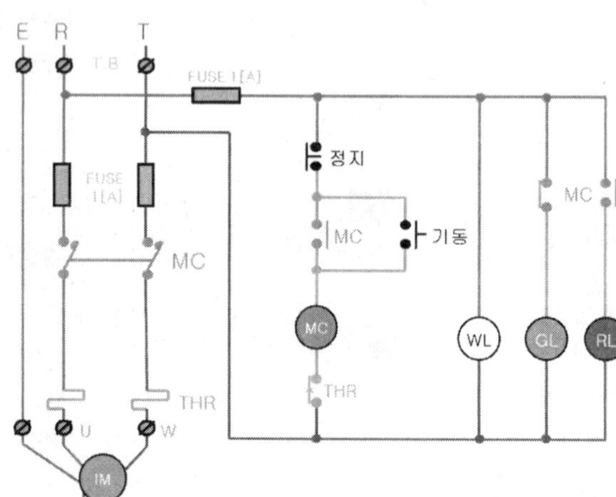

기구 배치도	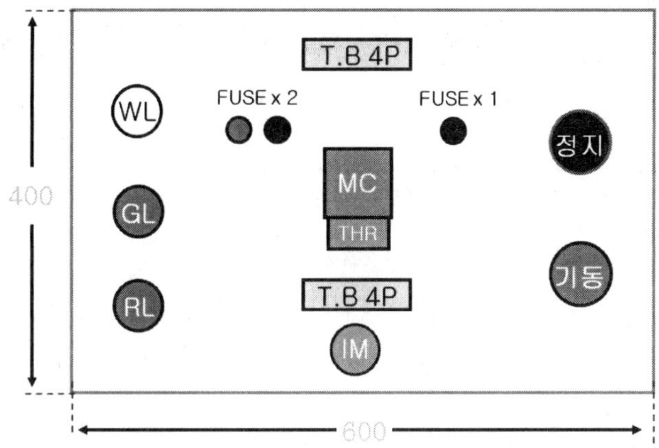 T.B 4P FUSE x 2 FUSE x 1 WL GL RL MC THR 정지 기동 T.B 4P IM 400 600
실체 배선도	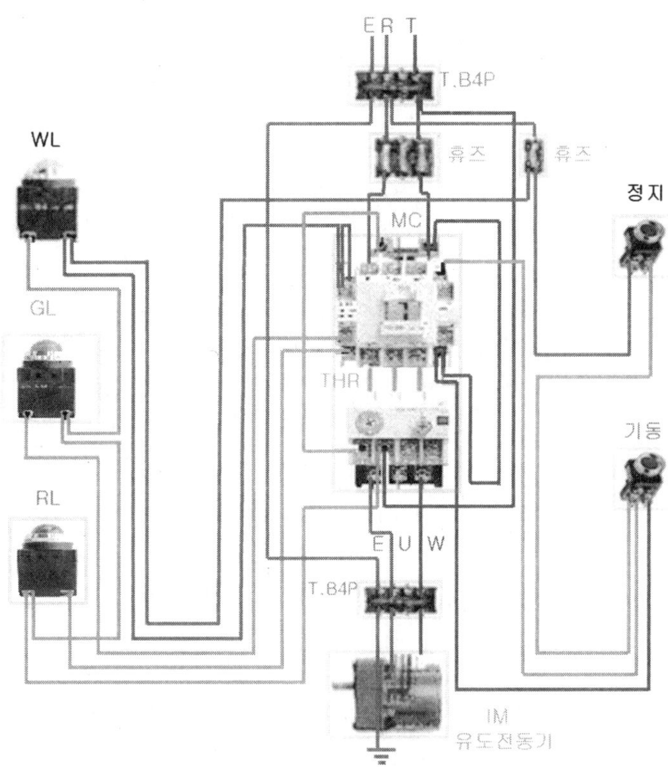 E R T T.B4P WL 휴즈 휴즈 정지 MC GL THR 기동 RL E U W T.B4P IM 유도전동기

전기응용 설비실습 2-10

의료기기 : 3상 유도 전동기의 촌동 운전회로 배선하기

실습목표	① 촌동 운전회로에 대한 개념을 이해할 수 있다. ② 기구배치 및 평면 배선을 할 수 있다. ③ 3상 유도 전동기의 촌동 운전회로 배선을 할 수 있다.

기계 및 공구	재료명	규격	수량	안전 및 유의사항
• 3상 유도 전동기	• 전자 개폐기	• 220[V], 3[HP] 5a2b	1개	① 전원을 투입하기 전에 전원전압을 확인하고 이상 유무를 점검한다.
• 드라이버 • 롱노즈플라이어	• 누름버튼 스위치	• 1a1b	3개	② 퓨즈는 홀더에 끼워 넣고 정격용량을 사용한다.
• 니퍼	• 퓨즈	• 15[A]	2개	③ 제어반에 반드시 접지를 한다.
• 회로 시험기	• 표시등	• ø 25	3개	④ 전원 측 상순과 전동기 부하 상순이 바뀌지 않도록 한다.

회로 동작설명

(1) 회로의 동작기능을 이해한다.

(2) 동작 요구조건 : 전원의 이상 유무를 확인하고 전원을 투입한다.

① 기동 스위치 → 전자 개폐기(MC) 동작 → 유도 전동기 기동하여 계속 운전

② 정지 스위치 → 전자 개폐기(MC) 정지 → 유도 전동기 정지

③ 촌동 스위치 → 전자 개폐기(MC) 동작 → 누르는 동안만 유도 전동기 기동하여 운전

④ 계속 운전중 → 열동 계전기(Th) 동작 → 전자 개폐기(MC) 정지 → 유도 전동기 정지

⑤ 표시등 : 상시 표시등(WL)－정지와 운전 시 상시 점등
운전 표시등(RL)－운전 시 점등(GL 소등)
정지 표시등(GL)－정지 시 점등(RL 소등)

회 로 도

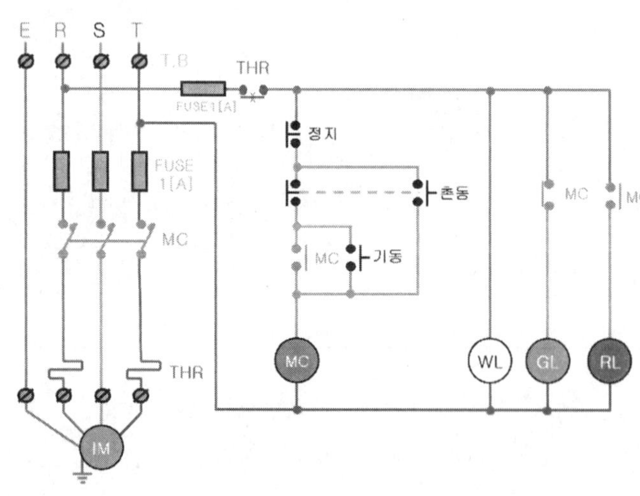

기구 배치도	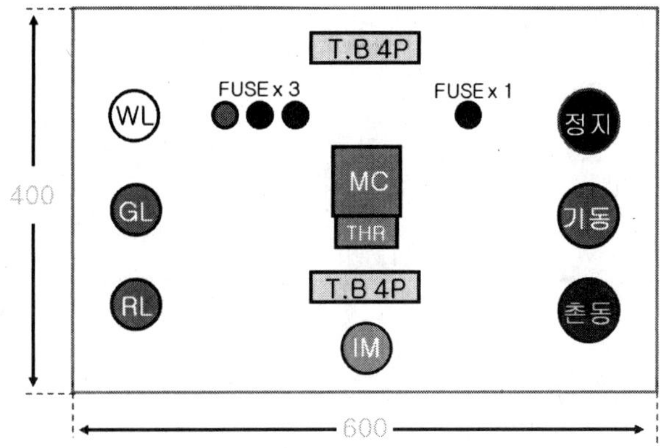 T.B 4P FUSE x 3 FUSE x 1 WL 정지 400 GL MC THR 기동 RL T.B 4P 촌동 IM 600
실체 배선도	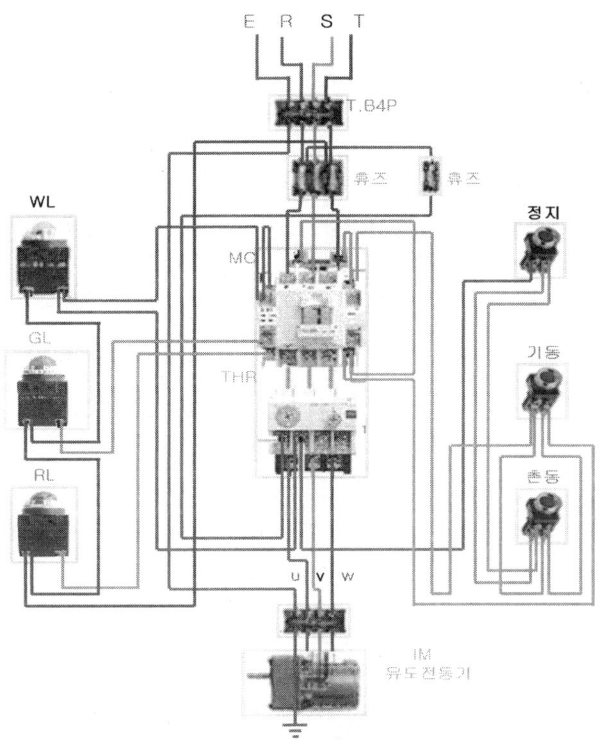 E R S T T.B4P 퓨즈 퓨즈 WL 정지 MC GL THR 기동 RL 촌동 U V W IM 유도전동기

전기응용 설비실습 2-11

의료기기 : 3상 유도 전동기 정 · 역 운전회로 배선하기

실습목표	① 제어반 내의 기구배치 및 노출 평면 배선을 할 수 있다. ② 3상 유도 전동기의 정 · 역 운전법을 설명할 수 있다. ③ EOCR 원리, 내부구조 및 사용법을 이해한다. ④ 3상 유도 전동기 정 · 역 운전회로를 배선할 수 있다.

기계 및 공구	재료명	규격	수량	안전 및 유의사항
• 3상 유도 전동기	• 전자 개폐기	• 220[V], 3[HP] 5a2b	2개	① 전원을 투입하기 전에 전원전압을 확인하고 이상 유무를 점검한다.
• 드라이버	• EOCR	• 220[V]	1개	
• 롱노즈플라이어	• 푸시버튼 스위치	• 1a1b	3개	② 전동기의 상순 및 기동 결선법을 확인한다.
• 니퍼				
• 회로 시험기	• 표시등	•220[V], ø 25	4개	③ EOCR의 전류조정 눈금을 전동기의 정격값에 맞춘다.

회로 동작설명

(1) 회로의 동작기능을 이해한다.

(2) 동작 요구조건 : 전원의 이상 유무를 확인하고 전원을 투입한다.

① 정회전용 스위치 → 정회전용(MC-F) 동작 → 유도 전동기 정회전 운전

② 정지 스위치 → 정회전용 정지 → 유도 전동기 정회전 정지

③ 역회전용 스위치 → 역회전용(MC-R) 동작 → 유도 전동기 역회전 운전

④ 정지 스위치 → 역회전 정지 → 유도 전동기 역회전 정지

⑤ 운전중 → 전자식 과전류 계전기(EOCR) 동작 → MC-F, MC-R 정지 → 유도 전동기 정지

⑥ 표시등 : 상시 표시등(WL) – 정지와 운전 시 상시 점등
정회전용 표시등(YL) – 정회전 운전 시 점등
역회전용 표시등(RL) – 역회전 운전 시 점등
정지 표시등(GL) – 정회전, 역회전 모두 정지 시 점등

* 정회전중 역회전 또는 역회전중 정회전을 위해서는 정지가 필요함

회 로 도

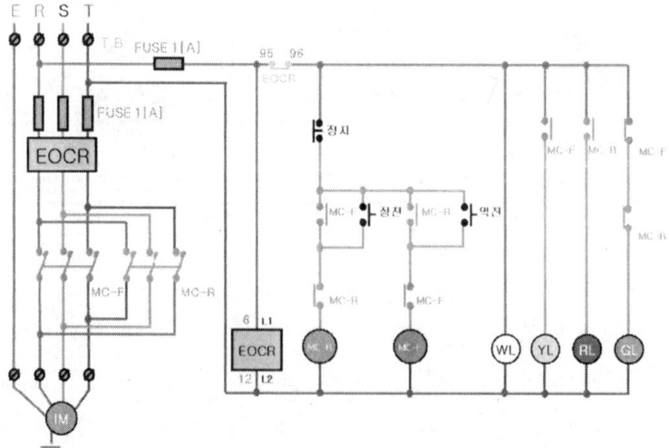

기구 배치도	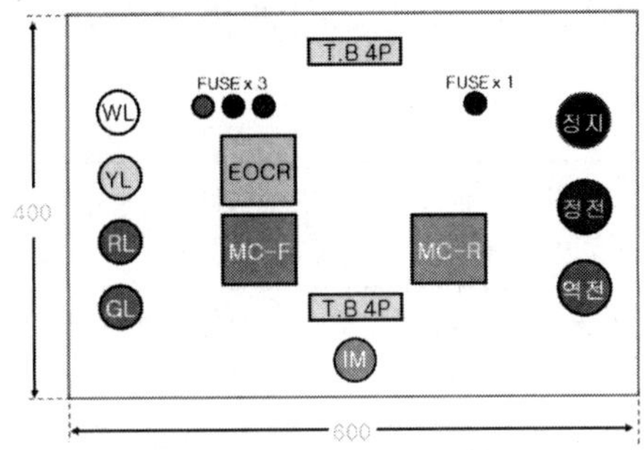
실체 배선도	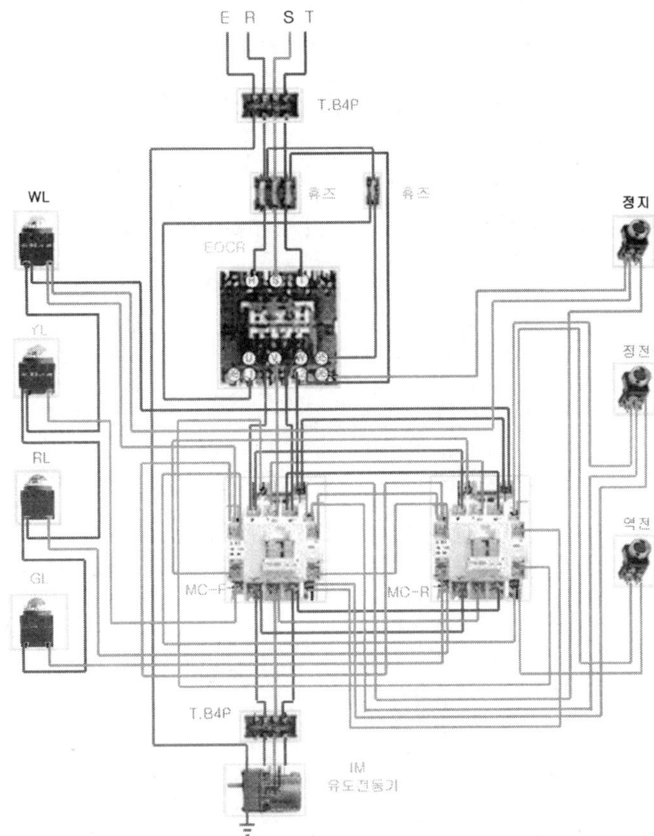

T.B 4P
FUSE x 3
FUSE x 1
WL
YL
RL
GL
EOCR
MC-F
MC-R
정지
정전
역전
T.B 4P
IM
400
600

E R S T
T.B4P
휴즈
휴즈
WL
정지
EOCR
YL
정전
RL
역전
GL
MC-F
MC-R
T.B4P
IM
유도전동기

전기응용 설비실습 2-12 의료기기 : 리밋 스위치를 이용한 자동 정 · 역 운전회로 배선하기

실습목표	① 기구배치 및 노출 평면 배선을 정확히 할 수 있다. ② 리밋 스위치를 사용한 전동기의 자동 정 · 역 회로를 배선할 수 있다.			
기계 및 공구	**재료명**	**규격**	**수량**	**안전 및 유의사항**
• 3상 유도 전동기 • 드라이버 • 롱노즈플라이어 • 니퍼	•전자 접촉기 •리밋 스위치 •릴레이	• 220[V], 3[HP] 5a2b • 220[V], 5[A] 1a1b • 8핀	2개 2개 1개	① 전원을 투입하기 전에 전원전압을 확인하고 이상 유무를 점검한다. ② 퓨즈는 정격용량의 것을 사용한다. ③ 전동기 부하접속 시 필히 접지를 한다. ④ 리밋 스위치 결선 시, 내부 마이크로 스위치 단자가 파손되지 않도록 한다.

회로 동작설명

(1) 회로의 동작기능을 이해한다.

(2) 동작 요구조건 : 전원의 이상 유무를 확인하고 전원을 투입한다.

① 기동 스위치 → 운전준비

② 정회전용 리밋 스위치(LS1) → 정회전 운전

③ 역회전용 리밋 스위치(LS2) → 역회전 운전

④ 운전중 → 과전류 계전기(EOCR) 동작 → MF, MR 정지 → 유도 전동기 정지

⑤ 표시등 : 상시 표시등(WL) – 정지와 운전 시 상시 점등
정회전용 표시등(YL) – 정회전 운전 시 점등
역회전용 표시등(RL) – 역회전 운전 시 점등
정지 표시등(GL) – 정회전, 역회전 모두 정지 시 점등

* 정회전중 역회전 또는 역회전중 정회전을 위해서는 해당 스위치(LS1, LS2)에 의해서 순간 전환이 가능함

회 로 도

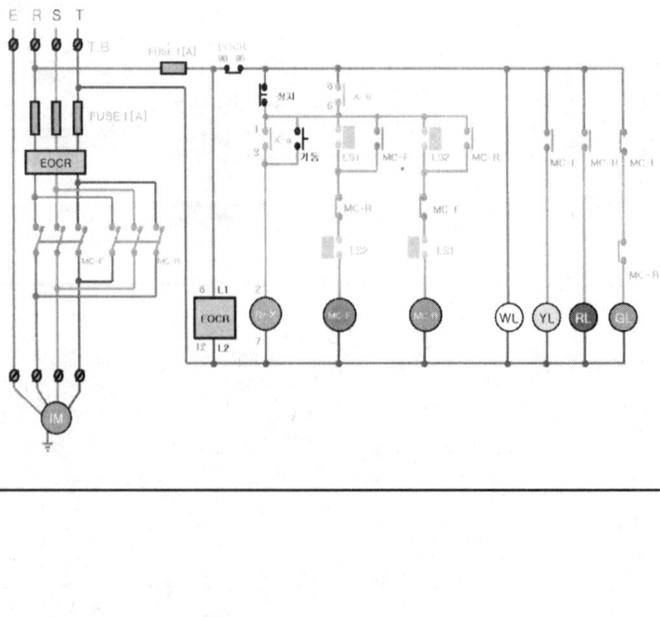

기구 배치도	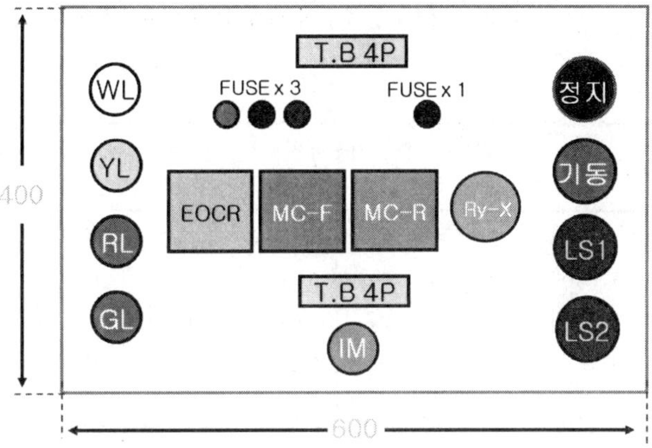
실체 배선도	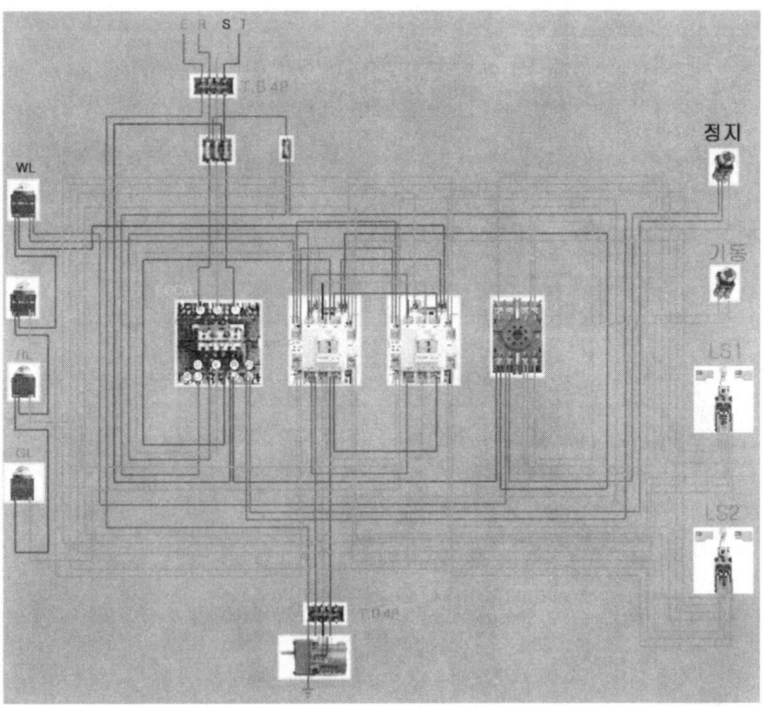

T.B 4P
WL
FUSE x 3
FUSE x 1
정지
YL
400
기동
EOCR
MC-F
MC-R
Ry-X
RL
LS1
T.B 4P
GL
LS2
IM
600

WL
정지
기동
LS1
LS2

전기응용 설비실습 2-13

의료기기 : 단상 유도 전동기 정 · 역 운전회로 배선하기

실습목표	① 제어반 내의 기구배치 및 노출 평면 배선을 할 수 있다. ② 단상 유도 전동기의 정 · 역 회로의 배선을 알 수 있다.			
기계 및 공구	**재료명**	**규격**	**수량**	**안전 및 유의사항**
• 단상 유도 전동기 • 드라이버 • 롱노즈플라이어 • 니퍼 • 회로 시험기	• 전자 개폐기 • 퓨즈 • 누름버튼 스위치 • 표시등	• 220[V] 3[HP], 5a2b • 15[A] •1a1b • 220[V], ø 25	2개 2개 3개 4개	① 전원을 투입하기 전에 전원전압을 확인하고 이상 유무를 점검한다. ② 전동기의 상순 및 기동 결선법을 확인한다. ③ EOCR의 전류조정 눈금을 전동기의 정격값에 맞춘다.

회로 동작설명

(1) 동작기능을 이해한다.

(2) 동작 요구조건 : 전원의 이상 유무를 확인하고 전원을 투입한다.

① 정회전용(PF) 스위치 → 정회전용(MF) 동작 → 유도 전동기 정회전 운전

② 정지 스위치 → 정회전용(MF) 정지 → 유도 전동기 정회전 정지

③ 역회전용(PR) 스위치 → 역회전용(MR) 정지 → 유도 전동기 역회전 운전

④ 정지 스위치 → 역회전용(MR) 정지 → 유도 전동기 역회전 정지

⑤ 운전중 → 과전류 계전기(EOCR) 동작 → MF, MR 정지 → 유도 전동기 정지

⑥ 표시등 : 상시 표시등(WL)－정지와 운전 시 상시 점등
정회전용 표시등(YL)－정회전 운전 시 점등
역회전용 표시등(RL)－역회전 운진 시 점등
정지 표시등(GL)－정회전, 역회전 모두 정지 시 점등

* 정회전중 역회전 또는 역회전중 정회전을 위해서는 단상 유도 전동기의 특성상 정지가 필요함

회 로 도

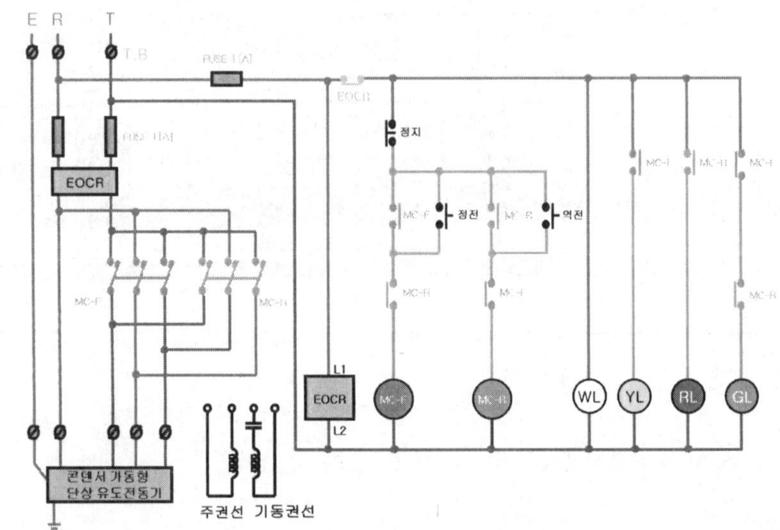

기구 배치도	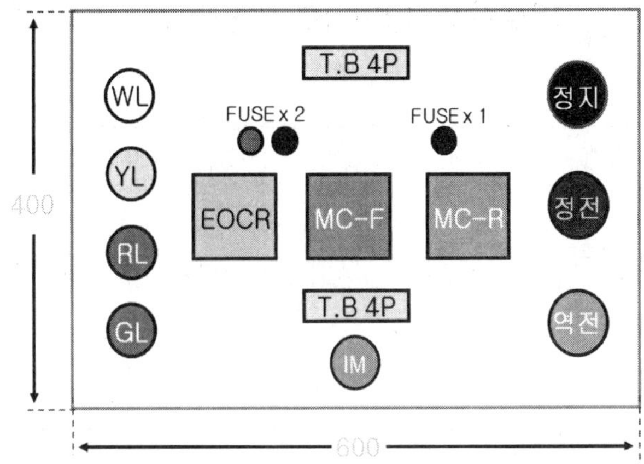T.B 4P WL FUSE x 2 FUSE x 1 정지 YL EOCR MC-F MC-R 정전 400 RL T.B 4P GL 역전 IM 600
실체 배선도	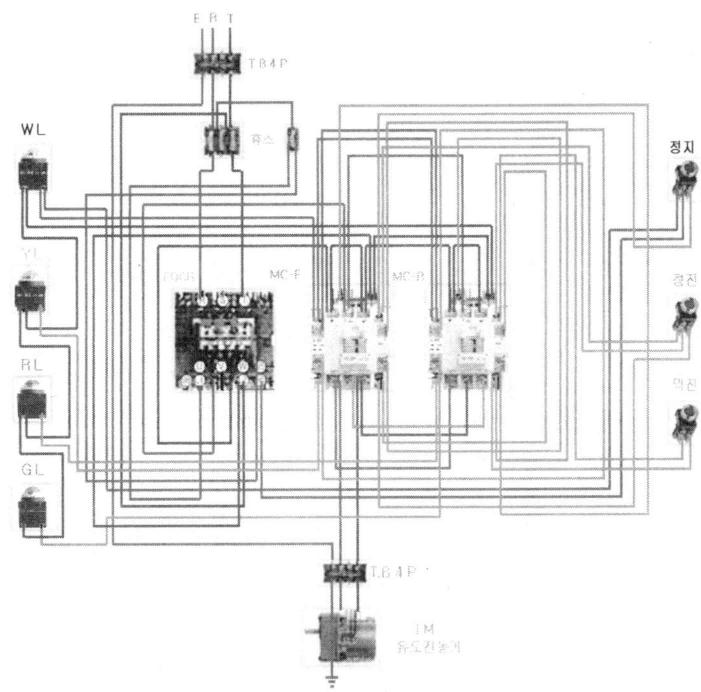WL 정지 YL MC-F 정전 RL 역전 GL IM

전기응용 설비실습 2-14

의료기기 : 타이머를 이용한 3상 유도 전동기 운전회로 배선하기

실습목표	① 타이머의 내부회로, 동작사항을 이해하고 결선을 할 수 있다. ② 기구배치 및 평면 배선을 할 수 있다. ③ 타이머를 사용한 3상 유도 전동기의 운전회로를 배선할 수 있다.			
기계 및 공구	**재료명**	**규격**	**수량**	**안전 및 유의사항**
• 3상 유도 전동기 • 드라이버 • 롱노즈플라이어 • 니퍼 • 회로 시험기	• 전자 접촉기 • 누름버튼 스위치 • 타이머 • 버저 • 표시등	• 220[V] 3[HP], 5a2b • 1a1b • 8핀 • 220[V], ϕ25 • 220[V], ϕ25	1개 2개 1개 1개 1개	① 전원을 투입하기 전에 전원전압을 확인하고 이상 유무를 점검한다. ② 퓨즈는 홀더에 끼워 넣고 정격용량을 사용한다. ③ 타이머를 결선 시 전원전압을 확인한다. ④ EOCR의 전류조정 눈금을 전동기의 정격값에 맞춘다.

회로 동작설명

(1) 회로의 동작기능을 이해한다.

(2) 동작 요구조건 : 전원의 이상 유무를 확인하고 전원을 투입한다.

① 운전 스위치 → 전자 개폐기(MC) 동작 → 유도 전동기 기동 운전

② 타이머(T1)에 의해서 t초 후 → 전자 개폐기(MC) 정지 → 유도 전동기 정지

③ 운전 스위치 → 전자 개폐기(MC) 동작 → 유도 전동기 기동 운전(반복동작)

④ 설정시간 이전에 정지 스위치 → 전자 개폐기(MC) 정지 → 유도 전동기 정지

⑤ 운전중 → 과전류 계전기(EOCR) 동작 → 운전 정지 → 버저 동작

⑥ 표시등 : 상시 표시등(WL)－정지와 운전 시 상시 점등
운전 표시등(RL)－운전 시 점등(GL 소등)
정지 표시등(GL)－정지 시 점등(RL 소등)

회 로 도

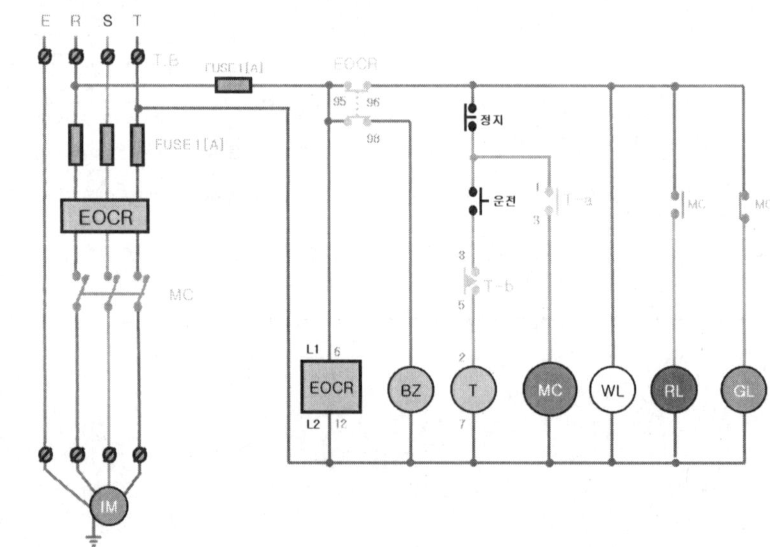

기구 배치도	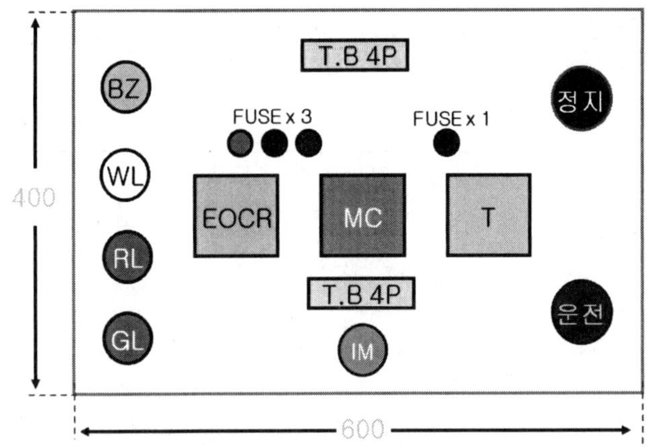T.B 4P BZ 정지 FUSE x 3 FUSE x 1 WL 400 EOCR MC T RL T.B 4P 운전 GL IM 600
실체 배선도	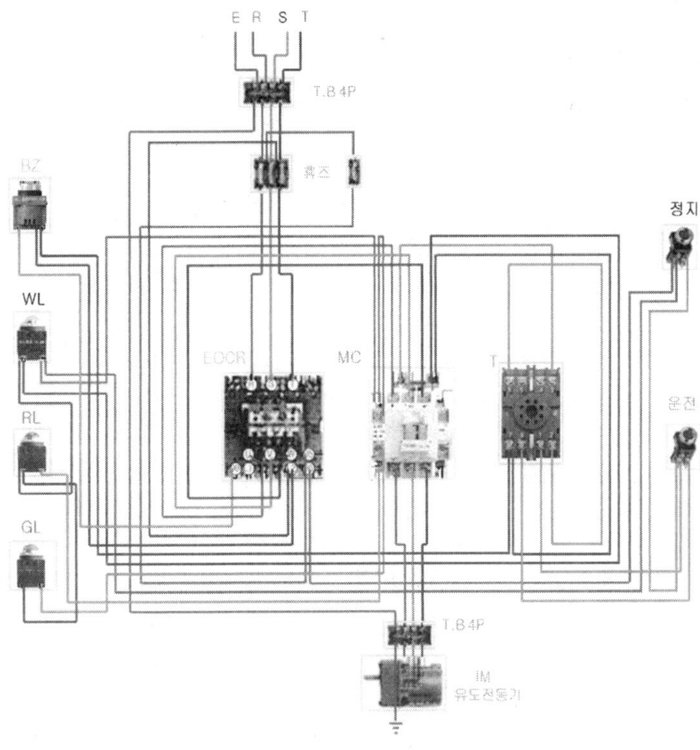E R S T T.B 4P BZ 퓨즈 정지 WL EOCR MC T RL 운전 GL T.B 4P IM 유도전동기

전기응용 설비실습 2-15

의료기기 : 한시 기동 · 정지 반복회로 배선하기

실습목표	① 한시 기동 · 정지 반복회로를 구성할 수 있다. ② 타이머 접점 및 릴레이 접점을 이용하여 회로를 구성할 수 있으며 타이머 접점을 이용하여 반복 제어를 할 수 있다. ③ 3상 유도 전동기의 한시 기동 · 정지 반복회로 배선을 할 수 있다.			
기계 및 공구	재료명	규격	수량	안전 및 유의사항
• 3상 유도 전동기 • 드라이버 • 롱노즈플라이어 • 니퍼 • 회로 시험기	• 전자 개폐기 • 누름버튼 스위치 • 퓨즈 • 표시등 • 버저	• 220[V] 3[HP], 5a2b • 1a1b • 15[A] • 220[V] • 220[V]	1개 2개 2개 4개 1개	① 전원을 투입하기 전에 전원전압을 확인하고 이상 유무를 점검한다. ② 퓨즈는 홀더에 끼워 넣고 정격용량을 사용한다. ③ 제어반에 반드시 접지를 한다. ④ 전원 측 상순과 전동기 부하 측 상순이 바뀌지 않도록 한다

회로 동작설명

(1) 회로의 동작기능을 이해한다.

(2) 동작 요구조건 : 전원의 이상 유무를 확인하고 전원을 투입한다.

① 기동 운전 스위치 → 전자 개폐기(MC) 동작 → 유도 전동기 기동 운전
② 타이머(T2)에 의해서 t초 후 → 전자 개폐기(MC) 정지 → 유도 전동기 정지
③ 기동 스위치 → 전자 개폐기(MC) 동작 → 유도 전동기 기동 운전(반복동작)
④ 설정시간 이전에 정지 스위치 → 전자 개폐기(MC) 정지 → 유도 전동기 정지
⑤ 운전중 → 과전류 계전기(EOCR) 동작 → 운전 정지 → 플리커 릴레이 동작 → 버저(Bz)와 고장표시등(YL)이 t초 간격으로 교대 동작하고 → 타이머(T1)에 의해서 t초 후 모두 (B, YL) 정지
⑥ 표시등 : 상시 표시등(WL)－정지와 운전 시 상시 점등
운전 표시등(RL)－운전 시 점등(GL 소등), 정지 표시등(GL)－정지 시 점등(RL 소등)

회 로 도

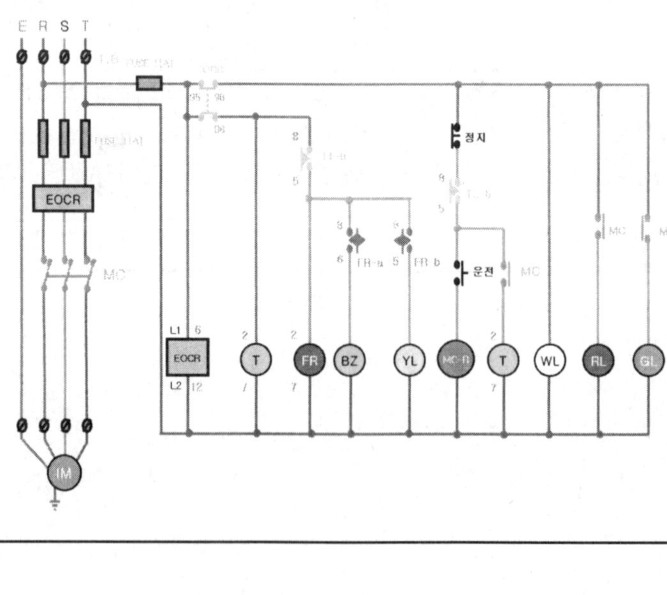

기구 배치도	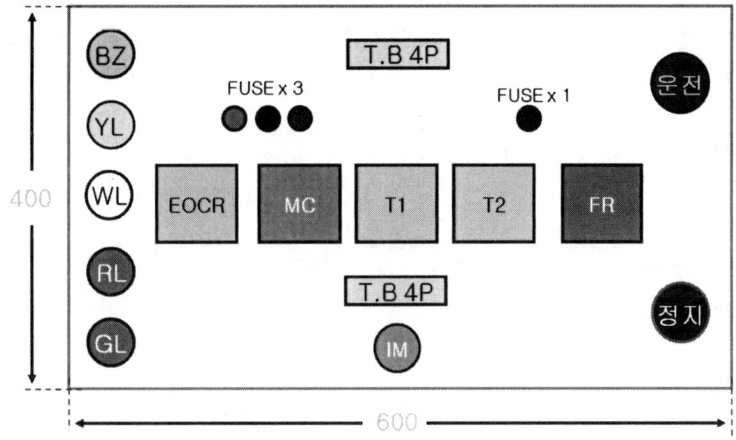BZ YL WL RL GL T.B 4P FUSE x 3 FUSE x 1 운전 EOCR MC T1 T2 FR T.B 4P 정지 IM 400 600
실체 배선도	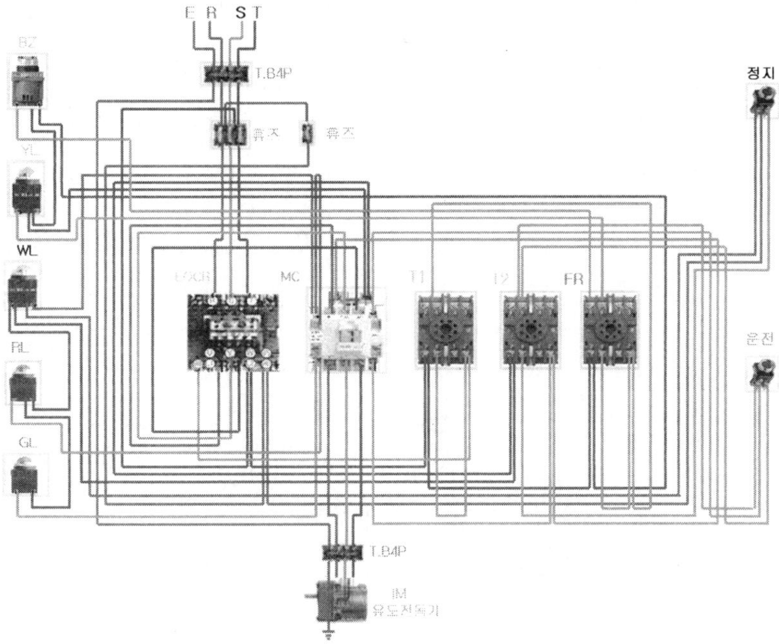E R S T T.B4P 휴즈 휴즈 정지 BZ YL WL RL GL EOCR MC T1 T2 FR 운전 T.B4P IM 유도전동기

전기응용 설비실습 2-16

의료기기 : 수동 · 자동 회로 배선하기

실습목표	① 접점을 이용하여 수동 · 자동의 개념을 설명할 수 있다. ② 절환 스위치를 이용하여 회로를 구성할 수 있다. ③ 타이머를 이용하여 접점을 구성할 수 있다.

기계 및 공구	재료명	규격	수량	안전 및 유의사항
• 3상 유도 전동기 • 드라이버 • 롱노즈플라이어 • 니퍼 • 회로 시험기	• 전자 접촉기 • EOCR • 누름버튼 스위치 • 타이머 • 절환 스위치 • 릴레이	• 220[V] 3[HP], 5a2b • 220[V] • 1a1b • 8핀 • ϕ25 • 8핀	1개 1개 2개 2개 1개 2개	① 전원을 투입하기 전에 전원전압을 확인하고 이상 유무를 점검한다. ② 퓨즈는 홀더에 끼워 넣고 정격용량을 사용한다. ③ 타이머를 결선 시 전원전압을 확인한다. ④ EOCR의 전류조정 눈금을 전동기의 정격값에 맞춘다.

회로 동작설명

(1) 회로의 동작기능을 이해한다.

(2) 동작 요구조건 : 전원의 이상 유무를 확인하고 전원을 투입한다.

[수동 동작]

① 기동 스위치 → 전자 개폐기(MC) 동작 → 유도 전동기 기동 운전

② 정지 스위치 → 전자 개폐기(MC) 정지 → 유도 전동기 정지

[자동 동작]

① 절환 스위치 자동 위치 → t초간 운전 → t초간 정지 → t초간 운전 → t초간 정지(반복 동작)

② 표시등 : 운전 표시등(RL)－운전 시 점등(GL 소등)

정지 표시등(GL)－정지 시 점등(RL 소등)

회 로 도

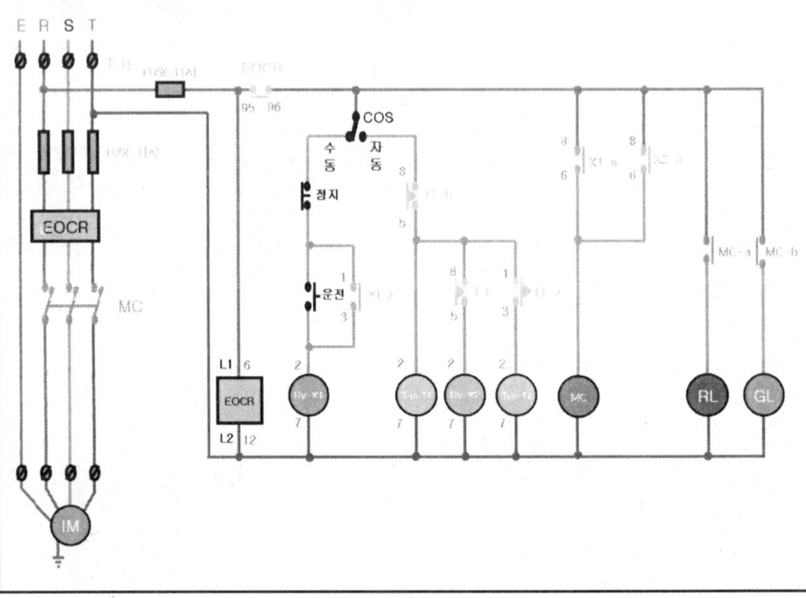

기구 배치도

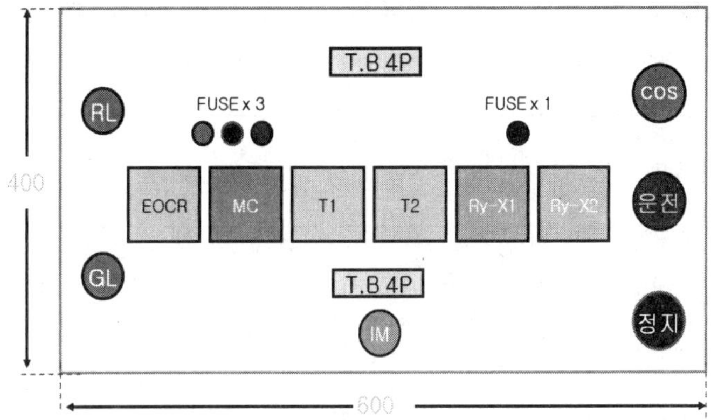
T.B 4P
RL
FUSE x 3
FUSE x 1
COS
400
EOCR
MC
T1
T2
Ry-X1
Ry-X2
운전
GL
T.B 4P
IM
정지
600

실체 배선도

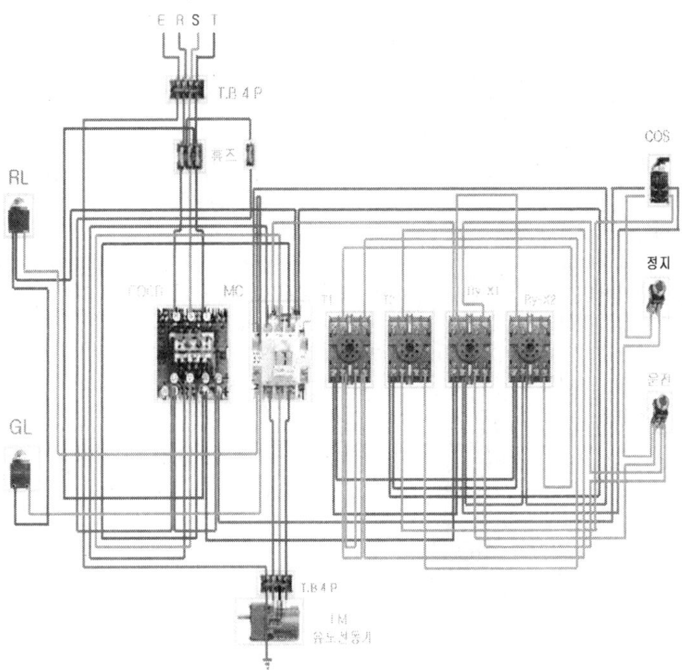
E R S T
T.B 4 P
COS
RL
정지
EOCR
MC
T1
T2
Ry-X1
Ry-X2
운전
GL
T.B 4 P

전기응용 설비실습 2-17

의료기기 : 순차 제어회로 배선하기

실습목표	① 제어반 내의 기구배치 및 노출 평면 배선을 할 수 있다. ② 순차 제어 회로도의 원리를 이해할 수 있다.

기계 및 공구	재료명	규격	수량	안전 및 유의사항
• 3상 유도 전동기 • 드라이버 • 롱노즈플라이어 • 니퍼 • 회로 시험기	• 전자 개폐기 • 누름버튼 스위치 • 표시등 • 릴레이 • 플리커 릴레이 • 버저 • 타이머	• 220[V] 3[HP], 5a2b • 1a1b • 220[V], ϕ25 • 8핀 • 8핀 220[V] • ϕ25 • 8핀	2개 3개 1개 2개 1개 1개 2개	① 전원을 투입하기 전에 전원전압을 확인하고 이상 유무를 점검한다. ② 전동기의 상순 및 기동 결선법을 확인한다. ③ EOCR 전류조정 눈금을 전동기의 값에 정격값에 맞춘다.

회로 동작설명

(1) 회로의 동작기능을 이해한다.

(2) 동작 요구조건 : 전원의 이상 유무를 확인하고 전원을 투입한다.

① 기동 스위치 1 → 유도 전동기 1이 기동 운전
기동 스위치 2 → 유도 전동기 2가 기동 운전
기동 스위치 1, 기동 스위치 2 순서에 의해서만 동작

② 정지 스위치 → 유도 전동기 2 정지 → t초 후 → 유도 전동기 1 정지

③ 운전중 → 과전류 계전기(EOCR) 동작 → 운전 정지 → 플리커 릴레이 동작 → 버저(Bz)와 고장 표시등(YL)이 t초 간격으로 교대 동작하고 → t초 후 모두 (B, YL) 정지

④ 표시등 : 생략

회 로 도

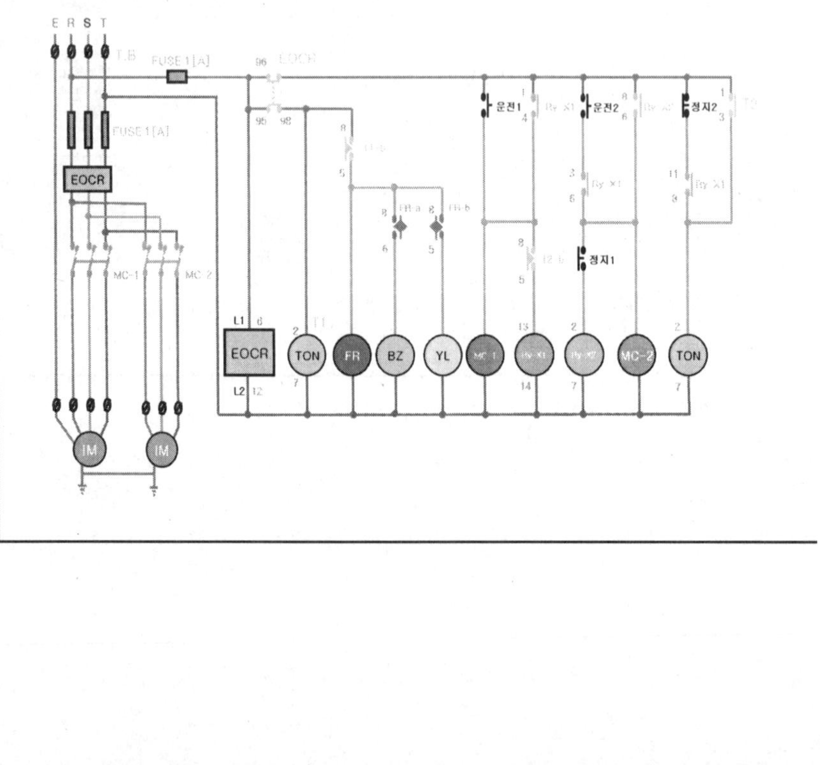

기구 배치도

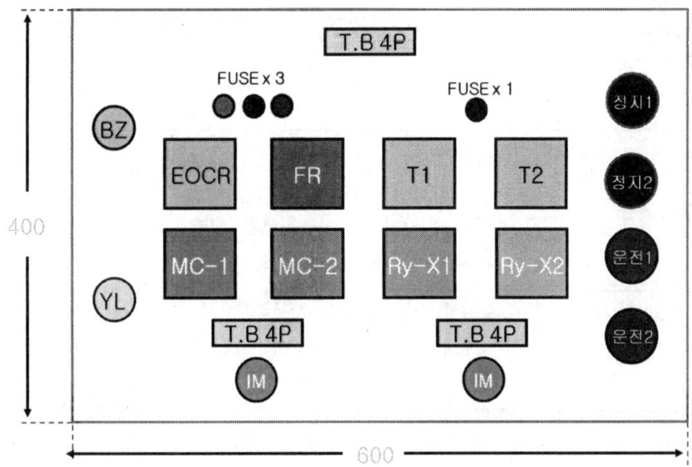
T.B 4P
FUSE x 3
FUSE x 1
BZ
EOCR
FR
T1
T2
정지1
정지2
400
MC-1
MC-2
Ry-X1
Ry-X2
운전1
YL
T.B 4P
T.B 4P
운전2
IM
IM
600

실체 배선도

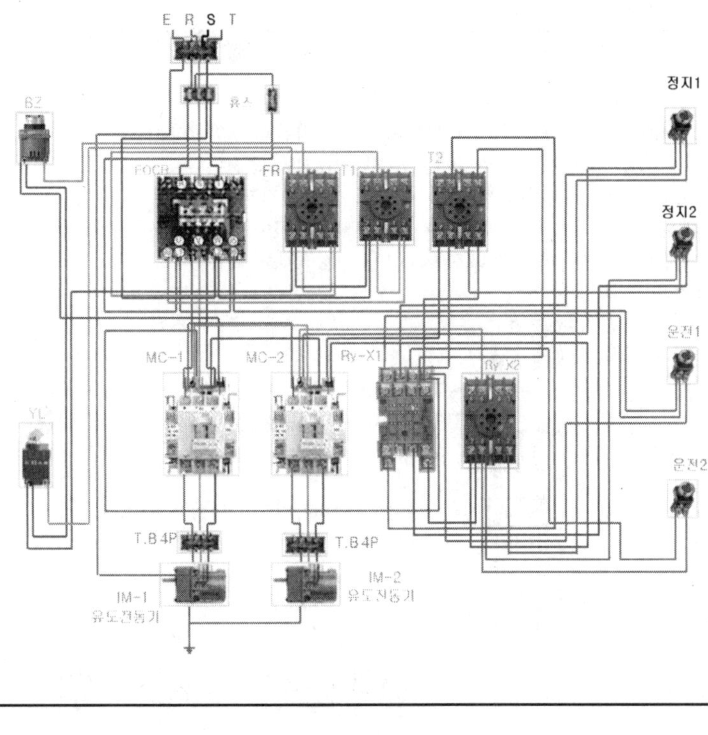
E R S T
정지1
BZ
EOCR
FR
T1
T2
정지2
MC-1
MC-2
Ry-X1
Ry-X2
운전1
YL
운전2
T.B 4P
T.B 4P
IM-1
유도전동기
IM-2
유도전동기

전기응용 설비실습 2-18

의료기기 : 계수회로 배선하기

실습목표	① 제어반 내의 기구배치 및 노출 평면 배선을 할 수 있다. ② 2계수 회로와 3계수 회로를 이해한다. ③ 카운터의 원리 및 내부회로를 이해한다. ④ 카운터를 이용한 응용회로를 구성할 수 있다.

기계 및 공구	재료명	규격	수량	안전 및 유의사항
• 3상 유도 전동기 • 드라이버 • 롱노즈플라이어 • 니퍼 • 회로 시험기	• 전자 개폐기 • 누름버튼 스위치 • 표시등 • 릴레이 • 플리커 릴레이 • 계수기 • 버저	• 220[V] 3[HP], 5a2b • 1a1b • 220[V], ϕ25 • 8핀 • 8핀 • 8핀 220[V], ϕ25	1개 3개 3개 1개 1개 1개 1개	① 전원을 투입하기 전에 전원전압을 확인하고 이상 유무를 점검한다. ② 전동기의 상순 및 기동 결선법을 확인한다. ③ EOCR 전류조정 눈금을 전동기의 값에 정격값에 맞춘다.

회로 동작설명

(1) 회로의 동작기능을 이해한다.

(2) 동작 요구조건 : 전원의 이상 유무를 확인하고 전원을 투입한다.

① Set 스위치를 5회 누르면 → 유도 전동기 기동 운전

② Reset(취소) 스위치를 누르면 → 유도 전동기 정지

③ 과전류 계전기(EOCR) 동작 → 버저(Bz)와 고장 표시등(YL)이 교대 동작 → 소음 정지 스위치(P2) → 버저(Bz) 정지 → 고장 표시등(YL)이 일정주기로 점멸

회 로 도

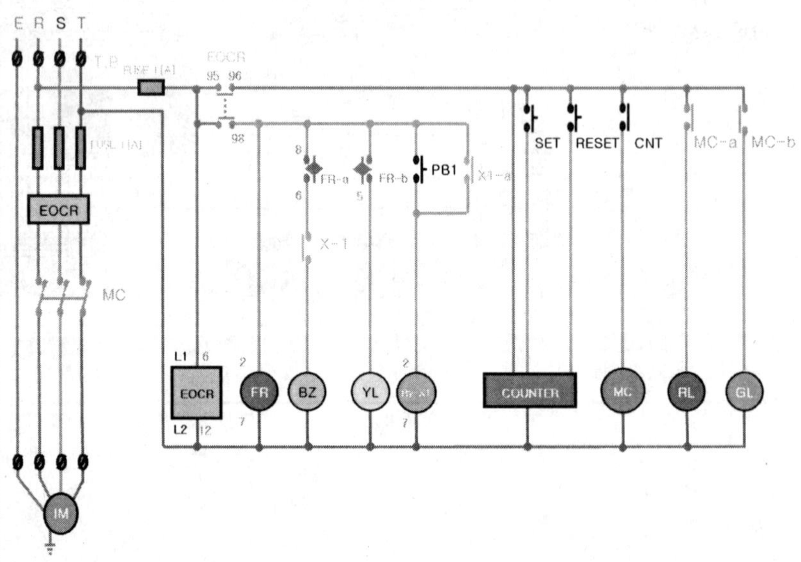

기구 배치도	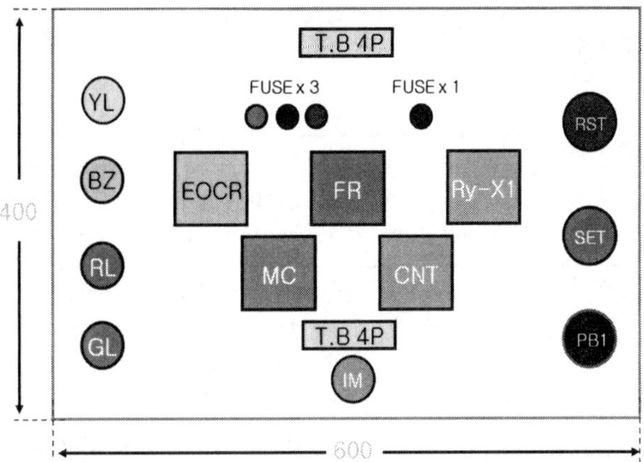T.B 4P FUSE x 3 FUSE x 1 YL BZ RL GL EOCR FR Ry-X1 MC CNT T.B 4P IM RST SET PB1 400 600
실체 배선도	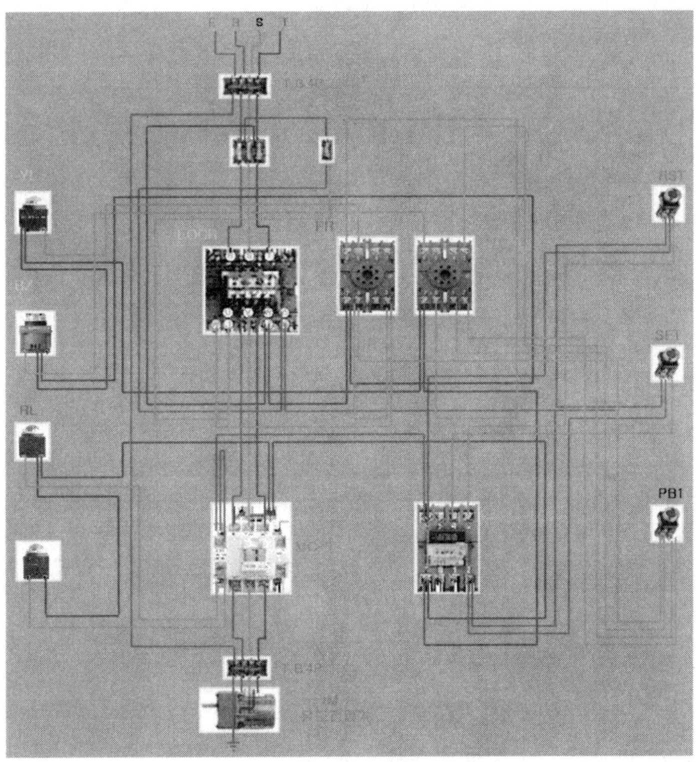PB1

전기응용 설비실습 2-19

의료기기 : 3상 유도 전동기의 Y-△ 기동 운전회로 배선하기

실습목표	① 3상 유도 전동기의 Y-△ 기동회로를 이해한다. ② 패널 작업 및 몰드 공사를 할 수 있다. ③ 제어반 내의 기구배치 및 노출 평면 배선을 할 수 있다.			
기계 및 공구	**재료명**	**규격**	**수량**	**안전 및 유의사항**
• 3상 유도 전동기 • 드라이버 • 롱노즈플라이어 • 니퍼 • 회로 시험기 • 압착 펜치 • 드릴 및 홀소	• 전자 개폐기 • 누름버튼 스위치 • 표시등 • EOCR • 릴레이 • 플리커 릴레이 • 버저	• 220[V] 3[HP], 5a2b • 1a1b • ϕ25 • 12핀 • 8핀 • 8핀 • ϕ25	2개 3개 4개 1개 1개 1개 1개	① 드릴 작업 시 안전을 위하여 펀칭 작업을 한다. ② 퓨즈는 홀더에 끼워 넣고 정격용량을 사용한다. ③ 패널에 반드시 접지를 한다. ④ EOCR의 전류조정 눈금을 전동기의 정격값에 맞춘다. ⑤ 전원 측 상순과 전동기 부하 측 상순이 바뀌지 않도록 한다.

회로 동작설명

(1) 회로의 동작기능을 이해한다.
(2) 동작 요구조건 : 전원의 이상 유무를 확인하고 전원을 투입한다.
① 간의 방식에 의한 3상 유도 전동기를 Y기동 △운전
② 기동 스위치 → 3상 유도 전동기가 Y기동
③ 운전 스위치 → 3상 유도 전동기가 △운전한다(2~3초 후).
④ 정지 스위치 → 3상 유도 전동기 정지
⑤ 과전류 계전기 (EOCR) 동작 → 버저(Bz)와 고장 표시등(YL)이 교대 동작
⑥ 표시등 : Y기동 시－기동 표시등(LY) 점등
△운전 시－운전 표시등(RL) 점등
정지 시－정지 표시등(GL) 점등

회 로 도

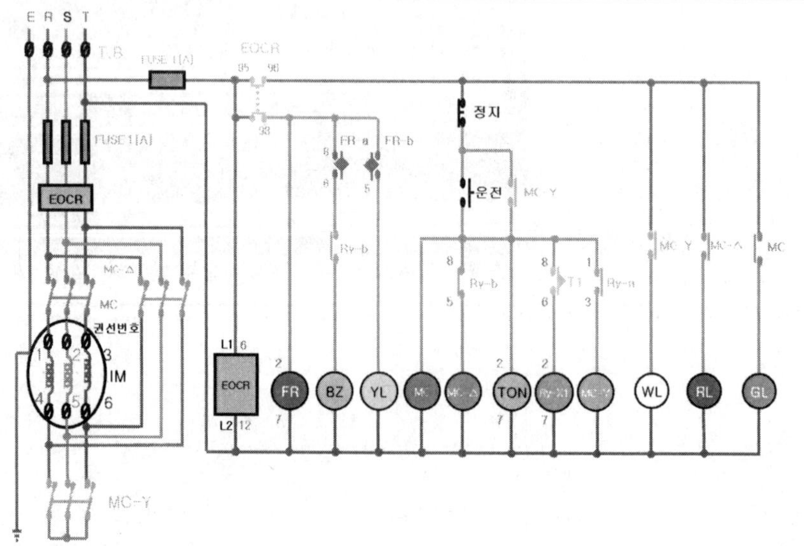

기구 배치도	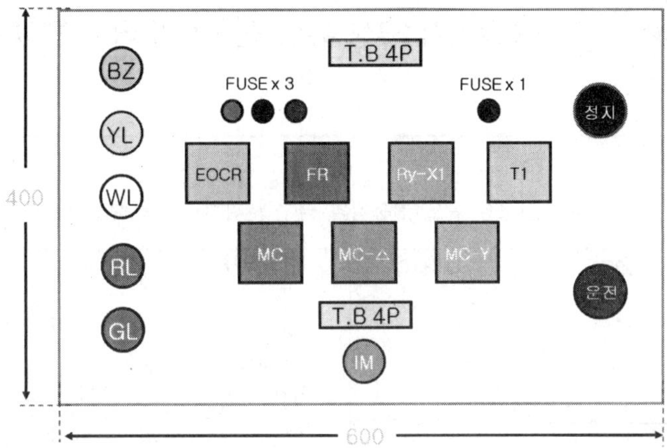T.B 4P FUSE x 3 FUSE x 1 BZ YL WL RL GL EOCR FR Ry-X1 T1 MC MC-△ MC-Y 정지 운전 T.B 4P IM 400 600
실체 배선도	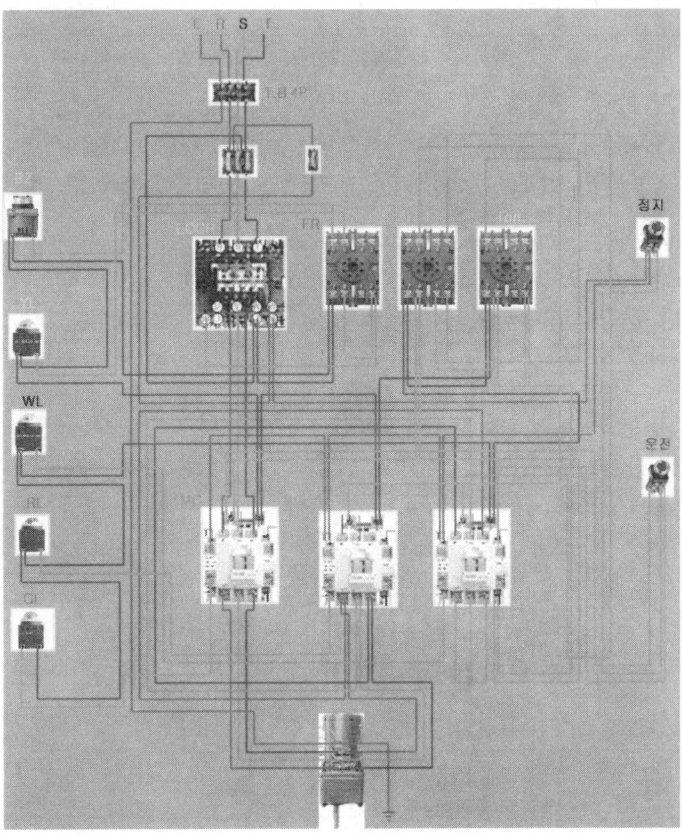S 정지 WL 운전

전기응용 설비실습 2-20

의료기기 : 3상 유도 전동기의 극수 변환회로 배선하기

실습목표	① 연선의 노출 평면 배선을 할 수 있다. ② 3상 유도 전동기의 극수 변환회로의 배선을 할 수 있다.			
기계 및 공구	**재료명**	**규격**	**수량**	**안전 및 유의사항**
• 3상 극수 변환 전동기 • 드라이버 • 압착 펜치 • 니퍼 • 롱노즈플라이어	• 전자 접촉기 • 릴레이 • 누름버튼 스위치	• 220[V] 3[HP] 5a, 2b • 220[V] 6A 3a, 3b • 220[V] 6[A]	3개 1개 3개	① 전원을 투입하기 전에 전원전압을 확인하고 이상 유무를 점검한다. ② 퓨즈는 정격용량의 것을 사용한다. ③ 극수 변환 결선 시, 필히 회로도를 확인한 후 결선한다. ④ 과전류 계전기 전류 눈금은 전동기 저역 전류값에 맞춘다.

회로 동작설명

• 회로의 동작기능을 이해한다 : 전원의 이상 유무를 확인하고 전원을 투입한다.

① 누름버튼 PB1을 누르면 MC1이 동작되고, 전동기의 고정자 권선이 △결선되어 저속 운전된다.

② 저속 운전중 고속용 버튼 PB2를 누르면 저속 운전은 멈추고, MC2 및 MC3이 동작하여 고정자 권선은 쌍Y 결선되어 전동기는 고속 운전된다.

③ PB0는 정지용 버튼으로 고속 운전시 저속으로 바꿀 때는 반드시 PB0로 정지시키고, 다시 저속용 버튼 PB1을 눌러야 된다.

회 로 도

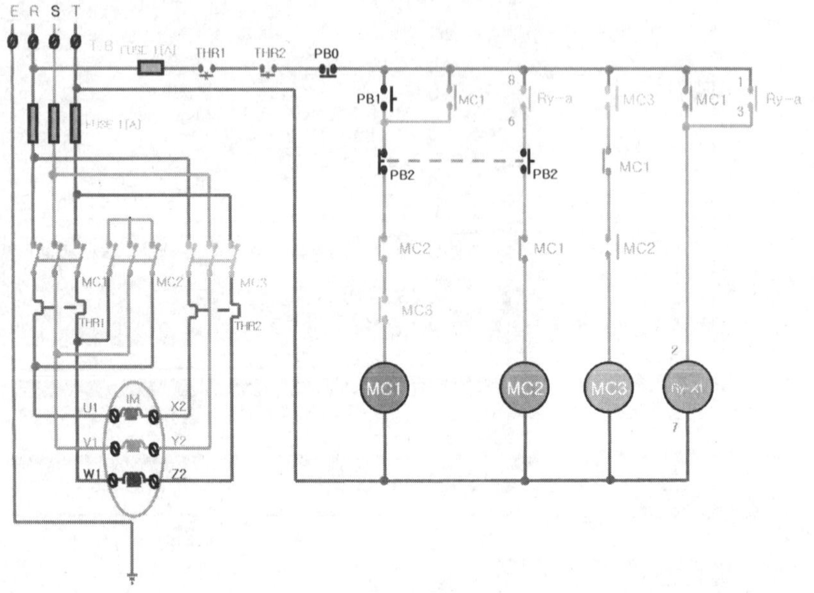

<table>
<tr><td>기구 배치도</td><td>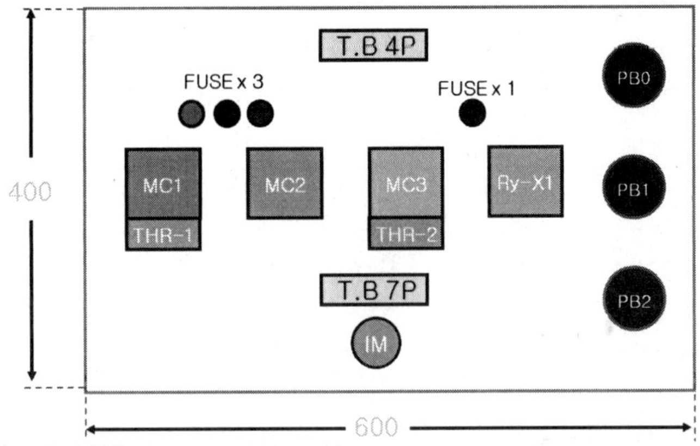
</td></tr>
<tr><td>실체 배선도</td><td>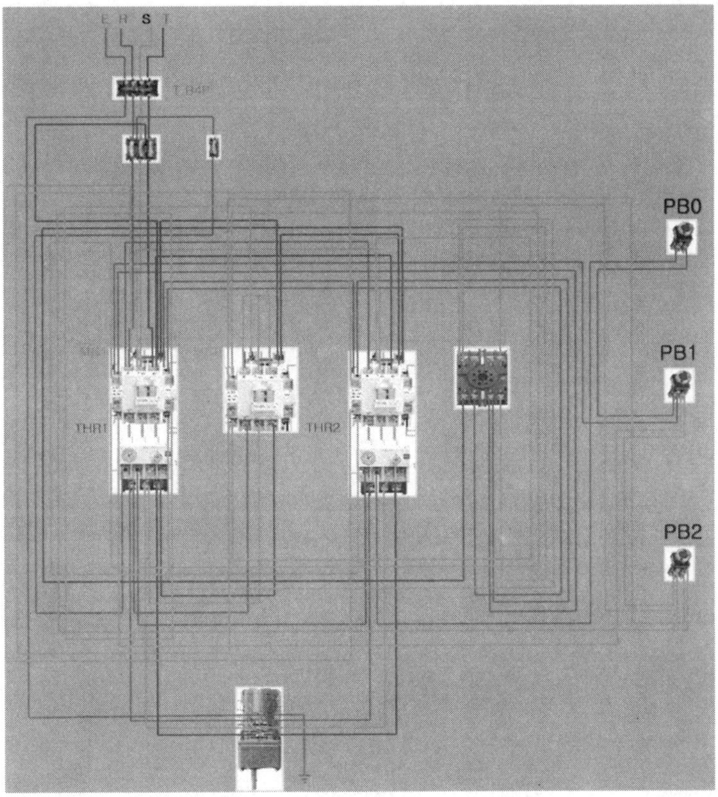
</td></tr>
</table>

전기응용 설비실습 2-21

의료기기 : SR 릴레이를 이용한 전동기 운전회로 공사하기

실습목표	① SR 릴레이의 내부회로를 이해하고 사용할 수 있다. ② 제어반 내의 기구배치 및 배선을 할 수 있다. ③ PE관 및 PVC관 공사를 할 수 있다.			
기계 및 공구	**재료명**	**규격**	**수량**	**안전 및 유의사항**
• 3상 유도 전동기 • 회로시험기 • 드라이버 • 롱노즈플라이어 • 니퍼	• SR 릴레이 • 리셉터클 • 플리커 릴레이 • 타이머 스위치	• 220[V] 12P • 250[V] 15[A] • 220[V] 1a1b • 220[V] 1a1b	1개 1개 1개 1개	① 전원을 투입하기 전에 전원전압을 확인한다. ② SR릴레이 결선에 유의한다. ③ 퓨즈는 홀더에 끼워 넣고 정격용량을 사용한다.

회로 동작설명

- 도면과 동작기능을 이해한다.
  ① 전원전압을 확인하고 전원을 투입한다.
  ② SR 릴레이 Set 누름버튼 스위치를 누르면 L4가 점등되고, 이때 PB1을 누르면 PR이 여자되어 전동기가 기동되며, L2가 점등되며, 타이머가 여자되어 설정시간 t초 후에는 PR이 무여자되어 전동기가 정지되며, L2가 소등된다. 전동기 기동 중에 PB0을 누르면 전동기는 정지된다.
  ③ SR 릴레이 Reset 누름버튼 스위치를 누르면 L3이 점등되고, 플리커 릴레이가 여자되어 L1이 설정시간 간격으로 점멸로 경보한다.

회 로 도

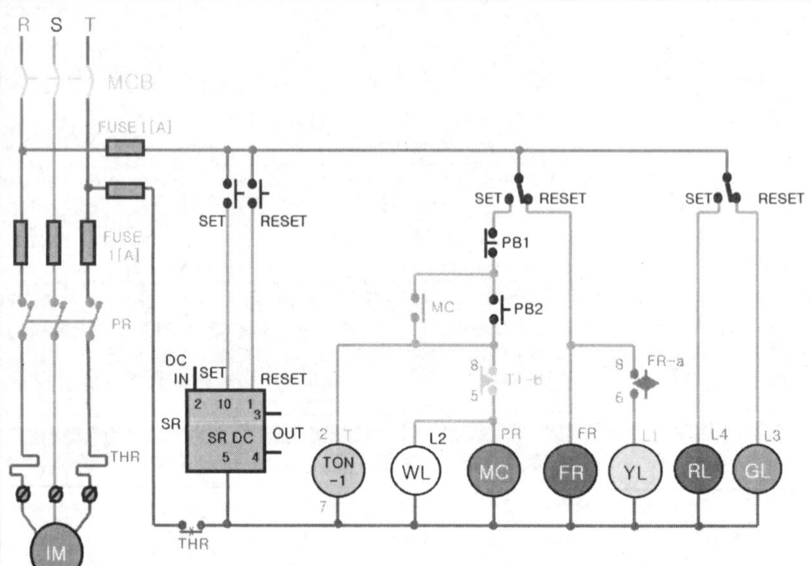

기구 배치도	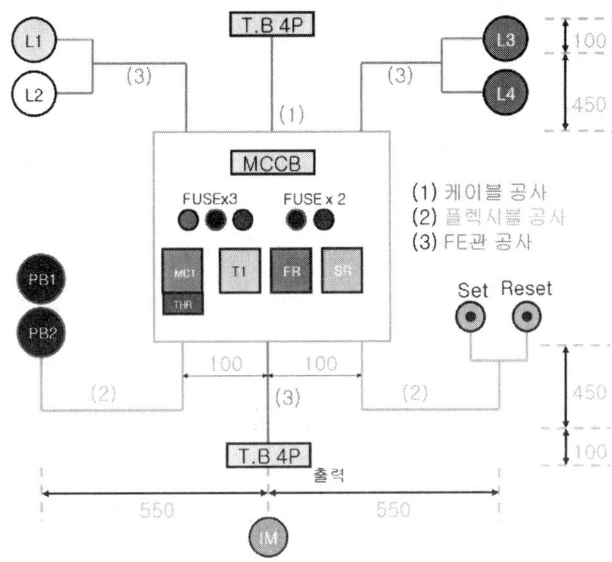
실체 배선도	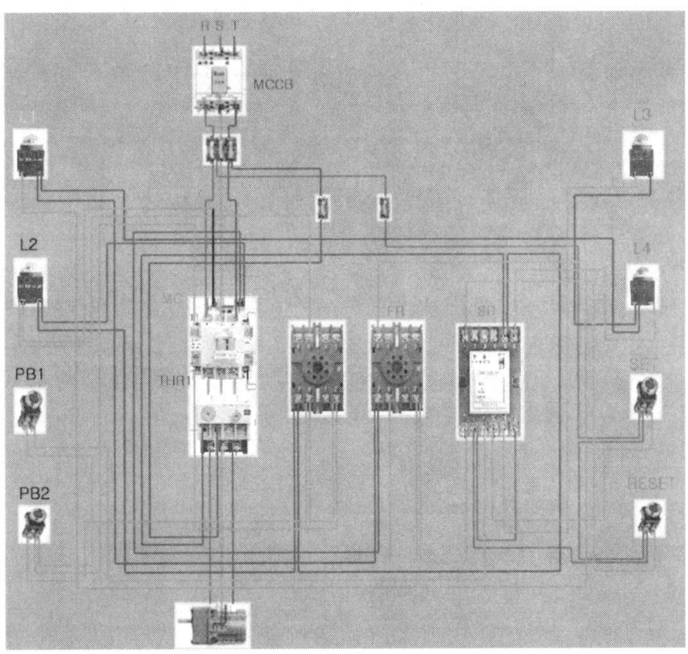

T.B 4P
L1
L2
L3
L4
(3)
(1)
100
450
MCCB
FUSEx3
FUSE x 2
(1) 케이블 공사
(2) 플렉시블 공사
(3) FE관 공사
MC1
THR
T1
FR
SR
PB1
PB2
Set
Reset
(2)
출력
550
IM

R S T
MCCB
L1
L2
L3
L4
PB1
PB2
THR1
FR
SR
SET
RESET

3. 응용실습 : 병원

전기응용 설비실습 3-1

병원 : 화재 감지회로 공사하기

실습목표	① 파워 릴레이 내부회로를 설명할 수 있다. ② 플리커 릴레이 내부회로와 사용용도를 설명할 수 있다. ③ 화재 감지회로 공사를 할 수 있다.			
기계 및 공구	**재료명**	**규격**	**수량**	**안전 및 유의사항**
• 드라이버 • 롱노즈플라이어 • 니퍼 • 회로 시험기 • 3상 유도 전동기	• 파워 릴레이 • 배선용 차단기 • 플리커 릴레이 • 릴레이 • 파일럿 램프 • 푸시버튼 스위치 • 화재 감지기	• 220[V] 12P • 220[V] 3상 • 8핀 • 8핀 • ϕ25 • 시험용	1개 1개 1개 2개 3개 2개 2개	① 셀렉터 스위치는 좌측이 수동, 우측이 자동으로 결선한다. ② 퓨즈는 홀더에 끼워 넣는다. ③ 접지선은 녹색으로 하며 도면에 준한다. ④ 주 회로 배선은 색상을 구분한다.

회로 동작설명

- 회로 도면을 이해한다. : 전원의 이상 유무를 확인하고 전원을 투입한다.
  ① 배선용 차단기 CB를 투입하고 셀렉터 스위치 SS를 수동 모드에 전환 시 파일럿 램프 GL이 점등되며, 푸시버튼 스위치 B1을 누르면 릴레이 X1이 여자되어 플리커 릴레이 FR이 여자되어 벨(Bz)이 플리커 릴레이의 세팅된 시간에 의하여 경보음을 발생하며, 파일럿 램프 L1과 YL이 점등되고, 파워 릴레이 FR이 여자되어 주 회로에 전원이 인가되어 3상 유도 전동기가 기동한다. 파일럿 램프 GL은 소등된다. 푸시버튼 스위치 B1을 눌러도 ①과 같은 동작이 된다.
  ② 선용 차단기 CB를 투입하고 셀렉터 스위치 SS를 자동 모드에 전환 시 파일럿 램프 RL이 점등되며 화재 감지 센서 FD1이 동작하면 파일럿 램프 L1이 점등되고, 릴레이 Ry1이 여자되어 플리커 릴레이 FR이 여자되어 벨(Bz)이 플리커 릴레이의 세팅된 시간에 의하여 경보음을 발생하며, 파일럿 램프 L1과 YL이 점등되고, 파워 릴레이 PR이 여자되어 주 회로에 전원이 인가되어 3상 유도 전동기가 기동한다. 파일럿 램프 RL은 소등된다. 화재 감지 센서 FD2가 동작되어도 ②와 같은 동작이 된다.

회 로 도

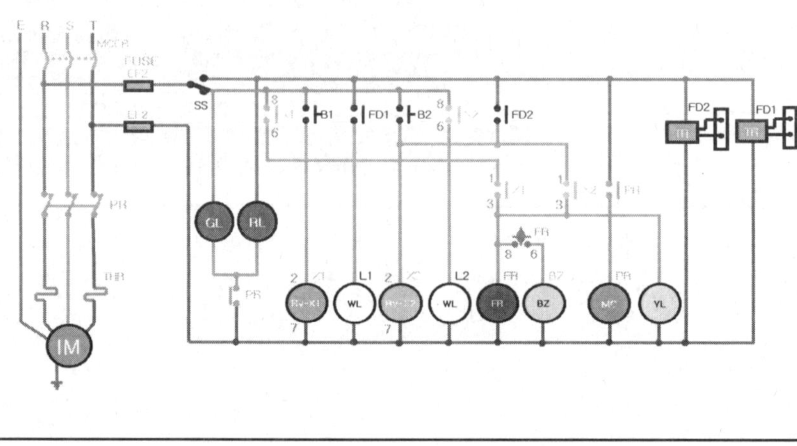

기구 배치도	제어함 내부 기구 배치도
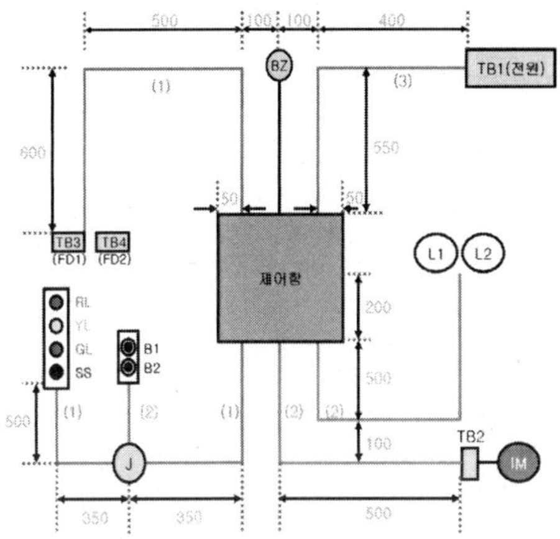	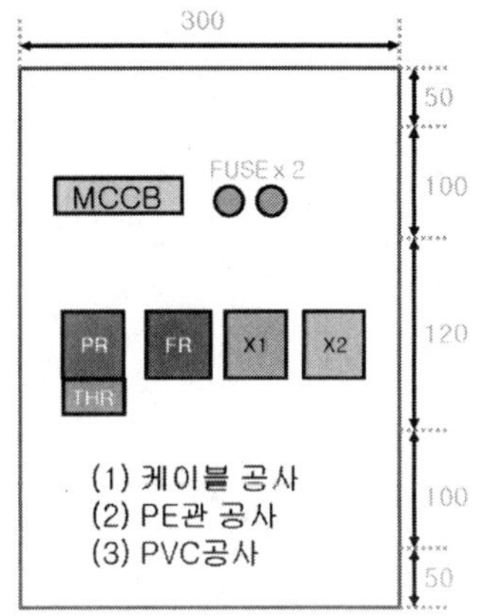
실체 배선도	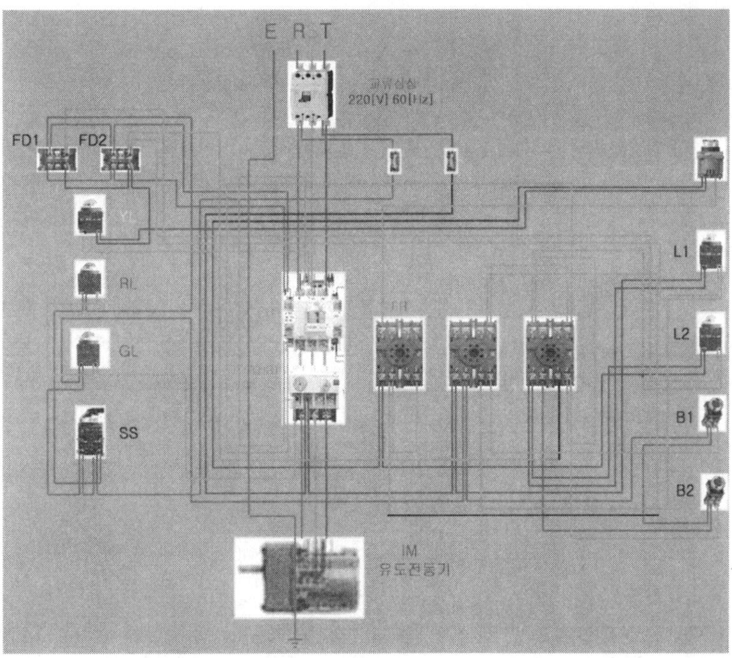

전기응용 설비실습 3-2

병원 : 세탁건조로 회로 공사하기

실습목표	① 건조로 공사 시퀀스 제어회로를 이해한다. ② 온도 계전기 내부회로 및 결선을 할 수 있다. ③ 건조로 전기회로 공사를 할 수 있다.			
기계 및 공구	재료명	규격	수량	안전 및 유의사항
• 3상 유도 전동기 • 드라이버 • 롱노즈플라이어 • 니퍼 • 회로 시험기	• 전자 개폐기 • 단자대 • 셀렉터 스위치 • 퓨즈 • 배선용 차단기 • 타이머 • 온도 계전기 • 표시등	• 220[V] 3[HP], 5a2b • 20P • ϕ25 • 8핀 • 8핀 • ϕ25	2개 2개 1개 2개 2개 1개 1개 4개	① 전원을 투입하기 전에 전원전압을 확인하고 이상 유무를 점검한다. ② 퓨즈는 홀더에 끼워 넣고 정격용량을 사용한다. ③ 패널에 반드시 접지를 한다. ④ 과전류 계전기 전류조정 눈금을 전동기의 정격값에 맞춘다. ⑤ 전원 측 상순과 전동기 부하 측 상순이 바뀌지 않도록 한다.

회로 동작설명

• 회로 동작기능을 이해한다. : 전원의 이상 유무를 확인하고 전원을 투입한다.
① 전원을 투입하고 배선용 차단기 MCB를 on한다.
② 셀렉터 스위치를 on한다.
③ 일정 온도가 되면 온도 계전기가 동작되어 릴레이 R3이 여자되어 MC1이 여자되어 전동기가 기동한다. 타이머의 설정시간이 지나면 MC2가 여자되어 Heater가 기동된다. 다시 일정 온도가 되면 온도 계전기가 복귀되어 전동기가 정지되고 Heater도 정지된다.
④ 전동기 기동 시는 RL등이 점등되며, Heater 기동 시 WL등이 점등되며, 정지 시 GL등이 점등된다. Heater 정지 시는 YL이 점등된다.

회 로 도

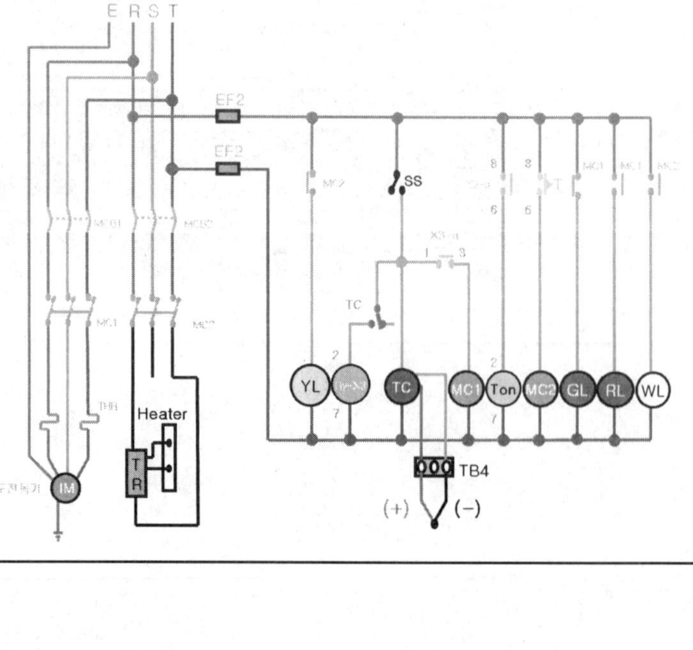

기구 배치도	제어함 내부 기구 배치도
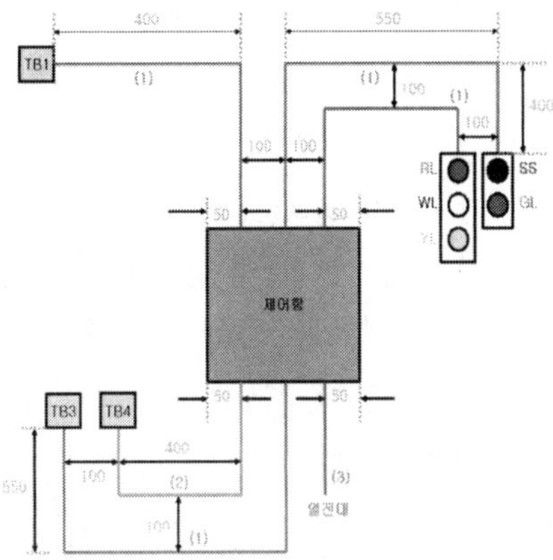	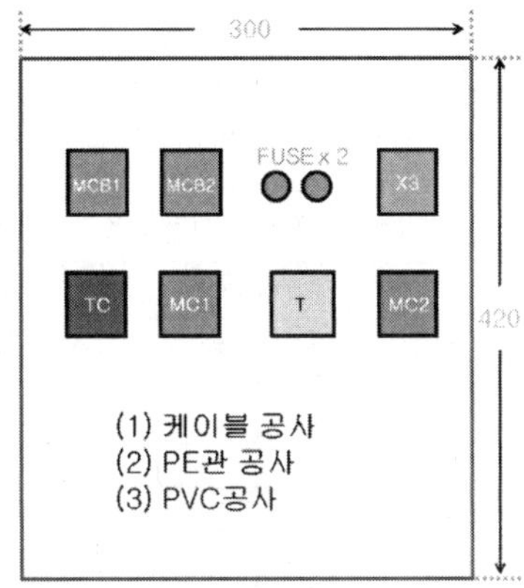
실체 배선도	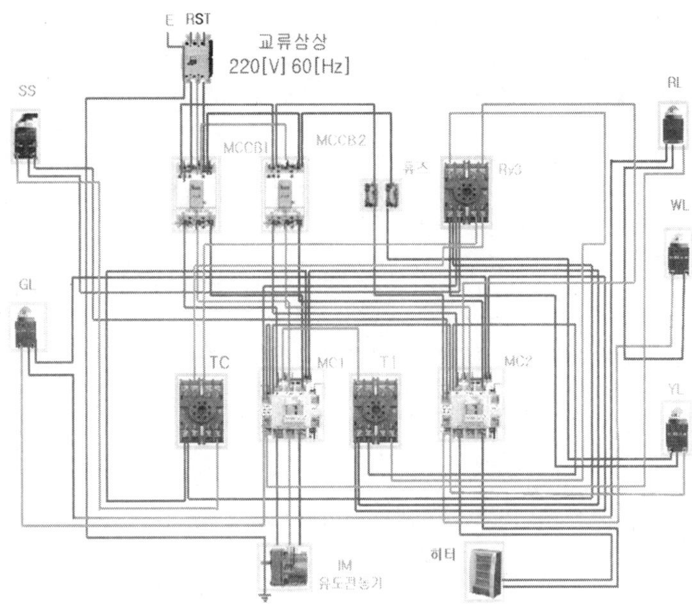

전기응용 설비실습 3-3

병원 : 출입 자동문 제어회로 공사하기

실습목표	① 전동기의 정·역 회로를 이해할 수 있다. ② 광전자 스위치의 원리 및 사용법을 이해한다. ③ EOCR 사용법을 이해하고, 자동문 제어장치 공사를 할 수 있다.			
기계 및 공구	**재료명**	**규격**	**수량**	**안전 및 유의사항**
• 3상 유도 전동기 • 드라이버 • 롱노즈플라이어 • 니퍼 • 회로 시험기	• 전자 개폐기 • 단자대 • 광전자 스위치 • 리밋 스위치 • 플리커 릴레이 • 표시등	• 220[V] 3[HP], 5a2b • 15P, 4P • 1a1b • 1a1b • 8핀 • ϕ25	2개 2개 2개 1개 2개 1개 6개	① 전원을 투입하기 전에 전원전압을 확인하고 이상 유무를 점검한다. ② 제어반에 반드시 접지를 한다. ③ 전원 측 상순과 전동기 부하 측 상순이 바뀌지 않도록 한다.

회로 동작설명

• 회로 동작기능을 이해한다. 전원의 이상 유무를 확인하고 전원을 투입한다.

PR1 : (문이 닫힘용 전자 접촉기) LS1 : (문이 열렸을 때 동작)

PR2 : (문이 열림용 전자 접촉기) LS2 : (문이 닫혔을 때 동작)

① 전원 투입－L5점등

② Sensor(PB1 on)가 인체를 감지하면－PR2 동작(역회전 motor 운전), L1점등

③ 문이 열렸다고 가정 : LS1(PB2 on) 동작하면－PR2 정지(역회전 motor 정지), L1 소등－T 여자, L4 점등－(설정시간 t초 후)－PR1 동작(정회전 motor 운전) X여자, L2 점등－T 감자, L4 소등

④ 문이 닫혔다고 가정 : LS2(PB3 on) 동작하면－PR1 정지(정회전 motor 정지), X감자, L2 소등, L3 점등(LS2(PB3이 on하는 동안만))

⑤ 문이 닫히는 중에 sensor(PB1 on)가 인체를 감지하면－위의 ②번 동작 반복

⑥ 셀렉터 스위치를 on시키면 BZ, YL등이 동시 점등

⑦ 전원 차단－L5 소등

회 로 도

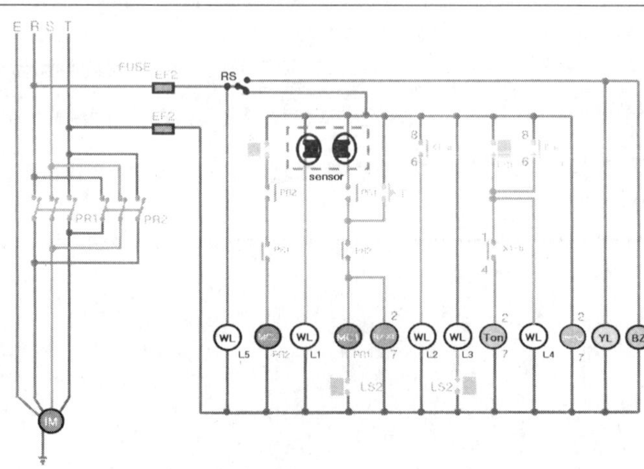

기구 배치도

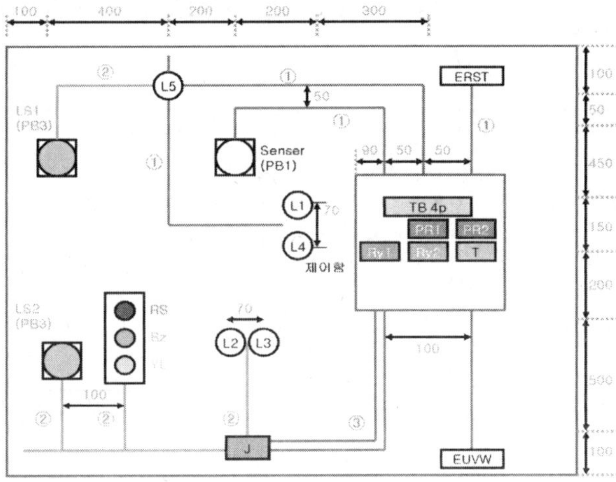
100
400
200
200
300
ERST
L5
LS1
(PB3)
Senser
(PB1)
TB 4p
PB1
PB2
Ry1
Ry2
T
L1
L4
제어함
LS2
(PB3)
RS
Bz
YL
L2
L3
J
EUVW

실체 배선도

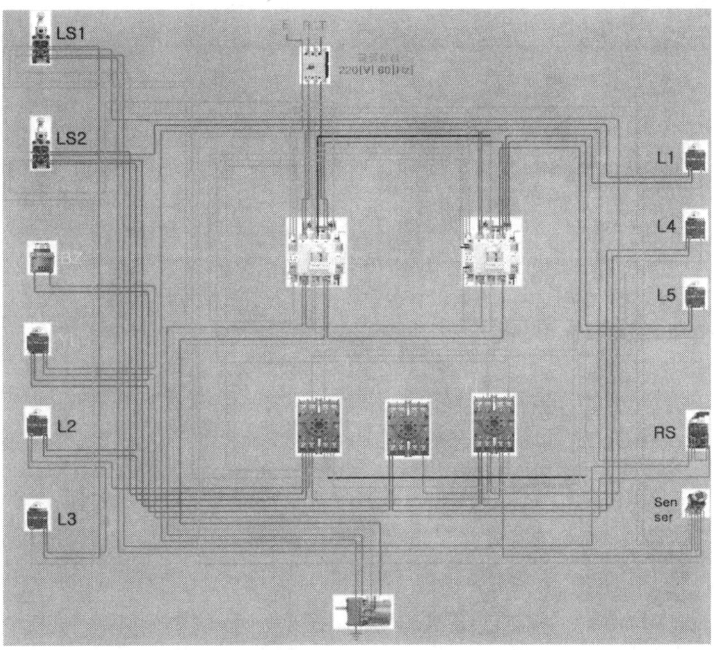
LS1
LS2
Bz
YL
L2
L3
L1
L4
L5
RS
Sen
ser

전기응용 설비실습 3-4 병원 : 컨베이어 벨트의 전기회로 배선하기

실습목표	① 컨베이어 벨트의 시퀀스 회로를 이해한다. ② 컨베이어 벨트 설치도 및 구조를 이해한다. ③ 패널 가공 및 배선, 배관작업을 할 수 있다. ④ 컨베이어 벨트의 전기회로 공사를 할 수 있다.

기계 및 공구	재료명	규격	수량	안전 및 유의사항
• 3상 유도 전동기 • 드라이버	• 전자 개폐기	• 220[V] 3[HP], 5a2b	4개	① 전원을 투입하기 전에 전원전압을 확인하고 이상 유무를 점검한다.
• 롱노즈플라이어	• 단자대	• 20P	1개	② 퓨즈는 홀더에 끼워 넣고 정격용량을 사용한다.
• 니퍼	• 푸시버튼 스위치	• 1a1b	7개	
• 회로 시험기	• 퓨즈		11개	③ 패널에 반드시 접지를 한다. ④ 과전류 계전기 전류조정 눈금을 전동기의 정격값에 맞춘다. ⑤ 전원 측 상순과 전동기 부하 측 상순이 바뀌지 않도록 한다.

회로 동작설명

• 회로 동작기능을 이해한다. : 전원의 이상 유무를 확인하고 전원을 투입한다.

① 전원을 투입하고 배선용 차단기 MCB를 on한다.

② PB3을 누르면 MC3이 여자되어 전동기 M3이 기동되어 오른쪽 방향으로 기동되며, 이때 PB2를 누르면 MC2가 여자되어 전동기 M2가 기동된다. 다시 PB1을 누르면 MC1이 여자되며, 전동기 M1이 기동된다.

③ 푸시버튼 스위치 PB03을 누르면 전동기 M3, M2 및 M1이 정지되고, PB02는 전동기 M2 및 M1을 정지시키고 M3만 운전되며 PB01을 누르면 전동기 M1만 정지되고 M2 및 M3은 운전된다.

④ PB4를 누르면 MC4가 여자되어 전동기 M3이 기동되어 왼쪽 방향으로 기동되며, 이때 PB2를 누르면 MC2가 여자되어 전동기 M2가 기동된다. 다시 PB1을 누르면 MC1이 여자되며, 전동기 M1이 기동된다.

⑤ 푸시버튼 스위치 PB03을 누르면 전동기 M3, M2 및 M1이 정지되며, PB02는 전동기 M2 및 M1을 정지시키고 M3만 운전되며, PB01을 누르면 전동기 M1만 정지되고 M2 및 M3은 운전된다.

회 로 도

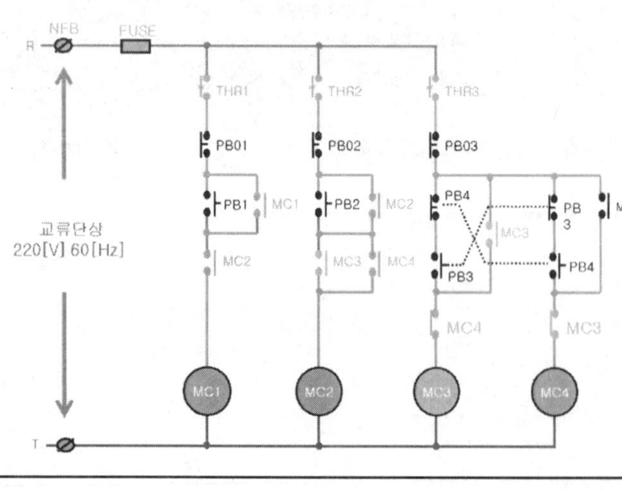

주 회 로	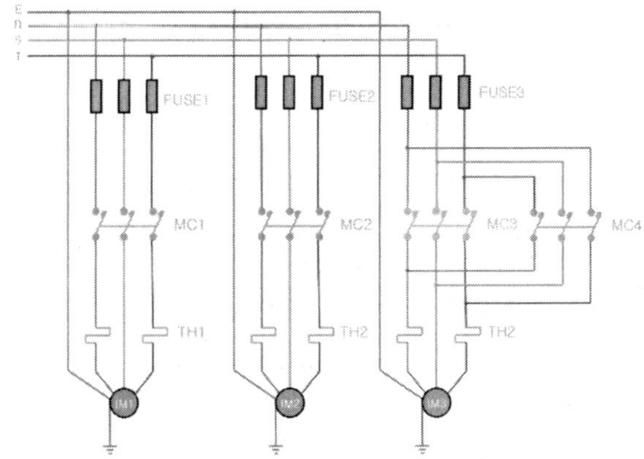FUSE1 FUSE2 FUSE3 MC1 MC2 MC3 MC4 TH1 TH2 TH2 IM1 IM2 IM3
실체 배선도	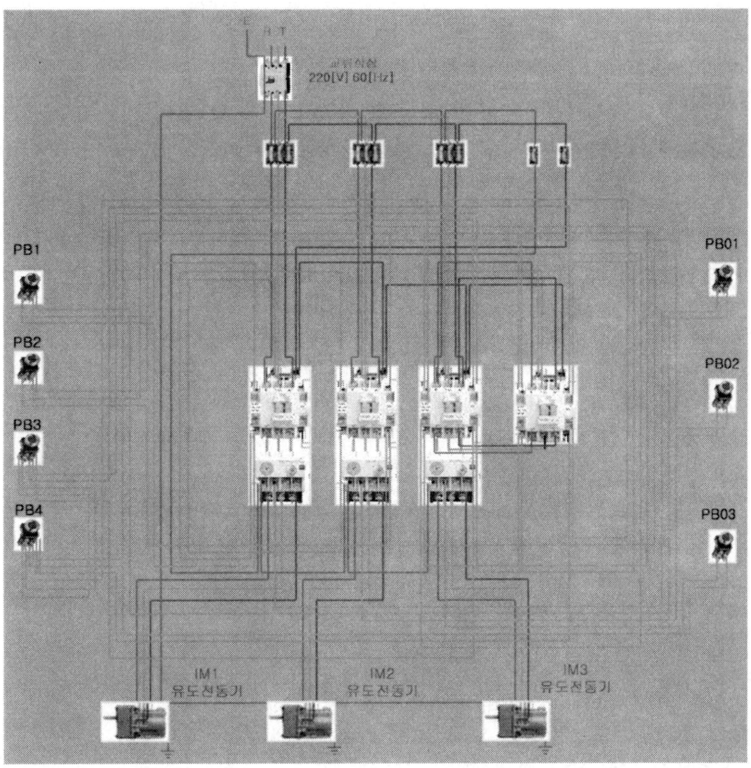220[V] 60[Hz] PB1 PB2 PB3 PB4 PB01 PB02 PB03 IM1 유도전동기 IM2 유도전동기 IM3 유도전동기

전기응용 설비실습 3-5

병원 : 에스컬레이터의 수동 및 자동 회로 공사하기

실습목표	① 에스컬레이터의 수동 및 자동 회로 공사를 할 수 있다. ② 패널 가공 및 배선을 할 수 있다. ③ PVC 및 케이블 공사를 할 수 있다.			
기계 및 공구	**재료명**	**규격**	**수량**	**안전 및 유의사항**
• 3상 유도 전동기 • 드라이버 • 토치 램프 • 니퍼 • 롱노즈플라이어 • 압착 펜치	• 전자 접촉기 • 타이머 • 광전 스위치	• 220[V] 3[HP], 5a2b • 250AC 8핀 • 220[V] 투과형 25[mSec]	2개 1개 1조	① 광전 스위치 결선 시 반드시 접속도를 확인한 후 결선한다. ② 퓨즈는 정격용량을 사용한다. ③ 패널에 반드시 접지한다. ④ 과전류 계전기의 전류 눈금은 전동기 정격 전류값에 맞춘다.

회로 동작설명

• 회로 동작기능을 이해한다. : 전원의 이상 유무를 확인하고 전원을 투입한다.

① 건물의 계단을 연결하는 컨베이어의 일종으로, 3상 유도 전동기의 정·역 회로를 이용한 것이다.

② 절환 스위치 COS를 자동위치에 놓고, PB1을 누르면 X1이 동작되며 이때 사람이 에스컬레이터 입구에 접근하면 빛을 차단시켜 광전 스위치 PHS가 작동되어 에스컬레이터가 운전한다. 이때 사람이 완전히 올라갈 수 있는 시간을 타이머에 설정하면 사람이 다 올라간 후 정지하게 된다. 만약 사람이 다 올라가지 못한 상태에서 계속 사람이 접근하면 최종 사람이 통과할 때부터 설정된 시간 후 정지하게 된다.

③ COS를 수동 위치에 놓으면 에스컬레이터는 수동으로 계속 운전한다.

④ PH01, PH02, PH03은 정지용 버튼이다.

⑤ 반대 방향으로 운전하고자 할 때는 PH2를 누른다.

⑥ 전자석 제동기는 전원이 차단되었을 때 전동기를 제동시켜 운전을 멈추게 한다.

회 로 도

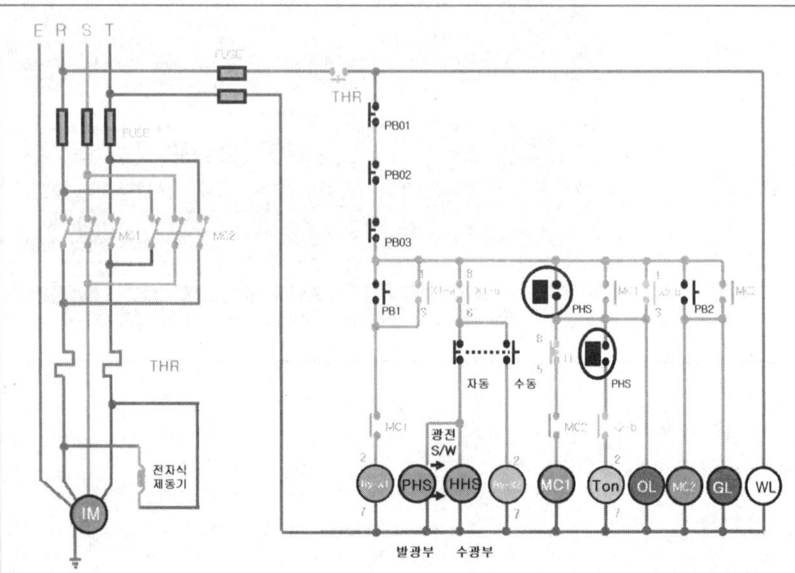

(1) PE관 공사, (2) 케이블 공사

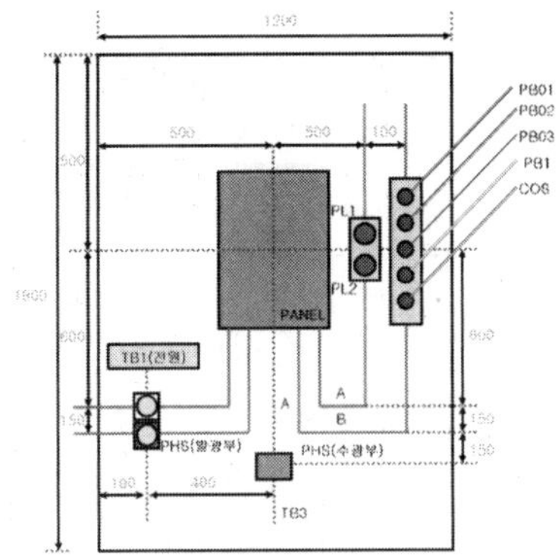

기구 배치도

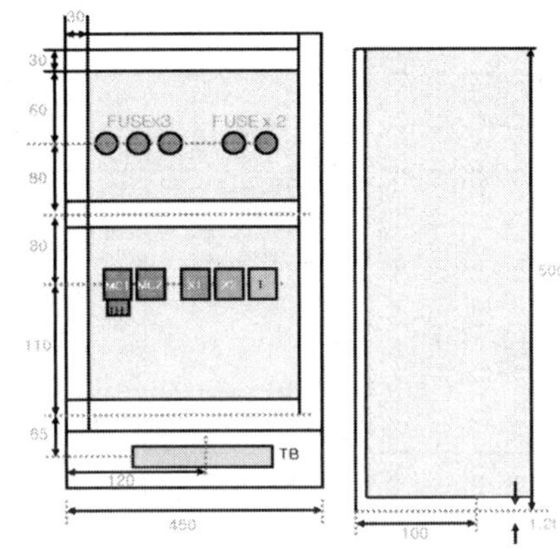

실체 배선도

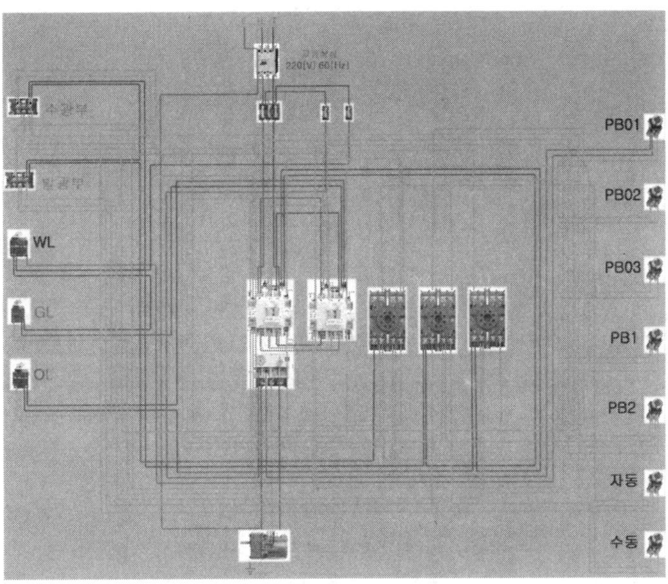

전기응용 설비실습 3-6

병원 : 양수 펌프의 수동 및 자동 회로 공사하기

실습목표	① 액면 제어용 계전기(floatless relay)의 내부 회로 및 결선도를 이해한다. ② 패널 작업을 하고, 양수 펌프의 수동·자동 회로 공사를 할 수 있다.

기계 및 공구	재료명	규격	수량	안전 및 유의사항
• 3상 유도 전동기	• 전자 접촉기	• 220[V] 3[HP], 5a2b	3개	① 전원을 투입하기 전에 전원전압을 확인하고 이상 유무를 점검한다. ② 퓨즈는 홀더에 끼워 넣고 정격용량을 사용한다. ③ 패널에 반드시 접지를 한다. ④ 과전류 계전기 전류조정 눈금을 전동기의 정격값에 맞춘다. ⑤ 전원 측 상순과 전동기 부하 측 상순이 바꾸지 않도록 한다.
• 드라이버				
• 롱노즈플라이어	• 단자대	• 20P	1개	
• 니퍼	• 푸시버튼 스위치	• 1a1b	2개	
• 회로 시험기	• 퓨즈		5개	
• 토치램프	• 표시등	• $\phi 25$	4개	
• 압착 펜치	• 타이머	• 8핀	2개	

회로 동작설명

① 도면과 동작기능을 이해한다.

② 제어용 패널 작업을 한다. ⓐ 패널 기구배치를 작도한다. ⓑ 기구고정을 위한 드릴 작업을 한다. ⓒ 몰드 작업을 하고 패널에 고정한다. ⓓ 패널 기구를 고정한다. ⓔ 주회로 및 제어회로를 배선한다. ⓕ 접지선을 배선한다. ⓖ 회로 시험기로 점검한다.

③ 기구를 고정한다. ⓐ 기구위치를 작업판에 작도한다. ⓑ 제어판 및 기구류를 고정한다.

④ 배관 및 케이블 공사를 한다. ⓐ 도면을 보고 배관위치를 선정. ⓑ PE관 공사 및 케이블 공사

⑤ 배선 및 회로결선을 한다. ⓐ 전원, 전동기 부하, 표시등 및 조작회로를 배선한다. ⓑ 자대 및 기구에 회로 결선을 한다. ⓒ 접지공사를 한다.

⑥ 점검한다. ⓐ 회로 시험기로 회로 각 부분과 전체를 점검한다. ⓑ 단자 조임상태를 확인한다. ⓒ 과전류 계전기의 전류 눈금을 확인한다.

⑦ 동작실험을 한다. : 전원의 이상 유무를 확인하고 전원을 투입한다. ⓐ 단자대에 전동기를 연결한다. ⓑ 전원 전압을 확인하고 연결한다. ⓒ 단자대에 전자밸브 및 리밋 스위치를 연결한다. ⓓ COS를 자동 위치에 놓고 동작상황 및 표시등 상태를 확인한다. ⓔ COS를 수동 위치에 놓고 동작상황 및 표시등 상태를 확인한다.

⑧ 검사를 받는다.

⑨ 정리 정돈을 한다.

회로도

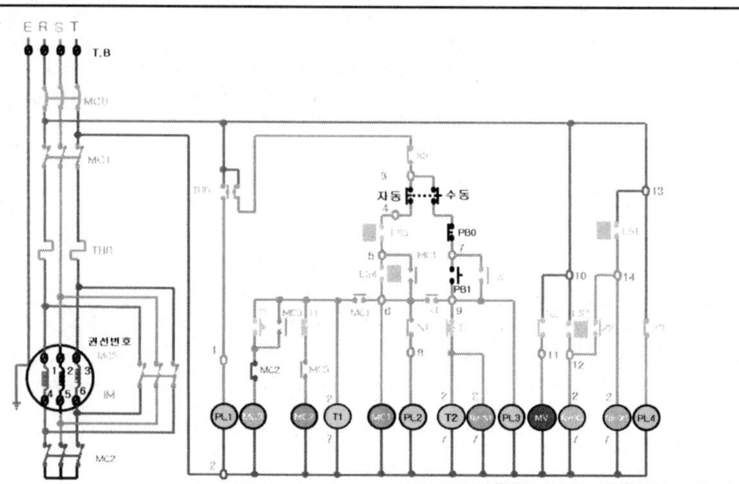

(1) PE관 공사, 케이블 공사	기구 배치도

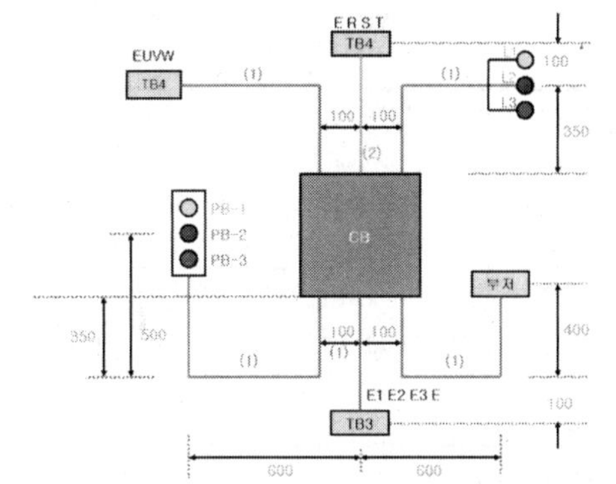

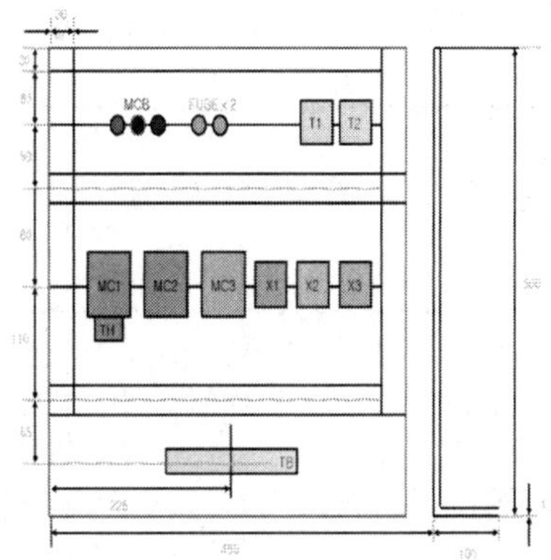

실체 배선도

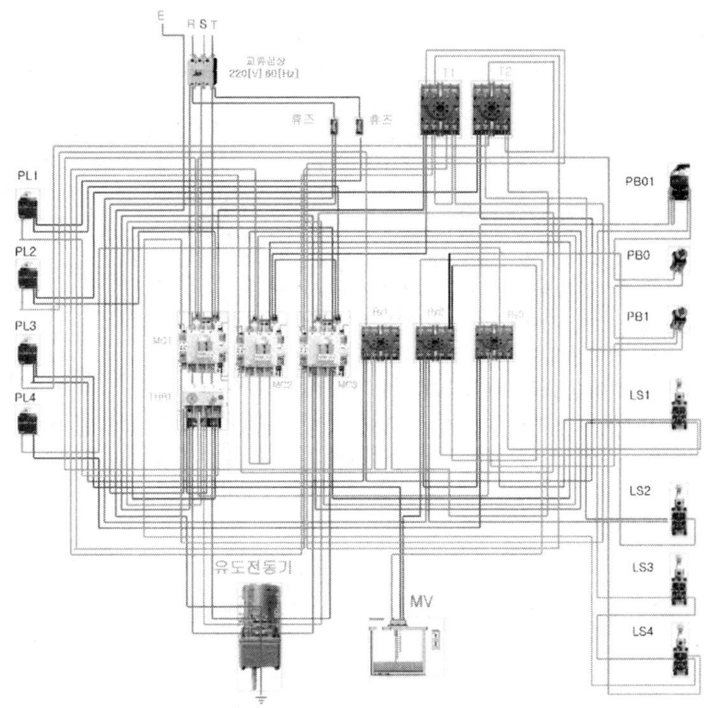

전기응용 설비실습 3-7

병원 : 간호사 호출회로 배선하기

실습목표	① 응답 신호회로 및 호출 신호회로 배선 공사를 할 수 있다. ② 전원반 및 제어반을 제작할 수 있다. ③ 간호사 호출 배선의 회로를 이해하고 대문이나 방범용으로 이용되는 것을 이해할 수 있다.

기계 및 공구	재료명	규격	수량	안전 및 유의사항
• 3상 유도 전동기 • 드라이버 셋 • 롱노즈플라이어 • 니퍼 • 회로 시험기 • 토치램프 • 압착 펜치 • 히키	• 전자 접촉기 • SB 박스 • CB1 박스 • CB2 박스 • 퓨즈 • 버저 • 타이머 • 릴레이	• 220[V] 3[HP], 5a2b • 300×240×200[mm] • 400×340×200[mm] • 290×330×200[mm] • 220[V] 30[A] • 300[V] ϕ25 • 220[V] 8핀 • 220[V] 8핀	1개 1개 2개 5개 4개 2개	① 전원을 투입하기 전에 전원전압을 확인하고 이상 유무를 점검한다. ② 기구배치는 외관 및 전기부품을 파손하여서는 안 된다. ③ 퓨즈는 홀더에 끼워 넣고 정격용량을 사용한다. 패널에 반드시 접지를 한다. ④ 전원 박스 및 제어함은 접지를 하여야 한다. ⑤ 전원 측 상순과 전동기 부하 측 상순이 바뀌지 않도록 한다.

회로 동작설명

간호사 호출회로는 병실에서 환자가 긴급을 요할 때나 간호사를 필요로 할 경우, 아래 회로와 같이 병실용 푸시버튼을 누르면 간호사 대기실에 있는 버저 및 표시등이 동작하여 간호사에 알려 호출하는 신호회로로 병원에서 주로 이용되고 있으며, 오른쪽 회로는 대문이나 방범용으로 이용되고 있다. PB-1을 누르면 Ry-X1이 여자되어 X1-a가 닫혀서 PL-1이 점등되고 PL-4도 점등되고 버저도 작동된다. 이와 같은 동작으로 PB-2 → Ry-X2 → PL2 → PL5 → BZ, PB-3 역시 PB-3 → Ry-X3 → PL3 → PL6 → BZ순으로 작동한다. 또한 동시 작동도 가능하다.

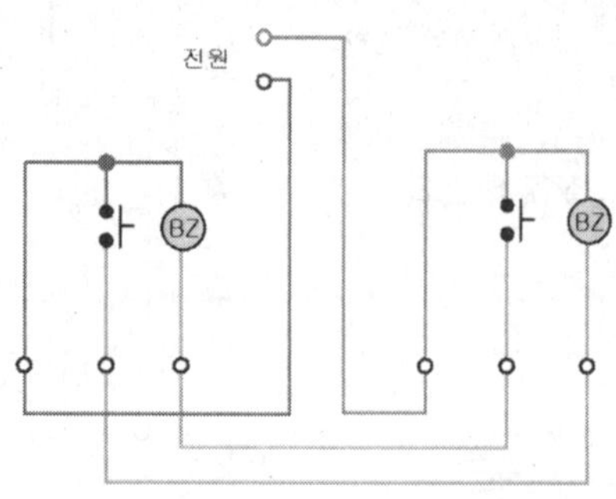

회 로 도

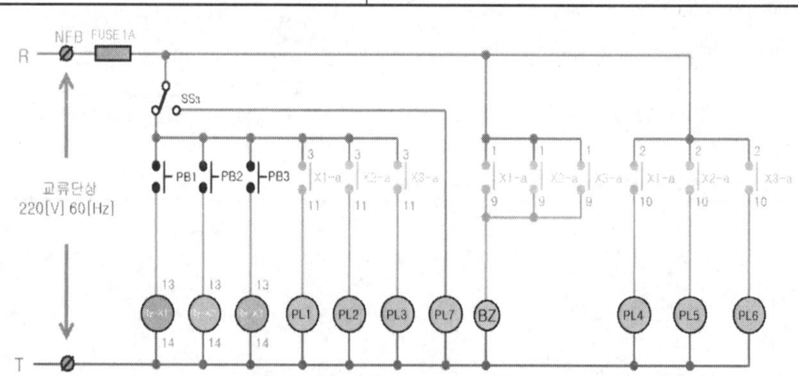

(1) PE 관 공사, (2) 케이블 공사, (3) PVC 공사

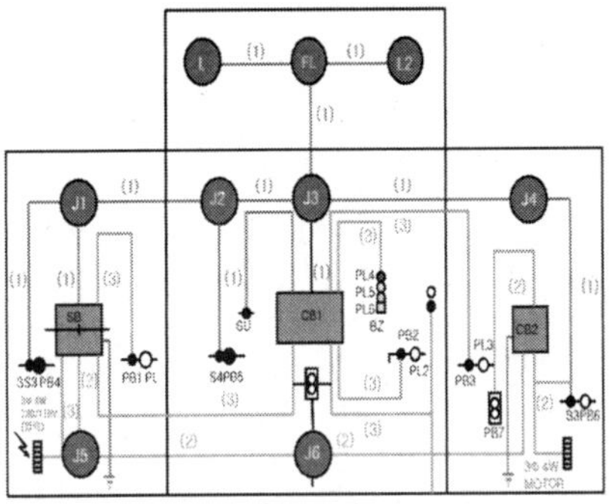

기구 배치도

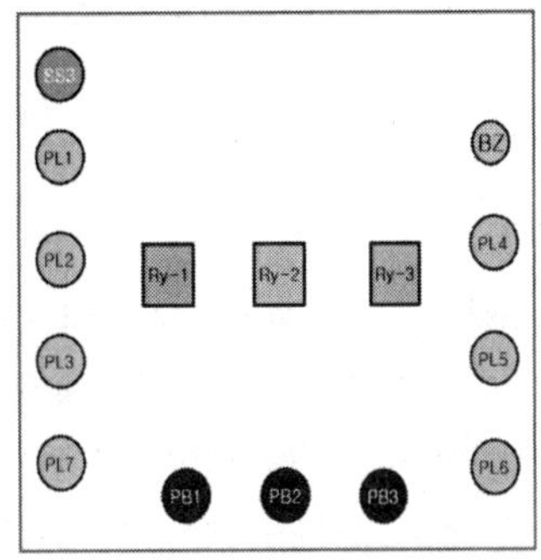

실체 배선도

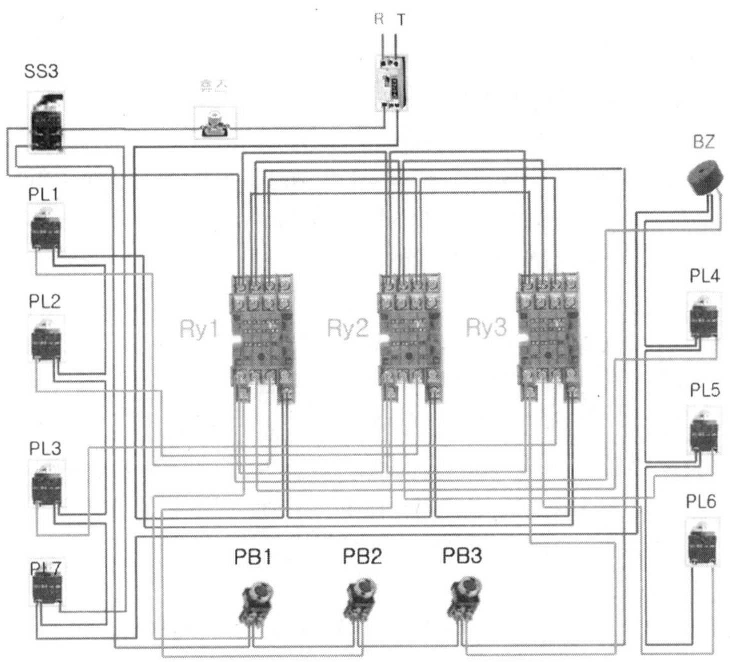

제5장 학습정리

- 배선작업 시 표시등 색상을 잘 알아 두어야 한다.
  ① 전원 표시등 색상 : 백색등(WL : White Light)
  ② 운전 표시등 색상 : 적색등(RL : Red Light)
  ③ 정지 표시등 색상 : 녹색등(GL : Green Light)
  ④ 경고 표시등 색상 : 오렌지색등(OL : Orange Light)
  ⑤ 고장 또는 과부하 표시등 색상 : 황색등(YL : Yellow Light)

- 보조접점 구분은 다음과 같이 한다.
  ① a접점 : 적색등에 접속한다.
  ② b접점 : 녹색등에 접속한다.
  ③ 열동 계전기(OL : Over Load relay) 또는 전자형 과전류 계전기(EOCR : Electric Over Current relay) : 주 회로에 설치한다.
  ④ C접점 : 황색등에 접속한다.

- 실제 배선작업 시 고려해야 할 사항은 다음과 같다.
  ① 소요 배선의 가닥수는 최대한 적게 한다.
  ② 한 단자에 접속되는 전선의 수는 2개 이하로 한다.
  ③ 최대한 소요 재료가 적게 하여 동작할 수 있도록 기기배열을 한다.
  ④ 시퀀스 회로를 보호하기 위해서 퓨즈를 전원에 설치한다.
  ⑤ 기계·기구의 정격전압을 확인한다.

- 기계, 기구의 명판의 내용과 도면을 숙지하여 배선작업을 하여야 오동작을 방지할 수 있다.

- 유도 전동기의 기동전류 및 정격전류 등을 파악하여 과부하 계전기나 과전류 계전기를 선정하여야 만이 전동기의 고장 및 이상이 발생 시 신속하게 전동기의 전원을 차단하여 전동기를 보호할 수 있다.

- 병원 설비는 환자의 생명이 직접적으로 관련되어 있기 때문에 안전과 안정적인 전원공급을 위해 각 회로도의 동작원리를 이해하고 숙지하여야 한다.

제 5 장 평가문제

1. 다음 그림에 나온 소자의 이름을 쓰시오.

(㉠) (㉡) (㉢) (㉣)

① ㉠ 토글스위치 ㉡ 11핀 릴레이 ㉢ 전자 개폐기 ㉣ 배선용 차단기
② ㉠ 토글스위치 ㉡ 전자 개폐기 ㉢ 배선용 차단기 ㉣ 11핀 릴레이
③ ㉠ 배선용 차단기 ㉡ 11핀 릴레이 ㉢ 토글스위치 ㉣ 전자 개폐기
④ ㉠ 배선용 차단기 ㉡ 11핀 릴레이 ㉢ 전자 개폐기 ㉣ 토글스위치
⑤ ㉠ 전자 개폐기 ㉡ 배선용 차단기 ㉢ 11핀 릴레이 ㉣ 토글스위치

2. 다음 중 배선작업시 전원 표시등의 색상으로 맞는 것은 무엇인가?
① 백색등 ② 적색등 ③ 녹색등 ④ 황색등 ⑤ 청색등

3. 실제 배선작업을 할 때 고려해야 할 사항으로 적당하지 않은 것은?
① 소요 배선의 가닥수는 최대한 많게 한다.
② 한 단자에 접속되는 전선의 수는 2개 이하로 한다.
③ 최대한 소요 재료가 적게 하여 동작할 수 있도록 기기배열을 한다.
④ 시퀀스 회로를 보호하기 위해서 퓨즈를 전원에 설치한다.
⑤ 기계 · 기구의 정격전압을 확인한다.

4. 다음 회로도를 보고 동작원리를 적으시오.

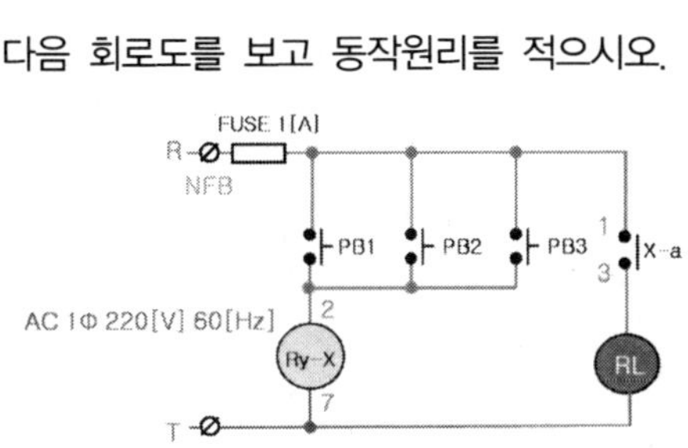

① 릴레이 직렬(AND) 회로
② 릴레이 오프(OFF) 회로
③ 릴레이 부정(NOT) 회로
④ 타이머 회로
⑤ 릴레이 병렬(OR) 회로

5. 배선작업 시 고장 또는 과부하 표시등의 색상으로 맞는 것은 무엇인가?
① 백색등 ② 적색등 ③ 녹색등 ④ 황색등 ⑤ 청색등

제6장 PLC 기본실습

PLC 프로그램은 컴퓨터를 중심으로 하는 전자장치이다. PLC의 입·출력 기기에 대하여 이해하도록 하고, 제어방법(래더도)을 습득하여 PLC 전용의 프로그램을 입력함으로써 유접점 시퀀스와 같은 무접점 동작을 제어할 수 있어야 한다.

01 PLC 제어

학|습|목|표

- PLC 제어의 개념을 이해할 수 있다.
- PLC 회로의 동작을 이해할 수 있다.
- PLC 회로를 이해할 수 있다.

1. PLC의 개요

PLC(programmable logic controller)는 제어장치의 일종으로 무접점 제어회로에 가장 많이 이용되고 있는 장비이다. 자동화를 위하여 종전에는 제어 시스템의 회로도에 릴레이, 타이머, 카운터 등을 하드웨어로 연결하여 사용하였으나, 이는 다품종 소량 생산 체제에 따른 제어 시스템을 변경하는 데 많은 시간과 비용이 요구되었다. 이 문제를 해결하기 위하여 1996년 GM(General Motor)이 자동차의 조립 라인에 사용할 새로운 제어장치를 구매하기 위하여 표 6-1과 같은 제어장치가 구비해야 할 7가지 조건을 명시한 것이 PLC의 출현 동기가 되었다.

표 6-1 ▪ GM사의 새로운 제어장치의 7가지 조건

1. 프로그램 작성 및 변경이 용이하고 현장에서도 쉽게 시퀀스를 작성, 변경할 수 있을 것
2. 점검 및 보수가 용이하고 부품은 플러그인(plug-in) 방식일 것
3. 릴레이는 제어반보다 신뢰성이 높아야 하며, 릴레이 제어반보다 소형일 것
4. 상위 컴퓨터와 데이터 전송이 가능, 릴레이 제어반이나 무접점 제어반보다 가격면에서 유리
5. 입력은 교류 220[V]를 받을 수 있을 것, 출력은 교류 220[V], 2[A]를 공급할 수 있을 것
6. 전체 시스템의 변경을 최소화하면서 기본 시스템은 확장이 가능할 것
7. 4000Word까지 확장 가능한 프로그램 메모리를 가지고 있을 것

이와 같은 7가지 조건을 충족시키기 위해 마이크로프로세서(microprocessor) 기능을 갖춘 새로운 형태의 제어기인 PDP-14가 미국의 DEC사에 의해 최초로 개발되었다. 1970년대는 다중 프로세서 PLC를 비롯하여 원격 입·출력, 16bit 프로세서를 CPU로 하는 PLC 등이 개발되었으며, 1980년대는 더욱 발전하여 전 산업 분야에 공급되었고 PLC의

기능도 고도화되었다. 특히 1980년대 중반부터는 PLC, Computer, CNC, Robot 등을 통합한 총합화 생산 시스템(Computer Integrate Manufacturing : CIM)으로 발전하였다.

2. PLC의 구성

병원설비 및 의료기기 또는 기계나 기계장치 등을 운전, 제어하기 위하여 사용함으로 열악한 생산현장에서도 견딜 수 있도록 온도, 습도 및 노이즈 등에 강하고 취급이 용이한 구조로 되어 있다. 또한 제어 대상의 내용에 알맞은 규모를 선정, 조합하여 사용할 수 있도록 구성되어 있다.

그림 6-1과 같이 인간의 두뇌에 해당하는 **중앙처리장치**(CPU : Central Processing Unit), 기계와 설비장치의 신호를 주고받는 입·출력(I/O : Input/Output), 시퀀스 회로의 내용에 해당하는 프로그램을 기억하는 기록부 등의 주변 기기(프로그램 로더, EPROM writer)로 구성된다. 이는 PLC 자체가 마이크로프로세서를 이용한 응용 기계의 하나라고 볼 수가 있으며, 이것의 활용을 용이하도록 응용 프로그램을 사용하는 것이다.

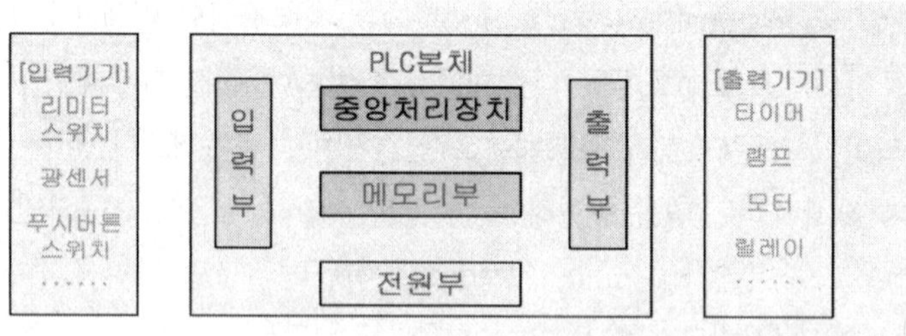

그림 6-1 • PLC의 구성

표 6-2 ◦ PLC 명령과 기능

기본명령어	명령어 호칭	프로그래머블 로직 컨트롤러 기능	비 고
LD	로드	모선에서 시작되는 최초의 a접점	입력명령
LDI	로드 인버스	모선에서 시작되는 최초의 b접점	
OUT	아웃	릴레이, 타이머, 카운터 등의 코일부를 구동	출력명령
END	엔드	프로그램의 종료 시에 반드시 사용한다.	
AND	앤드	a접점의 직렬회로 접속	
ANI	앤드 인버스	b접점의 직렬회로 접속	
OR	오아	a접점의 병렬회로 접속	
ORI	오아 인버스	b접점의 병렬회로 접속	
ANB	앤드 블록	병렬회로 블록의 직렬회로 접속명령	
ORB	오아 블록	직렬회로 블록의 병렬회로 접속명령	
PLS	펄스	상승 펄스 출력	출력 릴레이와 보조 릴레이에 사용한다. RST는 타이머 또는 카운터에 사용한다.
PLS	펄프	하강 펄스 출력	
SET	세트	동작 유지회로 출력	
RST	리셋	동작 유지회로 해제	

3. 타이머와 카운터의 요소번호 및 설정값

적산 타이머는 전원이 차단되어도 배터리로 현재값이 유지되며, 비적산 타이머는 전원이 차단되면 현재값이 지워진다.

표 6-3 ◦ 타이머의 요소번호 및 설정값

타이머의 종류	요소번호	기준값	설정값 범위	내장개수
비적산 타이어	T0~T199	0.1초	0.1~3200초	200
	T200~T245	0.01초	0.01~320초	46
적산 타이머	T250~T255	0.1초	0.1~3200초	6

각종 센서와 연결하여 길이 및 생산수량 등의 숫자를 셀 때 사용하는 용도로 카운터는 가산(up), 감산(down), 가·감산용이 있으며 입력신호가 들어오면 출력으로 수치를 표시한다. 입력이 되는 펄스 신호를 가하는 것은 카운터 인풋(counter input) 접점을 이용하며, 취소(복귀) 시는 리셋(reset) 접점에 신호를 가한다.

표 6-4 • 카운터의 요소번호 및 설정값

카운터의 종류	요소번호	설정값	내장개수
업 카운터	C0~C99	1~32767	100
업 카운터 정전 유지	C100~C199	1~32767	100

4. PLC의 기호 및 기능

표 6-5 • PLC의 기호 및 기능

래더 다이어그램 기호	래더 다이어그램 기능설명
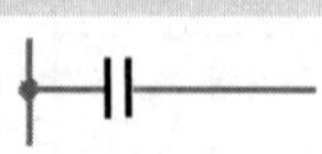	모선에서 시작되는 최초의 a접점 (논리 스타트)
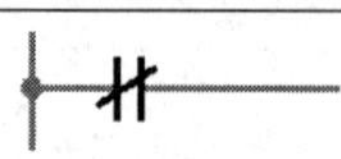	모선에서 시작되는 최초의 b접점 (논리 부정 스타트)
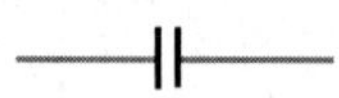	a접점의 직렬회로 접속 (논리적)
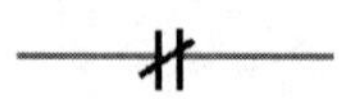	b접점의 직렬회로 접속 (논리적 부정)
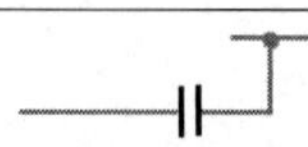	a접점의 병렬회로 접속 (논리합)
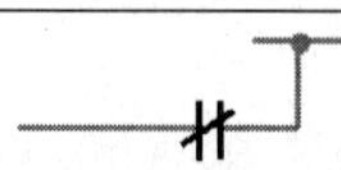	b접점의 병렬회로 접속 (논리합 부정)
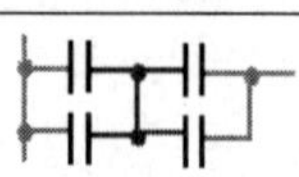	병렬회로 블록의 직렬회로 접속명령 (블록 간의 논리적)
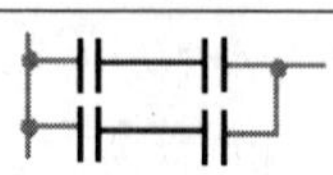	직렬회로 블록의 병렬회로 접속명령 (블록 간의 논리합)
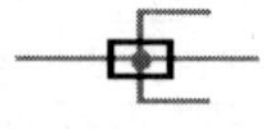	일시 기억
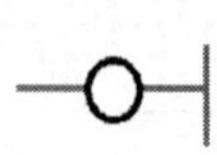	릴레이, 타이머, 카운터 등의 코일부를 구동 (논리연산 결과의 출력)
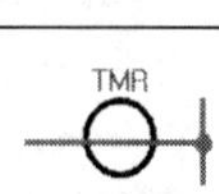	내부 타이머
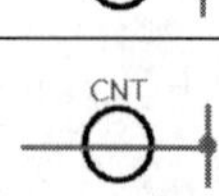	내부 카운터

02 PLC 기초이론 및 운용실습

학 | 습 | 목 | 표

- PLC의 기초이론을 이해할 수 있다.
- PLC의 구성과 특성을 알 수 있다.
- PLC 실습을 통한 작동원리를 알 수 있다.

1. PLC의 기초이론

프로그래머블 로직 컨트롤러(PLC)란 종래에 사용하던 유접점 회로인 제어반 제어회로에 사용하던 릴레이, 타이머, 카운터 등의 기능을 IC, 트랜지스터 등의 반도체 소자로 대체시켜 기본적인 시퀀스 제어기능에 수치 연산기능을 추가하여 프로그램 제어가 가능하도록 한 자율성이 높은 제어장치이며, 미국전기공업협회(NEMA : Natipnal Electrical Manufacturers Association)에서는 "디지털 또는 아날로그 입·출력 모듈을 통하여 로직, 시퀀스, 타이머, 카운터, 연산과 같은 특수한 기능을 수행하기 위하여 프로그램 가능한 메모리를 사용하고, 여러 종류의 기계나 프로세서를 제어하는 디지털 동작의 전자장치"로 정의하고 있다 마이크로컴퓨터를 이용한 시퀀스 제어 전용의 전자장치이다.

프로그래머블 로직 컨트롤러는 컴퓨터의 지식을 필요로 하지 않으며 지금까지 실습한 기본 명령만 이해하면 간단히 설계할 수 있으며, 복잡한 배선을 필요로 하지 않고 제어회로를 간단히 변경할 수 있다는 장점을 가지고 있다. 릴레이 시퀀스 대신 폭넓게 이용되어 생산현장 건물 자동화에에서 많이 사용되고 있다.

(1) PLC의 입·출력 기기

프로그래머블 로직 컨트롤러는 릴레이, 타이머, 카운터 등의 기능이 회로 중에 구성되며 마이크로컴퓨터를 중심으로 하는 전자장치이다. 기기의 명칭은 프로그래머블 로직 컨트롤러인데 PLC라고 하며, 지금부터는 PLC로 명칭을 통일하여 사용하기로 한다.

PLC의 입력기기에는 푸시버튼 스위치, 리밋 스위치, 근접 센서, 광전 센서, 각종 센서 등의 기기를 연결하고 출력기기는 램프나 버저, 릴레이, 전자 개폐기 등의 기기를 출력으로 사용한다. 이들 기기로 입력에 대한 출력의 제어방법은 전개 접속 회로도(래더도)를 기초로 하여 PLC 전용의 프로그램을 입력함으로써 유접점 시퀀스와 같은 무접점 동작을 제어할 수 있다. 여기서는 기초적인 것만 익힌다.

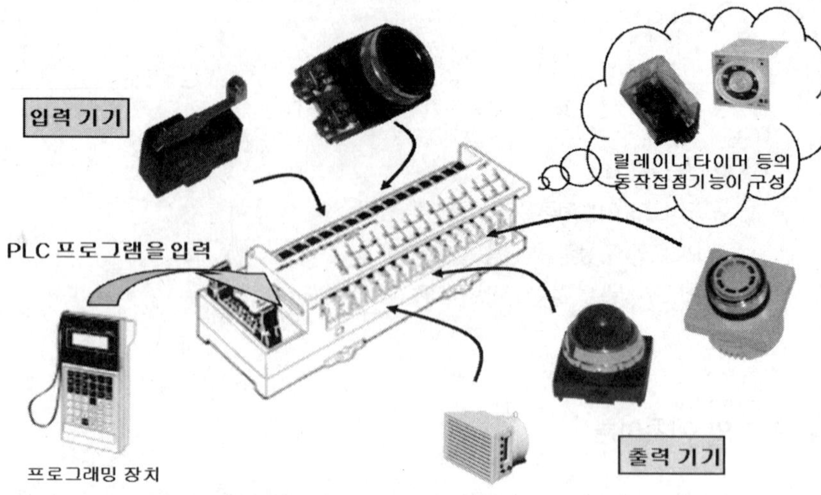

그림 6-2 ■ PLC의 입·출력 기기

(2) PLC의 하드웨어 구조

PLC는 마이크로프로세서(microprocessor) 및 메모리를 중심으로 구성되어 인간의 두뇌 역할을 하는 중앙처리장치(CPU), 외부 기기와의 신호를 연결시켜주는 입출력부, 각부에 전원을 공급하는 전원부, PLC 내의 메모리에 프로그램을 기록하는 주변장치로 구성되어 있다. PLC의 본체 입력부에는 푸시버튼 스위치나 여러 종류의 센서 등을 입력기기 등에 접속하고, 출력부에는 램프나 전자 개폐기, 릴레이, 타이머 등의 출력기기 등을 접속한다. 그리고 PLC를 이용한 연산, 제어부, 반도체 메모리 등을 사용한 기억부로 구성되어 있다.

프로그램은 PLC 전용의 명령 용어가 사용되며 프로그래밍 장치에 의해 기억부에 보존된다. 프로그램 입력을 실행하면 프로그램의 제어내용에 따라 출력기기가 동작한다.

PLC의 전체 구성도는 다음과 같다.

① **입·출력부** : PLC의 입·출력부는 현장의 외부 기기에 직접 접속하여 사용한다. PLC 내부는 직류전원(TTL)을 사용하지만 입·출력부는 직·교류 전압을 사용한다. 입·출력의 결선은 시스템 안정에 결정적인 요소가 되므로, 외부 기기와 전기적 규격이 일치해야 한다. 외부 기기로부터의 노이즈가 CPU 쪽에 영향을 주면 안되며 결선이 용이해야 하고 각 접점상태를 점검할 수 있어야 한다. 입력기기나 출력기기를 직접 연결한다.

② **연산·제어부** : 연산부에서 논리 연산처리가 행해지면 출력부를 통하여 출력장치를

구동시킨다. 제어부는 메모리에 저장되어 있는 시퀀스 제어내용의 프로그램을 차례대로 인출하여 판독하고 프로그램을 수행한다. 프로그램의 입력내용을 동작순서에 따라 실행시킨다.

③ **기억부** : PLC의 두뇌에 해당하는 부분으로서 메모리에 저장되어 있는 프로그램을 실행하고 해독하여 처리내용을 실행한다. 매우 빠른 속도로 반복되며, 모든 정보는 2진수로 처리되며, 프로그램을 기억한다.

④ **프로그래밍 장치** : PLC의 사용자가 장치를 제어할 프로그램을 작성하여 메모리에 저장시키는 부분으로 그 내용은 LCD를 통해서 표시된다. 프로그램을 작성이나 판독 등을 한다.

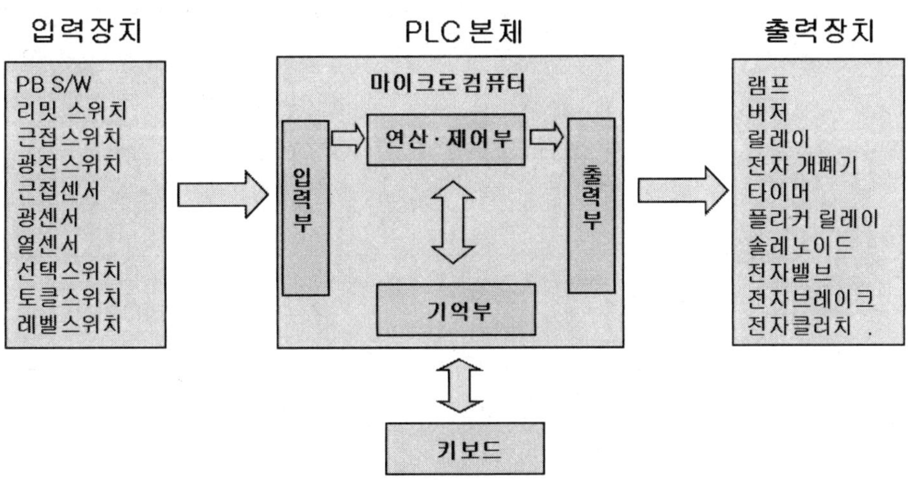

그림 6-3 ◦ PLC의 전체 구성도

(3) PLC 래더 다이어그램 기호

표 6-6 • PLC 래더 다이어그램 기호

접점의 종류		시퀀스 기호	래더 다이어그램 기호
누름단추 스위치	a접점	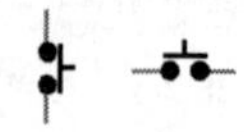	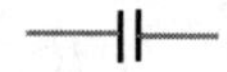
	b접점	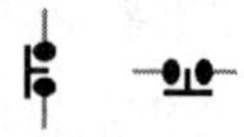	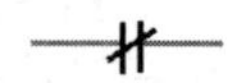
리밋 스위치	a접점	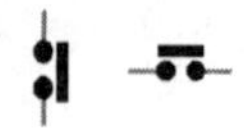	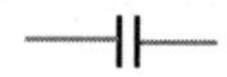
	b접점		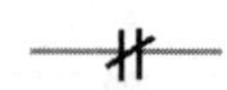
릴레이 계전기	a접점	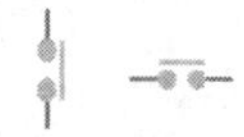	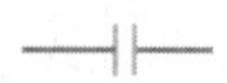
	b접점	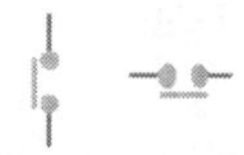	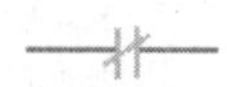
타이머	a접점		또는 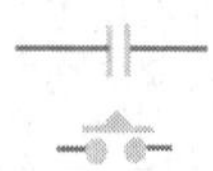
	b접점		또는 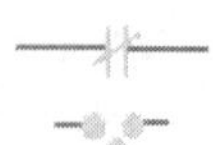

(4) 래더 다이어그램 작성법

PLC 프로그램에 사용하는 회로에는 래더 다이어그램(ladder diagram)을 이용한다. 전개 접속회로를 그리는 방법에는 종서와 횡서법이 있으며, 래더 다이어그램은 종서법을 사용한다. 래더도는 좌우로 제어 전원 모선이 있고, 모선 사이로 PLC에 내장되어 있는 접점과 입출력 전기기기 등의 요소를 결선한다. 접점은 모두 a접점과 b접점의 기호로 표시되며 전기기기 등의 코일부는 기호로 표시된다.

표 6-7 ● 래더 다이어그램 작성 기호

접점의 종류	릴레이 시퀀스 심벌	PLC 래더 다이어그램
a접점		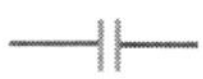
b접점	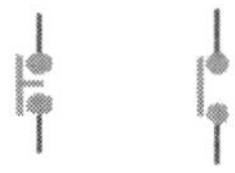	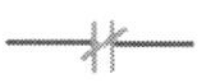
코일부		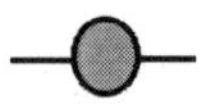

【문제1】 시퀀스 회로도의 가로쓰기로 된 전개 접속도 회로이다. PB-a를 누르면 릴레이 Ry가 여자되어 Ry-b가 떨어져 타이머 T1이 감자되는 회로이다. 이 회로를 래더 다이어그램으로 변환하여 그려라.

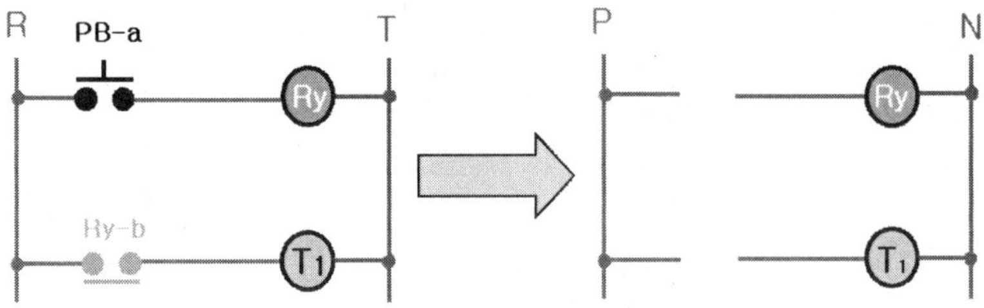

(a) 시퀀스 회로도 (b) 래더 다이어그램

【문제2】 3개 회로의 시퀀스 회로를 래더도로 나타내어라.

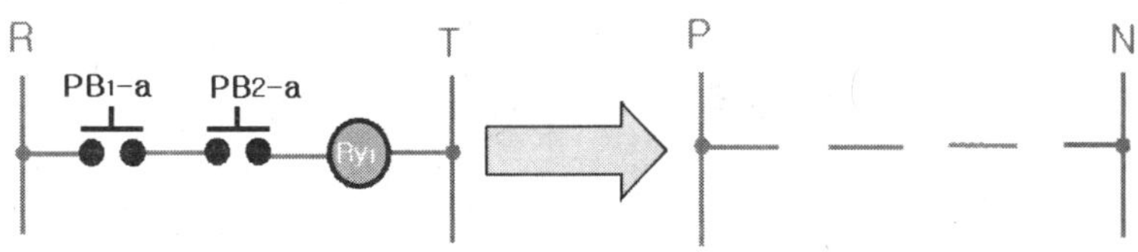

(a) AND 회로 시퀀스 회로도 (b) AND 회로 래더 다이어그램

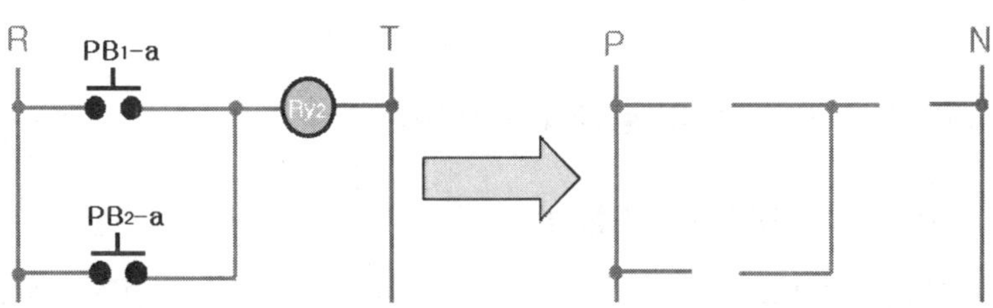

(a) OR 회로 시퀀스 회로도 (b) OR 회로 래더 다이어그램

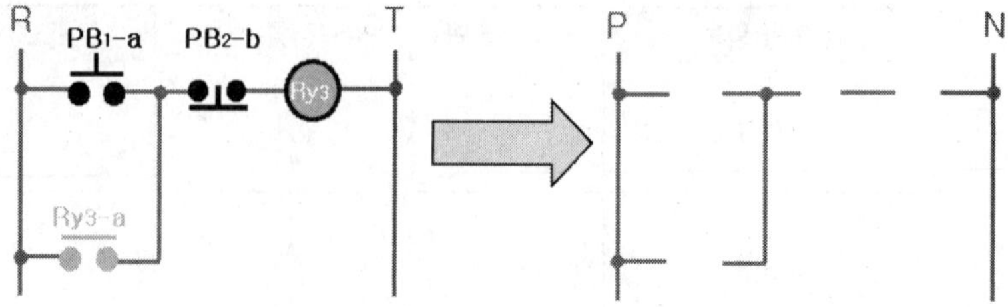

(a) 자기 유지회로 시퀀스 회로도 (b) 자기 유지회로 래더 다이어그램

【문제3】 선행 우선회로와 선입력 우선회로의 인터록 회로의 시퀀스를 래더도로 나타내어라.

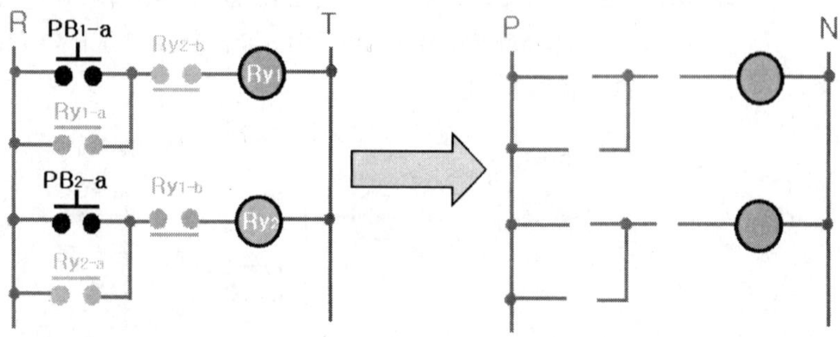

(a) 선행 우선회로 시퀀스 회로도 (b) 선행 우선회로 래더 다이어그램

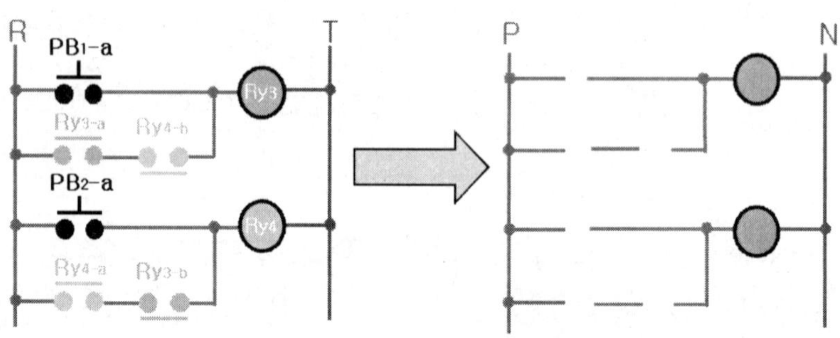

(a) 선입력 우선 회로 시퀀스 회로도 (b) 선입력 우선 회로 래더 다이어그램

2. PLC 프로그램의 명령과 기본회로

(1) PLC의 기본명령 작성법

PLC는 기종과 제조사에 따라 명령용어가 약간 다르지만 그 기능은 같다. 이 장에서는 미쓰비시 계열의 A사 명령어를 설명한다.

표 6-8 ◦ PLC의 기본명령 작성법

명령용어		기 능
A사	B사	
LD	LD	a접점의 모선 접속(로드)
LDI	LD NOT	b접점의 모선 접속(로드인버스)
AND	AND	a접점의 직렬 접속(앤드)
ANI	AND NOT	b접점의 직렬 접속(앤드인버스)
OR	OR	a접점의 병렬 접속(오어)
ORI	OR NOT	b접점의 병렬 접속(오어인버스)
OUT	OUT	출력 명령(아웃)
END	FUN 01	프로그램의 종료(앤드)

(2) PLC 프로그램의 구성

프로그램은 회로의 동작순서를 설명하는 것으로서 래더도의 각 요소를 명령의 순서를 프로그램으로 표시하는 스텝 번호와 명령용어, 요소번호로 나타낸다. 자기 유지회로의 래더도를 보고 프로그램을 작성해 보아라.

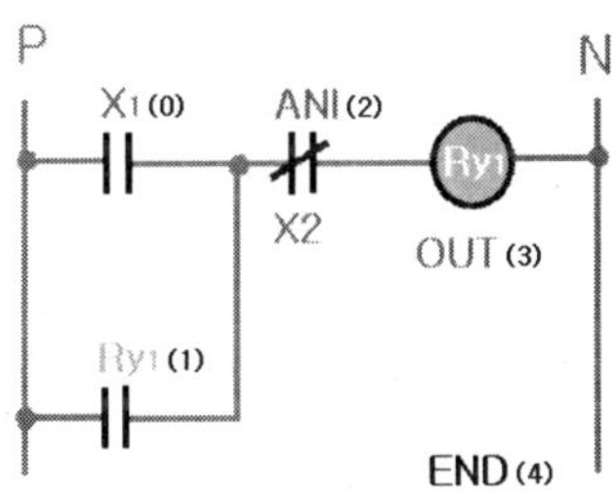

(a) 자기 유지회로의 래더도

	명 령		
	명령용어	요소번호	
0	LD	X1	Go
1	OR	Ry1	Go
2	ANI	X2	Go
3	OUT	Ry1	Go
4	END		

(b) 자기 유지회로의 프로그램

그림 6-4

(3) PLC 프로그램의 실행순서

PLC 제어와 릴레이 시퀀스의 가장 근본적인 차이점은 '직렬처리와 병렬처리'라는 동작상의 차이가 있다. PLC는 메모리에 있는 프로그램을 순차적으로 연산하는 직렬 처리 방식이고, 릴레이 시퀀스는 여러 회로가 전기적인 신호에 의해 동시에 동작하는 병렬 처리 방식이다. 따라서 PLC는 어느 한 순간(부분) 회로를 보면 한 가지 일 밖에 하지 않는다. 명령은 0스텝에서 END 명령까지 반복하여 실행되며 프로그램의 스텝 번호는 2000스텝까지 사용할 수 있다(기종에 따라 다름). 2000스텝까지의 소요시간은 약 10[ms] 정도이다. 스텝 번호의 순서로 실행되므로 프로그램을 작성할 때에는 회로처럼 주의가 필요하다.

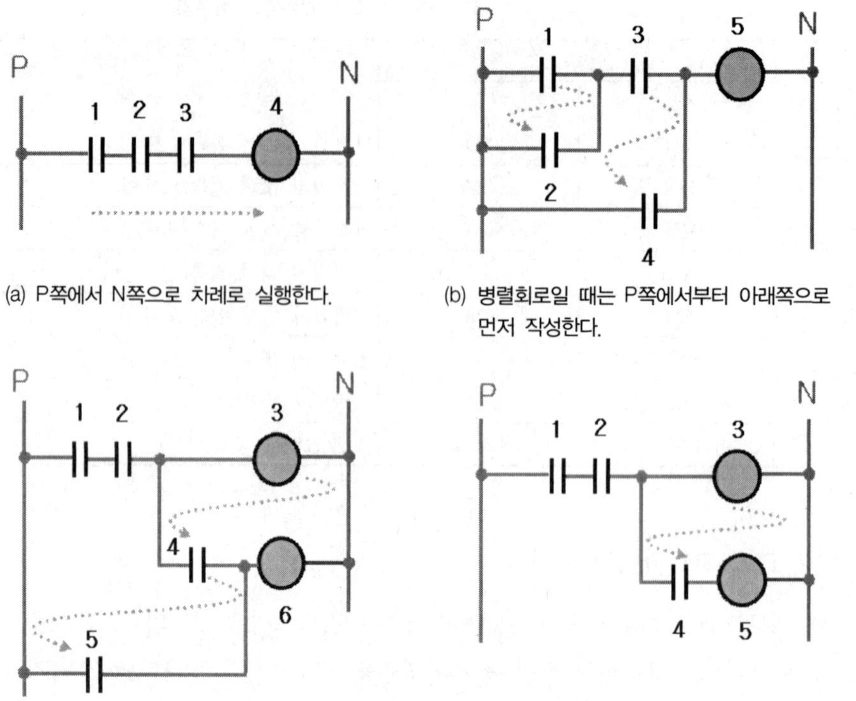

(a) P쪽에서 N쪽으로 차례로 실행한다.

(b) 병렬회로일 때는 P쪽에서부터 아래쪽으로 먼저 작성한다.

(c) 직·병렬으로 결선한 회로이며 화살방향으로 프로그램을 작성한다.

(d) N측 방향에서 분류가 있을 때는 위 라인을 작성한 후에 아래 라인을 작성한다.

그림 6-5

(4) PLC 프로그램의 요소번호

시퀀스 회로에는 릴레이, 타이머, 카운터 등 기능의 부품이 많이 내장되어 있다. 입·출력 릴레이의 요소번호에 한하여 8진수이다(X0~X7과 X10~X17, Ry0~Ry7과 Ry10~Ry17). 입력 릴레이를 사용할 때에는 "X0~X17"까지의 요소번호를 사용한다. 대개 출력 릴레이는 "Y"로 나타내고 이 교재에서는 이해를 돕기 위해 릴레이 "Ry"로 표기한다. 보조 릴레이는 "M", 타이머는 "T", 카운터는 "C"의 요소기호로 나타낸다.

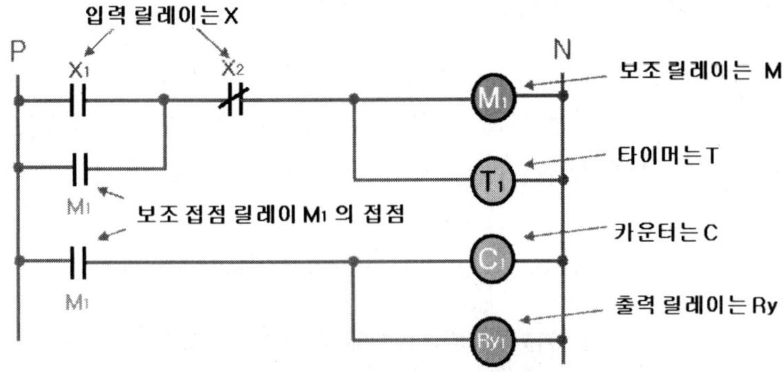

그림 6-6

표 6-9 ◦ PLC 프로그램의 요소

요 소	요소번호	개 수
입력 릴레이	X0~X17	16
출력 릴레이	Ry0~Ry17	16
보조 릴레이	M0~M1023	1,024
타이머	T0~T255	256
카운터	C0~C199	200

(5) 릴레이 시퀀스와 PLC의 장 · 단점 비교

PLC는 LSI 등 전자부품의 집합으로 릴레이 시퀀스와 같은 접점이나 코일은 존재하지 않으며, 접점이나 코일을 연결하는 동작은 소프트웨어로 처리되므로 실제로 눈에 보이는 것이 아니다. 또, 동작도 코일이 여자되면 접점이 닫혀 회로가 활성화되는 릴레이 시퀀스와는 달리, 메모리에 프로그램을 기억시켜 놓고 순차적으로 내용을 읽어서 그 내용에 따라 동작하는 방식으로 사용자가 제어 로직에 맞게 프로그램의 내용을 마음대로 작성할 수 있는 차이점이 있다. 릴레이 시퀀스 회로의 여러 가지 결점을 보완하기 위해 개발된 것으로 여러 가지 장점이 있다.

① PLC는 배선이 유접점이 아니고 무접점이므로 복잡하지 않다.

② PLC는 회로설계가 용이하고 프로그램의 변경을 간단히 할 수 있다.

③ PLC는 보수관리가 용이하고 기기의 신뢰성이 높으며 콤팩트하지만 초기 구입비가 많이 든다.

(6) PLC 프로그래밍 장치의 구성

소형 PLC 프로그래밍 장치(손에 들고 작성)는 의공학 전공자에게 기초로 알아야 하기 때문에 간단히 조작하는 프로그램의 기입, 판독뿐만 아니라 동작을 점검하는 모니터나 테스트 등의 기능을 갖추고 있는 PLC 프로그래밍 장치로 각 키의 동작과 조작에 대하여 실습한다.

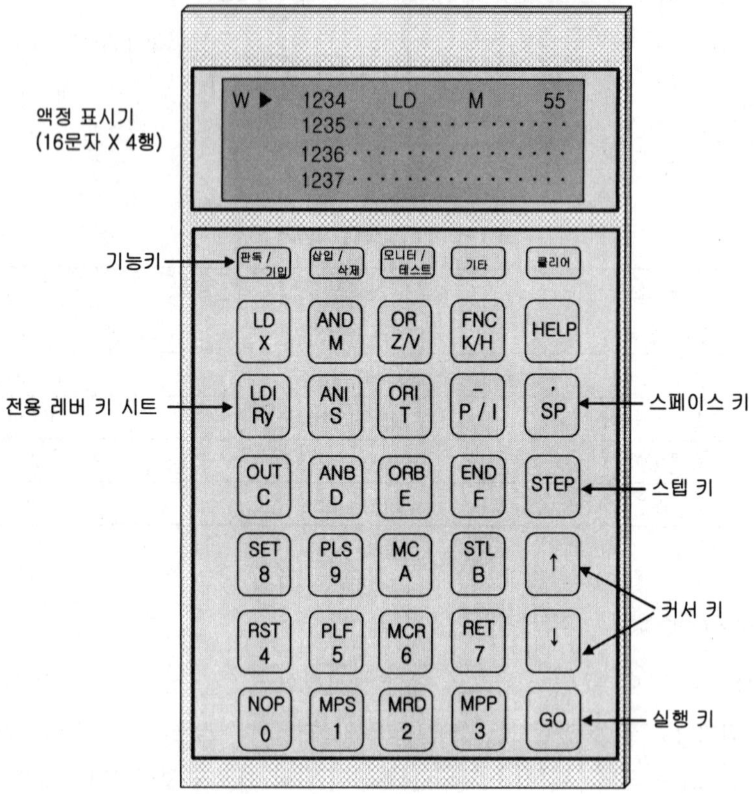

①기능 키 : 판독 / 기입, 삽입 / 삭제, 모니터 / 테스트의 키로 한번 누르면 키 왼쪽 상부 표시의 기능을 선택하며 다시 누르면 오른쪽 하부 표시의 기능으로 된다.
②클리어 키 : 키 입력의 삭제 등에 사용한다.
③커서 키 : 키 입력의 위,아래 이동 시 사용된다.
④실행 키 : 라인 커서, 프롬프트의 이동 등을 실행한다.
⑤명령어 키 / 요소기호 키 / 숫자키 : 상단과 하단의 기능은 조작의 진행에 따라 자동적으로 변화 한다.

그림 6-7

(7) PLC의 조작방법

PLC의 가장 기본이 되는 입출력 명령에 대하여 설명하고, PLC의 조작이나 사용방법에 대하여 실습한다.

1) 프로그램의 기기 준비

다음과 같은 조작을 실행하여 프로그램 기기를 준비한다.

① PC와 프로그래밍 장치를 접속한다.

② PLC의 RUN 입력 스위치를 off로 한다.

③ PLC의 전원을 on으로 하면 그림 6-8과 같은 표시화면으로 된다.

④ 프로그램 순서로 키를 누른다.

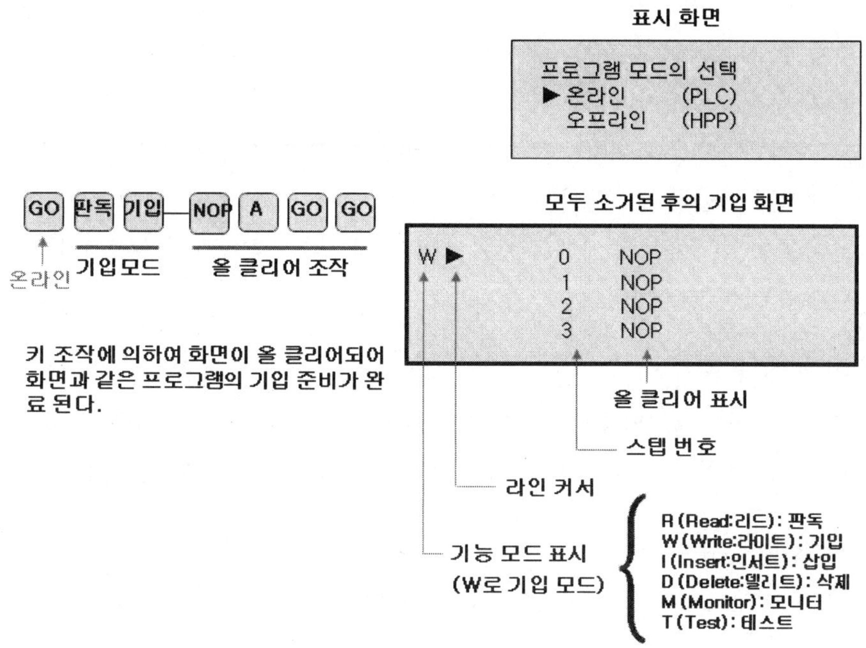

그림 6-8

2) 프로그램의 기입

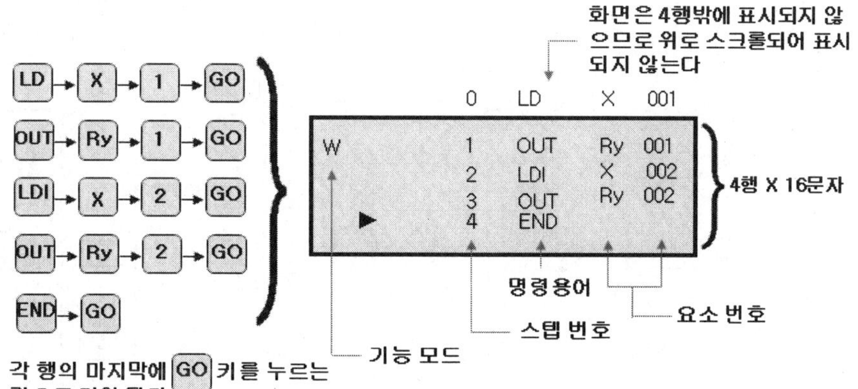

그림 6-9

3) 잘못 조작했을 경우의 정정방법

① GO 키를 누르기 전이면 클리어 키를 누른다.

② 잘못 입력한 스텝 번호에 라인 커서를 이동시키고 다시 기입한다.

③ 프로그램을 추가 또는 삭제하고자 할 경우에는 해당하는 스텝 번호에 라인 커서를 이동시켜 삽입, 삭제 키를 누르면 수정된다.

4) 프로그램의 실행

첫째, RUN 입력 스위치를 on으로 하면 프로그램이 실행된다.

둘째, 동작을 확인한다.

① X1의 푸시버튼 스위치를 누르면 Ry1의 출력단자에 접속되어 있는 램프가 점등되고 놓으면 소등된다.

② Ry2에 접속되어 있는 램프는 점등되어 있으므로 X2의 푸시버튼 스위치를 누르면 소등된다.

5) 시퀀스의 종료

전원을 off하면 종료된다(off로 해도 프로그램은 메모리에 저장되어 있으므로 전원을 on 하면 바로 실행할 수 있다. 또한 EEPROM을 접속하면 프로그램을 저장할 수도 있다).

6) 시퀀스의 동작과 구조

입력한 프로그램을 실행했을 때의 입·출력 기기와 마이크로컴퓨터 내부의 동작은 동시에 이루어진다.

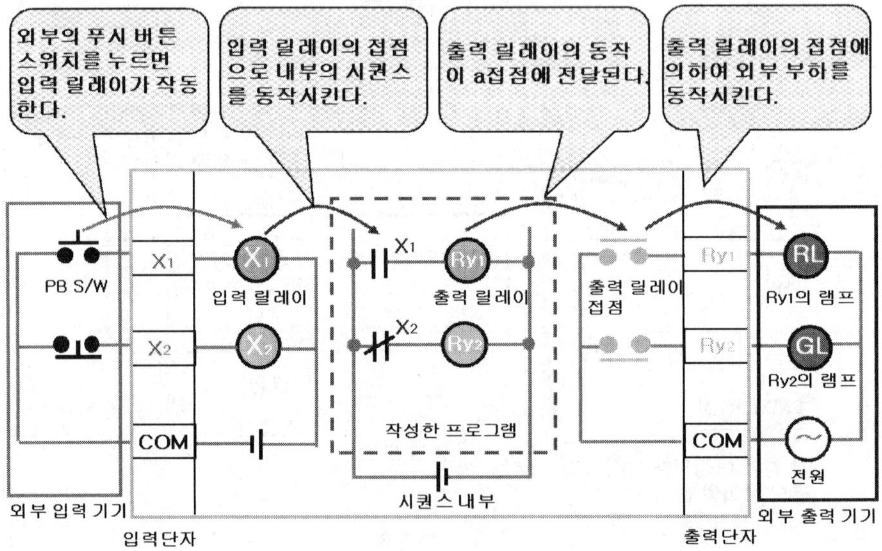

그림 6-10 ◦ 입·출력 기기와 PLC 내부의 구조도

표 6-10

명령용어	호 칭	기 능	비고
LD	로드	모선에서 시작되는 최초의 a접점	입력명령
LDI	로드인버스	모선에서 시작되는 최초의 b접점	
OUT	아웃	릴레이, 타이머, 카운터 등의 코일부를 구동	출력명령
END	앤드	프로그램의 작성이 끝난 후 반드시 사용한다.	

(8) LD, LDI, OUT의 사용법

시퀀스 회로도를 래더도로 바꾸어 명령을 하나씩 추가하면 그림 6-11(b)의 X1은 모선에서 시작되는 최초의 a접점이므로 명령용어로서 LD(로드)를 사용한다. 또한 그림 6-11(b)의 Ry1은 코일부를 구동시키는 출력 릴레이이므로 OUT을 사용한다. 마찬가지로 X2는 b접점이므로 LDI(로드인버스)를 사용하고, Ry2는 OUT을 사용하며 END로 프로그램이 끝난다.

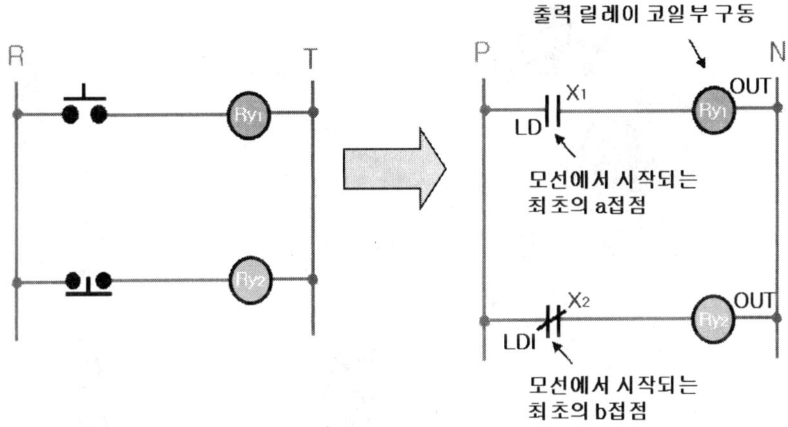

(a) 시퀀스 회로도 (b) 래더 다이어그램

그림 6-11

(9) 래더도에서 프로그램 작성법

시퀀스 회로도를 래더도로 바꾸어 프로그램이 실행하는 순서에 따라 명령을 프로그램화하면 다음과 같이 된다.

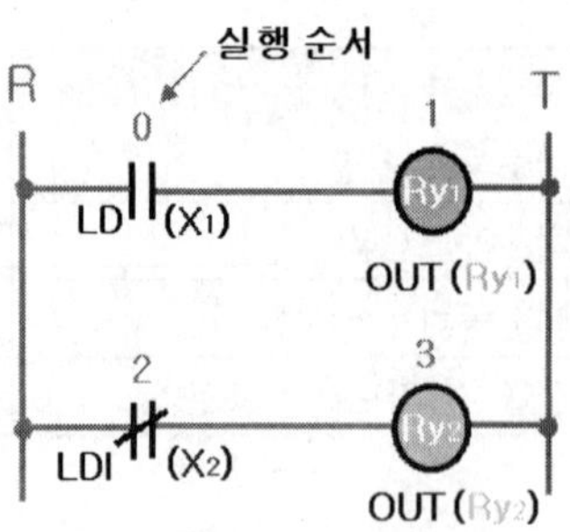

(a) 래더 다이어그램

스텝 번호	명령		
	명령용어	요소번호	
0	LD	X1	GO
1	OUT	Ry1	GO
2	LDI	X2	GO
3	OUT	Ry2	GO
4	END		

(b) 프로그램

그림 6-12

PLC 회로의 프로그래밍 장치에서 프로그램을 작성하여 입력시킨 뒤 입력기기와 부하인 출력기기를 연결하여 PLC 회로가 동작하는지 확인한다.

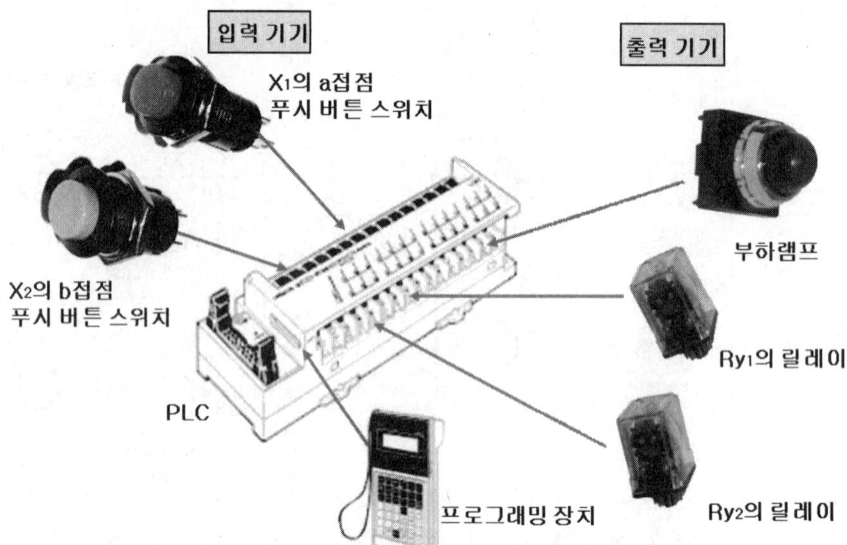

그림 6-13 ◦ PLC 회로의 입·출력 기기의 연결

【문제4】 래더도를 보고 프로그램을 작성한다.

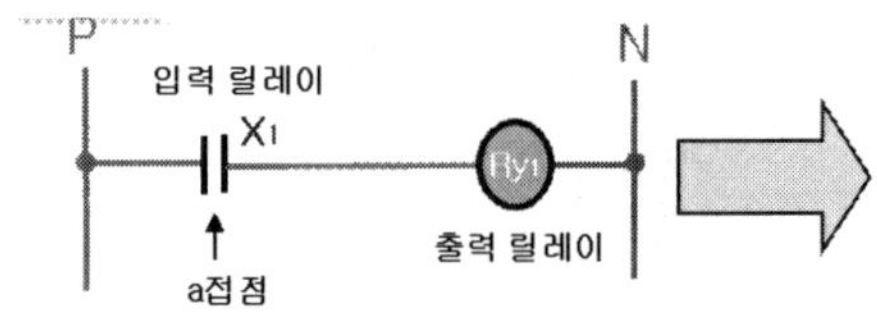

(a) 래더 다이어그램

스텝	명 령		기입키
0	LD	X1	GO
1	OUT	Ry1	GO
2	END		

(b) 프로그램

①

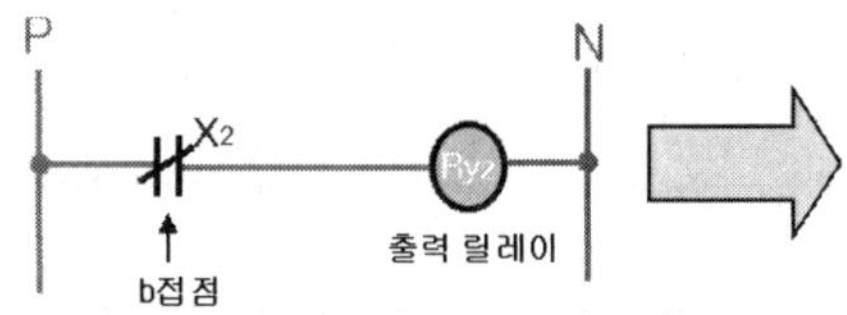

(a) 래더 다이어그램

스텝	명 령		기입키
0			GO
1			GO
2	END		

(b) 프로그램

②

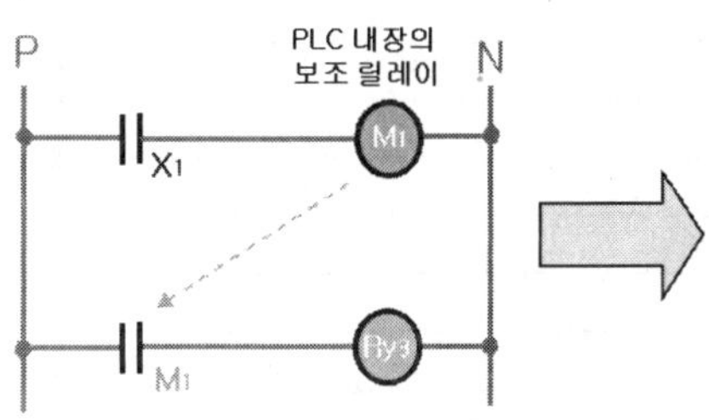

(a) 래더 다이어그램

스텝	명 령		기입키
0			GO
1	OUT	M1	GO
2	LD	M1	GO
3			GO
4	END		

(b) 프로그램

③

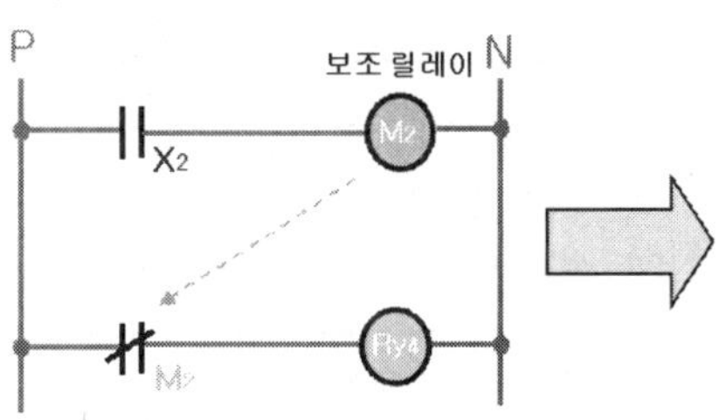

(a) 래더 다이어그램

스텝	명 령		기입키
0			GO
1			GO
2			GO
3			GO
4	END		

(b) 프로그램

【문제5】 시퀀스 회로도를 래더도로 바꾸어 프로그램을 완성하고, PLC에 프로그램을 입력하여 동작한 상태를 타임 차트를 작성한다.

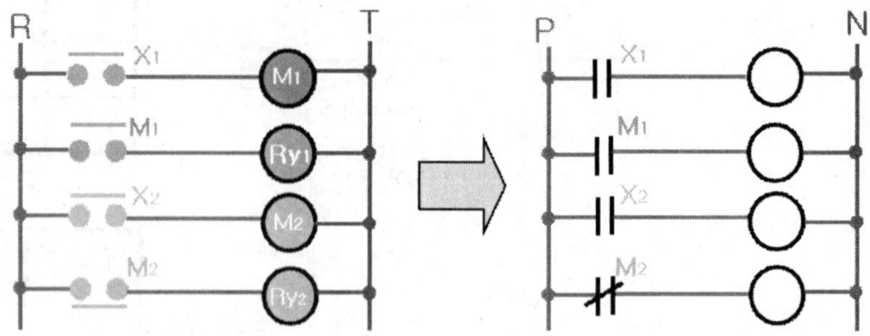

(a) 시퀀스 회로도 (b) 래더 다이어그램(기호를 기입)

스텝	명령		기입키
0			GO
1			GO
2			GO
3			GO
4			GO
5			GO
6			GO
7			GO
8	END		

c) 프로그램

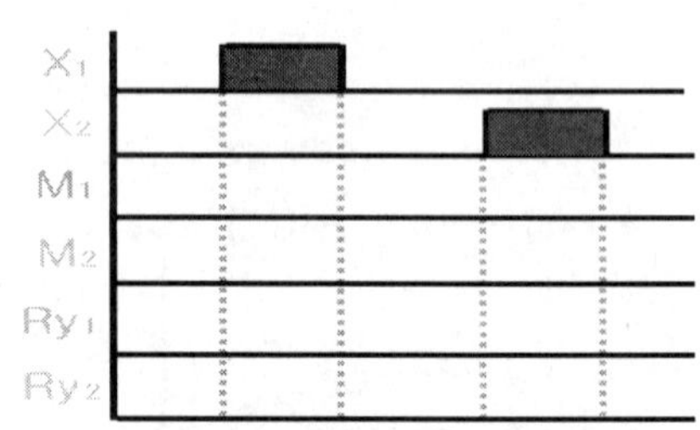

(d) 타임 차트

PLC의 직·병렬회로의 접점에 대하여 실습한다.

표 6-11 ∘ AND, ANI, OR, ORI 명령어

명령용어	호 칭	기 능
AND	앤드	a접점의 직렬 접속
ANI	앤드인버스	b접점의 직렬 접속
OR	오어	a접점의 병렬 접속
ORI	오어인버스	b접점의 병렬 접속

【문제6】 PLC의 래더도 직렬 접속회로이며 AND, ANI로 표현하고 프로그램을 작성하라.

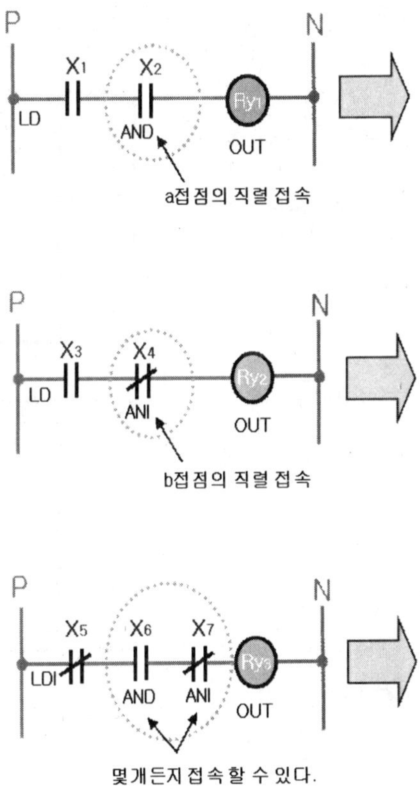

(a) 래더 다이어그램

스텝	명령		기입키
0	LD		GO
1	AND		GO
2	OUT		GO
3	END		

스텝	명령		기입키
0	LD		GO
1	ANI		GO
2	OUT		GO
3	END		

스텝	명령		기입키
0	LDI		GO
1	AND		GO
2	ANI		GO
3	OUT		GO
4	END		

(b) 프로그램

【문제7】 PLC의 래더도 병렬회로이며 OR, ORI로 나타내고 프로그램을 완성하라.

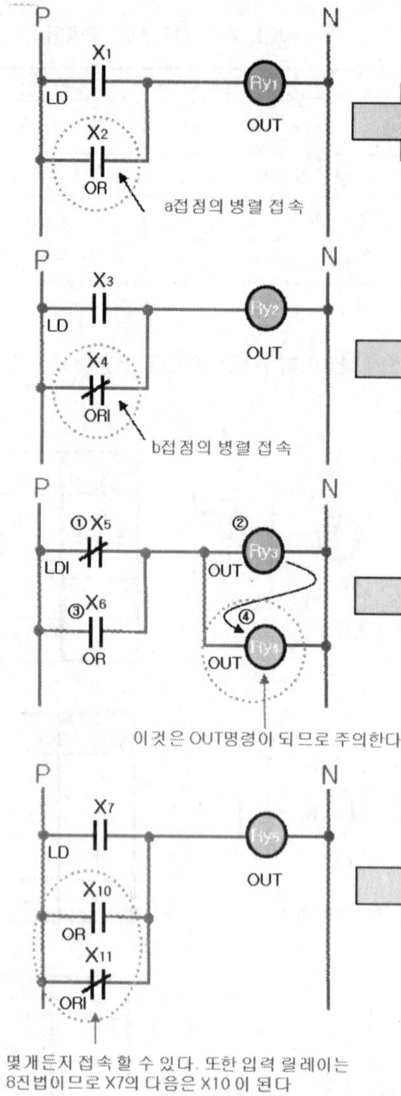

(a) 래더 다이어그램

스텝	명령		기입키
0	LD		GO
1	OR		GO
2	OUT		GO
3	END		

스텝	명령		기입키
0	LD		GO
1	ORI		GO
2	OUT		GO
3	END		

스텝	명령		기입키
0	LDI		GO
1	OR		GO
2	OUT		GO
3	OUT		GO
4	END		

스텝	명령		
0	LD		GO
1	OR		GO
2	ORI		GO
3	OUT		GO
4	END		

(b) 프로그램

【문제8】 래더도의 프로그램을 작성하고, 실행결과를 진리표에 기입하라.

①

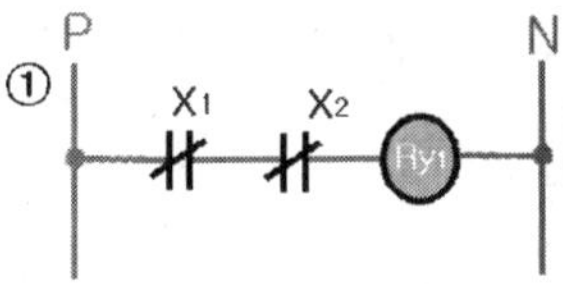

스텝	명 령	
0		
1		
2		
3		

X1	X2	Ry1	기입키
0	0		GO
0	1		GO
1	0		GO
1	1		GO

②

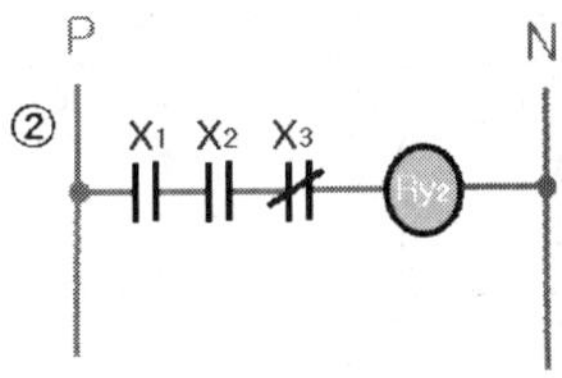

스텝	명 령	
0		
1		
2		
3		
4		

X1	X2	X3	Ry2	기입키
0	0	0		GO
0	1	0		GO
1	0	0		GO
0	0	1		GO
1	1	0		GO

③

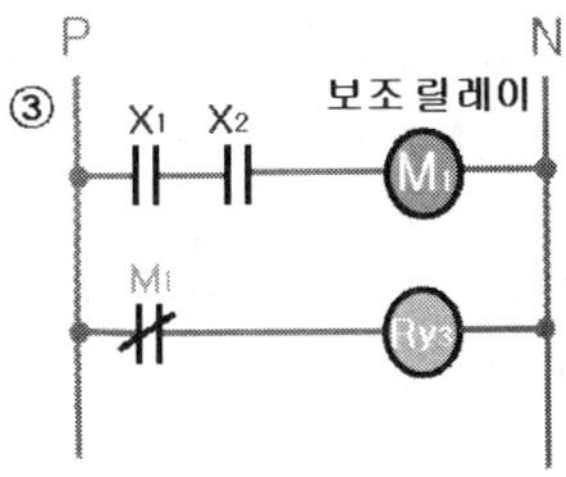

스텝	명 령	
0		
1		
2		
3		
4		
5		

X1	X2	Ry3	기입키
0	0		GO
0	1		GO
1	0		GO
1	1		GO

④

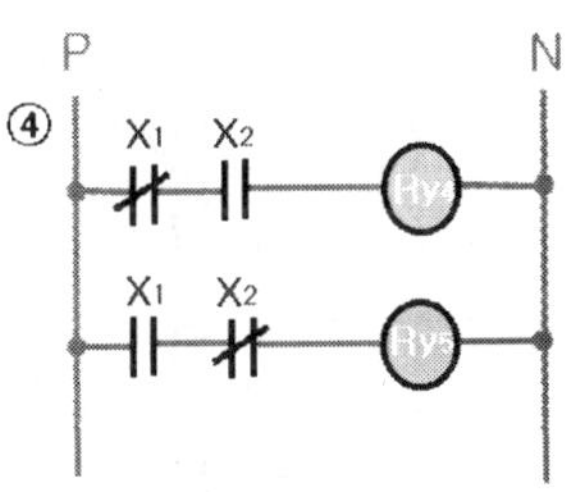

스텝	명 령	
0		
1		
2		
3		
4		
5		
6		

X1	X2	Ry4	Ry5	기입키
0	0			GO
0	1			GO
1	0			GO
1	1			GO

(a) 래더 다이어그램 (b) 프로그램 (c) 진리표

【문제9】 PLC의 래더도 병렬회로이며 OR, ORI로 나타내고 프로그램을 완성한다, 실행결과를 진리표에 기입하라.

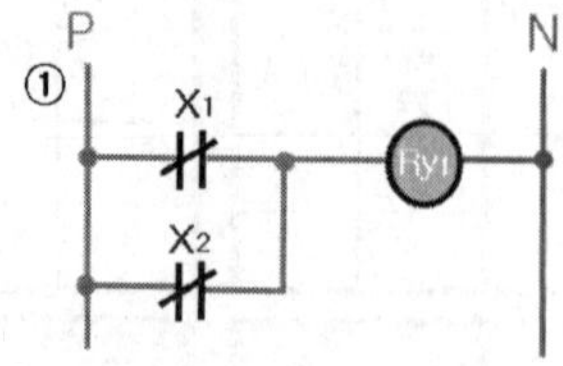

스텝	명령
0	
1	
2	
3	

X_1	X_2	Ry_1	기입키
0	0		GO
0	1		GO
1	0		GO
1	1		GO

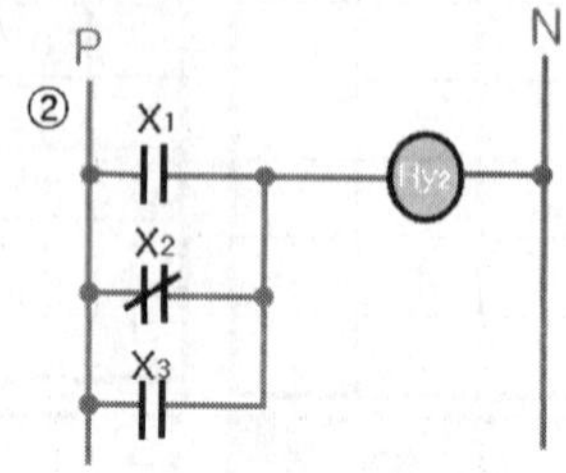

스텝	명령
0	
1	
2	
3	
4	

X_1	X_2	X_3	Ry_2	기입키
0	0	0		GO
0	1	0		GO
1	0	0		GO
0	0	1		GO
1	1	0		GO

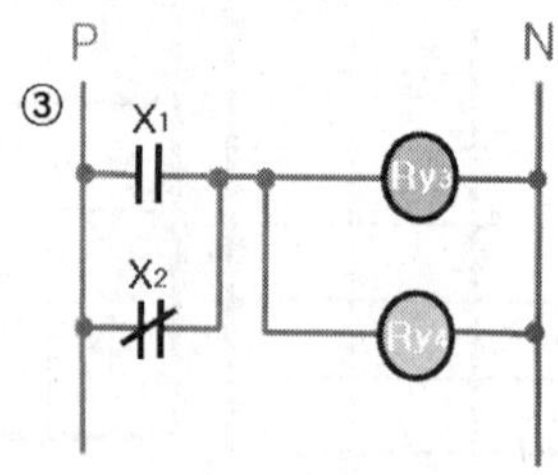

스텝	명령
0	
1	
2	
3	
4	

X_1	X_2	Ry_3	Ry_4	기입키
0	0			GO
0	1			GO
1	0			GO
1	1			GO

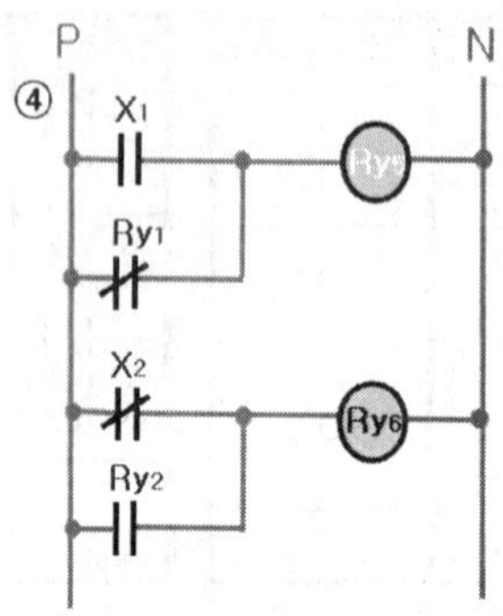

스텝	명령
0	
1	
2	
3	
4	
5	
6	

X_1	X_2	Ry_5	Ry_6	기입키
0	0			GO
0	1			GO
1	0			GO
1	1			GO

(a) 래더 다이어그램 (b) 프로그램 (c) 진리표

【문제10】 PLC의 직·병렬 결선을 사용한 회로의 실행순서에 따라 프로그램을 작성하라.

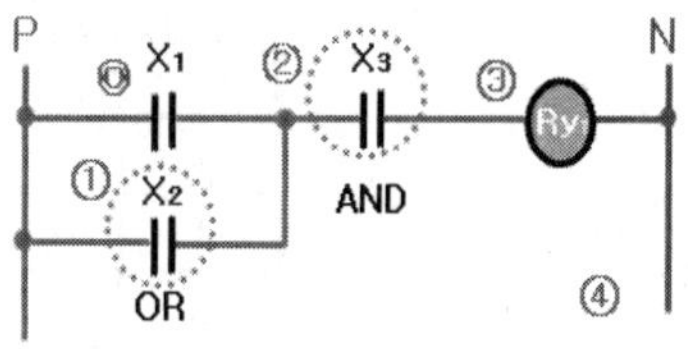

(a) 래더 다이어그램

스텝	명 령		기입키
0	LD		GO
1	OR		GO
2	AND		GO
3	OUT		GO
4	END		

(b) 프로그램

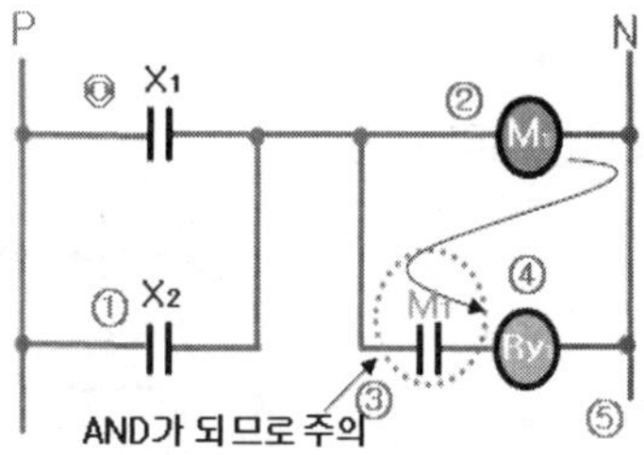

(a) 래더 다이어그램

스텝	명 령		기입키
0	LD		GO
1	OR		GO
2	OUT		GO
3	AND		GO
4	OUT		GO
5	END		

(b) 프로그램

【문제11】 인터록 회로의 프로그램을 작성하라.

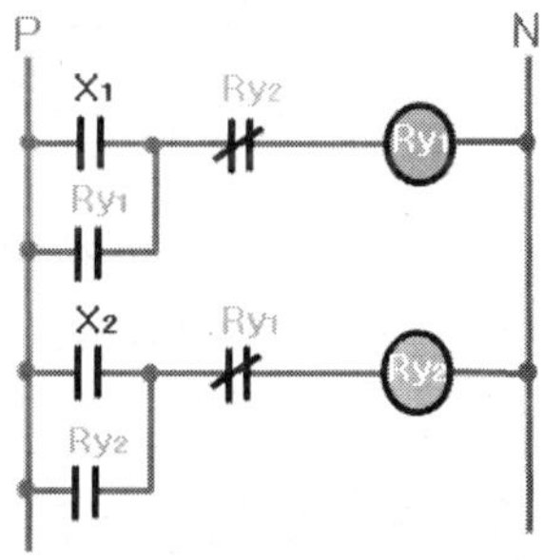

(a) 선행 우선회로(인터록 회로) 래더 다이어그램

스텝	명 령		기입키
0			GO
1			GO
2			GO
3			GO
4			GO
5			GO
6			GO
7			GO
8	END		

(b) 프로그램

【문제12】 PB S/W의 X1 입력을 누르면 Ry1의 출력 릴레이가 여자되고 X2를 누르면 Ry1 감자되는 자기 유지회로의 래더도를 설계하여 프로그램을 작성하라.

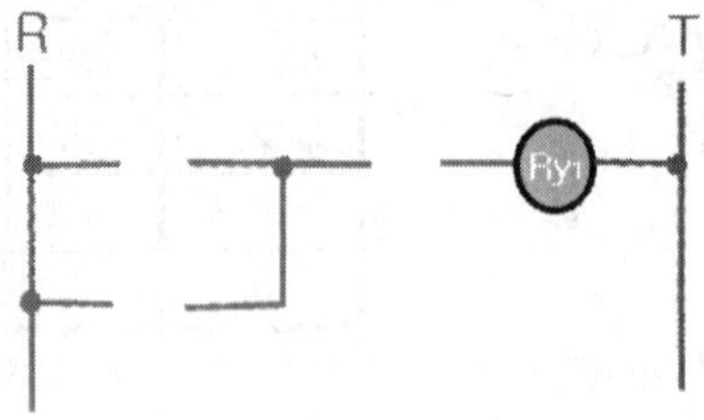

(a) 자기 유지회로의 설계 래더 다이어그램

스텝	명 령		기입키
0			GO
1			GO
2			GO
3			GO
4	END		

(b) 프로그램

【문제13】 PLC의 래더도의 프로그램을 작성하라.

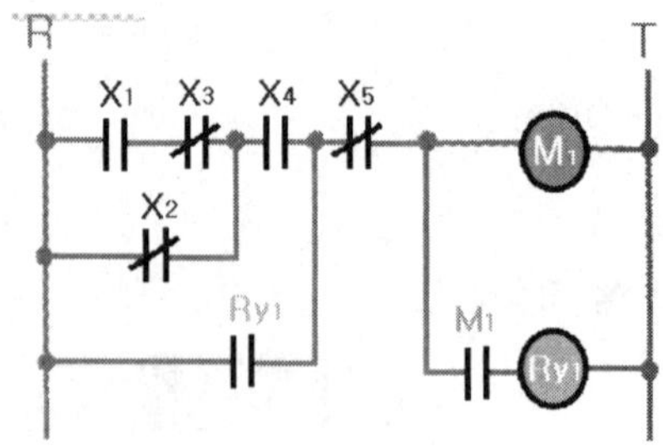

(a) 래더 다이어그램

스텝	명 령		기입키
0			GO
1			GO
2			GO
3			GO
4			GO
5			GO
6			GO
7			GO
8			GO
9	END		

(b) 프로그램

【문제14】 퀴즈 대회에 3명의 참가자가 출전하여 먼저 누르면 램프가 먼저 점등되는 래더도를 그리고 프로그램을 작성하라. 참가자는 X1, X2, X3의 각 PB S/W를 사용하여 자기 유지 회로를 완성하라.

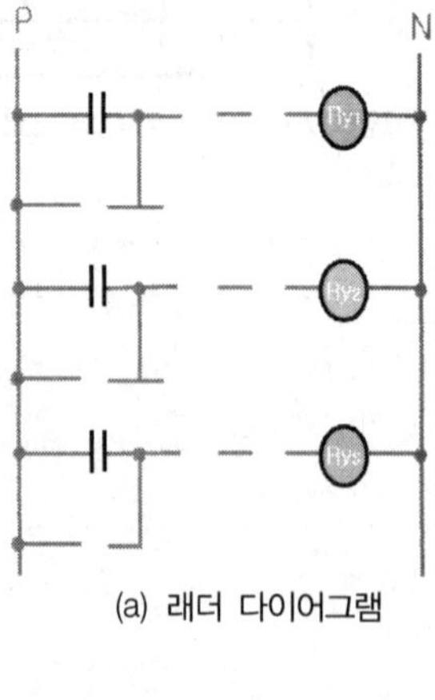

(a) 래더 다이어그램

스텝	명 령		기입키
0			GO
1			GO
2			GO
3			GO
4			GO
5			GO
6			GO
7			GO

스텝	명 령		기입키
8			GO
9			GO
10			GO
11			GO
12			GO
13			GO
14			GO
15	END		

(b) 프로그램

(10) PLC 프로그램 작성상의 유의점

① PLC 프로그램 작성이 완료되면 END 명령으로 마무리 해야 한다.

② 래더도의 AND 또는 OR 명령회로는 몇 개의 회로를 연속해서 연결할 수 있다.

②
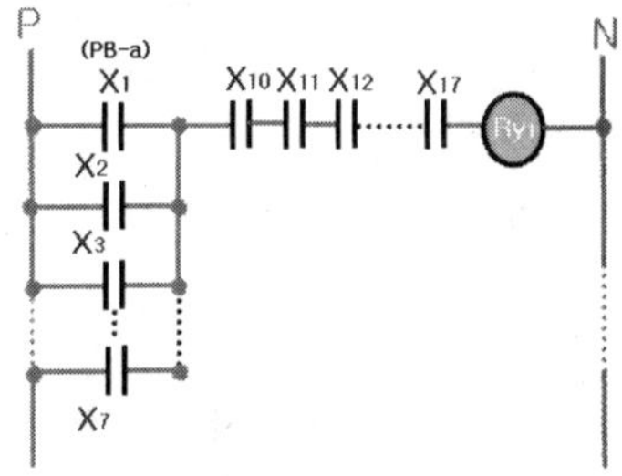

③ 출력 부하에 OUT 명령은 연속해서 몇 개든지 연결할 수 있다.

④ 출력 릴레이는 다 접점으로 사용할 수 있다.

③
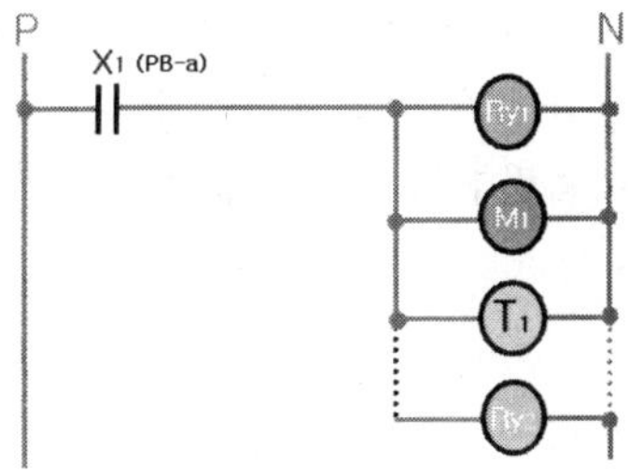

④
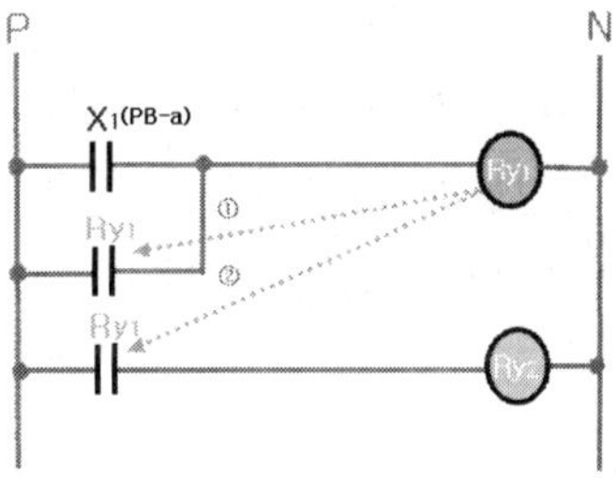

⑤ 입력 부품을 OUT 명령으로 사용하면 동작하지 않는다.

⑥ 중개회로는 프로그램으로 사용하면 안된다.

⑤
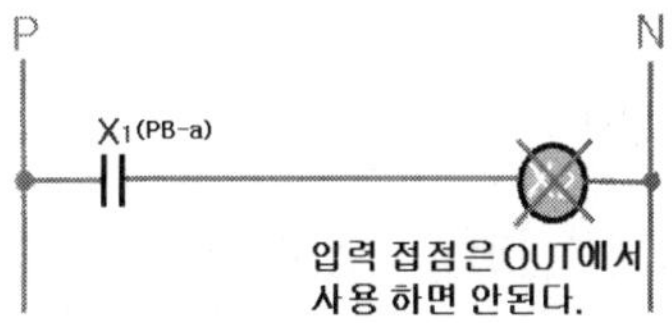

⑥
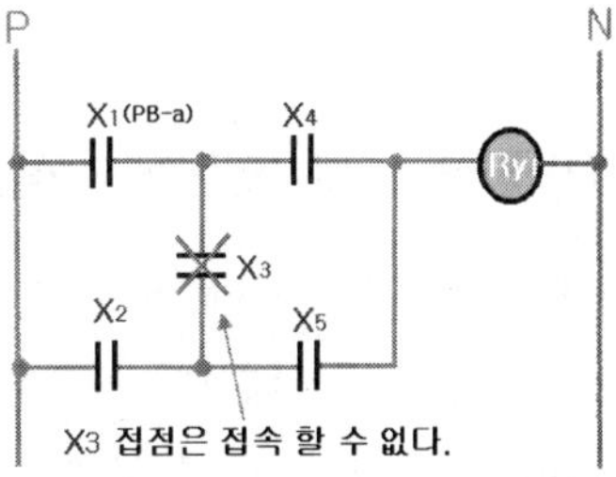

⑦ OUT 명령을 좌측의 모선에 직접 접속할 수 없으며 입력측을 연결하고 난 다음에 연결한다.

⑦ 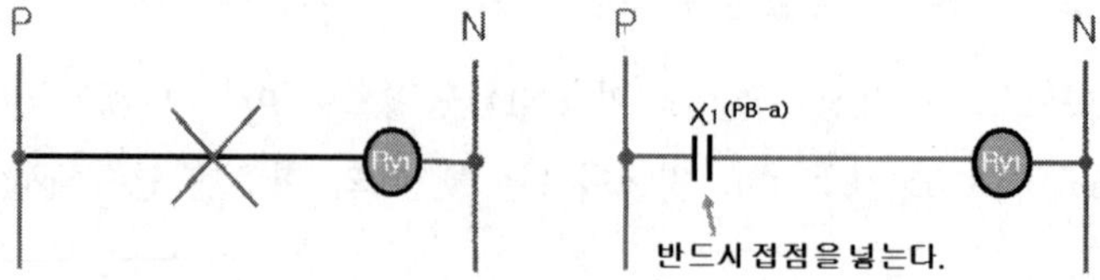

⑧ 코일부의 우측에 접점을 연결하지 않는다.

⑨ 같은 접점을 연속해서 연결할 수 있다.

⑧ 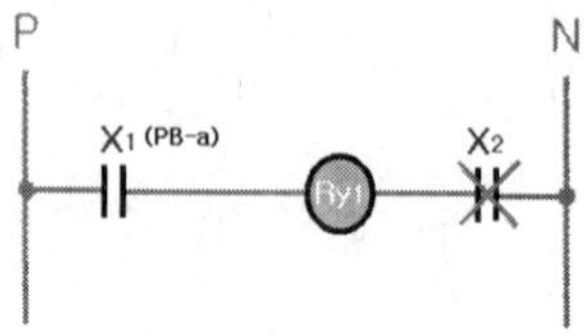

⑨ 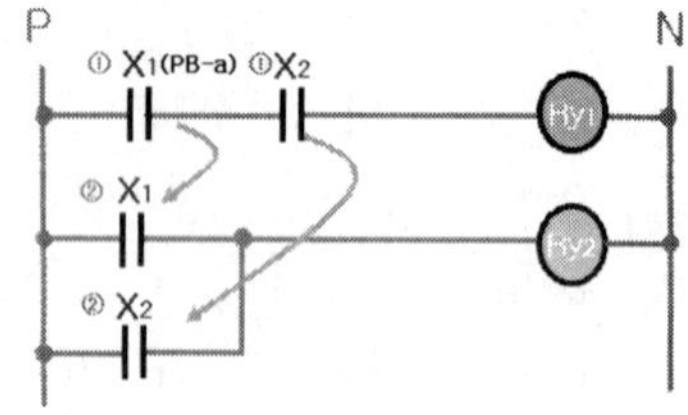

⑩ 동일 출력부의 코일부를 출력으로 이중 사용은 할 수 없다.

⑪ 분기 후에 접점을 통하여 여자되는 출력부의 코일이 2개 이상 있는 경우에는 사용할 수 없다.

⑩ 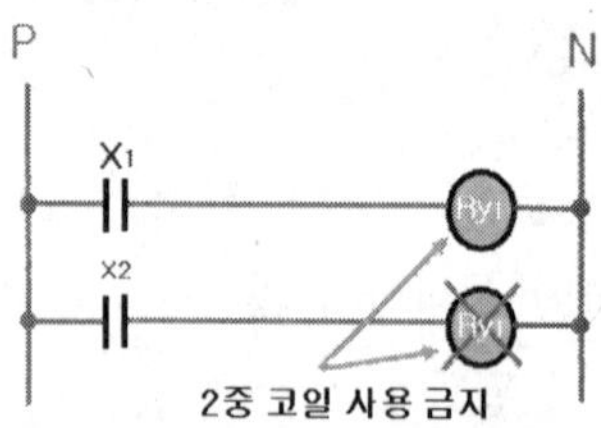

⑪ 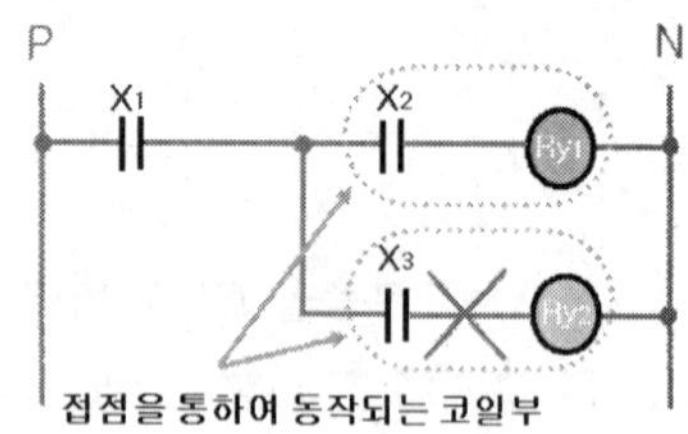

(11) ANB, ORB 명령어 작성상의 유의점

블록과 블록을 직렬 또는 병렬로 연결하는 명령 용어에 대하여 설명한다. AND 명령이나 OR 명령으로 레더도를 작성하면 회로를 작성할 수 없는 복잡한 회로가 된다. 그래서 ANB, ORB, EMD으로 회로를 작성하는 데 사용된다.

표 6-12 ◦ ANB, ORB 명령어

명령용어	호 칭	기 능
ANB	앤드 블록	병렬회로 블록의 직렬 접속명령
ORB	오어 블록	직렬회로 블록의 병렬 접속명령

① A블록과 B블록을 연결한 회로의 프로그램을 작성한 것이다.

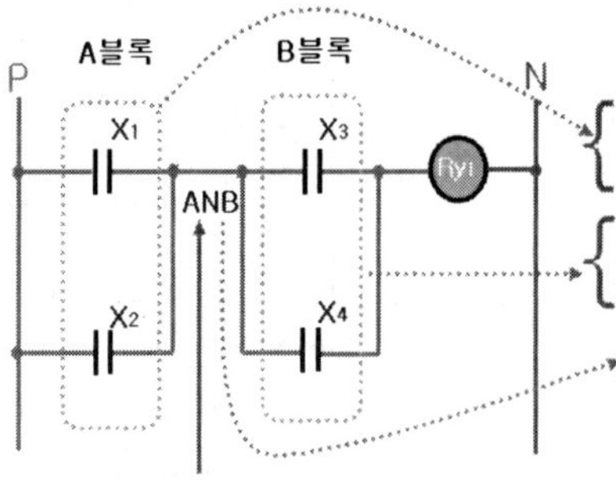

(a) A블록과 B블록을 직렬 연결한 명령

스텝	명령		기입키
0	LD	X1	GO
1	OR	X2	GO
2	LD	X3	GO
3	OR	X4	GO
4	ANB		GO
5	OUT	Ry1	GO
6	END		

※ 블록의 시작은 입력 명령으로 한다.

여기에 ANB를 넣는다

(b) 프로그램

그림 6-14

② A블록과 B블록을 병렬 연결한 회로의 프로그램을 작성한 것이다.

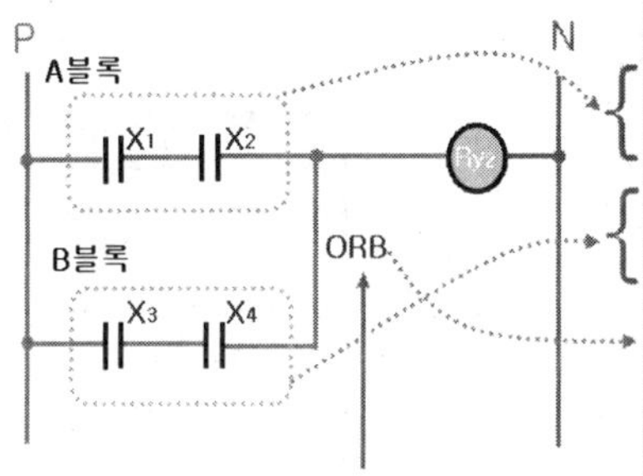

(a) A블록과 B블록을 병렬 연결한 명령

스텝	명령		기입키
0	LD	X1	GO
1	AND	X2	GO
2	LD	X3	GO
3	AND	X4	GO
4	ORB		GO
5	OUT	Ry2	GO
6	END		

※ 블록의 시작은 입력 명령으로 한다.

여기에 ORB를 넣는다

(b) 프로그램

그림 6-15

【문제15】 PLC의 래더도의 ANB, ORB의 프로그램을 작성하라.

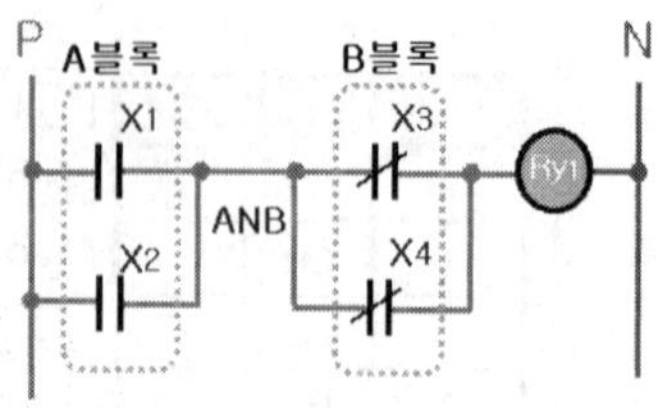

(a) ANB 다이어그램

스텝	명령		기입키
0	LD		GO
1	OR		GO
2	LDI		GO
3	ORI		GO
4	ANB		
5	OUT		GO
6	END		

(b) 프로그램

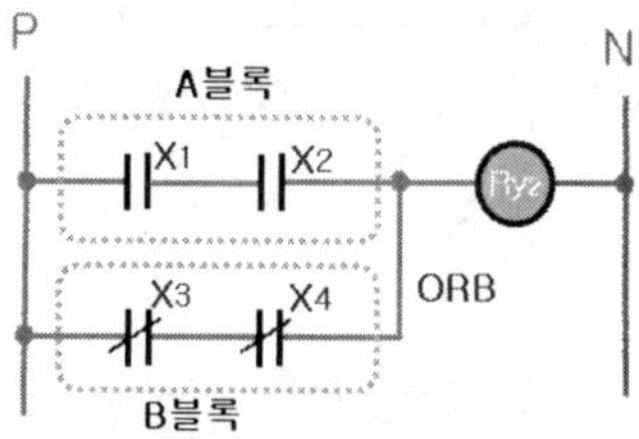

(a) ORB 래더 다이어그램

스텝	명령		기입키
0	LD		GO
1	AND		GO
2	LDI		GO
3	ANI		GO
4	ORB		GO
5	OUT		
6	END		

(b) 프로그램

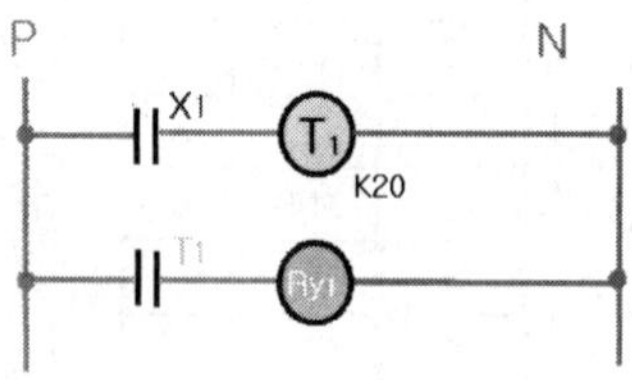

(a) 타이머 회로 래더 다이어그램

스텝	명령		기입키
0	LD		GO
1	OUT		GO
4	LD		GO
5	OUT		GO
6	END		

(b) 프로그램

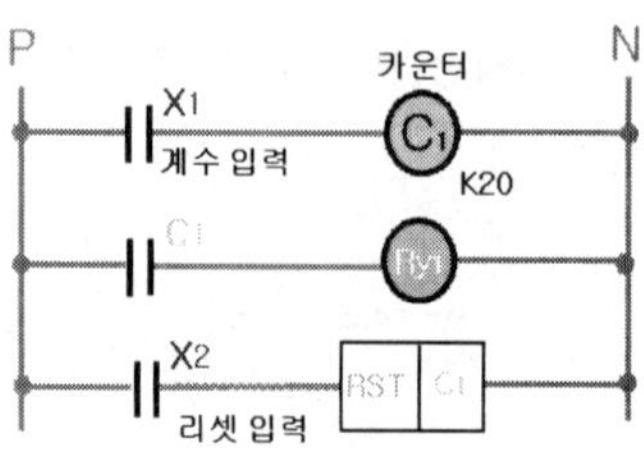

(a) 카운터 회로 래더 다이어그램

스텝	명령		기입키
0	LD		GO
1	OUT		GO
4	LD		GO
5	OUT		GO
6	LD		GO
7	RST		GO
8	END		

(b) 프로그램

【문제16】 PLC의 ANB 래더도의 프로그램을 작성하라.

①

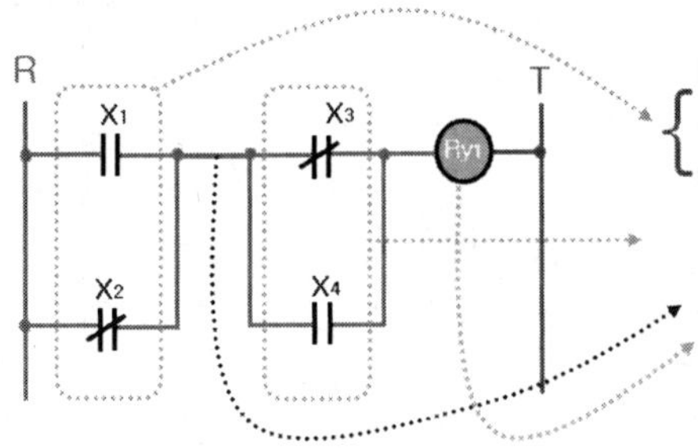

스텝	명령		기입키
0			GO
1			GO
2			GO
3			GO
4			GO
5			GO
6			GO

(a) 래더 다이어그램 (b) 프로그램

②

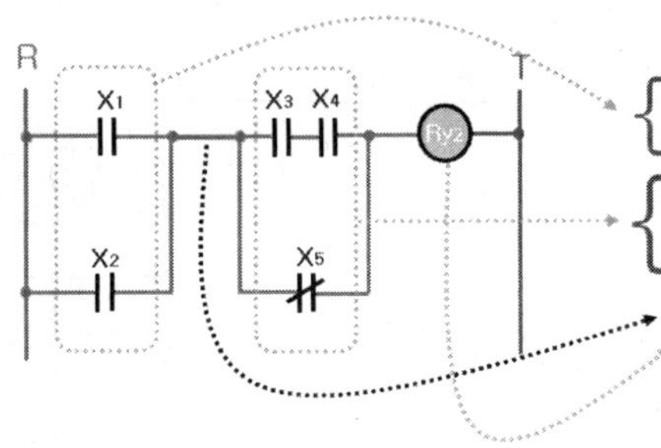

스텝	명령		기입키
0			GO
1			GO
2			GO
3			GO
4			GO
5			GO
6			GO
7			GO

(a) 래더 다이어그램 (b) 프로그램

【문제17】 PLC의 ORB 래더도의 프로그램을 작성하라.

①

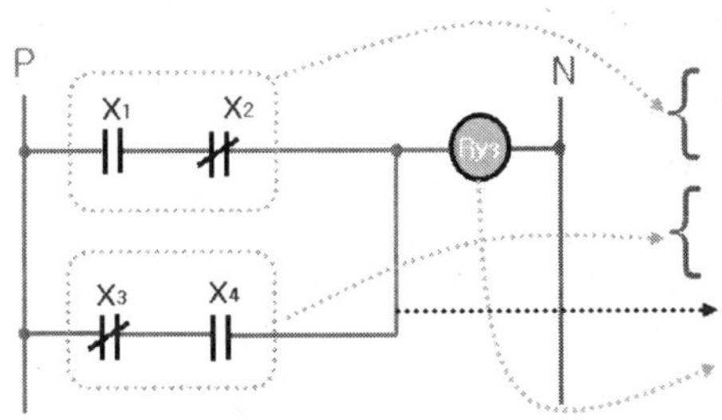

스텝	명령		기입키
0			GO
1			GO
2			GO
3			GO
4			GO
5			GO
6			

(a) 래더 다이어그램 (b) 프로그램

②

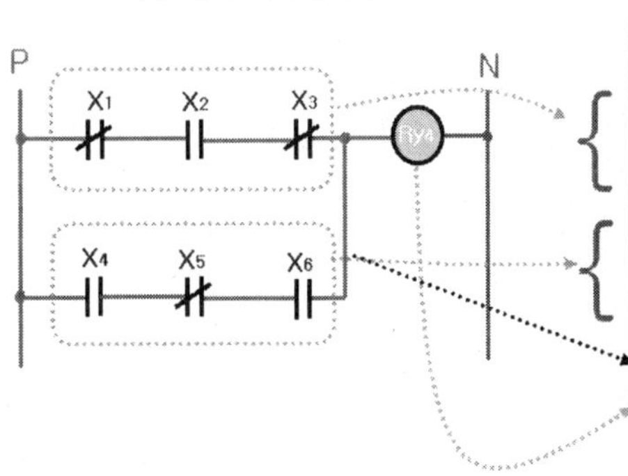

스텝	명령		기입키
0			GO
1			GO
2			GO
3			GO
4			GO
5			GO
6			GO
7			GO
8			

(a) 래더 다이어그램 (b) 프로그램

【문제18】 PLC의 ANB, ORB 래더도의 프로그램을 작성하라.

①

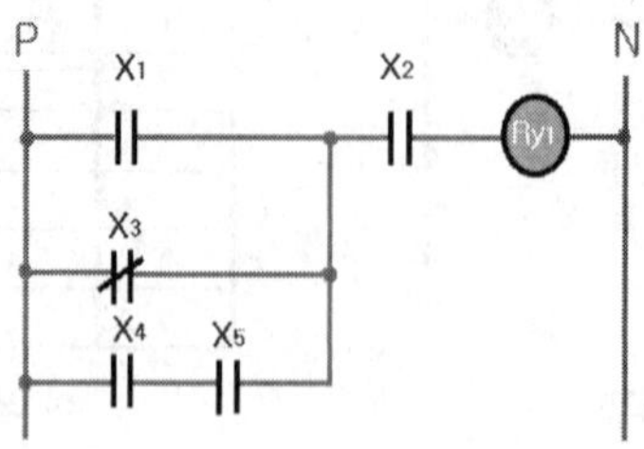

(a) 래더 다이어그램

스텝	명령		기입키
0			GO
1			GO
2			GO
3			GO
4			GO
5			GO
6			GO
7	END		

(b) 프로그램

②

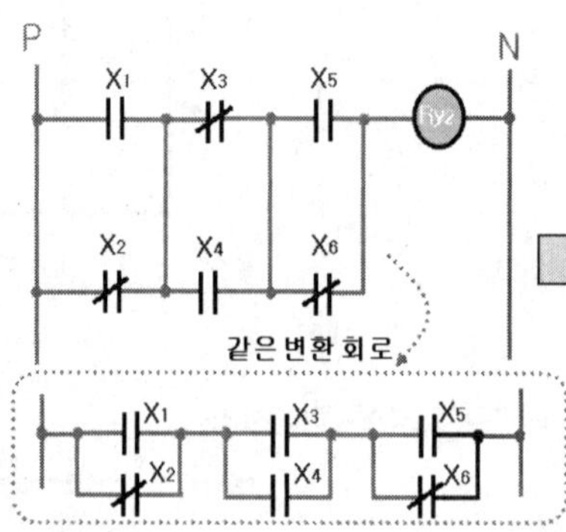

(a) 래더 다이어그램

스텝	명령		기입키
0			GO
1			GO
2			GO
3			GO
4			GO
5			GO
6			GO
7			GO
8			GO
9	END		

(b) 프로그램

【문제19】 PLC의 ANB, ORB 래더도의 프로그램을 작성하라.

①

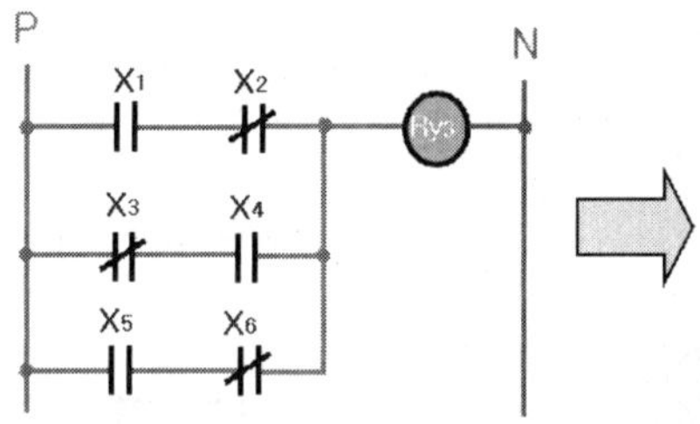

스텝	명령		기입키
0			GO
1			GO
2			GO
3			GO
4			GO
5			GO
6			GO
7			GO
8			GO
9	END		

(a) 래더 다이어그램 (b) 프로그램

②

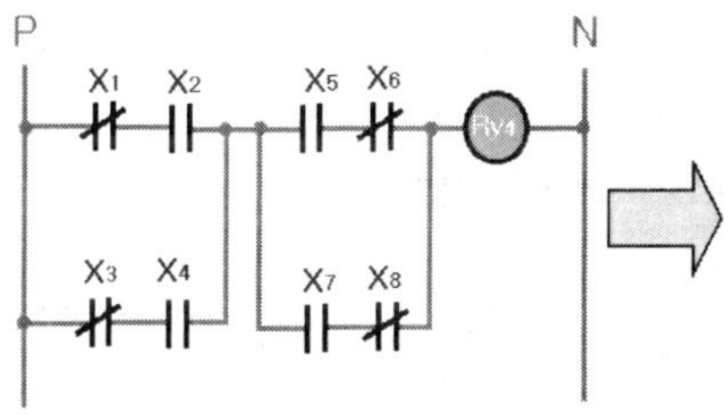

스텝	명령		기입키
0			GO
1			GO
2			GO
3			GO
4			GO
5			GO
6			GO
7			GO
8			GO
9			GO
10			GO
11			GO
12	END		

(a) 래더 다이어그램 (b) 프로그램

PLS와 PLF 명령은 펄스와 펄프를 출력하는 명령으로 일종의 시간 지연회로이다. SET와 RST명령은 자기 유지회로 대신 사용되고 있다. 그리고 RST 명령은 타이머와 카운터 등의 리셋 회로에서 사용되고 있다.

표 6-13 ◦ PLS, PLF, SET, RST 명령어

명령용어	호칭	기능	비 고
PLS	펄스	상승 펄스 출력	출력 릴레이와 보조 릴레이에 대하여 사용한다. RST는 타이머와 카운터 회로에 사용된다.
PLF	펄프	하강 펄스 출력	
SET	세트	동작 유지 출력	
RST	리셋	동작 유지 해제	

(11) PLC의 PLS와 PLF 명령을 사용한 회로

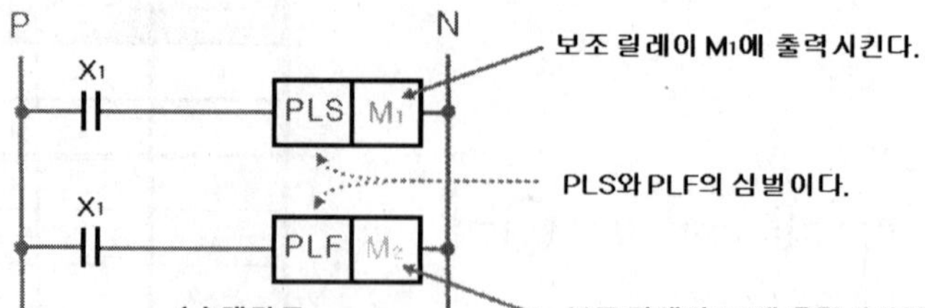

(a) 래더도

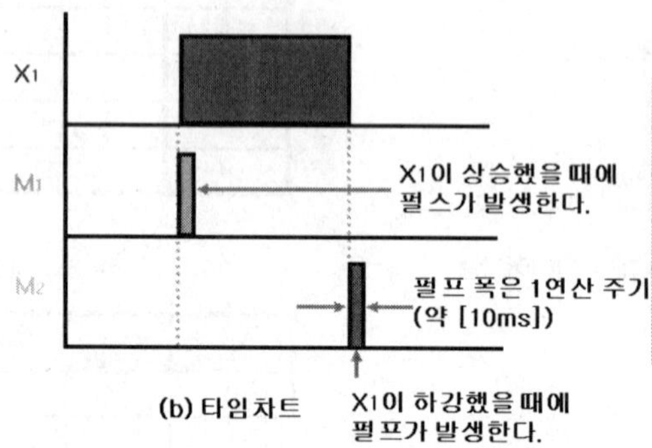

(b) 타임차트

스텝	명령		기입키
0	LD	X_1	GO
1	PLS	M_1	GO
2	LD	X_1	GO
3	PLF	M_2	GO
4	END		

(c) 프로그램

그림 6-16

※ 연산주기란 프로그램이 0스텝에서 마지막 스텝 END 명령까지 실행하는데 필요한 시간이며 2000스텝의 경우에 10[ms] 정도가 된다.

(12) PLC의 SET와 RST 명령을 사용한 회로

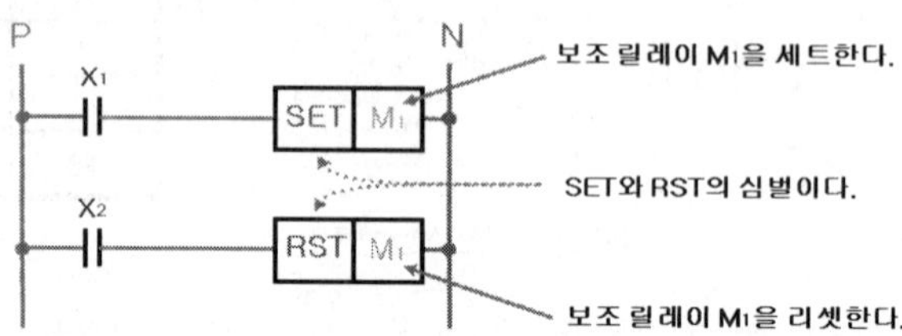

(a) 래더 다이어그램

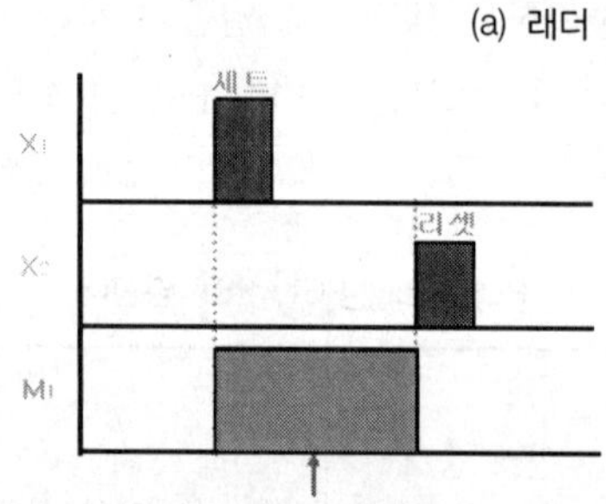

스텝	명령		기입키
0	LD	X_1	GO
1	SET	M_1	GO
2	LD	X_2	GO
3	RST	M_1	GO
4	END		

X_1을 누르면 M_1이 세트(유지)되고 X_2를 누르면 M_1이 리셋(해제)된다. 이와 같은 동작은 자기 유지회로와 같다.

(b) 타임 차트

(c) 프로그램

그림 6-17

【문제20】 PLC의 SET, RST를 사용하여 래더도를 완성하고 프로그램을 작성하라.

①

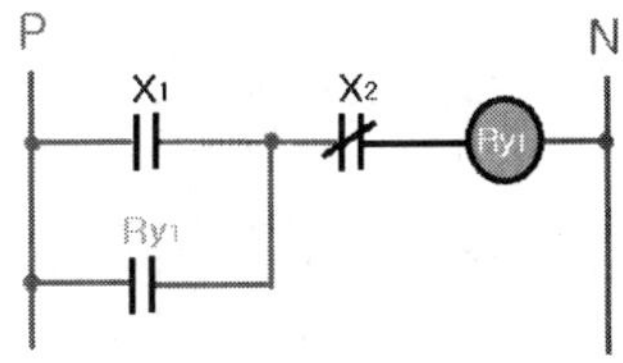

(a) 래더 다이어그램

스텝	명령		기입키
0			GO
1			GO
2			GO
3			GO
4	END		

(b) 프로그램

②

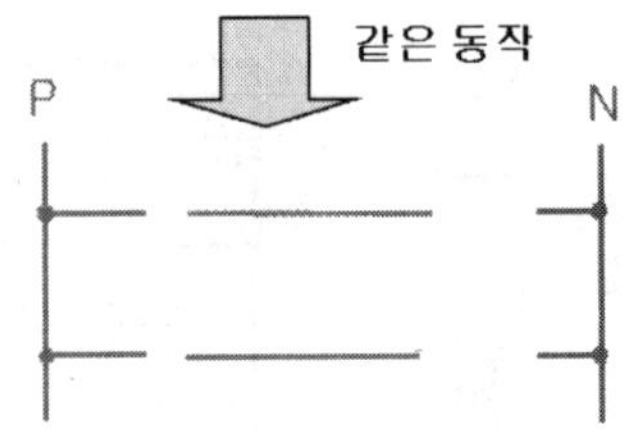

(a) 래더 다이어그램

스텝	명령		기입키
0			GO
1			GO
2			GO
3			GO
6	END		

(b) 프로그램

【문제21】 PLC의 PLS, PLF 회로의 타임 차트와 프로그램을 작성하라.

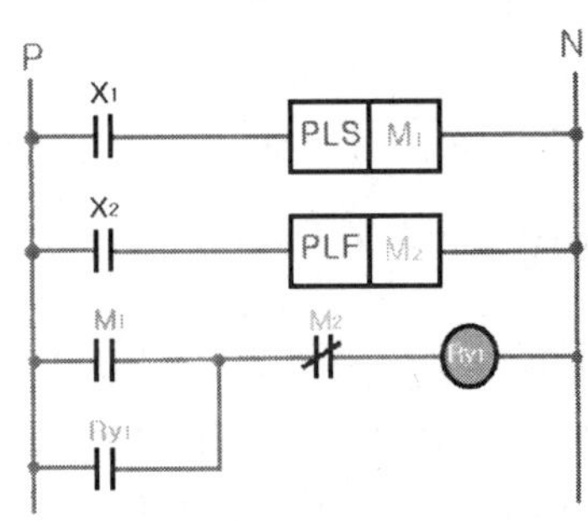

(a) PLS, PLF를 사용한 회로 래더 다이어그램

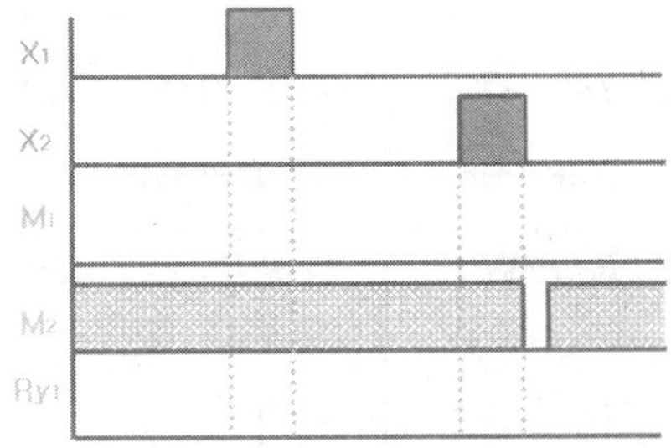

(b) 타임 차트

스텝	명령		기입키
0			GO
1			GO
2			GO
3			GO
4			GO
5			GO
6			GO
7			GO
8	END		

(c) 프로그램

【문제22】 PLC의 SET, RST 회로의 타임 차트와 프로그램을 작성하라.

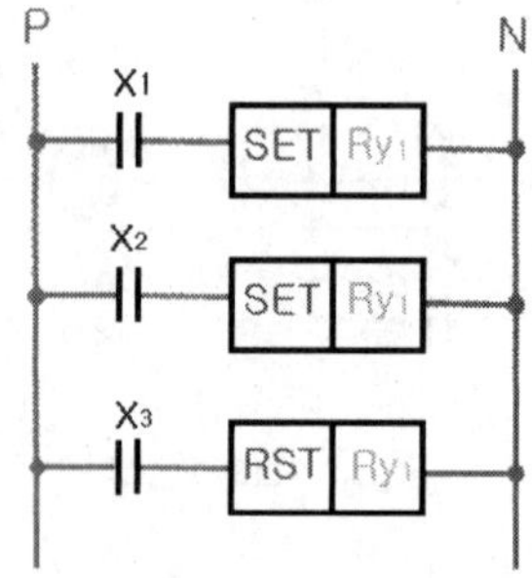

(a) SET, RST를 사용한 회로 래더 다이어그램

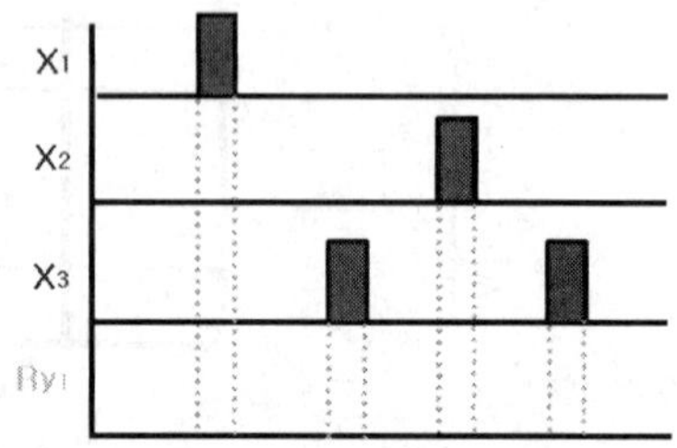

같은 코일부에 대하여 몇 번이든지 SET, RST 명령을 사용할 수 있다.

(b) 타임 차트

스텝	명령		기입키
0			GO
1			GO
2			GO
3			GO
4			GO
5			GO
6	END		

(c) 프로그램

(13) 타이머 동작원리

PLC에 내장되어 있는 타이머를 사용한 기본회로의 프로그램을 작성하여 회로동작을 설명하는 동시에 간단한 회로를 설계할 수 있도록 한다.

① PLC에 내장되어 있는 것은 온 딜레이 타이머에 대하여 그 종류와 요소번호 등을 표 6-14에 나타내었다.

㉠ 적산 타이머 : 전원이 차단되어도 배터리로 현재값이 유지된다.

㉡ 비적산 타이머 : 전원이 중단되면 현재 값이 클리어된다.

㉢ 타이머 : 클록 펄스(clock pulse)를 계수하여 설정값에 도달했을 때 타이머의 접점이 동작한다. 설정시간을 결정하기 위해 정수 K를 사용하여 설정한다.

표 6-14 ◦ 타이머 회로의 종류

타이머의 종류	요소번호	기준값	설정값 범위	내장개수
비적산 타이머	T0~T 199	0.1[s]	0.1~3200[s]	200
	T200~T 245	0.01[s]	0.01~320[s]	46
적산 타이머	T250~T255	0.1[s]	0.1~3200[s]	6

② 타이머 T1을 6초로 설정하고 프로그램을 설계한다.

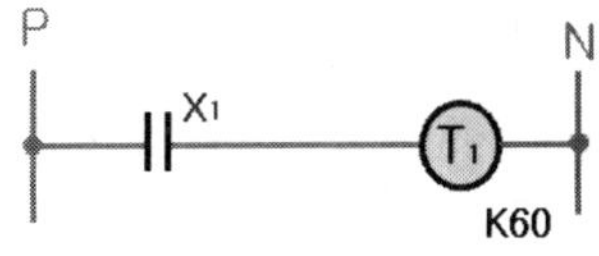

(a) 타이머 회로 래더 다이어그램

타이머는 3스텝을 사용한다.

스텝	명령		기입키
0	LD	X_1	GO
1	OUT	T_1	SP
		K60	GO
4	END		GO

OUT T 1 SP K 60 GO

(b) 프로그램

그림 6-18

(14) On 딜레이 타이머 회로

입력신호를 받고 설정한 시간이 지난 후에 출력이 동작하는 회로이다.

【문제23】 타이머 회로는 PB S/W인 X_1을 계속 누르고 있으면 4초 후에 타이머의 접점 T_1이 닫히고 출력 릴레이 Ry1이 여자되는 회로이다. 타임 차트와 프로그램을 작성하라.

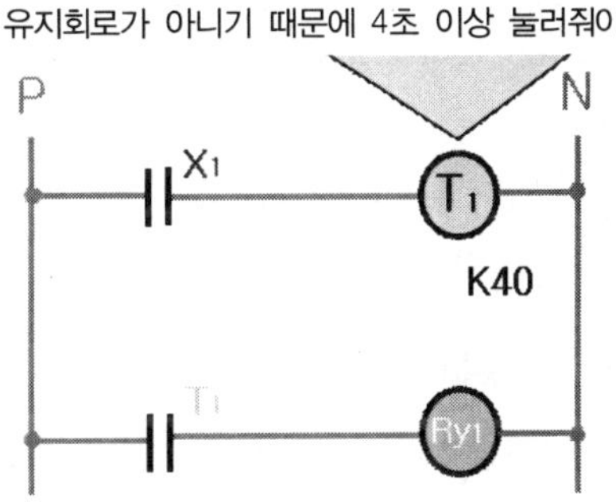

(a) on 딜레이 타이머 회로 래더 다이어그램

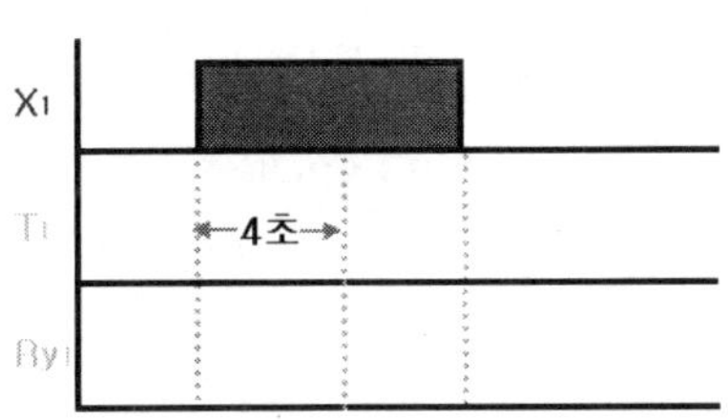

(b) 타임 차트

스텝	명령		기입키
0			GO
1			GO
4			GO
5			GO
6	END		

(c) 프로그램

【문제24】 자기 유지회로이다. 타이머를 7초로 설정한 프로그램과 타임 차트를 작성하라.

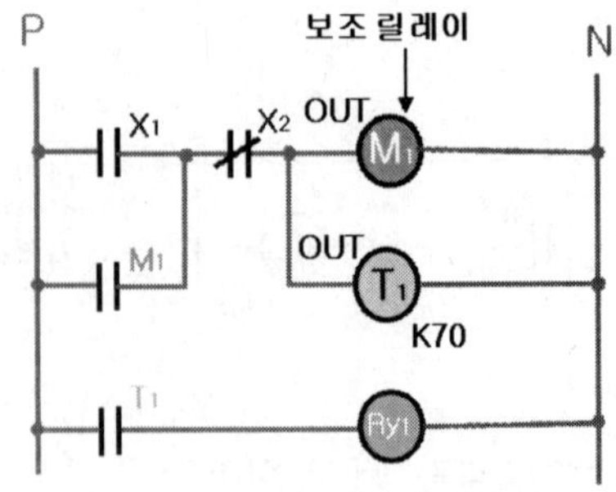

(a) on 딜레이 타이머 회로 래더 다이어그램

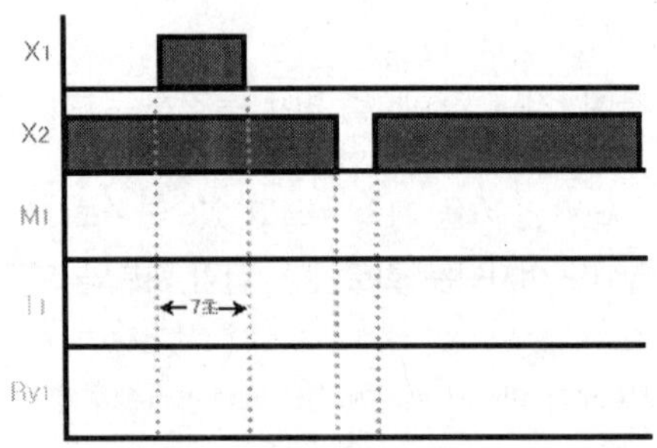

(b) 타임 차트

스텝	명령		기입키
0			GO
1			GO
2			GO
3	OUT		GO
4	OUT		GO
7			GO
8			GO
9	END		

(c) 프로그램

(15) Off 딜레이 타이머 회로

입력신호를 제거하고 설정시간 이후에 출력이 동작하는 회로이다. PLC에는 오프 딜레이 타이머가 내장되어 있지 않으므로 온 딜레이 타이머를 사용하여 작성한다.

【문제25】 PB S/W인 X_1를 놓고 5초 후에 타이머의 접점이 열리고 출력 릴레이 Ry_1이 동작하는 회로이다. 타임 차트와 프로그램을 작성하라.

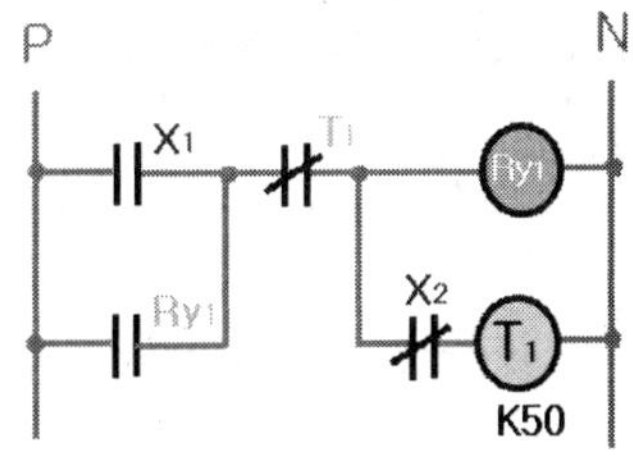

(a) off 딜레이 타이머 회로 래더 다이어그램

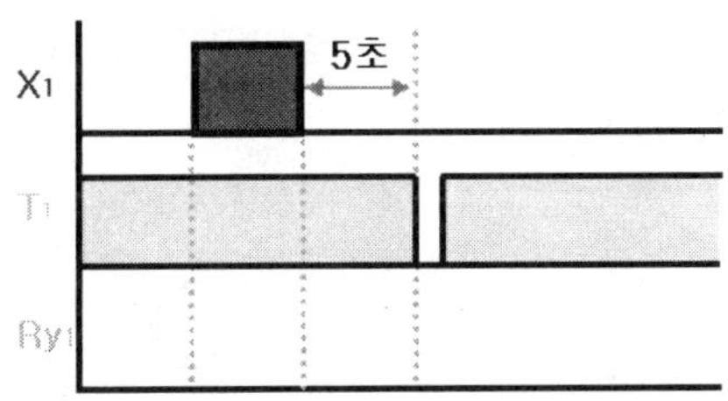

(b) 타임 차트

스텝	명령		기입키
0			GO
1			GO
2			GO
3			GO
4			GO
5			GO
8	END		

(c) 프로그램

(16) 일정 시간 동작회로

신호를 입력하면 일정 시간을 동작하고 자동적으로 원상 복귀하는 회로를 일정 시간 동작회로 또는 원숏 회로라고 한다. 각종 병원설비에 설정시간만 동작시킬 경우에 사용된다.

【문제26】 PB S/W의 X_1을 눌렀을 때에 0.03초의 펄스를 발생하는 회로의 프로그램과 타임 차트를 작성하라. 타이머는 T300(0.01초의 타이머)을 사용한다.

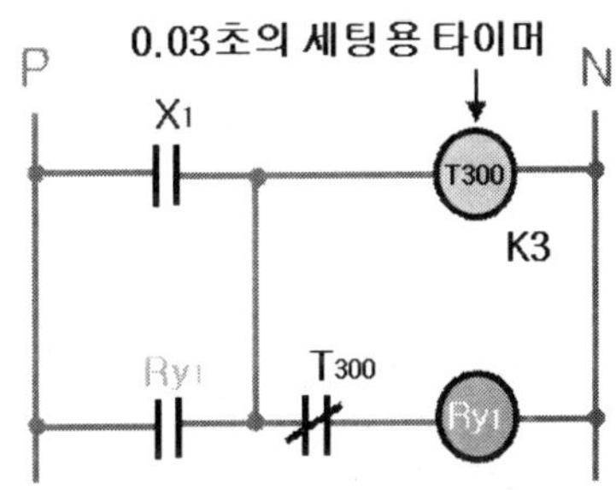

(a) 0.03초의 일정 시간 동작회로 래더 다이어그램

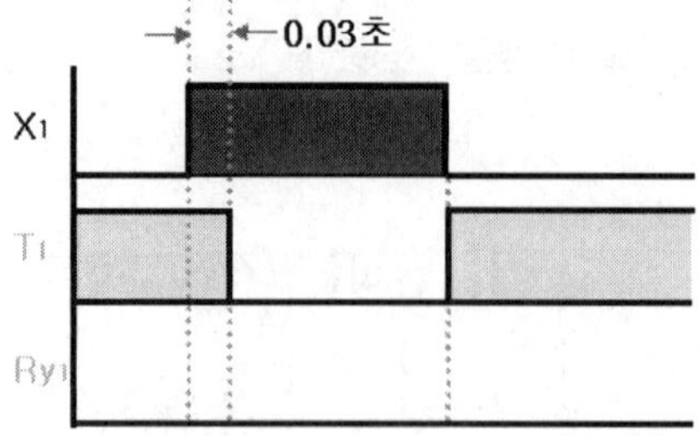

T300의 b접점

(b) 타임 차트

스텝	명령		기입키
0			GO
1			GO
2			GO
5			GO
6			GO
7	END		

(c) 프로그램

【문제27】 PB S/W의 X_1을 누른 후에 출력 릴레이 Ry_1이 15분간 동작하는 회로를 설계하고 타임 차트와 프로그램을 작성하라.

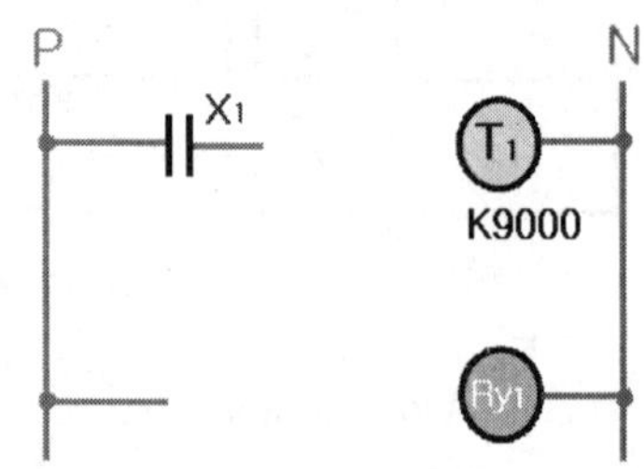

(a) 15분의 일정 시간 동작회로 래더 다이어그램

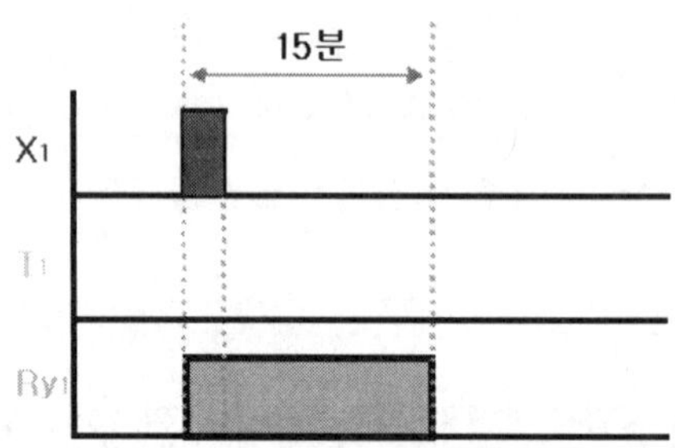

1분=60[s]이므로 60[s]×15분=9000이다.

∴ K9000으로 표기함

(b) 타임 차트

스텝	명령		기입키
0			GO
1			GO
2			GO
5			GO
6			GO
7	END		

(c) 프로그램

(17) 플리커 회로

자동차의 방향 지시등과 같이 주기적으로 점멸을 반복하는 회로이다.

【문제28】 PB S/W인 X_1을 계속 누르면 출력 릴레이 Ry_1이 off의 시간은 1초, on의 시간은 2초 간격으로 주기적인 동작으로 반복하는 회로이다. 타임 차트 및 프로그램을 작성하라.

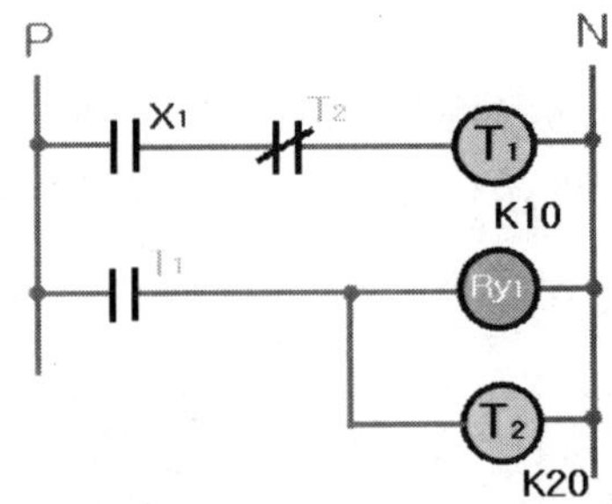

(a) 플리커 회로 래더 다이어그램

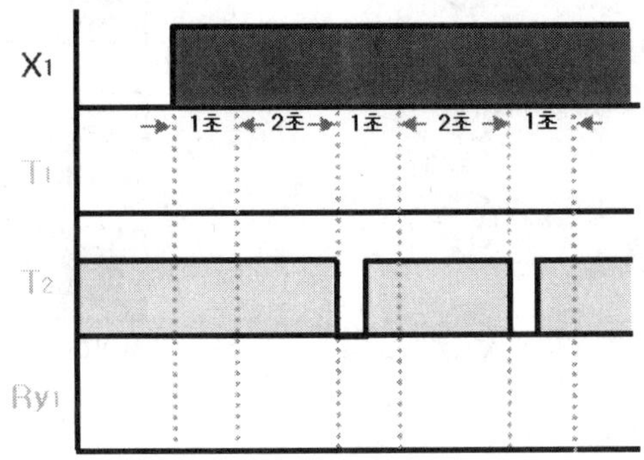

(b) 타임 차트

스텝	명령		기입키
0			GO
1			GO
2			GO
5			GO
6			GO
7			GO
10	END		

(c) 프로그램

【문제29】 PB S/W인 X_1을 계속 누르는 대신 SET, RST 명령을 사용한 회로를 설계하고 프로그램을 작성하라. 점선 안의 기호를 기입한다.

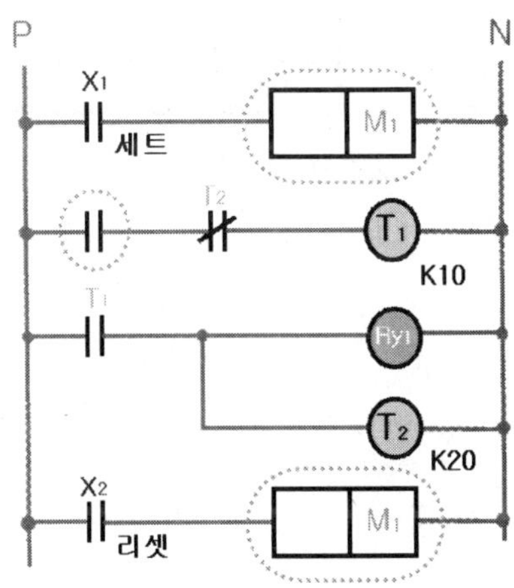

(a) 플리커 회로 래더 다이어그램

스텝	명령		기입키
0			GO
1			GO
2			GO
3			GO
4			GO
7			GO
8			GO
9			GO
12			GO
13			GO
14	END		

(b) 프로그램

(18) 순차 동작회로

신호가 입력되면 타이머의 접점에 의하여 명령이 순서대로 동작하는 회로를 말한다.

【문제30】 신호등 점등회로의 래더도와 같이 3개의 램프를 청색 다음 2초 후에 황색 4초 후에 적색이 모두 들어오는 점등회로이다. 프로그램을 작성하라.

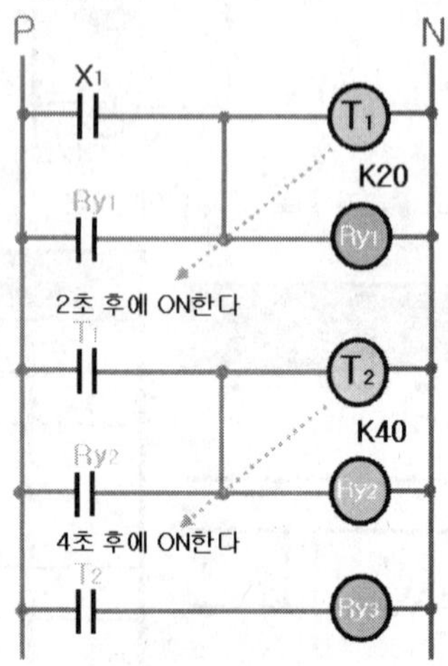

(a) 순차 점등 회로 래더 다이어그램

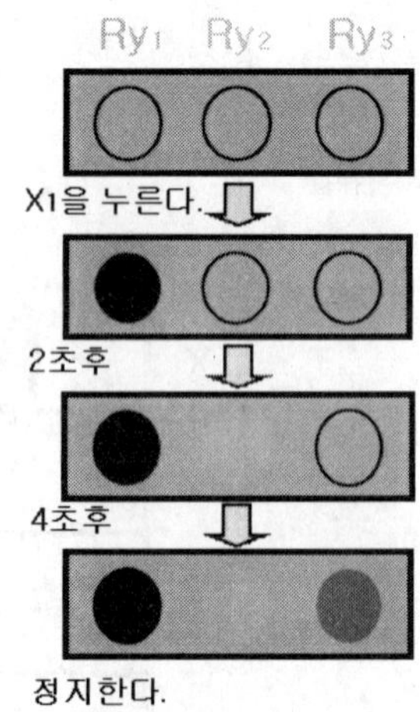

(b) 신호등 동작순서

스텝	명령		기입키
0			GO
1			GO
2			GO
5			GO
6			GO
7			GO

스텝	명령		기입키
8			GO
11			GO
12			GO
13			GO
14	END		

(c) 프로그램

【문제31】 신호등 점멸회로이며 청색등이 점등되고 난 후 2초 후에 황색등이 점등되고 청색은 점멸된다. 그리고 4초 후 적색이 점등되고 황색등이 점멸된다. 이와 같이 3개의 램프를 순서적으로 점멸시키는 회로이다. 프로그램을 작성하라.

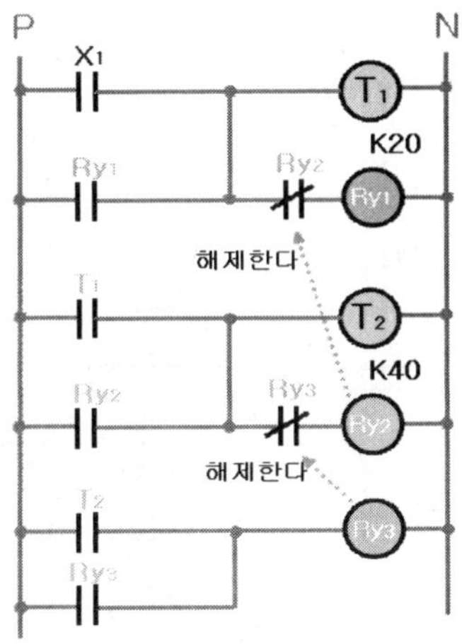

(a) 순차 점등회로 래더 다이어그램

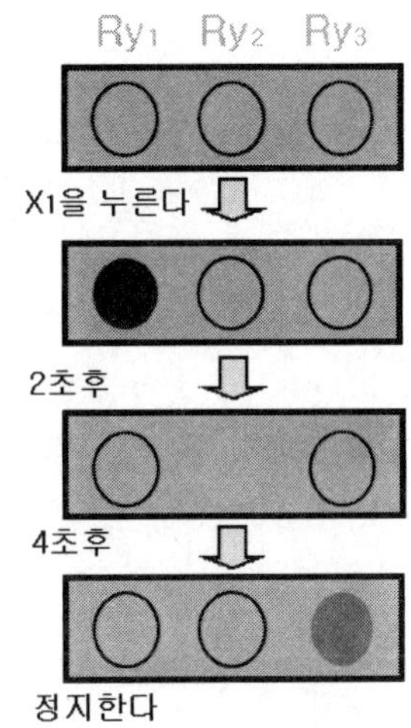

(b) 신호등 동작순서

스텝	명령		기입키
0			GO
1			GO
2			GO
5			GO
6			GO
7			GO
8			

스텝	명령		기입키
9			GO
12			GO
13			GO
14			GO
15			GO
16			GO
17	END		

(c) 프로그램

【문제32】 신호등 점멸회로이며 청색등이 점등되고 난 후 20초 후에 황색등이 점등되고 청색은 점멸된다 그리고 4초 후 적색이 점등되고 황색등이 점멸된다. 그리고 10초 후 청색등으로 되돌아가는 되돌림 신호등 회로이다. 3개의 램프를 순서적으로 점멸시키는 회로이다. 래더도를 설계하여 프로그램을 작성하라.

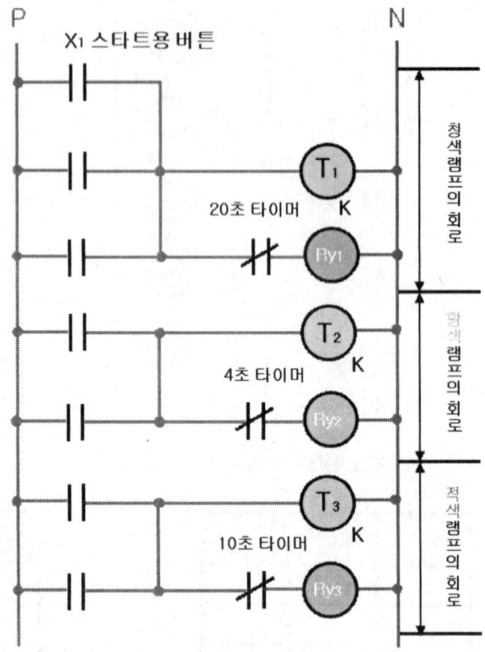

(a) 교통 신호등 회로의 설계 래더 다이어그램

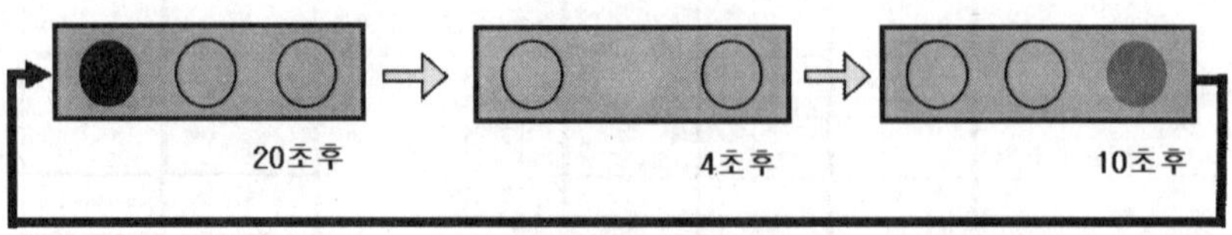

(b) 신호등 회로의 점멸순서

스텝	명령		기입키
0			GO
1			GO
2			GO
3			GO
6			GO
7			GO

스텝	명령		기입키
8			GO
9			GO
10			GO
13			GO
14			GO
15			GO

스텝	명령		기입키
16			GO
17			GO
20			GO
21			GO
22	END		

(c) 프로그램

(19) 카운터 회로

PLC에 내장되어 있는 업 카운터를 이용한 기본회로와 프로그램에 대하여 설명한다. 카운터는 입력이 정지일 때 버튼을 누르면 동작할 때의 횟수를 계수(카운트 업)한다. 그리고 설정값에 도달하면 출력 접점이 동작한다. 설정값의 결정은 타이머와 마찬가지로 K를 사용하여 표시한다. 생산중인 제품 중에 업/다운 카운터나 고속 카운터 등이 많이 있다.

표 6-15 ◦ 카운터의 종류 · 요소번호 및 내장개수

카운터의 종류	요소번호	설정값	내장개수
업 카운터	C0~C99	1~32767	100
업 카운터 정전유지	C100~C199	1~32767	100

【문제33】 카운터 회로와 카운터를 리셋하는 회로이다. 입력의 PB S/W X_1을 20회 눌렀을 때 출력 릴레이 Ry_1이 동작하는 회로의 타임 차트와 프로그램을 작성하라.

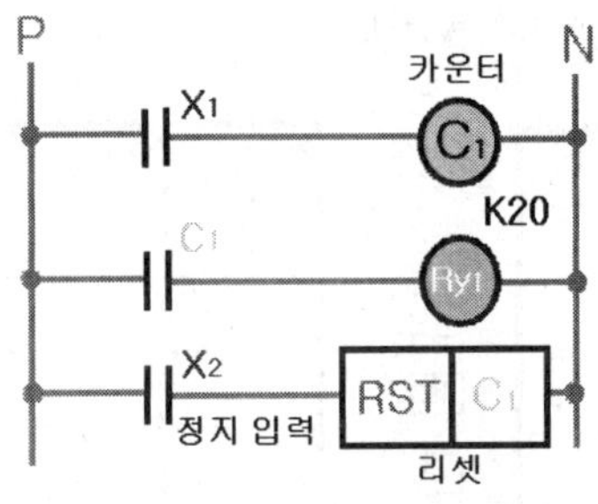

(a) 카운터 회로 래더 다이어그램

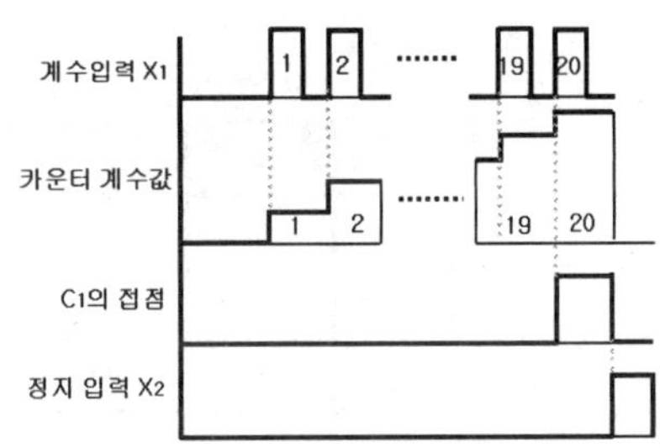

(b) 타임 차트

스텝	명령		기입키
0	LD	X_1	GO
1	OUT	C_1 K20	GO
4	LD	C_1	GO
5	OUT	Ry_1	GO
6	LD	X_2	GO
7	RST	C_1	GO
8	END		

(c) 프로그램

X_1의 계수용 PB S/W를 1회 누르면 카운터 C1의 계수값 20이 업 카운트된다. 설정값이 20으로 세팅되어 있어 X_1을 20회 누른 결과가 되어 카운터의 접점 C_1이 닫히고 출력 릴레이 Ry_1이 여자된다. 정지용 PB S/W X_2를 누르면 카운터의 값은 0이 되어 Ry_1이 감자된다.

(d) 카운터 회로 동작설명

【문제34】 플리커 회로와 카운터 회로를 조합한 회로이며 10개의 펄스를 발생시키는 회로이다. 펄스 동작조건을 만족하는 회로를 설계하고 프로그램을 작성하라.

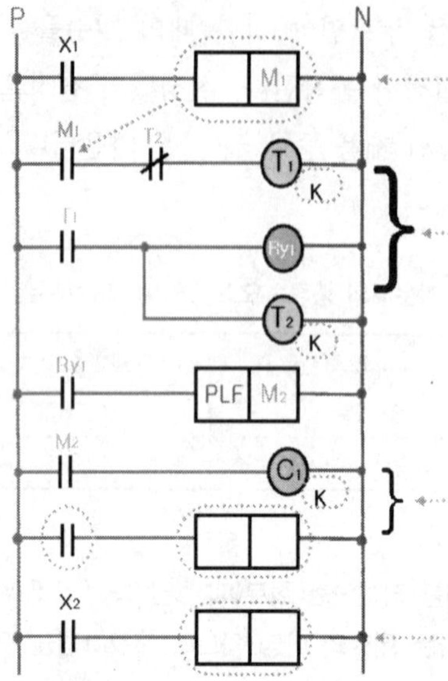

[카운터 펄스 동작조건]

① X_1을 누르면 보조릴레이 M_1이 세트된다.

② M_1이 세트되면 플리커 회로가 동작하여 Ry_1의 off가 1초면 on이 2초의 펄스가 발생한다.

③ M_1이 on과 off를 10회 반복하면 카운터의 접점이 동작하여 M_1이 리셋된다. 자동적으로 동작이 정지한다.

④ X_2을 누르면 C_1이 리셋된다.

(a) 펄스 발생회로 래더 다이어그램

스텝	명령		기입키
0			GO
1			GO
2			GO
3			GO
4			GO
7			GO
8			GO
9			

스텝	명령		기입키
12			GO
13			GO
14			GO
15			GO
18			GO
19			GO
20			GO
21			GO
22	END		

(b) 프로그램

【문제35】 PB S/W를 X_1과 램프 Ry_1을 PLC에 연결하여 X_1을 누르면 램프가 20회 점멸하는 회로를 설계하고, 단, 20회 점멸한 후에 자동적으로 카운터 C_1을 리셋하며 점멸의 간격은 회로 (b)와 같이 한다. 프로그램을 작성하라.

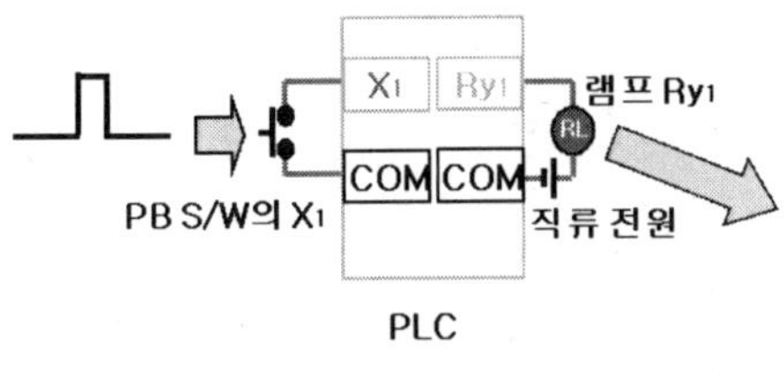

(a) PLC 접속도

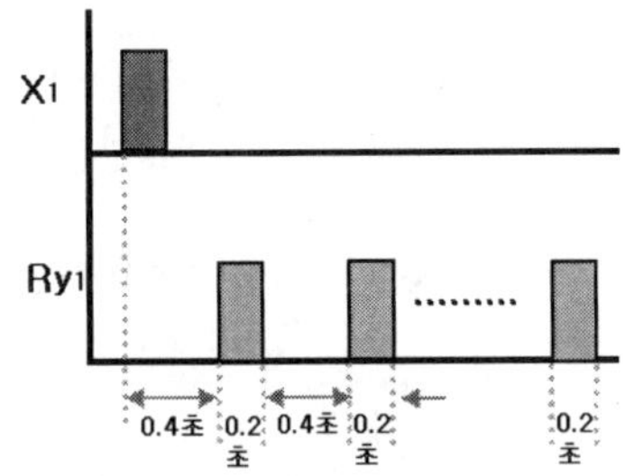

(b) 점멸 간격

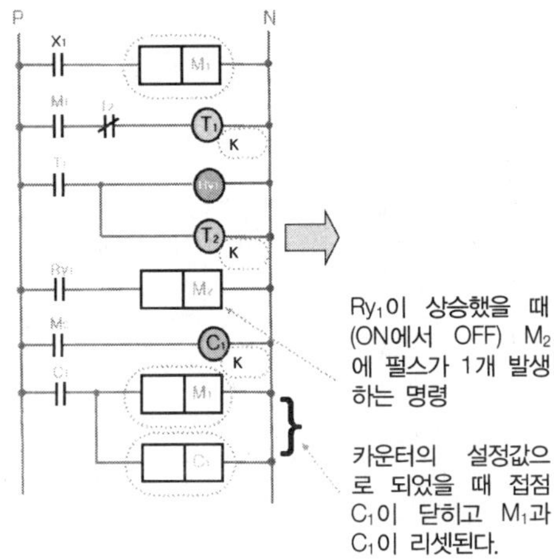

(C) 펄스 발생회로의 설계 래더 다이어그램

스텝	명령		기입키
0			GO
1			GO
2			GO
3			GO
4			GO
7			GO
8			GO
9			GO

스텝	명령		기입키
12			GO
13			GO
14			GO
15			GO
18			GO
19			GO
20			GO
21	END		

(d) 프로그램

3. PLC의 응용회로

릴레이 접점과 시퀀스 회로에서 PLC를 이용한 기본회로에 대하여 실습했으며, 응용회로는 기본회로를 잘 이해하고 있으면 여러 가지의 회로를 응용 설계할 수 있다. 회로의 설계에서 운전까지의 PLC 흐름에 대하여 설명한다.

또한 여러 회로의 응용 과제를 설계하여 동작하기까지의 제어회로를 익히면 기술이 한층 발전할 것이다. PLC의 회로를 설계하여 동작하기까지는 다음과 같은 설계작업의 순서도를 따른다.

표 6-16 ● PLC 회로설계 작업순서

작업	내용
제어회로 내용의 파악	제어회로 내용과 동작조건을 파악하고 동작 타임 차트를 작성한다.
입·출력 기기의 할당과 PLC의 접속	입·출력 기기를 어느 입·출력 단자에 접속할 것인가를 나누어 연결한다(같은 종류의 기기는 합쳐서 연결한다).
보조 릴레이, 타이머, 카운터 등의 할당	래더도를 그리면서 동시에 실행하는 경우가 많다. 같은 접점이 중복되지 않도록 연결표를 작성하면 편리하다.
래더도의 작성	제어의 동작순서로 작성한다(제어회로와 공정을 블록으로 나누어 회로를 간략히 하면 알기 쉽다).
코딩과 프로그램의 입력	래더도를 기본으로 프로그램을 작성하는 것을 코딩(coding)이라고 한다.
디버그	프로그램을 체크하는 것을 디버그(Debug)라고 한다. 프로그램 체크 기능이 있고, 에러 메시지와 에러코드 번호가 표시된다.
시운전과 프로그램의 보존	시운전하여 회로대로 동작하는지 확인한다. EPROM과 EEPROM 카세트에 프로그램을 보존한다.
병원설비 운전	병원설비 운전을 개시한다.

(1) PLC의 각종 입력기기

PLC의 입력부에 연결되는 입력기기에는 PB S/W 외에 여러가지 종류의 스위치나 센서 등이 있다. 스위치 종류에 대하여 간단히 설명한다.

1) 리밋 스위치(limit switch)

마이크로 스위치에 롤 조작 레버를 장착하여 외부의 기계적인 힘에 의하여 접점을 붙였다 떨어뜨렸다 하는 스위치이다.

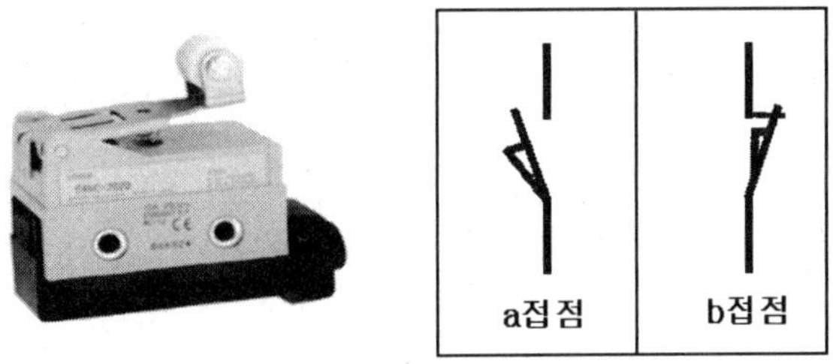

그림 6-19

2) 리드 스위치(reed switch)

자석의 접근에 의하여 N극과 S극의 자석의 힘으로 접점을 붙였다 떨어뜨렸다 하는 스위치이다.

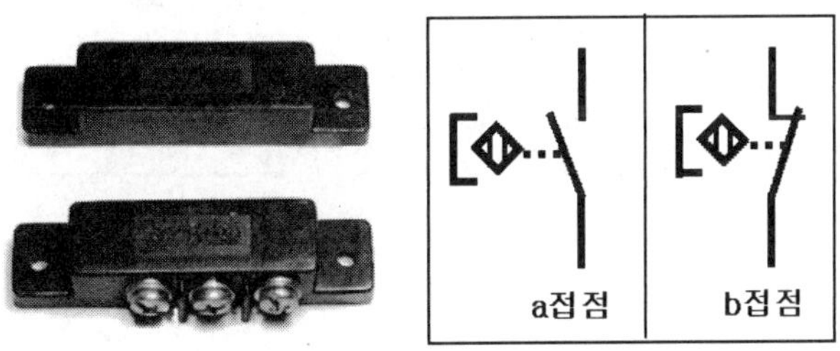

그림 6-20

3) 광전(光電) 스위치

물체에 빛을 투과하면 조사된 투과광 또는 반사광을 감지하여 스위치를 빛으로 접점을 붙였다 떨어뜨렸다 하는 스위치이다.

(a) 투과형 (b) 반사형 (c) 반사판

그림 6-21

【문제36】 도어와 창문과 금고 앞에 각종 스위치를 설치하여 그 중 제일 먼저 스위치가 동작할 때에 경보 램프가 점등됨과 동시에 버저가 계속 울리는 회로의 래더도, 프로그램을 작성하고, 정지 버튼을 누르면 버저 소리가 정지되어야 한다.

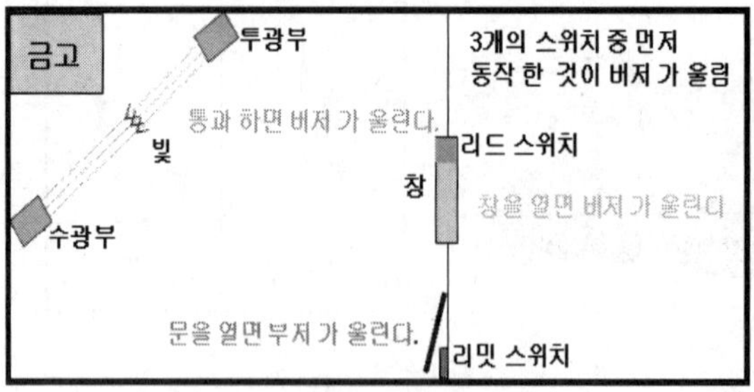

(a) 금고 경보장치 스위치 배치도

입·출력 기기	요소번호
도어, 리밋 스위치	X_1
창, 리드 스위치	X_2
통로, 광전 스위치	X_3
정지용 스위치	X_4
경보 램프	Ry_1
경보 버저	Ry_2

(b) 경보장치 할당표

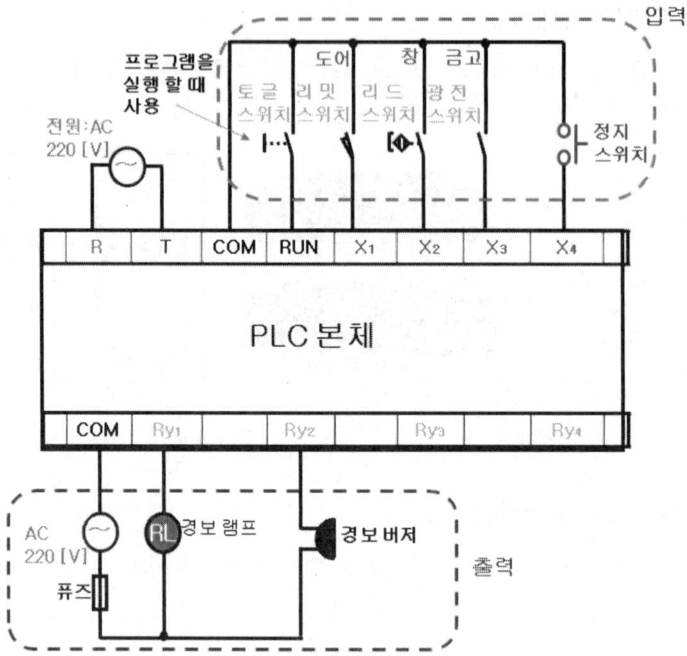

접속도

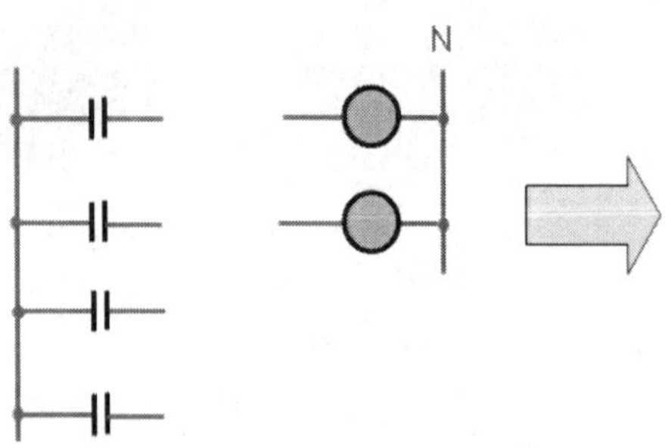

(c) 래더 다이어그램

스텝	명령		기입키
0			GO
1			GO
2			GO
3			GO
4			GO
5			GO
6			GO
7			GO

(d) 프로그램

【문제37】 선수 A, B, C가 참가한 버튼 빨리 누르기 퀴즈에서 3명의 출연자 중에서 가장 먼저 버튼을 누른 사람의 램프에 점등이 계속되는 동시에 벨이 4초간 울리는 회로를 그리고, 진행자에게는 정지용 스위치를 준다.

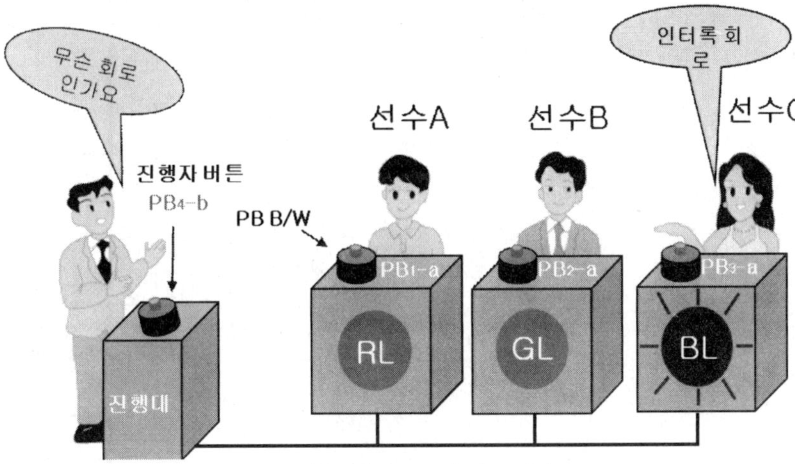

(a) 버튼 빨리 누르기 퀴즈 장치

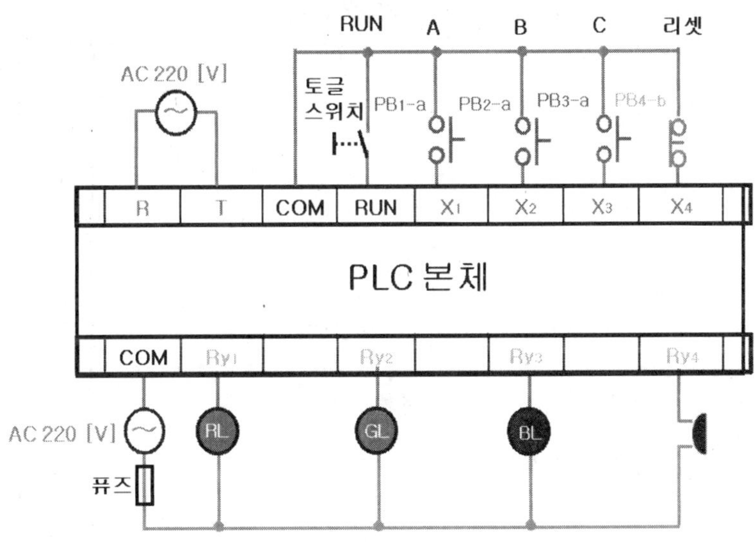

(b) PLC 입·출력 접속도

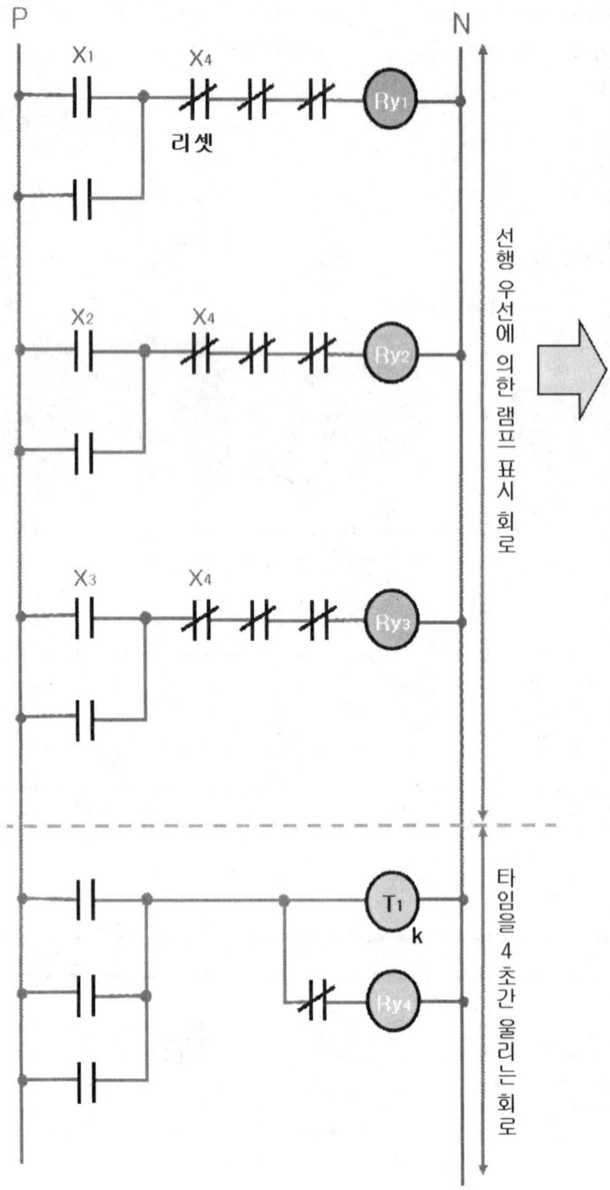

(c) 래더 다이어그램

스텝	명령		기입키
0			GO
1			GO
2			GO
3			GO
4			GO
5			GO
6			GO
7			GO
8			GO
9			GO
10			GO
11			GO
12			GO
13			GO
14			GO
15			GO
16			GO
17			GO
18			GO
19			GO
20			GO
21			GO
24			GO
25			GO
26	END		

(d) 프로그램

(2) 발광 LED의 제작

발광 LED로 글자 돌림장치를 제작하면 프로그램에 따라 여러 가지 LED 램프를 점멸시킬 수 있다.

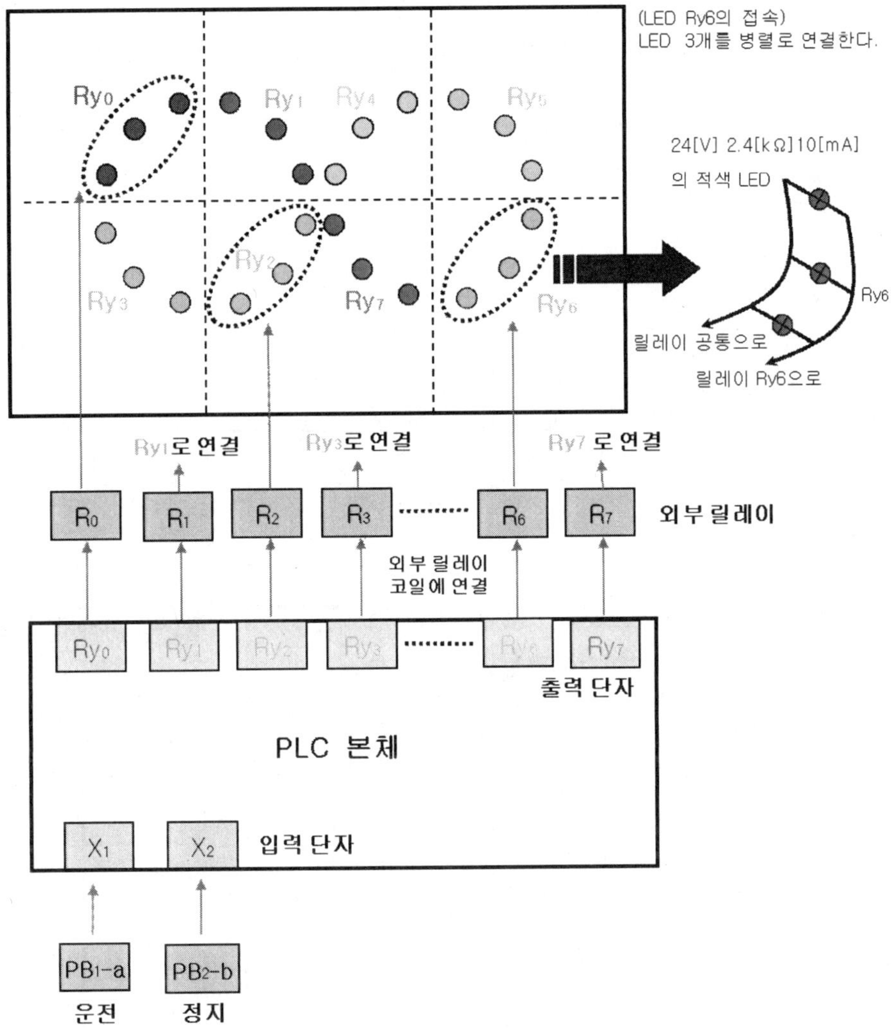

그림 6-22 ◦ 발광 LED 글자 돌림장치(출력이 8개)의 결선도

【문제38】 스타트용의 PB S/W PB_1-a를 눌렀을 때에 패턴과 같이 램프를 점멸시키는 발광 LED의 글자 돌림회로의 래더도와 프로그램을 그리고 램프 점멸은 2초로 지정한다. Ry_0 → Ry_1 → Ry_2 → Ry_3 → Ry_4 → Ry_5 → Ry_6 → Ry_7로 PB_2-a가 눌러지기까지 같은 동작을 반복한다.

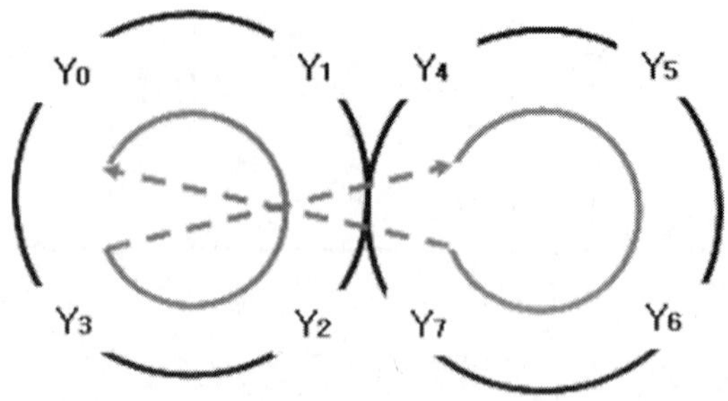

(a) LED의 글자 돌림회로

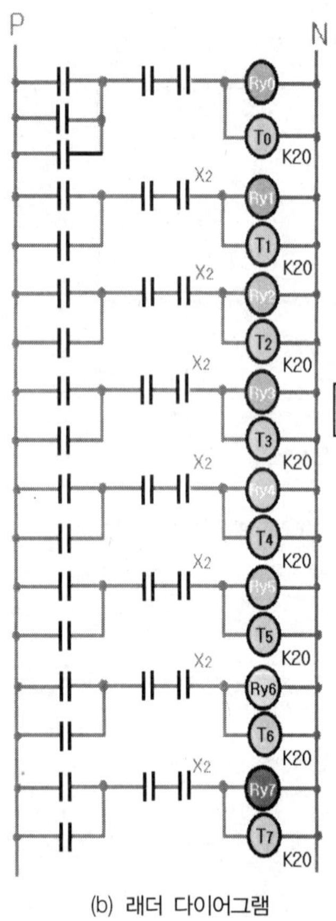

(b) 래더 다이어그램

스텝	명령		기입키
0			GO
1			GO
2			GO
3			GO
4			GO
5			GO
6			GO
9			GO
10			GO
11			GO
12			GO
13			GO
14			GO
17			GO
18			GO
19			GO
20			GO
21			GO
22			GO
25			GO
26			GO

스텝	명령		기입키
27			GO
28			GO
29			GO
30			GO
33			GO
34			GO
35			GO
36			GO
37			GO
38			GO
41			GO
42			GO
43			GO
44			GO
45			GO
46			GO
49			GO
50			GO
51			GO
52			GO
53			GO

스텝	명령		기입키
54			GO
57			GO
58			GO
59			GO
60			GO
61			GO
62			GO
65	END		

(c) 프로그램

【문제39】 스타트용의 PB S/W PB_1-a를 눌렀을 때에 다음의 패턴과 같이 램프를 점멸시키는 발광 LED의 글자 돌림회로의 래더도와 프로그램을 작성하고 램프 점멸은 2초로 지정한다. Ry_0 → Ry_1 → Ry_7 → Ry_6 → Ry_5 → Ry_4 → Ry_2 → Ry_3으로 B_2-a를 누르기 전까지 반복 동작한다.

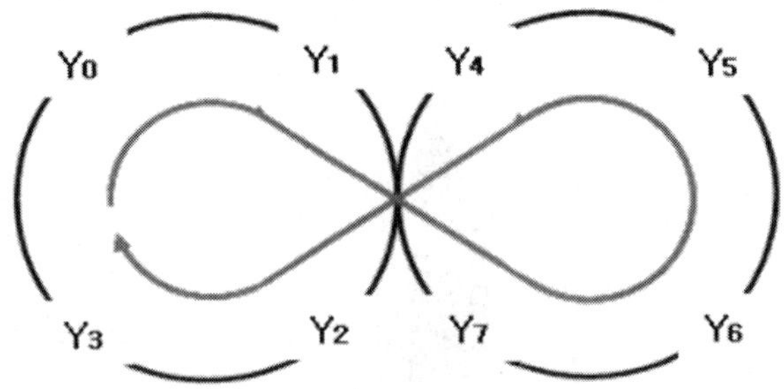

(a) LED의 글자 돌림회로

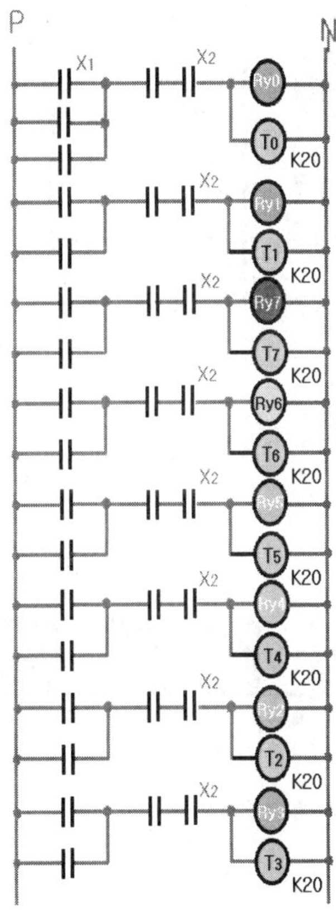

(b) 래더 다이어그램

스텝	명령		기입키
0			GO
1			GO
2			GO
3			GO
4			GO
5			GO
6			GO
9			GO
10			GO
11			GO
12			GO
13			GO
14			GO
17			GO
18			GO
19			GO
20			GO
21			GO
22			GO
25			GO
26			GO

스텝	명령		기입키
27			GO
28			GO
29			GO
30			GO
33			GO
34			GO
35			GO
36			GO
37			GO
38			GO
41			GO
42			GO
43			GO
44			GO
45			GO
46			GO
49			GO
50			GO
51			GO
52			GO
53			GO

스텝	명령		기입키
54			GO
57			GO
58			GO
59			GO
60			GO
61			GO
62			GO
65	END		

(c) 프로그램

【문제40】 보행자 신호등 회로이다. PB S/W인 PB_1-a를 누르면 청색 램프가 20초간 점등된 후에 청색 램프가 1초의 간격으로 점멸되고, 적색 램프가 20초간 점등된다. PB S/W인 PB_2-a를 누르기 전까지 반복동작을 계속하여야 한다. 보행자 전용 신호등의 래더도와 프로그램을 작성하라. 회로접속도와 래더도, 프로그램을 생각하고, 회로를 설계한다.
보행자용 신호등과 자동차 등의 교통 신호등을 조합하여 회로를 설계한다.

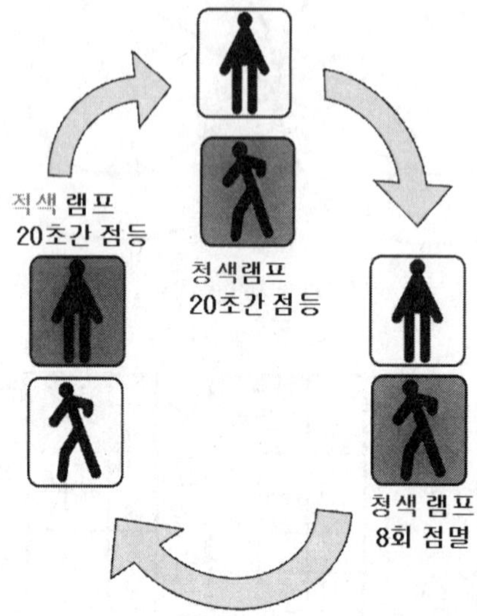

(a) 보행자용 신호등 동작

내용	입출력 기기	요소번호
운전 PB S/W	PB_1-a	X_1
정지 PB S/W	PB_2-a	X_2
청색 램프	GL	Ry_1
적색 램프	RL	Ry_2
청색 램프 타이머		T_1
적색 램프 타이머		T_2
청색 램프 점멸 타이머		T_3
		T_4
카운터		C_1

(b) 신호등 할당표

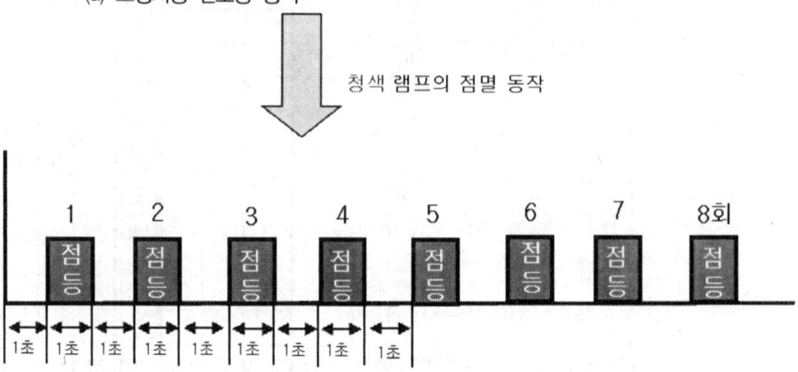

(c) 청색 램프의 점멸동작

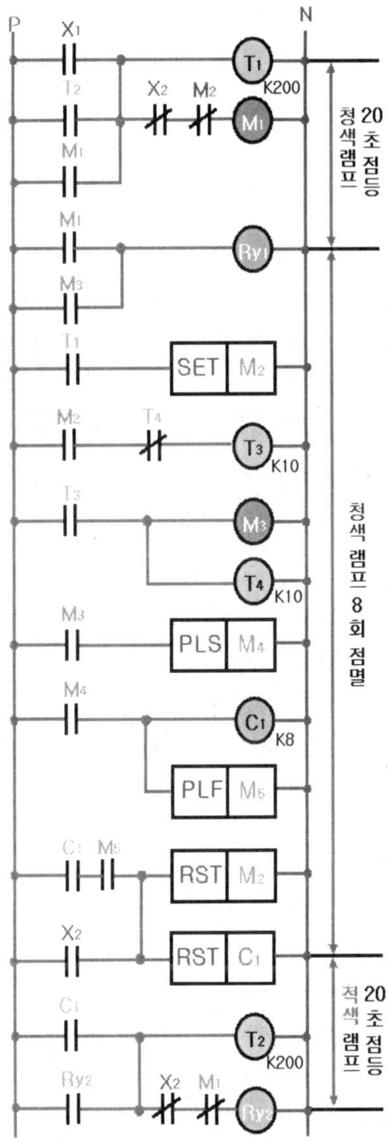

(d) 래더 다이어그램

스텝	명령		기입키
0			GO
1			GO
2			GO
3			GO
4			GO
5			GO
6			GO
7			GO
8			GO
9			GO
10			GO
11			GO
12			GO
13			GO
14			GO
15			GO
16			GO
19			GO
20			GO

스텝	명령		기입키
21			GO
24			GO
25			GO
26			GO
27			GO
30			GO
31			GO
32			GO
33			GO
34			GO
35			GO
36			GO
37			GO
38			GO
41			GO
42			GO
43			GO
44			GO

제6장 학습정리

■ PLC의 입·출력 기기(PLC)

프로그래머블 로직 컨트롤러(Programmable Logic Centroller : PLC)는 릴레이, 타이머, 카운터 등의 기능이 회로 중에 구성되며 마이크로컴퓨터를 중심으로 하는 전자장치이다. PLC 입력기기에는 푸시버튼 스위치, 리밋 스위치, 근접 센서, 광전 센서, 각종 센서 등의 기기를 연결하고 출력기기는 램프나 버저, 릴레이, 전자 개폐기 등의 기기를 출력으로 사용한다. 이들 기기로 입력에 대한 출력의 제어방법은 전개 접속회로도 래더도를 기초로 하여 PLC 전용의 프로그램을 입력함으로써 유접점 시퀀스와 같은 무접점 동작을 제어할 수 있다.

■ PLC의 전체 구성도

(1) 입·출력부 : PLC의 입·출력부는 현장의 외부 기기에 직접 접속하여 사용한다. PLC 내부는 직류전원(TTL)을 사용하지만 입·출력부는 직·교류 전압을 사용한다. 입·출력의 결선은 시스템 안정에 결정적인 요소가 되므로 외부 기기와 전기적 규격이 일치해야 한다. 외부 기기로부터의 노이즈가 CPU 쪽에 영향을 주면 안되며 결선이 용이해야 하고 각 접점상태를 점검할 수 있어야 한다. 입력기기나 출력기기를 직접 연결한다.

(2) 연산·제어부 : 연산부에서 논리 연산처리가 행해지면 출력부를 통하여 출력장치를 구동시킨다. 제어부는 메모리에 저장되어 있는 시퀀스 제어내용의 프로그램을 차례대로 인출하여 판독하고 프로그램을 수행한다. 프로그램의 입력내용을 동작순서에 따라 실행시킨다.

(3) 기억부 : PLC의 두뇌에 해당하는 부분으로서 메모리에 저장되어 있는 프로그램을 실행하고 해독하여 처리내용을 실행한다. 매우 빠른 속도로 반복되며 모든 정보는 2진수로 처리되며 프로그램을 기억한다.

(4) 프로그래밍 장치 : PLC의 사용자가 장치를 제어할 프로그램을 작성하여 메모리에 저장시키는 부분으로 그 내용은 LCD를 통해서 표시된다. 프로그램을 작성이나 판독 등을 한다.

■ PLC 프로그램의 실행순서

PLC 제어와 릴레이 시퀀스의 가장 근본적인 차이점은 "직렬처리와 병렬처리"라는 동작상의 차이가 있다. PLC는 메모리에 있는 프로그램을 순차적으로 연산하는 직렬 처리방식이고, 릴레이 시퀀스는 여러 회로가 전기적인 신호에 의해 동시에 동작하는 병렬 처리방식이다. 따라서 PLC는 어느 한 순간(부분) 회로를 보면 한 가지 일밖에 하지 않는다. 명령은 0스텝에서 END 명령까지 반복하여 실행되며 프로그램의 스텝 번호는 2000스텝까지 사용할 수 있다(기종에 따라 다름). 2000 스텝까지의 소요시간은 약 10[ms]정도이다. 스텝 번호의 순서로 실행되므로 프로그램을 작성할 때에는 회로처럼 주의가 필요하다.

제 6 장 평가문제

1. PLC의 입·출력 기기에 대한 설명으로 올바르지 않은 것은?
   ① 릴레이, 타이머, 카운터 등의 기능이 회로 중에 구성된다.
   ② 마이크로컴퓨터를 중심으로 하는 전자장치이다.
   ③ 입력기기에는 푸시버튼 스위치, 리밋 스위치, 근접 센서, 광전 센서, 각종 센서 등이 있다.
   ④ 출력기기는 램프나 버저, 릴레이, 전자 개폐기 등의 기기를 출력으로 사용한다.
   ⑤ 출력에 대한 입력의 제어방법은 전개 접속회로도를 기초로 하여 제어한다.

2. PLC의 전체 구성도에 대한 설명으로 옳지 않은 것은?
   ① 입·출력부 : 입·출력부는 직·교류 전압을 사용한다.
   ② 입·출력부 : 결선이 용이해야 하고 각 접점상태를 점검할 수 있어야 한다.
   ③ 연산·제어부 : 프로그램의 입력내용을 동작순서에 따라 실행시킨다.
   ④ 기억부 : 하드디스크에 저장되어 있는 프로그램을 실행하고 해독하여 처리내용을 실행한다.
   ⑤ 프로그래밍 장치 : 프로그램을 작성이나 판독 등을 한다.

3. 프로그래머블 로직 컨트롤러의 입력기기에 해당하지 않는 것은?
   ① 푸시버튼 스위치　② 리밋 스위치　③ 콘덴서
   ④ 근접 센서　⑤ 광전 센서

4. "명령은 0스텝에서 END 명령까지 반복하여 실행되며 프로그램의 스텝 번호는 2000스텝까지 사용할 수 있다." 는 어떤 프로그램의 실행순서를 말하는가?
   ① ACL 프로그램　② C언어 프로그램　③ 베이직 프로그램
   ④ 리눅스 프로그램　⑤ PLC 프로그램

5. 릴레이 시퀀스와 PLC의 장·단점을 비교한 설명이다. 다음 중 올바르지 못한 것은?
   ① PLC는 배선이 유접점이 아니고 무접점이므로 복잡하지 않다.
   ② PLC는 회로설계가 용이하고 프로그램의 변경을 간단히 할 수 있다.
   ③ PLC는 보수관리가 용이하고 기기의 신뢰성이 높으며 콤팩트하나 초기 구입비가 많다.
   ④ PLC는 LSI 등 전자부품의 집합으로 릴레이시퀀스와 같은 접점이나 코일은 존재한다.
   ⑤ 메모리에 프로그램을 기억시켜 놓고 순차적으로 내용을 읽어서 그 내용에 따라 동작하는 방식이다.

제7장 전기설비 측정장비 및 전기 심벌

병원에서 가장 많이 쓰이는 의료기기인 환자 감시장치를 직접 다룸으로써 실제 의료기기의 운용과 각 생체신호의 측정 방법을 알 수 있게 하였으며, 시뮬레이터로 각종 상황에서 얻을 수 있는 생체신호를 직접 측정할 수 있도록 구성하였다. 또한 오실로스코프로 환자 감시장치의 내부를 측정함으로써 증폭기와 필터가 회로에서 어떻게 동작하는지 직접 보고 이해할 수 있도록 구성하였다.
전기설비 측정장비 사용법과 전기 심벌을 나타냄으로써 병원설비나 건축물에서 가장 많이 쓰이는 회로도를 쉽게 이해할 수 있도록 심벌과 용어를 기초적으로 나타내었다.

01 전기전자 실습장비

학 습 목 표

- 오실로스코프로 회로구성을 알 수 있다.
- 디지털 신호발생기 내부구조를 알 수 있다.
- 직류전원 공급기를 통한 AC를 DC로 바꿀 수 있다.

현대에는 대부분의 산업시설이 전기로 구성되어 있고 전기장비에 따른 편리성, 간편성, 신속성 등 전기를 사용하는 이들에게 만족감을 준다. 하지만 감전사고, 전기장비의 합선으로 인한 화재 등 전문적인 지식과 안전교육이 안된 이들에게서 사고가 일어날 수 있는 확률이 크다. 따라서 의료 전기실습에서는 각 장비의 외부, 내부 구성상태를 구체적으로 알아보고 병원에서 쓰이는 전기장비가 어떤 것들이 있으며, 그 장비들이 어떠한 역할을 하는지 학습할 수 있다. 특히 의료 전기장비는 공학적이고 실습적, 이론적으로 뒷받침이 되어야 하며 의료 전기장비를 가지고 정확하게 작업하므로 안전성을 보장할 수 있다. 우리는 기기로 신호를 받아들여 그 신호를 센서나 각 입력 부분으로부터 전달받아 그 신호를 작게는 몇 십 배에서 수만 배의 비율로 증폭시키기 때문이다. 1[mA]의 누설전류는 인체에 치명적인 피해를 줄 수 있고 센서 신호를 증폭시키는 과정에서 아주 적은 오류가 수만 배로 증폭이 되어 의료 전기설비를 배우는 학생들에게 잘못된 정보를 제공하여 정밀도가 떨어지고 각종 의료 전기장비의 오동작이나 불량품이 발생할 수 있다. 따라서 전기장비 실습을 통한 회로구성 내부, 외부 구조를 정확히 알고 기기를 사용하여야 한다.

디지털 오실로스코프는 전압의 측정, 시간측정, 주파수 측정 등에 사용할 수 있다. 디지털 LRC 미터는 일반적인 인덕턴스, 커패시터, 저항 측정뿐만 아니라 LR, CR 회로의 임피던스(impedance) 특성까지도 측정 가능한 다기능 측정을 할 수 있다. 또한 표준 주파수 펄스를 입력하거나, 펄스폭 조정을 임의로 조정하여 펄스 회로, 디지털 회로, 아날로그 회로 등과 같은 회로실습 및 테스트 등에 사용하는 전기장비와 3상 인버터, 3상 유도전동기, 입·출력 기기 등으로 구성하여 PLC의 D/A 유닛 및 디지털 입·출력과의 연계하여 사용하는 인버터 제어 실험장치가 구성된다.

의료 전기장비에서는 병원에서나 의료기관 등 의료기기 생산공장에서 사용하고 측정하는 장비와 전기제어의 기본인 시퀀스에 대하여 실습할 수 있는 장비를 배우고 익힌다.

순번	그 림	품 명	사용용도
1	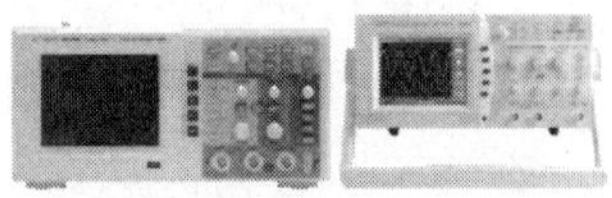	디지털 오실로스코프 (oscilloscope)	가로는 시간축, 세로는 전압축으로 교류 및 직류 파형을 화면에 표시하는 장치로 전압의 측정, 시간측정, 주파수 측정 등에 사용할 수 있다.
2		디지털 스토리지스코프(로직분석기능)	기존 오실로스코프의 기능을 포함하고 스토리지 기능이 추가된 것으로 비주기파 및 로직분석도 가능하다.
3	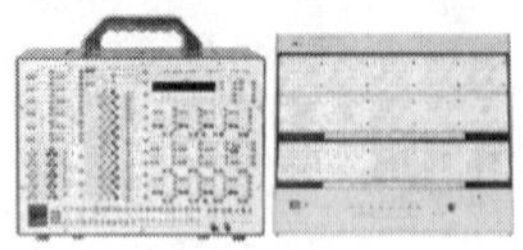	논리회로 실습장치	Digital 회로의 논리적인 기초를 간단하게 구성하여 눈으로 보면서 이해할 수가 있다. Logic Module의 표면에 그 동작상태를 나타내며 이때 출력표시는 적색으로, 입력표시는 녹색으로 나타난다.
4	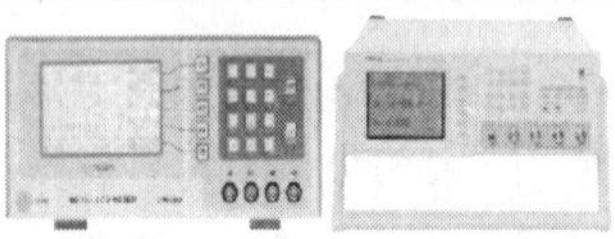	디지털 LCR 미터	일반적인 인덕턴스, 커패시터, 저항측정뿐만 아니라 LR, CR 회로의 임피던스 특성까지도 측정 가능한 다기능 측정을 할 수 있다.
5	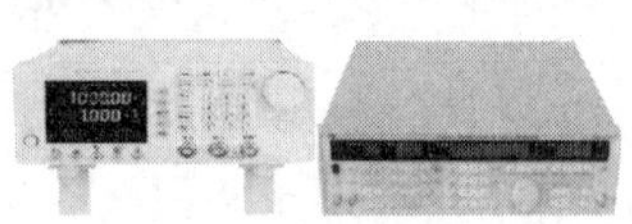	디지털 신호발생기	일반적인 신호발생기처럼 사용할 수 있으며 변조하고 싶은 신호를 입력하여 FM, FM Stereo, AM, PM, FSK, PSK, ASK 등으로 변조하는 실습을 할 수 있다.
6		롬이레이저	EP-ROM 안에 있는 데이터를 지울 때 사용한다.
7		롬 라이터	각종 IC 즉 EP-ROM, EEP-ROM, Micro Chip 등 칩 내부 ROM에 프로그램 데이터를 저장할 때 사용한다.
8	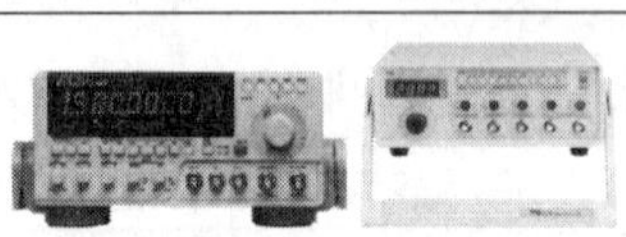	함수발진기 신호발생장치	실습에 필요한 파형 즉 사인파, 삼각파, 구형파의 주파수 및 크기를 조정하여 원하는 파형을 입력해서 실습할 수 있다.
9	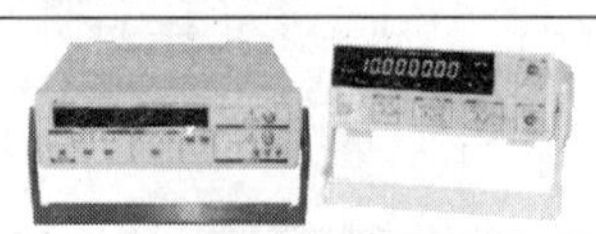	주파수 카운터	측정하고자 하는 미지의 파형의 주기 및 회전수를 알고자 할 때 사용한다.
10		디지털 멀티미터	전자부품의 유무 확인과 회로의 이상 여부를 찾거나 실습에 대한 측정값을 얻을 때 사용한다. AC, DC, V, A, R을 측정할 수 있다.
11	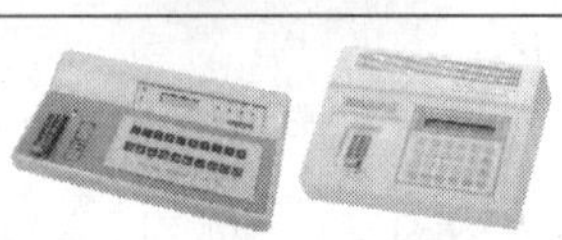	디지털 IC 테스터	TTL 54/74 Series와 CMOS 40/41/45 Series의 Digital IC들의 정상 유무를 체크할 때 사용한다.

그림 7-1 ◦ 전기전자 실습장비(1)

순번	그 림	품 명	사용용도
12	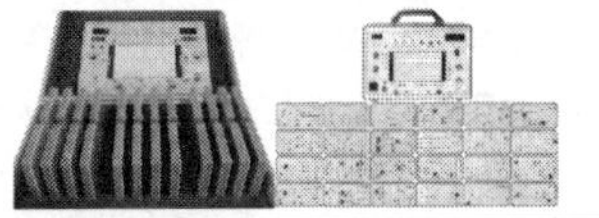	아날로그 및 반도체 실습장치	아날로그 회로를 브레드보드판에 구성하거나 각종 반도체 모듈을 사용하여 실습하거나 설계할 때 사용한다.
13	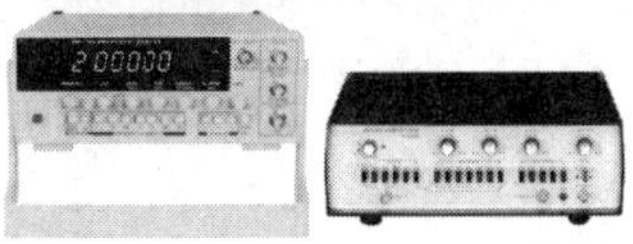	펄스 발진기	표준 주파수 펄스를 입력하거나, 펄스폭 조정을 임의로 조정하여 펄스 회로, 디지털 회로, 아날로그 회로 등과 같은 회로실습 및 테스트 등에 사용한다.
14		직류전원 공급기	컴퓨나 그 주변기기, 회로 실습 등 모든 전기기기는 직류전원을 필요하므로 AC를 DC로 바꾸어 주는 전원회로를 가지고 있는 장치이다. 직류 0~30[V], 0~3[A] 출력을 가변하여 사용할 수 있다.
15	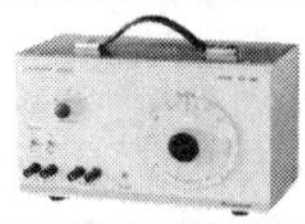	코울라시 브리지	브리지 평형조건을 이용하여 정밀하게 저항을 측정할 때 사용한다.
16	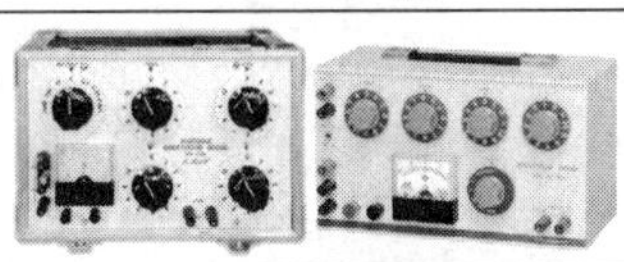	휘트스톤 브리지	브리지 평형조건을 이용하여 정밀하게 저항을 측정할 때 사용한다.
17	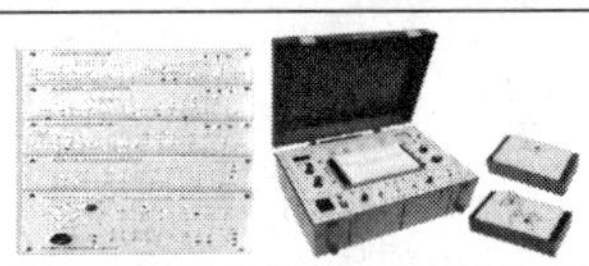	연산 증폭회로 실습장비	체계적인 OP-AMP 실습진행을 할 수 있을 뿐만 아니라 전반적인 아날로그 회로의 실습을 할 수 있다.
18	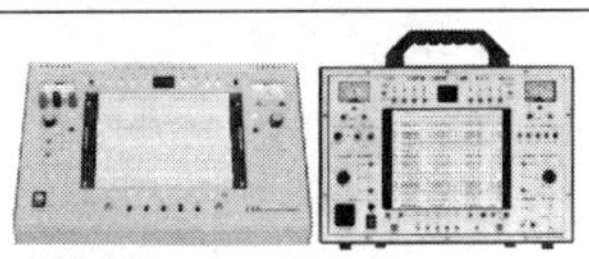	로직 실습장비	LOGIC LAB UNIT는 Digital 회로의 설계 및 실습용으로 사용하는 장비이다.
19	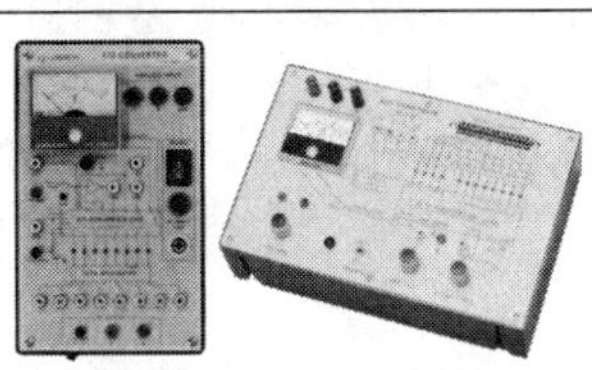	A/D 변환 실습장치	아날로그 신호를 디지털 신호로 변환하는 장치로서 전압, 전류, 온도, 습도, 압력, 유량, 속도 등과 같은 연속성 아날로그 신호를 컴퓨터가 읽을 수 있는 이진 디지털 신호로 변환시키는 실습을 할 때 사용한다.
20	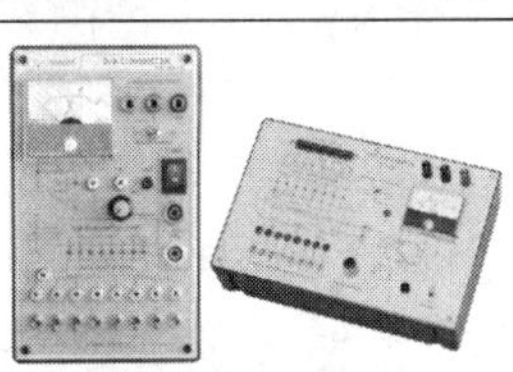	D/A 변환 실습장치	디지털 신호를 아날로그 신호로 변환하는 장치로서 부호화된 디지털 신호를 전류나 전압 같은 아날로그 신호로 변환시키는 실습을 할 때 사용한다.
21	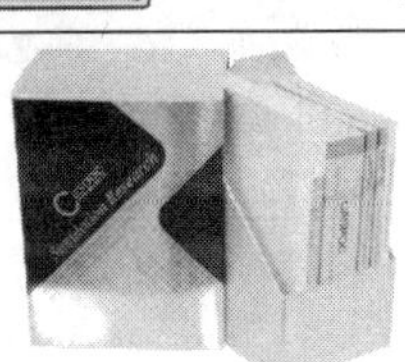	의료전기/전자회로 시뮬레이션	가상 전자회로를 구성하여 시뮬레이션을 통한 검증 및 해석이 가능한 S/W 전자회로 시뮬레이션 프로그램은 아날로그·디지털 및 혼합회로의 설계와 모의실습 및 해석을 할 때 사용한다.

그림 7-1 • 전기전자 실습장비(2)

순번	그 림	품 명	사용용도
22	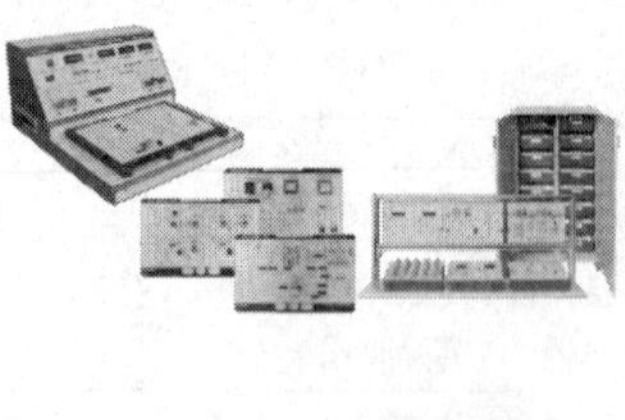	기초 전기전자 실습장치	의료 전기전자의 이해를 도와주는 장비로 PCB 보드(모듈)를 교체하면서 기초회로를 구성하고 본체의 신호원과 측정기기들을 통해 회로실험을 할 수 있다. 계측기를 활용 인터페이스를 제공하여 전기 및 전자회로의 기초이론과 응용실습을 위한 장비로서 디지털, 기초공동 전자실습, 전자회로실습에 활용한다.
23	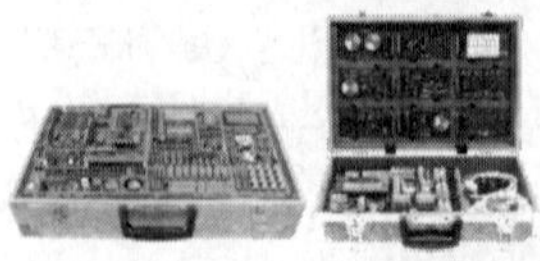	마이크로프로세서 실습장비	마이크로프로세서를 사용하여 도트 매트릭스, 텍스트/그래픽 LCD, 키패드, 서보/스텝모터 등을 제어실습할 때 사용한다(8051, AVR, PIC).
24	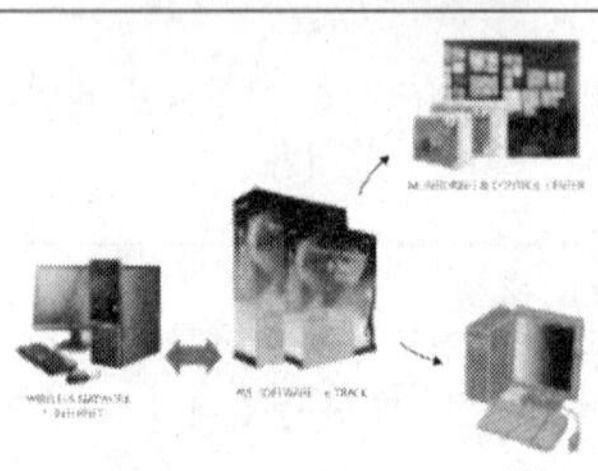	U헬스케어 관제시스템	환자 감시장치와 모바일, 인터넷을 연결하여 심전도 데이터를 전송받을 수 있으며 전송받은 환자의 심전도 데이터를 관리하고 당뇨병, 고혈압, 고지혈증 등 만성질환환자와 비만, 영양불균형 등 나쁜 생활습관을 가진 건강위험자들의 건강을 개선시키는 헬스케어 솔루션이다.
25	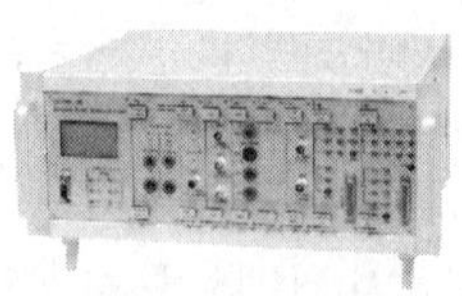	PC 기반 계측실습장비	전기전자 실험실습 및 연구개발에 필요한 필수 계측장비들을 PC 기반으로 통합한 종합 계측장비로 실습에서 수집된 데이터를 컴퓨터에서 분석이 가능하다. 실시간 측정 분석된 데이터가 수치 및 그래프의 데이터로 표시되며 이 결과를 토대로 데이터 처리 및 응용학습이 가능하다.
26	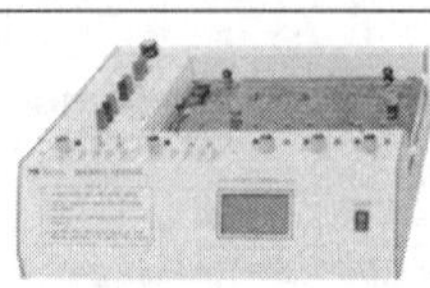	PC 기반 기초 전기전자 실습 실습장치	PC상에서 리얼 계측기를 활용 인터페이스를 제공하여 전기 및 전자회로의 기초이론과 응용실습을 위한 장비로서 디지털, 기초공동 전자실습, 전자회로 실습에 활용한다.
27	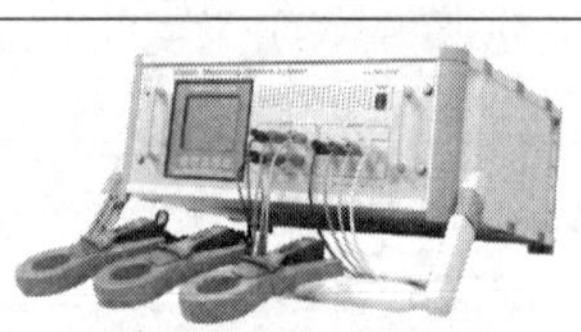	PC 기반 계측 분석 장비	의료 관리시설에 사용되는 전원 품질분석은 물론 적절한 전기설비회로에 데이터를 상시 감시할 수 있는 종합 계측장비로 수집된 데이터를 컴퓨터에서 분석이 가능하다.
28	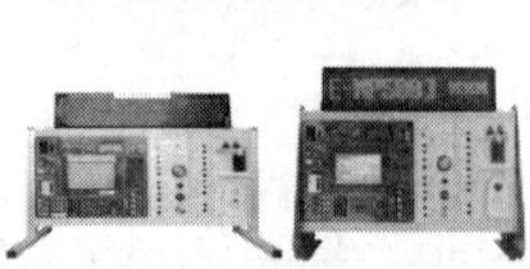	u-헬스케어 모바일 관제 실험장치	첨단 모바일 관제 기술을 응용하여 중점관리 대상의 환자들의 건강상태 정보 및 위치 등을 실시간 관제가 가능한 시스템으로 관리자가 웹접속을 통한 관제가 가능한 시스템이다.

그림 7-1 • 전기전자 실습장비(3)

순번	그 림	품 명	사용용도
29	 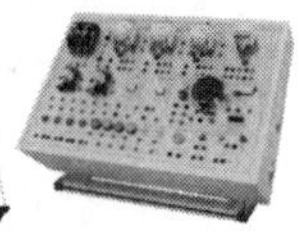	시퀀스 실습장비	전기제어의 기본인 시퀀스에 대하여 실습할 수 있도록 구성되어 있으며, 사용자가 직접 시퀀스 회로를 구성하고 자유롭게 부품을 배치하여 터미널 단자대를 통한 실배선하여 시뮬레이션할 수 있다.
30	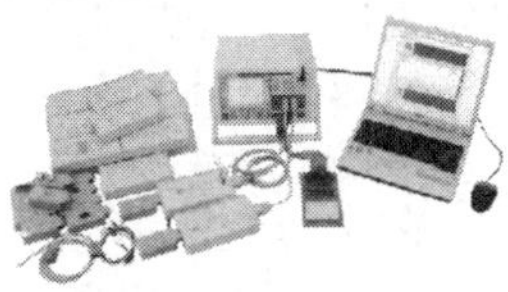	유비쿼터스 센서 실험장치	센서모듈을 본체에 연결하여 환자의 데이터를 관리하고 각종 센서 값의 데이터를 RF 전송하는 센서 응용실험 실습할 때 사용한다.
31	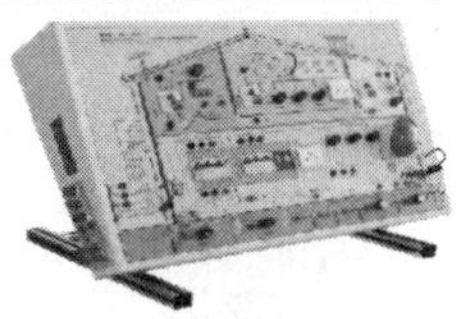	의료설비 전기안전 공학 실험장치	의료장비의 전기안전에 관련한 전기측정 방법 교육이 가능하다. 전기안전사고 예방을 위한 교육으로 누설전류, 전기차단 등 사용자가 직접 테스트 실험이 가능하다.
32		의료설비 종합전기 안전측정기	전기 종합 측정기로 교류전압, 직류전압, RST 검상, 검전 등 다양한 측정기능을 수행할 수 있으며 절연저항, 접지저항 측정기능에서 탁월하다.
33	 	전력전자회로 실험장치	전력전자 기본회로의 도식화하여 한눈에 알아볼 수 있도록 제작되어 전력소자 및 R, L, C 소자를 응용회로에서 연결하는 실습 및 설계할 때 사용한다. 1ϕ 및 3ϕ 위상제어, PWM 회로 파형을 측정할 때 사용한다.
34	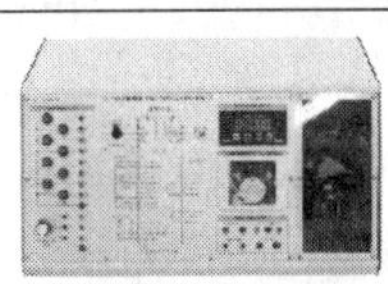	인버터 제어 실험장치	3상 인버터, 3상 유도 전동기, 입·출력 기기 등으로 구성하여 PLC의 D/A 유닛 및 디지털 입출력과의 연계하여 사용한다.
35	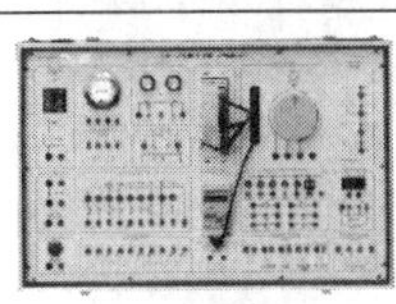	AC 서보 모터 실험장치	오퍼레이터에 의한 서보 모터 가동실험 등 아날로그 전압에 의한 서보 모터 속도제어 실험, 다단 속도제어 실습을 할 수 있다.
36	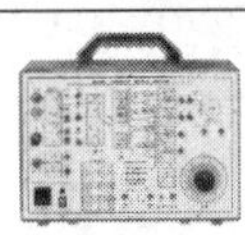	스테핑 모터 실험장치	스테핑 모터의 작동원리를 이해할 수 있으며, 회전각도 제어 및 속도제어 실습에 활용한다.
37	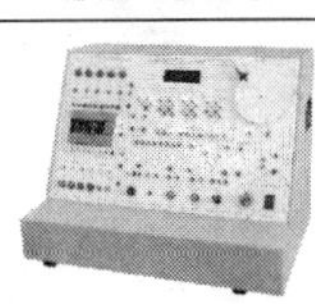	DC 모터 제어 실험장치	DC 모터를 PLC 프로그램에 의해 제어할 수 있는 구성회로를 분석하고, 실험과 회로 구성이 가능하며, DC 모터 제어용으로 사용하여 실습하거나 설계할 때 사용한다.

그림 7-1 ▪ 전기전자 실습장비(4)

순번	그 림	품 명	사용용도
38	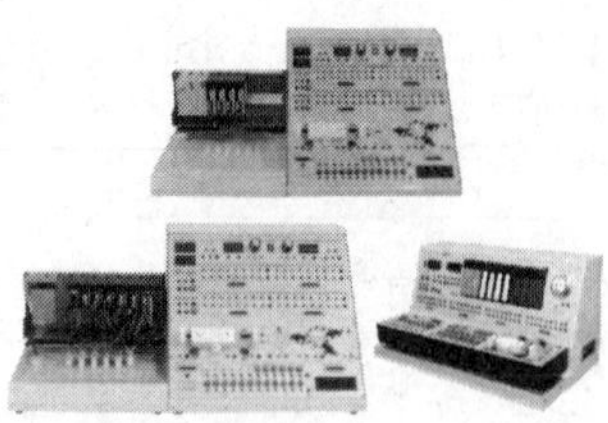	PLC 실험장치	멀티형 PLC 실험장치 및 공압회로, 유압회로(비례 및 서보 유압 포함), 전기 시퀀스회로(모터 제어, 전기설비 포함), 및 디지털 전자회로 설계 등의 기능과 작성한 회로를 모의실험할 수 있는 기능이 하나의 소프트웨어에서 호환되어 실행됨으로써 각 제조사별 다양한 PLC 유닛을 교체하여 실습할 수 있으며, 다양한 자동화 시스템 제어설계를 위한 교육을 효율적으로 학습할 수 있다.
39		변압기 실험장치	다양한 입출력 측정용 계기를 통한 계측회로 결선 실습 가능하며, 단상/삼상 변압기의 다양한 특성, 입출력 전압, 전류, 전력 등의 특성 실험할 때 사용한다.
40	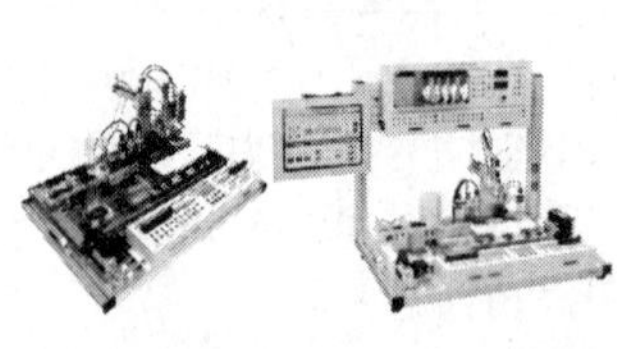	MPS 실험장치	HMI(터치패널)상위 제어를 통한 PLC 및 마이크로프로세서 제어를 하므로 자동화 생산공정 회로설계부터 실습 프로그램 시운전 등의 전문적인 PC 기반 및 PLC, 마이컴 제어기술을 실습할 때 사용하며 공급, 이송, 적재 등의 제어실습이 가능하다.
41	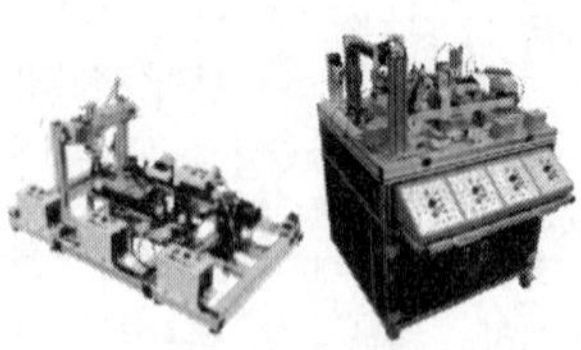	생산자동화 실험장치	분해조립형 단위공정 실습을 위한 통합의료 자동제어 실험장치로서 PLC와 연동하여 공정 분야별로 컨베이어, 센서, 이송장치 등 복합적인 실습을 할 수 있다. 공압실습과 전기공압실습이 가능하며, 모듈별 종합실습이 가능한 자동화 특성실험할 때 사용한다.
42	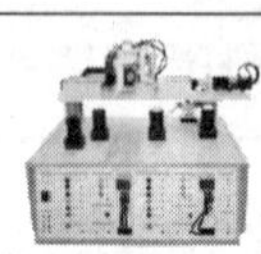	2축 로봇 서보제어 실험장치	PLC 연계형 서보제어 로봇 실험장치로서 의료 부품 등의 정밀 이송공정 실험장치로 사용할 수 있다.
43		자동창고 실험장치	PLC 제어 컨베어, PTP Robot Unit와 함께 종합 시스템 제어가 가능하며, 의료용 알약 제조기 실험장치로 사용할 수 있다.

그림 7-1 ◦ 전기전자 실습장비(5)

02 의료기기 실습장비

학 습 목 표

- 의료기기 전반에 대한 지식을 습득할 수 있다.
- 의료기기의 안전에 대하여 이해할 수 있다.
- 환자감시장치의 구성에 대하여 이해할 수 있다.

의료기기는 전기전자적 요소들과 기계적 요소들로 구성되어 공학적이고 의학적인 이론을 만족하는 하나의 기기로 탄생하게 되었으나, 아주 미약한 생체신호를 센서나 각 입력 부분으로부터 전달받아 그 신호를 몇 십배에서 몇 만배로 증폭시켜서 인체에 직접적으로 사용하여 환자의 생명에 바로 연관이 되기 때문에 의료기기를 배우는 학생을 비롯하여 병원설비 및 모든 장비를 다루는 모든 사람은 다른 일반 전자기기와는 다르게 확실한 주의 및 충분한 사용 숙지가 필요하며, 제조자 역시 무엇보다도 최우선을 안전성과 신뢰성이 있어야 한다. 의료기기에는 치료기기와 진료기기로 나뉘어진다. 이 단원에서는 치료기기 장비와 진료기기 장비에는 어떤 것들이 있는지 알아보고 어떻게 쓰이고 인체에 어떤 영향을 미치는지 알아볼 수 있다.

진료기기 장비는 환자가 병이 악화되는 것을 방지하거나 그전에 점검, 검사가 필요할 때 쓰는 장비이며, 휴대용 진료기기와 병원에서 쓰는 진료기기 등으로 분류할 수 있다. 또한 의사가 육안으로 관찰할 수 없는 정밀한 부위와 신체 내부까지 정밀하게 진단할 수 있어 현대의학에 유용하게 의료기기가 쓰이고 있다. 진료기기의 종류가 많지만 이 교재에서는 간단하게 전기 생체신호 감시장치, ECG 시뮬레이터, 비관혈식 혈압분석기, 산소포화도 시뮬레이터, 휴대용 환자감시장치, 약물주입 펌프 분석기, 바이오 카메라, 열화상 카메라, 심전도 데이터 통신 프로그램, 종합체력측정 시스템 등을 나열하였다.

치료기기 장비는 진료기기가 인체의 이상 유무를 판단해서 의사에게 전달하고 의사는 그 검사결과대로 치료기기를 사용하여 환자를 치료할 수 있다. 예를들어 과거에는 환자를 수술할 때 일일이 메스와 수술용 가위로 절개를 하고, 물리치료사를 통한 인위적인 물리 재활치료를 했지만, 현대에 들어서는 수술용 가위 대신 전기 수술기를 사용하고 물리치료사를 대신할 전기자극 치료기가 개발되어 환자와 의사 모두에게 유용하게 쓰이고 있다. 치료기기 종류로는 전기자극 치료기, 인퓨젼 펌프, 황달 치료기, 심장 충격기, 고압산소 치료기, 체외 충격파 치료기, 피드백 장치 등이 있다. 이러한 의료기기장비들의 구성과 역할에 대하여 학습하고 더 나아가 전문적인 의료지식을 습득함으로써 환자에게 안전하고 유익하게 쓰일 수 있도록 연구하고, 의료기기장비를 이해할 수 있도록 한다.

순번	그 림	품 명	사용용도
1		전기생체신호 감시장치	심전도 및 생체신호를 계측 및 실시간 모니터링할 때 사용한다. ECG, NIBP, SpO_2, T1, T2, 맥박수, IBP, 호기말 이산화탄소
2		전기생체신호감시 실습장치	실제측정기의 투명형 실습장치로서 심전도와 생체신호를 계측 및 실시간 모니터링 실습하고 회로의 구성 등을 이해하고 실습하는 장치이다.
3	 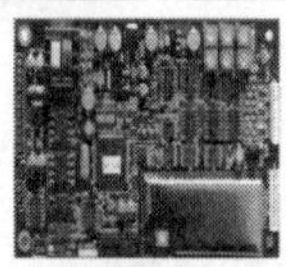	ECG 시뮬레이터	심전도, 12리드 심전도, 페이스메이커, 호흡, 체온, 맥박, IBP(관혈식 혈압) 등의 신호를 시뮬레이터로 사용한다. 임의의 파형을 가공하여 제공 가능하다.
4	 	비관혈식 혈압분석기 (NIBP)	NIBP 모니터에 자동으로 캘리브레이션이 된다. 비관혈식 혈압측정 시에 사용된다.
5	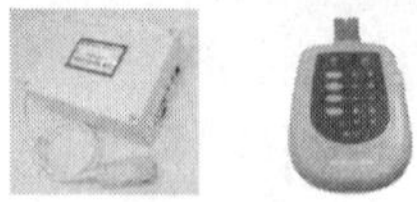	산소포화도 시뮬레이터 (SpO_2)	센서 없이 산소포화도의 신호를 발생하여 시뮬레이션을 할 수 있다.
6	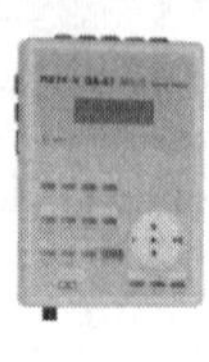	측정기기 안전분석기 (누설전류 측정기)	의료기기의 전원 테스트, 공급전압 측정, 접지저항, 접지와 새시 사이의 누설전류 측정, 리드 절연 테스트, 리드선과 리드선 사이의 누설전류, 보조장비의 전류와 전류차이 측정, 생체 누설전류 측정, 직접적인 전류측정을 할 수 있다.
7	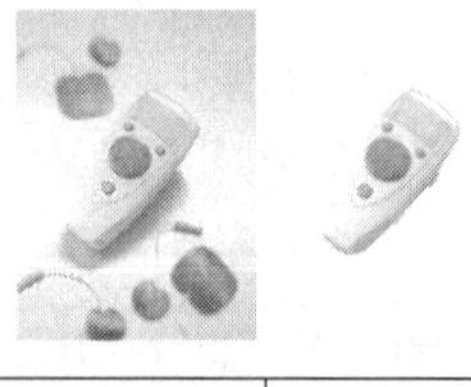	전기자극 치료기	환자의 자발적인 치료를 유도하고, 기능적 전기자극, 지속적인 전기자극, 바이오피드백, 기준치 이상의 레벨에서의 움직임을 통한 전기자극, 전기자극과 바이오피드백의 조합운동 등 수의적 운동을 유도하는 재활치료기이다.
8	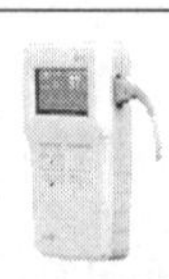 	휴대용 환자감시장치	응급현장, 병원 또는 일반 장소에서 손쉽게 심전도 모니터링, 데이터 저장, PC 통신이 가능한 장비로서 기본적인 심장활동의 이상이나 상태를 확인한다.
9		약물주입 펌프 분석기	약물주입기(인퓨전 펌프)의 성능 및 정확도를 측정하여 분석하는 장치이다.

그림 7-2 ▪ 의료기기 실습장비(1)

순번	그 림		품 명	사용용도
10		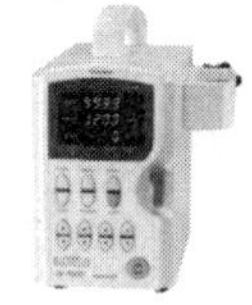	인퓨전 펌프	정확한 양의 약물이 들어가는지 매초마다 약물의 흐름을 측정하고 주입한다.
11	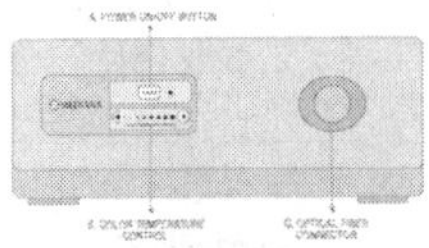		황달치료기	황달은 광선을 사용하여 환자를 치료하는 것으로 빛을 이용하여 혈액 속에 있는 빌리루빈을 제거하는 치료기이다.
12			바이오 카메라	줌렌즈로 신체의 모든 부위의 피부를 확대하여 관찰할 수 있으며 이비인후과나 피부과 미용에 쓰인다.
13			CW30530	엉덩이 근육주사 실습모형이다.
14	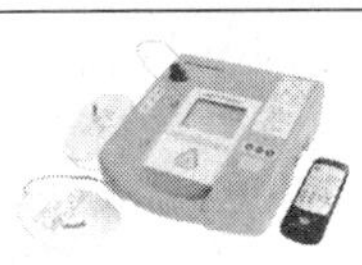		교육용 심장충격기	자동심장충격기를 실습하기 위한 교육용으로 만들어진 장비로 응급상황 시에 사용되며 시뮬레이션 프로그램이 내장되어 있다.
15			심장충격기 (자동제세동기) CU-HD1	자동제세동기는 급심정지 환자의 가슴을 통해 심장에 전기충격을 가해 심장을 소생시키는 의료기기이며, 심장상태를 판단하는 프로그램이 있어 문자 및 음성 메시지를 듣고서 누구나 응급 시 사용, 낮은 심박수의 환자 (서맥성 부정맥)를 위해 임시적인 박동을 제공할 수 있는 경피 심박기를 갖추고 있으며, 환자의 혈중산소포화도에 대한 모니터링을 위한 SpO_2 모듈, ECG 모니터링을 위해 10lead ECG 기능, 메모리 카드와 프린터를 내장하고 있어 입력된 신호저장 및 출력이 가능하다.
16			심전도 데이터 통신 프로그램	자동심장충격기와 휴대용 환자감시장치와 연결하여 심전도 데이터를 전송받을 수 있으며, 전송받은 환자의 심전도 데이터를 관리하고 출력을 할 수 있다.
17		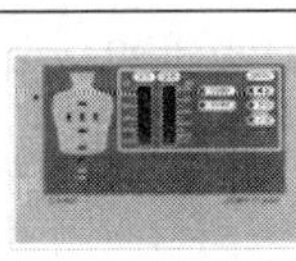	JAMY IV-DSP	심폐소생(CPR) 실습동작의 옳고 그름을 스스로 확인할 수 있도록 알아보기 쉬운 표시기를 갖춘 심폐소생술 교육용 상반신 마네킹이다.

그림 7-2 • 의료기기 실습장비(2)

순번	그 림		품 명	사용용도
18	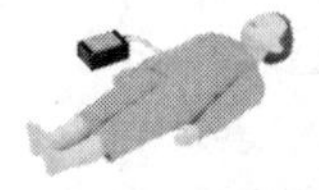		JAMY II-i JAMY II-babyN	심폐소생(CPR) 실습동작의 적정여부가 전자음이나 램프 표시로 평가, 확인하는 교육용 유아모형이다.
19			열화상 카메라	적외선 열화상을 이용하여 대상물(인체)의 정상여부(정상체온) 및 이상부위(고온 발열)를 실시간 검사하는 장비이다.
20	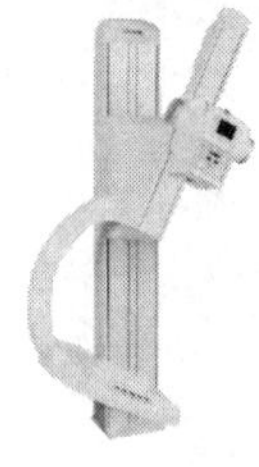		디지털 X-선 촬영장치 (UNI-DR)	디지털 X-선 촬영장치는 하나의 디렉터를 이용하여 전 부위 촬영이 가능한 디지털 X-ray 시스템이다. UNI-DR은 auto collimation system , auto positioning system, Anatomical Programmed Radiography(APR) 기능을 내장하고 있어 사용자의 편의성을 높이고 환자의 불편함을 줄일 수 있다.
21			체외충격파 치료기	압축공기를 발생시켜 충격파 공기에 전달하는 시스템으로 구성되어 있으며 간단하고 펄스 발생간격이 빠르다. 오십견, 석회화건염, 족저근막염, 아킬레스건염, 골프엘보우, 테니스엘보우, 발목염좌, 상과염, 슬개골건염 등 통증완화에 쓰는 치료기이다.
22			메디컬 바이오 피드백장치	환자로 하여금 자신의 골반근육을 아주 쉽게 인식할 수 있도록 하며, 환자가 pressure bar의 물리적 압박에 대항하여 골반근육을 수축하기만 하면, pressure bar 아래에 위치된 Sensor에 의해 골반근육의 수축정도를 감지하여 컴퓨터 모니터로 디스플레이하는 착의형 바이오피드백 장비이다.
23	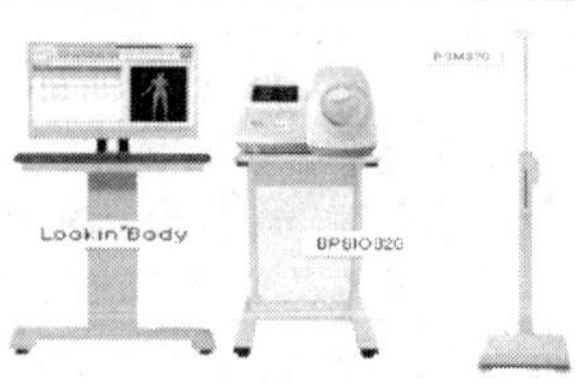 		종합체력측정 시스템 실습용	내장지방형 비만을 평가할 수 있는 내장지방, 복부지방률 BMI와 체지방률 평가로 피검사자의 체형진단, 양팔과 양다리, 몸통의 부위별 체지방 평가, 부위별 근육 발달과 함께 겉둘레, 신체균형까지 제공한다.
24			동맥경화(스트레스) 진단기	맥파전파속도(PWV), 2차 미분맥파(SDPTG 또는 가속도 맥파), 심박변이도(HRV) 등을 비침습적으로 측정, 분석하는 장비이다.
25		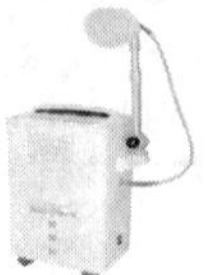	극초단파 치료기	극초단파(2,450[MHz])를 이용하여 인체의 각 조직을 거의 균등하게 가열하므로 치료효과가 크고 또한 지속성이 좋은 마이크로파 온열에 의한 치료기이다.

그림 7-2 • 의료기기 실습장비(3)

순번	그 림	품 명	사용용도
26	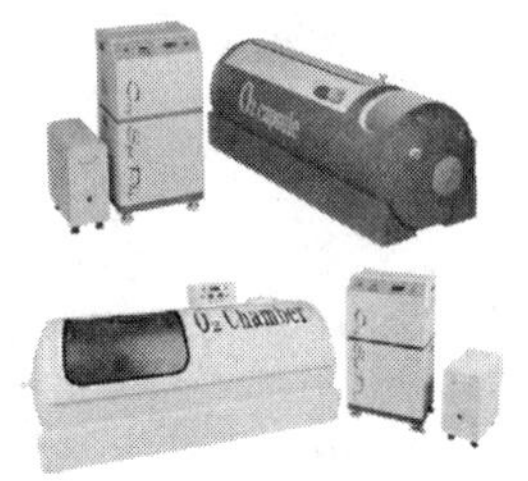	고압 산소치료기(챔버)	고압산소는 인체 내의 산소농도를 높여 주고, 저산소 상태를 개선시켜 준다. 상처치료에 조직 회복속도가 높으며, 혈액순환 장애에 효과적이다. 해독능력을 높여 노폐물, 체내 독소, 피로물질 등을 제거, 신진대사 기능이 높다. 면역력, 항산화력을 높여 준다. 뇌기능을 향상시키며, 노화방지에 효과가 있다.
27	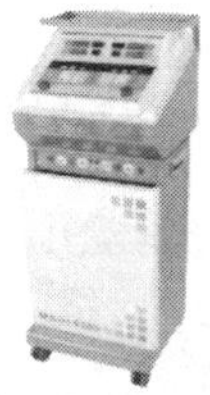	간섭파 치료기	두 개 또는 그 이상의 서로 다른 중주파 전류(1,000~10,000[Hz])를 교차로 통전시켰을 때 간섭현상으로 새로운 저주파 전류가 발생하는데 이 간섭전류를 진통효과, 부종, 혈종흡수, 염증완화, 혈류량 증진 등 치료에 이용하는 장비이다.
27	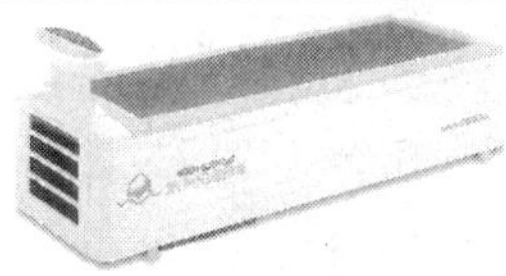	수치료기	기혈순환촉진, 수족냉증과 혈액순환개선, 전신생체 조절기능 향상, 급만성 피로회복과 심리적안정에 좋은 수압을 이용한 맛사지 치료기이다.
28	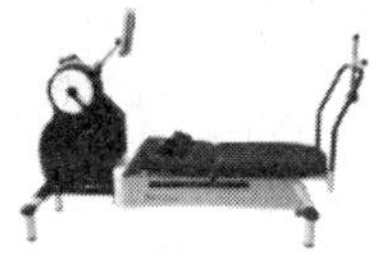	척추질환 치료기	척추견인, 척추교정, 척주지지근육의 강화, 추간판(디스크) 영양공급, 성장판 자극허리와 뱃살 다이어트 효과가 있는 치료기이다.
29		동적 체평형검사 및 운동장치	동적 체평형 검사 및 운동장치는 말초부위의 기능 즉 감각운동계(sensory-motor system)를 통합하여 중추신경계에 재프로그래밍해 다양한 운동 프로그램을 통해 반복할 수 있으며, 감각운동(sensory-motor training)의 제공을 위해 사용될 수 있도록 설계되었다.
30		인지능력검사	인지기능 검사에서 인지재활, 자가훈련에 이르기까지 모든 솔루션을 제공한다.

그림 7-2 ◦ 의료기기 실습장비(4)

03 멀티 테스터기 사용법

멀티 테스터를 VOM(Volt-Ohm-Meter) 또는 회로 시험기라 하기도 하는데 전자회로의 점검, 전압측정, 저항측정, LC값 측정, 반도체 극성구분, 이득측정, 고장수리 등에 사용된다.

1. 아날로그 멀티 테스터기	2. 디지털 멀티 테스터기
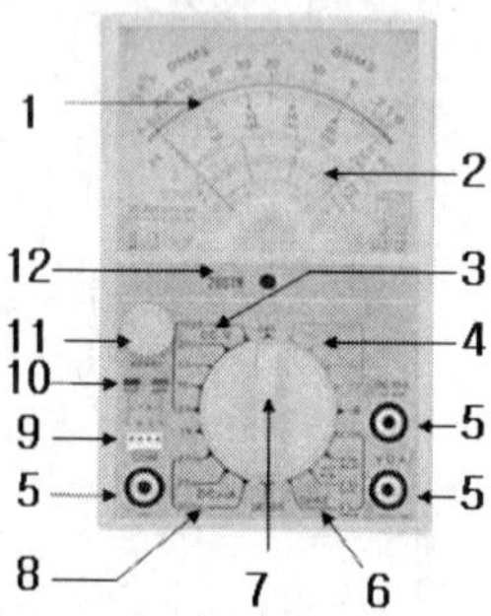	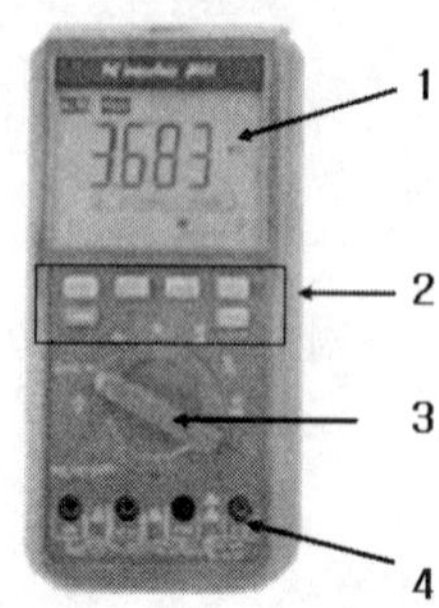
1. 저항값을 읽는 눈금 2. 전압 및 전류값을 읽는 눈금 3. DC[V] : 직류전압을 측정하는 곳, 측정범위는 2.5, 10, 50, 250, 1000[V]이다. 4. AC[V] : 교류전압을 측정하는 곳, 측정범위는 10, 50, 250, 1000[V]이다. 5. 입력 소켓 : 플러스가 적색, 마이너스가 흑색이다. 6. Ω : 저항을 측정하는 곳 7. 레인지 선택 스위치 : 스위치 방식으로 측정할 값을 돌려서 결정할 수 있다. 8. DC[mA] : 직류전류를 측정하는 곳, 측정범위는 2.5, 25, 250[10mA], 10[A]이다. 9. 트랜지스터 검사 소켓 : PNP형과 NPN형을 검사할 수 있다. 10. 트랜지스터 판정장치 : 적색 및 녹색 LED로 되어 있으며 적색이 켜지면 PNP, 녹색이 켜지면 NPN형 트랜지스터이며, 2개의 LED에 빛이 들어오면 측정 트랜지스터의 극간의 단선고장이며, 2개의 LED에 빛이 들어오지 않으면 컬렉터-이미터 간의 단락고장이다. 11. 0점 옴 조정기 : 지침이 0점에 정확히 오도록 조정한다. 전압이나 전류측정과는 무관하다. 12. 지침 영점 조정기 : 측정 전에 지침이 왼쪽 0점에 있는지 확인하고 필요시엔 조정한다.	1. LCD 디스플레이 : 각종 측정값을 표시한다. 2. 버튼 키 –ON/OFF 스위치 : 전원 스위치 –MENU : 메뉴 모드로 들어간다. –FUNCTION : 선택된 측정값의 단위를 바꿀 때 사용한다. –DATA HOLD : 측정한 데이터 값을 고정시킬 때 사용한다. –RANGE : 측정한 값의 범위를 바꿔 준다. 3. 측정값 선택 스위치 : 스위치 방식으로 측정소자(저항, 전압, 전류, 다이오드, 커패시터 등)에 따라 돌려서 선택한다. 4. 입력 소켓 : 플러스가 적색, 마이너스가 흑색이다. 측정할 값의 범위에 따라 적색 봉을 넣는 위치가 다르다.

그림 7-3 • 아날로그 멀티 테스터기와 디지털 멀티 테스터기

04 오실로스코프 사용법

1. 오실로스코프의 개요

오실로스코프(oscilloscope)는 매우 빠른 진행현상이나 과도현상의 관측 및 파형의 분석 등을 할 수 있는 장치로 전자 계측 분야에 매우 많이 사용되고 있다. 오실로스코프는 브라운관 또는 음극선관(Cathode Ray Tude : CRT)이라고 하는 전자관을 갖고 있다. 음극선은 전자빔을 의미하고, 음극선관내에는 전자빔이라고 하는 가느다란 전자의 흐름이 발생한다. 전자는 음전하를 갖고 있으며 질량이 매우 작으므로 전자에 의해 그 운동을 자유롭게 제어할 수 있어 수 [MHz] 또는 수백 [MHz]의 고주파에도 사용 가능하다.

오실로스코프는 직류전압, 교류전압 및 주파수를 쉽게 측정할 수 있고, 시간에 따라서 변화하는 파형을 관찰할 수 있다. 기본적인 동작은 수평(X)축을 시간(T)축으로 하여 스코프 내부의 발진기로 톱니파를 발생시켜 공급하며, 수직(Y)축은 피측정 파형을 공급받아서 정전 편향의 방법을 통해 화면에 휘점은 나타낸다. 필요에 따라서는 수평, 수직축에 각각 다른 파형을 공급하여 그때 발생된 화면의 화상을 관찰하여 주파수의 비교위상의 측정, 변조특성의 측정 등에 효과적으로 이용되고 있다. 또한 오실로스코프는 입력 임피던스가 매우 높기 때문에 고감도 진공관 전압계로도 사용할 수 있다.

2. 오실로스코프의 구조

오실로스코프의 구조는 그림 7-4와 같이 브라운관을 주체로 하며 관측전압을 수직 증폭기에 증폭하여 브라운관의 수직편향에 가해 수직방향으로 휘점을 움직이게 하고, 동시에 톱니파(시간축) 전압을 수평 증폭기에 증폭하여 수평 편향판에 가해 수평방향으로 휘점을 움직인다. 이것은 오실로스코프의 내부에서 발생하는 시간축 발생회로다. 따라서 수평 증폭기는 외부에서 전압을 가하여 증폭할 수 있다. 전원은 고압과 저압이 있고, 고압은 브라운관의 애노드에 가하고 저압은 증폭기에 가한다.

3. 각 조절기의 명칭과 기능

오실로스코프의 프로브를 교정단자에 연결하면 그림 7-5에 표현된 것과 같이 교정신호가 화면에 표시된다. 교정신호는 1[kHz] 0.1[Vp-p]의 구형파이므로 TIME/ DIV와 VOLT/DIV

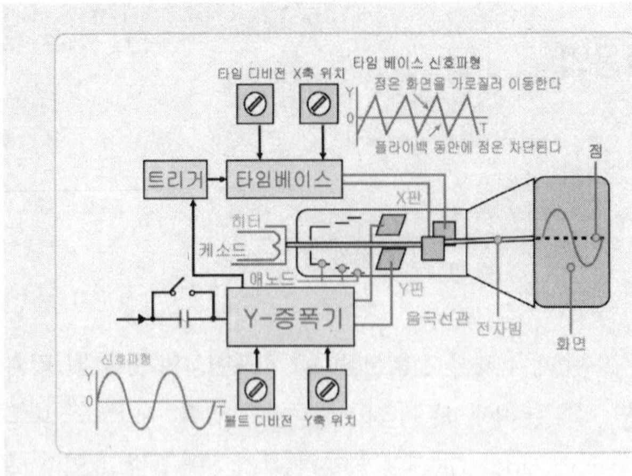

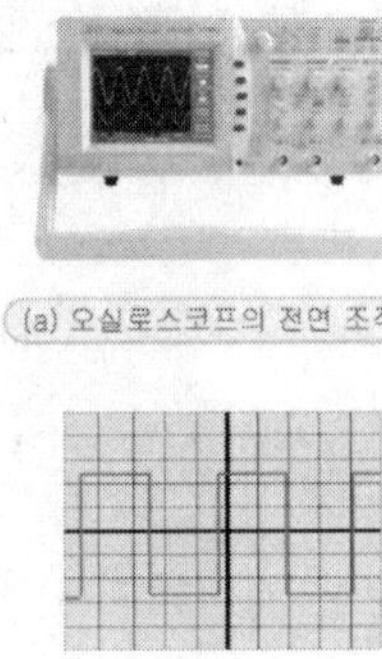

(a) 오실로스코프의 전면 조작부

(b) 오실로스코프 교정신호

그림 7-4 • 오실로스코프의 구조 **그림 7-5 • 오실로스코프의 전면 조작부와 교정신호**

스위치를 조절하여 정확하게 교정한다.

오실로스코프를 세분화하면 다음과 같이 나타낼 수 있다.

① **전원 스위치** : 전원을 켜고 끄는 (on, off)스위치이다.

② **전원표시 전구** : 전원이 켜진 상태일 때 전구가 켜져서 동작상태를 알려 준다.

③ **휘도**(intensity) : 휘도는 브라운관의 그리드와 캐소드 사이의 바이어스를 조정하여 캐소드에서 나온 전자 광선량을 조정하는 것으로 광선량을 많게 하면 브라운관 화면상이 밝아지고 광선량이 적으면 어두워진다.

④ **초점**(focus) : 브라운관의 캐소드에서 나온 전자광선은 도중의 전자총에 의해 좁은 광선으로 되어 브라운관 화면상에 점을 그려낸다. 이 전자총에 가해진 전압을 조정해서 점을 둥글고 작게 한다. 이때 둥글게 하는 것이 파형이며 작게 하는 것이 초점이다.

⑤ **교정**(cal : calibration) : 오실로스코프의 자체 교정용 단자로 측정기 내부에서 1[khz], 0.1[vp-p]의 구형파를 발진하여 이 단자로 출력하게 되며, 프로브를 이 단자에 연결하고 화면에 나타나는 구형파의 수평·수직진폭을 계산하여 고정하기 위한 단자이다.

⑥ **수평위치**(HORIZ. position) : 화면상의 파형을 왼쪽과 오른쪽으로 옮기기 위한 조절기로 시계방향으로 돌리면 왼쪽으로 간다.

⑦ **수직위치**(VERT. position) : 화면상의 파형을 상하로 이동시키는 조절기로 시계방향으로 돌리면 파형은 위로 이동하고 반대방향으로 돌리면 파형은 아래로 이동한다.

⑧ **입력**(INPUT) : 측정하고자 하는 신호를 받아들이는 입력단자로 채널 1, 채널 2가 표시되어 있고, 4채널이나 그 이상의 입력을 가진 오실로스코프도 있다.

⑨ 전압 구분(VOLTS/DIV 볼트/디비전) : 작은 신호에서 큰 신호까지 관측 가능하도록 감쇠기가 있고 또, 입력전압을 정확하게 측정할 수 있도록 화면에 눈금이 그려져 있다. 화면의 모눈 한 칸이 수직방향으로 몇 [V]인가를 나타내 주는 조절기로 5[mV]/DIV에서 10[V]/DIV까지 배열되어 있다.

⑩ 전압 구분 가변(VOLTS/DIV variable) : 전압·구분 조절기 안쪽에 위치하는 가변소자로 전압 구분의 하나의 범위에서 다음 범위로 연속해서 파형의 진폭을 변화할 수 있도록 수직 증폭기의 이득을 조정하고 있는데, 시계방향으로 돌릴 때에는 2.5배 이상의 변화량이 있다.

⑪ 입력 선택기 : 입력신호를 관측하는 데 있어서 교류성분만 관측하는 경우(AC : Alternate Coupling)와 직류와 교류를 모두 나타내는 경우(DC : Direct Coupling) 및 증폭회로의 입력단자를 접지하는 경우(GND)에 따라 회로연결을 바꾸어 주는 것이다.

⑫ 모드(mode) : 2현상 스코프에서 사용되는 모드 선택기로 다음과 같은 기능들이 있다.

㉠ CH1, CH2 : 채널 1 또는 채널 2만 화면에 나타내는 기능이다.

㉡ ALT : 2현상 동작의 하나로 첫 번째 소인 주기에서는 채널 1의 입력신호를 나타내고 두 번째 소인 주기에서는 채널 2의 입력신호를 나타내는 방법으로 교대로 채널 1과 채널 2의 입력신호를 화면에 나타내 주는 기능이다.

㉢ CHOP : 파형을 표시할 때 100[kHz]에서 1[MHz] 정도의 구분된 신호에 따라 각 신호의 주증폭기를 구분함으로써 동시에 2현상 또는 4현상이 표시되는 방식이다. 각 채널의 파형은 점의 연속으로 보는 것이다. 이와 같이 단시간마다 각 채널의 신호를 전달하여 화면에 나타나는 것을 CHOP이라 한다.

㉣ ADD : 채널 1과 채널 2의 증폭기를 동시에 동작시킴과 동시에 채널 1과 채널 2의 신호를 더하여 화면에 표시하거나, 채널 2를 역전시키면 채널 1에서 채널 2를 뺀 신호가 표시된다.

㉤ TRIG VIEW : 트리거 수준(trigger level)에 따라 파형의 트리거점의 변화를 볼 때 사용한다.

㉥ 소인시간 구분(sweep time/Div) : 수평축의 소인 선택기이다. 밀러 소인회로의 저항과 콘덴서를 구분하여 톱니파의 경사를 바꿈으로써 전자광선이 브라운관 면을 수평으로 이동하는 시간을 변화시킨다. 조절되는 시간은 화면의 수평축 한 칸당 0.5[μs]에서 0.5[s]까지며, 오실로스코프를 X-Y 선택 스위치도 함께 조정되어 있다.

㉦ 외부동기(EXT. trigger) : 동기 신호원(trigger source)의 선택위치 등 EXT를 선택할 때에는 이것을 조정하여 보기 쉬운 상태로 한다.

ⓞ 동기수준(triggering level) : 오실로스코프는 입력에 파형이 가해져서 비로소 소인을 시작하고 브라운관에 파형을 나타낸다. 이것은 동기를 위한 동기위치 선정용 조절기로 조절기가 (+)에 있으면 동기신호의 (+) 위치를 동기점으로 선정하고 조절기가 (−)에 있으면 그 반대이다. 즉 입력이 가해지는 파형의 어느 부분에서 소인을 시작하게 되는가를 조절하는 조절기이다.

ⓩ 동시화(Sync) : 4개의 위치를 선택할 수 있는 스위치이며 각 위치에서의 기능은 텔레비전의 복합 영상신호용의 두 개와 그 외의 파형에 이용되는 두 개로 되어 있다. 정상에서는 (+)쪽에 놓으면 파형의 (+)기울기에서 동기되고, (−)쪽에 놓으면 (−)기울기에서 동기된다. 영상에서는 (+)와 (−)가 정상과 같지만 다만 영상의 수직동기신호가 되면 자동적으로 0.5[s]에서 0.1[ms] 사이의 소인시간에 선택되는 기능을 더 갖고 있다.

ⓒ 접지 : 오실로스코프의 접지단자이다.

ⓚ 기준점 조정 : 화면의 기준선이 수평이 되지 않고 틀어져 있을 경우 드라이버로 돌려 기준선이 수평이 되도록 하는 조절기이다.

4. 오실로스코프의 측정

(1) 직류전압의 측정

① 직류를 측정할 때는 입력 선택기를 DC에 놓는다. 입력 선택기의 DC는 Direct Coupling으로 직류의 DC와는 개념이 다르다. 오실로스코프의 DC에서는 직류에 실려 있는 교류를 측정하는 데도 사용한다.

② 수직위치 조절기로 기준선이 화면의 가운데에 오도록 한다.

③ 프로브를 측정하고자 하는 회로단자에 연결하면 기준선이 위쪽 또는 아래쪽으로 이동한다. 기준선이 보이지 않게 되면 VOLTS/DIV(전압 구분)을 조절하여 기준선이 나타나게 한다.

④ 기준선이 중앙선보다 위에 있을 때에는 입력 선택기를 접지(GND)에 맞추고 수직위치 조절 스위치를 조절하여 기준선을 화면의 가장 아래의 눈금에 맞추고 입력 선택기를 DC로 하면 더욱 정확한 측정이 가능하다.

⑤ VOLTS/DIV(전압 구분)를 조절하여 가장 큰 폭이 되도록 하고 기준선부터 이동한 칸수와 VOLTS/DIV(전압 구분)의 눈금을 곱하면 DC전압이 측정된다.

(2) 교류전압 및 주파수 측정

① 입력 선택기를 AC에 맞춘다. AC일 때는 교류의 교류성분만 측정이 가능하다. 만일 오프셋 전압을 가지고 있는 교류의 경우에는 입력선택을 DC로 설정한다.

② 측정하고자 하는 교류전압을 연결한다.

③ VOLTS/DIV(전압 구분) 조절기를 조절하여 화면에 파형이 잘 나타나도록 한다.

④ 파형의 위쪽과 아래쪽 사이의 진폭을 칸수로 계산하여 VOLTS/DIV(전압 구분)의 값을 곱하면 교류전압의 첨두값(peak-to-peak value)이 된다.

⑤ 주파수는 한 주기의 칸수와 TIME/DIV(시간 구분)의 값을 곱하면 한 주기의 시간이 되므로 그 역수를 취하면 계산할 수 있다.

⑥ 2채널 스코프를 이용하면 어떠한 회로의 입력과 출력을 동시에 화면에 나타낼 수 있고, 두 파형을 비교하여 위상차를 구할 수 있다. 만일 한 주기가 20[ms]이고 위상 차이가 2.5[ms]라면 두 파형의 위상차는 360×(2.5/20)=45[°]가 된다.

5. 각종 테스터의 사용법

(1) 멀티 테스터의 종류

전압(AC/DC), 전류(AC/DC) 및 저항 등의 값을 로터리 스위치를 사용하여 하나의 계기로 측정할 수 있도록 만든 것이다. 멀티 테스터는 지침이 움직여서 값을 나타내는 아날로그 멀티 테스터와 숫자가 표시되는 디지털 멀티 테스터가 있으나, 최근에는 신뢰성과 편리함 등을 선호하여 디지털 멀티 테스터가 많이 사용되고 있다.

① 아날로그 멀티 테스터 : 고정된 영구자석과 움직이는 코일로 구성되어 있으며, 가동코일에 전류가 흐르면 자기장이 발생한다. 이것이 고정된 영구자석과 작동하여 가동코일을 회전시키게 되는 것을 이용한 가동 코일형 계측기의 일종이다. 그림 7-6은 아날로그 멀티 테스터이다. 테스터를 사용하기 전에는 영점 조정기를 조정하여 지침이 왼쪽 "0" 점에 있는지 확인하고 눈금에 지침이 정확하지 않을시 드라이버 등으로 돌려 조정 후 사용한다.

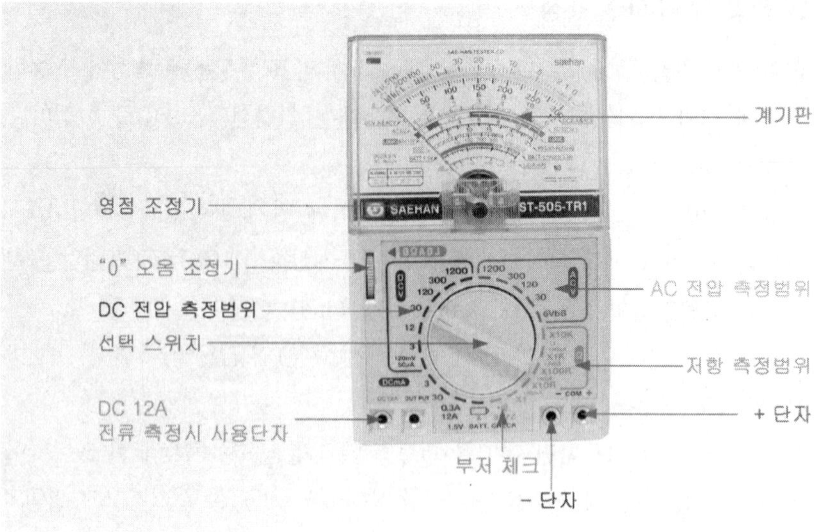

그림 7-6 • 아날로그 멀티 테스터 각 부 명칭

② 디지털 멀티 테스터 : 전자 멀티 테스터로서 내부에 증폭기 등의 전자회로가 내장되어 있으며, 일반 멀티 테스터보다 측정감도가 높고, 피측정회로의 부하에 거의 영향을 미치지 않는 장점이 있다. 디지털 멀티 테스터는 피측정 전압, 전류 및 저항의 정보를 전자회로를 통하여 직류전압으로 변화시킨 후 아날로그-디지털 신호변환(Analog to Digital conversion : A/D 변환)을 하여 디지털 값으로 표시한다.

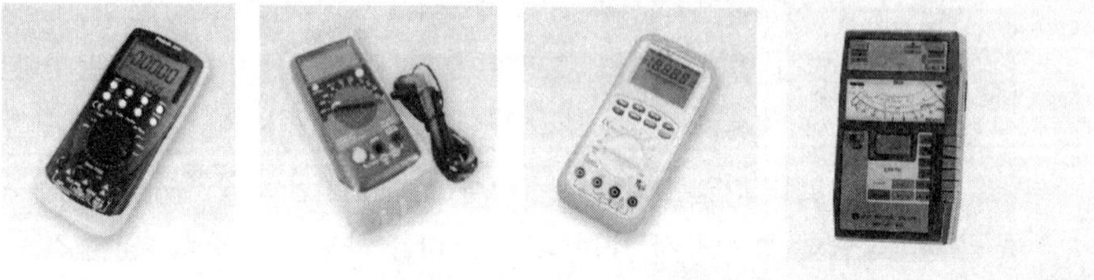

그림 7-7 • 디지털 멀티 테스터

(2) 교류전압 측정

① 로터리 스위치를 교류전압 측정범위(AC. V)에 놓는다.

② 로터리 스위치를 측정 예상되는 전압보다 높은 배율값에 위치시킨다.

③ 측정하려는 전원에 단자를 연결하여 측정한다(교류이므로 극성은 고려하지 않아도 된다).

④ 측정된 값에 배율을 곱한 값이 측정하려는 교류전압이 된다.

⑤ 측정된 전압은 실효값이고 $\sqrt{2}\,(\cong 1.414)$를 곱해주면 최대값을 얻을 수 있다.

디지털 멀티 테스터 : 전압을 측정하는 방법이다. 디지털 멀티 테스터의 로터리 스위치를 "VOLTS(V)"로 선택하고 적색선을 전압 입력단자에 연결하고 흑색선은 공통 단자인 "COM"에 연결한다. 그리고 전압을 측정하려는 곳에 그림 7-8과 같이 연결하면 전압을 측정할 수 있다.

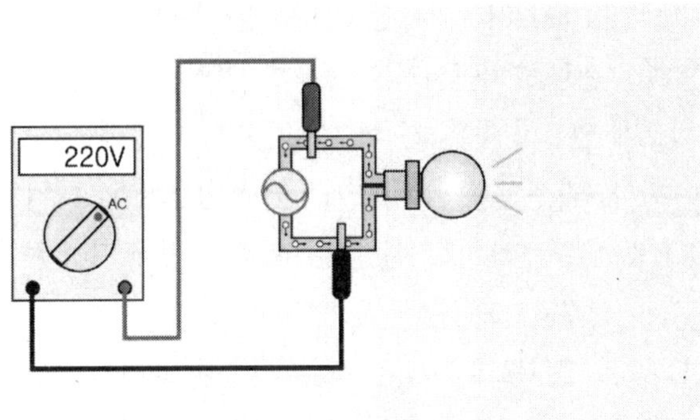

그림 7-8 ◦ 교류전압 측정방법

(3) 직류전압 측정

① 선택 스위치를 직류전압 측정범위(DC. V)에 놓는다.
② 선택 스위치를 측정 예상되는 전압보다 높은 배율값에 위치시킨다.
③ 전위가 높은 점에 (+)극(적색), 낮은 점에 (−)극(흑색)을 연결하여 측정한다.
④ 측정된 값에 배율을 곱한 값이 측정하려는 직류 전압값이 된다(그림 7-9).

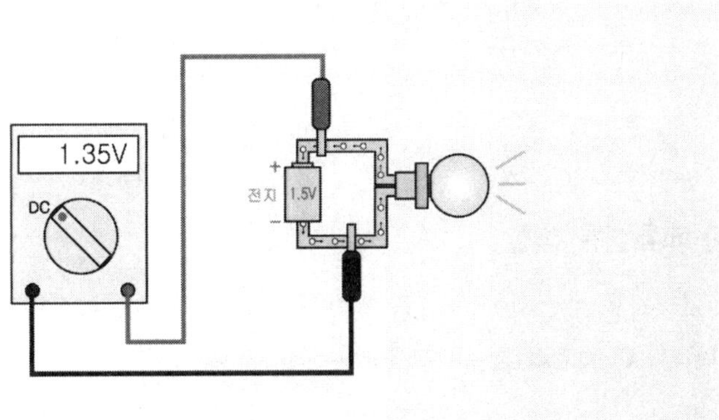

그림 7-9 ◦ 직류전압 측정방법

(4) 직류전류 측정

① 로터리 스위치를 직류전류 측정범위(DC. A)에 놓는다.
② 로터리 스위치를 예상되는 전류값보다 높은 배율값에 위치시킨다.
③ (+)극, (−)극을 일치시켜 회로에 직렬로 연결하여 직류전류를 측정한다.
④ 측정된 전류값에 배율을 곱하면 측정하려는 직류 전류값이 된다.

디지털 멀티 테스터 : 직류전류를 측정하는 방법은 그림 7-10과 같이 먼저 전원 스위치를 개방하여 전원을 차단시키고 전류계 흑색선은 공통 단자인 "COM"에 연결하고 이 흑색선을 회로에 연결하면 된다. 회로에 연결할 경우에는 테스터가 회로에 직렬이 되도록 연결하여야 한다. 적색선을 회로의 (+)극에 연결한다. 디지털 멀티 테스터의 로터리 스위치를 "AMPS(A)"로 선택하고 예상되는 전류의 값에 따라 큰 전류이면 10[A]에, 적은 전류이면 300[mA]의 입력단자에 적색선을 연결한다.

일반적으로 전자회로에서는 적은 전류인 300[mA] 단자에, 전기회로에서는 큰 전류인 10[A] 단자를 사용한다. 만약 테스터가 회로에 병렬로 연결되면 테스터 내로 큰 전류가 흘러 테스터가 소손되므로 특히 주의하여야 한다. 회로에 테스터의 연결이 완료되고 회로의 전원을 가하면 전류값을 측정할 수 있다.

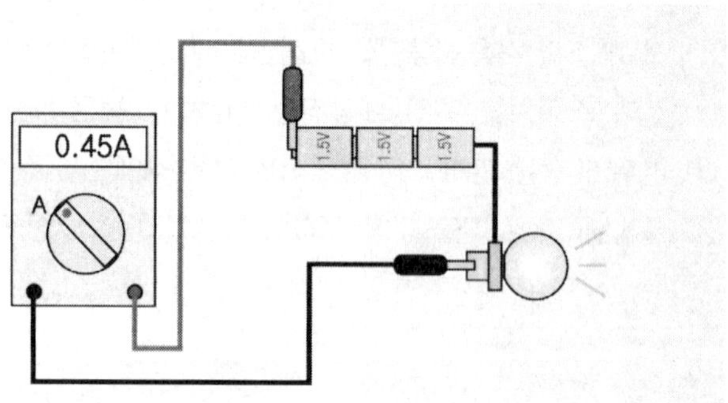

그림 7-10 • 직류전류 측정방법

(5) 교류전류 측정

교류전류 측정시에는 그림 7-11과 같은 교류전류 측정용 클램프미터가 있으므로 클램프미터를 사용하여 교류전류 측정하면 된다.

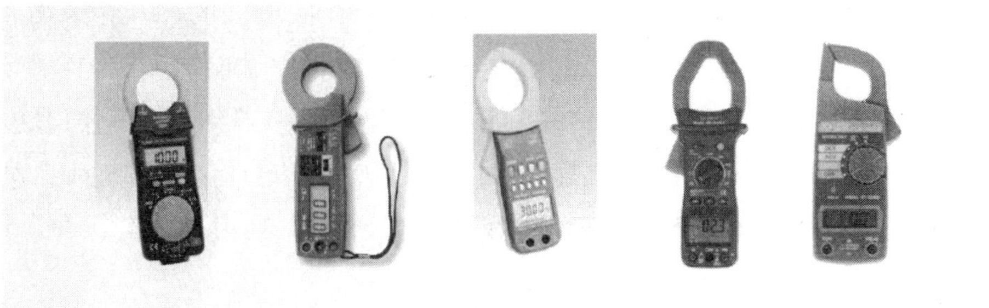

그림 7-11 ◦ 클램프미터

(6) 저항측정

① 로터리 스위치를 저항 측정범위 [Ω]에 놓는다.

② 영점 조절기를 사용하여 정확히 영점을 맞춘 후 로터리 스위치를 적당한 값의 배율값으로 위치시킨다.

③ 측정된 값에 배율을 곱한 값이 측정하려는 저항값이 된다.

④ 전류가 흐르고 있는 회로 내의 저항을 측정하면 정확한 저항값을 읽을 수 없을 뿐만 아니라, 과도한 전류가 흘러서 테스터가 파손되기 쉬우므로 저항측정시는 제일 먼저 회로의 전원을 차단하여야 한다.

디지털 멀티 테스터 : 저항을 측정하는 방법은 그림 7-12와 같다. 저항을 측정할 때는 회로의 전원을 제일 먼저 차단해야 한다. 로터리 스위치를 저항[Ω]으로 선택하고 흑색선을 "COM" 단자에, 적색선을 [Ω] 단자에 끼우고 각 선을 측정하려는 곳에 연결하면 저항을 측정할 수 있다. 측정단위는 [Ω], [kΩ] 및 [MΩ]이 있다.

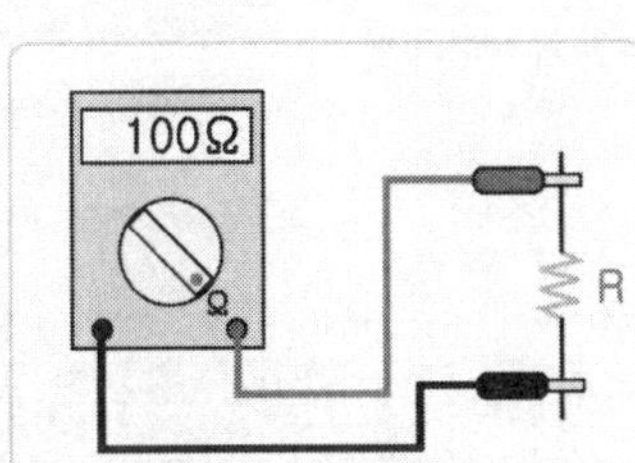

그림 7-12 ◦ 저항 측정방법

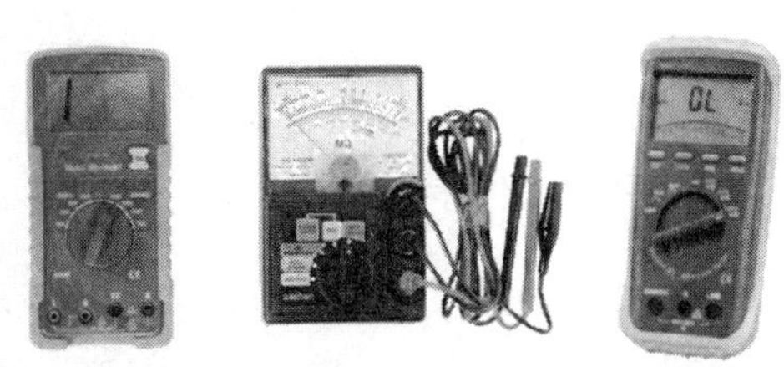

그림 7-13 ◦ 절연저항 측정기(megger tester)

(7) 절연저항 측정

전기설비는 절연저항이 좋아야 하는데 만약 절연상태가 나쁘면 감전 또는 누전사고의 위험이 높다. 이러한 절연저항을 측정하는 것으로 절연저항 측정기(megger tester)가 있다.

절연저항계는 선로(line)단자와 접지(earth)단자가 있으며 이것에 리드선을 연결하여 절연저항을 계측한다. 일반적으로 고압전로 및 기기에는 1000[V] 정격을 사용하며 저압전로 및 기기에는 500[V] 정격을 사용한다. 절연저항계를 사용하기 전에 절연저항기의 "LINE" 단자와 "EARTH" 단자를 단락하여 지침이 "0"을 나타내는지를 확인해야 하며 단자 "LINE"과 "EARTH"를 개방하면 지침은 무한대를 나타내야 한다. 절연저항 측정기는 그림 7-13과 같다.

절연저항을 측정할 경우에는 반드시 전로 또는 기기의 전원을 차단한 상태에서 절연저항을 측정해야 한다. 그림 7-14와 같이 절연저항계의 "LINE" 단자를 전로 또는 기기의 단자에 접속하고 "EARTH" 단자를 접지선에 접속한 후 "MEASURE" 버튼을 누르면 절연저항값이 화면에 지시된다. 절연저항 측정치는 지시값이 안정되고 정지상태에서 읽는다.

절연저항계로 반도체 소자나 PCB 기판의 저항을 측정하면 안 된다. 절연저항 측정기의 고전압으로 소자나 PCB 기판이 파손될 수 있기 때문에 멀티 테스터로 측정하여야 한다.

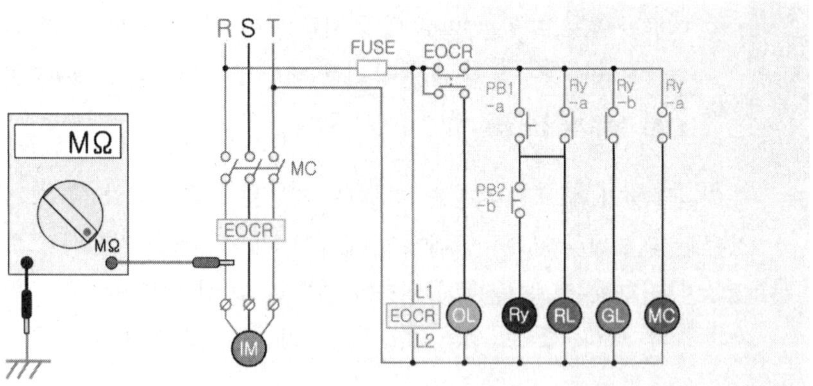

그림 7-14 ◦ 절연저항 측정기 연결방법

(8) 콘덴서의 양부판정

두 전극 사이에 유전체가 존재하고 있는 구조이므로 두 전극 사이는 완전히 절연된 상태이다. 따라서 직류전류는 흐를 수 없고 저항값은 ∞이다.

회로 시험기의 로터리 스위치를 저항[Ω]에 놓고, 리드 단자를 콘덴서의 양단에 연결시키면 순간적으로 충전전류가 흘러 바늘이 움직이게 된다. 콘덴서의 용량이 작은 것은 충전시간이 짧으므로 바늘이 약간만 움직였다가 즉시 ∞로 되돌아가지만, 용량이 큰 것은 많은 충전 전류가 흐르기 때문에 처음에는 거의 도통상태에서 점차로 충전전류가 감소하게 되므로 저항값은 커지고 결국은 절연상태를 나타낸다. 그러므로 회로 시험기로 콘덴서의 절연상태뿐만 아니라 용량의 대소를 판정할 수 있다.

테스터를 이용한 콘덴서의 양부를 판정하는 방법은 그림 7-15와 같다.

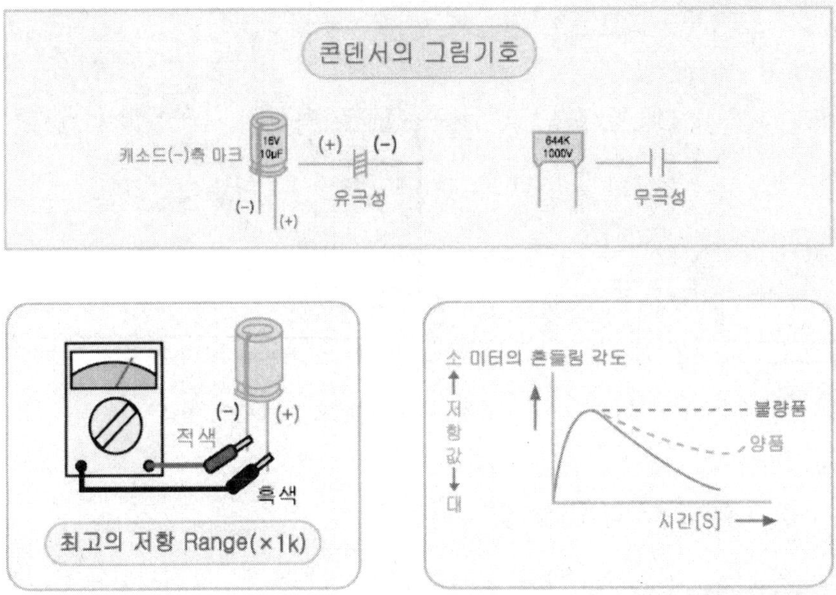

그림 7-15 ◦ 콘덴서 양부판정 방법

(9) 다이오드의 양부판정

전류를 한쪽 방향으로 흐르게 하는 소자, 즉 정류작용을 하는 반도체 소자이다. 따라서 순방향에서는 전류가 잘 흐르고 역방향에서는 흐르지 않는다. 순방향에서의 저항값은 대략 50~100[Ω] 정도, 역방향에서는 200[kΩ]~15[MΩ] 정도이고, 이 저항값의 차이가 클수록 양호한 다이오드이다.

회로 시험기 내부에 들어 있는 건전지의 (+)전극은 회로시험기 외부의 흑색 리드 단자(−)에, 건전지의 (−)전극은 회로 시험기 외부의 적색 리드 단자(+)에 그림 7-16과 같이 연결되어 있다.

따라서 다이오드의 순방향 저항을 측정할 때는 다이오드의 애노드(양극)에 흑색 리드 단자를, 다이오드의 캐소드(음극)에 적색 리드 단자를 접속하면 전류가 흐르게 되어 저항값은 작게 나타나고, 역방향의 경우에는 반대가 되어 저항값이 크게 나타나게 된다.

즉, 순방향과 역방향의 저항변화가 큰 다이오드는 양호한 것이고 그다지 크지 않으면 불량품이 된다.

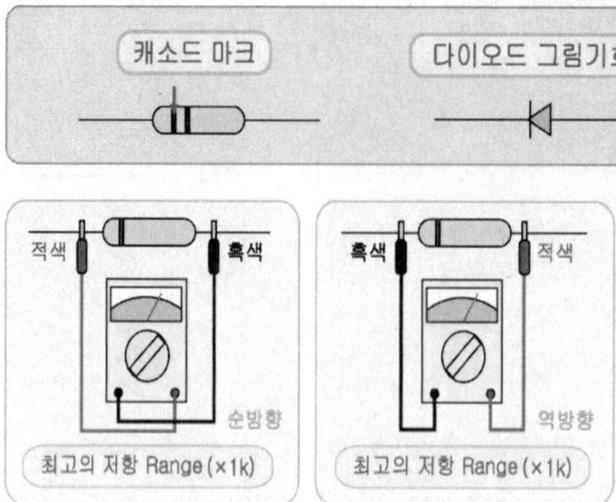

순방향	역방향	판정
○	×	양품
◎	◎	쇼트
×	×	단선
○	△	열화

그림 7-16 • 다이오드 양부판정 방법

(10) 트랜지스터 극성판별 및 양부판정

아날로그 테스터를 이용하여 트랜지스터 극성을 확인할 수 있다. 테스터 흑색 리드와 적색리드를 측정하고 NPN형과 PNP형을 먼저 구분하여야 한다.

① 트랜지스터의 3개의 핀 중 임의의 핀에 흑색 리드를 고정하고 적색 리드를 나머지 두 개의 핀에 연결하였을 때 테스터의 지침이 중간 정도에서 움직이는 핀이 하나만 있을 때는 PNP형이고, 2개일 경우에는 NPN형이다.

② NPN형인 경우 : 테스터의 저항범위를 (10000R)에 두고 베이스를 제외한 두 개의 핀에 테스터 리드를 바꾸어 가며 연결하여 지침의 움직임이 클 때의 검정색 리드를 접속한 핀이 컬렉터이고 나머지 핀이 이미터이다.

③ PNP형인 경우 : 위 ②항의 방법과 같은 방법으로 접속하며, 지침의 움직임이 클 때의 검정색 리드를 접속한 핀이 이미터이고 나머지 핀이 컬렉터이다.

트랜지스터의 양부판정은 트랜지스터의 베이스와 컬렉터, 베이스와 이미터간의 도통여부를 판정할 수 있다.

NPN형 트랜지스터와 PNP형 트랜지스터의 기호는 그림 7-17과 같다. 트랜지스터 특성을 이용하여 그림 7-18과 같이 양부판정을 할 수 있다.

그림 7-18 판정표에서 "○"는 저항이 작아서 전류가 흐르는 다이오드의 순방향 바이어스와 같은 경우이며, "×"는 저항이 너무 커서 전류가 흐르지 못하는 역방향 바이어스와 같은 경우이다.

트랜지스터의 극성을 알고 있을 경우에 디지털 테스터를 이용하여 간단하게 양부판정을 할 수 있다.

④ 트랜지스터 검사 소켓에 트랜지스터를 극성을 맞추어 끼우고 로터리 스위치를 TR에 위치시킨다.

⑤ 적색 LED가 켜지면 PNP형이고, 녹색 LED가 켜지면 NPN 트랜지스터이다. 2개의 램프가 점멸되면 측정하는 트랜지스터의 극간 단선상태, 둘 다 점멸되지 않으면 컬렉터-이미터 간의 단락상태를 나타낸다.

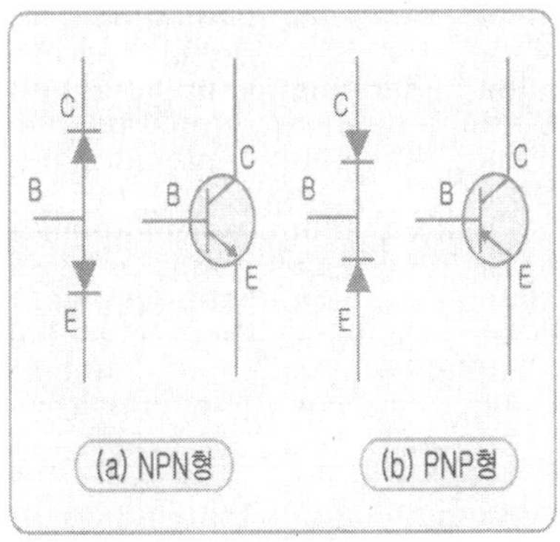

그림 7-17 ◦ 트랜지스터의 기호표시

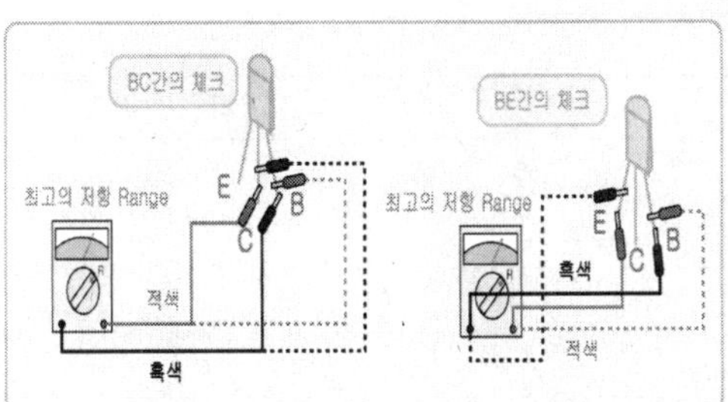

B-C 및 B-E간의 체크 판정표		
실선방향	점선방향	판정
○	×*1	NPN양호
×*1	○	PNP양호
◎	◎	쇼트
×	×	단선
○	△	NPN열화
△	○	PNP열화

*1게르마늄(Ge) 트랜지스터에서는 미터의 흔들림이 정품이라도 큰 것이 있다

E: 이미터 B: 베이스 C: 컬렉터

그림 7-18 ◦ 트랜지스터 양부판정 방법

05 단위계

1. 기본단위

양	명 칭	기 호	비 고
길이	미터	m	인쇄체 소문자
질량	킬로그램	kg	인쇄체 소문자
시간	초	s	인쇄체 소문자
전류	암페어	A	인쇄체 대문자
열역학적 온도	켈빈	K	인쇄체 대문자
물질량	몰	mol	인쇄체 소문자
광도	칸델라	cd	인쇄체 소문자

2. 기본단위로 표시되는 유도단위

유 도 량	SI 유도단위	
	명 칭	기 호
넓이	제곱미터	m^2
부피	세제곱미터	m^3
속력, 속도	미터 매(퍼) 초	m/s
가속도	미터 매(퍼) 초 제곱	m/s^2
유량	세제곱미터 매(퍼) 초	m^3/s
파동수	역 미터	m^{-1}
밀도, 질량밀도	킬로그램 매(퍼) 세제곱미터	kg/m^3
비(比) 부피	세제곱미터 매(퍼) 킬로그램	m^3/kg
전류밀도	암페어 매(퍼) 제곱미터	A/m^2
자기장의 세기	암페어 매(퍼) 미터	A/m
휘도	칸델라 매(퍼) 제곱미터	cd/m^2

3. 특별한 명칭과 기호를 갖는 국제단위계(SI) 유도단위

유 도 량	SI 유도단위			
	명 칭	기호	SI단위로 표시	SI 기본단위로 표시
전하량, 전기량	쿨롱	C		s · A
전위차, 기전력	볼트	V	W/A	$m^2 \cdot kg \cdot s^{-3} \cdot A^{-1}$
전기용량	패럿	F	C/V	m-$^2 \cdot kg^{-1} \cdot$ s4 $\cdot A^2$
전기저항	옴	Ω	V/A	$m^2 \cdot kg \cdot s^{-3} \cdot A^{-2}$
전기전도도	지멘스	S	A/V	$m^{-2} \cdot kg^{-1} \cdot s^3 \cdot A^2$
자기선속	웨버	Wb	V · s	$m^2 \cdot kg \cdot s^{-2} \cdot A^{-1}$
자기선속밀도	테슬라	T	Wb/m^2	$kg \cdot s^{-2} \cdot A^{-1}$
인덕턴스	헨리	H	Wb/A	$m^2 \cdot kg \cdot s^{-2} \cdot A^{-2}$
평면각	라디안	rad		$m \cdot m^{-1}=1$
진동수, 주파수	헤르츠	Hz		s^{-1}
에너지, 일, 열량	줄	J	N · m	$m^2 \cdot kg \cdot s^{-2}$
일률, 전력, 복사선속	와트	W	J/s	$m^2 \cdot kg \cdot s^{-3}$
힘	뉴턴	N		$m \cdot kg \cdot s^{-2}$
압력, 응력	파스칼	Pa	N/m^2	$m^{-1} \cdot kg \cdot s^{-2}$
섭씨온도	섭씨도	℃		K
광선속	루멘	lm	cd · sr	$m^2 \cdot m^{-2} \cdot cd=cd$
조명도	럭스	lx	lm/m^2	$m^2 \cdot m^{-4} \cdot cd=m^{-2} \cdot cd$

4. 국제단위계(SI)와 함께 사용이 허용된 단위

명 칭	기 호	SI 단위로 나타낸 값
분	min	1min=60s
시간	h	1h=60min=3600s
일	d	1d=24 h=86400s
도	°	$1°=(\pi/180)$rad
리터	l, L	$1L=1dm^3=10^{-3}\ m^3$
그램	g	$1g=10^{-3}kg$
톤	t	$1t=10^3kg$

5. 특별한 명칭과 기호가 포함된 유도단위

유 도 량	SI 유도단위		
	명 칭	기 호	SI 기본단위로 표시
전기장의 세기	볼트 매(퍼) 미터	V/m	$m \cdot kg \cdot s^{-3} \cdot A^{-1}$
전하밀도	쿨롱 매(퍼) 세제곱미터	C/m^3	$m^{-3} \cdot s \cdot A$
전기선속밀도	쿨롱 매(퍼) 제곱미터	C/m^2	$m^{-2} \cdot s \cdot A$
유전율	패럿 매(퍼) 미터	F/m	$m^{-3} \cdot kg^{-1} \cdot s^4 \cdot A^2$
투자율	헨리 매(퍼) 미터	H/m	$m \cdot kg \cdot s^{-2} \cdot A^{-2}$
각속도	라디안 매(퍼) 초	rad/s	$m \cdot m^{-1} \cdot s^{-1} = s^{-1}$
각가속도	라디안 매(퍼) 초 제곱	rad/s^2	$m \cdot m^{-1} \cdot s^{-2} = s^{-2}$
열용량, 엔트로피	줄 매(퍼) 켈빈	J/K	$m^2 \cdot kg \cdot s^{-2} \cdot K^{-1}$
비에너지	줄 매(퍼) 킬로그램	J/kg	$m^2 \cdot s^{-2}$
열전도도	와트 매(퍼) 미터 켈빈	W/(m · K)	$m \cdot kg \cdot s^{-3} \cdot K^{-1}$
에너지 밀도	줄 매(퍼) 세제곱미터	J/m^3	$m^{-1} \cdot kg \cdot s^{-2}$
몰 에너지	줄 매(퍼) 몰	J/mol	$m^2 \cdot kg \cdot s^{-2} \cdot mol^{-1}$
복사도	와트 매(퍼) 스테라디안	W/sr	$m^4 \cdot m^{-2} \cdot kg \cdot s^{-3} =$ $m^2 \cdot kg \cdot s^{-3}$

6. 특수단위

(1) 국제단위계(SI)와 함께 사용이 허용된 단위

명 칭	기 호	SI 단위로 나타낸 값
전자볼트	eV	$1eV = 1.60217733\ (49) \times 10^{-19}\ J$
통일 원자질량 단위	u	$1u = 1.6605402\ (10) \times 10^{-27}\ kg$
천문단위	ua	$1ua = 1.49597870691\ (30) \times 10^{11}\ m$

(2) 국제단위계(SI)와 함께 사용이 허용된 기타의 단위

명 칭	기 호	SI 단위로 나타낸 값
해리	n mile	1 해리 = 1852m
노트	Kt, Kn	1 해리 매(퍼) 시간 = (1852/3600)m/s
아르	a	$1a = 1\ dam^2 = 10^2 m^2$
헥타르	ha	$1ha = 1hm^2 = 10^4 m^2$
바	bar	$1bar = 0.1MPa = 100kPa = 1000hPa = 10^5\ Pa$
옹스트롬	Å	$1Å = 0.1nm = 10^{-10} m$

(3) 특별한 명칭을 가진 센티미터, 그램, 초(CGS) 단위

명 칭	기 호	SI 단위로 나타낸 값
에르그	erg	$1erg = 10^{-7} J$
다인	dyn	$1dyn = 10^{-5} N$
가우스	G	$1G = 10^{-4}\ T$
에르스텟	Oe	$1Oe = (1000/4\pi)A/m$
맥스웰	Mx	$1Mx = 10^{-8}\ Wb$
포트	ph	$1ph = 10^4 lx$
갈	Gal	$1Gal = 1cm/s^2 = 10^{-2} m/s^2$

(4) 국제단위계(SI) 외의 기타 허용단위

명 칭	기 호	SI 단위로 나타낸 값
렘	rem	$1rem = 1cSv = 10^{-2} Sv$
토르	Torr	1Torr = (101 325/760)Pa
표준기압	atm	1atm = 101 325Pa
칼로리	cal	1cal = 4.186J
마이크론	μ	$1\mu = 1\mu m = 10^{-6} m$

7. 국제단위계(SI)의 접두어

인 자	접 두 어	기 호	인 자	접 두 어	기 호
10^{24}	요타	Y	10^{-1}	데시	d
10^{21}	제타	Z	10^{-2}	센티	c
10^{18}	엑사	E	10^{-3}	밀리	m
10^{15}	페타	P	10^{-6}	마이크로	μ
10^{12}	테라	T	10^{-9}	나노	n
10^{9}	기가	G	10^{-12}	피코	p
10^{6}	메가	M	10^{-15}	펨토	f
10^{3}	킬로	K	10^{-18}	아토	a
10^{2}	헥토	h	10^{-21}	젭토	z
10^{1}	데카	da	10^{-24}	욕토	y

8. 로마자 표기 및 읽기

그리스 문자		호 칭		그리스 문자		호 칭	
대문자	소문자			대문자	소문자		
A	*α*	alpha	알파	*N*	*ν*	nu	뉴
B	*β*	beta	베타	*Ξ*	*ξ*	xi	크시
Γ	*γ*	gamma	감마	*O*	*o*	omicron	오미크론
Δ	*δ*	delta	델타	*Π*	*π*	Pi	파이
E	*ε*	epsilon	입실론	*P*	*ρ*	rho	로
Z	*ζ*	zeta	제타	*Σ*	*σ*	sigma	시그마
H	*η*	eta	에타	*T*	*τ*	tau	타우
Θ	*θ*	theta	쎄타	*Υ*	*υ*	upsilon	입실론
I	*ι*	iota	요타	*Φ*	*φ*	phi	파이
K	*κ*	kappa	카파	*X*	*χ*	chi	카이
Λ	*λ*	lambda	람다	*Ψ*	*ψ*	psi	프사이
M	*μ*	mu	뮤	*Ω*	*ω*	omega	오메가

9. 전자회로에 쓰이는 약호

약 호	원어 및 기능
IC	Integrated Circuit(집적회로) : 트랜지스터나 저항을 실리콘 위에 고집적화하여 복잡한 회로를 실현했다.
FET	Field Effect Transistor(접합형 전계효과 트랜지스터) : 전압을 증폭시킨다.
MOS-FET	Metal Oxide Semiconductor FET(금속 산화피막 전계효과 트랜지스터) : 상당히 높은 입력 임피던스를 갖고 있으며 ON 저항도 낮기 때문에 대전력용으로 취급할 수 있다.
Tr	Transistor : 반도체 증폭소자의 기본이다.
OP-AMP	Operational Amplifier(연산 증폭기) : 아날로그 증폭회로를 IC화한 것이다.
D	Diode : 정류소자로서 고주파용에서 전원용까지 다양한 종류 있다.
LED	Light Emitting Diode : 발광 다이오드 전압을 가하면 접합면에서 발광하는 소자
SCR	Silicon Controld Rectifier(실리콘 제어 정류소자) : on/off 게이트 기능을 갖는 다이오드
R	Register, Resistance : 저항 또는 저항기
C	Capacitor, Capacitance : 콘덴서 또는 정전용량
L	Inductor, Inductance(코일, 인덕턴스) : 고주파 회로의 동조용이나 필터로 많이 사용한다.
T	Transformer(트랜스) : 교류전압을 변화시키는 것으로 전원이나 고주파 회로 등에 사용한다.
PT	Power Transformer(전원 트랜스) : 전원용이나 전압 측정용 변압기
X-TAL	Crystal(수정 진동자, 크리스털 발진자) : 안정된 발진 주파수를 얻는 데도 사용한다.
IFT	Internediate Frequency Transformer(중간주파 트랜스) : 고주파 회로의 중간 동조에 사용하는 트랜스
RFC	Radio Frequency Choke(고주파 초크 코일) : 고주파의 필터용 코일
S/W	Switch

06 심벌 기호

1. 기본기호

(1) 전 류

번호	명 칭	심 벌	적 요	
1.1	직류(direct current)		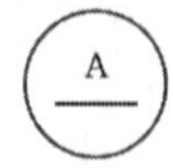	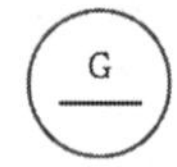
1.2	교류(alternating curren)			
1.3	고주파(high-frequency wave)	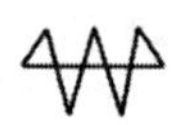		

(2) 도선 및 접속

번호	명 칭	심 벌	적 요
2.1	도선(conductor)		ⓐ 전선 및 모선 등에 널리 사용된다. ⓑ 필요에 따라 굵기를 구별한다. ⓒ 도선의 가닥수를 명시하고 싶을 때는 다음과 같이 표시할 수 있다. • 2가닥의 경우 : 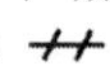 • 3가닥의 경우 : 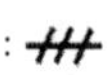 • 4가닥의 경우 : 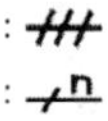
2.2	속(束) 선(line of flux)	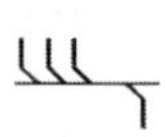	ⓐ 원호의 부분을 사선으로 해도 된다. ⓑ 꺾어진 방향은 배선의 방향을 표시한다.
2.3	연결선(line of coupler)	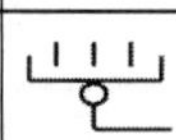	ⓐ ○ 속에 대조 번호를 기입한다. ⓑ 번호가 불필요할 때는 ○를 생략한다.
2.4	단자(terminal)	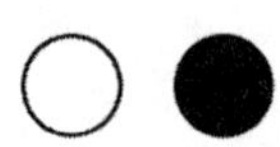	보기 : 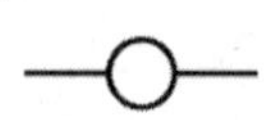
2.5	도선의 분기 (branch of conductor)	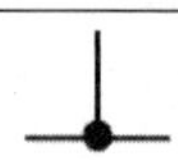	

번호	명 칭	심 벌	적 요
2.6	도선의 접속 (joint of conductor)	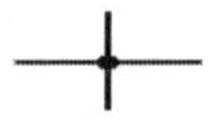	옆의 그림과 같이 표시해도 된다. 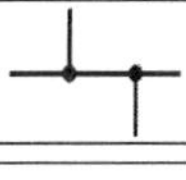
2.7	도선이 접속하지 않은 경우	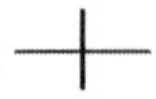	
2.8	접지(earth)		
2.9	케이스에 접속 (joint of case)	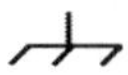	차질이 생길 염려가 없을 때에는 사선의 일부 또는 전부를 생략할 수 있다.

(3) 가변 및 연동

번호	명 칭	심 벌			적 요
3.1	가변을 나타내는 일반 심벌	[a] 	[b] 	[c] 	① (b)는 반고정을 나타낼 경우에 사용한다. ② (c)는 탭 절환을 나타낼 경우에 사용한다. ③ 특히, 비직선성을 나타낼 경우에는 아래 그림과 같이 표시한다. 
3.2	연동을 나타내는 일반 심벌				보기 : 4.10의 적요를 참조

(4) 인덕턴스 및 저항, 콘덴서

번호	명 칭	심 벌	적 요
4.1	저항 또는 저항기 (resistor)	[a]  [b] 	① 특히, 필요가 있을 경우에는 산의 수를 바꿀 수 있다. ② (b)는 무유도를 나타낼 때 사용한다.
4.2	가변 저항 또는 가변 저항기 (variable resistor)	[a]  [b] 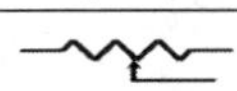 [c] 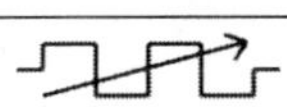 [d] 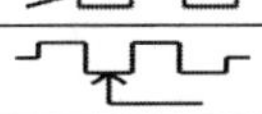	① 특히, 필요할 때에는 산의 수를 바꿀 수 있다. ② (c) 및 (d)는 특히, 무유도를 나타낼 때 사용한다.
4.3	탭붙이 저항기	[a] 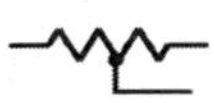 [b] 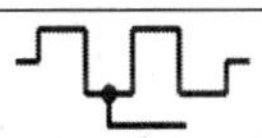	① 특히, 필요할 때에는 산의 수를 바꿀 수 있다. ② (b)는 특히, 무유도를 나타낼 경우에 사용한다.
4.4	인덕턴스 또는 코일 (inductance or coil)	[a] 	① 특히, 필요할 때에는 산의 수를 바꿀 수 있다.

번호	명칭	심벌	적요
		[b] 	② (c)는 저항과 혼동될 우려가 없을 경우에는 코일을 표시하는 데 사용해도 된다. ③ 전력용 부분에서 코일을 표기할 때는 아래 그림을 사용해도 된다. 또는 ④ 특히, 철심이 들어 있는 것을 표시할 경우에는 아래와 같이 표시한다. 또한, 압분 철심이 들어 있는 것을 나타낼 경우에는 을 으로 해도 된다.
		[c] 	
4.5	가변 인덕턴스 (variable inductance)	[a] 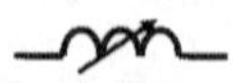	특히, 필요한 경우에는 산의 수를 바꿀 수 있다.
		[b] 	
4.6	탭붙이 인덕턴스	[a] 	
		[b] 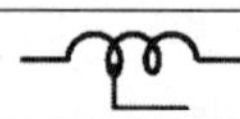	
4.7	상호 인덕턴스 또는 변압기(변성기) (mutual inductance or transfomer)	[a] 	① 특히, 필요한 경우에는 산의 수를 바꿀 수 있다. ② 특히, 철심이 들어 있는 것을 나타낼 경우에는 다음과 같이 나타낸다.
		[b] 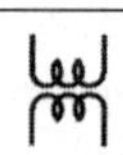	
		[c] 	③ (c)는 변압기를 사용하는 경우에 한해서 사용해도 된다.
4.8	가변 상호 인덕턴스 (variable mutual inductance)	[a] 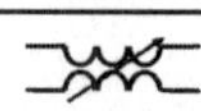	특히, 필요한 경우에는 산의 수를 바꿀 수 있다.
		[b] 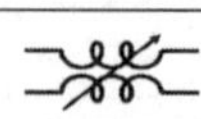	
4.9	정전용량 또는 콘덴서(electrostatic capacity or condenser)		① 단선 심벌에 사용되지 않는 선은 생략하고 으로 해도 된다. ② 콘덴서의 전극을 구별할 필요가 있을 때에는 저전위의 소자를 곡선으로 나타내어 로 해도 된다.
4.10	가변 정전용량 또는 가변 콘덴서 (variable electrostatic capacity or variable condenser)		① 특히, 로터리를 구별할 필요가 있을 경우에는 와 같이 표시한다. ② 특히, 가변 평형형 콘덴서를 표시할 경우에는 을 사용한다. ③ 특히, 가변 차동 정전용량 또는 콘덴서를 표시할 때에는 을 사용한다. ④ 특히, 연동 가변 정전용량 또는 콘덴서를 나타낼 경우에는 을 사용한다.
4.11	반고정 콘덴서	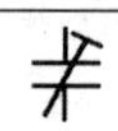	

번호	명 칭	심 벌	적 요
4.12	전해 콘덴서 (chemical condenser)		① 극성을 명시하고 싶을 때에는 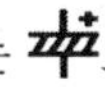로 할 수 있다. ② 특히, 전해 콘덴서라는 것이 명확할 때에는 사선을 생략하고 으로 해도 된다.
4.13	임피던스 (impedance)		
4.14	가변 임피던스 (variable impedance)	[a]  [b] 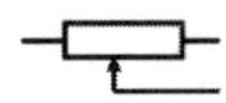	

(5) 전원 및 장치

번호	명 칭	심 벌	적 요
5.1	전지 또는 직류전원 (battery or D.C electric source)	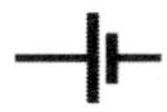	① 번거로울 때에는 로 해도 된다. ② 극성은 긴 선을 양극, 짧은 선을 음극으로 한다. ③ 다수 연결일 때는  또는 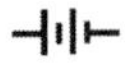로 해도 된다.
5.2	정류기 (rectifier)	[a]  [b] 	화살표는 정삼각형으로 하고, 직류가 통하는 방향을 나타낸다.
5.3	교류전원 (AC electric source)		상수 및 주파수를 나타낼 경우에는 다음에 따른다. [보기] **3∅ ~60Hz** **(상수) (주파수)**
5.4	전원 플러그 (electric source plug)	[a] 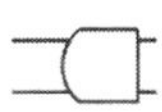 [b] 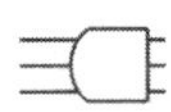	① (a)는 2극을 나타낸다. ② (b)는 3극을 나타낸다.
5.5	회전기 (rotating instrument)	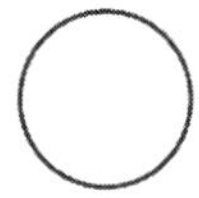	발전기 전동기 발전전동기 (가역형)  ① ○속에 종류를 표시하는 기호를 넣는다. [보기] 교류의 경우 직류의 경우  ② 특히, 교류 · 직류의 구별을 필요로 할 때는 아래 그림에 따른다.
5.6	기기 또는 장치 (instrumental or setting)	[a]  [b] 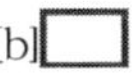	 속에 종류를 나타는 문자 또는 심벌을 넣는다.
5.7	차폐(shield)		[보기] 

(6) 개폐기류

번호	명 칭	심 벌	적 요
6.1	개폐기(switch)		
6.2	절환 개폐기 (change over switch)	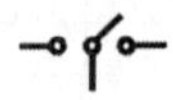	
6.3	회전 개폐기 (rotary switch)	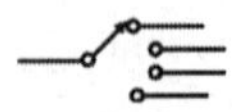	
6.4	잘린 쪽 붙이 로터리 스위치	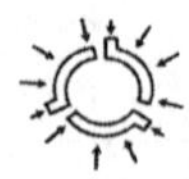	① 잘린 쪽의 모양을 한 보기를 나타낸다. ② 스위치의 절환 접점(화살표)의 위치는 절환 개시의 접점 위치로 한다.

(7) 계측기 및 열전대

번호	명 칭	심 벌	적 요
7.1	계기 또는 측정기 (meter or measurement instrument)	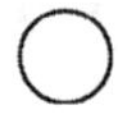	① ㅇ속에 종류를 나타내는 문자 또는 심벌을 넣는다. [보기] 전류계  전압계 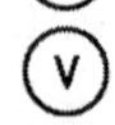 전력계 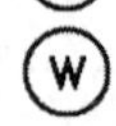 오실로스코프  오실로그래프  ② 특히, 직류 · 교류 · 고주파의 경우를 구별할 때는 다음 그림과 같이 한다. 직류 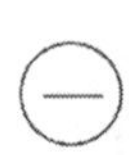 교류  고주파 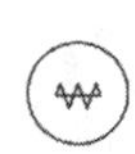 ③ 지침의 한쪽 진동 또는 양쪽 진동을 나타낼 경우에는 다음과 같이 한다. • 한쪽 진동의 경우  • 양쪽 진동의 경우 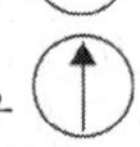

번호	명 칭	심 벌	적 요
7.2	열전대 (thermo couple)		① 특히, 직렬형 열전대를 표시하는 경우 
			② 특히, 방열형 열전대를 표시하는 경우 
			③ 특히, 진공 직렬형 열전대를 표시하는 경우 
			④ 특히, 진공 방열형 열전대를 표시하는 경우 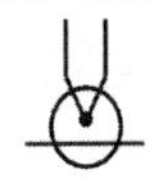

(8) 보호장치 및 램프

번호	명 칭	심 벌		적 요
8.1	피뢰기 (arrester) (접지할 경우)	[a] 	[b] 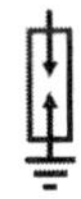	3극 피뢰기는 다음 그림과 같이 표기한다. 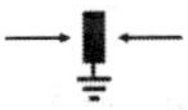 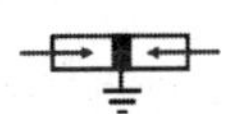
8.2	방전 캡 (discharge cap)			특히, 전극의 양상을 구별하고 싶을 경우에는 다음 그림의 보기에 따른다. [보기] 각형  침형  구 
8.3	퓨즈 (fuse)			특히, 개방형, 포장형을 구별하고 싶을 경우에는 다음과 같이 한다. 개방형 :  포장형 : 

번호	명 칭	심 벌	적 요
8.4	경보퓨즈	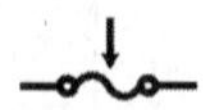	특히, 개방형, 포장형을 구별하고 싶을 경우에는 다음과 같이 한다. 개방형 :  포장형 : 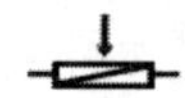
8.5	히트 코일 (heat coil)	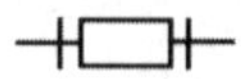	히트 코일형 퓨즈를 포함한다.
8.6	램프(lamp)	[a] 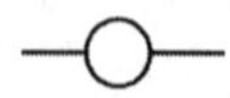 [b]  [c] 	특히, 색이나 용도를 구별할 경우에는 보기에 따라야 하고, 다음 그림과 같이 기입한다. [보기] 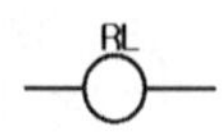 적색(RL) 황적(OL) 녹색(GL) 청색(BL) 백색(WL) 황색(YL) 투명(TC) 파일럿(PL)
8.7	저항기(resister)	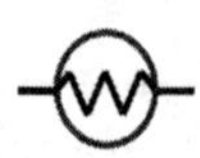	안정 저항관(버랙터를 포함)을 표시할 경우에는 다음 그림과 같이 표시한다. 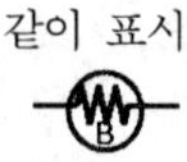

2. 전력용 기호

심벌 중에 조합해서 사용하는 코일은 기본 심벌(인덕턴스 또는 코일)의 (a), (b) 또는 (c)에 따라야 한다. 또한, 이하의 심벌에서는 보기로서 (c)를 사용한 것으로 나타낸다.

동일 심벌 속에서 2개 이상의 코일을 사용하고 있는 것으로, 코일의 크기를 특별히 구별하고 싶을 때는 코일의 산 수를 바꿔서 나타낼 수 있다.

(1) 회전기

번호	명 칭	심 벌			적 요
		단선도용	복선도용		
1.1	직류 분권 발전기 (DC shut generator)		[a] 	[b] 	① 타 여자일 경우에는 다음에 따른다. 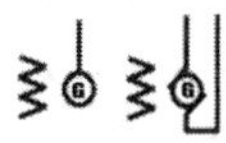 ② 파선부는 저항기류를 접속할 경우, 그것이 없을 때는 실선으로 한다. ③ 여자형임을 표시할 때는 G 대신 Ex를 사용한다. ④ 보극권선 또는 보상권선은 필요에 따라서 추가한다.
1.2	직류 분권 전동기 (DC shut motor)	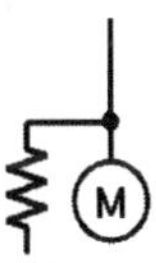	[a] 	[b] 	① 타 여자일 경우에는 다음에 따른다. 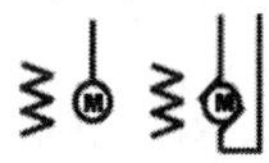 ② 파선부는 저항기류를 접속할 경우, 그것이 없을 때는 실선으로 한다. ③ 보극권선 또는 보상권선은 필요에 따라서 추가한다.
1.3	직류 직권 발전기 (DC series generator)		[a] 	[b] 	보극권선 또는 보상권선은 필요에 따라서 추가한다.
1.4	직류 직권 전동기 (DC series motor)		[a] 	[b] 	보극권선 혹은 보상권선은 필요에 따라서 추가한다.
1.5	직류 복권 발전기 (DC compound motor)	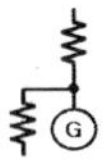	[a] 	[b] 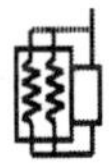	① 파선부는 저항기류를 접속할 경우를 나타내고, 그것이 없을 때는 실선으로 한다. ② 보극권선 또는 보상권선은 필요에 따라서 추가한다.
1.6	직류 복권 전동기 (DC compound motor)	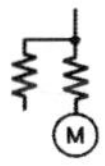	[a] 	[b] 	

번호	명 칭	심 벌			적 요
		단선도용	복선도용		
1.7	동기 발전기 (synchronous generato)	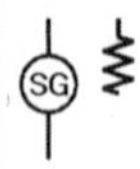	[a] 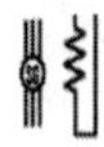	[b] 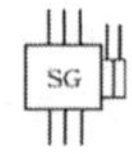	① 동기 발전기라는 것이 명확할 때는 단순히 G로 기입해도 된다. ② 전기자의 아래쪽에 표시한 선은 중성점측 인출을 나타낸다. ③ 단선도에서 계자 코일의 기호를 필요로 하지 않을 때에는 생략해도 된다. ④ 복선도형은 3상일 경우를 나타낸다.
1.8	동기 전동기 (synchronous motor)		[a] 	[b] 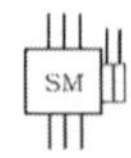	단선 심벌에서 계자 코일의 기호를 필요로 하지 않을 경우에는 생략해도 된다.
1.9	동기 발전 전동기 (가역형) (synchronous generator motor)		[a] 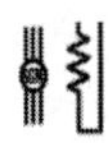	[b] 	단선 심벌에서 계자 코일의 기호를 필요로 하지 않을 경우에는 생략해도 된다.
1.10	동기 조상기 (synchronous phase modifier)	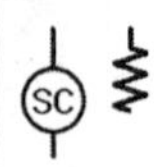	[a] 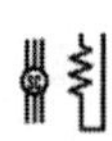	[b] 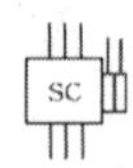	
1.11	유도 전동기(일반) (induction motor)		[a] 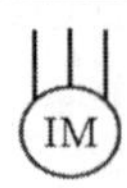	[b] 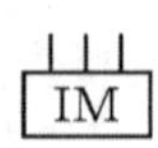	① 유도 전동기라는 것이 명확할 때에는 M이라고 기입해도 된다. ② 복선도용은 3상일 경우를 나타낸다.
1.12	6선식 3상 농형 유도 전동기		[a] 	[b] 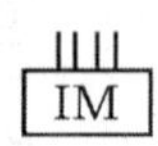	
1.13	권선형 유도 전동기 (wound rotor type induction motor)	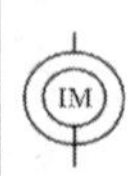	[a] 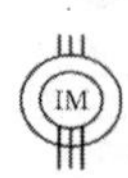	[b] 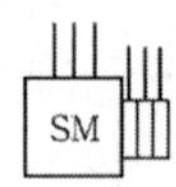	권선 회전자를 갖는 유도 전동기를 나타낸다.
1.14	유도 발전기 (induction generator)	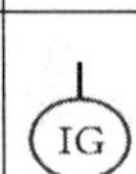	[a] 	[b] 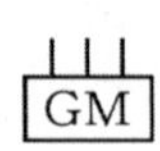	
1.15	단상 반발 전동기 (single phase repulsion motor)		[a] 	[b] 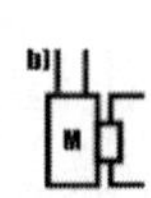	

번호	명 칭	심 벌		적 요
		단선도용	복선도용	
1.16	직권 정류자 전동기 (series commutator motor)		[a] 	[b] 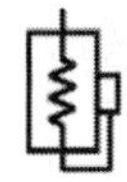
1.17	3상 분권 정류자 전동기 (three phase hunt commutator motor)		[a] 	[b] 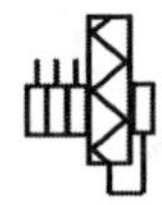
1.18	회전 변류기 (synchronous converter)		[a] 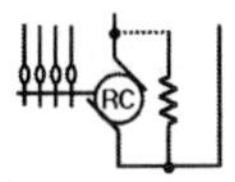 [b] 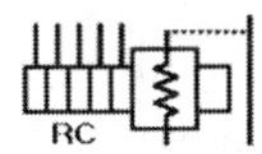	① 단선도용으로 상부는 교류측, 하부는 직류측을 나타낸다. ② 단선도로 계자 코일은 필요가 있을 때에만 붙인다. ③ 복선도용은 6상 분권일 경우를 나타낸다.
1.19	전동 발전기 (motor generator)		[a] 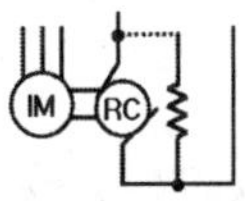 [b] 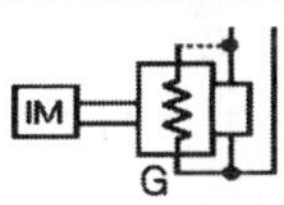	① 유도 전동기로 직류 분권 발전기를 구동할 경우를 나타낸다. ② 단선도로 계자 코일은 필요가 있을 경우에 붙인다.
1.20	주파수 변환기 (frequency changer)	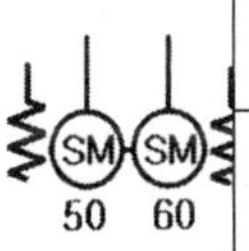	[a] 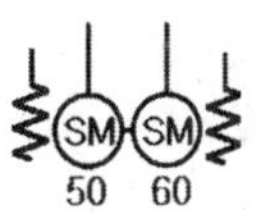 [b] 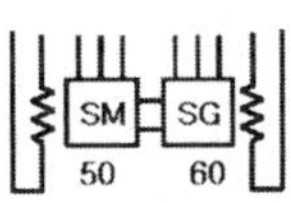	① 동기 전동기로 동기 발전기를 구동해서 50[Hz]를 60[Hz]로 변환할 경우를 나타낸다. ② 단선도로 계자 코일은 필요가 있을 경우에 붙인다.
1.21	회전기기용 원동기		[a] 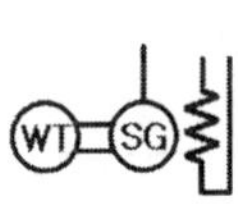 [b] 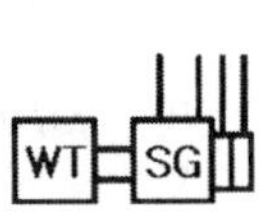	원동기의 종별은 다음에 따른다. 수 차 : WT 펌프 터빈 : PT 증기 터빈 : ST 가스 터빈 : GT 디젤 터빈 : DE

(2) 변압기

번호	명 칭	심 벌 (단선도용)	심 벌 (복선도용)	적 요
2.1	변압기(일반) (transformer)	[a]  [b] 		혼촉 방지판이 붙은 것은 다음에 따른다. 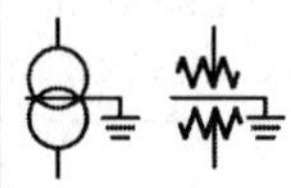
2.2	단상 변압기 (single phase transformer)	[a] 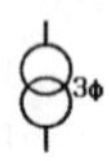 [b] 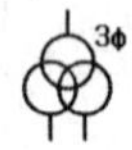  [c] 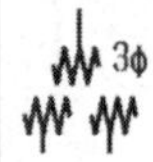 [d] 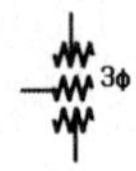 [e]	[a]  [b]  [c] 	단선도용 (b), (d), (e) 및 복선도용 (b), (c)는 3권선 변압기의 경우를 표시한다.
2.3	3상 변압기 (three phase transformer)	[a] 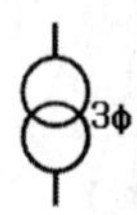 [b] 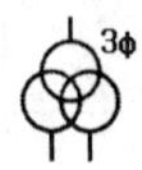 [c]  [d]  [e] 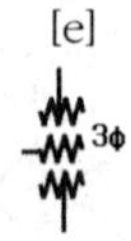	[a] 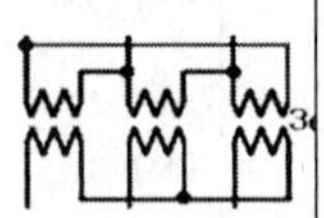 [b] 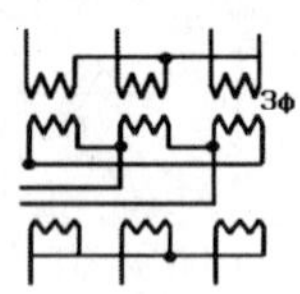	① 단선도용 (b), (d), (e) 및 복선도용 (b)는 3권선 변압기의 경우를 표시한다. ② 복선도용 (a)는 △Y 접속, (b)는 Y△Y 접속의 경우를 표시한다.
2.4	변압기 접속 보기 (transformer joint)	[a]  [b] 	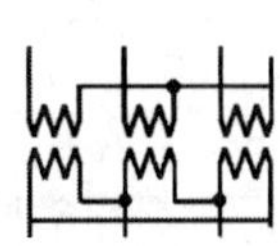	① Y△접속의 경우를 표시한다. ② 특히, 3상 변압기를 표시할 필요가 있을 경우는 옆에 3ϕ를 기입한다.
		[a]  [b] 		① V접속의 경우를 표시한다. ② 특히, 3상 변압기를 표시할 필요가 있을 경우에는 옆에 3ϕ를 기입한다.

번호	명 칭	심 벌			적 요
		단선도용		복선도용	
2.4	변압기 접속 보기 (transformer joint)	[a] 	[b] 	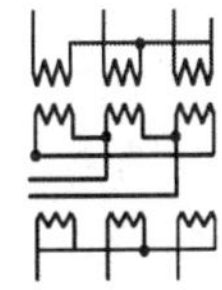	① 3권선 변압기의 보기를 표시한다. ② 특히, 3상 변압기를 표시할 필요가 있을 경우에는 옆에 3ϕ를 기입한다.
		[a] 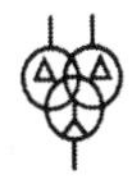	[b] 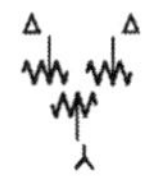	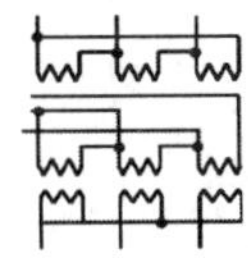	
		[a] 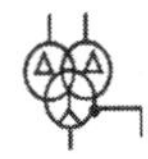	[b] 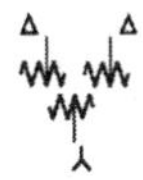	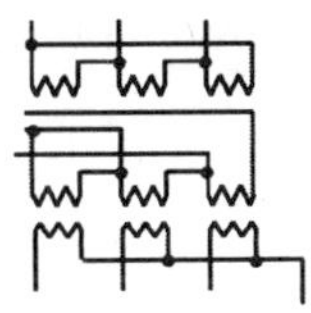	① 3권선 변압기에 중성점측 인출의 경우를 표시한다. ② 특히, 3상 변압기를 표시할 필요가 있을 경우에는 옆에 3ϕ를 기입한다.
		[a] 	[b] 	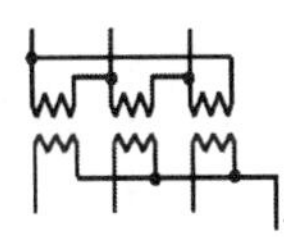	① △Y접속의 변압기에 중성점측 인출의 경우를 표시한다. ② 특히, 3상 변압기를 표시할 필요가 있을 경우는 옆에 3ϕ를 기입한다.
		[a] 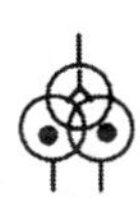	[b] 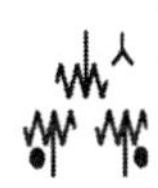	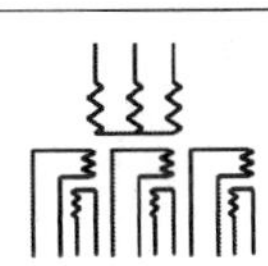	6상 회전 변류기 2대용의 경우를 표시한다.
		[a] 	[b] 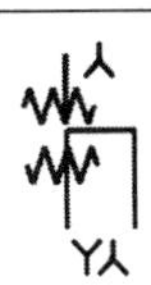	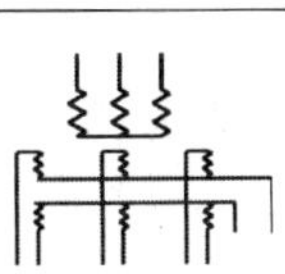	6상 6극 수은 정류기용의 경우를 표시한다.
				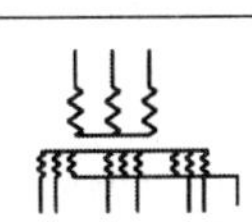	
		[a] 	[b] 	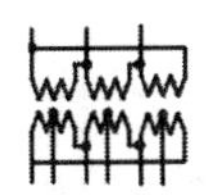	① 2중 탭 변압기로서 △접속의 경우를 표시한다. ② 단선도용에서 경사 인출선은 중간 인출선을 표시한다.

번호	명 칭	심 벌			적 요
		단선도용		복선도용	
2.4	변압기 접속 보기 (transformer joint)	[a] 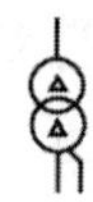	[b] 	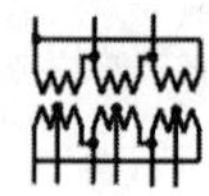	① 2중 탭 변압기로서 △접속의 경우를 표시한다. ② 단선도용에서 경사 인출선은 중간 인출선을 표시한다.
		[a] 	[b] 		교류 전철용 스코트 결선 전용 변압기의 경우를 표시한다.
		[a] 	[b] 		
2.5	3상 부하 시 전압 조정 변압기			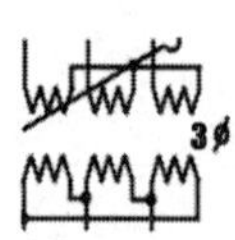	① ⁄~는 조정장치 있는 쪽에 붙인다. ② 복선도용은 2차측 △접속의 경우를 표시한다. ③ 특히, 조정장치가 별치형인 것을 나타내는 경우는 그 취지를 부기한다.
2.6	단상 단권 변압기 (single phase auto Transformer)	[a] 	[b] 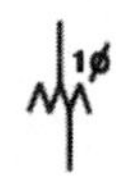	[a] 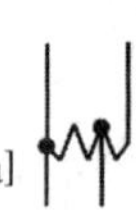	① 상부는 고전압측, 하부는 저전압측을 표시한다. ② 역인 경우는 다음과 같다. 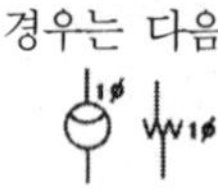 ③ 단선도용 (c), (d) 및 복선도용 (b)는 3차 권선붙이 경우를 표시한다. ④ 부하 시 전압 조정기 붙인 경우는 다음과 같다. 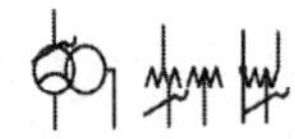
		[c] 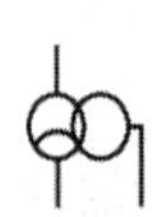	[d] 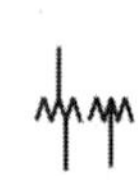	[b] 	
2.7	3상 단권 변압기 (three phase auto transformer)	[a] 	[b] 	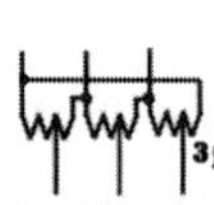	△ 접속의 경우를 표시한다.
2.8	접지 변압기 (earth transformer)	[c] 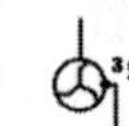	[d] 	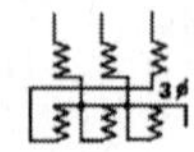	3상 천조(千鳥)접속의 경우를 표시한다.

번호	명 칭	심 벌			적 요
		단선도용		복선도용	
2.9	소호 변압기 (arc suppressing transformer)	[a] 	[b] 	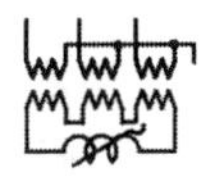	리액터 부분은 다음과 같이 나타낼 수 있다. 
2.10	단상 유도 전압 조정기 (single phase inducion voltage regulator)	[b] 	[b] 	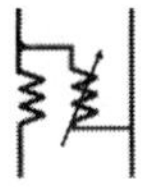	 은 생략할 수 있다.
	3상 유도 전압 조정기 (three phase induction voltage regulator)	[a] 	[b] 	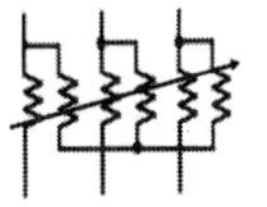	
2.11	3상 부하 시 전압 조정기	[a] 	[b] 	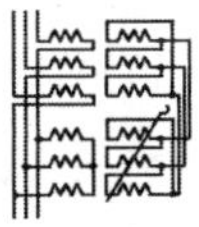	복선도용은 한 보기를 표시한다.
2.12	3상 이상기	[a] 	[b] 	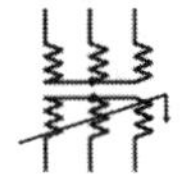	

(3) 정류기

번호	명 칭	심 벌			적 요
		단선도용		복선도용	
3.1	정류기(일반) (rectifier)	[a] 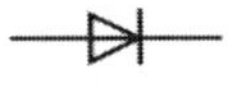		[b] 	화살표는 정삼각형으로 하고 직류가 통하는 방향으로 한다.
3.2	정류기 (브리지형 접속)	[a] 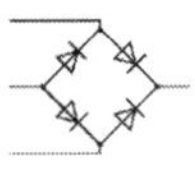		[b] 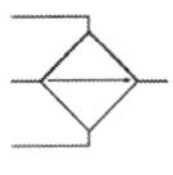	(b)의 화살표는 직류가 통하는 방향이다.
3.3	제어정류 소자	[a] 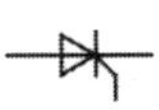		[b] 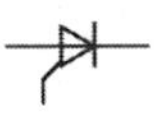	(a)는 P게이트를 표시한다. (b)는 N게이트를 표시한다.
3.4	수은 정류기 (일반) (mercury rectifier)	[a] 	[b] 		① 유리제 수은 정류기는 이것을 사용한다. ② 전극 및 수은은 도장을 하지 않은 것도 좋다.

번호	명 칭	심 벌		적 요
		단선도용	복선도용	
3.5	철제 수은 정류기	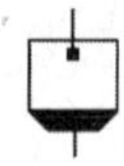	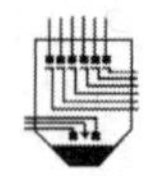	① 유리제 수은 정류기는 이것을 사용한다. ② 전극 및 수은은 도장을 하지 않은 것도 좋다.
3.6	기계적 정류기		[a] 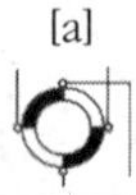 [b] 	단선도용은 단상, 3상 어느 경우에도 쓰인다.

(4) 계기용 변압기 및 변류기

번호	명 칭	심 벌		적 요
		단선도용	복선도용	
4.1	계기용 변압기(일반) (instrument transformer)	[a] 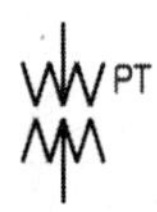  [b] 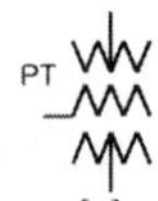 [c]	[a] 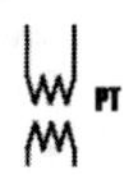 [b] 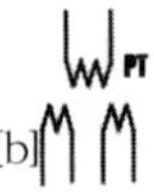 [c] 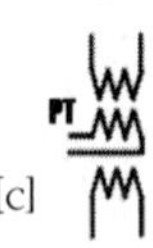	① 주 변압기와 구별할 때는 가늘게 그린다. ② (a)는 2권선의 경우를 표시한다. ③ (b), (c)는 3권선의 경우를 표시한다. ④ 혼동할 우려가 없는 한 2.1 변압기(일반)의 (a) 기호를 사용한다. 조합하면 2.4의 보기와 같다.
4.2	단상 계기용 변압기	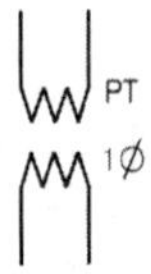 [a] 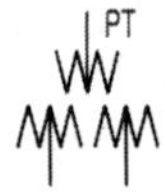 [b] 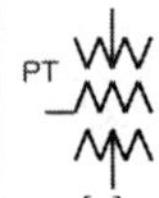 [c]	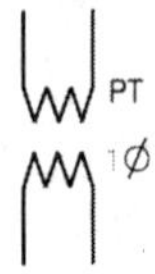 [a] [b] 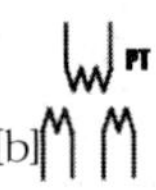 [c] 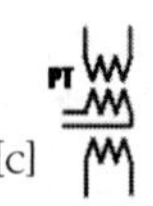	① 주 변압기와 구별할 때는 가는 글씨를 써 넣는다. ② 단선도에는 필요에 따라 접속을 옆에 기입한다. ③ (a)는 2권선, (b), (c)는 3권선의 경우를 표시한다.

번호	명 칭	심 벌		적 요
		단선도용	복선도용	
4.3	3상 계기용 변압기	[a] 	[a] 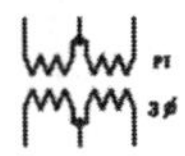	① 주 변압기와 구별하기 위해 그 것보다 가늘게 그릴 수 있다. ② 복선도용의 (a), (b)는 V접속의 경우, (c)는 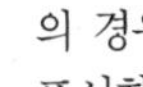의 경우를 표시한다. ③ 단선도용에는 필요에 따라 접속을 옆에 기입한다. ④ (a)는 2권선, (b), (c)는 3권선의 경우를 표시한다.
		[b] 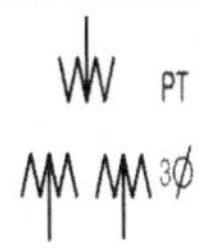	[b] 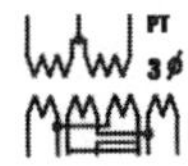	
		[c] 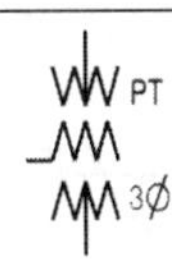	[c] 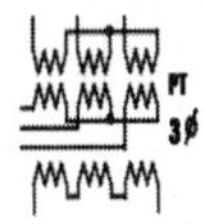	
4.4	부싱형 계기용 변압기	[a] 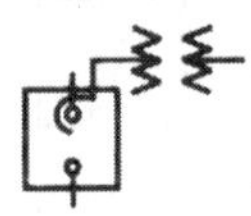	[a] 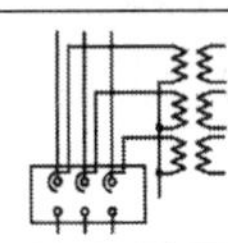	① 주 변압기를 구별하기 위해 그 것보다 가늘게 그릴 수 있다. ② (a)는 교류 차단기에 장치할 경우를 나타낸다. ③ (b), (c)는 변압기에 장치할 경우를 나타낸다. ④ 복선도용 (b)는 3상 변압기에 장치할 경우를 나타낸다.
		[b] 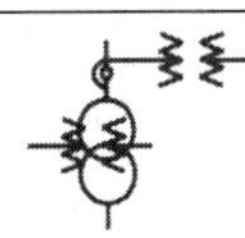	[b] 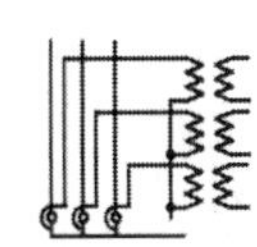	
		[c] 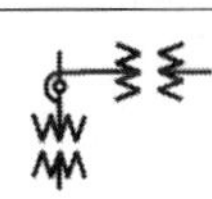		
4.5	콘덴서형 계기용 변압기	[a] 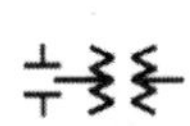	[a] 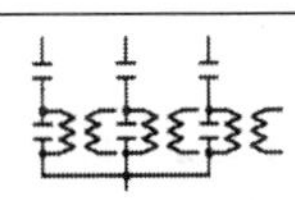	① 주 변압기와 구별하기 위해 그 것보다 가늘게 그릴 수 있다. ② (a)는 2권선의 경우를 나타낸다. ③ (b), (c)는 3권선의 경우를 나타낸다. ④ 송전 계통도에서 단선도용 (a), (b), (c)를 그리기 곤란한 경우에는 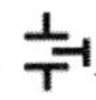와 같이 표시할 수 있다.
		[b] 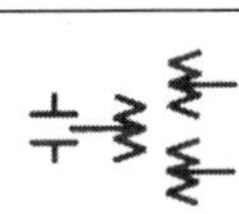	[b] 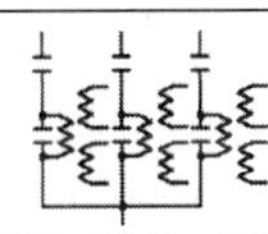	
		[c] 	[c] 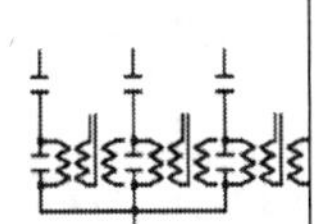	
4.6	변류기 (current transformer)	[a]  [b] 	[a] 	① 단선도용 (a), (b) 및 복선도용 (a)는 2권선의 경우를 표시한다. ② 단선도용 (c), (d) 및 복선도용 (b)는 3권선의 경우를 표시한다. ③ 단선도용 (e) 및 복선도용 (c)는 2중 철심의 경우를 표시한다.
		[c]  [d] 	[b] 	
		[e] 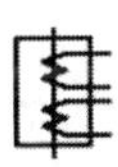	[c] 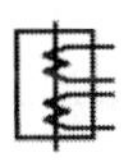	

번호	명 칭	심 벌		적 요
		단선도용	복선도용	
4.7	부싱형 변류기 (bushing type current transformer)	[a] 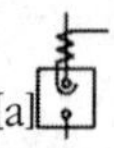 [b]  [c]  [d] 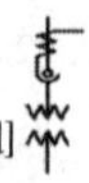 [e] 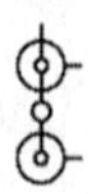 [f] 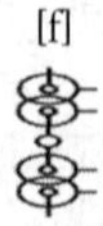 [g] 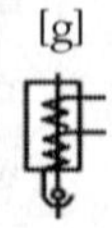	[a] 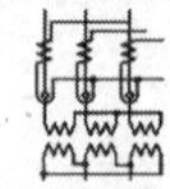 [b] 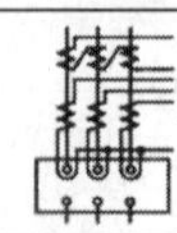 [c] 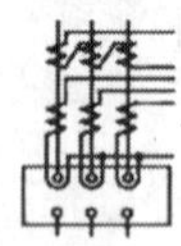	① (a), (b), (e), (f)는 교류 차단기에 장치할 경우를 표시한다. ② (c), (d)는 변압기에 장치할 경우를 표시한다. ③ (b), (f)는 3권선의 경우를 표시한다. ④ (g)는 2중 철심의 경우를 표시한다.
4.8	계기용 변압 변류기	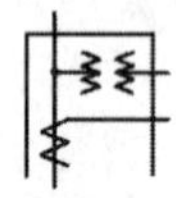	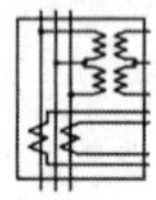	주 변압기와 구별하기 위하여 그것보다 가늘게 그린다.
4.9	영상계기용 변압기		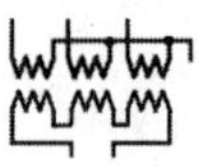	
4.10	영상 변류기 (zero-phase sequence current transformer ZCT)	[a] 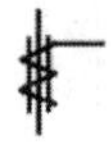 [b] 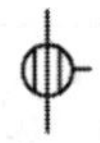	[a] 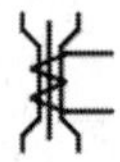 [b] 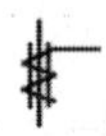	복선도용 (b)는 3심 케이블용을 나타낸다

(5) 배전반 부착 기구

번호	명 칭	심 벌		적 요
		단선도용	복선도용	
5.1	계기용 절환 개폐기	[a]  [b] 		① (a)는 전압 회로용에 쓰인다. ② (b)는 전류 회로용에 쓰인다.
5.2	전류계용 분류기	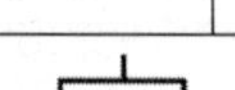	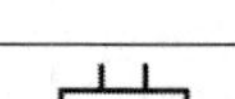	
5.3	시험용 전압단자	[a]  [b] 	[c] 	[a]  [b]  [c] 
5.4	시험용 전류단자			보기 : 

(6) 전력용 접점

이 규격의 적용범위에 표시한 상태에서 개로하는 것에 대해서 가동부분을 오른쪽 혹은 위쪽에 나타내고, 폐로하는 것에 대해서는 가동부분을 왼쪽 혹은 아래쪽에 나타낸다. 이 규격의 적용범위 이외의 상태를 나타내는 경우에는 보기를 들면 6.5의 아래와 같이 나타낼 수 있다.

a접점			b접점		

번호	명 칭	심 벌		적 요
		단선도용	복선도용	
6.1	점점(일반) 혹은 수동 접점	[a] 	[a] 	
		[b] 	[b] 	
6.2	수동조작 자동 복귀 접점	[a] 	[a] 	손을 떼면 복귀하는 접점이며 단추 스위치, 조작 스위치 등의 접점에 쓰인다(눌림형, 인장형, 비틀림형에 공통).
		[b] 	[b] 	
6.3	기계적 접점	[a] 	[a] 	리밋 스위치와 같이 접점의 개폐가 전기적 이외의 원인에 의해서 이루어지느 것에 쓰인다.
		[b] 	[b] 	
6.4	조작 스위치 잔류 접점	[a] 	[a] 	토글 스위치와 같이 접점의 개폐가 조작 스위치에 의해 유지되는 것에 쓰인다.
		[b] 	[b] 	
6.5	계전기 접점 혹은 보조 스위치 접점	[a] 	[a] 	전자 계산기(릴레이)와 같이 접점 스위치의 동작이 순시동작 순시 복귀하는 접점에 쓰인다.
		[b] 	[b] 	

번호	명 칭	심 벌		적 요
		단선도용	복선도용	
6.6	한시(限時) 동작 접점	[a] 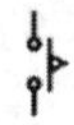	[a] 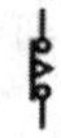	특히, 한시 접점임을 나타낼 필요가 있는 경우에 사용한다.
		[b] 	[b] 	
6.7	한시 복귀 접점	[a] 	[a] 	
		[b] 	[b] 	
6.8	수동 복귀 접점	[a] 	[a] 	인위적으로 복귀시키는 것으로 전자석으로 복귀시키는 것도 포함한다. 보기를 들면, 수동 복귀의 열동 계전기 접점, 전자 복귀식 벨 계전기 접점 등이 있다.
		[b] 	[b] 	
6.9	전자 접촉기 접점	[a]  [c] 	[a]  [c] 	혼동될 우려가 없는 경우에는 계전기 접점과 같은 심벌을 쓸 수 있다. 특히, (c), (d)인 경우 콘덴서와 혼동을 피하기 위하여 간격을 넓게 한다.
		[b]  [d] 	[b]  [d] 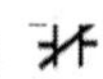	
6.10	제어기 접점 (드럼형 혹은 캠형)			그림은 접점 한 개를 표시한다.

(7) 개폐기 및 제어장치

번호	명 칭	심 벌		적 요
		단선도용	복선도용	
7.1	개폐기(일반) (switch)	[a]  [b] 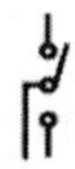		(b)는 단극 쌍투의 경우에 쓰인다.
7.2	단로기(일반) (disconnectiong switch)	[a] 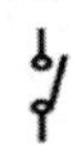 [b] 	[a] 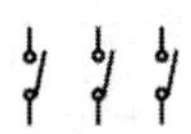	① 단선도용 (b), (d)는 특별히 간단하게 나타낼 필요가 있는 경우 ② 단선도용 (c), (d) 및 복선도용 (b)는 쌍투형의 경우 ③ 단선도용 (e), 복선도용 (c)는 쌍투 쌍날형의 경우 ④ 무부하 상태일 때 개폐하는 스위치
		[c]  [d] 	[b] 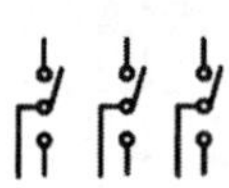	
		[e] 	[c] 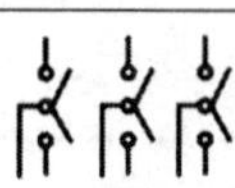	

번호	명 칭	심 벌 단선도용	복선도용	적 요
7.3	링크(link) 기구에 의한 수동 조작의 단로기	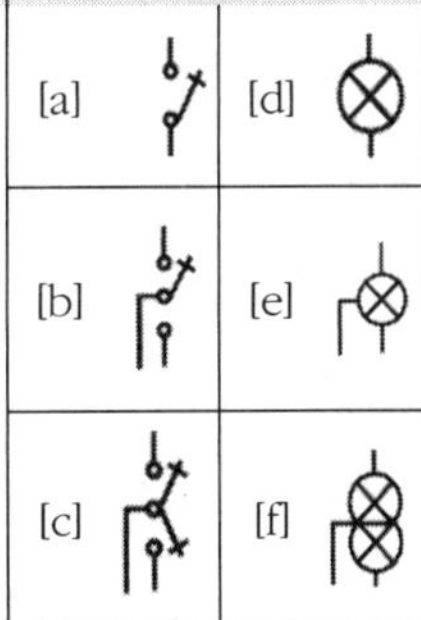	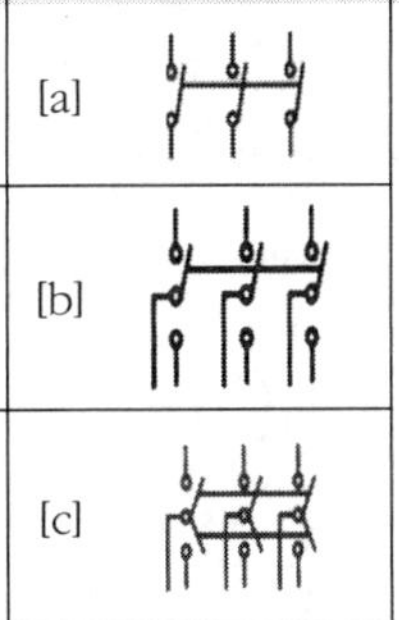	① 단선도용 (b), (d), (f)는 특별히 간단하게 나타낼 필요가 있는 경우 ② 단선도용 (c), (d) 및 복선도용 (b)는 쌍투형의 경우 ③ 단선도용 (e), (f) 및 복선도용 (c)는 쌍투쌍칼형의 경우 ④ 단선도에 있어서 팬터그래프형 또는 직립 투입형을 나타낼 필요가 있는 경우에는 다음과 같다.  ⑤ 접지 기구부를 나타낼 필요가 있는 경우
7.4	동력 조작의 단로기	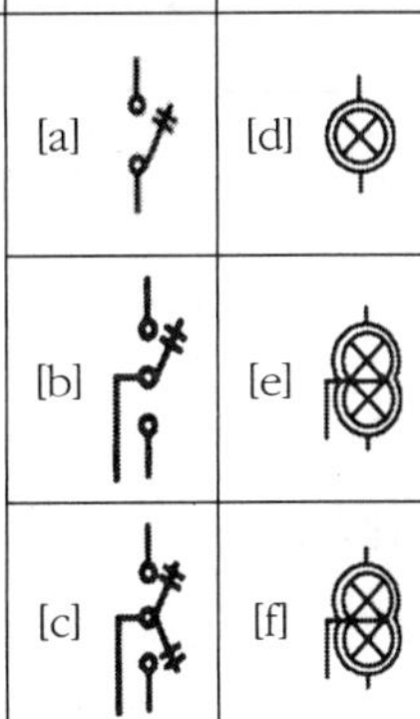	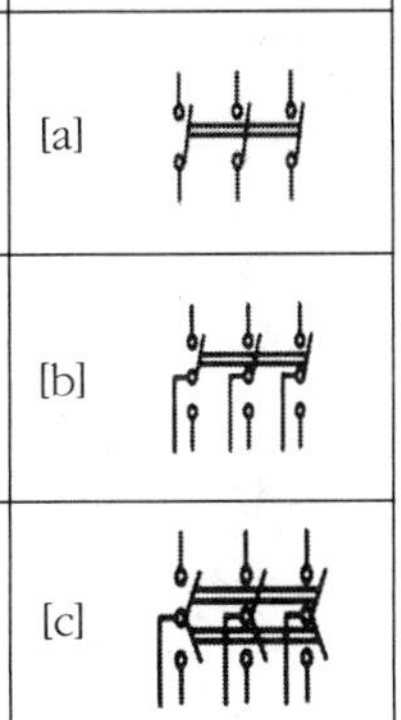	
7.5	수동조작의 단로기형 부하 개폐기	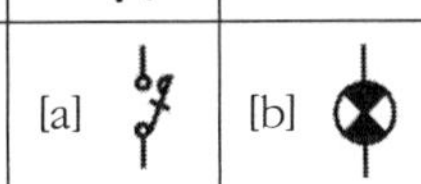	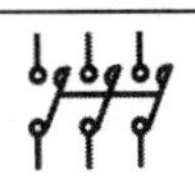	
7.6	동력 조작 단로기형 부하 개폐기	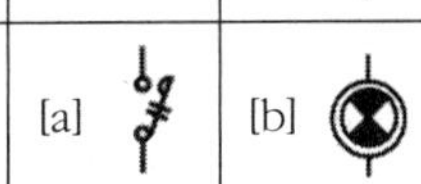	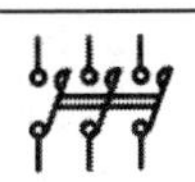	(b)는 특히, 간단하게 표시할 필요가 있는 경우에 쓰인다.
7.7	플로그형 단로기			
7.8	나이프 스위치 (knife switch)		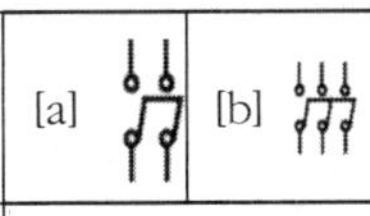	① (a)는 2극인 경우 ② (b)는 3극인 경우
7.9	2극 계자 개폐기			
7.10	기중 차단기(일반) (air circuit reaker)		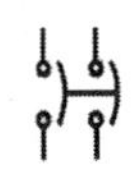	① 배선용 차단기도 포함한다. ② 복선도용은 2극인 경우이다.

번호	명 칭	심 벌		적 요
		단선도용	복선도용	
7.11	기중 차단기 트립 코일 붙이의 보기 (단극의 경우)	보기 1 	보기 2 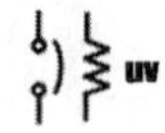	① 보기 1 : 직렬 트립 코일을 붙인 경우 ② 보기 2 : 부족 전압 트립 코일을 붙인 경우 ③ 보기 3 : 역류 트립 코일을 붙인 경우 ④ 보기 4 : 인장 코일에 보조 스위치가 있는 경우
		보기 3 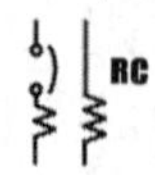	보기 4 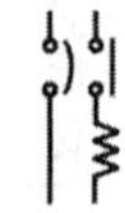	
7.12	직류 고속도 차단기 (DC high speed circuit breaker)			
7.13	교류 차단기(일반) (AC circuit breaker)	[a] 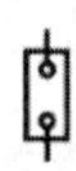	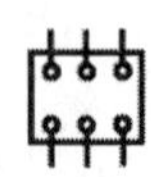	① 종류를 나타내는 경우에는 옆에 다음 글자를 부기한다. • 기름 차단기 : OCB • 진공 차단기 : VCB • 공기 차단기 : ABB • 가스 차단기 : GCB • 자기 차단기 : MBB ② (b)는 간단히 나타낼 경우에 쓰인다. ③ (c)는 전자 코일로 혼동되지 않을 경우에 사용할 수 있다.
		[b] 		
		[c] 		
7.14	교류 차단기 트립부의 보기		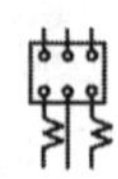	보기 1 : 직렬 트립 코일부를 붙인 경우
		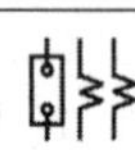	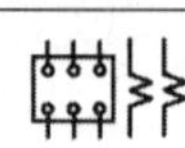	보기 2 : 변류기 2차 전류 트립을 붙인 경우
		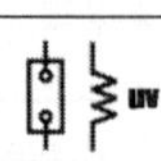	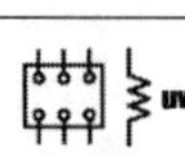	보기 3 : 부족 전압 트립 코일을 붙인 경우
		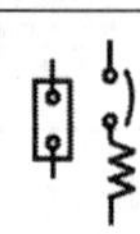	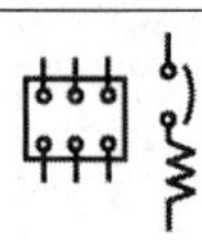	보기 4 : 트립 코일에 보조 개폐기를 붙인 경우
7.15	고압 교류 부하 개폐기	[a] 	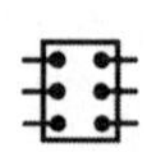	① 종류를 나타낼 경우에는 옆에 다음의 문자를 기입한다. • 기름부하 개폐기 : OS • 기중 개폐기 : AS • 진공 개폐기 : VS • 가스 개폐기 : GS
		[b] 		

번호	명 칭	심 벌		적 요
		단선도용	복선도용	
		[c] 		② (b)는 간단히 표시할 필요가 있는 경우 ③ (c)는 다른 심벌과 혼동될 염려가 없는 경우
7.16	보조 스위치 (ausiliary switch)	[a-개] 	[b-개] 	
		[a-내] 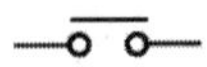	[b-내] 	
7.17	푸시버튼 스위치 (push button switch)	[a-개] 	[b-개] 	① (a)는 누르는 조작에 따라 폐로가 되는 경우 ② (b)는 누르는 조작에 따라 개로가 되는 경우
		[b-내] 	[b-내] 	
7.18	트립버튼 스위치 (trip button switch)	[a-개] 	[b-개] 	① (a)는 당기는 조작에 따라 폐로가 되는 경우 ② (b)는 당기는 조작에 따라 개로가 되는 경우
		[a-내] 	[b-내] 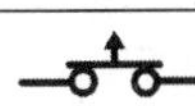	
7.19	쌍누름버튼 스위치 (double push button switch)	[a] 	[b] 	① (a)는 쌍투용 ② (b)는 단투용
7.20	전자 접촉기 (electromagnetic contactor)	[a] 	[a] 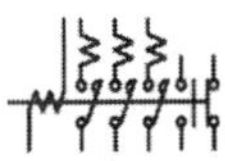	① (a)의 정지(rest) 상태에서 여는 경우를 나타내고, 복선도용은 3극 취소 코일 및 보존 스위치 붙이의 보기 ② (b)는 정지(rest)상태에서 닫는 경우를 나타내고, 복선도는 단극 취소(吹消) 코일 및 보조 스위치의 보기
		[b] 	[b] 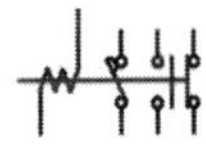	
7.21	열동 과전류 계전기의 히터	[a] 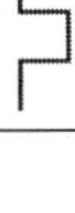	[b] 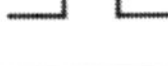	
7.22	제어기(일반) (controller)	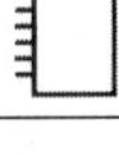		
7.23	드럼형 제어기(전개) (drun type controller)	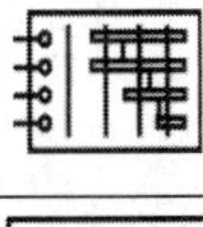		
7.24	캠 제어기(전개) (cam controller)	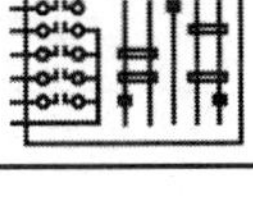		귀선이 공통인 경우

번호	명 칭	심 벌		적 요
		단선도용	복선도용	
7.25	리밋 스위치 (limit switch)	[a] 	[b] 	① (a)는 동작의 경우에 폐로되는 경우 ② (b)는 동작의 경우에 개로되는 경우
7.26	텀블러 스위치 혹은 로터리형 스위치 (tumbler switch or rotary switch)	[a]  [b] 	[c] 	① (a)는 단극 단투용 ② (b)는 단극 쌍투용 ③ (c)는 쌍극 단투용
7.27	부동 스위치, 압력 스위치 등 (floating switch pressure switch)	[a]  [b] 	[c] 	① (a)는 동작하면 폐로되는 것 ② (b)는 동작하면 개로되는 것 ③ (c)는 단극 절환용
7.28	속도 개폐기 (speed switch)	[a] 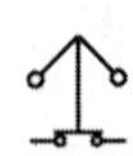	[b] 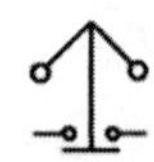	① 특히, 원심력 스위치임을 나타내고 싶을 때 사용 ② (a)는 동작하면 폐로되는 것 ③ (b)는 동작하면 개로되는 것
7.29	다이얼형 스위치 (dial switch)	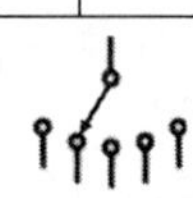		쌍극 단투의 경우
7.30	캐노피 스위치	[a] 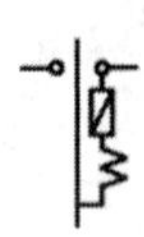 [b] 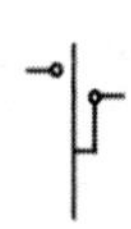	[c] 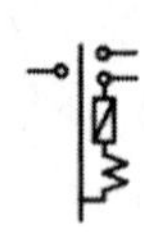	① (a)는 단투로서 취소 코일 및 퓨즈를 붙인 경우 ② (b)는 단투로서 취소 코일 및 퓨즈가 없는 경우 ③ (c)는 쌍투로서 취소 코일 및 퓨즈를 붙인 경우
7.31	다이얼형 가감 저항기 (dial type rheostat)	[a]  [b] 	[a]  [b] 	① 단선도 (a)에 있어서 단자를 필요로 하지 않는 부분의 ㅇ는 생략해도 좋다. ② (a)는 3상용의 것을 나타낸 것이다.
7.32	액체 저항기 (liquid resistor)	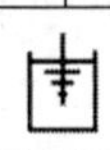	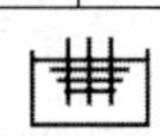	
7.33	시동 보상기 (auto starter)	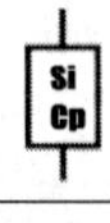	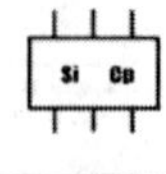	
7.34	스타델타 시동기(star-delta starter)			

번호	명 칭	심 벌			적 요
		단선도용		복선도용	
7.35	자동 조정기 (automatic regulator)	AVR			① 그림은 자동 전압 조정기의 보기이다. 이외의 경우에는 다음 문자를 사용한다. • 자동 전류 조정기 : ACR • 자동 무효전력 조정기 : AQR • 자동 역률 조정기 : APER • 자동 부하 조정기 : ALR ② 교류, 직류를 구별할 필요가 있는 경우에는 다음과 같다.
7.36	팬토 그래프 (panto graph)				
7.37	집전자 (collector shoe)			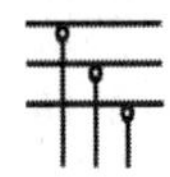	복선도용은 3개의 경우
7.38	슬립링 (collector ring)			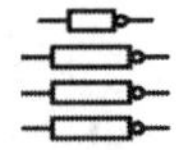	복선도용은 4개의 경우
7.39	플러그형 접속기 (plug type connector)	[a] 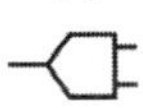	[b] 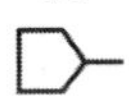	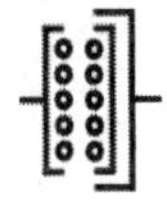	① 단선도용의 (a)는 플러그 받이임을 나타낸다. ② 복선도용의 ○의 수는 단자 수와 같다.
7.40	제어용 전자 코일	[a] 		[b] 	용도를 나타낼 경우 다음과 같이 글자를 부기할 수 있다. 보기 1. 브레이크용 전자석으로서 (a)는 전압 코일의 경우 (b)는 전류 코일의 경우

(8) 콘덴서 및 리액터

번호	명 칭	심 벌		적 요
		단선도용	복선도용	
8.1	전력용 콘덴서	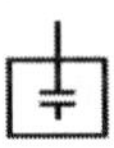	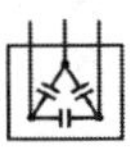	
8.2	전력용 분로 리액터	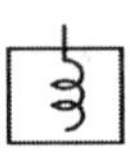	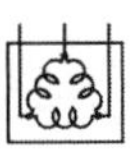	

(9) 보호장치

번호	명 칭	심 벌		적 요
		단선도용	복선도용	
9.1	피뢰기	[a]  [b] 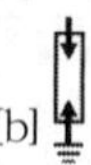		방전 캡의 유·무에 상관없이 이것으로 나타낸다.
9.2	피뢰기 방전 전류 측정기			
9.3	정전 방전기			
9.4	퓨즈(일반)	[a] 	[b] 	실 퓨즈, 판 퓨즈를 포함한다.
9.5	포장 퓨즈	[a] 	[b] 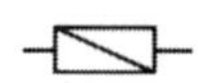	① 통형 퓨즈, 전력 퓨즈, 플러그 퓨즈를 포함한다. ② 사선은 우상(右上)으로 한다.
9.6	퓨즈 붙이 단로기	[a] 	[b] 	
9.7	한류(限流) 리액터	[a] 	[b] 	
9.8	소호(消狐) 리액터	[a]  [b] 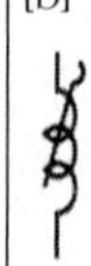 [c] 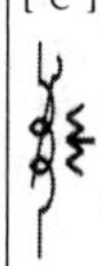	[a]  [b]  [c] 	① (b), (c)는 탭을 가진 것을 나타낸다. ② (c)는 2차 코일을 가진 것을 나타낸다. ③ 리액터의 부분은 다음과 같이 그려도 좋다. 

(10) 계전기 및 접점

1) 계전기

① 다른 기기와 혼동될 우려가 없는 경우에는 □ 대신에 ○을 사용할 수 있다.

② 이들의 심벌은 계전 방식을 나타내는 경우에도 사용할 수 있다.

③ 계전 방식과 계전기를 조합할 경우 다음의 보기에 따른다.

[보기]

ⓐ 단락 방향 계전 방식용의 과전류 계전기	DS- OC
ⓑ 반송 계전 방식용의 방향 거리 계전기	Cr- Dz
ⓒ 계통 분리 계전 방식용의 부족 주파수 계전기	DI- UF

④ 특히, 교류 · 직류의 구별을 할 경우에는 OC~ OC= 로 구별한다.

⑤ 다음 표의 적요란 ㉠, ㉡은 다음을 의미한다.

㉠은 0(과, 過), U(부족) 혹은 OU(과부족)을 달 수 있는 것

[보기] 10.4, 10.18 등

㉡은 S(단락) 혹은 G(지락)를 끝에 첨가할 수 있는 것

⑥ 고속도인 경우 표의 글자의 선두에 H를 첨가한다.

[보기] 10.4를 HC

⑦ 전압 억제부가 있는 것은 표의 글자 끝에 v를 첨가한다. 다만, S 혹은 G의 앞에 단다.

[보기] 전압 억제부 단락 과전류 계전기 OC vS

번호	명 칭	심 벌		적 요
10.1	계전기(일반)(relay)	(빈 사각형)		
10.2	단락 계전기(short circuit relay)	S		
10.3	지락 계전기(ground relay)	G		
10.4	전류 계전기(current relay)	C		㉠
10.5	과전류 계전기(over current relay)	[a] OC	[b] ○	
10.6	지락 과전류(over current ground relay)	[a] OC G	[b] ●	
10.7	부족 전류 계전기(under current relay)	UC		

번호	명 칭	심 벌	적 요
10.8	역류 계전기(reverse-current relay)	RC	
10.9	과부하 계전기(over load relay)	OL	
10.10	한류 계전기(current limitting relay)	CL	
10.11	반상(反相) 전류 계전기(phase current relay)	RØ C	RP HC 로 표시할 수 있다.
10.12	섬락 계전기(flash over relay)	FO	
10.13	전압 계전기(voltage relay)	V	㉠
10.14	과전압 계전기(over voltage relay)	[a] OV [b] ⦷↑	
10.15	지락 과전압 계전기(over voltage ground relay)	[a] OV G [b] ⦷↑	
10.16	부족 전압 계전기(under voltage relay)	[a] OV [b] ⦷↓	
10.17	반상 전압 계전기(reverce voltage relay)	RØ C	RP HC 로 표시할 수 있다.
10.18	주파수 계전기(frequency relay)	F	㉠
10.19	극성 계전기(polarity relay)	PL	
10.20	방향 계전기(directional relay)	D	㉡
10.21	단락 방향 계전기(directional circuit relay)	[a] DS [b] △	
10.22	지락 방향 계전기(directional ground relay)	[a] DG [b] ▲	
10.23	전력 계전기(power relay)	P	㉠
10.24	역전력 계전기(reverce power relay)	RP	
10.25	무효전력 계전기(reverce power relay)	O	
10.26	차동 계전기(differential relay)	[a] RP [b] ⊖	㉡
10.27	비율 차동 계전기(phase comparison relay)	[a] RDI [b] ⨸	㉡으로 표시할 수 있다.
10.28	위상비교 계전기(phase comparison relay)	Ø	㉡ RH 로 표시할 수 있다.
10.29	평형 계전기(balance relay)	B	

번호	명 칭	심 벌	적 요
10.30	단락 회전 선택 계전기(selective short circuit relay)	[a] SS [b]	
10.31	지락 회전 선택 계전기(selective ground relay)	[a] SG [b]	
10.32	전류 평형 계전기(current balance relay)	CB	
10.33	전압 평형 계전기(voltage balance relay)	VB	
10.34	상평형 계전기(phase balance relay)	ØB	PhS L 로 표시할 수 있다.
10.35	상선별 계전기(phase)	ØS L	㉡으로 표시할 수 있다.
10.36	비율 계전기(percentage relay)	R	
10.37	거리 계전기(distance relay)	[a] Z [b]	㉡
10.38	방향 거리 계전기(directional distance relay)	[a] DZ [b]	
10.39	동기 투입 계전기(synchronizing relay)	Sy	동기검출 계전기 포함
10.40	탈조 계전기(step-out relay)	SO	
10.41	계자 지락 계전기(loss-of-excitation relay)	FG	
10.42	계자 상실 계전기(loss-of-field relay)	[a] LF [b]	
10.43	계통 분리 계전기	DI	㉡
10.44	모선 계전기(bus bar relay)	BP	㉡
10.45	열동 계전기(thermal relay)	Th	
10.46	열동 과전류 계전기(thermal over current relay)	Th OC	
10.47	열동 과부하 계전기(thermal over load relay)	Th OL	
10.48	한시 계전기(timing relay)	[a] TL [b]	
10.49	보조 계전기(auxiliary relay)	[a] Ax [b]	
10.50	다접촉 계전기(many contact relay)	[a] MC [b]	
10.51	폐쇄 계전기(locking relay)	L	

번호	명 칭	심 벌	적 요
10.52	연동 계전기(inter locking relay)	IL	
10.53	자유 트립 계전기(trip free relay)	TF	
10.54	재폐로 계전기(reclosing relay)	[a] ReC [b] 	
10.55	노칭 계전기(notching relay)	Nch	
10.56	플리커 계전기(flicker relay)	FC	
10.57	고장 표시기(fault indicater)	FI	
10.58	온도 계전기(temperature relay)	T	㉠
10.59	압력 계전기(pressure relay)	Pr	㉠
10.60	흐름 계전기(flow relay)	FL	㉠
10.61	유류 계전기(oil flow relay)	OLF L	㉠
10.62	기류 계전기(air flow relay)	AtF L	㉠
10.63	수류 계전기(water flow relay)	WtF L	㉠
10.64	위치 계전기(position relay)	FO	
10.65	속도 계전기(speed relay)	SP	㉠
10.66	진공 계전기(vacuum relay)	VC	
10.67	부흐홀츠 계전기(buchholtz relay)	BH	
10.68	고장검출 계전기(fault check relay)	FDt	㉡
10.69	반송 계전기(carrier relay)	Cr	
10.70	반송 수신 계전기 (carrier receiver relay)	CrR e	
10.71	방향 비교식 반송 계전기 (directional comprison carrier relay)	CrD	㉡
10.72	위상 비교식 반송 계전기(phase comprison carrier relay)	Cr ø	㉡ CrP H 로 하여도 좋다
10.73	전송 트립식 반송 계전기 (transferred tripping carrier relay)	CrT T	㉡
10.74	표시선 계전기(pilot wire relay)	Pw	㉡

번호	명 칭	심 벌	적 요
10.75	방향 비교식 표시선 계전기 (directional comparison pilot wire relay)	Pw D	㉡
10.76	차동식 표시선 계전기(directional pilot wire relay)	Pw Df	㉡
10.77	전송 트립식 표시선 계전기 (transterred tripping pilot wire relay)	Pw TT	㉡
10.78	표시선 감시 계전기(pilot wire monitor relay)	Pw Mo	㉡
10.79	마이크로파 계전기(micro wave relay)	M	
10.80	방향 비교식 마이크로파 계전기 (directional comparison micro wave relay)	MD	㉡
10.81	위상 비교식 마이크로파 계전기 (phase comparison micro wave relay)	MØ	㉡ MP H 로 하여도 좋다.
10.82	전송 트립식 마이크로파 계전기 (transferred tripping micro wave realy)	MT T	㉡
10.83	전송 잡아빼기식 계전기(transferred tripping relay)	TT	㉡

2) 계전기 접점 심벌

이 규격의 적용범위에서 기술된 상태에서 개로된 것에 대하여는 가동부분을 오른쪽 혹은 위쪽에 쓰고, 폐로된 것에 대하여는 가동부분을 왼쪽 또는 아래쪽에 쓴다. 이 규격의 적용범위 이외의 상태를 나타내는 경우에는 10.84의 a접점을   , 10.85의 b접점을  와 같이 표시할 수 있다.

번호	명 칭	심 벌		적 요
10.84	a접점	[a] 	[b]	
10.85	b접점	[a] 	[b]	
10.86	c 접점	[a] 	[b] 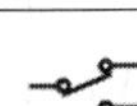	
		[c] 	[d] 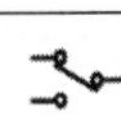	

번호	명 칭		심 벌	적 요
10.87	L접점		[a] 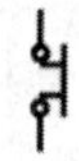 [b]  [c] 	계전기의 동작 혹은 복귀 시 개로접점이 개로하기 전에 폐로접점이 폐로하여 일시적으로 쌍방의 접점이 폐로상태를 유지하는 절환접점을 말한다. (a)는 aL접점, (b)는 bL접점, (c)는 cL접점
10.88	쌍방향 접점		[a] 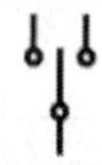 [b] 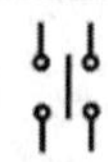	a접점의 경우
10.89	3단자 접점		[a]  [b] 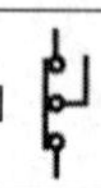	(a)는 3단자 a접점 (b)는 3단자 b접점
10.90	수동 복귀 계전기 및 전기 복귀 계전기의 접점		[a]  [b]  [c] 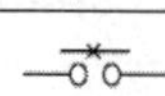 [d] 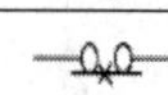	(a) (c)는 a접점 (b) (d)는 b접점
10.91	한시 접점	폐로에 한시(限時)가 있는 접점	[a] 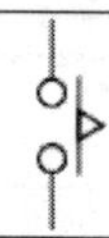 [b] 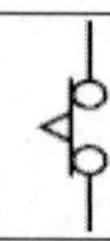 [c] 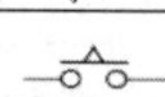 [d] 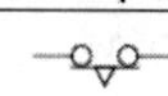	
		개로에 한시(限時)가 있는 접점	[a]  [b]  [c] 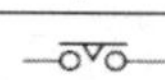 [d] 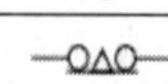	
		폐로 및 개로에 한시(限時)가 있는 접점	[a]  [b]  [c] 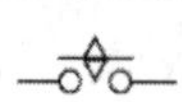 [d] 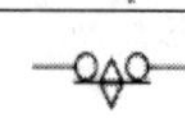	

(11) 계기 심벌

① 기록형은 심벌 글자의 첫머리에 R자를 붙인다.

② 종합형은 심벌 글자의 첫머리에 T자를 붙인다.

③ 인자형은 심벌 글자의 첫머리에 Pt자를 붙인다.

④ 최대, 최소를 표시할 수 있는 것은 심벌 글자의 첫머리에 M자를 붙인다.

번호	명 칭	심 벌	적 요
11.1	계기(일반)(meter)	○	○ 속에 종류를 나타내는 글자를 넣는다. 특히 직류, 교류, 고주파를 구별한다.
11.2	전류계(ammeter)	A	
11.3	기록 전류계(recording ammeter)	RA	
11.4	적산 전류계(ampere-hour meter)	AH	
11.5	전압계(volt meter)	V	
11.6	기록 전압계(recording voltmeter)	RW	
11.7	저항계(ohm meter)	Ω	
11.8	하이로 전압계(high-low meter)	HLV	
11.9	전력계(watt meter)	TW	
11.10	기록 전력계 (recording watt meter)	RW	
11.11	종합 전력계(totalizing watt meter)	TW	
11.12	기록 종합 전력계(recording totalizing watt meter)	RTW	
11.13	최대 수용 전력계(maximum demand watt meter)	MDW	최대 수용 전력계(최대 지침부 포함)의 경우는 MDA로 한다.
11.14	전력량계(watt-hour meter)	[a] WH [b] WH	(b)는 검정필한 것을 나타내는 경우
11.15	무효 전력계(reactive V.A meter)	VAR	
11.16	적산 무효 전력계(var-hour meter)	VARH	
11.17	역률계(power factor meter)	PF	
11.18	무효율계(reactive factor meter)	Sn	
11.19	주파수계(frequency meter)	F	

번호	명 칭	심 벌	적 요
11.20	속도계(speed meter)	Ⓢ	
11.21	회전계(tacho meter)	Ⓝ	
11.22	위치 지시계(position indicator)	(PI)	
11.23	수위계(water lever meter)	(WLI)	
11.24	검류기(ground detector)	(GD)	
11.25	검전기(voltage detector)	(VD)	발광 검전기를 포함
11.26	동기 검전기(synchroscope)	(Sy)	
11.27	온도계(temperature indicator)	Ⓣ	
11.28	최대 전류계(maximum ammeter)	(MA)	
11.29	최대·최소 전압계, 최대 전압계 (maximum volt meter)	(MV)	
11.30	영상 전류계(zero-phase sequence ammeter)	(A0)	
11.31	영상 전압계(zero-phase sequence volt meter)	(V0)	
11.32	최대 영상 전압계(maximum zero-phase sequence volt meter)	(MV0)	
11.33	시간계(hour meter)	Ⓗ	① 용도를 명시할 경우 보기를 들면 고장시간계를 (FN)와 같이 적당한 글자를 부기한다. ② 계산 시간계도 이것을 사용한다.
11.34	유량계(flow meter)	(F I)	
11.35	적산 유량계(flow-hour meter)	(FIH)	
11.36	인자형(印字形) 전력량계(printing watt-hourmeter)	(PrwH)	
11.37	송량기(일반)(transmission meter)	(TM)	송량기임이 확실한 경우 측정요소의 종류를 구별한다.
11.38	배전선 고장구간 표시기	(SI)	

07 문자기호

문자기호는 일반 산업의 시퀀스 제어계에 있어서 전기계통의 전개 접속도에 사용되는 기기 및 장치에 대한 문자를 사용하여 그림기호와 함께 표시한다.

1. 적용범위

① 시퀀스 제어계의 전기계통을 대상으로 하고, 그 이외의 부분에 대해서는 규정하지 않는 것을 원칙으로 한다.

② 전력설비의 시퀀스 제어는 일단 적용범위에서 제외되나, 지장이 없는 한 이 규격을 준용함이 바람직하다.

③ 시퀀스라 함은 현상이 일어나는 순서를 말하고, 시퀀스 제어라 함은 미리 정해진 순서 또는 일정한 논리에 의하여 정해진 순서에 따라 제어의 각 단계를 순차적으로 진행하는 제어를 말한다.

2. 문자기호의 종류

문자기호는 기기 또는 장치를 표시하는 기기기호와 기기 또는 장치가 동작하는 기능 등을 표시하는 기능기호로 분류하고, 양자를 조합하여 사용할 때는 기능기호, 기기기호의 순서로 쓰며, 그 사이에 '-'를 넣는 것을 원칙으로 한다.

문자기호	기기번호
	기능번호
	무접점 계전기 문자기호
	입 · 출력 문자기호

(1) 기기기호

1) 회전기

문자기호	용 어	대응영어
EX	여자기	Exciter
FC	주파수 변환기	Frequency Changer, Frequency Converter
G	발전기	Generator
IM	유도 전동기	Induction Motor
M	전동기	Motor
MG	전동 발전기	Motor-Generator
OPM	조작용 전동기	Operating Motor
RC	회전 변류기	Rotary Converter
SEX	부 여자기	Sub-Exciter
SM	동기 전동기	Synchronous Motor
TG	회전 속도계 발전기	Tachometer Generator

2) 변압기 및 정류기류

문자기호	용 어	대응영어
BCT	부싱 변류기	Bushing Current Transformer
BST	승압기	Booster
CLX	한류 리액터	Current Limiting Reactor
CT	변류기	Current Transformer
GT	접지변압기	Grounding Transformer
IR	유도전압 조정기	Induction Voltage Regulator
LTT	부하 시 탭 전환 변압기	On-load Tap-changing Transformer
LVR	부하 시 전압 조정기	On-load Voltage Regulator
PCT	계기용 변압 변류기	Potential Current Transformer Combined Voltage and Current Transformer
PT	계기용 변압기	Potential Transformer, Voltage Transformer
T	변압기	Transformer
PHS	이상기	PHase Shifter
RF	정류기	Rectifier
ZCT	영상 변류기	Zero-phase-sequence Current Transformer

3) 차단기 및 스위치류

문자기호	용　어	대응영어
ABB	공기 차단기	Airblaster Circuit Breaker
ACB	기중 차단기	Air Circuit Breaker
AS	전류계 전환 스위치	Ammeter Change-over Switch
BS	버튼 스위치	Button Switch
CB	차단기	Circuit Breaker
COS	전환 스위치	Change-over Switch
CS	제어 스위치	Control Switch
DS	단로기	Disconnecting Switch
EMS	비상 스위치	Emergency Switch
F	퓨즈	Fuse
FCB	계자 차단기	Field Circuit Breaker
FLTS	플로트 스위치	Float Switch
FS	계자 스위치	Field Switch
FTS	발밟음 스위치	Foot Switch
GCB	가스 차단기	Gas Circuit Breaker
HSCB	고속도 차단기	High-speed Circuit Breaker
KS	나이프 스위치	Knife Switch
LS	리밋 스위치	Limit Switch
LVS	레벨 스위치	Level Switch
MBB	자기 차단기	Magnetic Blow-out Circuit Breaker
MC	전자 접촉기	Electromagnetic Contactor
MCB	배선용 차단기	Molded Case Circuit Breaker
OCB	기름 차단기	Oil Circuit Breaker
OSS	과속 스위치	Over-speed Switch
PF	전력 퓨즈	Power Fuse
PRS	압력 스위치	Pressure Switch
RS	회전 스위치	Rotary Switch
S	스위치, 개폐기	Switch
SPS	속도 스위치	Speed Switch
TS	텀블러 스위치	Tumbler Switch
VCB	진공 차단기	Vacuum Circuit Breaker
VCS	진공 스위치	Vacuum Switch
VS	전압계 전환 스위치	Voltmeter Change-over Switch
CTR	제어기	Controller
MCTR	주 제어기	Master Controller
STT	기동기	Starter
YDS	스타델타 기동기	Star-delta Starter

4) 저항기

문자기호	용 어	대응영어
CLR	한류 저항기	Current-Limiting Resistor
DBR	제동 저항기	Dynamic Barking Resistor
DR	방전 저항기	Discharging Resistor
FRH	계자 조정기	Field Regulator, Field Rheostat
GR	접지 저항기	Grounding Resistor
LDR	부하 저항기	Loading Resistor
R	저항기	Resistor
RH	가감 저항기	Rheostat
STR	가동 저항기	Starting Resistor

5) 계전기

문자기호	용 어	대응영어
BR	평형 계전기	Balance Relay
CLR	한류 계전기	Current Limiting Relay
CR	전류 계전기	Current Relay
DFR	차동 계전기	Dirrerential Relay
FCR	플리커 계전기	Flicker Relay
FLR	흐름 계전기	Flow Relay
FR	주파수 계전기	Frequency Relay
GR	지락 계전기	Ground Relay
KR	유지 계전기	Keep Relay
LFR	계자 손실 계전기	Loss of Field Relay, Field Loss Relay
OCR	과전류 계전기	Over-current Relay
OSR	과속도 계전기	Over-speed Relay
OVR	과전압 계전기	Over-voltage Relay
PLR	극성 계전기	Polarity Relay
PR	역전 방지 계전기(플러깅 계전기)	Plugging Relay
POR	위치 계전기	Position Relay
PRR	압력 계전기	Pressure Relay
R	계전기	Relay
RCR	재폐로 계전기	Reclosing Relay
SOR	탈조(동기 이탈) 계전기	Out-of-step Relay, Step-out Relay
SPR	속도 계전기	Speed Relay

문자기호	용 어	대응영어
STR	기동 계전기	Starting Relay
SR	단락 계전기	Short-circuit Relay
SYR	동기 투입 계전기	Synchronizing Relay
TDR	시연 계전기	Time Delay Relay
RFT	자유 트립 계전기	Trip-free Relay
THR	열동 계전기	Thermal Relay
TLR	한시 계전기	Time-lag Relay
TR	온도 계전기	Temperature Relay
UVR	부족 전압 계전기	Under-voltage Relay
VCR	진공 계전기	Vacuum Relay
VR	전압 계전기	Voltage Relay

6) 계 기

문자기호	용 어	대응영어
A	전류계	Ammeter
F	주파수계	Frequency Meter
FL	유량계	Flow Meter
GD	검류기	Ground Detector
HRM	시계	Hour Meter
MDA	최대 수요 전류계	Maximum Demand Ammeter
MDW	최대 수요 전력계	Maximum Demand Watt-meter
N	회전 속도계	Tachometer
PI	위치 지시계	Position Indicator
PF	역률계	Power-factor Meter
PG	압력계	Pressure Gauge
SH	분류기	Shunt
SY	동기 검정기	Synchronoscope, Synchronism Indicator
TH	온도계	Thermometer
THC	열전대	Thermocouple
V	전압계	Voltmeter
VAR	무효 전력계	Var Meter, Reactive Power Meter
VG	진공계	Vacuum Gauge
W	전력계	Watt-hour Meter
WLI	수위계	Watt Level Indicator

7) 기 타

문자기호	용 어	대응영어
AN	표시기	Annunciator
B	전지	Battery
BC	충전기	Battery Charger
BL	벨	Bell
BZ	버저	Buzzer
C	콘덴서	Condenser, Capacitor
CC	폐로 코일	Closing coil
CH	케이블 헤드	Cable Head
DL	더미 부하(의사 부하)	Dummy Load
EL	지락 표시등	Earty Terminal
FI	고장 표시기	Fault Indicator
FLT	필터	Filter
H	히터	Heater
HC	유지 코일	Holding Coil
HM	유지 자석	Holding Magnet
HO	혼	Horn
IL	조명등	Illuminating Lamp
MB	전자 브레이크	Electromagnetic Brake
MCL	전자 클러치	Electromagnetic Clutch
MCT	전자 카운터	Magnetic Counter
MOV	전동 밸브	Motor-operated Valve
OPC	동작 코일	Operating Coil
RSTC	복귀 코일	Reset Coil
SL	표시등	Singal Lamp, Pilot Lamp
SV	전자 밸브	Sloenoid Valve
TB	단자대, 단자판	Terminal Block, Terminal Board
TC	트립 코일	Trip Coil
TT	시험 단자	Testing Terminal
UVC	부족 전압 트립 코일	Under-voltage Release Coil Under-voltage Trip Coil

(2) 기능기호

번 호	문자기호	용 어	대응영어
2001	A	가속 · 증속	Accelerating
2002	AUT	자동	Automatic
2003	AUX	보조	Auxiliary
2004	B	제동	Braking
2005	BW	후방향	Backward
2006	C	미동	Control
2007	CL	닫음	Close
2008	CO	전환	Chage-over
2009	CRL	미속	Crawing
2010	CST	코스팅	Coasting
2011	DE	감속	Decelerating
2012	D	하강 · 아래	Down, Lower
2013	DB	발전 제동	Dynamic Braking
2014	DEC	감소	Decrease
2015	EB	전기 제동	Electric Braking
2016	EM	비상	Emergency
2017	F	정방향	Forward
2018	FW	앞으로	Forward
2019	H	높다	High
2020	HL	유지	Holding
2021	HS	고속	High Speed
2022	ICH	인칭	Inching
2023	IL	인터록	Inter-locking
2024	INC	증가	Increase
2025	INS	순시	Instant
2026	J	미동	Jogging
2027	L	왼편	Left
2028	L	낮다	Low
2029	LO	록아웃	Lock-out
2030	MA	수동	Manual
2031	MEB	기계 제동	Mechanical Braking
2032	OFF	개로, 끊다	Open, Off
2033	ON	폐로, 닫다	Close, On
2034	OP	열다	Open

번 호	문자기호	용 어	대응영어
2035	P	플러깅	Plugging
2036	R	기록	Recording
2037	R	반대로, 역으로	Reverse
2038	R	오른편	Right
2039	RB	재생제동	Regenerative Braking
2040	RG	조정	Regulating
2041	RN	운전	Run
2042	RST	복귀	Reset
2043	ST	시동	Start
2044	SET	세트	Set
2045	STP	정지	Stop
2046	SY	동기	Synchronizing
2047	U	상승, 위로	Raise, Up

(3) 무접점 계전기의 문자기호

번 호	문자기호	용 어	대응영어
3001	NOT	논리부정	Not , Negation
3002	OR	논리합	Or
3003	AND	논리적	And
3004	NOR	노어	Nor
3005	NAND	낸드	Nand
3006	MEM	메모리	Memory
3007	ORM	복귀 기억	Off Return Memory
3008	RM	영구 기억	Retentive Memory
3009	FF	플립플롭	Flip Flop
3010	BC	이진 카운터	Binary Counter
3011	SFR	시프트 레지스터	Shift Register
3012	TDE	동작 시간지연	Time Delay Energizing
3013	TDD	복귀 시간지연	Time Delay De-energizing
3014	TDB	시간지연	Time Delay(Both)
3015	SMT	슈미트 트리거	Schmidt Trigger
3016	SSM	단안정 멀티바이브레이터	Single Shot Multivibrator
3017	MLV	멀티바이브레이터	Multivibrator
3018	AMP	증폭기	Amplifier

(4) 입 · 출력 문자기호

번 호	문자기호	용 어	번 호	문자기호	용 어
3101	X	정상 입력	3110	SE	익스팬드 입력 세트
3102	Y	역상 입력	3111	RE	익스팬드 입력 리셋
3103	Z	보조 입력	3112	F	중간 입출력
3104	A	정상 출력	3113	JK	절연 입력
3105	B	역상 출력	3114	LM	영조정 입력
3106	S	세트 입력	3115	PN	직류(바이어스 포함)
3107	R	리셋 입력	3116	UVW	교류
3108	XE	익스팬드 입력 정상	3117	○	공통모선 또는 중성점
3109	YE	익스팬드 입력 역상			

08 기구번호

1. 기구번호의 구성

자동제어 기구번호란 제어기기에 정해진 고유의 번호로서 1부터 99까지의 기본번호와 기기의 종류, 성질, 용도 등을 표시하기 위한 알파벳을 기초로 사용하는 보조부호로 구성되어 있다.

기구번호	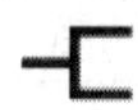	기본번호 : 1~99
		보조부호 : 알파벳

(1) 기본번호에 의한 표시법

① 기본번호뿐인 경우 : 기본번호 하나로 표현한다.

㉮ 2 : 기동 시정 릴레이, 3 : 조작 개폐기, 52 : 교류 차단기

② 기본번호와 기본번호의 경우 : 기본번호 하나로 표현할 수 없을 경우 '기본번호 - 기본번호' 형태로 표현한다.

㉮ 3-52 : 교류 차단기용 조작 개폐기

자동제어 기구번호의 예			
가동 시정 릴레이	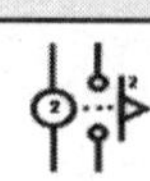	교류 차단기용 조작 개폐기	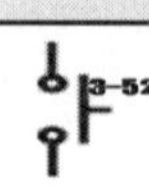

(2) 기본번호와 보조부호에 의한 표시법

① 기본번호와 보조부호의 경우 : 기본번호만으로 기기의 용도를 표현할 수 없을 경우 기본번호와 보조부호를 함께 사용에 표현한다.

㉮ 52M : 전동기용 교류 차단기

② 기본번호와 보조부호 및 보조부호에 의한 표시법 : 기본번호와 보조부호 2종류 이상을 사용하여 표현할 때에는 원칙적으로 다음 순서에 따른다.

㉠ 일반적인 기구번호

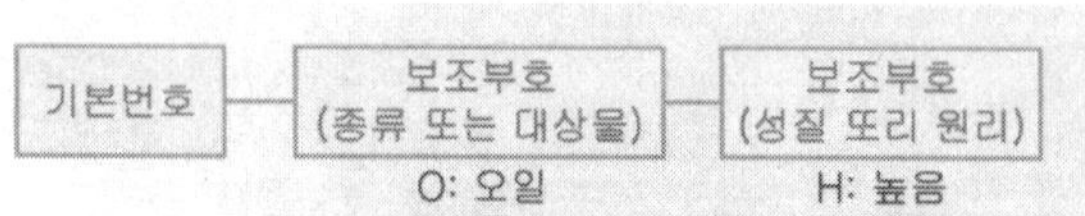

ⓛ 보호 단전기 관계의 기구번호

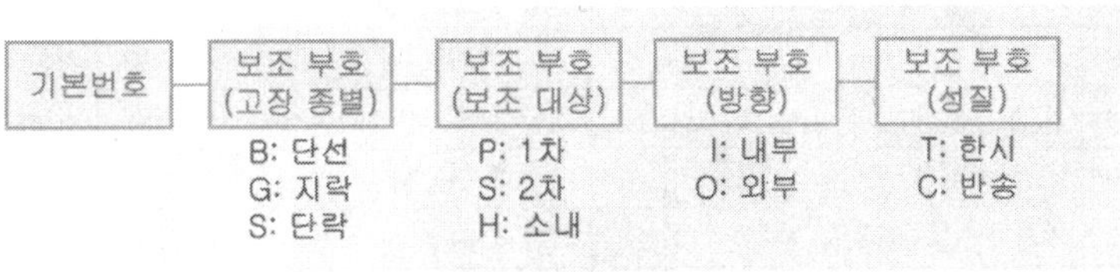

2. 기구번호의 종류

(1) 기본번호

기본번호란 1부터 99까지의 숫자에 기기의 종류, 용도, 성질 등의 의미를 부여하야 기호화한 것이다. 따라서 기본번호는 기기의 용도, 기능 자체를 번호와 연관 없이 부여한 것이므로 오로지 기억하는 수밖에 없다.

번호	기구명칭	번호	기구명칭	번호	기구명칭
1	주 제어 개폐기·계전기	23	온도 조정 계전기	45	직류 과전압·계전기
2	기동·폐로 지연 계전기	24	탭 전환 기구	46	역상·상 불평형 전류 계전기
3	조작 개폐기	25	동기 검출 기구	47	결상·역상 전압 계전기
4	주 제어회로용 접촉기·계전기	26	정지기 온도 계전기	48	정체 검출 계전기
5	정지 개폐기·계전기	27	교류 부족 전압 계전기	49	회전 온도 계전기
6	기동 차단기·접촉기·계전기	28	경보장치	50	단락 지락 선택 계전기
7	조정 개폐기	29	소화장치	51	교류 지락 과전류 계전기
8	계자 전원 개폐기·계전기	30	기기의 상태·고장 표시 장치	52	교류 차단기·접촉기
9	계자 전극 개폐기·계전기	31	계자 변경 차단기·접촉기	53	여자 계전기·여호 계전기
10	순서 개폐기·프로그램 조정기	32	직류 역류 계전기	54	직류 고속도 차단기
11	시험 개폐기·계전기	33	위치 개폐기·위치 검출장치	55	역률 계전기
12	과속도 개폐기·계전기	34	전동 순서 제어기	56	동기 이탈 계전기
13	동기 속도 개폐기·계전기	35	슬립 링 단락 장치	57	전류 계전기
14	저속도 개폐기· 계전기	36	극성 계전기	58	예비번호
15	속도 조정장치	37	부족 전류 계전기	59	교류 과전압 계전기
16	표시선 감시 계전기	38	축받이 온도 계전기	60	전압 평형 계전기
17	표시선 계전기	39	예비번호	61	전류 평형 계전기
18	가속·감속 접촉기	40	계자 전류·계자 상실 계전기	62	정지·폐로 지연 계전기
19	기동·운전 전환 접촉기	41	계자 차단기·접촉기·개폐기	63	입력 계전기
20	보기 밸브	42	운전 차단기·접촉기·개폐기	64	지락 과전압 계전기
21	주기 밸브	43	제어 회로 전환 접촉기·개폐기	65	조속장치
22	예비번호	44	거리 계전기	66	단속 계전기

번호	기구명칭	번호	기구명칭	번호	기구명칭
67	지락 방향 계전기	78	반송 보호 위상 비교 계전기	89	단로기
68	혼입 검출기	79	교류 재폐로 계전기	90	자동 전압 조정기
69	플로 계전기	80	직류 부족 전압 계전기	91	자동 전력 조정기
70	가감 저항기	81	조속기 구동장치	92	도어(문)
71	정류 소자 고장검출 장치	82	직류 재폐로 계전기	93	예비번호
72	직류 차단기·접촉기	83	선택 접촉기·계전기	94	자유 트립 접촉기 계전기
73	단락용 차단기·접촉기	84	전압 계전기	95	자동 주파수 조정기
74	조정 밸브	85	신호 계전기	96	정지 유도기 내부고장 검출 장치
75	제동장치	86	폐쇄·계전기	97	러너
76	직류 과전류 계전기	87	전류 차동 계전기	98	연결장치
77	부하 조정장치	88	보조용 접촉기·개폐기	99	자동 기록장치

(2) 보조부호

보조부호는 기본번호만으로 기기 및 기구의 종류, 용도, 성질 등을 표시하는 경우 불충분할 때에 사용하는 것으로서 원칙적으로 전기용어의 영문 머리 문자를 딴 알파벳으로 나타낸다. 보조부호는 하나의 문자로도 여러 가지의 의미를 표현하므로 사용용도에 따라 다르다.

보조부호	주요 내용	영 어 명
A	교 류	Alternating Current
	자 동	Automatic
	양 극	Anode
	공 기	Air
	전 류	Ampere
B	단 선	Broken Wire
	벨	Bwell
	전 지	Battery
	모 선	Bus
	제 동	Brake
C	공 통	Common
	투입 코일	Closing Coil
	냉 각	Cooling
	제 어	Control
D	직 류	Direct Current
	차 동	Differential
E	비 상	Emergency
	여 자	Excitation

보조부호	주요 내용	영 어 명
M	계 기	Meter
	주	Main
	동 력	Motive Force
	전동기	Motor
N	중 성	Neutral
	음 극	Negative
O	외 부	Outer
P	펌 프	Pump
	1 차	Primary
	양 극	Positive
	전 력	Power
Q	기 름	관 습
	무효전력	관 습
R R(RY)	복 귀	Reset
	원 격	Remote
	수 전	Receiving
	저 항	Resistor
	계전기	Relay

보조부호	주요 내용	영 어 명	보조부호	주요 내용	영 어 명
F	플로트	Float	S	동 작	Sequence
	고 장	Fault		단 락	Short
	퓨 즈	Fuse		2 차	Secondary
	주파수	Frequency	T	변압기	Transformer
G	지 락	Ground Fault		시 간	Time
	발전기	Generator		트 립	Trip
H	높 음	High	U	사 용	Use
	집 안	House	V	전 압	Voltage
	보 존	Hold		밸 브	Valve
	전 열	Heater	W	물	Water
	고주파	High Frequency		우 물	Well
I	내 부	Internal	X	보 조	-
J	결 합	Joint	Y	보 조	-
K	3차측	관 습	Z	부 저	Buzzer
L	램 프	Lamp		보 조	-
	낮 음	Low	0	상	Phase

09 IEC 규격기호

1. IEC의 제어기호

IEC의 제어기호에는 접점기능과 조작방식으로 구분하며, 접점기능 기호 및 조작방식 기호 단독으로 사용하는 것이 아니라 조합하여 사용하는 제어기호이다.

(1) 접점기능 기호

접점기능		부하개폐기능	
차단기능	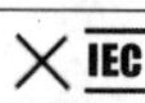	자동분리기능	
단로기능	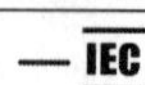	리밋 스위치 기능	
지연기능		잔류기능	
스프링 복귀기능			
리밋 스위치 기능기호	(a접점) 	타이머 지연 기능기호	(b접점) 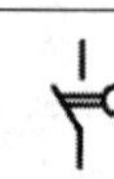

(2) 조작방식 기호

수동조작(일반)	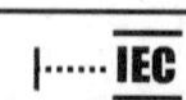	캠조작	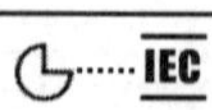
분리조작	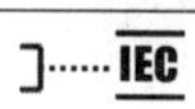	전동기 조작	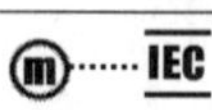
비틀림 조작	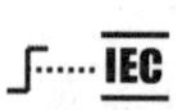	공기조작 또는 유압조작	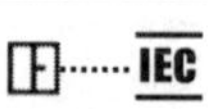
누름조작	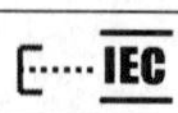	전자조작	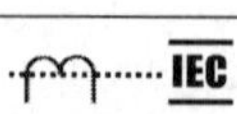
계약부	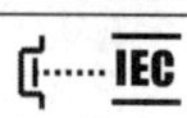		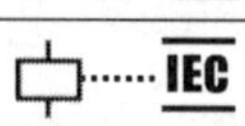
비상용		기타의 방식에 의한 조작	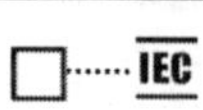
둥근핸들 조작	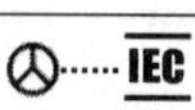	페달조작	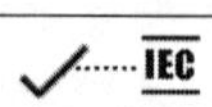
레버 조작		손잡이 분리조작	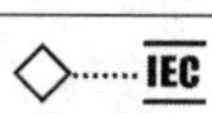
키조작		크랭크 조작	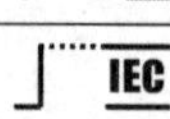
푸시버튼 스위치 누름 조작기호	(a접점) 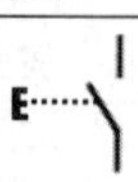	나이프 스위치 수동 조작기호	(b접점) 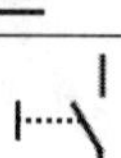

2. KS, IEC 주요 개폐접점의 기호

개폐접점 명칭		그 림 기 호				
		계열 1(IEC)		계열 2(KS)		
		a접점	b접점	a접점	b접점	설 명
수동조작 개폐기	수동복귀접점 (전력용)	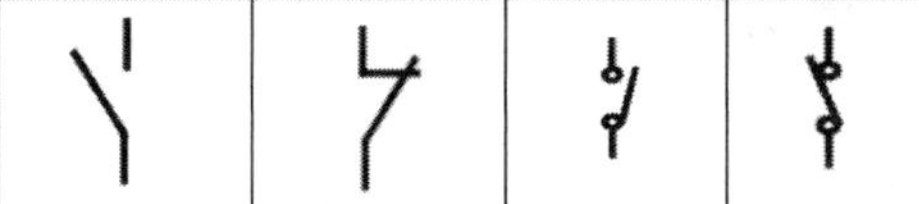				접점 조작에 있어서 개회로, 폐회로 모두 수동으로 하는 접점(ex. 나이프 스위치, 코드 스위치, 텀블러 스위치는 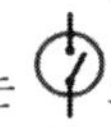으로 표시)
		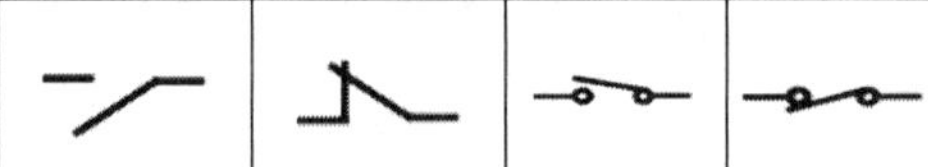				
	자동복귀접점 (푸시용)	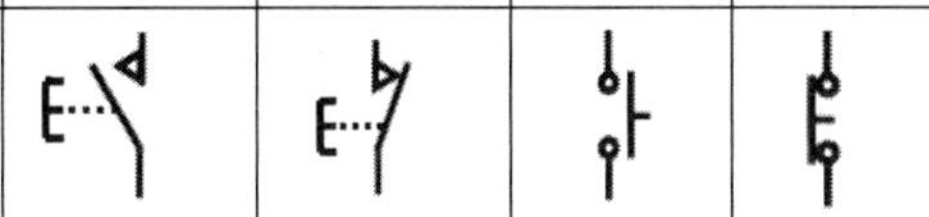				수동으로 조작하며 폐회로, 개회로 모두 스프링의 힘에 의해 자동 복귀하는 접점으로 계열 1에 있어서 푸시버튼 스위치는 자동 복귀 표시를 하지 않는다. 
		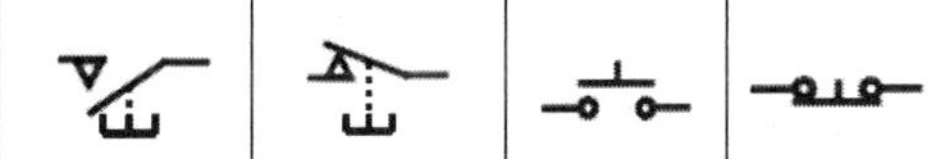				
전자 릴레이	수동복귀접점	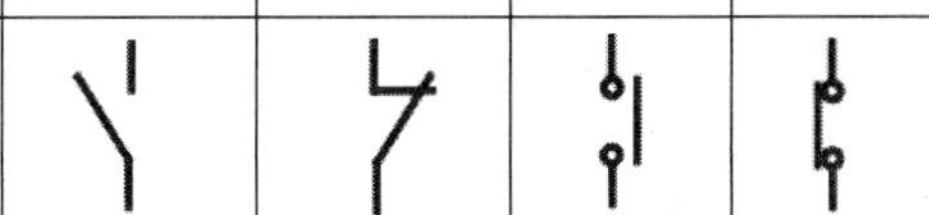				릴레이가 여자되면 접점이 동작하고 릴레이가 감자되어도 기계적 힘에 의해 복귀하지 않고 수동 또는 복귀 코일에 의해 복귀하는 접점으로 열동형 릴레이가 이에 해당한다.
		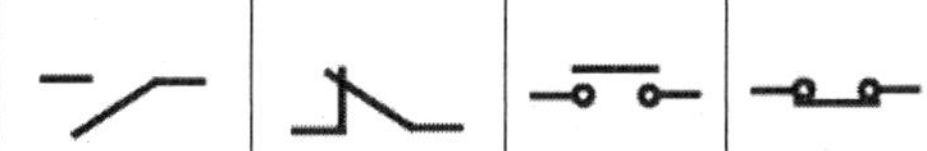				
	자동복귀접점 (계전기)	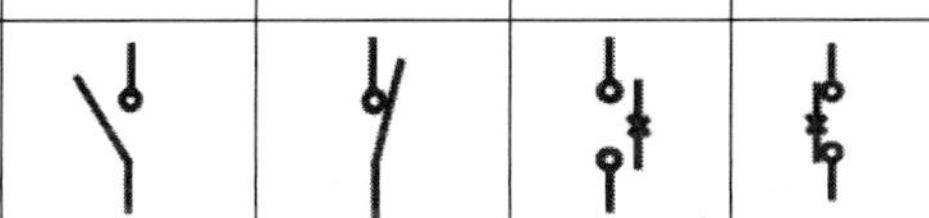				릴레이가 여자되면 접점이 동작하고 릴레이가 감자되면 자동적으로 복귀하는 접점으로, 일반적인 릴레이가 이에 해당된다.
		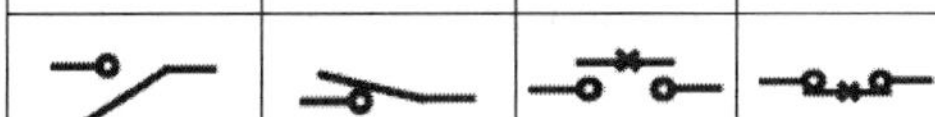				
한시 릴레이	한시동작접점	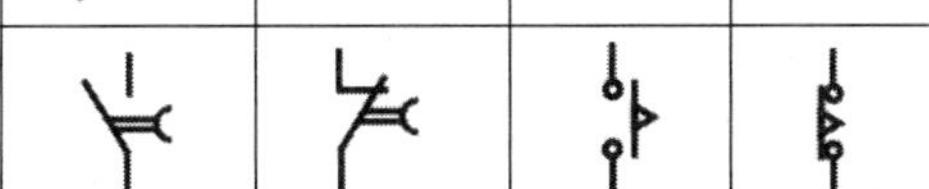				릴레이가 여자되면 일정시간 후에 동작하는 한시동작형인 on 타이머와 릴레이가 감자되면 일정시간 후에 복귀하는 한시복귀형인 off 타이머가 이에 해당된다.
		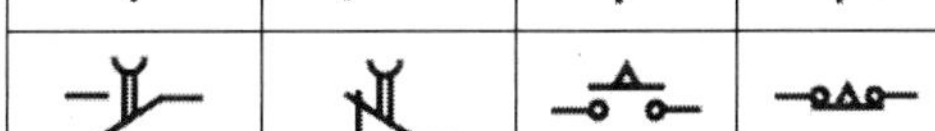				
	한시복귀접점	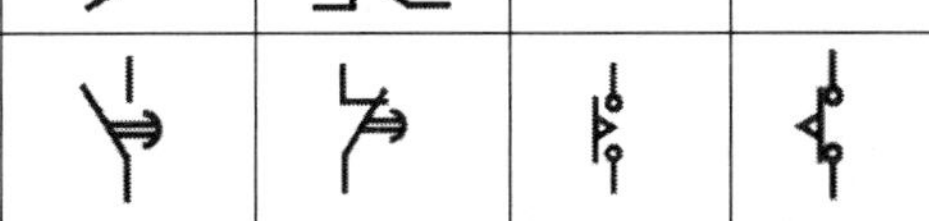				
		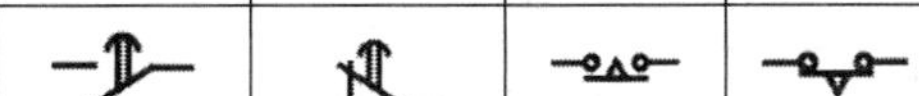				
기계적 접점		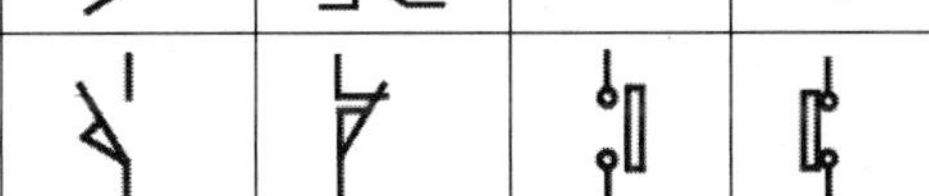				ⓐ a접점은 동작에 따라 폐로되는 곳에 사용한다. ⓑ b접점은 동작에 따라 개로되는 곳에 사용한다.
		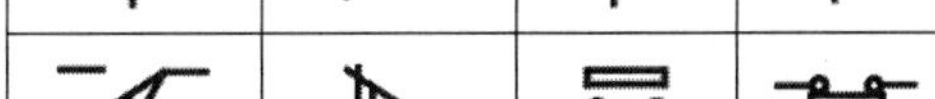				

3. KS, IEC 전기기기의 그림기호

기 기 명	그림기호 계열 1	그림기호 계열 2	그림기호의 표시법(예)
푸시버튼 스위치	[a] IEC 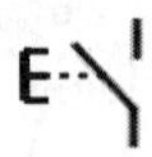 [b] 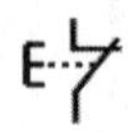	[a] 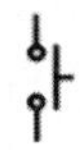 [b] 	
전지 또는 직류 전원	[a]  1개의 경우 [b]  2개의 경우 [c]  3개의 경우		
기중 차단기 (배선용 차단기)	[a]  [b] 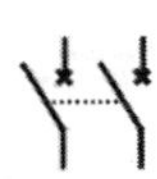	[a]  [b] 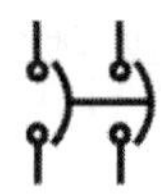	
나이프 스위치	[a]  [b] 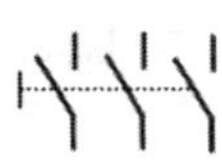	[a]  [b] 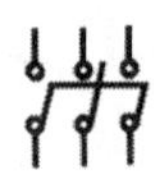	
리밋 스위치	[a]  (a접점) [b]  (b접점)	[a]  (a접점) [b] 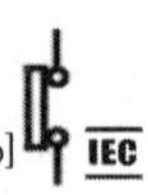 (b접점)	ⓐ (a)는 동작에 따라 폐로되는 곳에 사용 ⓑ (b)는 동작에 따라 개로되는 곳에 사용
교류 차단기 (일반)	[a]  [b] 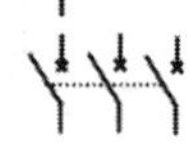	[a] 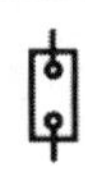 [b] 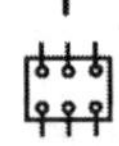	유입 차단기의 경우에는 옆에 OBC의 문자를 쓴다.
전자 릴레이	[a]  (a접점) [b] 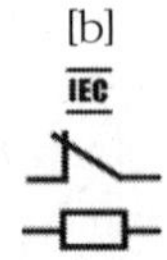 (b접점)	[a] 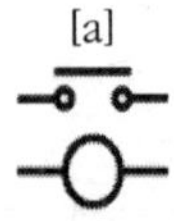 (a접점) [b] 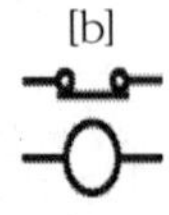 (b접점)	ⓐ (a)는 전자 코일에 전류가 흐르면 '폐로'로 되는 것에 사용 ⓑ (b)는 전자 코일에 전류가 흐르면 '개로' 되는 것에 사용

기 기 명	그림기호 계열 1	그림기호 계열 2	그림기호의 표시법(예)
전동기	주) 	예  전동기  발전기	ⓐ ○속에 종류를 나타내는 기호를 기입한다. ⓑ 특히, 교류, 직류의 구별이 필요한 경우에는 다음과 같다. 교류의 경우 직류의 경우 
계기(일반)	주) 	예 	ⓐ ○속에 종류를 나타내는 문자를 기입한다. ⓑ 특히, 직류, 교류, 고주파의 구별이 필요한 경우에는 다음과 같다. 직류 교류 고주파 

4. 주요 전기기기의 그림기호

기 기 명	그 림 기 호		그림기호의 표시법
제어용 전자 코일	[a]  [b] 	[a] [b] [c] 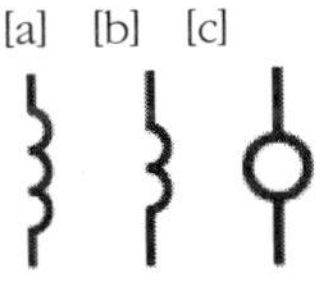	(a) 전압 코일 (b) 전류 코일 (c) 전압, 전류를 구별할 필요가 없는 경우 [보기] 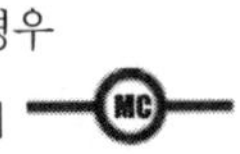
콘덴서	(유극성) [a] 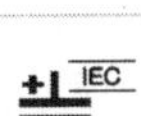 [b] 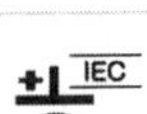	(전해 콘덴서) [c] 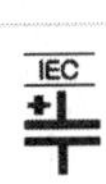 [d]  [e] 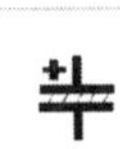	
벨, 버저	[a]  [b] 	[a]  [b] 	

기 기 명	그 림 기 호	그림기호의 표시법
램프	[컬러 코드 기호] [a]  C2 : 적 C5 : 녹 C3 : 황적 C6 : 청 C4 : 황 C9 : 백 [b]  RL : 적 GL : 녹 OL : 황적 BL : 청 YL : 황 WL : 백	ⓐ 색깔을 명시하고 싶을 때에는 컬러 코드에 의한 기호를 옆에 쓴다. ⓑ [보기]  적색 램프
변압기	[a] 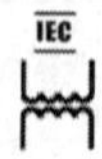 [b] 	
정류기	[a]  [b] 	화살표는 정삼각형으로 하되 직류가 흐르는 방향을 표시한다.
저항	[a] 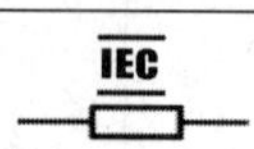 [b]  [c] 	
퓨즈	(개방형) (포장형) [a]  [b]  [c]  [d]  [e] 	

10 각종 전자약호 및 기호

1. 전기통신용 심벌(KSC 0303에 따름)

(1) 기 본

명 칭	심 벌	비 고	명 칭	심 벌	비 고
단자	○ ●		임피던스		
접지(대지)			가변 임피던스	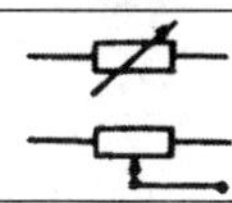	
접지(섀시)			램프	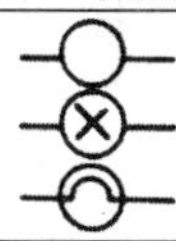	
단자가 붙은 인덕턴스	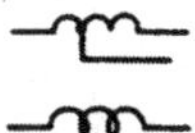	가변일 때에는 다음과 같이 한다 	경보퓨즈	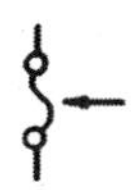	포장형일 때에는 다음과 같이 한다. 
철심이 있는 변성기	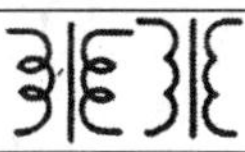		히터 코일		히터 코일형 퓨즈를 포함한다.
압분 철심이 있는 변성기	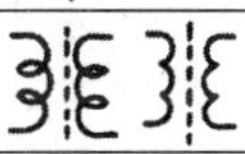		저항 램프		
단권 가변 변성기	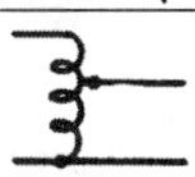		안정 저항 램프		
정전용량 또는 축전기	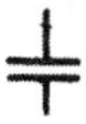		차폐	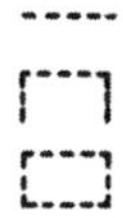	
가변 축전기	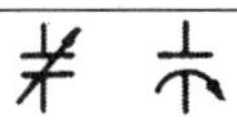		계기		○안에 종류 표시 문자기호 기입
반고정 축전기					
가변 평형형 축전기	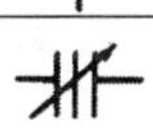				
차동 가변 축전기			기기 또는 장치의 기본기호		□안에 종류 표시 문자기호 기입
연동 가변 축전기			송화기 또는 마이크로폰		
전해 축전기			수화기		

(2) 전자관

명 칭	심 벌	비 고	명 칭	심 벌	비 고
직렬 음극 및 방렬 음극용 히터		탭이 있을 때에는 다음에 따른다. 	전자관(가스들이)		가스 또는 증기
방렬 음극			브라운관	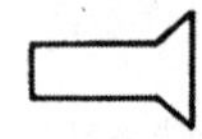	
냉음극			사이드 핀		
계수 방전관의 공통 전극	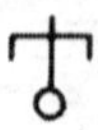		키가 있는 것		
광전 음극			핀의 간격이 다른 것	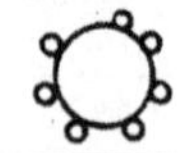	
수은 음극	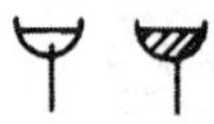		3극관(직렬 음극)	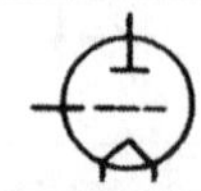	
그리드			3극관(방렬 음극)	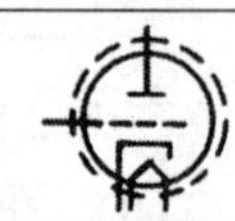	점선은 차폐한 때의 표시
헬릭스	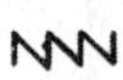	지파회로용			
반사 전극			양단형 수냉관		3극 가열일 때의 표시
편향 전극 (브라운관용)	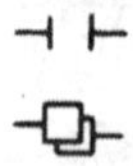				
첨호 전극			5극관 및 빔 출력관	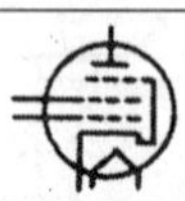	
양극(플레이트)	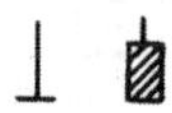		주파수 변환관	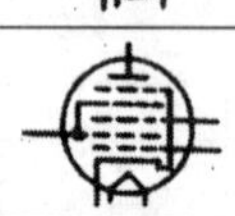	
타깃			2극 방전관 (냉음극)	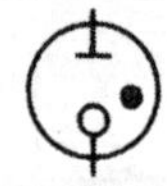	정전압 방전관
다이오드			네온전구	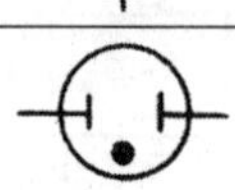	
진공관(일반)	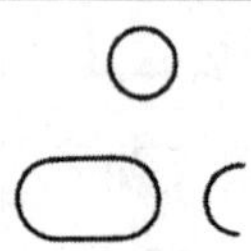		3극 방전관(냉음극)	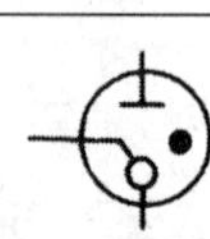	

(3) 반도체 소자

명 칭	심 벌	비 고
베이스		
이미터		
컬렉터		
빛		
다이오드 및 정류체(일반)		다이오드 심벌에서 혼동이 없을 때에는 ○표를 생략한다.
가변용량 다이오드		
터널 다이오드		
정전압 다이오드		
정전압 다이오드 (대칭형)		
포토 다이오드		
제어 정류소자 (P게이트)		
제어 정류소자 (N게이트)		
서미스터 (직렬형)		
서미스터 (병렬형)		

명 칭	심 벌	비 고
PNP형 트랜지스터		트랜지스터의 심벌에서 혼동이 없을 때에는 ○표를 생략한다.
NPN형 트랜지스터		
단접합 트랜지스터 (P형 베이스)		
단접합 트랜지스터 (N형 베이스)		
포토 트랜지스터	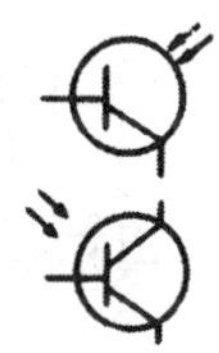	
태양전지		
바리스터		비대칭형
바리스터		조합대칭형
바리스터		실리콘 카바이드제의 대칭형

명 칭	심 벌	비 고	명 칭	심 벌	비 고
다이오드		검파, 정류용	SCR		P Gate
제너 다이오드		정전압 다이오드	DIAC		
터널 다이오드		ED	TRIAC		
발광 다이오드		LED	LASCR		
가변용량 다이오드		Varactor	SCS	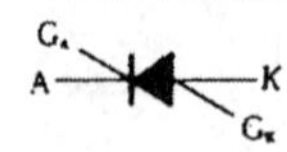	
전파 브리지 정류기	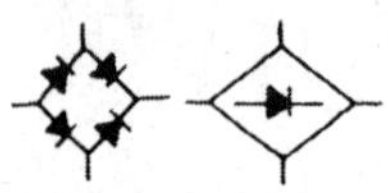		SBS	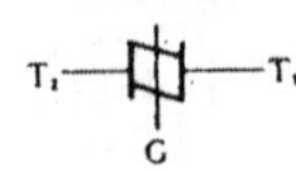	
트랜지스터	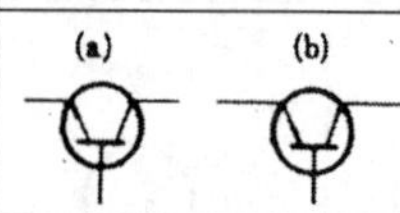	(a) NPN형 (b) PNP형	SSS	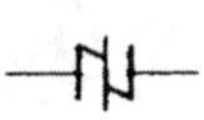	
UJT	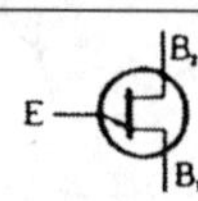		PUT	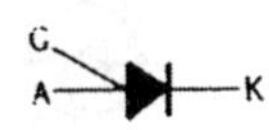	SUS
광전 트랜지스터	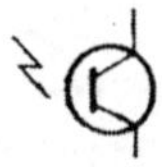		Cds	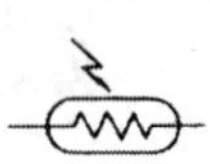	
서미스터	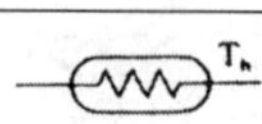		바리스터		대칭형
접합형 FET	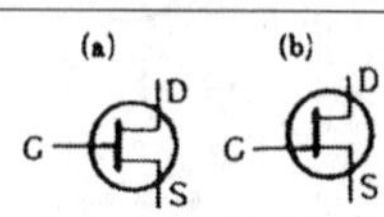	(a) N채널 (b) P채널	MOS형 FET	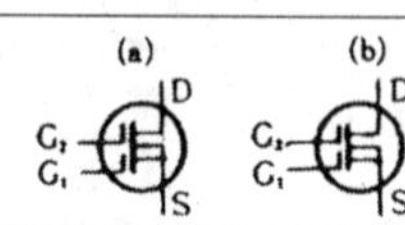	(a) N채널 (b) P채널

2. 반도체 소자에 공통인 문자와 기호

반도체 소자에 공통으로 쓰이는 문자, 기호는 같이 된다.

문 자	한글 해설	문 자	한글 해설
E	이미터	G	게이트
B	베이스	D	드레인
C	컬렉터	S	소오스
A	애노드	SD	시일드
K	캐소드	T	터미널(트라이액의 경우 T-1, T-2)

문자, 기호에 대해서는 대문자는 직류값을, 소문자는 교류값을 나타내고, 붙임자를 써서 입력, 출력, 접지방식을, 트랜지스터에서는 단자인 이미터, 베이스, 컬렉터 전극을 명시하여 약호의 명확화와 통일을 기하려는 것이다. 붙임자는 대체로 다음 원칙에 따른다.

① 붙임자는 보통 1~3자 또는 1~3단어로 구성된다.

② 제1의 붙임자는 전류가 측정되는 곳의 전극을 명시하거나, 제2의 붙임자에 의해 명시된 기준 전극 또는 회로의 교점과의 사이 전압이 측정되는 곳의 전극을 명시한다.

③ 제2의 붙임자는 일반적으로 공통전극을 나타낸다. 회로가 이미터 접지의 경우에는 E, e를 쓴다.

④ 제3의 붙임자는 트랜지스터의 경우는 제1 및 제2의 붙임자에서 사용된 외의 또 하나의 전극의 상태를 나타낸다.

⑤ 붙임자는 1개로 명시되는 경우는 제2, 제3을 2개로 명시되는 경우에는 제3을 생략할 때가 있다.

⑥ 붙임자는 아니나 기호 앞에 전류방향을 나타내는 (+), (−)를 붙이는 방법은 통상 전극에 흘러들어가는 방향을 정으로 하며 (+)로 한다.

⑦ 붙임자의 대문자는 보통은 직류를, 소문자는 교류를 나타낸다.

문 자	한글 해설	문 자	한글 해설
T_e	케이스 온도	V, v	전 압
T_j	접합부 온도	I, i	전 류
T_{stg}	보존온도	P	전력, 허용손실
T_a	주위온도	R_{th}	열저항

3. 반도체에 쓰이는 약어와 기호

(1) 일반 트랜지스터

문 자	한글 해설	문 자	한글 해설
$V_{CER(SUS)}$	컬렉터 · 이미터 사이 서스티닝 전압	V_{CBO}	컬렉터 · 베이스 사이 항복전압
V_{EBO}	이미터 · 베이스 사이 전압	V_{CBV}	컬렉터 · 베이스 사이 전압
BV_{CBO}	컬렉터 · 베이스 사이 항복전압	V_{CEO}	컬렉터 · 이미터 사이 항복 전압
BV_{CEO}	컬렉터 · 이미터 사이 항복전압	V_{CER}	컬렉터 · (베이스 · 이미터 사이저항R 삽입)
BV_{CER}	컬렉터 · 이미터 사이 역전압	V_{CES}	컬렉터 · (베이스 · 이미터 사이 단락)

문 자	한글 해설	문 자	한글 해설
BV_{CES}	베이스 · 이미터 사이 역전압	V_{CEV}	컬렉터 · (베이스 이미터 사이 지정전압)
BV_{CEX}	컬렉터 · 이미터 사이 지정회로	V_{CEX}	컬렉터 · (베이스 · 이미터 사이 지정회로)
C_{te}	입력용량	BV_{EBO}	베이스 · 이미터 사이 항복전압
$C_c \cdot r_{bb'}$	$C_c \cdot r_{bb'}$ 적, 베이스 시정수	V_{CB}	베이스 · 컬렉터 사이 인가 전압
f_{ab}	차단 주파수	V_{CE}	컬렉터 · 이미터 사이 인가 전압
$r_{bb'}$	베이스 퍼짐 저항(하이브리드 π형 등가 회로에서의 $_{bb'}$ 사이 저항)	V_{CC}	컬렉터 전원전압
G_{pe}	전력이득(이미터 접지)	V_{EE}	이미터 전원전압
G_c	변환전력이득	V_{BB}	베이스 전원전압
h_i	입력 임피던스(이미터 접지의 경우 h_{ie} 이하 같음)	V_t, V_{in}	입력전압
h_r	전압궤환율	V_o, V_{out}	출력전압
h_f	소신호 전류 증폭률	I_{CBO}	컬렉터 · 베이스 차단전류
		I_{CEO}	컬렉터 · 이미터 차단전류
h_o	출력 어드미턴스	I_{EBO}	이미터 · 베이스 차단전류
g_i	입력 컨덕턴스	I_B	베이스 전류
C_i	입력용량	I_C	컬렉터 전류
g_o	출력 컨덕턴스	I_E	이미터 전류
C_o	출력용량	P_o, P_{out}	출력전력
y_j	순전달 어드미턴스	P_t, P_{tn}	입력전력
y_r	역전달 어드미턴스	P_c	컬렉터 손실
t_d	지연시간	h_{FE}	직류전류 증폭률(이미터 접지)
t_r	상승시간	$V_{CE(sat)}$	컬렉터 · 이미터 사이 포화전압
t_{stg}	축적시간	$V_{BE(sat)}$	베이스 · 이미터 사이 포화전압
t_f	하강시간	V_{BE}	베이스 · 이미터 사이 전압
C_{ab}	컬렉터 출력용량	f_r	트랜지션 주파수

(2) 전계효과 트랜지스터(FET)

문 자	한글 해설	문 자	한글 해설
V_{GDO}	게이트 · 드레인 사이 전압	g_m	상호 컨덕턴스
BV_{GDO}	게이트 · 드레인 사이 항복전압	I_{GSS}	게이트 누설전류
I_G	게이트전류	C_G	게이트 용량
I_{GSS}	게이트 차단전류	C_{iss}	소스 접지 입력용량
I_{DSS}	드레인 전류	C_{rss}	소스 접지 궤환용량
V_p	핀치오프 전압		

(3) 포토 트랜지스터

문 자	한글 해설	문 자	한글 해설
I_D	암전류 입사광이 없는 상태에서 컬렉터 접합에 역전압을 인가했을 때의 역전류	I_L	광전류 규정의 입사광 상태에서 컬렉터 접합에 역전압을 인가했을 때 흐르는 전류

4. 다이오드, 정류소자의 약어와 기호

(1) 일반 다이오드

문 자	한글 해설	문 자	한글 해설
V_{RM}	첨두 역전압	V_{surge}	허용 서지전압
V_R	직류 역전압	v_R	순시 역전압
V_F	순전압(직류값)	v_F	순시 순전압
I_F	순전류(직류값)	I_f	실효 순전류
i_F	순시 순전류	I_{FM}	첨두 순전류
I_R	역전류	i_R	역전류
I_O	평균 정류전류 or 출력전류	C_j	접합용량
C_r	단자 사이 용량	η	정류능률

(2) 정전압 다이오드

문 자	한글 해설	문 자	한글 해설
I_Z	제너 전류 역전압 인가, 역전류가 급증한 상태에서의 역전류값	V_Z	제너전압 역전압 인가, 역전류가 급증한 상태에서의 지정전류일 때의 역전압
V_d	동작저항 $r_d = \Delta V_z / \Delta I_z$ …… (제너 전압에 있어서의 값)	r_z	제너 전압의 온도계수

5. 각종 반도체 소자의 일람표

명 칭	영 문	정션수	한글 해설
바이스위치	Biswitch	4	PNPN 다이오드를 역병렬로 한 같은 것 DIAC, SSS
CAR	Controlled Avalanche Rectifier	1	과전압용 다이오드 스위치, 애벌런치 제어정류기
크리테지스터	Critesistor	0	서미스터의 일종

명 칭	영 문	정선수	한글 해설
더블베이스 다이오드	Double Base Diode	1	UJT, 단접합 트랜지스터
EL	Electroluminescence	0	전장발광
에사키 다이오드	Esaki Diode	1	터널 다이오드
FET	Field Effect Transistor	1	전계효과형 트랜지스터
GCS	Gate Controlled Switch	3	전류차단 가능한 SCR, GTO, 턴오프 SCR
GTO	Gate Turn Off	3	전류차단 가능한 GCS
광게이트 SCR	Light Gate Silicon Controlled Rectifier	3	빛에 의해 제어 가능한 SCR, LAS
홀리스터	Hallistor	0	효율 소자
LAS	Light Activated Switch	3	빛에 의해 제어 가능한 PNPN 다이오드, 빛 게이트 SCR
MOS	Metal-Oxide Semiconductor	1	절연형 전계효과 트랜지스터
MOST	Metal-Oxide Semicond. transistor	1	절연형 전계효과 트랜지스터
NTC	Negative Temperature Coefficient	0	절연형 전계효과 트랜지스터
파라메트릭 다이오드	Parametric Diode	1	바랙터
PC	Photo-Conductor	0	광전도 소자
포토콘	Photo Cone	0	광전도 소자
포토우드	Photo Wood	1	포토다이오드
포토펫	Photo FET	1	빛에 의해 제어 가능한 FET
PNPN 다이오드	PNPN Diode	3	쇼트키 다이오드, 게이트리스 SCR, 4층 다이오드
포지스터	posistor	0	정특성 서미스터
SCR	Silicon Controlled Rectifier	3	실리콘 제어 정류기, 다이리스터
SCS	Silicon Controlled Switch	3	2개의 게이트 전극을 가진 SCR
셀트랩	Seltrap	1	다이오드의 역특성을 사용한 바리스터
서미스터	Semistor	0	정특성 서미스터의 일종
센시스터	Sensistor	0	정특성 서미스터의 일종
쇼트키 다이오드	Schottky diode	3	PNPN 다이오드, 게이트리스 SCR, 4층 다이오드
SSS	Sillicon Symmetrical Switch	4	바이스위치, DIAC
단접합 트랜지스터	Unijunction transistor	1	UJT, 더블베이스 다이오드

명 칭	영 문	정션수	한글 해설
테크네트론	Tecnetron	1	전계효과 트랜지스터의 일종
다이액	Diode AC Switch	4	바이스위치, DIAC, SSS
사이리스터	Thyristor	3	SCR의 일반명
사이렉터	Thyrector	0	바이스터
트랜스위치	Transwitch	3	SCR의 일종
트라이액	Triac	4	바이와테럴 SCR
터널 다이오드	Tunnel Diode	1	에사키 다이오드
턴오프 SCR	Turn Of Silicon Controlled Rectifier	3	GTO, GCS
UJT	Unijunction Transistor	1	더블베이스 다이오드, 단접합 트랜지스터
유니펫	Uni FET	1	FET의 일종
유니폴라 트랜지스터	Unipolar Transistor	1	FET
바랙터	Varactor	1	가변용량 다이오드, 바리캡, 파라메트릭 다이오드
바리캡	Varicap	1	가변용량 다이오드, 바리캡, 파라메트릭 다이오드
VDR	Voltage Dependent Reistor	0	바리스터
4층 다이오드	Four-Layer Diode	3	PNPN 다이오드, 게이트리스 쇼트키 다이오드
제너 다이오드	Zener Diode	1	정전압 다이오드

평가문제 정답 및 해설

제 1 장 전원회로

1. ④ **2.** ② **3.** ④ **4.** ⑤ **5.** ④

1. 대용량 공급이 불가능한 방식은 단상 2선식이다.

〈저압 배전선로에서 3상 4선식의 특징〉

㉠ 공급능력이 최대이고 배전 방식이 경제적이며 배전 설비가 단순하다.

㉡ 부하 불평형이 발생하고 동력 부하 가동 시 플리커가 발생할 우려가 있으며, 중성선 단선 시 이상 전압이 유입된다.

2, 3.

㉠ 단상 2선식 : 단상 교류 전력을 전선 2가닥으로 배전하는 방식이다.

㉡ 3상 3선식 : 3상 교류를 3가닥의 전선을 사용해서 배전하는 방식이다.

㉢ 3상 4선식 : 변압기의 2차측을 Y접속하고 그 중성점으로부터 중성선을 인출해서 3선식의 전선 3가닥과 조화시킴으로써 2가지 전압을 공급할 수 있게 한 방식이다.

4. 전력을 사용하는 장소와 연결하는 전력선의 길이가 길면 전력선의 손실이 커진다. 따라서 장점으로 볼 수 없다.

5. 분산 전원방식은 아직 충분한 기술력이 확보되어 있지 않다.

제 2 장 전기제어공학

1. ③ **2.** ④ **3.** ① **4.** ② **5.** ⑤

1. 시퀀스 제어의 종류

㉠ 명령처리에 따른 분류 : 순서제어, 시한제어, 조건제어, 프로그램 제어

㉡ 제어장치에 따른 분류 : 유접점 시퀀스, 무접점 시퀀스, PLC

2. ㉠ 기준량 : 검출의 기준을 나타내는 신호를 말한다.

㉡ 제어량 : 제어 대상을 조작하기 위한 목적의 상태를 말한다.

3. 계전기(릴레이) : 전기회로를 개폐하는 데 사용하며 전자력의 힘으로 대전류와 위험한 고전압의 회로를 간편하게 개폐할 수 있는 스위치 장치이다.

4. ㉠ 자기 유지회로 : 기억회로라고도 하며 어떤 신호나 힘에 의한 순간 동작으로 투입된 입력신호가 제거된 후에도 전자 접촉기(릴레이)에 동작을 기억하며 계속적으로 유지시켜주는 회로이다.

㉡ 지연회로 : 타이머에 의해 설정된 시간만큼 늦게 동작하는 회로이다.

㉢ 인터록 회로 : 두 개 이상의 회로에서 한 개의 회로를 동작시키면 나머지 회로는 동작이 될 수 없도록 한 회로이다.

㉣ 우선회로 : 선택한 회로가 먼저 동작되고 그 다음 선택한 회로가 동작하는 회로로서 동작에 순

서가 정해져 있을 경우에 사용되는 회로이다.

ⓜ 순차 제어회로 : 입력신호가 부여되면 타이머의 접점에 의하여 명령이 순차적으로 전송되는 회로를 순차 동작회로라고 한다.

5. 자기 유지회로 : 기억회로라고도 하며 어떤 신호나 힘에 의한 순간 동작으로 투입된 입력신호가 제거된 후에도 전자 접촉기(릴레이)에 동작을 기억하며 계속적으로 유지시켜 주는 회로이다.

제 3 장 센서 이론

1. ⑤ **2.** ② **3.** ① **4.** ④ **5.** ①

1. 코일의 인덕턴스 변화에 의해 측정되는 센서는 유도성 센서이다.
2. 측정하고자 하는 물리량을 다른 형태의 에너지로 변환시켜 주는 것을 포괄적으로 트랜스듀서라 하고, 특히 측정하고자 하는 물리량을 전기적 신호로 변환시켜 주는 것을 센서라 한다.
3. ㉠ 펠티어 효과 : 두 개의 서로 다른 금속선의 양 끝을 접합한 다음 회로에 직류 전류를 흘리면 한쪽 접합부에서 흡열, 다른 접합부에서는 발열이 일어나는 현상이다.

   ㉡ 제백 효과 : 구리선과 비스무스선, 또는 비스무스선과 안티몬선의 양쪽 끝을 서로 용접하고 접합부를 가열하면 전위차가 발생하고 전류가 흐르는 현상이다.

   ㉢ 열전 효과 : 톰슨 효과, 펠티어 효과, 제백 효과와 같이 열과 전기의 관계로 나타나는 각종 효과의 총칭이다.

   ㉣ 톰슨 효과 : 고른 성질의 금속선에 온도기울기가 있을 때 그것에 전류가 흐르면 열이 흡수되거나 방출되는 현상이다.
4. ㉠ 스트레인 게이지 : 금속 또는 반도체의 저항체에 변형이 가해지면 그 저항값이 변화하는 압력저항 효과를 이용한 것으로 압력, 토크, 응력 측정에 사용한다.

   ㉡ CdS 광도전 셀 : 광도전체 CdS(카드뮴-황), CdSe(카드뮴-셀레늄)를 사용하는 센서를 보통 광도전 셀이라 한다.

   ㉢ 포토 다이오드 : PN 접합에다 빛을 쬐면 캐리어가 발생되어 전류 또는 전압을 일으키는 현상을 이용한 소자이다.

   ㉣ 포토 트랜지스터 : 포토 다이오드와 트랜지스터의 조합으로 광센서의 일종이다.
5. 스트레인 게이지 : 금속 또는 반도체의 저항체에 변형이 가해지면 그 저항값이 변화하는 압력 저항 효과를 이용한 것으로 압력, 토크, 응력 측정에 사용한다.

제 4 장 시퀀스 기본실습

1. ② **2.** ⑤ **3.** ③ **4.** ③ **5.** ①

1. 유접점 시퀀스 방식 : 릴레이, 전자 개폐기 등 전자계전기의 기계적 유접점을 이용한 전기 제어장치이다. 동력 배선이라고도 하며, 릴레이 등의 접점을 이용해서 회로를 제어하는 방식이다. 배선이 복잡하게 되는 결점은 있어도 소규모에서는 염가이므로 현재 많이 사용되고 있다.
2. 여자란 자기장 안의 물체가 자기를 띠는 현상, 또는 그 결과로 생긴 단위부피 속의 자기 모멘트이다.

3. 릴레이 a접점은 코일에 전류가 여자되면 접점이 닫히고, 전류가 감자되면 접점이 열린다.
4. ㉠ NOT 회로 : 입력신호가 "1"일 때는 출력신호가 "0"이며, 입력신호가 "0"일 때는 출력신호가 "1"이 되는 회로
   ㉡ AND 회로 : 2개 이상의 입력단자와 1개의 출력단자를 가지며, 모든 입력단자에 입력 "1"이 가해진 경우에만 출력단자에 출력 "1"이 나타나는 회로
   ㉢ EX-OR 회로 : 입력 중에서 하나의 입력이 "1"인 동시에 다른 하나의 입력이 "0"인 경우에만 출력의 논리값이 "1"이 되는 회로
   ㉣ NAND 회로 : 2개 이상의 입력단자와 1개의 출력단자가 있어 적어도 1개의 입력단자에 입력 "1"이 가해졌을 때 출력단자에 "1"이 나타나고 또한 어느 쪽의 입력단자도 "0"일 때에는 출력단자에 "1"이, 역으로 어느 쪽의 입력단자도 "1"일 때에는 출력단자에 "0"이 나타나도록 한 회로
5. 감자 : 자화되어 있는 것을 전혀 자화되지 않는 상태로 만드는 것은 어느 정도 자화의 정도를 약하게 하는 것을 말한다.

제 5 장 전기설비 실습

1. ① **2.** ① **3.** ① **4.** ⑤ **5.** ④

1. 그림의 소자는 ㉠ 토글 스위치 ㉡ 11핀 릴레이 ㉢ 전자 개폐기 ㉣ 배선용 차단기이다.
2. 배선작업시 표시등 색상
   ㉠ 전원 표시등 : 백색등　　㉡ 운전 표시등 : 적색등
   ㉢ 정지 표시등 : 녹색등　　㉣ 고장 또는 과부하 표시등 : 황색등
3. 소요 배선의 가닥수는 최대한 적게 하여 경제성을 높여야 한다.
4. 릴레이 병렬(OR) 회로는 다수의 입력이 병렬로 연결된 회로로서, 하나 또는 그 이상의 스위치가 on되었을 때 출력이 나타나는 회로이다. 릴레이 코일 Ry-X는 입력조건 중 어느 하나만 on되어도 동작한다. 병렬회로 또는 논리합(OR) 회로라고도 한다.
5. 배선작업 시 표시등 색상
   ㉠ 전원 표시등 : 백색등　　㉡ 운전 표시등 : 적색등
   ㉢ 정지 표시등 : 녹색등　　㉣ 고장 또는 과부하 표시등 : 황색등

제 6 장 PLC 기본실습

1. ⑤ **2.** ④ **3.** ③ **4.** ⑤ **5.** ④

1. 프로그래머블 로직 컨트롤러(PLC)는 마이크로컴퓨터를 중심으로 릴레이, 타이머, 카운터 등의 기능이 회로 중에 구성되는 전자장치이다.
   프로그래머블 로직 컨트롤러의 입력기기에는 푸시버튼 스위치, 리밋 스위치, 근접 센서, 광전 센서, 각종 센서 등의 기기를 연결하고, 출력기기는 램프나 버저, 릴레이, 전자 개폐기 등의 기기를 출력으로 사용한다. 이들 기기로 입력에 대한 출력의 제어방법은 전개 접속 회로도(래더도)를 기초로 하여 PLC 전용의 프로그램을 입력함으로써 유접점 시퀀스와 같은 무접점 동작을 제어할 수 있다.

2. ① 입 · 출력부 : 현장의 외부 기기에 직접 접속하여 사용한다. PLC 내부는 직류 전원(TTL)을 사용하지만 입 · 출력부는 직 · 교류전압을 사용한다. 입 · 출력의 결선은 시스템 안정에 결정적인 요소가 되므로 외부기기와 전기적 규격이 일치해야 한다. 외부 기기로부터의 노이즈가 CPU 쪽에 영향을 주면 안 되며, 결선이 용이해야 하고 각 접점상태를 점검할 수 있어야 한다. 입력기기나 출력기기를 직접 연결한다.

② 연산 · 제어부 : 연산부에서 논리연산 처리가 행해지면 출력부를 통하여 출력장치를 구동시킨다. 제어부는 메모리에 저장되어 있는 시퀀스 제어내용의 프로그램을 차례대로 인출하여 판독하고 프로그램을 수행한다. 프로그램의 입력내용을 동작순서에 따라 실행시킨다.

③ 기억부 : PLC의 두뇌에 해당하는 부분으로서 메모리에 저장되어 있는 프로그램을 실행하고 해독하여 처리내용을 실행한다. 매우 빠른 속도로 반복되고 모든 정보는 2진수로 처리되며 프로그램을 기억한다.

④ 프로그래밍 장치 : PLC의 사용자가 장치를 제어할 프로그램을 작성하여 메모리에 저장시키는 부분으로 그 내용은 LCD를 통해서 표시된다. 프로그램 작성이나 판독 등을 한다.

3. PB S/W, 리밋 스위치, 근접 스위치, 광전스위치, 근접 센서, 광센서, 열 센서, 선택스위치, 토클 스위치, 레벨 스위치

4. PLC 제어와 릴레이 시퀀스는 근본적으로 '직렬 처리와 병렬 처리'라는 동작상의 차이가 있다. PLC는 메모리에 있는 프로그램을 순차적으로 연산하는 직렬 처리방식이고, 릴레이 시퀀스는 여러 회로가 전기적인 신호에 의해 동시에 동작하는 병렬 처리방식이다. 따라서 PLC는 어느 한 순간(부분)회로를 보면 한 가지 일 밖에 하지 않는다.

명령은 0스텝에서 END 명령까지 반복하여 실행되며 프로그램의 스텝 번호는 2,000스텝까지 사용할 수 있다(기종에 따라 다름). 2,000스텝까지의 소요 시간은 약 10[ms]정도이다.

5. PLC는 LSI 등 전자부품의 집합으로 릴레이 시퀀스와 같은 접점이나 코일은 존재하지 않는다. 접점이나 코일을 연결하는 동작은 소프트웨어로 처리되므로 실제로 눈에 보이는 것이 아니다. 또, 동작도 코일이 여자되면 접점이 닫혀 회로가 활성화되는 릴레이 시퀀스와는 달리 메모리에 프로그램을 기억시켜 놓고 순차적으로 내용을 읽어서 그 내용에 따라 동작하는 방식으로, 사용자가 제어 로직에 맞게 프로그램의 내용을 마음대로 작성할 수 있는 차이점이 있다. 릴레이 시퀀스 회로의 여러 가지 결점을 보완하기 위해 개발된 것으로 다음과 같은 여러가지 장점이 있다.

① PLC는 배선이 유접점이 아니고 무접점이므로 복잡하지 않다.

② PLC는 회로설계가 용이하고 프로그램의 변경을 간단히 할 수 있다.

③ PLC는 보수관리가 용이하고. 기기의 신뢰성이 높으며 콤팩트하다.

참고 및 인용 문헌

- 김상진 · 왕종배, 자동화를 위한 센서의 기초와 활용, 연학사
- 김선태 외 5인, 전기 · 전자 측정, 한국직업능력개발원
- 김원배 · 나승권 · 문명룡 · 이재규 · 조명현 · 차익수, 알기 쉬운 자동 제어, 동일출판사
- 김평호 · 나승권 · 이동원 · 최성재, 전자 회로의 이해, 남두도서
- 나승권(2009), 현대 기초의학 및 의공학, 상학당
- 나승권(2009), 현대 의료기기, 상학당
- 나승권(2009), 현대 의료안전 · 법규 및 정보, 상학당
- 나승권(2009), 현대 의용기계공학, 상학당
- 나승권(2009), 현대 의용전자공학, 상학당
- 나승권, 의공실무, 상학당
- 나승권, 의료기기 응용회로, 상학당
- 나승권, 의료전기회로(병원 전기 설비), 상학당
- 박원규, 동력 배선 실기, 한국산업인력공단
- 서영수 · 황락훈 · 조문택 · 심광영 · 곽동걸 · 채수형 · 나승권, PSPICE와 PSIM 시뮬레이션 중심의 전력 전자 공학, 동일출판사
- 이기학 · 백주기, 디지털 논리 회로 설계와 실험, 성안당
- 이덕출 · 공용혁 · 김성남 · 나승권 · 장창현, 센서 공학(Sensor&Transducer), 엔트미디어
- 임승하 · 황호웅 · 나승권 · 이종성, 최신 전자기초실습, 남두도서
- 전종영 · 김형욱, 심전도 단기 완성 및 심전도 해설, 고려의학
- 정환 · 이완 · 기문찬, 디지털 의료 영상학, 정문각
- 황락훈 · 조문택 · 이충식 · 나승권, 초급자를 위한 PSPICE 활용, 동일출판사
- 岡本裕生 저, 이영실 역, 알기 쉬운 릴레이와 시퀀서, 성안당
- David Irwin, Basic Engineering Circuit Analysis, Wiley
- Floyd 원저, 김종수 외 공역, 기초 전기 전자 공학(Electronics Fundamentals), 청문각
- Floyd, Fundamentals of Analog Circuit, Prentice Hall
- Lower-limb prosthesis : including prosthetist's supplement, New York, University Medical Center
- Michael Jacob, Analog Integrated Circuit Application, Prentice hall
- Morris Mano, Logic and Computer Design Fundamentals, Prentice Hall
- Nihat Ozkaya, Fundamentals of biomechanics, Springer
- Webster, Design of Pulse Oxieter, Institute of Physics publishing

찾아보기

저자약력

■ 나 승 권

- 서울청량초등, 경희중, 한양공업고등학교 전기과 졸업
- 한국폴리텍대학 동부산캠퍼스 전기, 전자과 2년 수료
- 한국폴리텍대학 인천캠퍼스 전기과 기능장과정 졸업
- 세명대학교 대학원 전기전자학과 졸업(의공학 및 전력전자응용전공, 공학박사)
- 삼육의료원 부산(한방)병원 전기 및 의공기사 7년 근무
- 한국수자원공사 전기기사 7년 근무
- 의공기사, 의공산업기사, 병원코디네이터(Hospital Coordinator)사, 의료정보관리사
- 의료기기상품기획사, 전기·전자기술지도사, 전기기기기능장, 전기공사기능장, 산업안전기사
- 전기공사특급기술자, 한국전력기술인특급기술자, 한국전력기술인특급감리사
- 한국전력기술인설계사 면허, 전자산업기사 이외 20개의 자격증과 면허취득
- 한국폴리텍대학 강릉캠퍼스 교수(현)
- 한국산업인력공단 의공(산업)기사, 의료전자기능사 이론, 실기(출제, 검토, 채점)위원(현)
- 한국보훈복지의료공단 감사자문위원 및 평가위원(현)
- 식품의약품안전처 의료기기자문위원 및 평가위원(현)
- (재)원주의료기기테크노밸리 의료기기자문위원 및 평가위원(현)
- 한국산업단지공단 원주단지혁신클러스터추진단 기술과제 평가위원(현)
- 국가직무능력표준(NCS) 기반의 훈련과정 편성 주강사(현)
- 직업능력개발훈련 사업심사평가위원
- 강원도산업경제진흥원 강원지식재산전문위원 및 평가위원(현)
- 강원테크노파크 기술개발사업선정(의료기기) 평가위원(현)
- 한국방송통신전파진흥원 강원본부 ICT산학동반성장협의회 위원(현)
- 메디칼디바이스저널 기술편집자문위원(현)
- 강원일보, 메디저널, 의약정보 의료기기기술 및 포럼기고(현)
- ㈜메디아나, ㈜씨유메디칼시스템, ㈜리스템, ㈜태연메디칼, ㈜대화기기, ㈜ED, ㈜메디칼써프라이, ㈜바이오프로테크, ㈜조양디엠, ㈜메디코넷 의료기술자문위원(현)
- TUV Korea Ltd. TUV Suddeutschland Group(Medical-Health-Service부서) 의료기기자문(현)
- ISO9001:2008 국제심사원, (사)키캄연구소 한국서비스품질우수기업인증 전문위원 및 평가위원
- 대한의용생체공학회 교육이사, 한국모바일학회 총무부회장, 한국컴퓨터정보학회 이사, 한국통신학회 학술이사, 대한의공협회, 한국의료정보교육협회, 대한전기학회, 한국산업기술재단, 대한전력전자학회, 한국산학기술학회, 한국항행학회 회원

자동제어 및 PLC설계

2017년 1월 25일 1판 3쇄 발행

저 자 나 승 권
발행인 남 승 우

발행처 도서출판 상尙 학學 당堂
서울시 동작구 사당로9가길 6(사당동)
TEL : 02) 595-1692~4
FAX : 02) 595-1394
E-mail : namdoo6@unitel.co.kr
신고 : 2-155호 (1968. 11. 29)

정가 29,000원

ISBN 978-89-6587-062-3 93560

〈디자인〉 편집 엄해숙 / 표지 나아기획